수산물 품질  관리사

2차 필답형 실기

SD에듀
(주)시대고시기획

2024 수산물품질관리사 2차
필답형 실기

Always with you

사람이 길에서 우연하게 만나거나 함께 살아가는 것만이 인연은 아니라고 생각합니다.
책을 펴내는 출판사와 그 책을 읽는 독자의 만남도 소중한 인연입니다.
SD에듀는 항상 독자의 마음을 헤아리기 위해 노력하고 있습니다.
늘 독자와 함께하겠습니다.

머리말 PREFACE

수산물품질관리사는 수산물 분야에서 수산물의 품질 향상과 유통의 효율화를 촉진하기 위해 농산물품질관리사에 상응하는 수산물품질관리사 제도를 신설하면서 생겨난 자격제도입니다.

해양수산부 주관의 자격으로 수산물의 등급판정, 수산물의 생산 및 수확 후 품질관리기술 지도, 수산물의 출하시기 조절, 품질관리기술에 관한 조언 등의 직무를 수행하는 등 향후 수산물 관련 전문 자격자로서의 역할과 전망이 매우 밝다고 할 수 있습니다.

이에 SD에듀에서는 수산물품질관리사 시험 준비에 보다 효율적인 접근과 학습이 가능하도록 본 도서를 출간하게 되었습니다. 수산물품질관리사는 수산물의 시장경쟁 심화와 고품질·안전 수산물 수요의 증가에 따라 수산물의 안전성 관리 및 수입 수산물의 안전성 확보 등을 목적으로 하며, 그로 인한 어가소득의 증대까지 기대하고 있습니다. 또한 국민건강에 기여하는 먹거리 관리를 위한 자격으로서의 의미가 있습니다.

2015년 첫 시행된 이후 수산물품질관리사는 국책사업으로서 해양강국의 의미를 부여하는 과정입니다. 본 도서는 해양수산부의 자료를 근간으로 하고 있으며, 기존의 연구와 교육을 통한 자료를 활용하여 집필하였습니다. 본 도서는 수산물품질관리사를 준비하는 수험생들에게 등대와 같은 지침서의 역할을 할 것입니다.

편저자 씀

시험안내

개 요

수산물의 적절한 품질관리를 통하여 안전성을 확보하고, 상품성을 향상하며, 공정하고 투명한 거래를 유도하기 위한 전문인력을 확보하기 위해 도입되었다.

※ 근거 법령 : 농수산물 품질관리법 시행령 제40조의4

수행직무

- 수산물의 등급판정
- 수산물의 생산 및 수확 후 품질관리기술 지도
- 수산물의 출하시기 조절 및 품질관리기술 지도
- 수산물의 선별 · 저장 및 포장시설 등의 운영관리

소관부처

해양수산부(수출가공진흥과)

실시기관

한국산업인력공단(www.q-net.or.kr)

응시자격

제한 없음(농수산물 품질관리법 시행령 제40조의4)

※ 단, 수산물품질관리사의 자격이 취소된 날부터 2년이 지나지 아니한 자는 응시할 수 없음(농수산물 품질관리법 제107조)

시험일정

1차 원서접수	1차 시험 시행일	1차 합격자 발표일	2차 원서접수	2차 시험 시행일	2차 합격자 발표일
4.1~4.5	5.11	6.19	7.22~7.26	9.7	10.16

※ 상기 시험일정은 시행처의 사정에 따라 변경될 수 있으니 한국산업인력공단(www.q-net.or.kr)에서 확인하시기 바랍니다.

시험과목 및 시험시간

구 분	시험과목	시험시간	시험방법	문항수
제1차	1. 수산물 품질관리 관련 법령 　※ 농수산물 품질관리 법령, 농수산물 유통 및 가격 　　안정에 관한 법령, 농수산물의 원산지 표시 등에 　　관한 법령, 친환경농어업 육성 및 유기식품 등의 　　관리 · 지원에 관한 법령, 수산물 유통의 관리 및 　　지원에 관한 법령 2. 수산물유통론 3. 수확 후 품질관리론 4. 수산일반	09:30~11:30 (120분)	객관식 (4지 선택형)	과목별 25문항 (총 100문항)
제2차	1. 수산물 품질관리 실무 2. 수산물 등급판정 실무	09:30~11:10 (100분)	주관식 (단답형, 서술형)	단답형 20문항 서술형 10문항 (총 30문항)

※ 시험과 관련하여 법령 · 규정 등을 적용하여 정답을 구하여야 하는 문제는 시험시행일 기준으로 시행 중인 법률 · 기준 등을 적용하여 그 정답을 구하여야 함
※ 기활용된 문제, 기출문제 등도 변형 · 활용되어 출제될 수 있음

합격기준

구 분	합격 결정기준
제1차	각 과목 100점을 만점으로 하여 각 과목 40점 이상의 점수를 획득한 사람 중 평균점수가 60점 이상인 사람을 합격자로 결정
제2차	제1차 시험에 합격한 사람을 대상으로 100점 만점으로 하여 60점 이상인 사람을 합격자로 결정

※ 시험의 일부면제 : 제2차 시험에 합격하지 못한 사람에 대해서는 다음 회에 실시하는 시험에 한정하여 제1차 시험을 면제(별도 서류 제출 없음)

검정현황

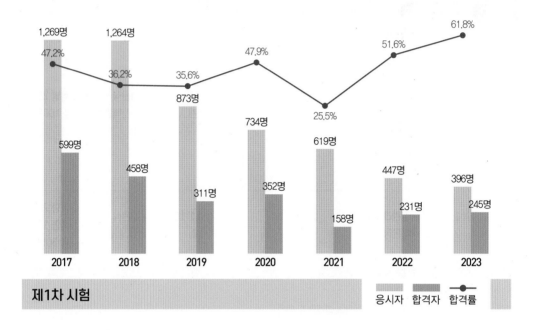

제1차 시험

응시자　합격자　합격률

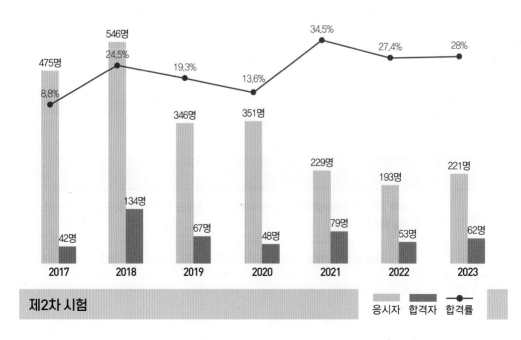

제2차 시험

응시자　합격자　합격률

이 책의 구성과 특징 · STRUCTURES

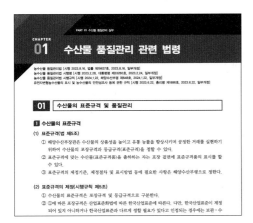

핵심이론

시험에 꼭 나오는 내용을 중심으로 효과적으로 공부할 수 있도록 필수적으로 학습해야 하는 중요한 이론들을 각 과목별로 분류하여 수록하였습니다.

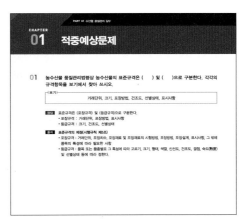

적중예상문제

실제 과년도 기출문제와 유사한 문제를 수록하여 실전에 대비할 수 있도록 하였습니다. 상세한 해설을 통해서 핵심이론에서 학습한 중요 개념과 내용을 한 번 더 확인할 수 있습니다.

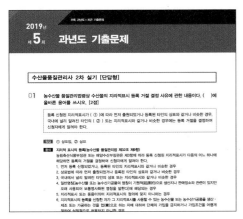

과년도 기출문제

출제된 과년도 기출문제를 수록하였습니다. 각 문제에는 자세한 해설이 추가되어 핵심이론만으로는 아쉬운 내용을 보충학습하고, 출제경향의 변화를 확인할 수 있습니다.

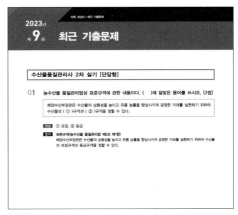

최근 기출문제

최근에 출제된 기출문제를 통해 가장 최신의 출제경향을 파악하고, 새롭게 출제된 문제의 유형을 익혀 처음 보는 문제들도 모두 맞힐 수 있도록 하였습니다.

목차

CONTENTS

PART 01

수산물 품질관리 실무

수산물품질관리사 2차 필답형 실기

CHAPTER 01 수산물 품질관리 관련 법령

농수산물 품질관리법 [시행 2023.8.16, 법률 제19637호, 2023.8.16, 일부개정]
농수산물 품질관리법 시행령 [시행 2023.2.28, 대통령령 제33260호, 2023.2.24, 일부개정]
농수산물 품질관리법 시행규칙 [시행 2024.1.22, 해양수산부령 제648호, 2024.1.22, 일부개정]
유전자변형농수산물의 표시 및 농수산물의 안전성조사 등에 관한 규칙 [시행 2023.6.22, 총리령 제1886호, 2023.6.22, 일부개정]

01 수산물의 표준규격 및 품질관리

1 수산물의 표준규격

(1) 표준규격(법 제5조)

① 해양수산부장관은 수산물의 상품성을 높이고 유통 능률을 향상시키며 공정한 거래를 실현하기 위하여 수산물의 포장규격과 등급규격(표준규격)을 정할 수 있다.

② 표준규격에 맞는 수산물(표준규격품)을 출하하는 자는 포장 겉면에 표준규격품의 표시를 할 수 있다.

③ 표준규격의 제정기준, 제정절차 및 표시방법 등에 필요한 사항은 해양수산부령으로 정한다.

(2) 표준규격의 제정(시행규칙 제5조)

① 수산물의 표준규격은 포장규격 및 등급규격으로 구분한다.

② ①에 따른 포장규격은 산업표준화법에 따른 한국산업표준에 따른다. 다만, 한국산업표준이 제정되어 있지 아니하거나 한국산업표준과 다르게 정할 필요가 있다고 인정되는 경우에는 보관·수송 등 유통 과정의 편리성, 폐기물 처리문제를 고려하여 다음의 항목에 대하여 그 규격을 따로 정할 수 있다.

   ㉠ 거래단위

   ㉡ 포장치수

   ㉢ 포장재료 및 포장재료의 시험방법

   ㉣ 포장방법

   ㉤ 포장설계

   ㉥ 표시사항

   ㉦ 그 밖에 품목의 특성에 따라 필요한 사항

③ ①에 따른 등급규격은 품목 또는 품종별로 그 특성에 따라 고르기, 크기, 형태, 색깔, 신선도, 건조도, 결점, 숙도(熟度) 및 선별 상태 등에 따라 정한다.

④ 국립수산물품질관리원장은 표준규격의 제정 또는 개정을 위하여 필요하면 전문연구기관 또는 대학 등에 시험을 의뢰할 수 있다.

(3) 표준규격의 고시(시행규칙 제6조)

국립수산물품질관리원장은 표준규격을 제정, 개정 또는 폐지하는 경우에는 그 사실을 고시하여야 한다.

(4) 표준규격품의 출하 및 표시방법(시행규칙 제7조)

① 해양수산부장관, 특별시장·광역시장·도지사·특별자치도지사(시·도지사)는 수산물을 생산, 출하, 유통 또는 판매하는 자에게 표준규격에 따라 생산, 출하, 유통 또는 판매하도록 권장할 수 있다.

② 표준규격품을 출하하는 자가 표준규격품임을 표시하려면 해당 물품의 포장 겉면에 "표준규격품"이라는 문구와 함께 다음의 사항을 표시하여야 한다.

    ㉠ 품 목

    ㉡ 산 지

    ㉢ 품종. 다만, 품종을 표시하기 어려운 품목은 국립수산물품질관리원장이 정하여 고시하는 바에 따라 품종의 표시를 생략할 수 있다.

    ㉣ 생산연도(곡류만 해당)

    ㉤ 등 급

    ㉥ 무게(실중량). 다만, 품목 특성상 무게를 표시하기 어려운 품목은 국립수산물품질관리원장이 정하여 고시하는 바에 따라 개수(마릿수) 등의 표시를 단일하게 할 수 있다.

    ㉦ 생산자 또는 생산자단체의 명칭 및 전화번호

2 수산물에 대한 품질인증

(1) 수산물의 품질인증(법 제14조)

① 해양수산부장관은 수산물의 품질을 향상시키고 소비자를 보호하기 위하여 품질인증제도를 실시한다.

    ※ 수산물의 품질인증 대상품목(시행규칙 제28조)
      품질인증 대상품목은 식용을 목적으로 생산한 수산물로 한다.

② ①에 따른 품질인증을 받으려는 자는 해양수산부령으로 정하는 바에 따라 해양수산부장관에게 신청하여야 한다. 다만, 다음의 어느 하나에 해당하는 자는 품질인증을 신청할 수 없다.

    ㉠ 품질인증이 취소된 후 1년이 지나지 아니한 자

ⓛ 제119조 또는 제120조를 위반하여 벌금 이상의 형이 확정된 후 1년이 지나지 아니한 자

※ 품질인증의 신청(시행규칙 제30조)

수산물에 대하여 품질인증을 받으려는 자는 수산물 품질인증 (연장)신청서에 다음의 서류를 첨부하여 국립수산물 품질관리원장 또는 품질인증기관으로 지정받은 기관(품질인증기관)의 장에게 제출하여야 한다.

1. 신청 품목의 생산계획서
2. 신청 품목의 제조공정 개요서 및 단계별 설명서

③ 품질인증을 받은 자는 품질인증을 받은 수산물(품질인증품)의 포장·용기 등에 해양수산부령으로 정하는 바에 따라 품질인증품임을 표시할 수 있다.

④ 품질인증의 기준·절차·표시방법 및 대상품목의 선정 등에 필요한 사항은 해양수산부령으로 정한다.

(2) 품질인증의 기준(시행규칙 제29조)

① 품질인증을 받기 위해서는 다음의 기준을 모두 충족해야 한다.

ⓖ 해당 수산물이 그 산지의 유명도가 높거나 상품으로서의 차별화가 인정되는 것일 것
ⓛ 해당 수산물의 품질 수준 확보 및 유지를 위한 생산기술과 시설·자재를 갖추고 있을 것
ⓒ 해당 수산물의 생산·출하 과정에서의 자체 품질관리체제와 유통 과정에서의 사후관리체제를 갖추고 있을 것

② ①에 따른 기준의 세부적인 사항은 국립수산물품질관리원장이 정하여 고시한다.

③ 국립수산물품질관리원장은 ①에 따른 품질인증의 기준을 정하기 위한 자료조사 및 그 시안(試案)의 작성을 다음의 어느 하나에 해당하는 기관 또는 연구소에 의뢰할 수 있다.

ⓖ 해양수산부 소속 기관
ⓛ 정부출연연구기관 등의 설립·운영 및 육성에 관한 법률 또는 과학기술분야 정부출연연구기관 등의 설립·운영 및 육성에 관한 법률에 따른 식품 관련 전문연구기관
ⓒ 고등교육법에 따른 학교 또는 그 연구소

(3) 품질인증 심사 절차(시행규칙 제31조)

① 국립수산물품질관리원장 또는 품질인증기관의 장은 품질인증의 신청을 받은 경우에는 심사일정을 정하여 그 신청인에게 통보하여야 한다.

② 국립수산물품질관리원장 또는 품질인증기관의 장은 필요한 경우 그 소속 심사담당자와 신청인의 업체 소재지를 관할하는 특별자치도지사·시장·군수·구청장이 추천하는 공무원으로 심사반을 구성하여 품질인증의 심사를 하게 할 수 있다.

③ 생산자집단이 수산물의 품질인증을 신청한 경우에는 생산자집단 구성원 전원에 대하여 각각 심사를 하여야 한다. 다만, 국립수산물품질관리원장이 필요하다고 인정하여 고시하는 경우에는 국립수산물품질관리원장이 정하는 방법에 따라 일부 구성원을 선정하여 심사할 수 있다.

④ 국립수산물품질관리원장 또는 품질인증기관의 장은 품질인증의 기준에 적합한지를 심사한 후 적합한 경우에는 품질인증을 하여야 한다.

⑤ 국립수산물품질관리원장 또는 품질인증기관의 장은 ④에 따른 심사를 한 결과 부적합한 것으로 판정된 경우에는 지체 없이 그 사유를 분명히 밝혀 신청인에게 알려주어야 한다. 다만, 그 부적합한 사항이 10일 이내에 보완할 수 있다고 인정되는 경우에는 보완기간을 정하여 신청인으로 하여금 보완하도록 한 후 품질인증을 할 수 있다.

⑥ 품질인증의 심사를 위한 세부적인 절차 및 방법 등에 관하여 필요한 사항은 국립수산물품질관리원장이 정하여 고시한다.

※ **품질인증 심사(수산물의 품질인증에 관한 세부실시요령 제4조–국립수산물품질관리원 고시)**

① 인증기관의 장은 수산물 품질인증 신청을 받은 때에는 심사일정을 정하여 그 신청인에게 통보하여야 하며, 심사는 인증심사반을 구성하여 수산물의 품질인증 세부기준(국립수산물품질관리원 고시)에 따라 실시하여야 한다.

② ①에 따른 심사과정에서 시료를 수거할 경우 수산물 안전성조사업무 처리요령(식품의약품안전처 고시)에 따라 시료를 채취·수거한 후 시료수거증을 작성하여 1부는 신청인에게 발부하고 1부는 인증기관이 보관하여야 한다.

③ 인증기관의 장은 필요한 경우 업체 소재지를 관할하는 특별자치도지사·시장·군수·구청장이 추천하는 공무원으로 심사반을 구성하여 품질인증의 심사를 하게 할 수 있다.

④ 인증심사반이 공장심사를 하는 경우에는 현지 방문하여 심사하여야 한다. 이 경우 신청인을 입회하도록 하고, 신청인이 정당한 사유 없이 입회를 하지 아니한 경우에는 심사를 중지할 수 있다.

⑤ 생산자집단이 품질인증을 신청한 경우에는 전체 구성원에 대하여 각각 심사를 하여야 한다.

⑥ 인증심사반은 심사완료 즉시 품질기준심사표 및 품질인증심사결과 보고서를 작성하여 인증기관의 장에게 보고하여야 한다.

(4) 품질인증품의 표시사항 등(시행규칙 제32조)

① 수산물 품질인증 표시는 [별표 7]과 같다.

※ **수산물 품질인증 표시(시행규칙 [별표 7])**

1. 표지도형

인증기관명 :
인증번호 :

Name of Certifying Body :
Certificate Number :

2. 제도법

가. 표지도형의 한글 및 영문 글자는 고딕체로 하고, 글자 크기는 표지도형의 크기에 따라 조정한다.

나. 표지도형의 색상은 파란색을 기본색상으로 하고, 포장재의 색깔 등을 고려하여 녹색 또는 빨간색으로 할 수 있다.

다. 표지도형 내부의 "품질인증", "(QUALITY SEAFOOD)" 및 "QUALITY SEAFOOD"의 글자 색상은 표지도형 색상과 동일하게 하고, 하단의 "해양수산부"와 "MOF KOREA"의 글자는 흰색으로 한다.

라. 배색 비율은 녹색 C80 + Y100, 파란색 C100 + M70, 빨간색 M100 + Y100 + K10으로 한다.

마. 표지도형의 크기는 포장재의 크기에 따라 조정한다.

바. 표지도형 밑에 인증기관명과 인증번호를 표시한다.

사. 표지도형의 위치는 포장재 주 표시면의 옆면에 표시하되, 포장재 구조상 옆면에 표시하기 어려울 경우에는 표시위치를 변경할 수 있다.

② 수산물의 품질인증의 표시항목별 인증방법은 다음과 같다.

㉠ 산지 : 해당 품목이 생산되는 시·군·구(자치구의 구)의 행정구역 명칭으로 인증하되, 신청인이 강·해역 등 특정지역의 명칭으로 인증받기를 희망하는 경우에는 그 명칭으로 인증할 수 있다.

㉡ 품명 : 표준어로 인증하되, 그 명칭이 명확하지 아니한 경우 또는 소비자가 식별하는 데 지장이 없다고 인정되는 경우에는 해당 품목의 생태·형태·용도 등에 따라 산지에서 관행적으로 사용되는 명칭으로 인증할 수 있다.

㉢ 생산자 또는 생산자집단 : 명칭(법인의 경우에는 명칭과 그 대표자의 성명을 포함한다)·주소 및 전화번호

㉣ 생산조건 : 자연산과 양식산으로 인증한다.

③ ① 및 ②에 따른 품질인증의 표시를 하려는 자는 품질인증을 받은 수산물의 포장·용기의 겉면에 소비자가 알아보기 쉽도록 표시하여야 한다. 다만, 포장하지 아니하고 판매하는 경우에는 해당 물품에 꼬리표를 부착하여 표시할 수 있다.

(5) 품질인증서의 발급 등(시행규칙 제33조)

① 국립수산물품질관리원장 또는 품질인증기관의 장은 수산물의 품질인증을 한 경우에는 수산물 품질인증서를 발급한다.

② ①에 따라 수산물 품질인증서를 발급받은 자는 품질인증서를 잃어버리거나 품질인증서가 손상된 경우에는 수산물 품질인증 재발급신청서에 손상된 품질인증서를 첨부(품질인증서가 손상되어 재발급받으려는 경우만 해당한다)하여 국립수산물품질관리원장 또는 품질인증기관의 장에게 제출하여야 한다.

(6) 품질인증의 유효기간 등(법 제15조)

① 품질인증의 유효기간은 품질인증을 받은 날부터 2년으로 한다. 다만, 품목의 특성상 달리 적용할 필요가 있는 경우에는 4년의 범위에서 해양수산부령으로 유효기간을 달리 정할 수 있다.

※ **품질인증의 유효기간(시행규칙 제34조)**
"품목의 특성상 달리 적용할 필요가 있는 경우"란 생산에서 출하될 때까지의 기간이 1년 이상인 경우를 말한다. 이 경우 유효기간은 3년 또는 4년으로 하되 생산에 필요한 기간을 고려하여 국립수산물품질관리원장이 정하여 고시한다.

② 품질인증의 유효기간을 연장받으려는 자는 유효기간이 끝나기 전에 해양수산부령으로 정하는 바에 따라 해양수산부장관에게 연장신청을 하여야 한다.

③ 해양수산부장관은 ②에 따른 신청을 받은 경우 품질인증의 기준에 맞다고 인정되면 ①에 따른 유효기간의 범위에서 유효기간을 연장할 수 있다.

> ※ **유효기간의 연장신청**(시행규칙 제35조)
> ① 수산물의 품질인증 유효기간을 연장받으려는 자는 해당 품질인증을 한 기관의 장에게 수산물 품질인증 (연장)신청서에 품질인증서 사본을 첨부하여 그 유효기간이 끝나기 1개월 전까지 제출해야 한다.
> ② 국립수산물품질관리원장 또는 품질인증기관의 장은 ①에 따라 수산물 품질인증 유효기간의 연장신청을 받은 경우에는 그 기간을 연장할 수 있다. 이 경우 유효기간이 끝나기 전 6개월 이내에 우수표시품의 사후관리에 따라 조사한 결과 품질인증기준에 적합하다고 인정된 경우에는 관련 서류만 확인하여 유효기간을 연장할 수 있다.
> ③ 품질인증기관이 지정취소 등의 처분을 받아 품질인증 업무를 수행할 수 없는 경우에는 ①에도 불구하고 국립수산물품질관리원장에게 수산물 품질인증 (연장)신청서를 제출할 수 있다.
> ④ 국립수산물품질관리원장 또는 품질인증기관의 장은 신청인에게 연장절차와 연장신청 기간을 유효기간이 끝나기 2개월 전까지 미리 알려야 한다. 이 경우 통지는 휴대전화 문자메시지, 전자우편, 팩스, 전화 또는 문서 등으로 할 수 있다.

(7) 품질인증의 취소(법 제16조)

해양수산부장관은 품질인증을 받은 자가 다음의 어느 하나에 해당하면 품질인증을 취소할 수 있다. 다만, ①에 해당하면 품질인증을 취소하여야 한다.

① 거짓이나 그 밖의 부정한 방법으로 인증을 받은 경우

② 품질인증의 기준에 현저하게 맞지 아니한 경우

③ 정당한 사유 없이 품질인증품 표시의 시정명령, 해당 품목의 판매금지 또는 표시정지 조치에 따르지 아니한 경우

④ 업종전환·폐업 등으로 인하여 품질인증품을 생산하기 어렵다고 판단되는 경우

(8) 품질인증기관의 지정 등(법 제17조)

① 해양수산부장관은 수산물의 생산조건, 품질 및 안전성에 대한 심사·인증을 업무로 하는 법인 또는 단체로서 해양수산부장관의 지정을 받은 자(품질인증기관)로 하여금 제14조(수산물의 품질인증)부터 제16조(품질인증의 취소)까지의 규정에 따른 품질인증에 관한 업무를 대행하게 할 수 있다.

② 해양수산부장관, 특별시장·광역시장·도지사·특별자치도지사(시·도지사) 또는 시장·군수·구청장(자치구의 구청장)은 어업인 스스로 수산물의 품질을 향상시키고 체계적으로 품질관리를 할 수 있도록 하기 위하여 ①에 따라 품질인증기관으로 지정받은 다음의 단체 등에 대하여 자금을 지원할 수 있다.

㉠ 수산물 생산자단체(어업인 단체만을 말한다)

ⓛ 수산가공품을 생산하는 사업과 관련된 법인(민법에 따른 법인만을 말한다)

③ 품질인증기관으로 지정을 받으려는 자는 품질인증 업무에 필요한 시설과 인력을 갖추어 해양수산부장관에게 신청하여야 하며, 품질인증기관으로 지정받은 후 해양수산부령으로 정하는 중요 사항이 변경되었을 때에는 변경신고를 하여야 한다. 다만, 품질인증기관의 지정이 취소된 후 2년이 지나지 아니한 경우에는 신청할 수 없다.

④ 해양수산부장관은 ③에 따른 변경신고를 받은 날부터 10일 이내에 신고수리 여부를 신고인에게 통지하여야 한다.

⑤ 해양수산부장관이 ④에서 정한 기간 내에 신고수리 여부 또는 민원 처리 관련 법령에 따른 처리기간의 연장을 신고인에게 통지하지 아니하면 그 기간(민원 처리 관련 법령에 따라 처리기간이 연장 또는 재연장된 경우에는 해당 처리기간)이 끝난 날의 다음 날에 신고를 수리한 것으로 본다.

※ **품질인증기관의 지정내용 변경신고(시행규칙 제38조)**
  ① 본문에서 "해양수산부령으로 정하는 중요 사항"이란 다음의 사항을 말한다.
    ㉠ 품질인증기관의 명칭·대표자·정관
    ㉡ 품질인증기관의 사업계획서
    ㉢ 품질인증 심사원
    ㉣ 품질인증 업무규정
  ② 품질인증기관으로 지정을 받은 자는 품질인증기관으로 지정받은 후 ①의 사항이 변경되었을 때에는 그 사유가 발생한 날부터 1개월 이내에 품질인증기관 지정내용 변경신고서에 지정서 원본과 변경 내용을 증명하는 서류를 첨부하여 국립수산물품질관리원장에게 제출하여야 한다.
  ③ ②에 따른 품질인증기관 지정내용 변경신고를 받은 국립수산물품질관리원장은 신고 사항을 검토하여 품질인증기관의 지정기준에 적합한 경우에는 품질인증기관 지정서를 재발급하여야 한다.

⑥ 품질인증기관의 지정 기준, 절차 및 품질인증 업무의 범위 등에 필요한 사항은 해양수산부령으로 정한다.

※ **품질인증기관의 지정기준(시행규칙 [별표 8])**
  1. 조직 및 인력
    가. 조 직
      품질인증 업무의 원활한 수행을 위하여 수산물의 생산조건, 품질 및 안전성에 대한 심사·인증을 업무로 하는 법인 또는 단체로서 품질인증 관리부서를 갖춘 법인 또는 단체일 것
    나. 인 력
      1) 품질인증의 심사업무 및 품질인증의 사후관리를 위한 품질인증심사원(심사원) 2명 이상을 포함하여 품질인증 업무를 원활히 수행하기 위한 인력을 갖출 것
      2) 심사원은 다음 가)부터 다)까지의 어느 하나에 해당하는 자격을 갖춘 사람일 것
        가) 2년제 전문대학 졸업자 또는 이와 같은 수준 이상의 학력이 있는 사람으로서 품질인증 심사업무를 원활히 수행할 수 있는 사람
        나) 국가기술자격법에 따른 수산 또는 식품가공분야의 산업기사 이상의 자격증을 소지한 사람
        다) 수산물·수산가공품 또는 식품 관련 기업체·연구소·기관 및 단체에서 수산물 및 수산가공품의 품질관리업무를 5년 이상 담당한 경력이 있는 사람

2. 시 설

수산물의 품질 및 안정성에 대한 계측 및 분석 등을 위하여 전용면적이 10m^2 이상인 인증검사실을 1개 이상 설치할 것. 다만, 품질인증의 업무범위에 따라 국립수산물품질관리원장과 협의하여 인증검사실의 수(數)와 면적을 조정할 수 있다.

3. 장 비

품질인증 심사업무의 범위에 따라 성분별 검사 또는 분석에 적합한 다음 각 목의 어느 하나에 해당하는 장비를 갖출 것

가. 수분, 질소화합물 및 탄수화물 등의 일반성분 검사를 위한 장비로서 저울, 수분측정기, 건조기 등

나. 무기질 및 비타민 등의 미량성분 검사를 위한 장비로서 건조기, 회화로(灰化爐), 질량분석기 등

다. 세균수 및 대장균군 등의 미생물 시험 또는 검사를 위한 장비로서 광학현미경, 항온 배양기, 멸균기 등

라. 그 밖에 수산물의 품질인증 심사를 위하여 필요한 장비로서 국립수산물품질관리원장이 정하여 고시하는 장비

4. 품질인증 업무규정

품질인증 업무규정에는 다음의 사항이 포함되어야 한다.

가. 품질인증의 절차 및 방법

나. 품질인증의 사후관리방법

다. 품질인증의 수수료 및 그 징수방법

라. 심사원의 준수사항 및 심사원의 자체관리·감독 요령

마. 그 밖에 국립수산물품질관리원장이 품질인증 업무의 수행에 필요하다고 인정하여 정하는 사항

※ **품질인증기관의 지정절차(시행규칙 제37조)**

① 품질인증기관으로 지정받으려는 자는 품질인증기관 지정신청서에 다음의 서류를 첨부하여 국립수산물품질관리원장에게 제출하여야 한다.

㉠ 정 관

㉡ 품질인증의 업무 범위 등을 적은 사업계획서

㉢ 품질인증기관의 지정기준을 갖추었음을 증명하는 서류

② ①에 따른 지정신청서를 받은 국립수산물품질관리원장은 전자정부법에 따라 행정정보의 공동이용을 통하여 법인 등기사항증명서를 확인하여야 한다.

③ 국립수산물품질관리원장은 ①에 따른 신청이 품질인증기관 지정기준에 적합하다고 인정하는 경우에는 신청인에게 품질인증기관 지정서를 발급하여야 한다.

④ 국립수산물품질관리원장은 ③에 따라 품질인증기관 지정서를 발급하는 경우에는 품질인증기관이 수행하는 업무의 범위를 정하여 통지하여야 하며, 그 내용을 관보에 고시하여야 한다.

(9) 품질인증기관의 지정취소 등(법 제18조)

① 해양수산부장관은 품질인증기관이 다음의 어느 하나에 해당하면 그 지정을 취소하거나 6개월 이내의 기간을 정하여 품질인증 업무의 전부 또는 일부의 정지를 명할 수 있다. 다만, ㉠부터 ㉣까지 및 ㉺ 중 어느 하나에 해당하면 품질인증기관의 지정을 취소하여야 한다.

㉠ 거짓이나 그 밖의 부정한 방법으로 품질인증기관으로 지정받은 경우

㉡ 업무정지 기간 중 품질인증 업무를 한 경우

㉢ 최근 3년간 2회 이상 업무정지처분을 받은 경우

㉣ 품질인증기관의 폐업이나 해산·부도로 인하여 품질인증 업무를 할 수 없는 경우

ⓜ 중요 사항이 변경되었을 때 변경신고를 하지 아니하고 품질인증 업무를 계속한 경우

ⓗ 품질인증기관의 지정기준에 미치지 못하여 시정을 명하였으나 그 명령을 받은 날부터 1개월 이내에 이행하지 아니한 경우

ⓢ 품질인증기관의 업무범위를 위반하여 품질인증 업무를 한 경우

ⓞ 다른 사람에게 자기의 성명이나 상호를 사용하여 품질인증 업무를 하게 하거나 품질인증기관 지정서를 빌려준 경우

ⓩ 품질인증 업무를 성실하게 수행하지 아니하여 공중에 위해를 끼치거나 품질인증을 위한 조사 결과를 조작한 경우

ⓒ 정당한 사유없이 1년 이상 품질인증 실적이 없는 경우

② ①에 따른 지정취소 및 업무정지의 세부기준은 해양수산부령으로 정한다.

※ 품질인증기관의 지정취소 및 업무정지에 관한 세부기준(시행규칙 [별표 9])

1. 일반기준

   가. 위반행위가 둘 이상인 경우로서 그에 해당하는 각각의 처분기준이 다른 경우에는 그중 무거운 처분기준에 따르고, 둘 이상의 처분기준이 모두 업무정지인 경우에는 각 처분기준을 합산한 기간을 넘지 않는 범위에서 무거운 처분기준에 그 처분기준의 2분의 1 범위에서 가중한다.

   나. 위반행위의 횟수에 따른 행정처분의 기준은 최근 1년간 같은 위반행위로 행정처분을 받은 경우에 적용한다. 이 경우 기간의 계산은 위반행위에 대해 행정처분일과 그 처분 후 다시 같은 위반행위를 하여 적발된 날을 기준으로 한다.

   다. 나.에 따라 가중된 행정처분을 하는 경우 가중처분의 적용 차수는 그 위반행위 전 부과처분 차수(나목에 따른 기간 내에 처분이 둘 이상 있었던 경우에는 높은 차수를 말한다)의 다음 차수로 한다.

   라. 처분권자는 위반행위의 동기·내용·횟수 및 위반의 정도 등 다음의 사유에 해당하는 경우 그 처분기준의 2분의 1 범위에서 감경할 수 있다.

   1) 위반행위가 사소한 부주의나 오류로 인한 것으로 인정되는 경우

   2) 위반행위자가 처음 해당 위반행위를 한 경우로서 2년 이상 품질인증 업무를 모범적으로 해온 사실이 인정되는 경우

   3) 그 밖에 위반행위의 정도, 위반행위의 동기와 그 결과 등을 고려하여 감경할 필요가 있다고 인정되는 경우

2. 개별기준

위반행위	위반횟수별 행정처분기준		
	1회 위반	2회 위반	3회 이상 위반
가. 거짓이나 그 밖의 부정한 방법으로 품질인증기관으로 지정받은 경우	지정 취소		
나. 업무정지 기간 중 품질인증 업무를 한 경우	지정 취소		
다. 최근 3년간 2회 이상 업무정지처분을 받은 경우	지정 취소		
라. 품질인증기관의 폐업이나 해산·부도로 인하여 품질인증 업무를 할 수 없는 경우	지정 취소		
마. 변경신고를 하지 않고 품질인증 업무를 계속한 경우	경고	업무정지 1개월	업무정지 3개월

위반행위	위반횟수별 행정처분기준		
	1회 위반	2회 위반	3회 이상 위반
바. 지정기준에 미치지 못하여 시정을 명하였으나 그 명령을 받은 날부터 1개월 이내에 이행하지 않은 경우	지정 취소		
사. 업무범위를 위반하여 품질인증 업무를 한 경우	경고	업무정지 1개월	업무정지 3개월
아. 다른 사람에게 자기의 성명이나 상호를 사용하여 품질인증 업 무를 하게 하거나 품질인증기관지정서를 빌려준 경우	업무정지 3개월	업무정지 6개월	지정 취소
자. 품질인증 업무를 성실하게 수행하지 않아 공중에 위해를 끼치 거나 품질인증을 위한 조사 결과를 조작한 경우	업무정지 1개월	업무정지 3개월	업무정지 6개월
차. 정당한 사유 없이 1년 이상 품질인증 실적이 없는 경우	경고	업무정지 1개월	업무정지 3개월

※ 국립수산물품질관리원장은 법 제18조에 따라 품질인증기관의 지정을 취소하거나 업무정지를 명할 때에는 그 사실을 고시하여야 한다(시행규칙 제39조 제2항).

(10) 품질인증 관련 보고 및 점검 등(법 제19조)

① 해양수산부장관은 품질인증을 위하여 필요하다고 인정하면 품질인증기관 또는 품질인증을 받은 자에 대하여 그 업무에 관한 사항을 보고하게 하거나 자료를 제출하게 할 수 있으며 관계 공무원에게 사무소 등에 출입하여 시설·장비 등을 점검하고 관계 장부나 서류를 조사하게 할 수 있다.

② ①에 따른 점검이나 조사에 관하여는 제13조 제2항 및 제3항을 준용한다.

③ ①에 따라 점검이나 조사를 하는 관계 공무원에 관하여는 제13조 제4항을 준용한다.

※ **농산물우수관리 관련 보고 및 점검 등(법 제13조)**

① 농림축산식품부장관은 농산물우수관리를 위하여 필요하다고 인정하면 우수관리인증기관, 우수관리시설을 운영하는 자 또는 우수관리인증을 받은 자로 하여금 그 업무에 관한 사항을 보고(정보통신망 이용촉진 및 정보보호 등에 관한 법률에 따른 정보통신망을 이용하여 보고하는 경우를 포함)하게 하거나 자료를 제출(정보통신망 이용촉진 및 정보보호 등에 관한 법률에 따른 정보통신망을 이용하여 제출하는 경우를 포함)하게 할 수 있으며, 관계 공무원에게 사무소 등을 출입하여 시설·장비 등을 점검하고 관계 장부나 서류를 조사하게 할 수 있다.

② ①에 따라 보고·자료제출·점검 또는 조사를 할 때 우수관리인증기관, 우수관리시설을 운영하는 자 및 우수관리인증을 받은 자는 정당한 사유 없이 이를 거부·방해하거나 기피하여서는 아니 된다.

③ ①에 따라 점검이나 조사를 할 때에는 미리 점검이나 조사의 일시, 목적, 대상 등을 점검 또는 조사 대상자에게 알려야 한다. 다만, 긴급한 경우나 미리 알리면 그 목적을 달성할 수 없다고 인정되는 경우에는 알리지 아니할 수 있다.

④ ①에 따라 점검이나 조사를 하는 관계 공무원은 그 권한을 표시하는 증표를 지니고 이를 관계인에게 보여주어야 하며, 성명·출입시간·출입목적 등이 표시된 문서를 관계인에게 내주어야 한다.

02 이력추적관리 및 지리적표시

1 수산물의 이력추적관리(수산물 유통의 관리 및 지원에 관한 법률)

수산물 유통의 관리 및 지원에 관한 법률 [시행 2024.4.25, 법률 제19773호, 2023.10.24, 일부개정]
수산물 유통의 관리 및 지원에 관한 법률 시행령 [시행 2023.4.25, 대통령령 제33434호, 2023.4.25, 타법개정]
수산물 유통의 관리 및 지원에 관한 법률 시행규칙 [시행 2023.4.25, 해양수산부령 제602호, 2023.4.25, 타법개정]

(1) 수산물 이력추적관리(법 제27조)

① 다음의 어느 하나에 해당하는 자 중 수산물의 생산·수입부터 판매까지 각 유통단계별로 정보를 기록·관리하는 이력추적관리를 받으려는 자는 해양수산부장관에게 등록하여야 한다.

㉠ 수산물을 생산하는 자

㉡ 수산물을 유통 또는 판매하는 자(표시·포장을 변경하지 아니한 유통·판매자는 제외)

② ①에도 불구하고 대통령령으로 정하는 수산물을 생산하거나 유통 또는 판매하는 자는 해양수산부장관에게 이력추적관리의 등록을 하여야 한다.

> ※ 이력추적관리 의무 등록 대상 수산물(시행령 제15조)
> "대통령령으로 정하는 수산물"이란 다음의 어느 하나에 해당하는 수산물 중에서 해양수산부장관이 정하여 고시하는 것을 말한다.
> 1. 국민 건강에 위해(危害)가 발생할 우려가 있는 수산물로서 위해 발생의 원인규명 및 신속한 조치가 필요한 수산물
> 2. 소비량이 많은 수산물로서 국민 식생활에 미치는 영향이 큰 수산물
> 3. 그 밖에 취급 방법, 유통 경로 등을 고려하여 이력추적관리가 필요하다고 해양수산부장관이 인정하는 수산물

③ ① 또는 ②에 따라 이력추적관리의 등록을 한 자는 해양수산부령으로 정하는 등록사항이 변경된 경우 변경 사유가 발생한 날부터 1개월 이내에 해양수산부장관에게 신고하여야 한다.

④ ①에 따라 이력추적관리의 등록을 한 자는 해당 수산물에 해양수산부령으로 정하는 바에 따라 이력추적관리의 표시를 할 수 있으며, ②에 따라 이력추적관리의 등록을 한 자는 해당 수산물에 이력추적관리의 표시를 하여야 한다.

> ※ 이력추적관리수산물의 표시 등(시행규칙 제28조)
> ① 이력추적관리의 표시는 [별표 2]와 같다.
> ② 이력추적관리의 표시는 다음의 방법에 따른다.
> 1. 포장·용기의 겉면 등에 이력추적관리의 표시를 할 때 : 표시사항을 인쇄하거나 표시사항이 인쇄된 스티커를 부착할 것
> 2. 수산물에 이력추적관리의 표시를 할 때 : 표시대상 수산물에 표시사항이 인쇄된 스티커, 표찰 등을 부착할 것
> 3. 송장(送狀)이나 거래명세표에 이력추적관리 등록의 표시를 할 때 : 표시사항을 적어 이력추적관리 등록을 받았음을 표시할 것

4. 간판이나 차량에 이력추적관리의 표시를 할 때 : 인쇄 등의 방법으로 표지도표를 표시할 것
③ ②에 따라 이력추적관리의 표시가 되어 있는 수산물을 공급받아 소비자에게 직접 판매하는 자는 푯말 또는 표지판으로 이력추적관리의 표시를 할 수 있다. 이 경우 표시내용은 포장 및 거래명세표 등에 적혀 있는 내용과 같아야 한다.

※ **이력추적관리의 표시(시행규칙 [별표 2])**
 1. 이력추적관리수산물의 표시사항
  가. 표 지

  나. 이력추적관리번호 또는 QR코드
 2. 이력추적관리의 표시방법
  가. 색상 및 크기 : 포장재에 따라 표지의 색상 및 크기는 조정할 수 있다.
  나. 위치 : 포장재 주 표시면의 옆면에 표시하되, 포장재의 구조상 옆면에 표시하기 어려울 경우에는 표시위치를 변경할 수 있다.
  다. 표시내용은 소비자가 쉽게 알아볼 수 있도록 인쇄하거나, 스티커, 표찰 등으로 포장재에서 떨어지지 않도록 부착해야 한다.
  라. 이력추적관리표지를 인쇄하거나 부착하기에 부적합한 경우에는 띠 모양의 표지로 표시할 수 있다.
  마. 수출용의 경우에는 해당 국가의 요구에 따라 표시할 수 있다.

〈비 고〉
1. 천일염을 제외한 수산물의 이력추적관리번호 부여방법
 가. 관리번호는 다음의 번호를 연결한 13자리로 구성하며, 다.에 따른 이력추적관리번호 부여 예시와 같이 부여한다.
  1) 첫 네 자리는 국립수산물품질관리원장이 양식장, 어촌계 등에 부여한 등록번호
  2) 등록번호 다음 두 자리는 이력추적관리 등록을 한 자가 부여한 제품유형별 고유번호
  3) 제품유형별 고유번호 다음 두 자리는 연도번호로, 연도의 마지막 두 자리를 사용
  4) 마지막 다섯 자리는 이력추적관리 등록을 한 자가 부여한 식별단위(로트) 번호로 00001번부터 순차적으로 부여하되, 같은 날에 2개 이상의 로트가 발생한 경우에는 로트별로 다르게 부여한다. 수산물 생산 또는 가공, 유통 여건이 다를 경우 번호를 다르게 부여하는 것을 권장한다.
  ※ 이력추적관리번호를 부여한 이력추적관리의 등록을 한 자는 식별단위(로트) 번호 다섯 자리의 내역을 관리하고 있어야 한다.
 나. 식별단위(로트)의 크기는 다음 사항을 참고하여 결정한다.
  1) 식별단위(로트)를 크게 하면 이력추적관리대상 수산물의 관리에 드는 비용 또는 노력이 감소할 수 있으나, 안전성 등 문제 발생 시 위험부담이 증가할 수 있다.
  2) 식별단위(로트)를 작게 하면 이력추적관리대상 수산물의 관리에 비용 또는 노력이 많이 들 수 있으나, 안전성 등 문제 발생 시 대처에 용이할 수 있다.

다. 이력추적관리번호 부여 예시

예 국립수산물품질관리원장이 "0012"의 등록번호를 부여한 A 어촌계 소속의 B가 활바지락(01-활바지락, 02-활고막) 500kg을 생산하여 2008년 8월 20일 C 유통회사(포장)에 출하하고, A 어촌계가 자율적으로 식별단위(로트) 번호를 00001로 부여한 경우 이력추적관리번호는 0012010800001임

※ A 어촌계 대표자는 00001의 아래의 정보를 기록·관리하여야 한다.

00001의 이력 : 생산자(A 어촌계 B), 품목(활바지락), 출하날짜(2008년 8월 20일), 물량(500kg), 출하처(C 유통회사)

2. 천일염에 대한 이력추적관리번호 부여방법

가. 관리번호는 다음과 같이 구성되며, 10자리 또는 그 이상의 번호를 연결하여 부여한다.

1) 첫 네 자리는 연도번호이며, "00" + 연도의 마지막 두 자리를 사용

2) 연도번호 다음 여섯 자리는 출하에 따라 생성되는 관리번호로, 출하물량이 기본 여섯 자리를 초과하게 될 경우 자릿수를 늘려서 번호 부여

3) 1) 및 2)에도 불구하고 이력추적관리 대상 천일염으로 세척 등 단순가공하거나 소분 등 재포장 등을 하는 제품에 대하여 1) 및 2)와 같이 이력추적관리번호의 사용이 곤란한 경우에는 천일염이력추적 관리시스템으로 확인할 수 있는 자율적 관리번호를 사용

나. 이력추적관리번호 부여 예시

• 0016000015 : 2016년도에 천일염이력추적 관리시스템에 15번째로 등록하여 출하된 천일염

• 00161000001 : 2016년도에 천일염이력추적 관리시스템에 1,000,001번째로 등록하여 출하된 천일염 (자릿수 증가)

※ 천일염 생산·유통·판매단계 업체 등에 관한 정보는 관리번호를 통해 천일염이력추적 관리시스템으로 확인이 가능하게 한다.

3. QR코드 부여방법

QR코드는 이력추적관리 등록을 한 자에 대하여 고유의 QR코드를 부여하되, 이력추적관리번호 및 관련 정보를 연계할 수 있도록 부여한다.

⑤ ① 및 ②에 따라 등록된 수산물(이력추적관리수산물)을 생산하거나 유통 또는 판매하는 자는 해양수산부령으로 정하는 이력추적관리기준에 따라 이력추적관리에 필요한 입고·출고 및 관리 내용을 기록하여 보관하여야 한다. 다만, 이력추적관리수산물을 유통 또는 판매하는 자 중 행상 ·노점상 등 대통령령으로 정하는 자는 그러하지 아니하다.

※ 이력추적관리기준 준수 의무 면제자(시행령 제16조)

"행상·노점상 등 대통령령으로 정하는 자"란 다음의 어느 하나에 해당하는 자를 말한다.

1. 부가가치세법 시행령에 따른 노점 또는 행상을 하는 사람

2. 유통업체를 이용하지 아니하고 우편 등을 통하여 수산물을 소비자에게 직접 판매하는 생산자

⑥ 해양수산부장관은 ① 또는 ②에 따라 이력추적관리의 등록을 한 자에 대하여 이력추적관리에 필요한 비용의 전부 또는 일부를 지원할 수 있다.

⑦ 그 밖에 이력추적관리의 대상품목, 등록절차, 등록사항, 그 밖에 등록에 필요한 사항은 해양수산부령으로 정한다.

※ 이력추적관리의 대상품목 및 등록사항(시행규칙 제25조)
　① 수산물의 유통단계별로 정보를 기록·관리하는 이력추적관리의 등록을 하거나 할 수 있는 대상품목은 수산물 중 식용이나 식용으로 가공하기 위한 목적으로 생산·처리된 수산물로 한다.
　② 이력추적관리를 받으려는 자는 다음의 구분에 따른 사항을 등록하여야 한다.
　　1. 생산자(염장, 건조 등 단순처리를 하는 자를 포함한다)
　　　가. 생산자의 성명, 주소 및 전화번호
　　　나. 이력추적관리 대상품목명
　　　다. 양식수산물의 경우 양식장 면적, 천일염의 경우 염전 면적
　　　라. 생산계획량
　　　마. 양식수산물 및 천일염의 경우 양식장 및 염전의 위치, 그 밖의 어획물의 경우 위판장의 주소 또는 어획장소
　　2. 유통자
　　　가. 유통자의 명칭, 주소 및 전화번호
　　　나. 이력추적관리 대상품목명
　　3. 판매자 : 판매자의 명칭, 주소 및 전화번호

(2) 이력추적관리의 등록절차 등(시행규칙 제26조)

① 이력추적관리 등록을 하려는 자는 수산물이력추적관리 등록신청서에 다음의 서류를 첨부하여 국립수산물품질관리원장에게 제출하여야 한다.
　㉠ 이력추적관리 등록을 한 수산물(이력추적관리수산물)의 생산·출하·입고·출고 계획 등을 적은 관리계획서
　㉡ 이력추적관리수산물에 이상이 있는 경우 회수 조치 등을 적은 사후관리계획서
② 국립수산물품질관리원장은 ①에 따른 등록신청을 접수하면 심사일정을 정하여 신청인에게 알려야 한다.
③ 국립수산물품질관리원장은 ①에 따른 이력추적관리의 등록신청을 접수한 경우 수산물 이력추적관리기준에 적합한지를 심사하여야 한다. 이 경우 국립수산물품질관리원장은 소속 심사담당자와 시·도지사 또는 시장·군수·구청장이 추천하는 공무원이나 민간전문가로 심사반을 구성하여 이력추적관리의 등록 여부를 심사할 수 있다.
④ 국립수산물품질관리원장은 ①에 따른 이력추적관리 등록신청인이 생산자집단인 경우에는 전체 구성원에 대하여 각각 ③에 따른 심사를 하여야 한다. 다만, 국립수산물품질관리원장이 정하여 고시하는 경우에는 표본심사의 방법으로 할 수 있다.
⑤ 국립수산물품질관리원장은 ③에 따른 심사 결과 신청내용이 수산물 이력추적관리기준에 적합한 경우에는 이력추적관리 등록을 하고, 그 신청인에게 수산물이력추적관리 등록증(이력추적관리 등록증)을 발급하여야 하며, 심사 결과 신청내용이 수산물 이력추적관리기준에 적합하지 아니한 경우에는 구체적인 사유를 지체 없이 신청인에게 통지하여야 한다.
⑥ 이력추적관리 등록을 한 자가 ⑤에 따라 발급받은 이력추적관리 등록증을 분실한 경우 국립수산물품질관리원장에게 수산물이력추적관리 등록증 재발급 신청서를 제출하여 재발급받을 수 있다.

⑦ ①부터 ⑥까지의 규정에서 정한 사항 외에 이력추적관리의 등록에 필요한 세부적인 절차 및 사후관리 등에 관한 사항은 국립수산물품질관리원장이 정하여 고시한다.

(3) 이력추적관리 등록의 유효기간 등(법 제28조)

① 이력추적관리 등록의 유효기간은 등록한 날부터 3년으로 한다. 다만, 품목의 특성상 달리 적용할 필요가 있는 경우에는 10년의 범위에서 해양수산부령으로 유효기간을 달리 정할 수 있다.

② 다음의 어느 하나에 해당하는 자는 이력추적관리 등록의 유효기간이 끝나기 전에 이력추적관리의 등록을 갱신하여야 한다.

  ㉠ 이력추적관리의 등록을 한 자로서 그 유효기간이 끝난 후에도 계속하여 해당 수산물에 대하여 이력추적관리를 하려는 자

  ㉡ 이력추적관리의 등록을 한 자로서 그 유효기간이 끝난 후에도 계속하여 해당 수산물을 생산하거나 유통 또는 판매하려는 자

③ ②에 따른 등록 갱신을 하지 아니하려는 자가 ①의 등록 유효기간 내에 출하를 종료하지 아니한 제품이 있는 경우에는 해양수산부장관의 승인을 받아 그 제품에 대한 등록 유효기간을 1년의 범위에서 연장할 수 있다. 다만, 등록의 유효기간이 끝나기 전에 출하된 제품은 그 제품의 유통기한이 끝날 때까지 그 등록 표시를 유지할 수 있다.

④ 그 밖에 이력추적관리 등록의 갱신 및 유효기간 연장 절차 등에 필요한 사항은 해양수산부령으로 정한다.

> ※ **이력추적관리 등록의 유효기간(시행규칙 제30조)**
> 양식수산물의 이력추적관리 등록의 유효기간은 5년으로 한다.
>
> ※ **이력추적관리 등록의 갱신(시행규칙 제31조)**
> ① 국립수산물품질관리원장은 이력추적관리 등록의 유효기간이 끝나기 2개월 전까지 해당 이력추적관리의 등록을 한 자에게 이력추적관리 등록의 갱신절차와 갱신신청 기간을 미리 알려야 한다. 이 경우 휴대전화 문자메시지, 전자우편, 팩스, 전화 또는 문서 등으로 통지할 수 있다.
> ② ①에 따른 통지를 받은 자가 이력추적관리의 등록을 갱신하려는 경우에는 이력추적관리 등록 갱신신청서에 수산물이력추적관리 등록신청서에 첨부한 서류 중 변경사항이 있는 서류를 첨부하여 해당 등록의 유효기간이 끝나기 1개월 전까지 국립수산물품질관리원장에게 제출하여야 한다.
> ③ ②에 따른 신청을 받은 국립수산물품질관리원장은 등록 갱신결정을 한 경우에는 이력추적관리 등록증을 다시 발급하여야 한다.

(4) 이력추적관리 자료의 제출(법 제29조)

① 해양수산부장관은 이력추적관리수산물을 생산하거나 유통 또는 판매하는 자에게 수산물의 생산, 입고·출고와 그 밖에 이력추적관리에 필요한 자료제출을 요구할 수 있다.

② 이력추적관리수산물을 생산하거나 유통 또는 판매하는 자는 ①에 따른 자료제출을 요구받은 경우에는 정당한 사유가 없으면 이에 따라야 한다.

③ ①에 따른 자료제출의 범위, 방법, 절차 등에 필요한 사항은 해양수산부령으로 정한다.

(5) 이력추적관리 등록의 취소 등(법 제30조)

① 해양수산부장관은 등록한 자가 다음의 어느 하나에 해당하면 그 등록을 취소하거나 6개월 이내의 기간을 정하여 이력추적관리 표시의 금지를 명할 수 있다. 다만, ㉠ 또는 ㉡에 해당하면 등록을 취소하여야 한다.

㉠ 거짓이나 그 밖의 부정한 방법으로 등록을 받은 경우
㉡ 이력추적관리 표시 금지명령을 위반하여 표시한 경우
㉢ 이력추적관리 등록변경신고를 하지 아니한 경우
㉣ 이력추적관리의 표시방법을 위반한 경우
㉤ 입고·출고 및 관리 내용의 기록 및 보관을 하지 아니한 경우
㉥ 정당한 사유 없이 자료제출 요구를 거부한 경우

※ 이력추적관리의 등록취소 및 표시금지의 기준(시행규칙 [별표 4])

1. 일반기준
   가. 위반행위가 둘 이상인 경우
      1) 각각의 처분기준이 시정명령 또는 등록취소인 경우에는 하나의 위반행위로 본다. 다만, 각각의 처분기준이 표시금지인 경우에는 각각의 처분기준을 합산하여 처분할 수 있다.
      2) 각각의 처분기준이 다른 경우에는 그중 무거운 처분기준을 적용한다. 다만, 각각의 처분기준이 표시금지인 경우에는 무거운 처분기준의 2분의 1까지 가중할 수 있으며, 이 경우 각 처분기준을 합산한 기간을 초과할 수 없다.
   나. 위반행위의 횟수에 따른 행정처분의 기준은 최근 1년간 같은 위반행위로 행정처분을 받은 경우에 적용한다. 이 경우 행정처분 기준의 적용일은 같은 위반행위에 대하여 최초로 행정처분을 한 날과 다시 같은 위반행위를 적발한 날을 기준으로 한다.
   다. 생산자집단 또는 가공업자단체의 구성원의 위반행위에 대해서는 1차적으로 위반행위를 한 구성원에 대하여 행정처분을 하되, 그 구성원이 소속된 조직 또는 단체에 대해서는 그 구성원의 위반정도를 고려하여 처분을 경감하거나 그 구성원에 대한 처분기준보다 한 단계 낮은 처분기준을 적용한다.
   라. 위반행위의 내용으로 보아 고의성이 없거나 그 밖에 특별한 사유가 있다고 인정되는 경우에는 그 처분을 표시금지의 경우에는 2분의 1 범위에서 경감할 수 있고, 등록취소인 경우에는 6개월의 표시금지 처분으로 경감할 수 있다.
   마. 처분권자는 고의 또는 중과실이 없는 위반행위자가 소상공인기본법에 따른 소상공인인 경우에는 다음의 사항을 고려하여 제2호의 개별기준에 따른 처분을 감경할 수 있다. 이 경우 그 처분이 표시금지인 경우에는 그 처분기준의 100분의 70 범위에서 감경할 수 있고, 그 처분이 등록취소(법 제30조제1항제1호 또는 제2호에 해당하는 경우는 제외)인 경우에는 3개월의 표시금지 처분으로 감경할 수 있다. 다만, 다목 및 라목에 따른 감경과 중복하여 적용하지 않는다.
      1) 해당 행정처분으로 위반행위자가 더 이상 영업을 영위하기 어렵다고 객관적으로 인정되는지 여부
      2) 경제위기 등으로 위반행위자가 속한 시장·산업 여건이 현저하게 변동되거나 지속적으로 악화된 상태인지 여부

2. 개별기준

위반행위	위반횟수별 처분기준		
	1차 위반	2차 위반	3차 위반 이상
가. 거짓이나 그 밖의 부정한 방법으로 등록을 받은 경우	등록취소	–	–
나. 이력추적관리 표시 금지명령을 위반하여 계속 표시한 경우	등록취소	–	–
다. 이력추적관리 등록변경신고를 하지 않은 경우	시정명령	표시금지 1개월	표시금지 3개월
라. 이력추적관리의 표시방법을 위반한 경우	표시금지 1개월	표시금지 3개월	등록취소
마. 입고·출고 및 관리 내용의 기록 및 보관을 하지 않은 경우	표시금지 1개월	표시금지 3개월	표시금지 6개월
바. 정당한 사유 없이 자료제출 요구를 거부한 경우	표시금지 1개월	표시금지 3개월	표시금지 6개월

② ①에 따른 등록취소 및 표시금지 등의 기준, 절차 등 세부적인 사항은 해양수산부령으로 정한다.

(6) 수입수산물 유통이력 관리(법 제31조)

① 외국 수산물을 수입하는 자와 수입수산물을 국내에서 거래하는 자는 국민보건을 해칠 우려가 있는 수산물로서 해양수산부장관이 지정하여 고시하는 수산물(유통이력수입수산물)에 대한 유통단계별 거래명세(수입유통이력)를 해양수산부장관에게 신고하여야 한다.

② 수입유통이력 신고의 의무가 있는 자(수입유통이력신고의무자)는 수입유통이력을 장부에 기록(전자적 기록방식을 포함)하고, 그 자료를 거래일부터 1년간 보관하여야 한다.

③ 해양수산부장관은 유통이력수입수산물을 지정할 때 미리 관계 행정기관의 장과 협의하여야 한다.

④ 해양수산부장관은 유통이력수입수산물의 지정, 신고의무 존속기한 및 신고대상 범위 설정 등을 할 때 수입수산물을 국내수산물에 비하여 부당하게 차별하여서는 아니 되며, 이를 이행하는 수입유통이력신고의무자의 부담이 최소화되도록 하여야 한다.

⑤ 그 밖에 유통이력수입수산물별 신고 절차, 수입유통이력의 범위 등에 필요한 사항은 해양수산부장관이 정한다.

(7) 거짓표시 등의 금지(법 제32조)

누구든지 이력추적관리수산물 및 유통이력수입수산물(이력표시수산물)에 다음의 행위를 하여서는 아니 된다.

① 이력표시수산물이 아닌 수산물에 이력표시수산물의 표시를 하거나 이와 비슷한 표시를 하는 행위

② 이력표시수산물에 이력추적관리의 등록을 하지 아니한 수산물이나 수입유통이력 신고를 하지 아니한 수산물을 혼합하여 판매하거나 혼합하여 판매할 목적으로 보관하거나 진열하는 행위

③ 이력표시수산물이 아닌 수산물을 이력표시수산물로 광고하거나 이력표시수산물로 잘못 인식할 수 있도록 광고하는 행위

(8) 이력표시수산물의 사후관리(법 제33조)

① 해양수산부장관은 이력표시수산물의 품질 제고와 소비자 보호를 위하여 필요한 경우에는 관계 공무원에게 다음의 조사 등을 하게 할 수 있다.

ㄱ 이력표시수산물의 표시에 대한 등록 또는 신고 기준에의 적합성 등의 조사

ㄴ 해당 표시를 한 자의 관계 장부 또는 서류의 열람

ㄷ 이력표시수산물의 시료(試料) 수거

> ※ 이력표시수산물에 대한 사후관리(시행령 제17조)
> ① 해양수산부장관은 이력표시수산물(수산물 이력추적관리에 따라 등록된 수산물과 수입수산물 유통이력관리에 따라 해양수산부장관이 고시하는 수산물을 말한다)에 대한 조사, 장부·서류의 열람 또는 시료(試料) 수거를 하려는 경우에는 매년 이력표시수산물 사후관리 계획을 수립하고 그에 따라 이력표시수산물에 대한 조사, 장부·서류의 열람 또는 시료 수거를 실시하여야 한다.
> ② ①에 따른 이력표시수산물에 대한 사후관리 계획은 이력표시수산물의 거래 형태, 규모 등을 고려하여 수립하여야 한다.

② ①에 따라 조사·열람 또는 시료 수거를 할 때 이력표시수산물을 생산하거나 유통 또는 판매하는 자는 정당한 사유 없이 거부·방해하거나 기피하여서는 아니 된다.

③ ①에 따라 이력표시수산물을 조사·열람 또는 시료 수거를 할 때에는 미리 점검이나 조사의 일시, 목적, 대상 등을 점검 또는 조사 대상자에게 알려야 한다. 다만, 긴급한 경우나 미리 알리면 그 목적을 달성할 수 없다고 인정되는 경우에는 알리지 아니할 수 있다.

④ ①에 따라 조사·열람 또는 시료 수거를 하는 관계 공무원은 그 권한을 표시하는 증표를 지니고 이를 관계인에게 보여주어야 하며, 성명·출입시간·출입목적 등이 표시된 문서를 관계인에게 내어주어야 한다.

⑤ 그 밖에 이력표시수산물의 조사·열람 등을 위하여 필요한 사항은 대통령령으로 정한다.

(9) 이력표시수산물에 대한 시정조치(법 제34조)

해양수산부장관은 이력표시수산물이 다음의 어느 하나에 해당하면 대통령령으로 정하는 바에 따라 그 시정을 명하거나 해당 품목의 판매금지 조치를 할 수 있다.

① 등록 또는 신고 기준에 미치지 못하는 경우

② 해당 표시방법을 위반한 경우

2 지리적표시(농수산물 품질관리법)

(1) 지리적표시의 등록(법 제32조)

① 해양수산부장관은 지리적 특성을 가진 수산물 또는 수산가공품의 품질 향상과 지역특화산업 육성 및 소비자 보호를 위하여 지리적표시의 등록제도를 실시한다.

② ①에 따른 지리적표시의 등록은 특정지역에서 지리적 특성을 가진 수산물 또는 수산가공품을 생산하거나 제조·가공하는 자로 구성된 법인만 신청할 수 있다. 다만, 지리적 특성을 가진 수산물 또는 수산가공품의 생산자 또는 가공업자가 1인인 경우에는 법인이 아니라도 등록신청을 할 수 있다.

> ※ **지리적표시의 등록법인 구성원의 가입·탈퇴(시행령 제13조)**
> 법인은 지리적표시의 등록 대상품목의 생산자 또는 가공업자의 가입이나 탈퇴를 정당한 사유 없이 거부하여서는 아니 된다.

③ ②에 해당하는 자로서 ①에 따른 지리적표시의 등록을 받으려는 자는 해양수산부령으로 정하는 등록 신청서류 및 그 부속서류를 해양수산부령으로 정하는 바에 따라 해양수산부장관에게 제출하여야 한다. 등록한 사항 중 해양수산부령으로 정하는 중요 사항을 변경하려는 때에도 같다.

> ※ **지리적표시의 등록 및 변경(시행규칙 제56조)**
> ① 지리적표시의 등록을 받으려는 자는 지리적표시 등록(변경) 신청서에 다음의 서류를 첨부하여 국립수산물품질관리원장에게 제출하여야 한다. 다만, 지리적표시의 등록을 받으려는 자가 상표법 시행령의 서류를 특허청장에게 제출한 경우(2011년 1월 1일 이후에 제출한 경우만 해당)에는 지리적표시 등록(변경) 신청서에 해당 사항을 표시하고 3.부터 6.까지의 서류를 제출하지 아니할 수 있다.
> 1. 정관(법인인 경우만 해당)
> 2. 생산계획서(법인의 경우 각 구성원별 생산계획을 포함)
> 3. 대상품목·명칭 및 품질의 특성에 관한 설명서
> 4. 해당 특산품의 유명성과 역사성을 증명할 수 있는 자료
> 5. 품질의 특성과 지리적 요인과 관계에 관한 설명서
> 6. 지리적표시 대상지역의 범위
> 7. 자체품질기준
> 8. 품질관리계획서
> ② ① 외의 부분 단서에 해당하는 경우 국립수산물품질관리원장은 특허청장에게 해당 서류의 제출 여부를 확인한 후 그 사본을 요청하여야 한다.
> ③ 지리적표시로 등록한 사항 중 다음의 어느 하나의 사항을 변경하려는 자는 지리적표시 등록(변경) 신청서에 변경사유 및 증거자료를 첨부하여 국립수산물품질관리원장에게 제출하여야 한다.
> 1. 등록자
> 2. 지리적표시 대상지역의 범위
> 3. 자체품질기준 중 제품생산기준, 원료생산기준 또는 가공기준
> ④ ①부터 ③까지에 따른 지리적표시의 등록 및 변경에 관한 세부사항은 해양수산부장관이 정하여 고시한다.

④ 해양수산부장관은 ③에 따라 등록 신청을 받으면 지리적표시 등록심의 분과위원회의 심의를 거쳐 ⑨에 따른 등록거절 사유가 없는 경우 지리적표시 등록 신청 공고결정을 하여야 한다.

이 경우 해양수산부장관은 신청된 지리적표시가 상표법에 따른 타인의 상표(지리적표시 단체표장을 포함)에 저촉되는지에 대하여 미리 특허청장의 의견을 들어야 한다.

⑤ 해양수산부장관은 공고결정을 할 때에는 그 결정 내용을 관보와 인터넷 홈페이지에 공고하고, 공고일부터 2개월간 지리적표시 등록 신청서류 및 그 부속서류를 일반인이 열람할 수 있도록 하여야 한다.

⑥ 누구든지 ⑤에 따른 공고일부터 2개월 이내에 이의 사유를 적은 서류와 증거를 첨부하여 해양수산부장관에게 이의신청을 할 수 있다.

⑦ 해양수산부장관은 다음의 경우에는 지리적표시의 등록을 결정하여 신청자에게 알려야 한다.
  ㉠ ⑥에 따른 이의신청을 받았을 때에는 지리적표시 등록심의 분과위원회의 심의를 거쳐 등록을 거절할 정당한 사유가 없다고 판단되는 경우
  ㉡ ⑥에 따른 기간에 이의신청이 없는 경우

⑧ 해양수산부장관이 지리적표시의 등록을 한 때에는 지리적표시권자에게 지리적표시등록증을 교부하여야 한다.

⑨ 해양수산부장관은 ③에 따라 등록 신청된 지리적표시가 다음의 어느 하나에 해당하면 등록의 거절을 결정하여 신청자에게 알려야 한다.
  ㉠ ③에 따라 먼저 등록 신청되었거나, ⑦에 따라 등록된 타인의 지리적표시와 같거나 비슷한 경우
  ㉡ 상표법에 따라 먼저 출원되었거나, 등록된 타인의 상표와 같거나 비슷한 경우
  ㉢ 국내에서 널리 알려진 타인의 상표 또는 지리적표시와 같거나 비슷한 경우
  ㉣ 일반명칭(수산물 또는 수산가공품의 명칭이 기원적(起原的)으로 생산지나 판매장소와 관련이 있지만 오래 사용되어 보통명사화된 명칭을 말한다)에 해당되는 경우
  ㉤ 지리적표시 또는 동음이의어 지리적표시의 정의에 맞지 아니하는 경우
  ㉥ 지리적표시의 등록을 신청한 자가 그 지리적표시를 사용할 수 있는 수산물 또는 수산가공품을 생산·제조 또는 가공하는 것을 업(業)으로 하는 자에 대하여 단체의 가입을 금지하거나 가입조건을 어렵게 정하여 실질적으로 허용하지 아니한 경우

⑩ ①부터 ⑨까지에 따른 지리적표시 등록 대상품목, 대상지역, 신청자격, 심의·공고의 절차, 이의신청 절차 및 등록거절 사유의 세부기준 등에 필요한 사항은 대통령령으로 정한다.

(2) 지리적표시의 대상지역(시행령 제12조)

지리적표시의 등록을 위한 지리적표시 대상지역은 자연환경적 및 인적 요인을 고려하여 다음의 어느 하나에 따라 구획하여야 한다. 다만, 인삼산업법에 따른 인삼류의 경우에는 전국을 단위로 하나의 대상지역으로 한다.
① 해당 품목의 특성에 영향을 주는 지리적 특성이 동일한 행정구역, 산, 강 등에 따를 것

② 해당 품목의 특성에 영향을 주는 지리적 특성, 서식지 및 어획·채취의 환경이 동일한 연안해역 (연안관리법에 따른 연안해역)에 따를 것. 이 경우 연안해역은 위도와 경도로 구분하여야 한다.

(3) 지리적표시의 심의·공고·열람 및 이의신청 절차(시행령 제14조)

① 해양수산부장관은 지리적표시의 등록 또는 중요 사항의 변경등록 신청을 받으면 그 신청을 받은 날부터 30일 이내에 지리적표시 분과위원회에 심의를 요청하여야 한다.

② 지리적표시 분과위원장은 ①에 따른 요청을 받은 경우 해양수산부령으로 정하는 바에 따라 심의를 위한 현지 확인반을 구성하여 현지 확인을 하도록 하여야 한다. 다만, 중요 사항의 변경등록 신청을 받아 ①에 따른 요청을 받은 경우에는 지리적표시 분과위원회의 심의 결과 현지 확인이 필요하지 아니하다고 인정하면 이를 생략할 수 있다.

> ※ 현지 확인반 구성 등(시행규칙 제56조의2)
> ① 현지 확인반은 지리적표시 등록심의 분과위원회(지리적표시 분과위원회) 위원 1인 이상을 포함하여 관련 분야 전문가 등 총 5인 이내로 구성한다. 이 경우 대상지역의 해당 품목과 이해관계가 있는 자는 반원으로 할 수 없다.
> ② 현지 확인반은 제출된 서류의 내용에 대한 사실 여부 등을 확인하여야 하며, 현지 확인 종료 후 결과보고서를 지리적표시 분과위원회에 제출하여야 한다.
> ③ 현지 확인반의 반원으로 ②에 따른 현지 확인에 참여한 자에 대해서는 예산의 범위 안에서 수당과 여비 그 밖에 필요한 경비를 지급할 수 있다.

③ 해양수산부장관은 지리적표시 분과위원회에서 지리적표시의 등록 또는 중요 사항의 변경등록을 하기에 부적합한 것으로 의결되면 지체 없이 그 사유를 구체적으로 밝혀 신청인에게 알려야 한다. 다만, 부적합한 사항이 30일 이내에 보완될 수 있다고 인정되면 일정 기간을 정하여 신청인에게 보완하도록 할 수 있다.

④ 공고결정에는 다음의 사항을 포함하여야 한다.
ㄱ 신청인의 성명·주소 및 전화번호
ㄴ 지리적표시 등록 대상품목 및 등록 명칭
ㄷ 지리적표시 대상지역의 범위
ㄹ 품질, 그 밖의 특징과 지리적 요인의 관계
ㅁ 신청인의 자체 품질기준 및 품질관리계획서
ㅂ 지리적표시 등록 신청서류 및 그 부속서류의 열람 장소

⑤ 해양수산부장관은 이의신청에 대하여 지리적표시 분과위원회의 심의를 거쳐 그 결과를 이의신청인에게 알려야 한다.

⑥ ①부터 ⑤까지에서 규정한 사항 외에 지리적표시의 심의·공고·열람 및 이의신청 등에 필요한 사항은 해양수산부령으로 정한다.

① 이의신청을 하려는 자는 지리적표시의 등록신청에 대한 이의신청서에 이의 사유와 증거자료를 첨부하여 국립수산물품질관리원장에게 제출하여야 한다.
② 국립수산물품질관리원장은 지리적표시 분과위원회가 지리적표시의 등록을 하기에 적합하지 아니한 것으로 심의·의결한 경우에는 그 사유를 구체적으로 밝혀 지체 없이 지리적표시의 등록신청인에게 알려야 한다.

(4) 지리적표시의 등록거절 사유의 세부기준(시행령 제15조)

지리적표시 등록거절 사유의 세부기준은 다음과 같다.

① 해당 품목이 수산물인 경우에는 지리적표시 대상지역에서만 생산된 것이 아닌 경우

② 해당 품목이 수산가공품인 경우에는 지리적표시 대상지역에서만 생산된 수산물을 주원료로 하여 해당 지리적표시 대상지역에서 가공된 것이 아닌 경우

③ 해당 품목의 우수성이 국내 및 국외에서 모두 널리 알려지지 아니한 경우

④ 해당 품목이 지리적표시 대상지역에서 생산된 역사가 깊지 않은 경우

⑤ 해당 품목의 명성·품질 또는 그 밖의 특성이 본질적으로 특정지역의 생산환경적 요인과 인적 요인 모두에 기인하지 아니한 경우

⑥ 그 밖에 해양수산부장관이 지리적표시 등록에 필요하다고 인정하여 고시하는 기준에 적합하지 않은 경우

(5) 지리적표시의 등록공고 등(시행규칙 제58조)

① 국립수산물품질관리원장은 지리적표시의 등록을 결정한 경우에는 다음의 사항을 공고하여야 한다.
㉠ 등록일 및 등록번호
㉡ 지리적표시 등록자의 성명, 주소(법인의 경우에는 그 명칭 및 영업소의 소재지) 및 전화번호
㉢ 지리적표시 등록 대상품목 및 등록 명칭
㉣ 지리적표시 대상지역의 범위
㉤ 품질의 특성과 지리적 요인의 관계
㉥ 등록자의 자체품질기준 및 품질관리계획서

② 국립수산물품질관리원장은 지리적표시를 등록한 경우에는 지리적표시 등록증을 발급하여야 한다.

③ 국립수산물품질관리원장은 지리적표시의 등록을 취소하였을 때에는 다음의 사항을 공고하여야 한다.
㉠ 취소일 및 등록번호
㉡ 지리적표시 등록 대상품목 및 등록 명칭
㉢ 지리적표시 등록자의 성명, 주소(법인의 경우에는 그 명칭 및 영업소의 소재지) 및 전화번호

ㄹ 취소사유

④ ① 및 ③에 따른 지리적표시의 등록 및 등록 취소의 공고에 관한 세부사항은 해양수산부장관이 정하여 고시한다.

> ※ **지리적표시 원부(법 제33조)**
> ① 해양수산부장관은 지리적표시 원부(原簿)에 지리적표시권의 설정·이전·변경·소멸·회복에 대한 사항을 등록·보관한다.
> ② ①에 따른 지리적표시 원부는 그 전부 또는 일부를 전자적으로 생산·관리할 수 있다.
> ③ ① 및 ②에 따른 지리적표시 원부의 등록·보관 및 생산·관리에 필요한 세부사항은 해양수산부령으로 정한다.

(6) 지리적표시권(법 제34조)

① 지리적표시 등록을 받은 자(지리적표시권자)는 등록한 품목에 대하여 지리적표시권을 갖는다.

② 지리적표시권은 다음의 어느 하나에 해당하면 이해당사자 상호 간에 대하여는 그 효력이 미치지 아니한다.

ㄱ 동음이의어 지리적표시. 다만, 해당 지리적표시가 특정지역의 상품을 표시하는 것이라고 수요자들이 뚜렷하게 인식하고 있어 해당 상품의 원산지와 다른 지역을 원산지인 것으로 혼동하게 하는 경우는 제외한다.

ㄴ 지리적표시 등록신청서 제출 전에 상표법에 따라 등록된 상표 또는 출원심사 중인 상표

ㄷ 지리적표시 등록신청서 제출 전에 종자산업법 및 식물신품종 보호법에 따라 등록된 품종 명칭 또는 출원심사 중인 품종 명칭

ㄹ 지리적표시 등록을 받은 수산물 또는 수산가공품(지리적표시품)과 동일한 품목에 사용하는 지리적 명칭으로서 등록 대상지역에서 생산되는 수산물 또는 수산가공품에 사용하는 지리적 명칭

③ 지리적표시권자는 지리적표시품에 해양수산부령으로 정하는 바에 따라 지리적표시를 할 수 있다.

> ※ **지리적표시품의 표시방법(시행규칙 제60조)**
> 지리적표시권자가 그 표시를 하려면 지리적표시품의 포장·용기의 겉면 등에 등록 명칭을 표시하여야 하며, [별표 15]에 따른 지리적표시품의 표시를 하여야 한다. 다만, 포장하지 아니하고 판매하거나 낱개로 판매하는 경우에는 대상품목에 스티커를 부착하거나 표지판 또는 푯말로 표시할 수 있다.

> ※ **지리적표시품의 표시(시행규칙 [별표 15])**
> 1. 제도법
>   가. 도형표시
>   1) 표지도형의 가로의 길이(사각형의 왼쪽 끝과 오른쪽 끝의 폭 : W)를 기준으로 세로의 길이는 0.95×W의 비율로 한다.
>   2) 표지도형의 흰색모양과 바깥 테두리(좌·우 및 상단부만 해당)의 간격은 0.1×W로 한다.
>   3) 표지도형의 흰색모양 하단부 좌측 태극의 시작점은 상단부에서 0.55×W 아래가 되는 지점으로 하고, 우측 태극의 끝점은 상단부에서 0.75×W 아래가 되는 지점으로 한다.
>   나. 표지도형의 한글 및 영문 글자는 고딕체로 하고, 글자 크기는 표지도형의 크기에 따라 조정한다.

다. 표지도형의 색상은 파란색을 기본색상으로 하고, 포장재의 색깔 등을 고려하여 녹색 또는 빨간색으로 할 수 있다.

라. 표지도형 내부의 "지리적표시", "(PGI)" 및 "PGI"의 글자 색상은 표지도형 색상과 동일하게 하고, 하단의 "해양수산부"와 "MOF KOREA"의 글자는 흰색으로 한다.

마. 배색 비율은 녹색 C80 + Y100, 파란색 C100 + M70, 빨간색 M100 + Y100 + K10으로 한다.

2. 표시사항

	등록 명칭 :　　　　　(영문등록 명칭)
	지리적표시관리기관 명칭, 지리적표시 등록 제　　호
	생산자(등록법인의 명칭) :
	주소(전화) :
이 상품은 농수산물 품질관리법에 따라 지리적표시가 보호되는 제품입니다.	

3. 표시방법

가. 크기 : 포장재의 크기에 따라 표지와 글자의 크기를 키우거나 줄일 수 있다.

나. 위치 : 포장재 주 표시면의 옆면에 표시하되, 포장재 구조상 옆면에 표시하기 어려울 경우에는 표시위치를 변경할 수 있다.

다. 표시내용은 소비자가 쉽게 알아볼 수 있도록 인쇄하거나 스티커로 포장재에서 떨어지지 않도록 부착하여야 한다.

라. 포장하지 않고 낱개로 판매하는 경우나 소포장 등으로 지리적표시품의 표지를 인쇄하거나 부착하기에 부적합한 경우에는 표지와 등록 명칭만 표시할 수 있다.

마. 글자의 크기(포장재 15kg 기준)

　1) 등록 명칭(한글, 영문) : 가로 2.0cm(57포인트) × 세로 2.5cm(71포인트)

　2) 등록번호, 생산자(등록법인의 명칭), 주소(전화) : 가로 1cm(28포인트) × 세로 1.5cm(43포인트)

　3) 그 밖의 문자 : 가로 0.8cm(23포인트) × 세로 1cm(28포인트)

바. 2.의 표시사항 중 표준규격, 우수관리인증 등 다른 규정 또는 양곡관리법 등 다른 법률에 따라 표시하고 있는 사항은 그 표시를 생략할 수 있다.

(7) 지리적표시권의 이전 및 승계(법 제35조)

지리적표시권은 타인에게 이전하거나 승계할 수 없다. 다만, 다음의 어느 하나에 해당하면 해양수산부장관의 사전 승인을 받아 이전하거나 승계할 수 있다.

① 법인 자격으로 등록한 지리적표시권자가 법인명을 개정하거나 합병하는 경우

② 개인 자격으로 등록한 지리적표시권자가 사망한 경우

(8) 권리침해의 금지청구권 등(법 제36조)

① 지리적표시권자는 자신의 권리를 침해한 자 또는 침해할 우려가 있는 자에게 그 침해의 금지 또는 예방을 청구할 수 있다.

② 다음의 어느 하나에 해당하는 행위는 지리적표시권을 침해하는 것으로 본다.

　㉠ 지리적표시권이 없는 자가 등록된 지리적표시와 같거나 비슷한 표시(동음이의어 지리적표시의 경우에는 해당 지리적표시가 특정지역의 상품을 표시하는 것이라고 수요자들이 뚜렷하게

인식하고 있어 해당 상품의 원산지와 다른 지역을 원산지인 것으로 수요자로 하여금 혼동하게 하는 지리적표시만 해당)를 등록품목과 같거나 비슷한 품목의 제품·포장·용기·선전물 또는 관련 서류에 사용하는 행위

ⓒ 등록된 지리적표시를 위조하거나 모조하는 행위

ⓒ 등록된 지리적표시를 위조하거나 모조할 목적으로 교부·판매·소지하는 행위

ⓔ 그 밖에 지리적표시의 명성을 침해하면서 등록된 지리적표시품과 같거나 비슷한 품목에 직접 또는 간접적인 방법으로 상업적으로 이용하는 행위

(9) 손해배상청구권 등(법 제37조)

① 지리적표시권자는 고의 또는 과실로 자신의 지리적표시에 관한 권리를 침해한 자에게 손해배상을 청구할 수 있다. 이 경우 지리적표시권자의 지리적표시권을 침해한 자에 대하여는 그 침해행위에 대하여 그 지리적표시가 이미 등록된 사실을 알았던 것으로 추정한다.

② ①에 따른 손해액의 추정 등에 관하여는 상표법을 준용한다.

(10) 거짓표시 등의 금지(법 제38조)

① 누구든지 지리적표시품이 아닌 수산물 또는 수산가공품의 포장·용기·선전물 및 관련 서류에 지리적표시나 이와 비슷한 표시를 하여서는 아니 된다.

② 누구든지 지리적표시품에 지리적표시품이 아닌 수산물 또는 수산가공품을 혼합하여 판매하거나 혼합하여 판매할 목적으로 보관 또는 진열하여서는 아니 된다.

(11) 지리적표시품의 사후관리(법 제39조)

① 해양수산부장관은 지리적표시품의 품질수준 유지와 소비자 보호를 위하여 관계 공무원에게 다음의 사항을 지시할 수 있다.

ⓐ 지리적표시품의 등록기준에의 적합성 조사

ⓑ 지리적표시품의 소유자·점유자 또는 관리인 등의 관계 장부 또는 서류의 열람

ⓒ 지리적표시품의 시료를 수거하여 조사하거나 전문시험기관 등에 시험 의뢰

② ①에 따른 조사·열람 또는 수거에 관하여는 제13조 제2항 및 제3항을 준용한다.

③ ①에 따라 조사·열람 또는 수거를 하는 관계 공무원에 관하여는 제13조 제4항을 준용한다.

④ 해양수산부장관은 지리적표시의 등록 제도의 활성화를 위하여 다음의 사업을 할 수 있다.

ⓐ 지리적표시의 등록 제도의 홍보 및 지리적표시품의 판로지원에 관한 사항

ⓑ 지리적표시의 등록 제도의 운영에 필요한 교육·훈련에 관한 사항

ⓒ 지리적표시 관련 실태조사에 관한 사항

(12) 지리적표시품의 표시 시정 등(법 제40조)

농림축산식품부장관 또는 해양수산부장관은 지리적표시품이 다음의 어느 하나에 해당하면 대통령령으로 정하는 바에 따라 시정을 명하거나 판매의 금지, 표시의 정지 또는 등록의 취소를 할 수 있다.

① 등록기준에 미치지 못하게 된 경우

② 표시방법을 위반한 경우

③ 해당 지리적표시품 생산량의 급감 등 지리적표시품 생산계획의 이행이 곤란하다고 인정되는 경우

※ **시정명령 등의 처분기준(시행령 제11조 및 제16조)**

표준규격품, 품질인증품 또는 지리적표시품에 대한 시정명령, 표시정지, 인증취소 또는 등록취소에 관한 기준은 [별표 1]과 같다.

※ **시정명령 등의 처분기준(시행령 [별표 1])**

1. 일반기준

가. 위반행위가 둘 이상인 경우

1) 각각의 처분기준이 시정명령, 인증취소 또는 등록취소인 경우에는 하나의 위반행위로 간주한다. 다만, 각각의 처분기준이 표시정지인 경우에는 각각의 처분기준을 합산하여 처분할 수 있다.

2) 각각의 처분기준이 다른 경우에는 그중 무거운 처분기준을 적용한다. 다만, 각각의 처분기준이 표시정지인 경우에는 무거운 처분기준의 2분의 1까지 가중할 수 있으며, 이 경우 각 처분기준을 합산한 기간을 초과할 수 없다.

나. 위반행위의 횟수에 따른 행정처분의 기준은 최근 1년간 같은 위반행위로 행정처분을 받는 경우에 적용한다. 이 경우 행정처분 기준의 적용은 같은 위반행위에 대하여 최초로 행정처분을 한 날과 다시 같은 위반행위로 적발한 날을 기준으로 한다.

다. 생산자단체의 구성원의 위반행위에 대해서는 1차적으로 위반행위를 한 구성원에 대하여 행정처분을 하되, 그 구성원이 소속된 조직 또는 단체에 대해서는 그 구성원의 위반의 정도를 고려하여 처분을 경감하거나 그 구성원에 대한 처분기준보다 한 단계 낮은 처분기준을 적용한다.

라. 위반행위의 내용으로 보아 고의성이 없거나 특별한 사유가 있다고 인정되는 경우에는 그 처분을 표시정지의 경우에는 2분의 1의 범위에서 경감할 수 있고, 인증취소·등록취소인 경우에는 6개월 이상의 표시정지 처분으로 경감할 수 있다.

2. 개별기준

가. 표준규격품

위반행위	행정처분 기준		
	1차 위반	2차 위반	3차 위반
1) 표준규격품 의무표시사항이 누락된 경우	시정명령	표시정지 1개월	표시정지 3개월
2) 표준규격이 아닌 포장재에 표준규격품의 표시를 한 경우	시정명령	표시정지 1개월	표시정지 3개월
3) 표준규격품의 생산이 곤란한 사유가 발생한 경우	표시정지 6개월	–	–
4) 내용물과 다르게 거짓표시나 과장된 표시를 한 경우	표시정지 1개월	표시정지 3개월	표시정지 6개월

나. 품질인증품

위반행위	행정처분 기준		
	1차 위반	2차 위반	3차 위반
1) 의무표시사항이 누락된 경우	시정명령	표시정지 1개월	표시정지 3개월
2) 품질인증을 받지 아니한 제품을 품질인증품으로 표시한 경우	인증취소	–	–
3) 품질인증기준에 위반한 경우	표시정지 3개월	표시정지 6개월	–
4) 품질인증품의 생산이 곤란하다고 인정되는 사유가 발생한 경우	인증취소	–	–
5) 내용물과 다르게 거짓표시 또는 과장된 표시를 한 경우	표시정지 1개월	표시정지 3개월	인증취소

다. 지리적표시품

위반행위	행정처분 기준		
	1차 위반	2차 위반	3차 위반
1) 지리적표시품 생산계획의 이행이 곤란하다고 인정되는 경우	등록취소	–	–
2) 등록된 지리적표시품이 아닌 제품에 지리적표시를 한 경우	등록취소	–	–
3) 지리적표시품이 등록기준에 미치지 못하게 된 경우	표시정지 3개월	등록취소	–
4) 의무표시사항이 누락된 경우	시정명령	표시정지 1개월	표시정지 3개월
5) 내용물과 다르게 거짓표시나 과장된 표시를 한 경우	표시정지 1개월	표시정지 3개월	등록취소

(13) 지리적표시심판위원회 등

① 지리적표시심판위원회(법 제42조)

ⓐ 해양수산부장관은 다음의 사항을 심판하기 위하여 해양수산부장관 소속으로 지리적표시심 판위원회(심판위원회)를 둔다.

- 지리적표시에 관한 심판 및 재심
- 지리적표시 등록거절 또는 등록취소에 대한 심판 및 재심
- 그 밖에 지리적표시에 관한 사항 중 대통령령으로 정하는 사항

ⓒ 심판위원회는 위원장 1명을 포함한 10명 이내의 심판위원으로 구성한다.

ⓒ 심판위원회의 위원장은 심판위원 중에서 해양수산부장관이 정한다.

ⓔ 심판위원은 관계 공무원과 지식재산권 분야나 지리적표시 분야의 학식과 경험이 풍부한 사람 중에서 해양수산부장관이 위촉한다.

ⓜ 심판위원의 임기는 3년으로 하며, 한 차례만 연임할 수 있다.

ⓗ 심판위원회의 구성·운영에 관한 사항과 그 밖에 필요한 사항은 대통령령으로 정한다.

② 지리적표시심판위원회의 구성(시행령 제17조)
  ㉠ 심판위원회의 위원은 다음의 어느 하나에 해당하는 사람 중에서 해양수산부장관이 임명 또는 위촉하는 사람으로 한다.
    • 해양수산부 소속 공무원 중 3급·4급의 일반직 국가공무원이나 고위공무원단에 속하는 일반직공무원인 사람
    • 특허청 소속 공무원 중 3급·4급의 일반직 국가공무원이나 고위공무원단에 속하는 일반직 공무원 중 특허청에서 2년 이상 심사관으로 종사한 사람
    • 변호사나 변리사 자격이 있는 사람
    • 지식재산권 분야나 지리적표시 분야의 학식과 경험이 풍부한 사람
  ㉡ 심판위원회의 사무를 처리하기 위하여 심판위원회에 간사 2명과 서기 2명을 둔다.
  ㉢ ㉠에 따른 간사와 서기는 해양수산부장관이 그 소속 공무원 중에서 각각 1명을 임명한다.
    ※ **심판위원의 해임 및 해촉(시행령 제17조의2)**
    해양수산부장관은 심판위원이 다음의 어느 하나에 해당하는 경우에는 해당 심판위원을 해임 또는 해촉(解囑)할 수 있다.
    1. 심신장애로 인하여 직무를 수행할 수 없게 된 경우
    2. 직무와 관련된 비위사실이 있는 경우
    3. 직무태만, 품위손상이나 그 밖의 사유로 인하여 심판위원으로 적합하지 아니하다고 인정되는 경우
    4. 심판위원 스스로 직무를 수행하는 것이 곤란하다고 의사를 밝히는 경우

③ 심판위원회의 운영(시행령 제18조)
  ㉠ 심판위원회 위원장은 심판청구를 받으면 심판번호를 부여하고, 그 사건에 대하여 심판위원을 지정하여 그 청구를 한 자에게 심판번호와 심판위원 지정을 서면으로 알려야 한다. 이 경우 그 사건에 대하여 지리적표시 분과위원회의 분과위원으로 심의에 관여한 위원이나 심판 청구에 이해관계가 있는 위원은 심판위원으로 지정될 수 없다.
  ㉡ 심판위원회는 심리(審理)의 종결을 당사자 및 참가인에게 알려야 한다.
  ㉢ 심판위원회는 심판의 결정을 하려면 다음의 사항을 적은 결정서를 작성하고 기명날인하여야 한다.
    • 심판번호
    • 당사자·참가인의 성명 및 주소(법인의 경우에는 그 명칭, 대표자의 성명 및 영업소의 소재지)
    • 당사자·참가인의 대리인의 성명 및 주소나 영업소의 소재지(대리인이 있는 경우만 해당)
    • 심판사건의 표시
    • 결정의 주문 및 그 이유
    • 결정 연월일

(14) 지리적표시의 무효심판(법 제43조)

① 지리적표시에 관한 이해관계인 또는 지리적표시 등록심의 분과위원회는 지리적표시가 다음의 어느 하나에 해당하면 무효심판을 청구할 수 있다.

　㉠ 등록거절 사유에 해당하는 경우에도 불구하고 등록된 경우

　㉡ 지리적표시 등록이 된 후에 그 지리적표시가 원산지 국가에서 보호가 중단되거나 사용되지 아니하게 된 경우

② ①에 따른 심판은 청구의 이익이 있으면 언제든지 청구할 수 있다.

③ ①의 ㉠에 따라 지리적표시를 무효로 한다는 심결이 확정되면 그 지리적표시권은 처음부터 없었던 것으로 보고, ①의 ㉡에 따라 지리적표시를 무효로 한다는 심결이 확정되면 그 지리적표시권은 그 지리적표시가 ①의 ㉡에 해당하게 된 때부터 없었던 것으로 본다.

④ 심판위원회의 위원장은 ①의 심판이 청구되면 그 취지를 해당 지리적표시권자에게 알려야 한다.

(15) 지리적표시의 취소심판(법 제44조)

① 지리적표시가 다음의 어느 하나에 해당하면 그 지리적표시의 취소심판을 청구할 수 있다.

　㉠ 지리적표시 등록을 한 후 지리적표시의 등록을 한 자가 그 지리적표시를 사용할 수 있는 수산물 또는 수산가공품을 생산 또는 제조·가공하는 것을 업으로 하는 자에 대하여 단체의 가입을 금지하거나 어려운 가입조건을 규정하는 등 단체의 가입을 실질적으로 허용하지 아니한 경우 또는 그 지리적표시를 사용할 수 없는 자에 대하여 등록 단체의 가입을 허용한 경우

　㉡ 지리적표시 등록 단체 또는 그 소속 단체원이 지리적표시를 잘못 사용함으로써 수요자로 하여금 상품의 품질에 대하여 오인하게 하거나 지리적 출처에 대하여 혼동하게 한 경우

② ①에 따른 취소심판은 취소 사유에 해당하는 사실이 없어진 날부터 3년이 지난 후에는 청구할 수 없다.

③ ①에 따른 취소심판을 청구한 경우에는 청구 후 그 심판청구 사유에 해당하는 사실이 없어진 경우에도 취소 사유에 영향을 미치지 아니한다.

④ ①에 따른 취소심판은 누구든지 청구할 수 있다.

⑤ 지리적표시 등록을 취소한다는 심결이 확정된 때에는 그 지리적표시권은 그때부터 소멸된다.

3 심판청구 등

(1) 등록거절 등에 대한 심판(법 제45조)

지리적표시 등록의 거절을 통보받은 자 또는 등록이 취소된 자는 이의가 있으면 등록거절 또는 등록취소를 통보받은 날부터 30일 이내에 심판을 청구할 수 있다.

(2) 심판청구 방식(법 제46조)

① 지리적표시의 무효심판·취소심판 또는 지리적표시 등록의 취소에 대한 심판을 청구하려는 자는 다음의 사항을 적은 심판청구서에 신청자료를 첨부하여 심판위원회의 위원장에게 제출하여야 한다.

    ㉠ 당사자의 성명과 주소(법인인 경우에는 그 명칭, 대표자의 성명 및 영업소 소재지)

    ㉡ 대리인이 있는 경우에는 그 대리인의 성명 및 주소나 영업소 소재지(대리인이 법인인 경우에는 그 명칭, 대표자의 성명 및 영업소 소재지)

    ㉢ 지리적표시 명칭

    ㉣ 지리적표시 등록일 및 등록번호

    ㉤ 등록취소 결정일(등록의 취소에 대한 심판청구만 해당한다)

    ㉥ 청구의 취지 및 그 이유

② 지리적표시 등록거절에 대한 심판을 청구하려는 자는 다음의 사항을 적은 심판청구서에 신청자료를 첨부하여 심판위원회의 위원장에게 제출하여야 한다.

    ㉠ 당사자의 성명과 주소(법인인 경우에는 그 명칭, 대표자의 성명 및 영업소 소재지)

    ㉡ 대리인이 있는 경우에는 그 대리인의 성명 및 주소나 영업소 소재지(대리인이 법인인 경우에는 그 명칭, 대표자의 성명 및 영업소 소재지)

    ㉢ 등록신청 날짜

    ㉣ 등록거절 결정일

    ㉤ 청구의 취지 및 그 이유

③ ①과 ②에 따라 제출된 심판청구서를 보정(補正)하는 경우에는 그 요지를 변경할 수 없다. 다만, ①의 ㉥과 ②의 ㉤의 청구의 이유는 변경할 수 있다.

④ 심판위원회의 위원장은 ① 또는 ②에 따라 청구된 심판에 지리적표시 이의신청에 관한 사항이 포함되어 있으면 그 취지를 지리적표시의 이의신청자에게 알려야 한다.

(3) 심판의 방법(법 제47조)

① 심판위원회의 위원장은 심판이 청구되면 심판하게 한다.

② 심판위원은 직무상 독립하여 심판한다.

(4) 심판위원의 지정 등(법 제48조)

① 심판위원회의 위원장은 심판의 청구 건별로 합의체를 구성할 심판위원을 지정하여 심판하게 한다.

② 심판위원회의 위원장은 ①의 심판위원 중 심판의 공정성을 해칠 우려가 있는 사람이 있으면 다른 심판위원에게 심판하게 할 수 있다.

③ 심판위원회의 위원장은 ①에 따라 지정된 심판위원 중에서 1명을 심판장으로 지정하여야 한다.

④ ③에 따라 지정된 심판장은 심판위원회의 위원장으로부터 지정받은 심판사건에 관한 사무를 총괄한다.

(5) 심판의 합의체(법 제49조)

① 심판은 3명의 심판위원으로 구성되는 합의체가 한다.

② ①의 합의체의 합의는 과반수의 찬성으로 결정한다.

③ 심판의 합의는 공개하지 아니한다.

(6) 재심의 청구(법 제51조)

① 심판의 당사자는 심판위원회에서 확정된 심결에 대하여 이의가 있으면 재심을 청구할 수 있다.

② ①의 재심청구에 관하여는 민사소송법을 준용한다.

(7) 사해심결에 대한 불복청구(법 제52조)

① 심판의 당사자가 공모하여 제3자의 권리 또는 이익을 침해할 목적으로 심결을 하게 한 경우에 그 제3자는 그 확정된 심결에 대하여 재심을 청구할 수 있다.

② ①에 따른 재심청구의 경우에는 심판의 당사자를 공동피청구인으로 한다.

(8) 재심에 의하여 회복된 지리적표시권의 효력제한(법 제53조)

다음의 어느 하나에 해당하는 경우 지리적표시권의 효력은 해당 심결이 확정된 후 재심청구의 등록 전에 선의로 한 행위에는 미치지 아니한다.

① 지리적표시권이 무효로 된 후 재심에 의하여 그 효력이 회복된 경우

② 등록거절에 대한 심판청구가 받아들여지지 아니한다는 심결이 있었던 지리적표시 등록에 대하여 재심에 의하여 지리적표시권의 설정등록이 있는 경우

(9) 심결 등에 대한 소송(법 제54조)

① ①에 따른 심결에 대한 소송은 특허법원의 전속관할로 한다.

② ①에 따른 소송은 당사자, 참가인 또는 해당 심판이나 재심에 참가신청을 하였으나 그 신청이 거부된 자만 제기할 수 있다.

③ 소송은 심결 또는 결정의 등본을 송달받은 날부터 60일 이내에 제기하여야 한다.

④ ③의 기간은 불변기간으로 한다.

⑤ 심판을 청구할 수 있는 사항에 관한 소송은 심결에 대한 것이 아니면 제기할 수 없다.

⑥ 특허법원의 판결에 대하여는 대법원에 상고할 수 있다.

03 유전자변형수산물의 표시

1 유전자변형수산물의 표시 등

(1) 유전자변형수산물의 표시(법 제56조)

① 유전자변형수산물을 생산하여 출하하는 자, 판매하는 자 또는 판매할 목적으로 보관·진열하는 자는 대통령령으로 정하는 바에 따라 해당 수산물에 유전자변형수산물임을 표시하여야 한다.

② ①에 따른 유전자변형수산물의 표시대상품목, 표시기준 및 표시방법 등에 필요한 사항은 대통령령으로 정한다.

(2) 유전자변형수산물의 표시대상품목(시행령 제19조)

유전자변형수산물의 표시대상품목은 식품위생법에 따른 안전성 평가 결과 식품의약품안전처장이 식용으로 적합하다고 인정하여 고시한 품목으로 한다.

(3) 유전자변형수산물의 표시기준 등(시행령 제20조)

① 유전자변형수산물에는 해당 수산물이 유전자변형수산물임을 표시하거나, 유전자변형수산물이 포함되어 있음을 표시하거나, 유전자변형수산물이 포함되어 있을 가능성이 있음을 표시하여야 한다.

② 유전자변형수산물의 표시는 해당 수산물의 포장·용기의 표면 또는 판매장소 등에 하여야 한다.

③ ① 및 ②에 따른 유전자변형수산물의 표시기준 및 표시방법에 관한 세부사항은 식품의약품안전처장이 정하여 고시한다.

④ 식품의약품안전처장은 유전자변형수산물인지를 판정하기 위하여 필요한 경우 시료의 검정기관을 지정하여 고시하여야 한다.

2 거짓표시 등의 금지 등

(1) 거짓표시 등의 금지(법 제57조)

유전자변형수산물의 표시를 하여야 하는 자(유전자변형수산물 표시의무자)는 다음의 행위를 하여서는 아니 된다.

① 유전자변형수산물의 표시를 거짓으로 하거나 이를 혼동하게 할 우려가 있는 표시를 하는 행위

② 유전자변형수산물의 표시를 혼동하게 할 목적으로 그 표시를 손상·변경하는 행위

③ 유전자변형수산물의 표시를 한 수산물에 다른 수산물을 혼합하여 판매하거나 혼합하여 판매할 목적으로 보관 또는 진열하는 행위

(2) 유전자변형수산물 표시의 조사(법 제58조)

① 식품의약품안전처장은 제56조(유전자변형수산물의 표시) 및 제57조(거짓표시 등의 금지)에 따른 유전자변형수산물의 표시 여부, 표시사항 및 표시방법 등의 적정성과 그 위반 여부를 확인하기 위하여 대통령령으로 정하는 바에 따라 관계 공무원에게 유전자변형표시 대상 수산물을 수거하거나 조사하게 하여야 한다. 다만, 수산물의 유통량이 현저하게 증가하는 시기 등 필요할 때에는 수시로 수거하거나 조사하게 할 수 있다.

② ①에 따른 수거 또는 조사에 관하여는 제13조 제2항 및 제3항을 준용한다.

③ ①에 따라 수거 또는 조사를 하는 관계 공무원에 관하여는 제13조 제4항을 준용한다.

> **※ 유전자변형수산물의 표시 등의 조사(시행령 제21조)**
> ① 유전자변형표시 대상 수산물의 수거·조사는 업종·규모·거래품목 및 거래형태 등을 고려하여 식품의약품안전처장이 정하는 기준에 해당하는 영업소에 대하여 매년 1회 실시한다.
> ② ①에 따른 수거·조사의 방법 등에 관하여 필요한 사항은 총리령으로 정한다.

> **※ 유전자변형수산물의 표시에 대한 정기적인 수거·조사의 방법 등(유전자변형농수산물의 표시 및 농수산물의 안전성조사 등에 관한 규칙 제4조)**
> 유전자변형수산물의 표시 등의 조사에 따른 정기적인 수거·조사는 지방식품의약품안전청장이 유전자변형수산물에 대하여 대상 업소, 수거·조사의 방법·시기·기간 및 대상품목 등을 포함하는 정기 수거·조사 계획을 매년 세우고, 이에 따라 실시한다.

(3) 유전자변형수산물의 표시 위반에 대한 처분(법 제59조)

① 식품의약품안전처장은 제56조(유전자변형수산물의 표시) 또는 제57조(거짓표시 등의 금지)를 위반한 자에 대하여 다음의 어느 하나에 해당하는 처분을 할 수 있다.
　㉠ 유전자변형수산물 표시의 이행·변경·삭제 등 시정명령
　㉡ 유전자변형 표시를 위반한 수산물의 판매 등 거래행위의 금지

② 식품의약품안전처장은 제57조(거짓표시 등의 금지)를 위반한 자에게 ①에 따른 처분을 한 경우에는 처분을 받은 자에게 해당 처분을 받았다는 사실을 공표할 것을 명할 수 있다.

③ 식품의약품안전처장은 유전자변형수산물 표시의무자가 제57조(거짓표시 등의 금지)를 위반하여 ①에 따른 처분이 확정된 경우 처분내용, 해당 영업소와 수산물의 명칭 등 처분과 관련된 사항을 대통령령으로 정하는 바에 따라 인터넷 홈페이지에 공표하여야 한다.

> **※ 공표명령의 기준·방법 등(시행령 제22조)**
> ① 공표명령의 대상자는 처분을 받은 자 중 다음의 어느 하나의 경우에 해당하는 자로 한다.
>   1. 표시위반물량이 수산물의 경우에는 10톤 이상인 경우
>   2. 표시위반물량의 판매가격 환산금액이 수산물인 경우에는 5억원 이상인 경우
>   3. 적발일을 기준으로 최근 1년 동안 처분을 받은 횟수가 2회 이상인 경우
> ② 공표명령을 받은 자는 지체 없이 다음의 사항이 포함된 공표문을 신문 등의 진흥에 관한 법률에 따라 등록한 전국을 보급지역으로 하는 1개 이상의 일반일간신문에 게재하여야 한다.

1. "농수산물 품질관리법 위반사실의 공표"라는 내용의 표제
2. 영업의 종류
3. 영업소의 명칭 및 주소
4. 수산물의 명칭
5. 위반내용
6. 처분권자, 처분일 및 처분내용

③ 식품의약품안전처장은 지체 없이 다음의 사항을 식품의약품안전처의 인터넷 홈페이지에 게시하여야 한다.
1. "농수산물 품질관리법 위반사실의 공표"라는 내용의 표제
2. 영업의 종류
3. 영업소의 명칭 및 주소
4. 농수산물의 명칭
5. 위반내용
6. 처분권자, 처분일 및 처분내용

④ 식품의약품안전처장은 공표를 명하려는 경우에는 위반행위의 내용 및 정도, 위반기간 및 횟수, 위반행위로 인하여 발생한 피해의 범위 및 결과 등을 고려하여야 한다. 이 경우 공표명령을 내리기 전에 해당 대상자에게 소명자료를 제출하거나 의견을 진술할 수 있는 기회를 주어야 한다.

⑤ 식품의약품안전처장은 공표를 하기 전에 해당 대상자에게 소명자료를 제출하거나 의견을 진술할 수 있는 기회를 주어야 한다.

04 │ 수산물의 안전성조사 등

1 안전성조사

(1) 안전관리계획(법 제60조)

① 식품의약품안전처장은 수산물의 품질 향상과 안전한 수산물의 생산·공급을 위한 안전관리계획을 매년 수립·시행하여야 한다.

② 시·도지사 및 시장·군수·구청장은 관할 지역에서 생산·유통되는 수산물의 안전성을 확보하기 위한 세부추진계획을 수립·시행하여야 한다.

③ ①에 따른 안전관리계획 및 ②에 따른 세부추진계획에는 안전성조사, 위험평가 및 잔류조사, 농어업인에 대한 교육, 그 밖에 총리령으로 정하는 사항을 포함하여야 한다.

※ 안전관리계획 등(유전자변형농수산물의 표시 및 농수산물의 안전성조사 등에 관한 규칙 제5조)
"총리령으로 정하는 사항"이란 다음을 말한다.
1. 소비자 교육·홍보·교류 등
2. 안전성 확보를 위한 조사·연구
3. 그 밖에 식품의약품안전처장이 수산물의 안전성 확보를 위하여 필요하다고 인정하는 사항

④ 식품의약품안전처장은 시·도지사 및 시장·군수·구청장에게 ②에 따른 세부추진계획 및 그 시행 결과를 보고하게 할 수 있다.

(2) 안전성조사(법 제61조)

① 식품의약품안전처장이나 시·도지사는 수산물의 안전관리를 위하여 수산물 또는 수산물의 생산에 이용·사용하는 어장·용수(用水)·자재 등에 대하여 다음의 조사(안전성조사)를 하여야 한다.

  ㉠ 생산단계 : 총리령으로 정하는 안전기준에의 적합 여부
  ㉡ 저장단계 및 출하되어 거래되기 이전 단계 : 식품위생법 등 관계 법령에 따른 잔류허용기준 등의 초과 여부

  ※ **생산단계의 안전기준(유전자변형농수산물의 표시 및 농수산물의 안전성조사 등에 관한 규칙 제6조)**
  식품의약품안전처장은 수산물의 안전성 확보를 위하여 국내외 연구 자료나 위험평가 결과 등을 고려하여 생산단계의 수산물과 수산물의 생산에 이용·사용하는 어장·용수·자재 등(수산물 등)에 대한 유해물질의 안전기준을 정하여 고시한다.

② 식품의약품안전처장은 ①의 ㉠에 따른 생산단계 안전기준을 정할 때에는 관계 중앙행정기관의 장과 협의하여야 한다.

③ 안전성조사의 대상품목 선정, 대상지역 및 절차 등에 필요한 세부적인 사항은 총리령으로 정한다.

  ※ **안전성조사의 대상품목(유전자변형농수산물의 표시 및 농수산물의 안전성조사 등에 관한 규칙 제7조)**
  ① 안전성조사의 대상품목은 생산량과 소비량 등을 고려하여 안전관리계획으로 정한다.
  ② ①에 따른 대상품목의 구체적인 사항은 식품의약품안전처장이 정한다.

  ※ **안전성조사의 대상지역 등(유전자변형농수산물의 표시 및 농수산물의 안전성조사 등에 관한 규칙 제8조)**
  ① 안전성조사의 대상지역은 수산물의 생산장소, 저장장소, 도매시장, 집하장, 위판장 및 공판장 등으로 하되, 유해물질의 오염이 우려되는 장소에 대하여 우선적으로 안전성조사를 하여야 한다.
  ② 수산물 안전성조사의 대상은 단계별 특성에 따라 다음과 같이 한다.
    1. 생산단계 조사 : 다음에 해당하는 것을 대상으로 할 것
      가. 저장 과정을 거치지 아니하고 출하하는 수산물
      나. 수산물의 생산에 이용·사용하는 어장·용수·자재 등
    2. 저장단계 조사 : 저장 과정을 거치는 수산물 중 생산자가 저장하는 수산물을 대상으로 할 것
    3. 출하되어 거래되기 전 단계 조사 : 수산물의 도매시장, 집하장, 위판장 또는 공판장 등에 출하되어 거래되기 전 단계에 있는 수산물을 대상으로 할 것
  ③ 안전성조사는 ②에 따른 각 조사의 단계별로 시료(試料)를 수거하여 조사하는 방법으로 한다.
  ④ ①부터 ③까지에서 규정한 사항 외에 안전성조사에 필요한 사항은 식품의약품안전처장이 정하여 고시한다.

※ 안전성조사의 절차 등(유전자변형농수산물의 표시 및 농수산물의 안전성조사 등에 관한 규칙 제9조)

① 안전성조사의 대상 유해물질은 식품의약품안전처장이 매년 안전관리계획으로 정한다. 다만, 국립수산과학원장, 국립수산물품질관리원장 또는 특별시장·광역시장·특별자치시장·도지사·특별자치도지사(시·도지사)는 재배면적, 부적합률 등을 고려하여 안전성조사의 대상 유해물질을 식품의약품안전처장과 협의하여 조정할 수 있다.

② 안전성조사를 위한 시료 수거는 수산물 등의 생산량과 소비량 등을 고려하여 대상품목을 우선 선정한다.

③ 국립농산물품질관리원장, 국립수산물품질관리원장 또는 시·도지사는 법에 따라 시료 수거를 하는 경우 시료 수거 내역서를 발급해야 한다.

④ 시료의 분석방법은 식품위생법 등 관계 법령에서 정한 분석방법을 준용한다. 다만, 분석능률의 향상을 위하여 국립수산과학원장 또는 국립수산물품질관리원장이 정하는 분석방법을 사용할 수 있다.

⑤ ①부터 ④까지의 규정에 따른 안전성조사의 세부사항은 식품의약품안전처장이 정하여 고시한다.

⑥ 무상으로 수거할 수 있는 농수산물 등의 종류 및 수거량은 [별표 1]과 같다.

※ 안전성조사의 시료수거 장소 등(수산물 안전성조사 업무처리 세부실시요령 제7조)

① 안전성조사 시료수거 장소는 다음과 같다.
   1. 생산단계 : 해면·내수면양식장·운반선 등
   2. 저장단계 : 냉장·냉동보관창고 등
   3. 출하되어 거래되기 전 단계 : 도매시장, 집하장, 위판장, 공판장 등

② 안전성조사 대상수산물은 다음과 같다.
   1. 생산단계 : 출하 또는 출하 대기 중인 수산물. 다만, 사용이 금지된 유해물질 등의 사용 여부 조사가 필요할 때에는 양식 중인 수산물도 수거할 수 있다.
   2. 저장단계 : 생산자가 보관하는 수산물
   3. 출하되어 거래되기 전 단계 : 도매시장, 집하장, 위판장, 공판장 등에 출하되어 중·도매인 등에게 거래되기 전에 있는 수산물

※ 안전성조사 잔류허용기준 및 대상품목(수산물 안전성조사 업무처리 세부실시요령 [별표 1])

항 목	기준 및 규격	대상품목
1. 중금속		
1) 수 은	0.5mg/kg 이하	어류(냉동식용어류머리 및 냉동식용어류내장 포함, 메틸수은 대상품목 제외)·연체류
2) 메틸수은	1.0mg/kg 이하	쏨뱅이류(적어포함, 연안성 제외), 금눈돔, 칠성상어, 얼룩상어, 악상어, 청상아리, 곱상어, 귀상어, 은상어, 청새리상어, 흑기흉상어, 다금바리, 체장메기(홍메기), 블랙오레오도리(*Allocyttus niger*), 남방달고기(*Pseudocyttus maculatus*), 오렌지라피(*Hoplostethus atlanticus*), 붉평치, 먹장어(연안성 제외), 흑점샛돔(은샛돔), 이빨고기, 은민대구(뉴질랜드계군에 한함), 은대구, 다랑어류, 돛새치, 청새치, 녹새치, 백새치, 황새치, 몽치다래, 물치다래 * 상기 수산물의 냉동식용어류머리 및 냉동식용 어류 내장 포함

항 목	기준 및 규격	대상품목
3) 납	2.0mg/kg 이하	• 연체류(다만, 오징어는 1.0mg/kg 이하, 내장을 포함한 낙지는 2.0mg/kg 이하)
	0.5mg/kg 이하	• 어류[냉동식용어류머리 및 냉동식용어류내장(다만, 두족류는 2.0mg/kg 이하) 포함], 갑각류(다만, 내장을 포함한 꽃게류는 2.0mg/kg 이하), 해조류는 미역(미역귀 포함)에 한함
4) 카드뮴	0.1mg/kg 이하	• 어류(민물 및 회유어류에 한함)
	0.2mg/kg 이하	• 어류(해양어류에 한함)
	2.0mg/kg 이하	• 연체류(다만, 오징어는 1.5mg/kg 이하, 내장을 포함한 낙지는 3.0mg/kg 이하)
	1.0mg/kg 이하	• 갑각류(다만 내장을 포함한 꽃게류는 5.0mg/kg 이하)
	0.3mg/kg 이하	• 해조류[김(조미김 포함) 또는 미역(미역귀 포함)에 한함]
	3.0mg/kg 이하	• 냉동식용 어류내장(다만, 어류의 알은 1.0mg/kg 이하, 두족류는 2.0mg/kg 이하)

2. 방사능

항 목	기준 및 규격	대상품목
1) ^{131}I	100Bq/kg 이하	모든 수산물
2) $^{134}CS + ^{137}CS$	100Bq/kg 이하	

3. 식중독균

항 목	기준 및 규격	대상품목
1) 장염비브리오	1g당 100 이하	더 이상의 가열조리를 하지 않고 섭취할 수 있도록 비가식부위(비늘, 아가미, 내장 등) 제거, 세척 등 위생처리한 수산물
2) 황색포도상구균		
3) 살모넬라	n=5, c=0, m=0/25g	
4) 리스테리아모노사이토제네스		
5) 비브리오 패혈증		
6) 비브리오 콜레라		

4. 동물용의약품 등

항 목	기준 및 규격	대상품목
1) 옥시테트라 사이클린 / 클로르테트라사이클린 / 테트라사이클린	0.2mg/kg 이하 (합으로서)	양식 어류·갑각류·전복
2) 독시사이클린	0.05mg/kg 이하	양식 어류
3) 스피라마이신	0.2mg/kg 이하	양식 어류·갑각류
4) 옥소린산	0.1mg/kg 이하	
5) 플루메퀸	0.5mg/kg 이하	
6) 엔로플록사신	0.1mg/kg 이하 (합으로서)	
7) 시프로플록사신		
8) 설파제	0.1mg/kg 이하 (합으로서)	양식 어류
9) 아목시실린	0.05mg/kg 이하	양식 어류·갑각류
10) 암피실린	0.05mg/kg 이하	
11) 린코마이신	0.1mg/kg 이하	
12) 콜리스틴	0.15mg/kg 이하	
13) 에리스로마이신	0.2mg/kg 이하	
14) 델타메트린	0.03mg/kg 이하	양식 어류
15) 날리딕스산	0.03mg/kg 이하	

항 목	기준 및 규격	대상품목
16) 디플록사신	0.3mg/kg 이하	양식 어류·갑각류
17) 세팔렉신	0.2mg/kg 이하	
18) 조사마이신	0.05mg/kg 이하	양식 어류
19) 오르메토프림	0.1mg/kg 이하	
20) 티암페니콜	0.05mg/kg 이하	
21) 키타사마이신	0.2mg/kg 이하	
22) 플로르페니콜	0.2mg/kg 이하 0.1mg/kg 이하	• 양식 어류 • 양식 갑각류
23) 겐타마이신	0.1mg/kg 이하	양식 어류
24) 네오마이신	0.5mg/kg 이하	양식 어류·갑각류
25) 티아물린	0.1mg/kg 이하	양식 어류
26) 트리메토프림	0.05mg/kg 이하	양식 어류·갑각류
27) 클린다마이신	0.1mg/kg 이하	양식 어류
28) 프라지콴텔	0.02mg/kg 이하	
29) 비치오놀	0.01mg/kg 이하	
30) 페노뷰카브	0.01mg/kg 이하	
31) 푸마길린	0.01mg/kg 이하	
32) 데하이드로콜산	0.01mg/kg 이하	
33) 세파드록실	0.01mg/kg 이하	
34) 이소유게놀	0.01mg/kg 이하	
35) 트리클로르폰	0.01mg/kg 이하	
36) 세프티오퍼	0.4mg/kg 이하	
5. 패류독소		
1) 마비성패독(PSP)	0.8mg/kg 이하	패류, 피낭류(멍게, 미더덕, 오만둥이 등)
2) 설사성패독(DSP)	0.16mg/kg 이하	이매패류
3) 기억상실성 패독(ASP)	20mg/kg 이하	패류, 갑각류
6. 복어독		
1) 육 질	10MU/g 이하	식용 가능한 복어(복섬, 흰점복, 졸복, 매리복, 검복, 황복, 눈불개복, 자주복, 참복, 까치복, 민밀복, 은밀복, 흑밀복, 불룩복, 황점복, 강담복, 가시복, 리투로가시복, 잔점박이가시복, 거북복, 까칠복)
2) 껍 질	10MU/g 이하	
7. 금지물질		
1) 말라카이트그린		
2) 클로람페니콜		
3) 니트로푸란계		
4) DES		
5) MPA	불검출	양식 수산물
6) 겐티안 바이올렛		
7) 메틸렌 블루		
8) 노르플록사신		
9) 오플록사신		
10) 페플록사신		

항 목	기준 및 규격	대상품목
8. 에톡시퀸	1.0mg/kg 이하	어 류
	0.2mg/kg 이하	갑각류
9. 멜라민	2.5mg/kg 이하	모든 수산물
10. 벤조피렌	2.0μg/kg 이하	어 류
	10.0μg/kg 이하	패 류
	5.0μg/kg 이하	연체류(패류는 제외) 및 갑각류
	5.0μg/kg 이하	훈제어육(다만, 건조제품은 제외)
	10.0μg/kg 이하	훈제건조어육[생물로 기준 적용(건조로 인하여 수분함량이 변화된 경우 수분함량을 고려하여 적용)하며, 물로 추출하여 제조하는 제품의 원료로 사용하는 경우에 한하여 이 기준을 적용하지 아니할 수 있다. 다만, 이 경우 물로 추출한 추출물에서는 벤조피렌이 검출되어서는 아니 된다]
11. PCBs	0.3mg/kg 이하	어 류
12. 히스타민	200mg/kg 이하	냉동어류, 염장어류, 통조림, 건조 또는 절단 등 단순 처리한 것(어육, 필렛, 건멸치 등). 단, 고등어, 다랑어류, 연어, 꽁치, 청어, 멸치, 삼치, 정어리, 몽치다래, 물치다래, 방어에 한함

(3) 출입 · 수거 · 조사 등(법 제62조)

① 식품의약품안전처장이나 시 · 도지사는 안전성조사, 위험평가 또는 잔류조사를 위하여 필요하면 관계 공무원에게 농수산물 생산시설(생산 · 저장소, 생산에 이용 · 사용되는 자재창고, 사무소, 판매소, 그 밖에 이와 유사한 장소를 말한다)에 출입하여 다음의 시료 수거 및 조사 등을 하게 할 수 있다. 이 경우 무상으로 시료 수거를 하게 할 수 있다.

   ㉠ 수산물과 수산물의 생산에 이용 · 사용되는 토양 · 용수 · 자재 등의 시료 수거 및 조사

   ㉡ 해당 수산물을 생산, 저장, 운반 또는 판매(농산물만 해당)하는 자의 관계 장부나 서류의 열람

② ①에 따른 출입 · 수거 · 조사 또는 열람을 하고자 할 때는 미리 조사 등의 목적, 기간과 장소, 관계 공무원 성명과 직위, 범위와 내용 등을 조사 등의 대상자에게 알려야 한다. 다만, 긴급한 경우 또는 미리 알리면 증거인멸 등으로 조사 등의 목적을 달성할 수 없다고 판단되는 경우에는 현장에서 본문의 사항 등이 기재된 서류를 조사 등의 대상자에게 제시하여야 한다.

③ ①에 따라 출입 · 수거 · 조사 또는 열람을 하는 관계 공무원은 그 권한을 나타내는 증표를 지니고 이를 조사 등의 대상자에게 내보여야 한다.

④ 농수산물을 생산, 저장, 운반 또는 판매하는 자는 ①에 따른 출입 · 수거 · 조사 또는 열람을 거부 · 방해하거나 기피하여서는 아니 된다.

(4) 안전성조사 결과에 따른 조치(법 제63조)

① 식품의약품안전처장이나 시·도지사는 생산과정에 있는 수산물 또는 수산물의 생산을 위하여 이용·사용하는 어장·용수·자재 등에 대하여 안전성조사를 한 결과 생산단계 안전기준을 위반하였거나 유해물질에 오염되어 인체의 건강을 해칠 우려가 있는 경우에는 해당 수산물을 생산한 자 또는 소유한 자에게 다음의 조치를 하게 할 수 있다.

    ㉠ 해당 수산물의 폐기, 용도 전환, 출하 연기 등의 처리

    ㉡ 해당 수산물의 생산에 이용·사용한 어장·용수·자재 등의 개량 또는 이용·사용의 금지

    ㉢ 해당 양식장의 수산물에 대한 일시적 출하 정지 등의 처리

    ㉣ 그 밖에 총리령으로 정하는 조치

② 식품의약품안전처장이나 시·도지사는 ①의 ㉠에 해당하여 폐기 조치를 이행하여야 하는 생산자 또는 소유자가 그 조치를 이행하지 아니하는 경우에는 행정대집행법에 따라 대집행을 하고 그 비용을 생산자 또는 소유자로부터 징수할 수 있다.

③ ①에도 불구하고 식품의약품안전처장이나 시·도지사가 광산피해의 방지 및 복구에 관한 법률에 따른 광산피해로 인하여 불가항력적으로 ①의 생산단계 안전기준을 위반하게 된 것으로 인정하는 경우에는 시·도지사 또는 시장·군수·구청장이 해당 농수산물을 수매하여 폐기할 수 있다.

④ 식품의약품안전처장이나 시·도지사는 저장 중이거나 출하되어 거래되기 전의 수산물에 대하여 안전성조사를 한 결과 식품위생법 등에 따른 유해물질의 잔류허용기준 등을 위반한 사실이 확인될 경우 해당 행정기관에 그 사실을 알려 적절한 조치를 할 수 있도록 하여야 한다.

※ 안전성조사 결과에 대한 조치(유전자변형농수산물의 표시 및 농수산물의 안전성조사 등에 관한 규칙 제10조)

  ① 국립수산물품질관리원장 또는 시·도지사는 안전성조사 결과 생산단계 안전기준에 위반된 경우에는 해당 수산물을 생산한 자 또는 소유한 자에게 다음의 조치를 하도록 그 처리방법 및 처리기한을 정하여 알려 주어야 한다.

    1. 해당 수산물(생산자가 저장하고 있는 수산물을 포함한다)의 유해물질이 시간이 지남에 따라 분해·소실되어 일정 기간이 지난 후에 식용으로 사용하는 데 문제가 없다고 판단되는 경우 : 해당 유해물질이 식품위생법 등에 따른 잔류허용기준 이하로 감소하는 기간까지 출하 연기

    2. 해당 수산물의 유해물질의 분해·소실 기간이 길어 국내에 식용으로 출하할 수 없으나, 사료·공업용 원료 및 수출용 등 다른 용도로 사용할 수 있다고 판단되는 경우 : 다른 용도로 전환

    3. 1. 또는 2.에 따른 방법으로 처리할 수 없는 수산물의 경우 : 일정한 기간을 정하여 폐기

  ② 국립수산물품질관리원장 또는 시·도지사는 안전성조사 결과 생산단계 안전기준에 위반된 경우에는 해당 수산물을 생산하거나 해당 수산물 생산에 이용·사용되는 어장·용수·자재 등을 소유한 자에게 다음의 조치를 하도록 그 처리방법 및 처리기한을 정하여 알려 주어야 한다.

    1. 객토(客土 : 새 흙 넣기), 정화(淨化) 등의 방법으로 유해물질 제거가 가능하다고 판단되는 경우 : 해당 수산물 생산에 이용·사용되는 어장·용수·자재 등의 개량

    2. 유해물질이 시간이 지남에 따라 분해·소실되어 일정 기간이 지난 후에 이용·사용하는 데에 문제가 없다고 판단되는 경우 : 해당 유해물질이 잔류허용기준 이하로 감소하는 기간까지 수산물의 생산에 해당 어장·용수·자재 등의 이용·사용 중지

3. 1. 또는 2.에 따른 방법으로 조치할 수 없는 경우 : 수산물의 생산에 해당 어장·용수·자재 등의 이용·사용 금지

(5) 안전성검사기관의 지정 등(법 제64조)

① 식품의약품안전처장은 안전성조사 업무의 일부와 시험분석 업무를 전문적·효율적으로 수행하기 위하여 안전성검사기관을 지정하고 안전성조사와 시험분석 업무를 대행하게 할 수 있다.

② ①에 따라 안전성검사기관으로 지정받으려는 자는 안전성조사와 시험분석에 필요한 시설과 인력을 갖추어 식품의약품안전처장에게 신청하여야 한다. 다만, 안전성검사기관 지정이 취소된 후 2년이 지나지 아니하면 안전성검사기관 지정을 신청할 수 없다.

③ ①에 따라 지정을 받은 안전성검사기관은 지정받은 사항 중 업무 범위의 변경 등 총리령으로 정하는 중요한 사항을 변경하고자 하는 때에는 미리 식품의약품안전처장의 승인을 받아야 한다. 다만, 총리령으로 정하는 경미한 사항을 변경할 때에는 변경사항 발생일부터 1개월 이내에 식품의약품안전처장에게 신고하여야 한다.

※ 안전성검사기관의 지정사항 변경 등(유전자변형농수산물의 표시 및 농수산물의 안전성조사 등에 관한 규칙 제11조의2)

① "업무 범위의 변경 등 총리령으로 정하는 중요한 사항"이란 다음의 사항을 말한다.
1. 기관명 또는 실험실 소재지
2. 업무 범위
3. 검사 분야 또는 유해물질 항목
② ①의 어느 하나에 해당하는 사항에 관하여 변경승인을 받으려는 자는 안전성검사기관 지정사항 변경승인 신청서에 변경내용을 증명할 수 있는 서류를 첨부하여 국립수산물품질관리원장에게 제출해야 한다. 이 경우 변경승인 신청을 받은 국립수산물품질관리원장은 서류 검토 또는 현장조사를 하여 신청 내용이 지정기준에 적합한 경우에는 안전성검사기관 지정서에 변경된 내용을 적어 신청인에게 다시 내주어야 한다.
③ "총리령으로 정하는 경미한 사항"이란 다음의 사항을 말한다.
1. 대표자(법인만 해당한다) 또는 대표자 성명
2. 분석실의 면적, 주요장비, 분석기구 또는 검사원 현황
④ ③의 어느 하나에 해당하는 사항에 관하여 변경신고를 하려는 자는 안전성검사기관 지정사항 변경신고서에 변경내용을 증명할 수 있는 서류를 첨부하여 국립수산물품질관리원장에게 제출해야 한다. 이 경우 변경신고를 받은 국립수산물품질관리원장은 안전성검사기관 지정서에 변경된 내용을 적어 신청인에게 다시 내주어야 한다.

④ ①에 따른 안전성검사기관 지정의 유효기간은 지정받은 날부터 3년으로 한다. 다만, 식품의약품안전처장은 1년을 초과하지 아니하는 범위에서 한 차례만 유효기간을 연장할 수 있다.

⑤ ④의 단서에 따라 지정의 유효기간을 연장받으려는 자는 총리령으로 정하는 바에 따라 식품의약품안전처장에게 연장 신청을 하여야 한다.

※ 안전성검사기관의 지정 유효기간 연장(유전자변형농수산물의 표시 및 농수산물의 안전성조사 등에 관한 규칙 제11조의3)
  ① 안전성검사기관 지정의 유효기간을 연장 받으려는 자는 안전성검사기관 유효기간 연장신청서(전자문서로 된 신청서를 포함한다)에 연장 사유를 증명하는 서류를 첨부하여 지정의 유효기간이 끝나기 90일 전부터 45일 전까지 국립수산물품질관리원장에게 제출해야 한다.
  ② ①에 따른 연장 신청을 받은 국립수산물품질관리원장은 그 유효기간을 연장하기로 결정한 경우에는 안전성검사기관 지정서에 그 내용을 적어 신청인에게 다시 내주어야 한다.
  ③ 국립수산물품질관리원장은 시험·검사기관 지정의 유효기간이 끝나기 90일 전까지 안전성검사기관으로 지정받은 자에게 휴대폰 문자전송, 전자우편, 팩스, 전화 또는 문서 등의 방법으로 ①에 따른 유효기간 연장 신청기간 및 연장 절차를 알려야 한다.

⑥ ④ 및 ⑤에 따른 지정의 유효기간이 만료된 후에도 계속하여 해당 업무를 하려는 자는 유효기간이 만료되기 전까지 다시 ①에 따른 지정을 받아야 한다.

⑦ ① 및 ②에 따른 안전성검사기관의 지정 기준·절차, 업무 범위, ③에 따른 변경의 절차 및 ⑥에 따른 재지정 기준·절차 등에 필요한 사항은 총리령으로 정한다.

※ 안전성검사기관의 지정기준 등(유전자변형농수산물의 표시 및 농수산물의 안전성조사 등에 관한 규칙 제11조)
  ① 안전성검사기관으로 지정받으려는 자는 안전성검사기관 지정신청서에 다음의 서류를 첨부하여 국립수산물품질관리원장에게 제출해야 한다.
    1. 정관(법인인 경우만 해당한다)
    2. 안전성조사 및 시험분석 업무의 범위 및 유해물질의 항목 등을 적은 사업계획서
    3. 안전성검사기관의 지정기준을 갖추었음을 증명할 수 있는 서류
    4. 안전성조사 및 시험분석의 절차 및 방법 등을 적은 업무 규정
  ② ①에 따른 신청서를 받은 국립수산물품질관리원장은 전자정부법에 따른 행정정보의 공동이용을 통하여 법인 등기사항증명서(법인인 경우만 해당한다)를 확인하여야 한다.
  ③ 국립수산물품질관리원장은 ①에 따른 안전성검사기관의 지정신청을 받은 경우에는 ⑥에 따른 안전성검사기관의 지정기준에 적합한지를 심사하고, 심사 결과 적합한 경우에는 안전성검사기관으로 지정하고 그 지정 사실 및 안전성검사기관이 수행하는 업무의 범위 등을 관보 또는 인터넷 홈페이지를 통하여 알려야 한다.
  ④ 국립수산물품질관리원장은 ③에 따라 안전성검사기관을 지정하였을 때에는 안전성검사기관 지정서를 발급하여야 한다.
  ⑤ ①부터 ④까지의 규정에 따른 안전성검사기관 지정의 세부 절차 및 운영 등에 필요한 사항은 식품의약품안전처장이 정하여 고시한다.
  ⑥ 안전성검사기관의 지정기준은 [별표 2]와 같다.

※ 안전성검사기관의 지정기준(유전자변형농수산물의 표시 및 농수산물의 안전성조사 등에 관한 규칙 [별표 2])
  1. 분석실의 면적
    가. 분석실 면적은 안전성조사 및 시험분석 업무 수행에 지장이 없어야 한다.
    나. 분석실은 전처리실, 일반실험실, 기기분석실 등이 구분되어 오염을 방지할 수 있어야 한다.
  2. 분석기구의 기준
    지정을 신청한 안전성조사와 시험분석의 검사 분야 및 유해물질 항목에 따라 다음의 기준 및 규격 등에서 정하는 요건에 맞는 분석기구를 갖추어야 한다.

가. 식품위생법에 따른 식품에 관한 기준 및 규격

나. 비료관리법 시행령에 따른 비료의 품질 검사방법 및 시료 채취기준

다. 환경분야 시험·검사 등에 관한 법률에 따른 수질오염물질 분야에 대한 환경오염공정시험기준

라. 환경분야 시험·검사 등에 관한 법률에 따른 토양오염물질 분야에 대한 환경오염공정시험기준

마. 환경분야 시험·검사 등에 관한 법률에 따른 잔류성오염물질 분야에 대한 환경오염공정시험기준

바. 해양환경관리법에 따른 해양환경공정시험기준

사. 그 밖에 제9조제4항에 따른 식품의약품안전처장, 국립농산물품질관리원장, 국립수산과학원장 또는 국립수산물품질관리원장이 정하는 분석방법

3. 검사원의 기준

가. 검사원은 다음의 어느 하나에 해당하는 사람으로서 식품의약품안전처에서 실시하는 안전성조사요령 등 교육을 받아 검사업무를 원활히 수행할 수 있어야 한다.

1) 고등교육법의 전문대학에서 분석과 관련이 있는 학과를 이수하여 졸업한 사람 또는 이와 같은 수준 이상의 자격이 있는 사람

2) 식품기술사, 식품기사, 식품산업기사, 농화학기술사, 농화학기사, 위생사, 토양환경기사, 수산양식기사, 수질환경산업기사 또는 분석과 관련된 이와 같은 수준 이상의 자격을 갖춘 사람

3) 1) 및 2) 외의 사람으로서 해당 안전성검사 분야에서 2년 이상 종사한 경험이 있는 사람

나. 검사원의 수

1) 가.의 자격기준에 적합한 사람 6명 이상으로 한다. 다만, 유해물질 분석업무 분야만 지정받은 경우는 4명 이상으로 할 수 있다.

2) 검사원 중 이화학 분야 1명과 미생물 분야 1명(미생물분야 신청 시)은 반드시 포함되어야 하며, 이화학 분야 1명과 미생물 분야 1명은 대학 졸업자의 경우 2년 이상, 전문대학 졸업자의 경우 4년 이상 연구·검사·검정과 관련된 검사기관의 해당 분야 시험·검사 분야의 검사업무 경력이 있어야 한다.

4. 업무규정

업무규정에는 다음 사항이 포함되어야 한다.

가. 안전성조사 또는 시험분석 절차 및 방법

나. 안전성조사 또는 시험분석 사후관리

다. 검사원 준수사항 및 검사원의 자체관리·감독 요령

라. 검사원 자체교육

마. 그 밖에 식품의약품안전처장이 검사업무 수행에 필요하다고 인정하여 고시하는 사항

※ 안전성검사기관의 재지정(유전자변형농수산물의 표시 및 농수산물의 안전성조사 등에 관한 규칙 제11조의4)

① 안전성검사기관으로 다시 지정받으려는 자는 안전성검사기관 지정의 유효기간이 끝나기 90일 전부터 45일 전까지 안전성검사기관 재지정 신청서(전자문서로 된 신청서를 포함한다)에 안전성검사기관 지정신청서에 첨부한 서류(전자문서를 포함하며, 변경된 사항이 있는 경우에만 제출한다)를 첨부하여 국립수산물품질관리원장에게 제출해야 한다.

② ①에 따른 재지정 신청에 대한 재지정기준 심사, 재지정 사실 등의 공표 및 사전 통지 등에 관하여는 제11조 제2항부터 제6항까지 및 제11조의3 제3항을 준용한다. 이 경우 "지정" 및 "연장"은 각각 "재지정"으로 본다.

(6) 안전성검사기관의 지정 취소 등(법 제65조)

① 식품의약품안전처장은 안전성검사기관이 다음의 어느 하나에 해당하면 지정을 취소하거나 6개월 이내의 기간을 정하여 업무의 정지를 명할 수 있다. 다만, ㉠ 및 ㉡에 해당하면 지정을 취소하여야 한다.

㉠ 거짓이나 그 밖의 부정한 방법으로 지정을 받은 경우

㉡ 업무의 정지명령을 위반하여 계속 안전성조사 및 시험분석 업무를 한 경우

㉢ 검사성적서를 거짓으로 내준 경우

㉣ 그 밖에 총리령으로 정하는 안전성검사에 관한 규정을 위반한 경우

※ 안전성검사기관의 지정 취소 등의 처분기준(유전자변형농수산물의 표시 및 농수산물의 안전성조사 등에 관한 규칙 제12조)

① 안전성검사기관의 지정 취소 및 업무정지에 관한 처분기준은 [별표 3]과 같다.

② 국립수산물품질관리원장은 안전성검사기관의 지정을 취소하거나 업무정지처분을 한 경우에는 지체 없이 그 사실을 고시하여야 한다.

※ 안전성검사기관의 지정 취소 및 업무정지에 관한 처분기준(유전자변형농수산물의 표시 및 농수산물의 안전성조사 등에 관한 규칙 [별표 3])

1. 일반기준

가. 위반행위가 둘 이상인 경우에는 그 중 무거운 처분기준을 적용하고, 둘 이상의 처분기준이 동일한 업무정지인 경우에는 무거운 처분기준의 2분의 1까지 가중할 수 있다. 이 경우 각 처분기준을 합산한 기간을 초과할 수 없다.

나. 동일한 사항으로 최근 3년간 4회 위반한 경우에는 지정을 취소한다.

다. 위반행위의 횟수에 따른 행정처분의 기준은 최근 3년간 같은 위반행위로 행정처분을 받은 경우에 적용한다. 이 경우 기간의 계산은 위반행위에 대하여 행정처분을 받은 날과 그 처분 후 다시 같은 위반행위를 하여 적발된 날을 기준으로 한다.

라. 다.에 따라 가중된 부과처분을 하는 경우 가중처분의 적용 차수는 그 위반행위 전 부과처분 차수(다목에 따른 기간 내에 부과처분이 둘 이상 있었던 경우에는 높은 차수를 말한다)의 다음 차수로 한다.

마. 위반행위의 내용으로 보아 그 위반 정도가 경미하거나 검사 결과에 중대한 영향을 미치지 않거나 단순 착오로 판단되는 경우 그 처분이 검사업무정지일 때에는 2분의 1 이하의 범위에서 경감할 수 있고, 지정 취소일 때에는 6개월의 검사업무정지 처분으로 경감할 수 있다.

2. 개별기준

위반내용	위반횟수별 처분기준		
	1차 위반	2차 위반	3차 위반
가. 거짓이나 그 밖의 부정한 방법으로 지정을 받은 경우	지정취소	-	-
나. 업무의 정지명령을 위반하여 계속 안전성조사 및 시험분석 업무를 한 경우	지정취소	-	-
다. 검사성적서를 거짓으로 내준 경우(고의 또는 중과실이 있는 경우만 해당한다)			
1) 검사 관련 기록을 위조·변조하여 검사성적서를 발급하는 행위	지정취소	-	-

위반내용	위반횟수별 처분기준		
	1차 위반	2차 위반	3차 위반
2) 검사하지 않고 검사성적서를 발급하는 행위	지정취소	–	–
3) 의뢰받은 검사시료가 아닌 다른 검사시료의 검사 결과를 인용하여 검사성적서를 발급하는 행위			
4) 의뢰된 검사시료의 결과 판정을 실제 검사 결과와 다르게 판정하는 행위			
라. 검사 업무의 범위 및 방법에 관한 사항			
1) 지정받은 검사 업무 범위를 벗어나 검사한 경우	검사업무 정지 1개월	검사업무 정지 3개월	검사업무 정지 6개월
2) 관련 규정에서 정한 분석방법 외에 다른 방법으로 검사한 경우			
3) 공시험(본실험과의 대조를 위해 같은 조건에서 분석대상 성분을 제외한 실험) 및 검출된 성분에 확인실험이 필요함에도 불구하고 하지 않은 경우			
4) 유효기간이 지난 표준물질 등 적정하지 않은 표준물질을 사용한 경우			
마. 검사기관 지정기준 등			
1) 시설·장비·인력 기준 중 어느 하나가 지정기준에 미달한 경우	검사업무 정지 3개월	검사업무 정지 6개월	지정취소
2) 검사능력(숙련도) 평가 결과 미흡으로 평가된 경우			
3) 시설·장비·인력 기준 중 둘 이상이 지정기준에 미달한 경우	검사업무 정지 6개월	지정취소	–
바. 검사 관련 기록 관리			
1) 검사 결과 확인을 위한 검사 절차·방법, 판정 등의 기록을 하지 않았거나 보관하지 않은 경우	검사업무 정지 15일	검사업무 정지 1개월	검사업무 정지 3개월
2) 시험·검사일, 검사자 등 단순 사항을 적지 않은 경우	시정명령	검사업무 정지 7일	검사업무 정지 15일
사. 검사기간 등			
1) 검사기관 지정 등 신고 및 보고 사항을 준수하지 않은 경우	시정명령	검사업무 정지 7일	검사업무 정지 15일
2) 검사기간을 준수하지 않은 경우			
3) 검사 관련 의무교육을 이수하지 않은 경우			
아. 검사성적서 발급 등			
1) 검사대상 성분의 표준물질분석을 누락한 경우	검사업무 정지 1개월	검사업무 정지 3개월	검사업무 정지 6개월
2) 시료 보관기간을 위반한 경우			
3) 검사과정에서 시료가 바뀌어 검사성적서가 발급된 경우			
4) 의뢰받은 검사항목을 누락하거나 다른 검사항목을 적용하여 검사성적서를 발급한 경우			
5) 경미한 실수로 검사시료의 결과 판정을 실제 검사 결과와 다르게 판정하는 행위			

(7) 농수산물 안전에 관한 교육 등(법 제66조)

① 식품의약품안전처장이나 시·도지사 또는 시장·군수·구청장은 안전한 수산물의 생산과 건전한 소비활동을 위하여 필요한 사항을 생산자, 유통종사자, 소비자 및 관계 공무원 등에게 교육·홍보하여야 한다.

② 식품의약품안전처장은 생산자·유통종사자·소비자에 대한 교육·홍보를 단체·기관 및 시민단체(안전한 수산물의 생산과 건전한 소비활동과 관련된 시민단체로 한정한다)에 위탁할 수 있다. 이 경우 교육·홍보에 필요한 경비를 예산의 범위에서 지원할 수 있다.

(8) 분석방법 등 기술의 연구개발 및 보급(법 제67조)

식품의약품안전처장이나 시·도지사는 수산물의 안전관리를 향상시키고 국내외에서 수산물에 함유된 것으로 알려진 유해물질의 신속한 안전성조사를 위하여 안전성 분석방법 등 기술의 연구개발과 보급에 관한 시책을 마련하여야 한다.

05 지정해역의 지정 및 생산·가공시설의 등록·관리

1 지정해역의 지정 및 생산·가공시설의 등록

(1) 위생관리기준(법 제69조)

① 해양수산부장관은 외국과의 협약을 이행하거나 외국의 일정한 위생관리기준을 지키도록 하기 위하여 수출을 목적으로 하는 수산물의 생산·가공시설 및 수산물을 생산하는 해역의 위생관리기준을 정하여 고시한다.

② 해양수산부장관은 국내에서 생산되어 소비되는 수산물의 품질 향상과 안전성 확보를 위하여 수산물의 생산·가공시설(식품위생법 또는 식품산업진흥법에 따라 허가받거나 신고 또는 등록하여야 하는 시설은 제외한다) 및 수산물을 생산하는 해역의 위생관리기준을 정하여 고시한다.

③ 해양수산부장관, 시·도지사 및 시장·군수·구청장은 수산물의 생산·가공시설을 운영하는 자 등에게 ②에 따른 위생관리기준의 준수를 권장할 수 있다.

(2) 위해요소중점관리기준(법 제70조)

① 해양수산부장관은 외국과의 협약에 규정되어 있거나 수출 상대국에서 정하여 요청하는 경우에는 수출을 목적으로 하는 수산물 및 수산가공품에 유해물질이 섞여 들어오거나 남아 있는 것 또는 수산물 및 수산가공품이 오염되는 것을 방지하기 위하여 생산·가공 등 각 단계를 중점적으로 관리하는 위해요소중점관리기준을 정하여 고시한다.

② 해양수산부장관은 국내에서 생산되는 수산물의 품질 향상과 안전한 생산·공급을 위하여 생산단계, 저장단계(생산자가 저장하는 경우만 해당한다) 및 출하되어 거래되기 이전 단계의 과정에서 유해물질이 섞여 들어오거나 남아 있는 것 또는 수산물이 오염되는 것을 방지하는 것을 목적으로 하는 위해요소중점관리기준을 정하여 고시한다.

③ 해양수산부장관은 등록한 생산·가공시설 등을 운영하는 자에게 ① 및 ②에 따른 위해요소중점관리기준을 준수하도록 할 수 있다.

④ 해양수산부장관은 ① 및 ②에 따른 위해요소중점관리기준을 이행하는 자에게 해양수산부령으로 정하는 바에 따라 그 이행 사실을 증명하는 서류를 발급할 수 있다.

※ **위해요소중점관리기준 이행증명서의 발급(시행규칙 제85조)**
국립수산물품질관리원장은 위해요소중점관리기준을 이행하는 자가 위해요소중점관리기준의 이행 사실을 증명하는 서류의 발급을 신청하는 경우에는 위해요소중점관리기준이행증명서를 발급한다. 이 경우 수산물 및 수산가공품을 수입하는 국가 또는 위해요소중점관리기준을 이행하는 자가 특별히 요구하는 서식이 있는 경우에는 그에 따라 발급할 수 있다.

⑤ 해양수산부장관은 ① 및 ②에 따른 위해요소중점관리기준이 효과적으로 준수되도록 하기 위하여 제74조 제1항에 따라 등록을 한 자(그 종업원을 포함한다)와 등록을 하려는 자(그 종업원을 포함한다)에게 위해요소중점관리기준의 이행에 필요한 기술·정보를 제공하거나 교육훈련을 실시할 수 있다.

(3) 지정해역의 지정(법 제71조)

① 해양수산부장관은 위생관리기준에 맞는 해역을 지정해역으로 지정하여 고시할 수 있다.

② ①에 따른 지정해역의 지정절차 등에 필요한 사항은 해양수산부령으로 정한다.

※ **지정해역의 지정 등(시행규칙 제86조)**
① 해양수산부장관이 지정해역으로 지정할 수 있는 경우는 다음과 같다.
   1. 지정해역 지정을 위한 위생조사·점검계획을 수립한 후 해역에 대하여 조사·점검을 한 결과 해양수산부장관이 정하여 고시한 해역의 위생관리기준(지정해역 위생관리기준)에 적합하다고 인정하는 경우
   2. 시·도지사가 요청한 해역이 지정해역 위생관리기준에 적합하다고 인정하는 경우
② 시·도지사는 ①의 2.에 따라 지정해역을 지정받으려는 경우에는 다음의 서류를 갖추어 해양수산부장관에게 요청해야 한다.
   1. 지정받으려는 해역 및 그 부근의 도면
   2. 지정받으려는 해역의 위생조사 결과서 및 지정해역 지정의 타당성에 대한 국립수산과학원장의 의견서
   3. 지정받으려는 해역의 오염 방지 및 수질 보존을 위한 지정해역 위생관리계획서
③ 시·도지사는 국립수산과학원장에게 ②의 2.에 따른 의견서를 요청할 때에는 해당 해역의 수산자원과 폐기물처리시설·분뇨시설·축산폐수·농업폐수·생활폐기물 및 그 밖의 오염원에 대한 조사자료를 제출해야 한다.

④ 해양수산부장관은 1.에 따라 지정해역을 지정하는 경우 다음의 구분에 따라 지정할 수 있으며, 이를 지정한 경우에는 그 사실을 고시해야 한다.

1. 잠정지정해역 : 1년 이상의 기간 동안 매월 1회 이상 위생에 관한 조사를 하여 그 결과가 지정해역 위생관리기준에 부합하는 경우
2. 일반지정해역 : 2년 6개월 이상의 기간 동안 매월 1회 이상 위생에 관한 조사를 하여 그 결과가 지정해역 위생관리기준에 부합하는 경우

(4) 지정해역 위생관리종합대책(법 제72조)

① 해양수산부장관은 지정해역의 보존·관리를 위한 지정해역 위생관리종합대책(종합대책)을 수립·시행하여야 한다.

② 종합대책에는 다음의 사항이 포함되어야 한다.

㉠ 지정해역의 보존 및 관리(오염 방지에 관한 사항을 포함)에 관한 기본방향

㉡ 지정해역의 보존 및 관리를 위한 구체적인 추진 대책

㉢ 그 밖에 해양수산부장관이 지정해역의 보존 및 관리에 필요하다고 인정하는 사항

③ 해양수산부장관은 종합대책을 수립하기 위하여 필요하면 다음의 자(관계 기관의 장)의 의견을 들을 수 있다. 이 경우 해양수산부장관은 관계 기관의 장에게 필요한 자료의 제출을 요청할 수 있다.

㉠ 해양수산부 소속 기관의 장

㉡ 지정해역을 관할하는 지방자치단체의 장

㉢ 수산업협동조합법에 따른 조합 및 중앙회의 장

④ 해양수산부장관은 종합대책이 수립되면 관계 기관의 장에게 통보하여야 한다.

⑤ 해양수산부장관은 ④에 따라 통보한 종합대책을 시행하기 위하여 필요하다고 인정하면 관계 기관의 장에게 필요한 조치를 요청할 수 있다. 이 경우 관계 기관의 장은 특별한 사유가 없으면 그 요청에 따라야 한다.

(5) 지정해역 및 주변해역에서의 제한 또는 금지(법 제73조)

① 누구든지 지정해역 및 지정해역으로부터 1km 이내에 있는 해역(주변해역)에서 다음의 어느 하나에 해당하는 행위를 하여서는 아니 된다.

㉠ 해양환경관리법에 따른 오염물질을 배출하는 행위

㉡ 양식산업발전법에 따른 어류 등 양식어업을 하기 위하여 설치한 양식어장의 시설(양식시설)에서 해양환경관리법에 따른 오염물질을 배출하는 행위

㉢ 양식어업을 하기 위하여 설치한 양식시설에서 가축분뇨의 관리 및 이용에 관한 법률에 따른 가축(개와 고양이를 포함)을 사육(가축을 내버려두는 경우를 포함)하는 행위

② 해양수산부장관은 지정해역에서 생산되는 수산물의 오염을 방지하기 위하여 양식어업의 양식업 권자(양식산업발전법에 따라 인가를 받아 양식업권의 이전·분할 또는 변경을 받은 자와 양식시 설의 관리를 책임지고 있는 자를 포함)가 지정해역 및 주변해역 안의 해당 양식시설에서 약사법 에 따른 동물용 의약품을 사용하는 행위를 제한하거나 금지할 수 있다. 다만, 지정해역 및 주변해 역에서 수산물의 질병 또는 전염병이 발생한 경우로서 수산생물질병 관리법에 따른 수산질병관 리사나 수의사법에 따른 수의사의 진료에 따라 동물용 의약품을 사용하는 경우에는 예외로 한다.

③ 해양수산부장관은 ②에 따라 동물용 의약품을 사용하는 행위를 제한하거나 금지하려면 지정해역 에서 생산되는 수산물의 출하가 집중적으로 이루어지는 시기를 고려하여 3개월을 넘지 아니하는 범위에서 그 기간을 지정해역(주변해역을 포함)별로 정하여 고시하여야 한다.

(6) 생산·가공시설 등의 등록 등(법 제74조)

① 위생관리기준에 맞는 수산물의 생산·가공시설과 위해요소중점관리기준을 이행하는 시설(생산· 가공시설 등)을 운영하는 자는 생산·가공시설 등을 해양수산부장관에게 등록할 수 있다.

② ①에 따라 등록을 한 자(생산·가공업자 등)는 그 생산·가공시설 등에서 생산·가공·출하하는 수산물·수산물가공품이나 그 포장에 위생관리기준에 맞는다는 사실 또는 위해요소중점관리기 준을 이행한다는 사실을 표시하거나 그 사실을 광고할 수 있다.

③ 생산·가공업자 등은 대통령령으로 정하는 사항을 변경하려면 해양수산부장관에게 신고하여야 한다.

※ **수산물 생산·가공시설 등의 등록사항 등(시행령 제24조)**
"대통령령으로 정하는 사항"이란 다음의 사항을 말한다.
1. 위생관리기준에 맞는 수산물의 생산·가공시설과 위해요소중점관리기준을 이행하는 시설(생산·가공시 설 등)의 명칭 및 소재지
2. 생산·가공시설 등의 대표자 성명 및 주소
3. 생산·가공품의 종류

④ ③에 따른 신고가 신고서의 기재사항 및 첨부서류에 흠이 없고, 법령 등에 규정된 형식상의 요건을 충족하는 경우에는 신고서가 접수기관에 도달된 때에 신고 의무가 이행된 것으로 본다.

⑤ 생산·가공시설 등의 등록절차, 등록방법, 변경신고절차 등에 필요한 사항은 해양수산부령으로 정한다.

※ **수산물의 생산·가공시설 등의 등록신청 등(시행규칙 제88조)**
① 수산물의 생산·가공시설을 등록하려는 자는 생산·가공시설 등록신청서에 다음의 서류를 첨부하여 국 립수산물품질관리원장에게 제출해야 한다. 다만, 양식시설의 경우에는 7.의 서류만 제출한다.
1. 생산·가공시설의 구조 및 설비에 관한 도면
2. 생산·가공시설에서 생산·가공되는 제품의 제조공정도
3. 생산·가공시설의 용수배관 배치도
4. 위해요소중점관리기준의 이행계획서(외국과의 협약에 규정되어 있거나 수출상대국에서 정하여 요청 하는 경우만 해당)

5. 다음의 구분에 따른 생산·가공용수에 대한 수질검사성적서(생산·가공시설 중 선박 또는 보관시설은 제외)

    가. 유럽연합에 등록하게 되는 생산·가공시설 : 수산물 생산·가공시설의 위생관리기준(시설위생관리기준)의 수질검사항목이 포함된 수질검사성적서

    나. 그 밖의 생산·가공시설 : 먹는물수질기준 및 검사 등에 관한 규칙에 따른 수질검사성적서

6. 선박의 시설배치도(유럽연합에 등록하게 되는 생산·가공시설 중 선박만 해당)

7. 어업의 면허·허가·신고, 수산물가공업의 등록·신고, 식품위생법에 따른 영업의 허가·신고, 공판장·도매시장 등의 개설 허가 등에 관한 증명서류(면허·허가·등록·신고의 대상이 아닌 생산·가공시설은 제외)

② 위해요소중점관리기준을 이행하는 시설을 등록하려는 자는 위해요소중점관리기준 이행시설 등록신청서에 다음의 서류를 첨부하여 국립수산물품질관리원장에게 제출해야 한다.

1. 위해요소중점관리기준 이행시설의 구조 및 설비에 관한 도면

2. 위해요소중점관리기준 이행시설에서 생산·가공되는 수산물·수산가공품의 생산·가공 공정도

3. 위해요소중점관리기준 이행계획서

4. 어업의 면허·허가·신고, 수산물가공업의 등록·신고, 식품위생법에 따른 영업의 허가·신고, 공판장·도매시장 등의 개설허가 등에 관한 증명서류(면허·허가·등록·신고의 대상이 아닌 위해요소중점관리기준 이행시설은 제외)

③ ① 및 ②에 따라 등록신청을 받은 국립수산물품질관리원장은 다음의 사항을 조사·점검한 후 이에 적합하다고 인정하는 경우에는 생산·가공시설에 대해서는 수산물의 생산·가공시설 등록증을 신청인에게 발급하고, 위해요소중점관리기준 이행시설에 대해서는 위해요소중점관리기준 이행시설 등록증을 발급한다.

1. 생산·가공시설 : 해양수산부장관이 정하여 고시한 시설위생관리기준에 적합할 것. 다만, 패류양식시설은 잠정지정해역이나 일반지정해역 중 어느 하나에 해당하는 지정해역에 있어야 한다.

2. 위해요소중점관리기준 이행시설 : 해양수산부장관이 정하여 고시한 위해요소중점관리기준에 적합할 것

④ 국립수산물품질관리원장은 ③에 따라 조사·점검을 하는 경우에는 수산물검사관이 조사·점검하게 하여야 한다. 다만, 선박이 해외수역 또는 공해(公海) 등에 위치하는 등 부득이한 경우에는 국립수산물품질관리원장이 지정하는 자가 조사·점검하게 할 수 있다.

⑤ 등록사항의 변경신고를 하려는 경우에는 생산·가공시설 등록 변경신고서 또는 위해요소중점관리기준 이행시설 등록 변경신고서에 다음의 서류를 첨부하여 국립수산물품질관리원장에게 제출해야 한다.

⑥ 국립수산물품질관리원장은 법 제69조 제1항 또는 제2항에 따른 위생관리기준에 맞는 생산·가공시설이나 법 제70조 제1항 또는 제2항에 따른 위해요소중점관리기준을 이행하는 시설을 제3항에 따라 등록한 경우에는 그 사실을 해양수산부장관에게 보고해야 한다. 이 경우 법 제69조 제2항에 따른 위생관리기준에 맞는 생산·가공시설이나 법 제70조 제2항에 따른 위해요소중점관리기준을 이행하는 시설을 등록한 경우에는 그 사실을 시·도지사에게도 알려야 한다.

1. 생산·가공시설 등록증 또는 위해요소중점관리기준 이행시설 등록증

2. 등록사항의 변경을 증명할 수 있는 서류

⑦ 국립수산물품질관리원장은 ③에 따라 생산·가공시설을 등록하거나 위해요소중점관리기준 이행시설을 등록한 경우에는 해양수산부장관에게 보고하여야 하고, 위해요소중점관리기준을 이행하는 시설을 등록한 경우에는 관할 시·도지사에게도 통지하여야 한다.

2 지정해역의 지정 및 생산·가공시설의 관리

(1) 지정해역의 관리 등(시행규칙 제87조)

① 국립수산과학원장은 지정된 지정해역에 대하여 매월 1회 이상 위생에 관한 조사를 하여야 한다.

② 국립수산과학원장은 ①에 따라 위생조사를 한 결과 지정해역이 지정해역위생관리기준에 부합하지 아니하게 된 경우에는 지체 없이 그 사실을 해양수산부장관, 국립수산물품질관리원장 및 시·도지사에게 보고하거나 통지하여야 한다.

③ ②에 따라 보고·통지한 지정해역이 지정해역위생관리기준으로 회복된 경우에는 지체 없이 그 사실을 해양수산부장관, 국립수산물품질관리원장 및 시·도지사에게 보고하거나 통지하여야 한다.

(2) 위생관리에 관한 사항 등의 보고(법 제75조)

① 해양수산부장관은 생산·가공업자 등으로 하여금 생산·가공시설 등의 위생관리에 관한 사항을 보고하게 할 수 있다.

② 해양수산부장관은 권한을 위임받거나 위탁받은 기관의 장으로 하여금 지정해역의 위생조사에 관한 사항과 검사의 실시에 관한 사항을 보고하게 할 수 있다.

③ ① 및 ②에 따른 보고의 절차 등에 필요한 사항은 해양수산부령으로 정한다.

> ※ **위생관리에 관한 사항 등의 보고(시행규칙 제89조)**
> 국립수산물품질관리원장 또는 시·도지사(조사·점검기관의 장)는 다음의 사항을 생산·가공시설과 위해요소중점관리기준 이행시설(생산·가공시설 등)의 대표자로 하여금 보고하게 할 수 있다.
> ① 수산물의 생산·가공시설 등에 대한 생산·원료입하·제조 및 가공 등에 관한 사항
> ② 생산·가공시설 등의 중지·개선·보수명령 등의 이행에 관한 사항

(3) 조사·점검(법 제76조)

① 해양수산부장관은 지정해역으로 지정하기 위한 해역과 지정해역으로 지정된 해역이 위생관리기준에 맞는지를 조사·점검하여야 한다.

② 해양수산부장관은 생산·가공시설 등이 위생관리기준과 위해요소중점관리기준에 맞는지를 조사·점검하여야 한다. 이 경우 그 조사·점검의 주기는 대통령령으로 정한다.

> ※ **조사·점검의 주기(시행령 제25조)**
> ① 생산·가공시설 등에 대한 조사·점검주기는 2년에 1회 이상으로 한다.
> ② ①에도 불구하고 해양수산부장관은 다음의 어느 하나에 해당하는 경우에는 ①에 따른 조사·점검주기를 조정할 수 있다.
> 　1. 외국과의 협약 내용 또는 수출 상대국의 요청에 따라 조사·점검주기의 단축이 필요한 경우
> 　2. 감염병 확산, 천재지변, 그 밖의 불가피한 사유로 정상적인 조사·점검이 어려워 조사·점검주기의 연장이 필요한 경우

※ **공동 조사 · 점검의 요청방법 등(시행령 제26조)**

생산 · 가공시설 등을 등록한 자(생산 · 가공업자 등)는 조사 · 점검을 해양수산부장관으로부터 사전에 통지받은 경우에는 해양수산부령으로 정하는 공동조사 · 점검신청서를 해양수산부장관에게 제출하여 공동으로 조사 · 점검을 실시하여 줄 것을 요청할 수 있다.

※ **조사 · 점검(시행규칙 제90조)**

① 국립수산과학원장은 조사 · 점검결과를 종합하여 다음 연도 2월 말일까지 해양수산부장관에게 보고해야 한다.

② 조사 · 점검기관의 장은 생산 · 가공시설 등을 조사 · 점검하는 경우 다음의 기준에 따라야 한다.

　　1. 국립수산물품질관리원장은 수산물검사관이 조사 · 점검하게 할 것. 다만, 선박이 해외수역 또는 공해 등에 있는 등 부득이한 경우에는 국립수산물품질관리원장이 지정하는 자가 조사 · 점검하게 할 수 있다.

　　2. 시 · 도지사는 국립수산물품질관리원장 또는 국립수산과학원장이 실시하는 위해요소중점관리기준에 관한 교육을 1주 이상 이수한 관계 공무원이 조사 · 점검하게 할 것

③ 해양수산부장관은 생산 · 가공업자 등이 부가가치세법에 따라 관할 세무서장에게 휴업 또는 폐업 신고를 한 경우 ②에 따른 조사 · 점검 대상에서 제외한다. 이 경우 해양수산부장관은 관할 세무서장에게 생산 · 가공업자 등의 휴업 또는 폐업 여부에 관한 정보의 제공을 요청할 수 있으며, 요청을 받은 관할 세무서장은 전자정부법에 따라 생산 · 가공업자 등의 휴업 또는 폐업 여부에 관한 정보를 제공하여야 한다.

④ 해양수산부장관은 다음의 어느 하나에 해당하는 사항을 위하여 필요한 경우에는 관계 공무원에게 해당 영업장소, 사무소, 창고, 선박, 양식시설 등에 출입하여 관계 장부 또는 서류의 열람, 시설 · 장비 등에 대한 점검을 하거나 필요한 최소량의 시료를 수거하게 할 수 있다.

　㉠ ① 및 ②에 따른 조사 · 점검

　㉡ 오염물질의 배출, 가축의 사육행위 및 동물용 의약품의 사용 여부의 확인 · 조사

⑤ ④에 따른 열람 · 점검 또는 수거에 관하여는 제13조 제2항 및 제3항을 준용한다.

⑥ ④에 따라 열람 · 점검 또는 수거를 하는 관계 공무원에 관하여는 제13조 제4항을 준용한다.

⑦ 해양수산부장관은 생산 · 가공시설 등이 다음의 요건을 모두 갖춘 경우 생산 · 가공업자 등의 요청에 따라 해당 관계 행정기관의 장에게 공동으로 조사 · 점검할 것을 요청할 수 있다.

　㉠ 식품위생법 및 축산물위생관리법 등 식품 관련 법령의 조사 · 점검 대상이 되는 경우

　㉡ 유사한 목적으로 6개월 이내에 2회 이상 조사 · 점검의 대상이 되는 경우. 다만, 외국과의 협약사항 또는 시정조치의 이행 여부를 조사 · 점검하는 경우와 위법사항에 대한 신고 · 제보를 받거나 그에 대한 정보를 입수하여 조사 · 점검하는 경우는 제외한다.

⑧ ④부터 ⑥까지에서 규정된 사항 외에 ①과 ②에 따른 조사 · 점검의 절차와 방법 등에 필요한 사항은 해양수산부령으로 정하고, ⑦에 따른 공동 조사 · 점검의 요청방법 등에 필요한 사항은 대통령령으로 정한다.

(4) 지정해역에서의 생산제한 및 지정해제(법 제77조)

해양수산부장관은 지정해역이 위생관리기준에 맞지 아니하게 되면 대통령령으로 정하는 바에 따라 지정해역에서의 수산물 생산을 제한하거나 지정해역의 지정을 해제할 수 있다.

※ **지정해역에서의 생산제한(시행령 제27조)**

① 지정해역에서 수산물의 생산을 제한할 수 있는 경우는 다음과 같다.
1. 선박의 좌초・충돌・침몰, 그 밖에 인근에 위치한 폐기물처리시설의 장애 등으로 인하여 해양오염이 발생한 경우
2. 지정해역이 일시적으로 위생관리기준에 적합하지 아니하게 된 경우
3. 강우량의 변화 등에 따른 영향으로 지정해역의 오염이 우려되어 해양수산부장관이 수산물의 생산제한이 필요하다고 인정하는 경우

② ①에 따른 지정해역에서의 수산물에 대한 생산제한의 절차・방법, 그 밖에 필요한 사항은 해양수산부령으로 정한다.

※ **지정해역에서의 생산제한 및 생산제한 해제(시행규칙 제92조)**

시・도지사는 지정해역이 시행령 제27조 제1항의 어느 하나에 해당하는 경우에는 즉시 지정해역에서의 생산을 제한하는 조치를 하여야 하며, 생산이 제한된 지정해역이 지정해역위생관리기준에 적합하게 된 경우에는 즉시 생산제한을 해제하여야 한다.

※ **지정해역의 지정해제(시행령 제28조)**

해양수산부장관은 지정해역에 대한 최근 2년 6개월간의 조사・점검 결과를 평가한 후 위생관리기준에 적합하지 아니하다고 인정되는 경우에는 지정해역의 전부 또는 일부를 해제하고, 그 내용을 고시하여야 한다.

(5) 생산・가공의 중지 등(법 제78조)

① 해양수산부장관은 생산・가공시설 등이나 생산・가공업자 등이 다음의 어느 하나에 해당하면 대통령령으로 정하는 바에 따라 생산・가공・출하・운반의 시정・제한・중지명령, 생산・가공시설 등의 개선・보수명령 또는 등록취소를 할 수 있다. 다만, ㉠에 해당하면 그 등록을 취소하여야 한다.

㉠ 거짓이나 그 밖의 부정한 방법으로 등록을 한 경우

㉡ 위생관리기준에 맞지 아니한 경우

㉢ 위해요소중점관리기준을 이행하지 아니하거나 불성실하게 이행하는 경우

㉣ 조사・점검 등을 거부・방해 또는 기피하는 경우

㉤ 생산・가공시설 등에서 생산된 수산물 및 수산가공품에서 유해물질이 검출된 경우

㉥ 생산・가공・출하・운반의 시정・제한・중지명령이나 생산・가공시설 등의 개선・보수명령을 받고 그 명령에 따르지 아니하는 경우

㉦ 생산・가공업자 등이 부가가치세법에 따라 관할 세무서장에게 폐업 신고를 하거나 관할 세무서장이 사업자등록을 말소한 경우

② 해양수산부장관은 ①에 따른 등록취소를 위하여 필요한 경우 관할 세무서장에게 생산·가공업자 등의 폐업 또는 사업자등록 말소 여부에 대한 정보 제공을 요청할 수 있다. 이 경우 요청을 받은 관할 세무서장은 전자정부법에 따라 생산·가공업자 등의 폐업 또는 사업자 등록 말소 여부에 대한 정보를 제공하여야 한다.

※ 생산·가공의 중지·개선·보수명령 등(시행규칙 제93조)
　① 조사·점검기관의 장은 수산물의 생산·가공·출하·운반의 시정·제한·중지명령 또는 생산·가공시설 등의 개선·보수명령(중지·개선·보수 명령 등)을 한 경우에는 그 준수 여부를 수시로 확인하여야 하며, 중지·개선·보수명령 등의 기간이 끝난 경우에는 시설위생관리기준에 적합한지를 조사·점검하여야 한다.
　② 수산물의 생산·가공시설 등의 등록이 취소된 자는 발급받은 생산·가공시설 등의 등록증을 지체 없이 반납하여야 한다.

※ 중지·개선·보수명령 등(시행령 제29조)
　① 생산·가공·출하·운반의 시정·제한·중지명령, 생산·가공시설 등의 개선·보수명령(중지·개선·보수명령 등) 및 등록취소의 기준은 [별표 2]와 같다.
　② ①에 따른 중지·개선·보수명령 등 및 등록취소에 관한 세부절차 및 방법 등에 관하여 필요한 사항은 해양수산부령으로 정한다.

※ 중지·개선·보수명령 등(시행령 제29조)
　① 생산·가공·출하·운반의 시정·제한·중지명령, 생산·가공시설 등의 개선·보수명령(중지·개선·보수명령 등) 및 등록취소의 기준은 [별표 2]와 같다.
　② ①에 따른 중지·개선·보수명령 등 및 등록취소에 관한 세부절차 및 방법 등에 관하여 필요한 사항은 해양수산부령으로 정한다.

※ 중지·개선·보수명령 등 및 등록취소의 기준(시행령 [별표 2])
　1. 일반기준
　　가. 위반행위가 둘 이상인 경우로서 그에 해당하는 각각의 처분기준이 다른 경우에는 그중 무거운 처분기준을 적용한다.
　　나. 위반행위가 둘 이상인 경우로서 각 위반행위에 대한 처분기준이 시정명령 또는 개선·보수명령인 경우에는 처분을 가중하여 생산·가공·출하·운반의 제한·중지명령을 할 수 있다.
　　다. 위반행위의 횟수에 따른 처분의 기준은 처분일을 기준으로 최근 1년간 같은 위반행위로 처분을 받는 경우에 적용한다.
　　라. 위반사항의 내용으로 보아 그 위반의 정도가 경미하거나 그 밖의 특별한 사유가 있다고 인정되는 경우에는 그 처분을 경감할 수 있으며, 처분 전에 원인규명 등을 통하여 그 사유가 명확한 경우에 처분을 한다.
　　마. 등록한 생산·가공시설 등에서 생산된 물품에 대하여 외국에서 위반사항이 통보된 경우에는 조사·점검 등을 통하여 그 사유가 명백한 경우에 처분을 할 수 있다.

3. 개별기준

위반행위	행정처분 기준		
	1차 위반	2차 위반	3차 이상 위반
가. 위생관리기준에 맞지 않는 경우			
1) 위생관리기준에 중대하게 미달되는 경우	생산·가공·출하·운반의 제한·중지 명령 또는 생산·가공시설 등의 개선·보수 명령	등록취소	–
2) 위생관리기준에 경미하게 미달되어 해양수산부장관이 고시하는 바에 따라 부적합하다고 판정되는 경우	생산·가공·출하·운반의 시정 명령 또는 생산·가공시설 등의 개선·보수 명령	생산·가공·출하·운반의 제한·중지 명령	등록취소
나. 위해요소중점관리기준을 이행하지 않거나 불성실하게 이행하는 경우			
1) 이행하지 않는 경우	생산·가공·출하·운반의 제한·중지 명령	등록취소	–
2) 불성실하게 이행하는 경우	생산·가공·출하·운반의 시정 명령	생산·가공·출하·운반의 제한·중지 명령	등록취소
다. 위해요소중점관리기준을 이행하는 시설에서 생산된 수산물 및 수산가공품에서 다음의 구분에 따른 유해물질이 검출된 경우			
1) 시정이 가능한 유해물질이 발견된 경우	생산·가공·출하·운반의 시정 명령	생산·가공·출하·운반의 제한·중지 명령	등록취소
2) 시정이 불가능한 유해물질이 발견된 경우	생산·가공·출하·운반의 제한·중지 명령	등록취소	–
라. 위해요소중점관리기준을 이행하는 시설에서 생산된 수산물 및 수산가공품에서 다음의 구분에 따른 유해물질이 검출된 경우			
1) 시정이 가능한 유해물질이 발견된 경우	생산·가공·출하·운반의 시정 명령	생산·가공·출하·운반의 제한·중지 명령	등록취소
2) 시정이 불가능한 유해물질이 발견된 경우	생산·가공·출하·운반의 제한·중지 명령	등록취소	–

위반행위	행정처분 기준		
	1차 위반	2차 위반	3차 이상 위반
3) 식품의 기준 및 규격에 관한 사항 중 동물성 수산물 및 그 가공식품에서 검출되어서는 안 되는 물질로 규정되어 있는 항생물질이 검출된 경우	등록취소	–	–
마. 거짓이나 그 밖의 부정한 방법으로 등록을 한 경우	등록취소	–	–
바. 조사·점검 등을 거부·방해 또는 기피한 경우	생산·가공· 출하·운반의 제한·중지 명령	등록취소	–
사. 생산·가공·출하·운반의 시정·제한·중지 명령이나 생산·가공시설 등의 개선·보수명령을 받고 이에 불응하는 경우	등록취소	–	–
아. 생산·가공업자 등이 관할 세무서장에게 폐업 신고를 하거나 관할 세무서장이 사업자등록을 말소한 경우	등록취소	–	–

06 수산물 등의 검사 및 검정

1 수산물 및 수산가공품의 검사

(1) 수산물 등에 대한 검사(법 제88조)

① 다음의 어느 하나에 해당하는 수산물 및 수산가공품은 품질 및 규격이 맞는지와 유해물질이 섞여 들어오는지 등에 관하여 해양수산부장관의 검사를 받아야 한다.

㉠ 정부에서 수매·비축하는 수산물 및 수산가공품

㉡ 외국과의 협약이나 수출 상대국의 요청에 따라 검사가 필요한 경우로서 해양수산부장관이 정하여 고시하는 수산물 및 수산가공품

※ 수산물 등에 대한 검사기준(시행규칙 제110조)
수산물 및 수산가공품에 대한 검사기준은 국립수산물품질관리원장이 활어패류·건제품·냉동품·염장품 등의 제품별·품목별로 검사항목, 관능검사[사람의 오감(五感)에 의하여 평가하는 제품검사]의 기준 및 정밀검사의 기준을 정하여 고시한다.

② 해양수산부장관은 ① 외의 수산물 및 수산가공품에 대한 검사 신청이 있는 경우 검사를 하여야 한다. 다만, 검사기준이 없는 경우 등 해양수산부령으로 정하는 경우에는 그러하지 아니한다.

③ ①이나 ②에 따라 검사를 받은 수산물 또는 수산가공품의 포장·용기나 내용물을 바꾸려면 다시 해양수산부장관의 검사를 받아야 한다.

④ 해양수산부장관은 ①부터 ③까지의 규정에도 불구하고 다음의 어느 하나에 해당하는 경우에는 검사의 일부를 생략할 수 있다.

㉠ 지정해역에서 위생관리기준에 맞게 생산·가공된 수산물 및 수산가공품

㉡ 생산·가공시설 등에서 위생관리기준 또는 위해요소중점관리기준에 맞게 생산·가공된 수산물 및 수산가공품

㉢ 다음의 어느 하나에 해당하는 어선으로 해외수역에서 포획하거나 채취하여 현지에서 직접 수출하는 수산물 및 수산가공품(외국과의 협약을 이행하여야 하거나 외국의 일정한 위생관리기준·위해요소중점관리기준을 준수하여야 하는 경우는 제외)

• 원양산업발전법에 따른 원양어업허가를 받은 어선

• 수산식품산업의 육성 및 지원에 관한 법률에 따라 수산물가공업(대통령령으로 정하는 업종에 한정)을 신고한 자가 직접 운영하는 어선

㉣ 검사의 일부를 생략하여도 검사목적을 달성할 수 있는 경우로서 대통령령으로 정하는 경우

※ 수산물 등에 대한 검사의 일부생략(시행령 제32조)
① "대통령령으로 정하는 업종"이란 수산식품산업의 육성 및 지원에 관한 법률 시행령에 따른 선상수산물가공업을 말한다.
② "대통령령으로 정하는 경우"란 다음과 같다.
1. 수산물 및 수산가공품을 수입하는 국가에서 일정한 항목만을 검사하여 줄 것을 요청한 경우
2. 수산물 또는 수산가공품이 식용이 아닌 경우

※ 수산물 등에 대한 검사의 일부 생략(시행규칙 제115조)
① 국립수산물품질관리원장은 다음의 어느 하나에 해당하는 경우에는 [별표 24]에 따른 검사 중 관능검사 및 정밀검사를 생략할 수 있다. 이 경우 수산물·수산가공품 (재)검사신청서에 다음의 구분에 따른 서류를 첨부하여야 한다.
1. 법 제88조 ④의 ㉠ 및 ㉡에 해당하는 수산물·수산가공품 : 다음의 사항을 적은 생산·가공일지
가. 품 명
나. 생산(가공)기간
다. 생산량 및 재고량
라. 품질관리자 및 포장재
2. 법 제88조 ④의 ㉢에 따른 수산물·수산가공품 : 다음의 사항을 적은 선장의 확인서
가. 어선명
나. 어획기간
다. 어장 위치
라. 어획물의 생산·가공 및 보관 방법
3. 시행령 제32조 ②의 2.에 따른 식용이 아닌 수산물·수산가공품 : 다음의 사항을 적은 생산·가공일지
가. 품 명
나. 생산(가공)기간

다. 생산량 및 재고량

라. 품질관리자 및 포장재

마. 자체 품질관리 내용

② 국립수산물품질관리원장은 시행령 제32조 ②의 1.에 따라 수산물 및 수산가공품을 수입하는 국가(수입자를 포함한다)에서 일정 항목만의 검사를 요청하는 서류 또는 검사 생략에 관한 서류를 제출하는 경우에는 [별표 24]에 따른 검사 중 요청한 검사항목에 대해서만 검사할 수 있다.

⑤ ①부터 ③까지의 규정에 따른 검사의 종류와 대상, 검사의 기준·절차 및 방법, ④에 따라 검사의 일부를 생략하는 경우 그 절차 및 방법 등은 해양수산부령으로 정한다.

※ **수산물 등에 대한 검사신청(시행규칙 제111조)**

① 수산물 및 수산가공품의 검사 또는 수산물 및 수산가공품의 재검사를 받으려는 자(검사신청인)는 수산물·수산가공품 (재)검사신청서에 다음의 구분에 따른 서류를 첨부하여 국립수산물품질관리원장 또는 지정받은 수산물 검사기관(수산물 지정검사기관)의 장에게 제출하여야 한다.

1. 검사신청인 또는 수입국이 요청하는 기준·규격으로 검사를 받으려는 경우 : 그 기준·규격이 명시된 서류 또는 검사 생략에 관한 서류

2. 법 제88조 ④의 ㉠ 또는 ㉡에 해당하는 경우 : 시행규칙 제115조 ①의 1.에 따른 수산물·수산가공품의 생산·가공 일지

3. 법 제88조 ④의 ㉢에 해당하는 경우 : 제115조 ①의 2.에 따른 선장의 확인서

4. 재검사인 경우 : 재검사 사유서

② 수산물 및 수산가공품에 대한 검사신청은 검사를 받으려는 날의 5일 전부터 미리 신청할 수 있으며, 미리 신청한 검사장소·검사희망일 등 주요 사항이 변경되는 경우에는 즉시 그 내용을 문서로 신고하여야 한다. 이 경우 처리기간의 기산일(起算日)은 검사희망일부터 산정하며, 미리 신청한 검사희망일을 연기하여 그 지연된 기간은 검사 처리기간에 산입(算入)하지 아니한다.

※ **수산물 등에 대한 검사시료 수거(시행규칙 제112조)**

① 수산물 및 수산가공품의 검사를 위한 필요한 최소량의 시료(검사시료)의 수거량 및 수거방법은 국립수산물품질관리원장이 정하여 고시한다.

② 수산물검사관은 ①에 따라 검사시료를 수거하는 경우에는 검사시료 수거증을 해당 검사신청인에게 발급하여야 한다.

※ **수산물 등에 대한 검사의 종류 및 방법(시행규칙 제113조)**

① 수산물 및 수산가공품에 대한 검사의 종류 및 방법은 [별표 24]와 같다.

② 국립수산물품질관리원장 또는 수산물 지정검사기관의 장은 수산물 및 수산가공품의 검사과정에서 해당 수산물의 재선별·재처리 등을 하여 제110조에 따른 검사기준에 적합하게 될 수 있다고 인정하는 경우에는 검사신청인으로 하여금 재선별·재처리 등을 하게 한 후에 다시 검사를 받게 할 수 있다.

※ **수산물 등에 대한 검사의 종류 및 방법(시행규칙 제113조)**

① 수산물 및 수산가공품에 대한 검사의 종류 및 방법은 [별표 24]와 같다.

② 국립수산물품질관리원장 또는 수산물 지정검사기관의 장은 수산물 및 수산가공품의 검사과정에서 해당 수산물의 재선별·재처리 등을 하여 제110조에 따른 검사기준에 적합하게 될 수 있다고 인정하는 경우에는 검사신청인으로 하여금 재선별·재처리 등을 하게 한 후에 다시 검사를 받게 할 수 있다.

※ 수산물 및 수산가공품에 대한 검사의 종류 및 방법(시행규칙 [별표 24])

1. 서류검사

　가. "서류검사"란 검사신청 서류를 검토하여 그 적합 여부를 판정하는 검사로서 다음의 수산물·수산가공품을 그 대상으로 한다.

　　1) 법 제88조 ④에 따른 수산물 및 수산가공품

　　2) 국립수산물품질관리원장이 필요하다고 인정하는 수산물 및 수산가공품

　나. 서류검사는 다음과 같이 한다.

　　1) 검사신청 서류의 완비 여부 확인

　　2) 지정해역에서 생산하였는지 확인(지정해역에서 생산되어야 하는 수산물 및 수산가공품만 해당한다)

　　3) 생산·가공시설 등이 등록되어야 하는 경우에는 등록 여부 및 행정처분이 진행 중인지 여부 등

　　4) 생산·가공시설 등에 대한 시설위생관리기준 및 위해요소중점관리기준에 적합한지 확인(등록시설만 해당한다)

　　5) 원양산업발전법에 따른 원양어업의 허가 여부 또는 수산식품산업의 육성 및 지원에 관한 법률에 따른 수산물가공업의 신고 여부의 확인(법 제88조 ④의 ⓒ에 해당하는 수산물 및 수산가공품만 해당한다)

　　6) 외국에서 검사의 일부를 생략해 줄 것을 요청하는 서류의 적정성 여부

2. 관능검사

　가. "관능검사"란 오관(五官)에 의하여 그 적합 여부를 판정하는 검사로서 다음의 수산물 및 수산가공품을 그 대상으로 한다.

　　1) 법 제88조 ④의 ⊙에 따른 수산물 및 수산가공품으로서 외국요구기준을 이행했는지를 확인하기 위하여 품질·포장재·표시사항 또는 규격 등의 확인이 필요한 수산물·수산가공품

　　2) 검사신청인이 위생증명서를 요구하는 수산물·수산가공품(비식용수산·수산가공품은 제외한다)

　　3) 정부에서 수매·비축하는 수산물·수산가공품

　　4) 국내에서 소비하는 수산물·수산가공품

　나. 관능검사는 다음과 같이 한다.

　　국립수산물품질관리원장이 전수검사가 필요하다고 정한 수산물 및 수산가공품 외에는 다음의 표본추출방법으로 한다.

　　1) 무포장제품(단위중량이 일정하지 않은 것)

신청로트(Lot)의 크기	관능검사 채점지점(마리)
1톤 미만	2
1톤 이상 ~ 3톤 미만	3
3톤 이상 ~ 5톤 미만	4
5톤 이상 ~ 10톤 미만	5
10톤 이상 ~ 20톤 미만	6
20톤 이상	7

2) 포장제품(단위중량이 일정한 블록형의 무포장제품을 포함한다)

신청개수	추출개수	채점개수
4개 이하	1	1
5개 이상 ~ 50개 이하	3	1
51개 이상 ~ 100개 이하	5	2
101개 이상 ~ 200개 이하	7	2
201개 이상 ~ 300개 이하	9	3
301개 이상 ~ 400개 이하	11	3
401개 이상 ~ 500개 이하	13	4
501개 이상 ~ 700개 이하	15	5
701개 이상 ~ 1,000개 이하	17	5
1,001개 이상	20	6

3. 정밀검사

　가. "정밀검사"란 물리적·화학적·미생물학적 방법으로 그 적합 여부를 판정하는 검사로서 다음의 수산물·수산가공품을 그 대상으로 한다.

　　1) 검사신청인 또는 외국요구기준에서 분석증명서를 요구하는 수산물 및 수산가공품

　　2) 관능검사결과 정밀검사가 필요하다고 인정되는 수산물 및 수산가공품

　　3) 외국요구기준에 따라 수출된 수산물 및 수산가공품에서 유해물질이 검출된 경우 그 수산물 및 수산가공품의 생산·가공시설에서 생산·가공되는 수산물

　나. 정밀검사는 다음과 같이 한다.

　　외국요구기준에서 정한 검사방법이 있는 경우에는 그 방법으로 하고, 그 방법이 없을 때에는 식품위생법에 따른 식품 등의 공전(公典)에서 정한 검사방법으로 한다.

〈비 고〉

1. 법 제88조 ④의 ㉠ 및 ㉡에 따른 수산물·수산가공품 또는 수출용으로서 살아 있는 수산물에 대한 위생(건강)증명서 또는 분석증명서를 발급받기 위한 검사신청이 있는 경우에는 검사신청인이 수거한 검사시료로 정밀검사를 할 수 있다. 이 경우 검사신청인은 수거한 검사시료와 수출하는 수산물이 동일함을 증명하는 서류를 함께 제출하여야 한다.

2. 국립수산물품질관리원장 또는 검사기관의 장은 검사신청인이 식품위생법에 따라 지정된 식품위생검사기관의 검사증명서 또는 검사성적서를 제출하는 경우에는 해당 수산물·수산가공품에 대한 정밀검사를 갈음하거나 그 검사항목을 조정하여 검사할 수 있다.

※ 수산물 등에 대한 검사대장의 작성·보관(시행규칙 제114조)

국립수산물품질관리원장 또는 수산물 지정검사기관의 장은 검사에 관한 다음의 서류를 작성하여 갖춰 두거나 전산으로 작성·보관·관리하여야 한다.

① 검사신청서 접수대장

② 검사 집행 상황부

③ 검사증서 발급대장

(2) 수산물검사기관의 지정 등(법 제89조)

① 해양수산부장관은 검사 업무나 재검사 업무를 수행할 수 있는 생산자단체 또는 과학기술분야 정부출연연구기관 등의 설립·운영 및 육성에 관한 법률에 따라 설립된 식품위생 관련 기관을 수산물검사기관으로 지정하여 검사 또는 재검사 업무를 대행하게 할 수 있다.

② ①에 따른 수산물검사기관으로 지정받으려는 자는 검사에 필요한 시설과 인력을 갖추어 해양수산부장관에게 신청하여야 한다.

③ ①에 따른 수산물검사기관의 지정기준, 지정절차 및 검사 업무의 범위 등에 필요한 사항은 해양수산부령으로 정한다.

※ 수산물검사기관의 지정기준(시행규칙 [별표 25])

1. 조직 및 인력
   가. 검사의 통일성을 유지하고 업무수행을 원활하게 하기 위하여 검사관리 부서를 두어야 한다.
   나. 검사대상 종류별로 3명 이상의 검사인력을 확보하여야 한다.
2. 시 설
   검사관이 근무할 수 있는 적정한 넓이의 사무실과 검사대상품의 분석, 기술훈련, 검사용 장비관리 등을 위하여 검사 현장을 관할하는 사무소별로 10m² 이상의 분석실이 설치되어야 한다.
3. 장 비
   검사에 필요한 기본 검사장비와 종류별 검사장비를 갖추어야 하며, 장비확보에 대한 세부기준은 국립수산물품질관리원장이 정하여 고시한다.
4. 검사업무 규정
   다음의 사항이 모두 포함된 검사업무 규정을 작성하여야 한다.
   가. 검사업무의 절차 및 방법
   나. 검사업무의 사후관리 방법
   다. 검사의 수수료 및 그 징수방법
   라. 검사원의 준수사항 및 자체관리·감독 요령
   마. 그 밖에 국립수산물품질관리원장이 검사업무의 수행에 필요하다고 인정하여 고시하는 사항

※ 수산물검사기관의 지정절차 등(시행규칙 제117조)

① 수산물검사기관으로 지정받으려는 자는 수산물 지정검사기관 지정신청서에 다음의 서류를 첨부하여 국립수산물품질관리원장에게 제출해야 한다.
   1. 정관(법인인 경우만 해당한다)
   2. 검사 업무의 범위 등을 적은 사업계획서
   3. 수산물검사기관의 지정기준을 갖추었음을 증명하는 서류

② ①에 따른 신청서를 제출받은 담당 공무원은 전자정부법에 따른 행정정보의 공동이용을 통하여 법인 등기사항증명서(법인인 경우만 해당한다)를 확인해야 한다.

③ 국립수산물품질관리원장은 ①에 따라 수산물검사기관의 지정을 신청한 자가 수산물검사기관의 지정기준에 적합하다고 인정하는 경우에는 수산물 지정검사기관으로 지정하여 지정신청인에게 통지하여야 한다.

④ 국립수산물품질관리원장이 ③에 따라 수산물 지정검사기관을 지정한 경우에는 지정 사실 및 수산물 지정검사기관이 수행하는 업무의 범위를 고시해야 한다.

(3) 수산물검사기관의 지정 취소 등(법 제90조)

① 해양수산부장관은 수산물검사기관이 다음의 어느 하나에 해당하면 그 지정을 취소하거나 6개월 이내의 기간을 정하여 검사 업무의 전부 또는 일부의 정지를 명할 수 있다. 다만, ㉠ 또는 ㉡에 해당하면 그 지정을 취소하여야 한다.

㉠ 거짓이나 그 밖의 부정한 방법으로 지정받은 경우

㉡ 업무정지 기간 중에 검사 업무를 한 경우

㉢ 수산물검사기관의 지정기준에 미치지 못하게 된 경우

㉣ 검사를 거짓으로 하거나 성실하지 아니하게 한 경우

㉤ 정당한 사유 없이 지정된 검사를 하지 아니하는 경우

② ①에 따른 지정취소 등의 세부기준은 그 위반행위의 유형 및 위반 정도 등을 고려하여 해양수산부령으로 정한다.

※ 수산물 지정검사기관의 지정 취소 등의 처분기준(시행규칙 제118조)

① 수산물 지정검사기관의 지정 취소 및 업무정지에 관한 처분기준은 [별표 26]과 같다.

② 국립수산물품질관리원장은 수산물 지정검사기관의 지정을 취소하거나 업무정지처분을 한 경우에는 지체 없이 그 사실을 고시하여야 한다.

※ 수산물 지정검사기관의 지정 취소 및 업무정지에 관한 처분기준(시행규칙 [별표 26])

1. 일반기준

가. 위반행위가 둘 이상인 경우에는 그중 무거운 처분기준을 적용하며, 둘 이상의 처분기준이 동일한 업무정지인 경우에는 무거운 처분기준의 2분의 1까지 가중할 수 있다. 이 경우 각 처분기준을 합산한 기간을 초과할 수 없다.

나. 위반행위의 횟수에 따른 행정처분의 기준은 최근 2년간 같은 위반행위로 행정처분을 받은 경우에 적용한다. 이 경우 행정처분 기준의 적용은 같은 위반행위에 대하여 최초로 행정처분을 한 날을 기준으로 한다.

다. 위반사항의 내용으로 보아 그 위반 정도가 경미하거나 그 밖에 특별한 사유가 있다고 인정되는 경우 그 처분이 업무정지일 때에는 2분의 1 범위에서 경감할 수 있고, 지정 취소일 때에는 6개월의 업무정지 처분으로 경감할 수 있다.

2. 개별기준

위반행위	위반횟수별 처분기준		
	1회	2회	3회 이상
가. 거짓이나 그 밖의 부정한 방법으로 지정받은 경우	지정취소	-	-
나. 업무정지 기간 중에 검사 업무를 한 경우	지정취소	-	-
다. 수산물검사기관의 지정기준에 미치지 못하게 된 경우			
1) 시설·장비·인력이나 조직 중 어느 하나가 지정기준에 미치지 못한 경우	업무정지 1개월	업무정지 3개월	업무정지 6개월 또는 지정취소
2) 시설·장비·인력이나 조직 중 둘 이상이 지정기준에 미치지 못한 경우	업무정지 6개월 또는 지정취소	지정취소	-

위반행위	위반횟수별 처분기준		
	1회	2회	3회 이상
라. 검사를 거짓으로 한 경우	업무정지 3개월	업무정지 6개월 또는 지정취소	지정취소
마. 검사를 성실하게 하지 않은 경우			
1) 검사품의 재조제가 필요한 경우	경 고	업무정지 3개월	업무정지 6개월 또는 지정취소
2) 검사품의 재조제가 필요하지 않은 경우	경 고	업무정지 1개월	업무정지 3개월 또는 지정취소
바. 정당한 사유 없이 지정된 검사를 하지 않은 경우	경 고	업무정지 1개월	업무정지 3개월 또는 지정취소

(4) 수산물검사관의 자격 등(법 제91조)

① 수산물검사 업무나 재검사 업무를 담당하는 사람(수산물검사관)은 다음의 어느 하나에 해당하는 사람으로서 대통령령으로 정하는 국가검역·검사기관의 장이 실시하는 전형시험에 합격한 사람으로 한다. 다만, 대통령령으로 정하는 수산물 검사 관련 자격 또는 학위를 갖고 있는 사람에 대하여는 대통령령으로 정하는 바에 따라 전형시험의 전부 또는 일부를 면제할 수 있다.

   ㉠ 국가검역·검사기관에서 수산물 검사 관련 업무에 6개월 이상 종사한 공무원

   ㉡ 수산물 검사 관련 업무에 1년 이상 종사한 사람

> ※ **수산물검사관 전형시험의 면제(시행령 제33조)**
> 법 제91조 ① 외의 부분 단서에 따라 다음의 어느 하나에 해당하는 사람은 수산물검사관 전형시험의 전부를 면제한다.
> 1. 국가기술자격법에 따른 수산양식기사·수산제조기사·수질환경산업기사 또는 식품산업기사 이상의 자격이 있는 사람
> 2. 고등교육법의 규정에 따른 대학 또는 해양수산부장관이 인정하는 외국의 대학에서 수산가공학·식품가공학·식품화학·미생물학·생명공학·환경공학 또는 이와 관련된 분야를 전공하고 졸업한 사람 또는 이와 동등 이상의 학력이 있는 사람

② 수산물검사관의 자격이 취소된 사람은 자격이 취소된 날부터 1년이 지나지 아니하면 ①에 따른 전형시험에 응시하거나 수산물검사관의 자격을 취득할 수 없다.

③ 국가검역·검사기관의 장은 수산물검사관의 검사기술과 자질을 향상시키기 위하여 교육을 실시할 수 있다.

　　① 국립수산물품질관리원장이 실시하는 교육은 다음과 같다.

　　　1. 국내외 연구·검사기관에의 위탁 또는 파견 교육

　　　2. 자체교육

　　　3. 지정된 수산물검사기관이 요청하는 검사관 교육

　　② ①에 따른 교육의 실시에 필요한 경비는 교육을 받는 수산물검사관이 소속된 기관에서 부담한다.

④ 국가검역·검사기관의 장은 ①에 따른 전형시험의 출제 및 채점 등을 위하여 시험위원을 임명·위촉할 수 있다. 이 경우 시험위원에게는 예산의 범위에서 수당을 지급할 수 있다.

⑤ ①부터 ③까지의 규정에 따른 수산물검사관의 전형시험의 구분·방법, 합격자의 결정, 수산물검사관의 교육 등에 필요한 세부사항은 해양수산부령으로 정한다.

※ 수산물검사관의 임명 및 위촉(시행규칙 제119조)

　국립수산물품질관리원장은 수산물검사관에게 검사관 고유번호를 부여하고 수산물검사관증을 발급한다.

※ 수산물검사관 전형시험의 구분 및 방법(시행규칙 제120조)

　　① 수산물검사관의 전형시험은 필기시험과 실기시험으로 구분하여 실시한다.

　　② ①에 따른 필기시험은 수산가공학·식품위생학·분석이론 및 농수산물 품질관리법령 등에 관하여 진위형과 선택형으로 출제하여 실시하고, 실기시험은 선도(鮮度) 판정방법·분석기법 등에 대하여 실시한다.

　　③ ②에 따른 필기시험에 합격한 사람에 대해서는 다음 회의 시험에서만 필기시험을 면제한다.

　　④ ①부터 ③까지의 규정에 따른 자격전형시험의 응시절차 및 출제 등에 관하여 필요한 세부사항은 국립수산물품질관리원장이 정한다.

※ 합격자의 결정기준 등(시행규칙 제121조)

　　① 수산물검사관 전형시험의 합격자는 필기시험 및 실기시험 성적을 각각 100점 만점으로 하여 필기시험은 60점, 실기시험은 90점 이상인 사람으로 한다.

　　② 국립수산물품질관리원장은 수산물검사관의 검사기술 및 자질 향상을 위하여 연 1회 이상 교육을 할 수 있다.

(5) 수산물검사관의 자격취소 등(법 제92조)

① 국가검역·검사기관의 장은 수산물검사관에게 다음의 어느 하나에 해당하는 사유가 발생하면 그 자격을 취소하거나 6개월 이내의 기간을 정하여 자격의 정지를 명할 수 있다.

　ㄱ 거짓이나 그 밖의 부정한 방법으로 검사나 재검사를 한 경우

　ㄴ 이 법 또는 이 법에 따른 명령을 위반하여 현저히 부적격한 검사 또는 재검사를 하여 정부나 수산물검사기관의 공신력을 크게 떨어뜨린 경우

② ①에 따른 자격 취소 및 정지에 필요한 세부사항은 해양수산부령으로 정한다.

※ 수산물검사관의 자격 취소 및 정지에 관한 세부기준(시행규칙 [별표 27])

1. 일반기준

   가. 위반행위가 둘 이상인 경우에는 그중 무거운 처분기준을 적용하며, 둘 이상의 처분기준이 동일한 자격정지인 경우에는 무거운 처분기준의 2분의 1까지 가중할 수 있다. 이 경우 각 처분기준을 합산한 기간을 초과할 수 없다.

   나. 위반행위의 횟수에 따른 행정처분의 기준은 최근 2년간 같은 위반행위로 행정처분을 받은 경우에 적용한다. 이 경우 행정처분 기준의 적용은 같은 위반행위에 대하여 최초로 행정처분을 한 날을 기준으로 한다.

   다. 위반사항의 내용으로 보아 그 위반 정도가 경미하거나 그 밖에 특별한 사유가 있다고 인정되는 경우 그 처분이 자격정지일 때에는 2분의 1 범위에서 경감할 수 있고, 자격취소일 때에는 6개월의 자격정지 처분으로 경감할 수 있다.

2. 개별기준

위반행위	위반횟수별 처분기준		
	1회	2회	3회
가. 거짓이나 그 밖의 부정한 방법으로 검사나 재검사를 한 경우	자격취소	–	–
1) 거짓 또는 부정한 방법으로 자격을 취득하여 검사나 재검사를 한 경우	자격취소	–	–
2) 다른 사람에게 그 명의를 사용하게 하거나 다른 사람에게 그 자격증을 대여하여 검사나 재검사를 한 경우	자격취소	–	–
3) 고의적인 위격검사를 한 경우	자격취소	–	–
4) 위격검사가 "경고통보"에 해당하는 경우	자격정지 6개월	자격취소	–
5) 위격검사가 "주의통보"에 해당하는 경우	자격정지 3개월	자격정지 6개월	자격취소
나. 법 또는 법에 따른 명령을 위반하여 현저히 부적격한 검사 또는 재검사를 하여 정부나 수산물검사기관의 공신력을 크게 떨어뜨린 경우	자격취소	–	–

(6) 검사 결과의 표시(법 제93조)

수산물검사관은 검사한 결과나 재검사한 결과 다음의 어느 하나에 해당하면 그 수산물 및 수산가공품에 검사 결과를 표시하여야 한다. 다만, 살아 있는 수산물 등 성질상 표시를 할 수 없는 경우에는 그러하지 아니하다.

① 검사를 신청한 자(검사신청인)가 요청하는 경우

② 정부에서 수매·비축하는 수산물 및 수산가공품인 경우

③ 해양수산부장관이 검사 결과를 표시할 필요가 있다고 인정하는 경우

④ 검사에 불합격된 수산물 및 수산가공품으로서 관계 기관에 폐기 또는 판매금지 등의 처분을 요청하여야 하는 경우

(7) 검사증명서의 발급(법 제94조)

해양수산부장관은 검사 결과나 재검사 결과 검사기준에 맞는 수산물 및 수산가공품과 제88조(수산물 등에 대한 검사) 제4항에 해당하는 수산물 및 수산가공품의 검사신청인에게 해양수산부령으로 정하는 바에 따라 그 사실을 증명하는 검사증명서를 발급할 수 있다.

(8) 폐기 또는 판매금지 등(법 제95조)

① 해양수산부장관은 검사나 재검사에서 부적합 판정을 받은 수산물 및 수산가공품의 검사신청인에게 그 사실을 알려주어야 한다.

② 해양수산부장관은 식품위생법에서 정하는 바에 따라 관할 특별자치도지사·시장·군수·구청장에게 ①에 따라 부적합 판정을 받은 수산물 및 수산가공품으로서 유해물질이 검출되어 인체에 해를 끼칠 수 있다고 인정되는 수산물 및 수산가공품에 대하여 폐기하거나 판매금지 등을 하도록 요청하여야 한다.

(9) 재검사(법 제96조)

① 검사한 결과에 불복하는 자는 그 결과를 통지받은 날부터 14일 이내에 해양수산부장관에게 재검사를 신청할 수 있다.

② ①에 따른 재검사는 다음의 어느 하나에 해당하는 경우에만 할 수 있다. 이 경우 수산물검사관의 부족 등 부득이한 경우 외에는 처음에 검사한 수산물검사관이 아닌 다른 수산물검사관이 검사하게 하여야 한다.

   ⊙ 수산물검사기관이 검사를 위한 시료 채취나 검사방법이 잘못되었다는 것을 인정하는 경우

   ⓒ 전문기관(해양수산부장관이 정하여 고시한 식품위생 관련 전문기관을 말한다)이 검사하여 수산물검사기관의 검사 결과와 다른 검사 결과를 제출하는 경우

③ ①에 따른 재검사의 결과에 대하여는 같은 사유로 다시 재검사를 신청할 수 없다.

(10) 검사판정의 취소(법 제97조)

해양수산부장관은 검사나 재검사를 받은 수산물 또는 수산가공품이 다음의 어느 하나에 해당하면 검사판정을 취소할 수 있다. 다만, ①에 해당하면 검사판정을 취소하여야 한다.

① 거짓이나 그 밖의 부정한 방법으로 검사를 받은 사실이 확인된 경우

② 검사 또는 재검사 결과의 표시 또는 검사증명서를 위조하거나 변조한 사실이 확인된 경우

③ 검사 또는 재검사를 받은 수산물 또는 수산가공품의 포장이나 내용물을 바꾼 사실이 확인된 경우

2 검 정

(1) 검정(법 제98조)

① 해양수산부장관은 수산물의 거래 및 수출·수입을 원활히 하기 위하여 다음의 검정을 실시할 수 있다.

    ㉠ 수산물의 품질·규격·성분·잔류물질 등

    ㉡ 수산물의 생산에 이용·사용하는 농지·어장·용수·자재 등의 품위·성분 및 유해물질 등

② 해양수산부장관은 검정신청을 받은 때에는 검정 인력이나 검정 장비의 부족 등 검정을 실시하기 곤란한 사유가 없으면 검정을 실시하고 신청인에게 그 결과를 통보하여야 한다.

③ ①에 따른 검정의 항목·신청절차 및 방법 등 필요한 사항은 해양수산부령으로 정한다.

※ 검정항목 – 수산물(시행규칙 [별표 30])

구 분	검정항목
일반성분 등	수분, 회분, 지방, 조섬유, 단백질, 염분, 산가, 전분, 토사(흙, 모래), 휘발성 염기질소, 수용성추출물(단백질, 지질, 색소 등은 제외), 열탕 불용해 잔사물, 젤리강도(한천), 수소이온농도(pH), 당도, 히스타민, 트라이메틸아민, 아미노질소, 전질소(총질소), 비타민 A, 이산화황(SO_2), 붕산, 일산화탄소
식품첨가물	인공감미료
중금속	수은, 카드뮴, 구리, 납, 아연 등
방사능	방사능
세 균	대장균군, 생균수, 분변계대장균, 장염비브리오, 살모넬라, 리스테리아, 황색포도상구균
항생물질	옥시테트라사이클린, 옥솔린산
독 소	복어독소, 패류독소
바이러스	노로바이러스

※ 검정절차 등(시행규칙 제125조)

    ① 검정을 신청하려는 자는 국립수산물품질관리원장 또는 지정받은 검정기관(지정검정기관)의 장에게 검정신청서에 검정용 시료를 첨부하여 검정을 신청하여야 한다.

    ② 국립수산물품질관리원장 또는 지정검정기관의 장은 시료를 접수한 날부터 7일 이내에 검정을 하여야 한다. 다만, 7일 이내에 분석을 할 수 없다고 판단되는 경우에는 신청인과 협의하여 검정기간을 따로 정할 수 있다.

    ③ 국립수산물품질관리원장 또는 검정기관의 장은 원활한 검정업무의 수행을 위하여 필요하다고 판단되는 경우에는 신청인에게 최소한의 범위에서 시설, 장비 및 인력 등의 제공을 요청할 수 있다.

※ 검정증명서의 발급(시행규칙 제126조)

국립수산물품질관리원장 또는 지정검정기관의 장은 검정한 경우에는 그 결과를 검정증명서에 따라 신청인에게 알려야 한다.

※ 검정방법(시행규칙 제128조)

품위·품종·성분 및 유해물질 등의 검정방법 등 세부사항은 국립수산물품질관리원장이 정하여 고시한다.

※ 검정결과에 따른 조치(시행규칙 제128조의2)

① 국립수산물품질관리원장은 검정을 실시한 결과 유해물질이 검출되어 인체에 해를 끼칠 수 있다고 인정되는 경우에는 해당 수산물의 생산자·소유자(생산자 등)에게 다음의 조치를 하도록 그 처리방법 및 처리기한을 정하여 알려 주어야 한다. 이 경우 조치 대상은 검정신청서에 기재된 재배지 면적 또는 물량에 해당하는 수산물에 한정한다.

1. 해당 유해물질이 시간이 지남에 따라 분해·소실되어 일정 기간이 지난 후에 식용으로 사용하는 데 문제가 없다고 판단되는 경우 : 해당 유해물질이 식품위생법의 식품 또는 식품첨가물에 관한 기준 및 규격에 따른 잔류허용기준 이하로 감소하는 기간 동안 출하연기 또는 판매금지

2. 해당 유해물질의 분해·소실기간이 길어 국내에서 식용으로 사용할 수 없으나, 사료·공업용 원료 및 수출용 등 식용 외의 다른 용도로 사용할 수 있다고 판단되는 경우 : 국내 식용으로의 판매금지

3. 1. 또는 2.에 따른 방법으로 처리할 수 없는 경우 : 일정한 기한을 정하여 폐기

② 해당 생산자 등은 ①에 따른 조치를 이행한 후 그 결과를 국립수산물품질관리원장에게 통보하여야 한다.

③ 지정검정기관의 장은 검정을 실시한 수산물 중에서 유해물질이 검출되어 인체에 해를 끼칠 수 있다고 인정되는 것이 있는 경우에는 다음의 서류를 첨부하여 그 사실을 지체 없이 국립수산물품질관리원장에게 통보하여야 한다. 이 경우 그 통보 사실을 해당 생산자 등에게도 동시에 알려야 한다.

1. 검정신청서 사본 및 검정증명서 사본

2. 조치방법 등에 관한 지정검정기관의 의견

(2) 검정결과에 따른 조치(법 제98조의2)

① 해양수산부장관은 검정을 실시한 결과 유해물질이 검출되어 인체에 해를 끼칠 수 있다고 인정되는 수산물에 대하여 생산자 또는 소유자에게 폐기하거나 판매금지 등을 하도록 하여야 한다.

② 해양수산부장관은 생산자 또는 소유자가 ①의 명령을 이행하지 아니하거나 수산물의 위생에 위해가 발생한 경우 해양수산부령으로 정하는 바에 따라 검정결과를 공개하여야 한다.

※ 검정결과의 공개(시행규칙 제128조의3)

국립수산물품질관리원장은 검정결과를 공개하여야 하는 사유가 발생한 경우에는 지체 없이 다음의 사항을 국립수산물품질관리원의 홈페이지(게시판 등 이용자가 쉽게 검색하여 볼 수 있는 곳이어야 한다)에 12개월간 공개하여야 한다.

① "폐기 또는 판매금지 등의 명령을 이행하지 아니한 수산물의 검정결과" 또는 "위생에 위해가 발생한 수산물의 검정결과"라는 내용의 표제

② 검정결과

③ 공개이유

④ 공개기간

(3) 검정기관의 지정 등(법 제99조)

① 해양수산부장관은 검정에 필요한 인력과 시설을 갖춘 기관(검정기관)을 지정하여 검정을 대행하게 할 수 있다.

② 검정기관으로 지정을 받으려는 자는 검정에 필요한 인력과 시설을 갖추어 해양수산부장관에게 신청하여야 한다. 검정기관으로 지정받은 후 해양수산부령으로 정하는 중요 사항이 변경되었을 때에는 해양수산부령으로 정하는 바에 따라 변경신고를 하여야 한다.

③ 해양수산부장관은 ② 후단에 따른 변경신고를 받은 날부터 20일 이내에 신고수리 여부를 신고인에게 통지하여야 한다.

④ 해양수산부장관이 ③에서 정한 기간 내에 신고수리 여부 또는 민원 처리 관련 법령에 따른 처리기간의 연장을 신고인에게 통지하지 아니하면 그 기간(민원 처리 관련 법령에 따라 처리기간이 연장 또는 재연장된 경우에는 해당 처리기간을 말한다)이 끝난 날의 다음 날에 신고를 수리한 것으로 본다.

⑤ 검정기관 지정의 유효기간은 지정을 받은 날부터 4년으로 하고, 유효기간이 만료된 후에도 계속하여 검정 업무를 하려는 자는 유효기간이 끝나기 3개월 전까지 해양수산부장관에게 갱신을 신청하여야 한다.

⑥ 검정기관 지정이 취소된 후 1년이 지나지 아니하면 검정기관 지정을 신청할 수 없다.

⑦ ①·② 및 ⑤에 따른 검정기관의 지정·갱신기준 및 절차와 업무 범위 등에 필요한 사항은 해양수산부령으로 정한다.

※ 검정기관의 지정절차 등(시행규칙 제130조)

① 검정기관으로 지정받으려는 자는 검정기관 지정신청서에 다음의 서류를 첨부하여 국립수산물품질관리원장에게 신청하여야 한다.
  1. 정관(법인인 경우만 해당한다)
  2. 검정 업무의 범위 등을 적은 사업계획서 및 검정 업무에 관한 규정
  3. 검정기관의 지정기준을 갖추었음을 증명할 수 있는 서류

② ①에 따라 검정기관 지정을 신청하는 자는 [별표 31] 제1호의 일반기준에 따라 [별표 30]에 따른 분야 및 검정항목별로 구분하여 신청할 수 있다. 이 경우 농산물 및 농산가공품 중 무기성분·유해물질 분야의 검정기관 지정을 신청할 때에는 잔류농약, 검정항목은 반드시 포함하고, 그 외의 검정항목만 선택하여 신청할 수 있다.

③ ①에 따른 신청서를 받은 국립수산물품질관리원장은 전자정부법에 따른 행정정보의 공동이용을 통하여 법인 등기사항증명서(법인인 경우만 해당한다) 및 사업자등록증명을 확인하여야 한다. 다만, 신청인이 사업자등록증명의 확인에 동의하지 아니하는 경우에는 그 서류를 첨부하도록 하여야 한다.

④ 국립수산물품질관리원장은 ①에 따른 검정기관의 지정신청을 받으면 검정기관의 지정기준에 적합한지를 심사하고, 심사 결과 적합한 경우에는 검정기관으로 지정한다.

⑤ 국립수산물품질관리원장은 검정기관을 지정하였을 때에는 검정기관 지정서 발급대장에 일련번호를 부여하여 등재하고, 검정기관 지정서를 발급하여야 한다.

⑥ "해양수산부령으로 정하는 중요 사항"이란 다음의 사항을 말한다.
  1. 기관명(대표자) 및 사업자등록번호
  2. 실험실 소재지
  3. 검정 업무의 범위
  4. 검정 업무에 관한 규정
  5. 검정기관의 지정기준 중 인력·시설·장비

⑦ 검정기관으로 지정받은 자가 검정기관으로 지정받은 후 ⑥의 사항이 변경된 경우에는 검정기관 지정내용 변경신고서에 변경 내용을 증명하는 서류와 검정기관 지정서 원본을 첨부하여 국립수산물품질관리원장에게 제출하여야 한다.

⑧ 국립수산물품질관리원장은 검정기관을 지정한 경우에는 검정기관의 명칭, 소재지, 지정일, 검정기관이 수행하는 업무의 범위 등을 고시하여야 한다.

⑨ ④에 따른 검정기관 지정에 관한 세부절차 및 운영 등에 필요한 사항은 국립수산물품질관리원장이 정하여 고시한다.

(4) 검정기관의 지정취소 등(법 제100조)

① 해양수산부장관은 검정기관이 다음의 어느 하나에 해당하면 지정을 취소하거나 6개월 이내의 기간을 정하여 해당 검정 업무의 정지를 명할 수 있다. 다만, ㉠ 또는 ㉡에 해당하면 지정을 취소하여야 한다.

㉠ 거짓이나 그 밖의 부정한 방법으로 지정을 받은 경우

㉡ 업무정지 기간 중에 검정 업무를 한 경우

㉢ 검정 결과를 거짓으로 내준 경우

㉣ 변경신고를 하지 아니하고 검정 업무를 계속한 경우

㉤ 검정기관의 지정기준에 맞지 아니하게 된 경우

㉥ 그 밖에 해양수산부령으로 정하는 검정에 관한 규정을 위반한 경우

② ①에 따른 지정취소 및 정지에 관한 세부기준은 해양수산부령으로 정한다.

※ 검정기관의 지정취소 등의 처분기준(시행규칙 제131조)

① 검정기관의 지정취소 및 업무정지에 관한 처분기준은 [별표 32]와 같다.

② 국립농산물품질관리원장 또는 국립수산물품질관리원장은 검정기관의 지정을 취소하거나 업무정지처분을 하였을 때에는 지체 없이 그 사실을 고시하여야 한다.

③ "해양수산부령으로 정하는 검정에 관한 규정을 위반한 경우"란 [별표 32] 2.의 바.부터 자.까지의 규정을 위반한 경우를 말한다.

※ 검정기관의 지정취소 및 업무정지에 관한 처분기준(시행규칙 [별표 32])

1. 일반기준

가. 위반행위가 둘 이상이면 그 중 무거운 처분기준에 따른다. 다만, 둘 이상의 처분기준이 모두 업무정지인 경우에는 각 처분기준을 합산한 기간을 넘지 않는 범위에서 무거운 처분기준에 그 처분기준의 2분의 1 범위에서 가중한다.

나. 같은 위반행위로 최근 3년간 4회 위반인 경우에는 지정취소한다.

다. 위반행위의 횟수에 따른 행정처분 기준은 최근 3년간 같은 위반행위로 행정처분을 받은 경우에 적용한다. 이 경우 기간의 계산은 위반행위에 대한 행정처분일과 그 처분 후 다시 같은 위반행위를 하여 적발된 날을 기준으로 한다.

라. 다목에 따라 가중된 처분을 하는 경우 가중처분의 적용 차수는 그 위반행위 전 처분차수(다목에 따른 기간 내에 처분이 둘 이상 있었던 경우에는 높은 차수를 말한다)의 다음 차수로 한다.

마. 위반사항의 내용으로 보아 그 위반의 정도가 경미하거나 검정 결과에 중대한 영향을 미치지 않거나 단순 착오로 판단되는 경우 그 처분이 검정업무정지일 때에는 2분의 1 이하의 범위에서 감경할 수 있고, 지정취소일 때에는 6개월의 검정업무정지 처분으로 감경할 수 있다.

2. 개별기준

위반내용	위반횟수별 처분기준		
	1차 위반	2차 위반	3차 위반
가. 거짓이나 그 밖의 부정한 방법으로 지정을 받은 경우	지정취소	–	–
나. 업무정지 기간 중에 검정 업무를 한 경우	지정취소	–	–
다. 검정 결과를 거짓으로 내준 경우(고의 또는 중과실이 있는 경우만 해당한다)			
1) 검정 관련 기록을 위조·변조하여 검정성적서를 발급하는 행위			
2) 검정하지 않고 검정성적서를 발급하는 행위	지정취소	–	–
3) 의뢰받은 검정시료가 아닌 다른 검정시료의 검정 결과를 인용하여 검정성적서를 발급하는 행위			
4) 의뢰된 검정시료의 결과 판정을 실제 검정 결과와 다르게 판정하는 행위			
라. 변경신고를 하지 않고 검정업무를 계속한 경우			
1) 변경된 기관명 및 사업자등록번호, 실험실 소재지, 검정업무의 범위를 신고하지 않은 경우	검정업무 정지 1개월	검정업무 정지 3개월	검정업무 정지 6개월
2) 변경된 검정업무에 관한 규정 및 검정기관의 인력, 시설, 장비를 신고하지 않은 경우	시정명령	검정업무 정지 7일	검정업무 정지 15일
마. 검정기관 지정기준			
1) 시설·장비·인력 기준 중 어느 하나가 지정기준에 맞지 않는 경우	검정업무 정지 3개월	검정업무 정지 6개월	지정취소
2) 검사능력(숙련도) 평가결과 미흡으로 평가된 경우	검정업무 정지 3개월	검정업무 정지 6개월	지정취소
3) 시설·장비·인력 기준 중 둘 이상이 지정기준에 맞지 않는 경우	검정업무 정지 6개월	지정취소	–
바. 검정업무의 범위 및 방법			
1) 지정받은 검정업무 범위를 벗어나 검정한 경우			
2) 관련 규정에서 정한 분석방법 외에 다른 방법으로 검정한 경우	검정업무 정지 1개월	검정업무 정지 3개월	검정업무 정지 6개월
3) 공시험(空試驗) 및 검출된 성분에 확인실험이 필요함에도 불구하고 하지 않은 경우			
4) 유효기간이 지난 표준물질 등 적정하지 않은 표준물질을 사용한 경우			
사. 검정 관련 기록관리			
1) 검정 결과 확인을 위한 검정 절차·방법, 판정 등의 기록을 하지 않았거나 보관하지 않은 경우	검정업무 정지 15일	검정업무 정지 1개월	검정업무 정지 3개월
2) 시험·검정일·검사자 등 단순 사항을 적지 않은 경우	시정명령	검정업무 정지 7일	검정업무 정지 15일
3) 시료량, 시험·검정방법 및 표준물질의 사용 내용 등을 적지 않은 경우	검정업무 정지 7일	검정업무 정지 15일	검정업무 정지 1개월

위반내용	위반횟수별 처분기준		
	1차 위반	2차 위반	3차 위반
아. 검정기간, 검정수수료 등			
1) 검정기관 변경사항 신고 및 검정실적 등 자료제출 요구를 이행하지 않은 경우	시정명령	검정업무 정지 7일	검정업무 정지 15일
2) 검정기간을 준수하지 않은 경우			
3) 검정수수료 규정을 준수하지 않은 경우			
4) 검정 관련 의무교육을 이수하지 않은 경우			
자. 검정성적서 발급			
1) 검정대상에 맞는 적정한 표준물질을 사용하지 않은 경우	검정업무 정지 1개월	검정업무 정지 3개월	검정업무 정지 6개월
2) 시료보관기간을 위반한 경우			
3) 검정과정에서 시료를 바꾸어 검정하고 검정성적서를 발급한 경우			
4) 의뢰받은 검정항목을 누락하거나 다른 검정항목을 적용하여 검정성적서를 발급한 경우			
5) 경미한 실수로 검정시료의 결과 판정을 실제 검정 결과와 다르게 판정한 경우			

※ 국립수산물품질관리원장은 검정기관의 지정을 취소하거나 업무정지처분을 하였을 때에는 지체없이 그 사실을 고시하여야 한다(시행규칙 제131조 제2항).

3 금지행위 및 확인·조사·점검 등

(1) 부정행위의 금지 등(법 제101조)

누구든지 검사, 재검사 및 검정과 관련하여 다음의 행위를 하여서는 아니 된다.

① 거짓이나 그 밖의 부정한 방법으로 검사·재검사 또는 검정을 받는 행위

② 검사를 받아야 하는 수산물 및 수산가공품에 대하여 검사를 받지 아니하는 행위

③ 검사 및 검정 결과의 표시, 검사증명서 및 검정증명서를 위조하거나 변조하는 행위

④ 검사를 받지 아니하고 포장·용기나 내용물을 바꾸어 해당 수산물이나 수산가공품을 판매·수출하거나 판매·수출을 목적으로 보관 또는 진열하는 행위

⑤ 검정 결과에 대하여 거짓광고나 과대광고를 하는 행위

(2) 확인·조사·점검 등(법 제102조)

① 해양수산부장관은 정부가 수매하거나 수입한 수산물 및 수산가공품 등 대통령령으로 정하는 수산물 및 수산가공품의 보관창고, 가공시설, 항공기, 선박, 그 밖에 필요한 장소에 관계 공무원을 출입하게 하여 확인·조사·점검 등에 필요한 최소한의 시료를 무상으로 수거하거나 관련 장부 또는 서류를 열람하게 할 수 있다.

"정부가 수매하거나 수입한 수산물 및 수산가공품 등 대통령령으로 정하는 수산물 및 수산가공품"이란 다음과 같다.

① 정부가 수매하거나 수입한 수산물 및 수산가공품

② 생산자단체 등이 정부를 대행하여 수매하거나 수입한 수산물 및 수산가공품

③ 정부가 수매 또는 수입하여 가공한 수산물 및 수산가공품

② ①에 따른 시료 수거 또는 열람에 관하여는 법 제13조 제2항 및 제3항을 준용한다.

③ ①에 따라 출입 등을 하는 관계 공무원에 관하여는 법 제13조 제4항을 준용한다.

07 농수산물의 원산지 표시 등에 관한 법률

농수산물의 원산지 표시 등에 관한 법률 [시행 2022.1.1, 법률 제18525호, 2021.11.30, 일부개정]
농수산물의 원산지 표시 등에 관한 법률 시행령 [시행 2023.12.12, 대통령령 제33946호, 2023.12.12, 일부개정]
농수산물의 원산지 표시 등에 관한 법률 시행규칙 [시행 2023.12.8, 해양수산부령 제636호, 2023.12.8, 일부개정]

1 총 칙

(1) 목적(법 제1조)

이 법은 농산물·수산물과 그 가공품 등에 대하여 적정하고 합리적인 원산지 표시와 유통이력 관리를 하도록 함으로써 공정한 거래를 유도하고 소비자의 알권리를 보장하여 생산자와 소비자를 보호하는 것을 목적으로 한다.

(2) 용어의 정의(법 제2조)

① "농산물"이란 농업활동으로 생산되는 산물로서 대통령령으로 정하는 것을 말한다(농업·농촌 및 식품산업 기본법 제3조 제6호 가목)

② "수산물"이란 어업(수산동식물을 포획(捕獲)·채취(採取)하거나 양식하는 산업, 염전에서 바닷물을 자연 증발시켜 소금을 생산하는 산업)활동 및 양식업 활동(수산동식물을 양식하는 산업)으로부터 생산되는 산물을 말한다(수산업·어촌 발전 기본법 제3조 제1호 가목)

③ "농수산물"이란 농산물과 수산물을 말한다.

④ "원산지"란 농산물이나 수산물이 생산·채취·포획된 국가·지역이나 해역을 말한다.

⑤ "유통이력"이란 수입 농산물 및 농산물 가공품에 대한 수입 이후부터 소비자 판매 이전까지의 유통단계별 거래명세를 말하며, 그 구체적인 범위는 농림축산식품부령으로 정한다.

⑥ "식품접객업"이란 식품위생법에 따른 식품접객업을 말한다.

⑦ "집단급식소"란 식품위생법에 따른 집단급식소를 말한다.

> ※ **용어의 정의(식품위생법 제2조 제12호)**
> "집단급식소"란 영리를 목적으로 하지 아니하면서 특정 다수인에게 계속하여 음식물을 공급하는 다음의 어느 하나에 해당하는 곳의 급식시설로서 대통령령으로 정하는 시설을 말한다.
> 가. 기숙사
> 나. 학교, 유치원, 어린이집
> 다. 병 원
> 라. 사회복지사업법 제2조제4호의 사회복지시설
> 마. 산업체
> 바. 국가, 지방자치단체 및 공공기관의 운영에 관한 법률 제4조 제1항에 따른 공공기관
> 사. 그 밖의 후생기관 등

⑧ 통신판매란 전자상거래 등에서의 소비자보호에 관한 법률에 따른 통신판매(전자상거래로 판매되는 경우를 포함한다) 중 대통령령으로 정하는 판매를 말한다.

> ※ **용어의 정의(전자상거래 등에서의 소비자보호에 관한 법률 제2조 제2호)**
> "통신판매"란 우편·전기통신, 그 밖에 총리령으로 정하는 방법으로 재화 또는 용역(일정한 시설을 이용하거나 용역을 제공받을 수 있는 권리를 포함한다)의 판매에 관한 정보를 제공하고 소비자의 청약을 받아 재화 또는 용역(재화 등)을 판매하는 것을 말한다. 다만, 방문판매 등에 관한 법률에 따른 전화권유판매는 통신판매의 범위에서 제외한다.

> ※ **통신판매에 관한 정보의 제공방법 등(전자상거래 등에서의 소비자보호에 관한 법률 시행규칙 제2조)**
> "총리령으로 정하는 방법"이란 다음의 방법을 말한다.
> 1. 광고물·광고시설물·전단지·방송·신문 및 잡지 등을 이용하는 방법
> 2. 판매자와 직접 대면하지 아니하고 우편환·우편대체·지로 및 계좌이체 등을 이용하는 방법

> ※ **통신판매의 범위(시행령 제2조)**
> "대통령령으로 정하는 판매"란 전자상거래 등에서의 소비자보호에 관한 법률 제12조에 따라 신고한 통신판매업자의 판매(전단지를 이용한 판매는 제외한다) 또는 같은 법 제20조 제2항에 따른 통신판매중개업자가 운영하는 사이버몰(컴퓨터 등과 정보통신설비를 이용하여 재화를 거래할 수 있도록 설정된 가상의 영업장을 말한다)을 이용한 판매를 말한다.

⑨ 이 법에서 사용하는 용어의 뜻은 이 법에 특별한 규정이 있는 것을 제외하고는 농수산물 품질관리법, 식품위생법, 대외무역법이나 축산물 위생관리법에서 정하는 바에 따른다.

(3) 다른 법률과의 관계(법 제3조)

이 법은 농수산물 또는 그 가공품의 원산지 표시와 수입 농산물 및 농산물 가공품의 유통이력 관리에 대하여 다른 법률에 우선하여 적용한다.

(4) 농수산물의 원산지 표시의 심의(법 제4조)

이 법에 따른 농산물·수산물 및 그 가공품 또는 조리하여 판매하는 쌀·김치류, 축산물 및 수산물 등의 원산지 표시 등에 관한 사항은 농수산물 품질관리법에 따른 농수산물품질관리심의회(심의회)에서 심의한다.

2 원산지 표시 등

(1) 원산지 표시(법 제5조)

① 대통령령으로 정하는 농수산물 또는 그 가공품을 수입하는 자, 생산·가공하여 출하하거나 판매(통신판매를 포함한다)하는 자 또는 판매할 목적으로 보관·진열하는 자는 다음에 대하여 원산지를 표시하여야 한다.

㉠ 농수산물

㉡ 농수산물 가공품(국내에서 가공한 가공품은 제외한다)

㉢ 농수산물 가공품(국내에서 가공한 가공품에 한정한다)의 원료

※ 원산지의 표시대상(시행령 제3조 제1항~제3항)

  ① "대통령령으로 정하는 농수산물 또는 그 가공품"이란 다음의 농수산물 또는 그 가공품을 말한다.

    1. 유통질서의 확립과 소비자의 올바른 선택을 위하여 필요하다고 인정하여 농림축산식품부장관과 해양수산부장관이 공동으로 고시한 농수산물 또는 그 가공품

    2. 대외무역법에 따라 산업통상자원부장관이 공고한 수입 농수산물 또는 그 가공품. 다만, 대외무역법 시행령에 따라 원산지 표시를 생략할 수 있는 수입 농수산물 또는 그 가공품은 제외한다.

  ② 농수산물 가공품의 원료에 대한 원산지 표시대상은 다음과 같다. 다만, 물, 식품첨가물, 주정(酒精) 및 당류(당류를 주원료로 하여 가공한 당류가공품을 포함)는 배합 비율의 순위와 표시대상에서 제외한다.

  1. 원료 배합 비율에 따른 표시대상

    가. 사용된 원료의 배합 비율에서 한 가지 원료의 배합 비율이 98% 이상인 경우에는 그 원료

    나. 사용된 원료의 배합 비율에서 두 가지 원료의 배합 비율의 합이 98% 이상인 원료가 있는 경우에는 배합 비율이 높은 순서의 2순위까지의 원료

    다. 가. 및 나. 외의 경우에는 배합 비율이 높은 순서의 3순위까지의 원료

    라. 가.부터 다.까지의 규정에도 불구하고 김치류 및 절임류(소금으로 절이는 절임류에 한정)의 경우에는 다음의 구분에 따른 원료

      1) 김치류 중 고춧가루(고춧가루가 포함된 가공품을 사용하는 경우에는 그 가공품에 사용된 고춧가루를 포함)를 사용하는 품목은 고춧가루 및 소금을 제외한 원료 중 배합 비율이 가장 높은 순서의 2순위까지의 원료와 고춧가루 및 소금

      2) 김치류 중 고춧가루를 사용하지 아니하는 품목은 소금을 제외한 원료 중 배합 비율이 가장 높은 순서의 2순위까지의 원료와 소금

      3) 절임류는 소금을 제외한 원료 중 배합 비율이 가장 높은 순서의 2순위까지의 원료와 소금. 다만, 소금을 제외한 원료 중 한 가지 원료의 배합 비율이 98% 이상인 경우에는 그 원료와 소금으로 한다.

2. 1.에 따른 표시대상 원료로서 식품 등의 표시·광고에 관한 법률에 따른 식품 등의 표시기준에서 정한 복합원재료를 사용한 경우에는 농림축산식품부장관과 해양수산부장관이 공동으로 정하여 고시하는 기준에 따른 원료

③ ②를 적용할 때 원료(가공품의 원료를 포함) 농수산물의 명칭을 제품명 또는 제품명의 일부로 사용하는 경우에는 그 원료 농수산물이 같은 항에 따른 원산지 표시대상이 아니더라도 그 원료 농수산물의 원산지를 표시해야 한다. 다만, 원료 농수산물이 다음 각 호의 어느 하나에 해당하는 경우에는 해당 원료 농수산물의 원산지 표시를 생략할 수 있다.

1. ①의 1.에 따라 고시한 원산지 표시대상에 해당하지 않는 경우
2. ② 각 호 외의 부분 단서에 따른 식품첨가물, 주정 및 당류(당류를 주원료로 하여 가공한 당류가공품을 포함한다)의 원료로 사용된 경우
3. 식품 등의 표시·광고에 관한 법률 제4조의 표시기준에 따라 원재료명 표시를 생략할 수 있는 경우

② 다음의 어느 하나에 해당하는 때에는 ①에 따라 원산지를 표시한 것으로 본다.

㉠ 농수산물 품질관리법 또는 소금산업 진흥법에 따른 표준규격품의 표시를 한 경우

㉡ 농수산물 품질관리법에 따른 우수관리인증의 표시, 품질인증품의 표시 또는 소금산업 진흥법에 따른 우수천일염인증의 표시를 한 경우

㉢ 소금산업 진흥법에 따른 천일염생산방식인증의 표시를 한 경우

㉣ 소금산업 진흥법에 따른 친환경천일염인증의 표시를 한 경우

㉤ 농수산물 품질관리법에 따른 이력추적관리의 표시를 한 경우

㉥ 농수산물 품질관리법 또는 소금산업 진흥법에 따른 지리적표시를 한 경우

㉦ 식품산업진흥법 또는 수산식품산업의 육성 및 지원에 관한 법률에 따른 원산지인증의 표시를 한 경우

㉧ 대외무역법에 따라 수출입 농수산물이나 수출입 농수산물 가공품의 원산지를 표시한 경우

㉨ 다른 법률에 따라 농수산물의 원산지 또는 농수산물 가공품의 원료의 원산지를 표시한 경우

③ 식품접객업 및 집단급식소 중 대통령령으로 정하는 영업소나 집단급식소를 설치·운영하는 자는 다음의 어느 하나에 해당하는 경우에 그 농수산물이나 그 가공품의 원료에 대하여 원산지(쇠고기는 식육의 종류를 포함)를 표시하여야 한다. 다만, 식품산업진흥법 또는 수산식품산업의 육성 및 지원에 관한 법률에 따른 원산지인증의 표시를 한 경우에는 원산지를 표시한 것으로 보며, 쇠고기의 경우에는 식육의 종류를 별도로 표시하여야 한다.

㉠ 대통령령으로 정하는 농수산물이나 그 가공품을 조리하여 판매·제공(배달을 통한 판매·제공을 포함)하는 경우

㉡ ㉠에 따른 농수산물이나 그 가공품을 조리하여 판매·제공할 목적으로 보관하거나 진열하는 경우

※ 원산지 표시를 하여야 할 자(시행령 제4조)

"대통령령으로 정하는 영업소나 집단급식소를 설치·운영하는 자"란 식품위생법 시행령의 휴게음식점영업, 일반음식점영업 또는 위탁급식영업을 하는 영업소나 집단급식소를 설치·운영하는 자를 말한다.

※ **원산지의 표시대상(시행령 제3조 제5항)**

"대통령령으로 정하는 농수산물이나 그 가공품을 조리하여 판매·제공하는 경우"란 다음의 것을 조리하여 판매·제공하는 경우를 말한다. 이 경우 조리에는 날 것의 상태로 조리하는 것을 포함하며, 판매·제공에는 배달을 통한 판매·제공을 포함한다.

1~7의2. 생략(농산물)

8. 넙치, 조피볼락, 참돔, 미꾸라지, 뱀장어, 낙지, 명태(황태, 북어 등 건조한 것은 제외한다), 고등어, 갈치, 오징어, 꽃게, 참조기, 다랑어, 아귀, 주꾸미, 가리비, 우렁쉥이, 전복, 방어 및 부세(해당 수산물가공품을 포함한다)

9. 조리하여 판매·제공하기 위하여 수족관 등에 보관·진열하는 살아 있는 수산물

④ ①이나 ③에 따른 표시대상, 표시를 하여야 할 자, 표시기준은 대통령령으로 정하고, 표시방법과 그 밖에 필요한 사항은 농림축산식품부와 해양수산부의 공동부령으로 정한다.

3 원산지의 표시기준(시행령 [별표 1])

(1) 농수산물

① 국산 농수산물

　㉠ 국산 농산물 : "국산"이나 "국내산" 또는 그 농산물을 생산·채취·사육한 지역의 시·도명이나 시·군·구명을 표시한다.

　㉡ 국산 수산물 : "국산"이나 "국내산" 또는 "연근해산"으로 표시한다. 다만, 양식 수산물이나 연안 정착성 수산물 또는 내수면 수산물의 경우에는 해당 수산물을 생산·채취·양식·포획한 지역의 시·도명이나 시·군·구명을 표시할 수 있다.

② 원양산 수산물

　㉠ 원양산업발전법에 따라 원양어업의 허가를 받은 어선이 해외수역에서 어획하여 국내에 반입한 수산물은 "원양산"으로 표시하거나 "원양산" 표시와 함께 "태평양", "대서양", "인도양", "남극해", "북극해"의 해역명을 표시한다.

　㉡ ㉠에 따른 표시 외에 연안국 법령에 따라 별도로 표시하여야 하는 사항이 있는 경우에는 ㉠에 따른 표시와 함께 표시할 수 있다.

③ 원산지가 다른 동일 품목을 혼합한 농수산물

　㉠ 국산 농수산물로서 그 생산 등을 한 지역이 각각 다른 동일 품목의 농수산물을 혼합한 경우에는 혼합 비율이 높은 순서로 3개 지역까지의 시·도명 또는 시·군·구명과 그 혼합 비율을 표시하거나 "국산", "국내산" 또는 "연근해산"으로 표시한다.

　㉡ 동일 품목의 국산 농수산물과 국산 외의 농수산물을 혼합한 경우에는 혼합 비율이 높은 순서로 3개 국가(지역, 해역 등)까지의 원산지와 그 혼합 비율을 표시한다.

④ 2개 이상의 품목을 포장한 수산물 : 서로 다른 2개 이상의 품목을 용기에 담아 포장한 경우에는 혼합 비율이 높은 2개까지의 품목을 대상으로 ①의 ㉡, ② 및 (2)(수입 농수산물과 그 가공품 및 반입 농수산물과 그 가공품)의 기준에 따라 표시한다.

(2) 수입 농수산물과 그 가공품 및 반입 농수산물과 그 가공품

① 수입 농수산물과 그 가공품(수입농수산물 등)은 대외무역법에 따른 원산지를 표시한다.
② 남북교류협력에 관한 법률에 따라 반입한 농수산물과 그 가공품(반입농수산물 등)은 같은 법에 따른 원산지를 표시한다.

(3) 농수산물 가공품(수입농수산물 등 또는 반입농수산물 등을 국내에서 가공한 것을 포함)

① 사용된 원료의 원산지를 (1) 및 (2)의 기준에 따라 표시한다.
② 원산지가 다른 동일 원료를 혼합하여 사용한 경우에는 혼합 비율이 높은 순서로 2개 국가(지역, 해역 등)까지의 원료 원산지와 그 혼합 비율을 각각 표시한다.
③ 원산지가 다른 동일 원료의 원산지별 혼합 비율이 변경된 경우로서 그 어느 하나의 변경의 폭이 최대 15% 이하이면 종전의 원산지별 혼합 비율이 표시된 포장재를 혼합 비율이 변경된 날부터 1년의 범위에서 사용할 수 있다.
④ 사용된 원료(물, 식품첨가물, 주정 및 당류는 제외)의 원산지가 모두 국산일 경우에는 원산지를 일괄하여 "국산"이나 "국내산" 또는 "연근해산"으로 표시할 수 있다.
⑤ 원료의 수급 사정으로 인하여 원료의 원산지 또는 혼합 비율이 자주 변경되는 경우로서 다음의 어느 하나에 해당하는 경우에는 농림축산식품부장관과 해양수산부장관이 공동으로 정하여 고시하는 바에 따라 원료의 원산지와 혼합 비율을 표시할 수 있다.
    ㉠ 특정 원료의 원산지나 혼합 비율이 최근 3년 이내에 연평균 3개국(회) 이상 변경되거나 최근 1년 동안에 3개국(회) 이상 변경된 경우와 최초 생산일부터 1년 이내에 3개국 이상 원산지 변경이 예상되는 신제품인 경우
    ㉡ 원산지가 다른 동일 원료를 사용하는 경우
    ㉢ 정부가 농수산물 가공품의 원료로 공급하는 수입쌀을 사용하는 경우
    ㉣ 그 밖에 농림축산식품부장관과 해양수산부장관이 공동으로 필요하다고 인정하여 고시하는 경우

4 농수산물 등의 원산지 표시방법(시행규칙 [별표 1])

(1) 적용대상

① 시행령 [별표 1]의 (1)에 따른 농수산물
② 시행령 [별표 1]의 (2)에 따른 수입 농수산물과 그 가공품 및 반입 농수산물과 그 가공품

(2) 표시방법

① 포장재에 원산지를 표시할 수 있는 경우

㉠ 위치 : 소비자가 쉽게 알아볼 수 있는 곳에 표시한다.

㉡ 문자 : 한글로 하되, 필요한 경우에는 한글 옆에 한문 또는 영문 등으로 추가하여 표시할 수 있다.

㉢ 글자 크기

가. 시행령 [별표 1] 제1호에 따른 농수산물과 시행령 [별표 1] 제2호에 따른 수입 농수산물 및 반입 농수산물

• 포장 표면적이 $3,000cm^2$ 이상인 경우 : 20포인트 이상

• 포장 표면적이 $50cm^2$ 이상 $3,000cm^2$ 미만인 경우 : 12포인트 이상

• 포장 표면적이 $50cm^2$ 미만인 경우 : 8포인트 이상. 다만, 8포인트 이상의 크기로 표시하기 곤란한 경우에는 다른 표시사항의 글자 크기와 같은 크기로 표시할 수 있다.

• 포장 표면적은 포장재의 외형면적을 말한다. 다만, 식품 등의 표시 · 광고에 관한 법률에 따른 식품 등의 표시기준에 따른 통조림 · 병조림 및 병제품에 라벨이 인쇄된 경우에는 그 라벨의 면적으로 한다.

나. 시행령 [별표 1] 제2호에 따른 수입 농수산물 가공품 및 반입 농수산물 가공품

• 10포인트 이상의 활자로 진하게(굵게) 표시해야 한다. 다만, 정보표시면 면적이 부족한 경우에는 10포인트보다 작게 표시할 수 있으나, 식품 등의 표시 · 광고에 관한 법률에 따른 원재료명의 표시와 동일한 크기로 진하게(굵게) 표시해야 한다.

• 글씨는 각각 장평 90% 이상, 자간 −5% 이상으로 표시해야 한다. 다만, 정보표시면 면적이 $100cm^2$ 미만인 경우에는 각각 장평 50% 이상, 자간 −5% 이상으로 표시할 수 있다.

㉣ 글자색 : 포장재의 바탕색 또는 내용물의 색깔과 다른 색깔로 선명하게 표시한다.

㉤ 그 밖의 사항

가. 포장재에 직접 인쇄하는 것을 원칙으로 하되, 지워지지 아니하는 잉크 · 각인 · 소인 등을 사용하여 표시하거나 스티커(붙임딱지), 전자저울에 의한 라벨지 등으로도 표시할 수 있다.

나. 그물망 포장을 사용하는 경우 또는 포장을 하지 않고 엮거나 묶은 상태인 경우에는 꼬리표, 안쪽 표지 등으로도 표시할 수 있다.

② 포장재에 원산지를 표시하기 어려운 경우(③의 경우는 제외한다)

㉠ 푯말, 안내표시판, 일괄 안내표시판, 상품에 붙이는 스티커 등을 이용하여 다음의 기준에 따라 소비자가 쉽게 알아볼 수 있도록 표시한다. 다만, 원산지가 다른 동일 품목이 있는 경우에는 해당 품목의 원산지는 일괄 안내표시판에 표시하는 방법 외의 방법으로 표시하여야 한다.

가. 푯말 : 가로 8cm × 세로 5cm × 높이 5cm 이상

나. 안내표시판

- 진열대 : 가로 7cm × 세로 5cm 이상
- 판매장소 : 가로 14cm × 세로 10cm 이상
- 축산물 위생관리법 시행령에 따른 식육판매업 또는 식육즉석판매가공업의 영업자가 진열장에 진열하여 판매하는 식육에 대하여 식육판매표지판을 이용하여 원산지를 표시하는 경우의 세부 표시방법은 식품의약품안전처장이 정하여 고시하는 바에 따른다.

다. 일괄 안내표시판

- 위치 : 소비자가 쉽게 알아볼 수 있는 곳에 설치하여야 한다.
- 크기 : 안내표시판 판매장소에 따른 기준 이상으로 하되, 글자 크기는 20포인트 이상으로 한다.

라. 상품에 붙이는 스티커 : 가로 3cm × 세로 2cm 이상 또는 직경 2.5cm 이상이어야 한다.

ⓒ 문자 : 한글로 하되, 필요한 경우에는 한글 옆에 한문 또는 영문 등으로 추가하여 표시할 수 있다.

ⓒ 원산지를 표시하는 글자(일괄 안내표시판의 글자는 제외한다)의 크기는 제품의 명칭 또는 가격을 표시한 글자 크기의 1/2 이상으로 하되, 최소 12포인트 이상으로 한다.

③ 살아 있는 수산물의 경우

ㄱ 보관시설(수족관, 활어차량 등)에 원산지별로 섞이지 않도록 구획(동일 어종의 경우만 해당한다)하고, 푯말 또는 안내표시판 등으로 소비자가 쉽게 알아볼 수 있도록 표시한다.

ㄴ 글자 크기는 30포인트 이상으로 하되, 원산지가 같은 경우에는 일괄하여 표시할 수 있다.

ㄷ 문자는 한글로 하되, 필요한 경우에는 한글 옆에 한문 또는 영문 등으로 추가하여 표시할 수 있다.

5 농수산물 가공품의 원산지 표시방법(시행규칙 [별표 2])

(1) 적용대상

시행령 [별표 1]의 (3)에 따른 농수산물 가공품

(2) 표시방법

① 포장재에 원산지를 표시할 수 있는 경우

ㄱ 위치 : 식품 등의 표시·광고에 관한 법률의 표시기준에 따른 원재료명 표시란에 추가하여 표시한다. 다만, 원재료명 표시란에 표시하기 어려운 경우에는 소비자가 쉽게 알아볼 수 있는 위치에 표시하되, 구매시점에 소비자가 원산지를 알 수 있도록 표시해야 한다.

ⓛ 문자 : 한글로 하되, 필요한 경우에는 한글 옆에 한문 또는 영문 등으로 추가하여 표시할 수 있다.

ⓒ 글자 크기

　가. 10포인트 이상의 활자로 진하게(굵게)표시해야 한다. 다만, 정보표시면 면적이 부족한 경우에는 10포인트보다 작게 표시할 수 있으나, 식품 등의 표시·광고에 관한 법률 제4조에 따른 원재료명의 표시와 동일한 크기로 진하게(굵게) 표시해야 한다.

　나. 가.에 따른 글씨는 각각 장평 90% 이상, 자간 -5%이상으로 표시해야 한다. 다만, 정보표시면 면적이 $100cm^2$ 미만인 경우에는 각각 장평 50% 이상, 자간 -5%이상으로 표시할 수 있다.

ⓔ 글자색 : 포장재의 바탕색과 다른 단색으로 선명하게 표시한다. 다만, 포장재의 바탕색이 투명한 경우 내용물과 다른 단색으로 선명하게 표시한다.

ⓜ 그 밖의 사항

　가. 포장재에 직접 인쇄하는 것을 원칙으로 하되, 지워지지 아니하는 잉크·각인·소인 등을 사용하여 표시하거나 스티커, 전자저울에 의한 라벨지 등으로도 표시할 수 있다.

　나. 그물망 포장을 사용하는 경우에는 꼬리표, 안쪽 표지 등으로도 표시할 수 있다.

　다. 최종소비자에게 판매되지 않는 농수산물 가공품을 가맹사업거래의 공정화에 관한 법률에 따른 가맹사업자의 직영점과 가맹점에 제조·가공·조리를 목적으로 공급하는 경우에 가맹사업자가 원산지 정보를 판매시점 정보관리(POS, Point of Sales) 시스템을 통해 이미 알고 있으면 포장재 표시를 생략할 수 있다.

② 포장재에 원산지를 표시하기 어려운 경우 : 시행규칙 [별표 1] (2)의 ② 표시방법을 준용하여 표시한다.

6 통신판매의 경우 원산지 표시방법(시행규칙 [별표 3])

(1) 일반적인 표시방법

① 표시는 한글로 하되, 필요한 경우에는 한글 옆에 한문 또는 영문 등으로 추가하여 표시할 수 있다. 다만, 매체 특성상 문자로 표시할 수 없는 경우에는 말로 표시하여야 한다.

② 원산지를 표시할 때에는 소비자가 혼란을 일으키지 않도록 글자로 표시할 경우에는 글자의 위치·크기 및 색깔은 쉽게 알아 볼 수 있어야 하고, 말로 표시할 경우에는 말의 속도 및 소리의 크기는 제품을 설명하는 것과 같아야 한다.

③ 원산지가 같은 경우에는 일괄하여 표시할 수 있다. 다만, (3)의 ②의 경우에는 일괄하여 표시할 수 없다.

(2) 판매매체에 대한 표시방법

① 전자매체 이용

㉠ 글자로 표시할 수 있는 경우(인터넷, PC통신, 케이블TV, IPTV, TV 등)

가. 표시 위치 : 제품명 또는 가격표시 옆·위·아래에 붙여서 원산지를 표시하거나, 자막 또는 별도의 창의 위치를 알려주는 표시를 제품명 또는 가격표시 옆·위·아래에 붙여서 표시하고 매체의 특성에 따라 자막 또는 별도의 창을 이용하여 원산지를 표시할 수 있다.

나. 표시 시기 : 원산지를 표시하여야 할 제품이 화면에 표시되는 시점부터 원산지를 알 수 있도록 표시해야 한다.

다. 글자 크기 : 제품명 또는 가격표시(최초 등록된 가격표시를 기준으로 한다)와 같거나 그보다 커야 한다. 다만, 별도의 창을 이용하여 표시할 경우에는 전자상거래 등에서의 소비자보호에 관한 법률 제13조 제4항에 따른 통신판매업자의 재화 또는 용역정보에 관한 사항과 거래조건에 대한 표시·광고 및 고지의 내용과 방법을 따른다.

라. 글자색 : 제품명 또는 가격표시와 같은 색으로 한다.

㉡ 글자로 표시할 수 없는 경우(라디오 등)

1회당 원산지를 두 번 이상 말로 표시하여야 한다.

② 인쇄매체 이용(신문, 잡지 등)

㉠ 표시 위치 : 제품명 또는 가격표시 주위에 표시하거나, 제품명 또는 가격표시 주위에 원산지 표시 위치를 명시하고 그 장소에 표시할 수 있다.

㉡ 글자 크기 : 제품명 또는 가격표시 글자 크기의 1/2 이상으로 표시하거나, 광고 면적을 기준으로 시행규칙 [별표 1] (2)의 ㉢ 기준을 준용하여 표시할 수 있다.

㉢ 글자색 : 제품명 또는 가격표시와 같은 색으로 한다.

(3) 판매 제공 시의 표시방법

① 시행규칙 [별표 1] (1)에 따른 농수산물 등의 원산지 표시방법

시행규칙 [별표 1] (2)의 ①에 따라 원산지를 표시해야 한다. 다만, 포장재에 표시하기 어려운 경우에는 전단지, 스티커 또는 영수증 등에 표시할 수 있다.

② 시행규칙 [별표 2] (1)에 따른 농수산물 가공품의 원산지 표시방법

시행규칙 [별표 2] (2)의 ①에 따라 원산지를 표시해야 한다. 다만, 포장재에 표시하기 어려운 경우에는 전단지, 스티커 또는 영수증 등에 표시할 수 있다.

③ 시행규칙 [별표 4]에 따른 영업소 및 집단급식소의 원산지 표시방법

시행규칙 [별표 4] (1) 및 (3)에 따라 표시대상 농수산물 또는 그 가공품의 원료의 원산지를 포장재에 표시한다. 다만, 포장재에 표시하기 어려운 경우에는 전단지, 스티커 또는 영수증 등에 표시할 수 있다.

7 영업소 및 집단급식소의 원산지 표시방법(시행규칙 [별표 4])

(1) 공통적 표시방법

① 음식명 바로 옆이나 밑에 표시대상 원료인 농수산물명과 그 원산지를 표시한다. 다만, 모든 음식에 사용된 특정 원료의 원산지가 같은 경우 그 원료에 대해서는 일괄하여 표시할 수 있다.

    예 우리 업소에서는 "국내산 넙치"만을 사용합니다.

② 원산지의 글자 크기는 메뉴판이나 게시판 등에 적힌 음식명 글자 크기와 같거나 그보다 커야 한다.

③ 원산지가 다른 2개 이상의 동일 품목을 섞은 경우에는 섞음 비율이 높은 순서대로 표시한다.

    예 국내산(국산)의 섞음 비율이 외국산보다 높은 경우

      – 넙치, 조피볼락 등 : 조피볼락회(조피볼락 : 국내산과 일본산을 섞음)

    예 국내산(국산)의 섞음 비율이 외국산보다 낮은 경우

      – 낙지볶음(낙지 : 일본산과 국내산을 섞음)

④ 쇠고기, 돼지고기, 닭고기, 오리고기, 넙치, 조피볼락 및 참돔 등을 섞은 경우 각각의 원산지를 표시한다.

    예 모둠회(넙치 : 국내산, 조피볼락 : 중국산, 참돔 : 일본산), 갈낙탕(쇠고기 : 미국산, 낙지 : 중국산)

⑤ 원산지가 국내산(국산)인 경우에는 "국산"이나 "국내산"으로 표시하거나 해당 농수산물이 생산된 특별시·광역시·특별자치시·도·특별자치도명이나 시·군·자치구명으로 표시할 수 있다.

⑥ 농수산물 가공품을 사용한 경우에는 그 가공품에 사용된 원료의 원산지를 표시하되, 다음 ㉠ 및 ㉡에 따라 표시할 수 있다.

    예 부대찌개[햄(돼지고기 : 국내산)], 샌드위치[햄(돼지고기 : 독일산)]

    ㉠ 외국에서 가공한 농수산물 가공품 완제품을 구입하여 사용한 경우에는 그 포장재에 적힌 원산지를 표시할 수 있다.

      예 소시지야채볶음(소시지 : 미국산), 김치찌개(배추김치 : 중국산)

    ㉡ 국내에서 가공한 농수산물 가공품의 원료의 원산지가 시행령 [별표 1] (3)의 ⑤에 따라 원료의 원산지가 자주 변경되어 "외국산"으로 표시된 경우에는 원료의 원산지를 "외국산"으로 표시할 수 있다.

      예 피자[햄(돼지고기 : 외국산)], 두부(콩 : 외국산)

    ㉢ 국내산 쇠고기의 식육가공품을 사용하는 경우에는 식육의 종류 표시를 생략할 수 있다.

⑦ 농수산물과 그 가공품을 조리하여 판매 또는 제공할 목적으로 냉장고 등에 보관·진열하는 경우에는 제품 포장재에 표시하거나 냉장고 등 보관장소 또는 보관용기별 앞면에 일괄하여 표시한다. 다만, 거래명세서 등을 통해 원산지를 확인할 수 있는 경우에는 원산지 표시를 생략할 수 있다.

⑧ 표시대상 농수산물이나 그 가공품을 조리하여 배달을 통하여 판매·제공하는 경우에는 해당 농수산물이나 그 가공품 원료의 원산지를 포장재에 표시한다. 다만, 포장재에 표시하기 어려운 경우에는 전단지, 스티커 또는 영수증 등에 표시할 수 있다.

(2) 영업형태별 표시방법

① 휴게음식점영업 및 일반음식점영업을 하는 영업소

㉠ 원산지는 소비자가 쉽게 알아볼 수 있도록 업소 내의 모든 메뉴판 및 게시판(메뉴판과 게시판 중 어느 한 종류만 사용하는 경우에는 그 메뉴판 또는 게시판)에 표시하여야 한다. 다만, 아래의 기준에 따라 제작한 원산지 표시판을 다음의 ㉡에 따라 부착하는 경우에는 메뉴판 및 게시판에는 원산지 표시를 생략할 수 있다.

가. 표제로 "원산지 표시판"을 사용할 것

나. 표시판 크기는 가로×세로(또는 세로×가로) 29cm×42cm 이상일 것

다. 글자 크기는 60포인트 이상(음식명은 30포인트 이상)일 것

라. (3)의 원산지 표시대상별 표시방법에 따라 원산지를 표시할 것

마. 글자색은 바탕색과 다른 색으로 선명하게 표시

㉡ 원산지를 원산지 표시판에 표시할 때에는 업소 내에 부착되어 있는 가장 큰 게시판(크기가 모두 같은 경우 소비자가 가장 잘 볼 수 있는 게시판 1곳)의 옆 또는 아래에 소비자가 잘 볼 수 있도록 원산지 표시판을 부착하여야 한다. 게시판을 사용하지 않는 업소의 경우에는 업소의 주 출입구 입장 후 정면에서 소비자가 잘 볼 수 있는 곳에 원산지 표시판을 부착 또는 게시하여야 한다.

㉢ ㉠ 및 ㉡에도 불구하고 취식(取食)장소가 벽(공간을 분리할 수 있는 칸막이 등을 포함)으로 구분된 경우 취식장소별로 원산지가 표시된 게시판 또는 원산지 표시판을 부착해야 한다. 다만, 부착이 어려울 경우 타 위치의 원산지 표시판 부착 여부에 상관없이 원산지 표시가 된 메뉴판을 반드시 제공하여야 한다.

② 위탁급식영업을 하는 영업소 및 집단급식소

㉠ 식당이나 취식장소에 월간 메뉴표, 메뉴판, 게시판 또는 푯말 등을 사용하여 소비자(이용자를 포함)가 원산지를 쉽게 확인할 수 있도록 표시하여야 한다.

㉡ 교육·보육시설 등 미성년자를 대상으로 하는 영업소 및 집단급식소의 경우에는 ㉠에 따른 표시 외에 원산지가 적힌 주간 또는 월간 메뉴표를 작성하여 가정통신문(전자적 형태의 가정 통신문을 포함)으로 알려주거나 교육·보육시설 등의 인터넷 홈페이지에 추가로 공개하여야 한다.

③ 장례식장, 예식장 또는 병원 등에 설치·운영되는 영업소나 집단급식소의 경우에는 ① 및 ②에도 불구하고 소비자(취식자를 포함)가 쉽게 볼 수 있는 장소에 푯말 또는 게시판 등을 사용하여 표시할 수 있다.

(3) 원산지 표시대상별 표시방법

① 넙치, 조피볼락, 참돔, 미꾸라지, 뱀장어, 낙지, 명태, 고등어, 갈치, 오징어, 꽃게, 참조기, 다랑어, 아귀 및 주꾸미의 원산지 표시방법 : 원산지는 국내산(국산), 원양산 및 외국산으로 구분하고, 다음의 구분에 따라 표시한다.

    ㉠ 국내산(국산)의 경우 "국산"이나 "국내산" 또는 "연근해산"으로 표시한다.

        예 넙치회(넙치 : 국내산), 참돔회(참돔 : 연근해산)

    ㉡ 원양산의 경우 "원양산" 또는 "원양산, 해역명"으로 한다.

        예 참돔구이(참돔 : 원양산), 넙치매운탕(넙치 : 원양산, 태평양산)

    ㉢ 외국산의 경우 해당 국가명을 표시한다.

        예 참돔회(참돔 : 일본산), 뱀장어구이(뱀장어 : 영국산)

② 살아 있는 수산물의 원산지 표시방법은 시행규칙 [별표 1] (2)의 ③에 따른다.

8 거짓표시 등의 금지 등

(1) 거짓표시 등의 금지(법 제6조)

① 누구든지 다음의 행위를 하여서는 아니 된다.

    ㉠ 원산지 표시를 거짓으로 하거나 이를 혼동하게 할 우려가 있는 표시를 하는 행위

    ㉡ 원산지 표시를 혼동하게 할 목적으로 그 표시를 손상·변경하는 행위

    ㉢ 원산지를 위장하여 판매하거나, 원산지 표시를 한 농수산물이나 그 가공품에 다른 농수산물이나 가공품을 혼합하여 판매하거나 판매할 목적으로 보관이나 진열하는 행위

② 농수산물이나 그 가공품을 조리하여 판매·제공하는 자는 다음의 행위를 하여서는 아니 된다.

    ㉠ 원산지 표시를 거짓으로 하거나 이를 혼동하게 할 우려가 있는 표시를 하는 행위

    ㉡ 원산지를 위장하여 조리·판매·제공하거나, 조리하여 판매·제공할 목적으로 농수산물이나 그 가공품의 원산지 표시를 손상·변경하여 보관·진열하는 행위

    ㉢ 원산지 표시를 한 농수산물이나 그 가공품에 원산지가 다른 동일 농수산물이나 그 가공품을 혼합하여 조리·판매·제공하는 행위

③ ①이나 ②을 위반하여 원산지를 혼동하게 할 우려가 있는 표시 및 위장판매의 범위 등 필요한 사항은 농림축산식품부와 해양수산부의 공동 부령으로 정한다.

④ 유통산업발전법에 따른 대규모점포를 개설한 자는 임대의 형태로 운영되는 점포(임대점포)의 임차인 등 운영자가 ① 또는 ②의 어느 하나에 해당하는 행위를 하도록 방치하여서는 아니 된다.

⑤ 방송법에 따른 승인을 받고 상품소개와 판매에 관한 전문편성을 행하는 방송채널사용사업자는 해당 방송채널 등에 물건 판매중개를 의뢰하는 자가 ① 또는 ②의 어느 하나에 해당하는 행위를 하도록 방치하여서는 아니 된다.

(2) 과징금(법 제6조의2)

① 농림축산식품부장관, 해양수산부장관, 관세청장, 특별시장·광역시장·특별자치시장·도지사 또는 특별자치도지사(시·도지사) 또는 시장·군수·구청장(자치구의 구청장)은 제6조 제1항 또는 제2항을 2년 이내에 2회 이상 위반한 자에게 그 위반금액의 5배 이하에 해당하는 금액을 과징금으로 부과·징수할 수 있다. 이 경우 제6조 제1항을 위반한 횟수와 같은 조 제2항을 위반한 횟수는 합산한다.

② ①에 따른 위반금액은 제6조 제1항 또는 제2항을 위반한 농수산물이나 그 가공품의 판매금액으로서 각 위반행위별 판매금액을 모두 더한 금액을 말한다. 다만, 통관단계의 위반금액은 제6조 제1항을 위반한 농수산물이나 그 가공품의 수입 신고 금액으로서 각 위반행위별 수입 신고 금액을 모두 더한 금액을 말한다.

③ ①에 따른 과징금 부과·징수의 세부기준, 절차, 그 밖에 필요한 사항은 대통령령으로 정한다.

④ 농림축산식품부장관, 해양수산부장관, 관세청장, 시·도지사 또는 시장·군수·구청장은 ①에 따른 과징금을 내야 하는 자가 납부기한까지 내지 아니하면 국세 또는 지방세 체납처분의 예에 따라 징수한다.

※ **과징금의 부과기준(시행령 [별표 1의2])**

1. 일반기준
   가. 과징금 부과기준은 2년 이내 2회 이상 위반한 경우에 적용한다. 이 경우 위반행위로 적발된 날부터 다시 위반행위로 적발된 날을 각각 기준으로 하여 위반횟수를 계산한다.
   나. 2년 이내 2회 위반한 경우에는 각각의 위반행위에 따른 위반금액을 합산한 금액을 기준으로 과징금을 산정·부과하고, 3회 이상 위반한 경우에는 해당 위반행위에 따른 위반금액을 기준으로 과징금을 산정·부과한다.
   다. 법 제6조의2 제2항에 따라 법 제6조 제1항 위반 시 각 위반행위에 의한 판매금액은 해당 농수산물이나 농수산물 가공품의 판매량에 판매가격(해당 업소의 판매가격을 알 수 없는 경우에는 인근 2개 업소의 동일 품목 판매가격의 평균을 기준으로 한다. 다만, 평균가격을 산정할 수 없는 경우에는 해당 농수산물이나 농수산물 가공품의 매입가격에 30%를 가산한 금액을 기준으로 한다)을 곱한 금액으로 한다.
   라. 법 제6조의2 제2항에 따라 법 제6조 제2항 위반 시 각 위반행위에 의한 판매금액은 다음 1) 및 2)에 따라 산출한다.
   1) [음식 판매가격×(음식에 사용된 원산지를 거짓표시한 해당 농수산물이나 그 가공품의 원가 / 음식에 사용된 총 원료 원가)]×해당 음식의 판매인분 수
   2) 1)에 따른 판매금액 산출이 곤란할 경우, 원산지를 거짓표시한 해당 농수산물이나 그 가공품(음식에 사용되어 판매한 것에 한정한다)의 매입가격에 3배를 곱한 금액으로 한다.
   마. 통관 단계의 수입 농수산물과 그 가공품(수입농수산물 등) 및 반입 농수산물과 그 가공품(반입농수산물 등)의 위반금액은 세관 수입신고 금액으로 한다.

2. 세부 산출기준

　가. 통관 단계의 수입농수산물 등 및 반입농수산물 등의 경우에는 위반 수입농수산물 등 및 반입농수산물 등의 세관 수입신고 금액의 100분의 10 또는 3억원 중 적은 금액

　나. 가.를 제외한 농수산물 및 그 가공품(통관 단계 이후의 수입농수산물 등 및 반입농수산물 등을 포함)

위반금액	과징금의 금액
100만원 이하	위반금액 × 0.5
100만원 초과 500만원 이하	위반금액 × 0.7
500만원 초과 1,000만원 이하	위반금액 × 1.0
1,000만원 초과 2,000만원 이하	위반금액 × 1.5
2,000만원 초과 3,000만원 이하	위반금액 × 2.0
3,000만원 초과 4,500만원 이하	위반금액 × 2.5
4,500만원 초과 6,000만원 이하	위반금액 × 3.0
6,000만원 초과	위반금액 × 4.0(최고 3억원)

9 원산지를 혼동하게 할 우려가 있는 표시 및 위장판매의 범위(시행규칙 [별표 5])

(1) 원산지를 혼동하게 할 우려가 있는 표시

① 원산지 표시란에는 원산지를 바르게 표시하였으나 포장재·푯말·홍보물 등 다른 곳에 이와 유사한 표시를 하여 원산지를 오인하게 하는 표시 등을 말한다.

② ①에 따른 일반적인 예는 다음과 같으며 이와 유사한 사례 또는 그 밖의 방법으로 기망(欺罔)하여 판매하는 행위를 포함한다.

　㉠ 원산지 표시란에는 외국 국가명을 표시하고 인근에 설치된 현수막 등에는 "우리 농산물만 취급", "국산만 취급", "국내산 한우만 취급" 등의 표시·광고를 한 경우

　㉡ 원산지 표시란에는 외국 국가명 또는 "국내산"으로 표시하고 포장재 앞면 등 소비자가 잘 보이는 위치에는 큰 글씨로 "국내생산", "경기특미" 등과 같이 국내 유명 특산물 생산지역명을 표시한 경우

　㉢ 게시판 등에는 "국산 김치만 사용합니다"로 일괄 표시하고 원산지 표시란에는 외국 국가명을 표시하는 경우

　㉣ 원산지 표시란에는 여러 국가명을 표시하고 실제로는 그중 원료의 가격이 낮거나 소비자가 기피하는 국가산만을 판매하는 경우

(2) 원산지 위장판매의 범위

① 원산지 표시를 잘 보이지 않도록 하거나, 표시를 하지 않고 판매하면서 사실과 다르게 원산지를 알리는 행위 등을 말한다.

② ①에 따른 일반적인 예는 다음과 같으며 이와 유사한 사례 또는 그 밖의 방법으로 기망하여 판매하는 행위를 포함한다.

    ㉠ 외국산과 국내산을 진열·판매하면서 외국 국가명 표시를 잘 보이지 않게 가리거나 대상 농수산물과 떨어진 위치에 표시하는 경우

    ㉡ 외국산의 원산지를 표시하지 않고 판매하면서 원산지가 어디냐고 물을 때 국내산 또는 원양 산이라고 대답하는 경우

    ㉢ 진열장에는 국내산만 원산지를 표시하여 진열하고, 판매 시에는 냉장고에서 원산지 표시가 안 된 외국산을 꺼내 주는 경우

> ※ **규제의 재검토(시행규칙 제8조)**
> 농림축산식품부장관 또는 해양수산부장관은 다음 각 호의 사항에 대하여 다음의 기준일을 기준으로 3년마다(매 3년이 되는 해의 기준일과 같은 날 전까지를 말한다) 그 타당성을 검토하여 개선 등의 조치를 하여야 한다.
> 1. 원산지의 표시방법 : 2017년 1월 1일
> 2. 원산지를 혼동하게 할 우려가 있는 표시 등의 범위 : 2017년 1월 1일

🔟 원산지 표시 등의 조사 등

(1) 원산지 표시 등의 조사(법 제7조)

① 농림축산식품부장관, 해양수산부장관, 관세청장, 시·도지사 또는 시장·군수·구청장은 원산지의 표시 여부·표시사항과 표시방법 등의 적정성을 확인하기 위하여 대통령령으로 정하는 바에 따라 관계 공무원으로 하여금 원산지 표시대상 농수산물이나 그 가공품을 수거하거나 조사하게 하여야 한다. 이 경우 관세청장의 수거 또는 조사 업무는 원산지 표시 대상 중 수입하는 농수산물이나 농수산물 가공품(국내에서 가공한 가공품은 제외한다)에 한정한다.

② ①에 따른 조사 시 필요한 경우 해당 영업장, 보관창고, 사무실 등에 출입하여 농수산물이나 그 가공품 등에 대하여 확인·조사 등을 할 수 있으며 영업과 관련된 장부나 서류의 열람을 할 수 있다.

③ ①이나 ②에 따른 수거·조사·열람을 하는 때에는 원산지의 표시대상 농수산물이나 그 가공품을 판매하거나 가공하는 자 또는 조리하여 판매·제공하는 자는 정당한 사유 없이 이를 거부·방해하거나 기피하여서는 아니 된다.

④ ①이나 ②에 따른 수거 또는 조사를 하는 관계 공무원은 그 권한을 표시하는 증표를 지니고 이를 관계인에게 내보여야 하며, 출입 시 성명·출입시간·출입목적 등이 표시된 문서를 관계인에게 교부하여야 한다.

⑤ 농림축산식품부장관, 해양수산부장관, 관세청장이나 시·도지사는 ①에 따른 수거·조사를 하는 경우 업종, 규모, 거래 품목 및 거래 형태 등을 고려하여 매년 인력·재원 운영계획을 포함한 자체 계획을 수립한 후 그에 따라 실시하여야 한다.

⑥ 농림축산식품부장관, 해양수산부장관, 관세청장이나 시·도지사는 ①에 따른 수거·조사를 실시한 경우 다음의 사항에 대하여 평가를 실시하여야 하며 그 결과를 자체 계획에 반영하여야 한다.

   ㉠ 자체 계획에 따른 추진 실적

   ㉡ 그 밖에 원산지 표시 등의 조사와 관련하여 평가가 필요한 사항

⑦ ⑥에 따른 평가와 관련된 기준 및 절차에 관한 사항은 대통령령으로 정한다.

> ※ **원산지 표시 등의 조사(시행령 제6조)**
> ① 농림축산식품부장관과 해양수산부장관은 법 제7조 제1항에 따라 수거한 시료의 원산지를 판정하기 위하여 필요한 경우에는 검정기관을 지정·고시할 수 있다.
> ② 농림축산식품부장관 및 해양수산부장관은 원산지 검정방법 및 세부기준을 정하여 고시할 수 있다.
> ③ 농림축산식품부장관, 해양수산부장관, 관세청장이나 시·도지사는 법 제7조 제6항에 따라 원산지 표시대상 농수산물이나 그 가공품에 대한 수거·조사를 위한 자체 계획(이하 "자체계획"이라 한다)에 따른 추진 실적 등을 평가할 때에는 다음의 사항을 중심으로 평가해야 한다.
>   1. 자체계획 목표의 달성도
>   2. 추진 과정의 효율성
>   3. 인력 및 재원 활용의 적정성

(2) 영수증 등의 비치(법 제8조)

원산지를 표시하여야 하는 자는 축산물 위생관리법이나 가축 및 축산물 이력관리에 관한 법률 등 다른 법률에 따라 발급받은 원산지 등이 기재된 영수증이나 거래명세서 등을 매입일부터 6개월간 비치·보관하여야 한다.

(3) 원산지 표시 등의 위반에 대한 처분 등(법 제9조)

① 농림축산식품부장관, 해양수산부장관, 관세청장, 시·도지사 또는 시장·군수·구청장은 제5조(원산지 표시)나 제6조(거짓표시 등의 금지)를 위반한 자에 대하여 다음의 처분을 할 수 있다. 다만, 제5조 제3항을 위반한 자에 대한 처분은 ㉠에 한정한다.

   ㉠ 표시의 이행·변경·삭제 등 시정명령

   ㉡ 위반 농수산물이나 그 가공품의 판매 등 거래행위 금지

> ※ **원산지 표시 등의 위반에 대한 처분 및 공표(시행령 제7조 제1항)**
> 처분은 다음의 구분에 따라 한다.
>   1. 법 제5조 제1항을 위반한 경우 : 표시의 이행명령 또는 거래행위 금지
>   2. 법 제5조 제3항을 위반한 경우 : 표시의 이행명령
>   3. 법 제6조를 위반한 경우 : 표시의 이행·변경·삭제 등 시정명령 또는 거래행위 금지

② 농림축산식품부장관, 해양수산부장관, 관세청장, 시·도지사 또는 시장·군수·구청장은 다음
의 자가 제5조를 위반하여 2년 이내에 2회 이상 원산지를 표시하지 아니하거나, 제6조를 위반함
에 따라 제1항에 따른 처분이 확정된 경우 처분과 관련된 사항을 공표하여야 한다. 다만, 농림축
산식품부장관이나 해양수산부장관이 심의회의 심의를 거쳐 공표의 실효성이 없다고 인정하는
경우에는 처분과 관련된 사항을 공표하지 아니할 수 있다.

㉠ 원산지의 표시를 하도록 한 농수산물이나 그 가공품을 생산·가공하여 출하하거나 판매 또는
판매할 목적으로 가공하는 자

㉡ 음식물을 조리하여 판매·제공하는 자

※ **원산지 표시 등의 위반에 대한 처분 및 공표(시행령 제7조 제2항)**
홈페이지 공표의 기준·방법은 다음과 같다.
1. 공표기간 : 처분이 확정된 날부터 12개월
2. 공표방법
    가. 농림축산식품부, 해양수산부, 관세청, 국립농산물품질관리원, 국립수산물품질관리원, 특별시·
    광역시·특별자치시·도·특별자치도(시·도), 시·군·구(자치구를 말한다) 및 한국소비자원
    의 홈페이지에 공표하는 경우 : 이용자가 해당 기관의 인터넷 홈페이지 첫 화면에서 볼 수 있도록
    공표
    나. 주요 인터넷 정보제공 사업자의 홈페이지에 공표하는 경우 : 이용자가 해당 사업자의 인터넷
    홈페이지 화면 검색창에 "원산지"가 포함된 검색어를 입력하면 볼 수 있도록 공표

③ ②에 따라 공표를 하여야 하는 사항은 다음과 같다.

㉠ ①에 따른 처분 내용

㉡ 해당 영업소의 명칭

㉢ 농수산물의 명칭

㉣ ①에 따른 처분을 받은 자가 입점하여 판매한 방송법에 따른 방송채널사용사업자 또는 전자
상거래 등에서의 소비자보호에 관한 법률에 따른 통신판매중개업자의 명칭

㉤ 그 밖에 처분과 관련된 사항으로서 대통령령으로 정하는 사항

※ **원산지 표시 등의 위반에 대한 처분 및 공표(시행령 제7조 제3항)**
"대통령령으로 정하는 사항"이란 다음의 사항을 말한다.
1. "농수산물의 원산지 표시 등에 관한 법률 위반 사실의 공표"라는 내용의 표제
2. 영업의 종류
3. 영업소의 주소(유통산업발전법에 따른 대규모점포에 입점·판매한 경우 그 대규모점포의 명칭 및
    주소를 포함한다)
4. 농수산물 가공품의 명칭
5. 위반 내용
6. 처분권자 및 처분일
7. 처분을 받은 자가 입점하여 판매한 방송법에 따른 방송채널사용사업자의 채널명 또는 전자상거래
    등에서의 소비자보호에 관한 법률에 따른 통신판매중개업자의 홈페이지 주소

④ ②의 공표는 다음의 자의 홈페이지에 공표한다.

㉠ 농림축산식품부

ⓛ 해양수산부

ⓒ 관세청

ⓔ 국립농산물품질관리원

ⓜ 대통령령으로 정하는 국가검역·검사기관

ⓗ 특별시·광역시·특별자치시·도·특별자치도, 시·군·구(자치구를 말한다)

ⓢ 한국소비자원

ⓞ 그 밖에 대통령령으로 정하는 주요 인터넷 정보제공 사업자

> ※ **원산지 표시 등의 위반에 대한 처분 및 공표(시행령 제7조 제4항)**
> "대통령령으로 정하는 국가검역·검사기관"이란 국립수산물품질관리원을 말한다.

> ※ **원산지 표시 등의 위반에 대한 처분 및 공표(시행령 제7조 제5항)**
> "대통령령으로 정하는 주요 인터넷 정보제공 사업자"란 포털서비스(다른 인터넷주소·정보 등의 검색과 전자우편·커뮤니티 등을 제공하는 서비스를 말한다)를 제공하는 자로서 공표일이 속하는 연도의 전년도 말 기준 직전 3개월간의 일일평균 이용자수가 1천만명 이상인 정보통신서비스 제공자를 말한다.

⑤ ①에 따른 처분과 ②에 따른 공표의 기준·방법 등에 관하여 필요한 사항은 대통령령으로 정한다.

> ※ **원산지 표시 위반에 대한 교육(법 제9조의2)**
> ① 농림축산식품부장관, 해양수산부장관, 관세청장, 시·도지사 또는 시장·군수·구청장은 제9조(원산지 표시 등의 위반에 대한 처분 등) 제2항의 자가 제5조(원산지 표시) 또는 제6조(거짓표시 등의 금지)를 위반하여 제9조 제1항에 따른 처분이 확정된 경우에는 농수산물 원산지 표시제도 교육을 이수하도록 명하여야 한다.
> ② ①에 따른 이수명령의 이행기간은 교육 이수명령을 통지받은 날부터 최대 4개월 이내로 정한다.
> ③ 농림축산식품부장관과 해양수산부장관은 ① 및 ②에 따른 농수산물 원산지 표시제도 교육을 위하여 교육 시행지침을 마련하여 시행하여야 한다.
> ④ ①부터 ③까지의 규정에 따른 교육내용, 교육대상, 교육기관, 교육기간 및 교육시행지침 등 필요한 사항은 대통령령으로 정한다.

(4) 농수산물의 원산지 표시에 관한 정보제공(법 제10조)

① 농림축산식품부장관 또는 해양수산부장관은 농수산물의 원산지 표시와 관련된 정보 중 방사성 물질이 유출된 국가 또는 지역 등 국민이 알아야 할 필요가 있다고 인정되는 정보에 대하여는 공공기관의 정보공개에 관한 법률에서 허용하는 범위에서 이를 국민에게 제공하도록 노력하여야 한다.

② ①에 따라 정보를 제공하는 경우 제4조(농수산물의 원산지 표시의 심의)에 따른 심의회의 심의를 거칠 수 있다.

③ 농림축산식품부장관 또는 해양수산부장관은 ①에 따라 국민에게 정보를 제공하고자 하는 경우 농수산물 품질관리법 제103조(정보제공 등)에 따른 농수산물안전정보시스템을 이용할 수 있다.

11 보 칙

(1) 명예감시원(법 제11조)

① 농림축산식품부장관, 해양수산부장관, 시·도지사 또는 시장·군수·구청장은 농수산물 품질 관리법 제104조의 농수산물 명예감시원에게 농수산물이나 그 가공품의 원산지 표시를 지도·홍보·계몽하거나 위반사항을 신고하게 할 수 있다.

② 농림축산식품부장관, 해양수산부장관, 시·도지사 또는 시장·군수·구청장은 제1항에 따른 활동에 필요한 경비를 지급할 수 있다.

(2) 포상금 지급 등(법 제12조)

① 농림축산식품부장관, 해양수산부장관, 관세청장, 시·도지사 또는 시장·군수·구청장은 제5조(원산지 표시) 및 제6조(거짓표시 등의 금지)를 위반한 자를 주무관청이나 수사기관에 신고하거나 고발한 자에 대하여 대통령령으로 정하는 바에 따라 예산의 범위에서 포상금을 지급할 수 있다.

② 농림축산식품부장관 또는 해양수산부장관은 농수산물 원산지 표시의 활성화를 모범적으로 시행하고 있는 지방자치단체, 개인, 기업 또는 단체에 대하여 우수사례로 발굴하거나 시상할 수 있다.

③ ②에 따른 시상의 내용 및 방법 등에 필요한 사항은 농림축산식품부와 해양수산부의 공동부령으로 정한다.

> ※ **포상금(시행령 제8조)**
> ① 포상금은 1천만원의 범위에서 지급할 수 있다.
> ② 신고 또는 고발이 있은 후에 같은 위반행위에 대하여 같은 내용의 신고 또는 고발을 한 사람에게는 포상금을 지급하지 아니한다.
> ③ ① 및 ②에서 규정한 사항 외에 포상금의 지급 대상자, 기준, 방법 및 절차 등에 관하여 필요한 사항은 농림축산식품부장관과 해양수산부장관이 공동으로 정하여 고시한다.

(3) 권한의 위임 및 위탁(법 제13조)

이 법에 따른 농림축산식품부장관, 해양수산부장관, 관세청장의 권한은 그 일부를 대통령령으로 정하는 바에 따라 소속 기관의 장, 관계 행정기관의 장에게 위임 또는 위탁할 수 있다.

> ※ **권한의 위임(시행령 제9조)**
> ① 농림축산식품부장관은 농산물과 그 가공품에 관한 다음의 권한을 국립농산물품질관리원장에게 위임하고, 해양수산부장관은 수산물과 그 가공품에 관한 다음의 권한(5. 및 10.의 권한은 제외)을 국립수산물품질관리원장에게 위임한다.
> 1. 과징금의 부과·징수
> 2. 원산지 표시대상 농수산물이나 그 가공품의 수거·조사, 자체 계획의 수립·시행, 자체 계획에 따른 추진실적 등의 평가 및 이 영 제6조의2에 따른 원산지통합관리시스템의 구축·운영

3. 원산지 표시 등의 위반에 대한 처분 및 공표
4. 원산지 표시 위반에 대한 교육
5. 유통이력관리수입농산물 등에 대한 사후관리
6. 명예감시원의 감독·운영 및 경비의 지급
7. 포상금의 지급
8. 과태료의 부과·징수
9. 원산지 검정방법·세부기준 마련 및 그에 관한 고시
10. 수입농산물 등 유통이력관리시스템의 구축·운영
② 국립농산물품질관리원장 및 국립수산물품질관리원장은 농림축산식품부장관 또는 해양수산부장관의 승인을 받아 ①에 따라 위임받은 권한의 일부를 소속 기관의 장에게 재위임할 수 있다. 이 경우 국립농산물품질관리원장 및 국립수산물품질관리원장은 그 재위임한 내용을 고시해야 한다.
③ 관세청장은 수입 농수산물과 그 가공품에 관한 다음의 권한을 세관장에게 위임한다.
1. 과징금의 부과·징수
2. 원산지 표시대상 수입 농수산물이나 수입 농수산물가공품의 수거·조사
3. 원산지 표시 등의 위반에 대한 처분 및 공표
4. 원산지 표시 위반에 대한 교육
5. 포상금의 지급
6. 과태료의 부과·징수

(4) 행정기관 등의 업무협조(법 제13조의2)

① 국가 또는 지방자치단체, 그 밖에 법령 또는 조례에 따라 행정권한을 가지고 있거나 위임 또는 위탁받은 공공단체나 그 기관 또는 사인은 원산지 표시와 유통이력 관리제도의 효율적인 운영을 위하여 서로 협조하여야 한다.
② 농림축산식품부장관, 해양수산부장관 또는 관세청장은 원산지 표시와 유통이력 관리제도의 효율적인 운영을 위하여 필요한 경우 국가 또는 지방자치단체의 전자정보처리 체계의 정보 이용 등에 대한 협조를 관계 중앙행정기관의 장, 시·도지사 또는 시장·군수·구청장에게 요청할 수 있다. 이 경우 협조를 요청받은 관계 중앙행정기관의 장, 시·도지사 또는 시장·군수·구청장은 특별한 사유가 없으면 이에 따라야 한다.
③ ① 및 ②에 따른 협조의 절차 등은 대통령령으로 정한다.
   ※ 행정기관 등의 업무협조 절차(시행령 제9조의3)
   농림축산식품부장관, 해양수산부장관 또는 관세청장은 전자정보처리 체계의 정보 이용 등에 대한 협조를 관계 중앙행정기관의 장, 시·도지사 또는 시장·군수·구청장에게 요청할 경우 다음의 사항을 구체적으로 밝혀야 한다.
   1. 협조 필요 사유
   2. 협조 기간
   3. 협조 방법
   4. 그 밖에 필요한 사항

12 벌칙, 양벌규정, 과태료

(1) 벌 칙

① 제6조(거짓표시 등의 금지) 제1항 또는 제2항을 위반한 자는 7년 이하의 징역이나 1억원 이하의 벌금에 처하거나 이를 병과(倂科)할 수 있다(법 제14조 제1항).

② ①의 죄로 형을 선고받고 그 형이 확정된 후 5년 이내에 다시 제6조 제1항 또는 제2항을 위반한 자는 1년 이상 10년 이하의 징역 또는 500만원 이상 1억5천만원 이하의 벌금에 처하거나 이를 병과할 수 있다(법 제14조 제2항).

③ 제9조(원산지 표시 등의 위반에 대한 처분 등) 제1항에 따른 처분을 이행하지 아니한 자는 1년 이하의 징역이나 1천만원 이하의 벌금에 처한다(법 제16조).

(2) 자수자에 대한 특례(법 제16조의2)

제6조 제1항 또는 제2항을 위반한 자가 자신의 위반사실을 자수한 때에는 그 형을 감경하거나 면제한다. 이 경우 제7조에 따라 조사권한을 가진 자 또는 수사기관에 자신의 위반사실을 스스로 신고한 때를 자수한 때로 본다.

(3) 양벌규정(법 제17조)

법인의 대표자나 법인 또는 개인의 대리인, 사용인, 그 밖의 종업원이 그 법인 또는 개인의 업무에 관하여 제14조 또는 제16조에 해당하는 위반행위를 하면 그 행위자를 벌하는 외에 그 법인이나 개인에게도 해당 조문의 벌금형을 과(科)한다. 다만, 법인 또는 개인이 그 위반행위를 방지하기 위하여 해당 업무에 관하여 상당한 주의와 감독을 게을리하지 아니한 경우에는 그러하지 아니하다.

(4) 과태료(법 제18조)

① 다음의 어느 하나에 해당하는 자에게는 1천만원 이하의 과태료를 부과한다.

    ㉠ 원산지 표시를 하지 아니한 자

    ㉡ 원산지의 표시방법을 위반한 자

    ㉢ 임대점포의 임차인 등 운영자가 거짓표시 등의 금지(법 제6조 제1항 또는 제2항)에 해당하는 행위를 하는 것을 알았거나 알 수 있었음에도 방치한 자

    ㉣ 방송채널 등에 물건 판매중개를 의뢰한 자가 거짓표시 등의 금지(법 제6조 제1항 또는 제2항)에 해당하는 행위를 하는 것을 알았거나 알 수 있었음에도 방치한 자

    ㉤ 수거・조사・열람을 거부・방해하거나 기피한 자

    ㉥ 영수증이나 거래명세서 등을 비치・보관하지 아니한 자

② 다음의 어느 하나에 해당하는 자에게는 500만원 이하의 과태료를 부과한다.

　㉠ 교육 이수명령을 이행하지 아니한 자

　㉡ 유통이력을 신고하지 아니하거나 거짓으로 신고한 자

　㉢ 유통이력을 장부에 기록하지 아니하거나 보관하지 아니한 자

　㉣ 유통이력 신고의무가 있음을 알리지 아니한 자

　㉤ 수거·조사 또는 열람을 거부·방해 또는 기피한 자

③ ① 및 ②에 따른 과태료는 대통령령으로 정하는 바에 따라 다음의 자가 각각 부과·징수한다.

　㉠ ① 및 ②의 ㉠ 과태료 : 농림축산식품부장관, 해양수산부장관, 관세청장, 시·도지사 또는 시장·군수·구청장

　㉡ ②의 ㉡부터 ㉤까지의 과태료 : 농림축산식품부장관

13 과태료의 부과기준(시행령 [별표 2])

(1) 일반기준

① 위반행위의 횟수에 따른 과태료의 가중된 부과기준은 최근 2년간 같은 유형[(2)를 기준으로 구분한다]의 위반행위로 과태료 부과처분을 받은 경우에 적용한다. 이 경우 기간의 계산은 위반행위에 대하여 과태료 부과처분을 받은 날과 그 처분 후 다시 같은 유형의 위반행위를 하여 적발된 날을 각각 기준으로 한다.

② ①에 따라 가중된 부과처분을 하는 경우 가중처분의 적용 차수는 그 위반행위 전 부과처분 차수(①에 따른 기간 내에 과태료 부과처분이 둘 이상 있었던 경우에는 높은 차수)의 다음 차수로 한다.

③ 부과권자는 다음의 어느 하나에 해당하는 경우에는 (2)의 개별기준에 따른 과태료 금액의 2분의 1 범위에서 그 금액을 줄일 수 있다. 다만, 과태료를 체납하고 있는 위반행위자에 대해서는 그렇지 않다.

　㉠ 위반행위자가 자연재해·화재 등으로 재산에 현저한 손실이 발생했거나 사업여건의 악화로 중대한 위기에 처하는 등의 사정이 있는 경우

　㉡ 그 밖에 위반행위의 정도, 위반행위의 동기와 그 결과 등을 고려하여 과태료를 줄일 필요가 있다고 인정되는 경우

④ 부과권자는 다음의 어느 하나에 해당하는 경우에는 (2)의 개별기준에 따른 과태료 금액의 2분의 1 범위에서 그 금액을 늘릴 수 있다. 다만, 늘리는 경우에도 법 제18조 제1항 및 제2항에 따른 과태료 금액의 상한을 넘을 수 없다.

　㉠ 위반의 내용·정도가 중대하여 이해관계인 등에게 미치는 피해가 크다고 인정되는 경우

　㉡ 그 밖에 위반행위의 정도, 위반행위의 동기와 그 결과 등을 고려하여 과태료를 늘릴 필요가 있다고 인정되는 경우

(2) 개별기준

위반행위	과태료			
	1차 위반	2차 위반	3차 위반	4차 이상 위반
가. 법 제5조 제1항을 위반하여 원산지 표시를 하지 않은 경우	5만원 이상 1,000만원 이하			
나. 법 제5조 제3항을 위반하여 원산지 표시를 하지 않은 경우				
10) 넙치, 조피볼락, 참돔, 미꾸라지, 뱀장어, 낙지, 명태, 고등어, 갈치, 오징어, 꽃게, 참조기, 다랑어, 아귀, 주꾸미, 가리비, 우렁쉥이, 전복, 방어 및 부세의 원산지를 표시하지 않은 경우	품목별 30만원	품목별 60만원	품목별 100만원	품목별 100만원
11) 살아 있는 수산물의 원산지를 표시하지 않은 경우	5만원 이상 1,000만원 이하			
다. 법 제5조 제4항에 따른 원산지의 표시방법을 위반한 경우	5만원 이상 1,000만원 이하			
라. 임대점포의 임차인 등 운영자가 법 제6조 제1항 또는 제2항에 해당하는 행위를 하는 것을 알았거나 알 수 있었음에도 방치한 경우	100만원	200만원	400만원	400만원
마. 법 제6조 제5항을 위반하여 해당 방송채널 등에 물건 판매중개를 의뢰한 자가 법 제6조 제1항 또는 제2항에 해당하는 행위를 하는 것을 알았거나 알 수 있었음에도 방치한 경우	100만원	200만원	400만원	400만원
바. 수거·조사·열람을 거부·방해하거나 기피한 경우	100만원	300만원	500만원	500만원
사. 영수증이나 거래명세서 등을 비치·보관하지 않은 경우	20만원	40만원	80만원	80만원
아. 원산지 표시 위반에 대한 교육을 이수하지 않은 경우	30만원	60만원	100만원	100만원
자. 법 제10조의2 제1항을 위반하여 유통이력을 신고하지 않거나 거짓으로 신고한 경우				
1) 유통이력을 신고하지 않은 경우	50만원	100만원	300만원	500만원
2) 유통이력을 거짓으로 신고한 경우	100만원	200만원	400만원	500만원
차. 법 제10조의2 제2항을 위반하여 유통이력을 장부에 기록하지 않거나 보관하지 않은 경우	50만원	100만원	300만원	500만원
카. 법 제10조의2 제3항을 위반하여 유통이력 신고의무가 있음을 알리지 않은 경우	50만원	100만원	300만원	500만원
타. 법 제10조의3 제2항을 위반하여 수거·조사 또는 열람을 거부·방해 또는 기피한 경우	100만원	200만원	400만원	500만원

(3) (2) 가. 및 나.의 11)의 원산지 표시를 하지 않은 경우의 세부 부과기준

① 농수산물(통관 단계 이후의 수입농수산물 등 및 반입농수산물 등을 포함하며, 통신판매의 경우는 제외)

⊙ 과태료 부과금액은 원산지 표시를 하지 않은 물량(판매를 목적으로 보관 또는 진열하고 있는 물량을 포함)에 적발 당일 해당 업소의 판매가격을 곱한 금액으로 하고, 위반행위의 횟수에 따른 과태료의 부과기준은 다음 표와 같다.

과태료 부과금액		
1차 위반	2차 위반	3차 이상 위반
⊙의 금액	⊙의 금액의 200%	⊙의 금액의 300%

ⓛ ㉠의 해당 업소의 판매가격을 알 수 없는 경우에는 인근 2개 업소의 동일 품목 판매가격의 평균을 기준으로 한다. 다만, 평균가격을 산정할 수 없는 경우에는 해당 농수산물의 매입가격에 30%를 가산한 금액을 기준으로 한다.

ⓒ 과태료 부과금액의 최소단위는 5만원으로 하고, 5만원 이상은 천원 미만을 버리고 부과하되, 부과되는 총액은 1천만원을 초과할 수 없다.

② 농수산물 가공품(통관 단계 이후의 수입농수산물 등 또는 반입농수산물 등을 국내에서 가공한 것을 포함하며, 통신판매의 경우는 제외)

㉠ 가공업자

기준액(연간 매출액)	과태료 부과금액(만원)		
	1차 위반	2차 위반	3차 위반
1억원 미만	20	30	60
1억원 이상 2억원 미만	30	50	100
2억원 이상 4억원 미만	50	100	200
4억원 이상 6억원 미만	100	200	400
6억원 이상 8억원 미만	150	300	600
8억원 이상 10억원 미만	200	400	800
10억원 이상 12억원 미만	250	500	1,000
12억원 이상 14억원 미만	400	600	1,000
14억원 이상 16억원 미만	500	700	1,000
16억원 이상 18억원 미만	600	800	1,000
18억원 이상 20억원 미만	700	900	1,000
20억원 이상	800	1,000	1,000

가. 연간 매출액은 처분 전년도의 해당 품목의 1년간 매출액을 기준으로 한다.

나. 신규영업·휴업 등 부득이한 사유로 처분 전년도의 1년간 매출액을 산출할 수 없거나 1년간 매출액을 기준으로 하는 것이 불합리한 것으로 인정되는 경우에는 전분기, 전월 또는 최근 1일 평균 매출액 중 가장 합리적인 기준에 따라 연간 매출액을 추계하여 산정한다.

다. 1개 업소에서 2개 품목 이상이 동시에 적발된 경우에는 각 품목의 연간 매출을 합산한 금액을 기준으로 부과한다.

㉡ 판매업자 : ①의 기준을 준용하여 부과한다.

③ 통관 단계의 수입농수산물 등 및 반입농수산물 등

㉠ 과태료 부과금액은 수입농수산물 등 및 반입농수산물 등의 세관 수입신고 금액의 100분의 10에 해당하는 금액으로 한다.

㉡ 과태료 부과금액의 최소단위는 5만원으로 하고, 5만원 이상은 천원 미만을 버리고 부과하되 부과되는 총액은 1천만원을 초과할 수 없다.

④ 통신판매 : ②의 ㉠의 기준을 준용하여 부과한다.

(4) (2) 다.의 원산지의 표시방법을 위반한 경우의 세부 부과기준

① 농수산물(통관 단계 이후의 수입농수산물 등 및 반입농수산물 등을 포함하며, 통신판매의 경우와 식품접객업을 하는 영업소 및 집단급식소에서 조리하여 판매·제공하는 경우는 제외한다)

  ㄱ (3) ①의 기준에 따른 과태료 부과금액의 100분의 50을 부과한다.

  ㄴ 과태료 부과금액의 최소단위는 5만원으로 하고, 5만원 이상은 천원 미만을 버리고 부과한다.

② 농수산물 가공품(통관 단계 이후의 수입농수산물 등 또는 반입농수산물 등을 국내에서 가공한 것을 포함하며, 통신판매의 경우는 제외한다)

  ㄱ (3) ②의 기준에 따른 과태료 부과금액의 100분의 50을 부과한다.

  ㄴ 과태료 부과금액의 최소단위는 5만원으로 하고, 5만원 이상은 천원 미만을 버리고 부과한다.

③ 통관 단계의 수입농수산물 등 및 반입농수산물 등

  ㄱ 과태료 부과금액은 (3) ③의 기준에 따른 과태료 부과금액의 100분의 50에 해당하는 금액으로 한다.

  ㄴ 과태료 부과금액의 최소단위는 5만원으로 하고, 5만원 이상은 천원 미만을 버리고 부과한다.

④ 통신판매

  ㄱ (3) ④의 기준에 따른 과태료 부과금액의 100분의 50을 부과한다.

  ㄴ 과태료 부과금액의 최소단위는 5만원으로 하고, 5만원 이상은 천원 미만은 버리고 부과한다.

④ 식품접객업을 하는 영업소 및 집단급식소

위반행위	과태료 금액		
	1차 위반	2차 위반	3차 이상 위반
10) 넙치, 조피볼락, 참돔, 미꾸라지, 뱀장어, 낙지, 명태, 고등어, 갈치, 오징어, 꽃게, 참조기, 다랑어, 아귀, 주꾸미, 가리비, 우렁쉥이, 전복, 방어 및 부세의 원산지 표시방법을 위반한 경우	품목별 15만원	품목별 30만원	품목별 50만원
11) 살아 있는 수산물의 원산지 표시방법을 위반한 경우	(2) 나.의 11) 및 (3) ①의 기준에 따른 부과금액의 100분의 50		

CHAPTER 01 적중예상문제

01 농수산물 품질관리법령상 농수산물의 표준규격은 ( ) 및 ( )으로 구분한다. 각각의 규격항목을 보기에서 찾아 쓰시오.

┤보기├─
거래단위, 크기, 포장방법, 건조도, 선별상태, 표시사항

정답 표준규격은 (포장규격) 및 (등급규격)으로 구분한다.
- 포장규격 : 거래단위, 포장방법, 표시사항
- 등급규격 : 크기, 건조도, 선별상태

풀이 **표준규격의 제정(시행규칙 제5조)**
- 포장규격 : 거래단위, 포장치수, 포장재료 및 포장재료의 시험방법, 포장방법, 포장설계, 표시사항, 그 밖에 품목의 특성에 따라 필요한 사항
- 등급규격 : 품목 또는 품종별로 그 특성에 따라 고르기, 크기, 형태, 색깔, 신선도, 건조도, 결점, 숙도(熟度) 및 선별상태 등에 따라 정한다.

02 농수산물 품질관리법령상 농수산물의 표준규격을 제정하는 목적 3가지를 쓰시오.

정답 ① 농수산물의 상품성 제고
② 농수산물의 유통 능률 향상
③ 농수산물의 공정한 거래 실현

풀이 **표준규격(법 제5조 제1항)**
농림축산식품부장관 또는 해양수산부장관은 농수산물(축산물은 제외)의 상품성을 높이고 유통 능률을 향상시키며 공정한 거래를 실현하기 위하여 농수산물의 포장규격과 등급규격(표준규격)을 정할 수 있다.

03 농수산물 품질관리법령상 수산물 표준규격의 제정에 관한 설명이다. 옳으면 ○, 틀리면 ×를 괄호 안에 표시하시오.

① 포장규격은 산업표준화법에 의한 한국산업표준에 의한다. ( )

② 수산물 표준규격은 포장규격 및 등급규격으로 구분한다. ( )

③ 한국산업기준이 제정되어 있지 아니한 경우 수산물 포장규격을 따로 정할 수 없다. ( )

④ 등급규격은 품목 또는 품종별로 그 특성 또는 선별상태 등 품위 구분에 필요한 항목을 설정하여 등급별 규격을 정한다. ( )

정답 ① ○, ② ○, ③ ×, ④ ○

풀이 **표준규격의 제정(시행규칙 제5조 제2항)**
포장규격은 산업표준화법에 따른 한국산업표준에 따른다. 다만, 한국산업표준이 제정되어 있지 아니하거나 한국산업표준과 다르게 정할 필요가 있다고 인정되는 경우에는 보관·수송 등 유통과정의 편리성, 폐기물 처리문제를 고려하여 그 규격을 따로 정할 수 있다.

04 농수산물 품질관리법령상 수산물의 표준규격 중 포장규격이 한국산업규격에 제정되어 있지 않거나 한국산업규격과 다르게 정할 필요가 있다고 인정되는 경우에는 그 규격을 따로 정할 수 있다. 따로 정할 수 있는 규격 항목을 모두 찾아 쓰시오.

포장재의 무게, 거래단위, 포장재료의 시험방법, 포장치수, 포장설계

정답 거래단위, 포장재료의 시험방법, 포장치수, 포장설계

풀이 **표준규격의 제정(시행규칙 제5조 제2항)**
포장규격은 다음의 항목에 대하여 그 규격을 따로 정할 수 있다.
1. 거래단위
2. 포장치수
3. 포장재료 및 포장재료의 시험방법
4. 포장방법
5. 포장설계
6. 표시사항
7. 그 밖에 품목의 특성에 따라 필요한 사항

05 농수산물 품질관리법령상 수산물 표준규격을 제정할 경우 등급규격을 정하는 항목을 모두 찾아 쓰시오.

> 고르기, 신선도, 크기, 선별상태, 색깔, 산지, 형태, 결점

정답 고르기, 신선도, 크기, 선별상태, 색깔, 형태, 결점

풀이 표준규격의 제정(시행규칙 제5조 제3항)
등급규격은 품목 또는 품종별로 그 특성에 따라 고르기, 크기, 형태, 색깔, 신선도, 건조도, 결점, 숙도(熟度) 및 선별상태 등에 따라 정한다.

06 농수산물 품질관리법령상 수산물 표준규격에 관한 설명이다. 옳으면 ○, 틀리면 ×를 괄호 안에 표시하시오.

① 수산물 표준규격에 맞는 수산물을 출하하는 자는 포장의 표면에 반드시 "표준규격품"이라는 표시를 하여야 한다. (   )

② 국립농산물품질관리원장, 국립수산물품질관리원장 또는 산림청장은 표준규격의 제정 또는 개정을 위하여 필요하면 전문연구기관 또는 대학 등에 시험을 의뢰할 수 있다. (   )

③ 수산물의 표준규격은 포장규격·등급규격 및 품위규격으로 구분한다. (   )

④ 수산물 표준규격의 제정절차·기준 및 표시방법 등에 관하여 필요한 사항은 대통령령으로 정한다. (   )

정답 ① ×, ② ○, ③ ×, ④ ×

풀이 ① 표준규격에 맞는 농수산물(표준규격품)을 출하하는 자는 포장 겉면에 "표준규격품"의 표시를 할 수 있다(법 제5조 제2항).
② 표준규격의 제정(시행규칙 제5조 제4항)
③ 농수산물의 표준규격은 포장규격 및 등급규격으로 구분한다(시행규칙 제5조 제1항).
④ 표준규격의 제정기준, 제정절차 및 표시방법 등에 필요한 사항은 농림축산식품부령 또는 해양수산부령으로 정한다(법 제5조 제3항).

07 농수산물 품질관리법령상 고등어의 표준규격품임을 표시하고자 할 때 포장표면에 "표준규격품"이라는 문구와 함께 표시해야 할 사항을 5가지 이상 쓰시오.

정답 품목, 산지, 품종, 등급, 무게 또는 개수(마릿수), 생산자 또는 생산자단체의 명칭 및 전화번호

풀이 **표준규격품의 출하 및 표시방법 등(시행규칙 제7조 제2항)**
표준규격품을 출하하는 자가 표준규격품임을 표시하려면 해당 물품의 포장 겉면에 '표준규격품'이라는 문구와 함께 다음의 사항을 표시하여야 한다.
1. 품 목
2. 산 지
3. 품종. 다만, 품종을 표시하기 어려운 품목은 국립농산물품질관리원장, 국립수산물품질관리원장 또는 산림청장이 정하여 고시하는 바에 따라 품종의 표시를 생략할 수 있다.
4. 생산연도(곡류만 해당)
5. 등 급
6. 무게(실중량). 다만, 품목 특성상 무게를 표시하기 어려운 품목은 국립농산물품질관리원장, 국립수산물품질관리원장 또는 산림청장이 정하여 고시하는 바에 따라 개수(마릿수) 등의 표시를 단일하게 할 수 있다.
7. 생산자 또는 생산자단체의 명칭 및 전화번호

08 농수산물 품질관리법령상 수산물 품질인증 규정에 관한 설명이다. 옳으면 ○, 틀리면 ×를 괄호 안에 표시하시오.

① 해양수산부장관은 수산물의 품질을 향상시키고 소비자를 보호하기 위하여 품질인증제도를 실시한다.
( )

② 품질인증 대상품목은 식용을 목적으로 생산한 수산물 및 수산특산물로 한다. ( )

③ 품질인증을 받으려는 자는 해양수산부령으로 정하는 바에 따라 해양수산부장관에게 신청하여야 한다.
( )

④ 품질인증의 기준·절차·표시방법 및 대상품목의 선정 등에 필요한 사항은 해양수산부령으로 정한다.
( )

정답 ① ○, ② ×, ③ ○, ④ ○

풀이 ① 수산물의 품질인증(법 제14조 제1항)
② 품질인증 대상품목은 식용을 목적으로 생산한 수산물로 한다(시행규칙 제28조).
③ 수산물의 품질인증(법 제14조 제2항)
④ 수산물의 품질인증(법 제14조 제4항)

09 다음 중 농수산물 품질관리법상 '수산물 등의 품질인증기준'에 해당하는 것을 [보기]에서 찾아 그 번호를 쓰시오.

┤보기├

① 해당 수산물이 상품으로서의 차별화가 인정되는 것일 것
② 수산물품질관리사가 품질지도를 한 것일 것
③ 해당 수산물의 품질 수준 확보 및 유지를 위한 생산기술과 시설 · 자재를 갖추고 있을 것
④ 국립수산물품질관리원 검사원의 지도를 받은 것
⑤ 해당 수산물의 생산 · 출하 과정에서의 자체 품질관리체제와 유통 과정에서의 사후관리체제를 갖추고 있을 것

정답 ①, ③, ⑤

풀이 품질인증의 기준(시행규칙 제29조 제1항)
품질인증을 받기 위해서는 다음의 기준을 모두 충족해야 한다.
1. 해당 수산물이 그 산지의 유명도가 높거나 상품으로서의 차별화가 인정되는 것일 것
2. 해당 수산물의 품질 수준 확보 및 유지를 위한 생산기술과 시설 · 자재를 갖추고 있을 것
3. 해당 수산물의 생산 · 출하 과정에서의 자체 품질관리체제와 유통 과정에서의 사후관리체제를 갖추고 있을 것

10 농수산물 품질관리법령상 수산물의 품질인증의 표시항목별 인증방법이다. 옳으면 ○, 틀리면 ×를 괄호 안에 표시하시오.

① 산지 : 해당 품목이 생산되는 시 · 군 · 구(자치구의 구)의 행정구역 명칭으로 인증하되, 신청인이 강 · 해역 등 특정지역의 명칭으로 인증받기를 희망하는 경우에는 그 명칭으로 인증할 수 있다. (   )

② 품명 : 반드시 표준어로 인증해야 한다. (   )

③ 생산자 또는 생산자집단 : 명칭(법인의 경우에는 명칭과 그 대표자의 성명을 포함) · 주소 및 전화번호이다. (   )

④ 생산조건 : 자연산과 양식산으로 인증한다. (   )

정답 ① ○, ② ×, ③ ○, ④ ○

풀이 ① 품질인증품의 표시사항 등(시행규칙 제32조 제2항 제1호)
② 품명 : 표준어로 인증하되, 그 명칭이 명확하지 아니한 경우 또는 소비자가 식별하는 데 지장이 없다고 인정되는 경우에는 해당 품목의 생태 · 형태 · 용도 등에 따라 산지에서 관행적으로 사용되는 명칭으로 인증할 수 있다(시행규칙 제32조 제2항 제2호).
③ 품질인증품의 표시사항 등(시행규칙 제32조 제2항 제3호)
④ 품질인증품의 표시사항 등(시행규칙 제32조 제2항 제4호)

11 농수산물 품질관리법령상 품질인증을 받기 위한 품질인증의 기준이다. 옳으면 ○, 틀리면 ×를 괄호 안에 표시하시오.

① 그 지방의 특산물일 것 ( )

② 수산물의 품질유지를 위한 생산기술과 시설·자재를 갖추고 있을 것 ( )

③ 수산물의 생산·출하 과정에서의 자체 품질관리체제를 갖추고 있을 것 ( )

④ 수산물의 유통 과정에서의 사후관리체제를 갖추고 있을 것 ( )

> **정답** ① ×, ② ○, ③ ○, ④ ○

> **풀이** ① 해당 수산물이 그 산지의 유명도가 높거나 상품으로서의 차별화가 인정되는 것일 것(시행규칙 제29조 제1항 제1호).
> ② 품질인증의 기준(시행규칙 제29조 제1항 제2호)
> ③·④ 품질인증의 기준(시행규칙 제29조 제1항 제3호)

12 수산물의 품질인증을 받고자 하는 자가 수산물 품질인증 (연장)신청서에 첨부하여 국립수산물 품질관리원장 또는 품질인증기관으로 지정받은 기관의 장에게 제출하여야 하는 서류를 쓰시오.

> **정답** ① 신청 품목의 생산계획서
> ② 신청 품목의 제조공정 개요서 및 단계별 설명서

> **풀이** **품질인증의 신청(시행규칙 제30조)**
> 수산물에 대하여 품질인증을 받으려는 자는 수산물 품질인증 (연장)신청서에 다음의 서류를 첨부하여 국립수산물품질관리원장 또는 품질인증기관으로 지정받은 기관의 장에게 제출하여야 한다.
> ① 신청 품목의 생산계획서
> ② 신청 품목의 제조공정 개요서 및 단계별 설명서

13 다음 [보기]에서 품질인증 수산물을 출하할 때 포장에 꼭 표시하지 않아도 되는 항목을 모두 고르시오.

> ┌ 보기 ┐
> - 인증기관명   • 인증번호   • 이력추적관리번호
> - 등 급   • 생산자   • 산 지
> - 품 명   • 생산연도

정답 이력추적관리번호, 생산연도, 등급

풀이 **품질인증품의 표시사항 등(농수산물 품질관리법 시행규칙 제32조)**
① 수산물 품질인증 표시는 [별표 7]과 같다.
② 수산물의 품질인증의 표시항목별 인증방법은 다음과 같다.
   1. 산지 : 해당 품목이 생산되는 시·군·구(자치구의 구)의 행정구역 명칭으로 인증하되, 신청인이 강·해역 등 특정지역의 명칭으로 인증받기를 희망하는 경우에는 그 명칭으로 인증할 수 있다.
   2. 품명 : 표준어로 인증하되, 그 명칭이 명확하지 아니한 경우 또는 소비자가 식별하는 데 지장이 없다고 인정되는 경우에는 해당 품목의 생태·형태·용도 등에 따라 산지에서 관행적으로 사용되는 명칭으로 인증할 수 있다.
   3. 생산자 또는 생산자집단 : 명칭(법인의 경우에는 명칭과 그 대표자의 성명을 포함한다)·주소 및 전화번호
   4. 생산조건 : 자연산과 양식산으로 인증한다.
③ ① 및 ②에 따른 품질인증의 표시를 하려는 자는 품질인증을 받은 수산물의 포장·용기의 겉면에 소비자가 알아보기 쉽도록 표시하여야 한다. 다만, 포장하지 아니하고 판매하는 경우에는 해당 물품에 꼬리표를 부착하여 표시할 수 있다.

14 농수산물 품질관리법령상 품질인증의 유효기간에 관한 설명이다. 옳으면 ○, 틀리면 ×를 괄호 안에 표시하시오.

① 품질인증의 유효기간은 품질인증을 받은 날부터 2년으로 한다. 다만, 품목의 특성상 달리 적용할 필요가 있는 경우에는 4년의 범위에서 해양수산부령으로 유효기간을 달리 정할 수 있다.   (   )

② 품질인증의 유효기간을 연장받으려는 자는 유효기간이 끝나기 전에 해양수산부령으로 정하는 바에 따라 해양수산부장관에게 연장신청을 하여야 한다.   (   )

③ 수산물의 품질인증 유효기간을 연장받으려는 자는 해당 품질인증을 한 기관의 장에게 수산물 품질인증 (연장)신청서에 품질인증서 사본을 첨부하여 그 유효기간이 끝나기 1개월 전까지 제출해야 한다.
                                                                                          (   )

④ 해양수산부장관 또는 품질인증기관의 장은 신청인에게 연장절차와 연장신청 기간을 유효기간이 끝나기 1개월 전까지 미리 알려야 한다.   (   )

> **정답** ① ○, ② ○, ③ ○, ④ ×

> **풀이** ① 품질인증의 유효기간 등(법 제15조 제1항)
> ② 품질인증의 유효기간 등(법 제15조 제2항)
> ③ 유효기간의 연장신청(시행규칙 제35조 제1항)
> ④ 국립수산물품질관리원장 또는 품질인증기관의 장은 신청인에게 연장절차와 연장신청 기간을 유효기간이 끝나기 2개월 전까지 미리 알려야 한다. 이 경우 통지는 휴대전화 문자메시지, 전자우편, 팩스, 전화 또는 문서 등으로 할 수 있다(시행규칙 제35조 제4항).

15 농수산물 품질관리법령상 해양수산부장관은 품질인증을 받은 자가 품질인증의 취소사유가 있으면 취소하여야 한다. 반드시 품질인증을 취소하여야 하는 경우를 서술하시오.

> **정답** 거짓이나 그 밖의 부정한 방법으로 인증을 받은 경우

> **풀이** **품질인증의 취소(법 제16조)**
> 해양수산부장관은 품질인증을 받은 자가 다음의 어느 하나에 해당하면 품질인증을 취소할 수 있다. 다만, 1.에 해당하면 품질인증을 취소하여야 한다.
> 1. 거짓이나 그 밖의 부정한 방법으로 인증을 받은 경우
> 2. 품질인증의 기준에 현저하게 맞지 아니한 경우
> 3. 정당한 사유 없이 품질인증품 표시의 시정명령, 해당 품목의 판매금지 또는 표시정지 조치에 따르지 아니한 경우
> 4. 업종전환·폐업 등으로 인하여 품질인증품을 생산하기 어렵다고 판단되는 경우

16 4개의 업체가 품질인증기관의 지정을 신청하였다. 다음 중 지정을 받지 못하는 인력을 갖춘 업체를 쓰시오.

┌─ 보기 ┐
A업체 : 대학에서 학사학위를 취득한 사람
B업체 : 전문대학에서 전문학사학위를 취득 후 수산물관련 단체 등에서 수산물의 품질관리업무를 2년 이상 담당한 경력 있는 사람
C업체 : 종자산업기사를 취득한 사람
D업체 : 수산물품질관리사 자격증을 취득 후 수산물의 품질관리업무를 5년 이상 담당한 경력이 있는 사람
└────────┘

정답 C업체

풀이 품질인증기관의 지정기준 – 인력(농수산물 품질관리법 시행규칙 [별표 8])
1) 품질인증의 심사업무 및 품질인증의 사후관리를 위한 품질인증심사원(심사원) 2명 이상을 포함하여 품질인증 업무를 원활히 수행하기 위한 인력을 갖출 것
2) 심사원은 다음 가)부터 다)까지의 어느 하나에 해당하는 자격을 갖춘 사람일 것
　　가) 2년제 전문대학 졸업자 또는 이와 같은 수준 이상의 학력이 있는 사람으로서 품질인증 심사업무를 원활히 수행할 수 있는 사람
　　나) 국가기술자격법에 따른 수산 또는 식품가공분야의 산업기사 이상의 자격증을 소지한 사람
　　다) 수산물·수산가공품 또는 식품 관련 기업체·연구소·기관 및 단체에서 수산물 및 수산가공품의 품질관리업무를 5년 이상 담당한 경력이 있는 사람

17 해양수산부장관, 특별시장·광역시장·도지사·특별자치도지사(시·도지사) 또는 시장·군수·구청장(자치구청장)은 품질인증기관으로 지정받은 단체 등에 대하여 자금을 지원할 수 있다. 자금을 지원할 수 있는 단체를 쓰시오.

정답 ① 수산물 생산자단체(어업인 단체만을 말한다)
② 수산가공품을 생산하는 사업과 관련된 법인(민법에 따른 법인만을 말한다)

풀이 품질인증기관의 지정 등(농수산물 품질관리법 제17조 제2항)
해양수산부장관, 특별시장·광역시장·도지사·특별자치도지사 또는 시장·군수·구청장(자치구의 구청장)은 어업인 스스로 수산물의 품질을 향상시키고 체계적으로 품질관리를 할 수 있도록 하기 위하여 품질인증기관으로 지정받은 다음의 단체 등에 대하여 자금을 지원할 수 있다.
1. 수산물 생산자단체(어업인 단체만을 말한다)
2. 수산가공품을 생산하는 사업과 관련된 법인(민법에 따른 법인만을 말한다)

18 다음 괄호 안에 알맞은 말을 쓰시오.

수산물 품질인증기관이 정당한 사유 없이 1년 이상 품질인증 실적이 없는 경우에는 지정을 (①)
하거나 (②) 이내의 기간을 정하여 품질인증업무의 정지를 명할 수 있다.

정답 ① 취소, ② 6개월

풀이 품질인증기관의 지정 취소 등(농수산물 품질관리법 제18조)
① 해양수산부장관은 품질인증기관이 다음의 어느 하나에 해당하면 그 지정을 취소하거나 6개월 이내의
기간을 정하여 품질인증 업무의 전부 또는 일부의 정지를 명할 수 있다. 다만, 1.부터 4.까지 및 6. 중
어느 하나에 해당하면 품질인증기관의 지정을 취소하여야 한다.
1. 거짓이나 그 밖의 부정한 방법으로 품질인증기관으로 지정받은 경우
2. 업무정지 기간 중 품질인증 업무를 한 경우
3. 최근 3년간 2회 이상 업무정지처분을 받은 경우
4. 품질인증기관의 폐업이나 해산·부도로 인하여 품질인증 업무를 할 수 없는 경우
5. 중요 사항이 변경되었을 때 변경신고를 하지 아니하고 품질인증 업무를 계속한 경우
6. 품질인증기관의 지정기준에 미치지 못하여 시정을 명하였으나 그 명령을 받은 날부터 1개월 이내에
이행하지 아니한 경우
7. 품질인증기관의 업무범위를 위반하여 품질인증 업무를 한 경우
8. 다른 사람에게 자기의 성명이나 상호를 사용하여 품질인증 업무를 하게 하거나 품질인증기관지정서를
빌려준 경우
9. 품질인증 업무를 성실하게 수행하지 아니하여 공중에 위해를 끼치거나 품질인증을 위한 조사 결과를
조작한 경우
10. 정당한 사유 없이 1년 이상 품질인증 실적이 없는 경우
② ①에 따른 지정 취소 및 업무정지의 세부기준은 해양수산부령으로 정한다.

19 수산물 유통의 관리 및 지원에 관한 법률상 이력추적관리의 설명이다. 옳으면 ○, 틀리면 ×를 괄호 안에 표시하시오.

① 수산물의 생산·수입부터 판매까지 각 유통단계별로 정보를 기록·관리하는 이력추적관리를 받으려는 자는 해양수산부장관에게 등록하여야 한다. ( )

② 이력추적관리의 등록을 한 자는 해양수산부령으로 정하는 등록사항이 변경된 경우 변경 사유가 발생한 날부터 1개월 이내에 해양수산부장관에게 신고하여야 한다. ( )

③ 해양수산부장관은 이력추적관리의 등록을 한 자에 대하여 이력추적관리에 필요한 비용의 전부 또는 일부를 지원할 수 있다. ( )

④ 이력추적관리 수산물을 생산하거나 유통 또는 판매하는 자 중 행상·노점상 등도 해양수산부령으로 정하는 이력추적관리기준에 따라 이력추적관리에 필요한 입고·출고 및 관리 내용을 기록하여 보관하여야 한다. ( )

정답 ① ○, ② ○, ③ ○, ④ ×

풀이 ① 수산물 이력추적관리(법 제27조 제1항)
② 수산물 이력추적관리(법 제27조 제3항)
③ 수산물 이력추적관리(법 제27조 제6항)
④ 수산물(이력추적관리수산물)을 생산하거나 유통 또는 판매하는 자는 해양수산부령으로 정하는 이력추적관리기준에 따라 이력추적관리에 필요한 입고·출고 및 관리 내용을 기록하여 보관하여야 한다. 다만, 이력추적관리수산물을 유통 또는 판매하는 자 중 행상·노점상 등 대통령령으로 정하는 자는 그러하지 아니하다(법 제27조 제5항).

20 수산물 유통의 관리 및 지원에 관한 법률상 이력추적관리의 대상품목은 수산물 중 식용이나 식용을 가공하기 위한 목적으로 생산·처리하는 수산물이다. 다음 중 생산자의 등록사항을 [보기]에서 모두 골라 답란에 쓰시오.

┌─ 보기 ───┐
│ 생산자의 성명·주소 및 전화번호, 이력추적관리 대상품목명, 산지 위판장의 면적, 생산계획량 │
└──┘

정답 생산자의 성명·주소 및 전화번호, 이력추적관리 대상품목명, 생산계획량

풀이 이력추적관리의 대상품목 및 등록사항(시행규칙 제25조 제2항)
이력추적관리를 받으려는 자는 다음의 구분에 따른 사항을 등록하여야 한다.
　1. 생산자(염장·건조 등 단순처리를 하는 자를 포함)
　　가. 생산자의 성명, 주소 및 전화번호
　　나. 이력추적관리 대상품목명
　　다. 양식수산물의 경우 양식장 면적, 천일염의 경우 염전 면적
　　라. 생산계획량
　　마. 양식수산물 및 천일염의 경우 양식장 및 염전의 위치, 그 밖의 어획물의 경우 위판장의 주소 또는 어획장소
　2. 유통자
　　가. 유통자의 명칭, 주소 및 전화번호
　　나. 이력추적관리 대상품목명
　3. 판매자 : 판매자의 명칭, 주소 및 전화번호

21 이력추적관리의 등록절차 등에 관한 설명이다. 옳으면 ○, 틀리면 ×를 괄호 안에 표시하시오.

① 이력추적관리 등록을 하려는 자는 수산물이력추적관리 등록신청서에 이력추적관리 등록을 한 수산물의 생산·출하·입고·출고 계획 등을 적은 관리계획서와 이력추적관리수산물에 이상이 있는 경우 회수 조치 등을 적은 사후관리계획서의 서류를 첨부하여 국립수산물품질관리원장에게 제출하여야 한다.
( )

② 국립수산물품질관리원장은 이력추적관리 등록신청인이 생산자집단인 경우에는 전체 구성원의 대표에 대하여 심사를 하여야 한다. ( )

③ 국립수산물품질관리원장은 등록신청을 접수하면 심사일정을 정하여 신청인에게 알려야 한다. ( )

④ 이력추적관리 등록을 한 자가 발급받은 이력추적관리 등록증을 분실한 경우 국립수산물품질관리원장에게 수산물이력추적관리 등록증 재발급 신청서를 제출하여 재발급받을 수 있다. ( )

정답 ① ○, ② ×, ③ ○, ④ ○

풀이 ① 이력추적관리의 등록절차 등(시행규칙 제26조 제1항)
② 국립수산물품질관리원장은 이력추적관리 등록신청인이 생산자집단인 경우에는 전체 구성원에 대하여 각각 심사를 하여야 한다. 다만, 국립수산물품질관리원장이 정하여 고시하는 경우에는 표본심사의 방법으로 할 수 있다(시행규칙 제26조 제4항).
③ 이력추적관리의 등록절차 등(시행규칙 제26조 제2항)
④ 이력추적관리의 등록절차 등(시행규칙 제26조 제6항)

22 수산물 유통의 관리 및 지원에 관한 법률상 이력추적관리 등록의 유효기간 등에 관한 설명이다. 옳으면 ○, 틀리면 ×를 괄호 안에 표시하시오.

① 이력추적관리 등록의 유효기간은 등록한 날부터 3년으로 한다. 다만, 품목의 특성상 달리 적용할 필요가 있는 경우에는 10년의 범위에서 해양수산부령으로 유효기간을 달리 정할 수 있다. ( )

② 이력추적관리의 등록을 한 자로서 그 유효기간이 끝난 후에도 계속하여 해당 수산물에 대하여 이력추적관리를 하려는 자는 이력추적관리 등록의 유효기간이 끝나도 이력추적관리의 등록을 갱신하지 않아도 된다. ( )

③ 등록 갱신을 하지 아니하려는 자가 등록 유효기간 내에 출하를 종료하지 아니한 제품이 있는 경우에는 해양수산부장관의 승인을 받아 그 제품에 대한 등록 유효기간을 1년의 범위에서 연장할 수 있다. 다만, 등록의 유효기간이 끝나기 전에 출하된 제품은 그 제품의 유통기한이 끝날 때까지 그 등록 표시를 유지할 수 있다. ( )

④ 이력추적관리의 등록을 한 자로서 그 유효기간이 끝난 후에도 계속하여 해당 수산물을 생산하거나 유통 또는 판매하려는 자는 이력추적관리 등록의 유효기간이 끝나기 전에 이력추적관리의 등록을 갱신하여야 한다. ( )

정답 ① ○, ② ×, ③ ○, ④ ○

풀이 ① 이력추적관리 등록의 유효기간 등(법 제28조 제1항)
② 이력추적관리의 등록을 한 자로서 그 유효기간이 끝난 후에도 계속하여 해당 수산물에 대하여 이력추적관리를 하려는 자는 이력추적관리 등록의 유효기간이 끝나기 전에 이력추적관리의 등록을 갱신하여야 한다 (법 제28조 제2항 제1호).
③ 이력추적관리 등록의 유효기간 등(법 제28조 제3항)
④ 이력추적관리 등록의 유효기간 등(법 제28조 제2항 제2호)

23 수산물 유통의 관리 및 지원에 관한 법률상 이력추적관리수산물의 표시방법이다. 옳으면 ○, 틀리면 ×를 괄호 안에 표시하시오.

① 포장·용기의 겉면 등에 이력추적관리의 표시를 할 때에는 표시사항을 인쇄하거나 표시사항이 인쇄된 스티커를 부착할 것 ( )

② 수산물에 이력추적관리의 표시를 할 때에는 표시대상 수산물에 표시사항이 인쇄된 스티커, 표찰 등을 부착할 것 ( )

③ 송장(送狀)이나 거래명세표에 이력추적관리 등록의 표시를 할 때에는 표시사항을 적어 이력추적관리 등록을 받았음을 표시할 것 ( )

④ 이력추적관리의 표시가 되어 있는 수산물을 공급받아 소비자에게 직접 판매하는 자는 간판 또는 차량 등에 이력추적관리의 표시를 할 수 있다. ( )

정답 ① ○, ② ○, ③ ○, ④ ×

풀이 ① 이력추적관리수산물의 표시 등(시행규칙 제28조 제2항 제1호)
② 이력추적관리수산물의 표시 등(시행규칙 제28조 제2항 제2호)
③ 이력추적관리수산물의 표시 등(시행규칙 제28조 제2항 제3호)
④ 이력추적관리의 표시가 되어 있는 수산물을 공급받아 소비자에게 직접 판매하는 자는 푯말 또는 표지판으로 이력추적관리의 표시를 할 수 있다. 이 경우 표시내용은 포장 및 거래명세표 등에 적혀 있는 내용과 같아야 한다(시행규칙 제28조 제3항).

24 수산물 유통의 관리 및 지원에 관한 법률상 이력추적관리 등록의 유효기간 등의 설명이다. 괄호 안에 알맞은 용어를 답란에 쓰시오.

① 이력추적관리의 등록을 한 자로서 그 유효기간이 끝난 후에도 계속하여 해당 수산물에 대하여 이력추적관리를 하려는 자는 유효기간이 끝나기 전에 이력추적관리의 등록을 ( )하여야 한다.
② 등록기관의 장은 유효기간이 끝나기 ( ) 전까지 신청인에게 갱신절차와 갱신신청 기간을 미리 알려야 한다.
③ 양식수산물 이력추적관리 등록의 유효기간은 등록한 날부터 ( ) 이내이다.
④ 이력추적관리등록을 갱신하려는 경우에는 해당 등록의 유효기간이 끝나기 ( ) 전까지 갱신신청서를 등록기관의 장(국립수산물품질관리원장)에게 제출하여야 한다.

정답 ① 갱신, ② 2개월, ③ 5년, ④ 1개월

풀이 ① 이력추적관리의 등록을 한 자로서 그 유효기간이 끝난 후에도 계속하여 해당 수산물에 대하여 이력추적관리를 하려는 자는 이력추적관리 등록의 유효기간이 끝나기 전에 이력추적관리의 등록을 갱신하여야 한다(법 제28조 제2항 제1호).
② 국립수산물품질관리원장은 이력추적관리 등록의 유효기간이 끝나기 2개월 전까지 해당 이력추적관리의 등록을 한 자에게 이력추적관리 등록의 갱신절차와 갱신신청 기간을 미리 알려야 한다. 이 경우 휴대전화 문자메시지, 전자우편, 팩스, 전화 또는 문서 등으로 통지할 수 있다(시행규칙 제31조 제1항).
③ 양식수산물의 이력추적관리 등록의 유효기간은 5년으로 한다(시행규칙 제30조).
④ 이력추적관리의 등록을 갱신하려는 경우에는 이력추적관리 등록 갱신신청서에 변경사항이 있는 서류를 첨부하여 해당 등록의 유효기간이 끝나기 1개월 전까지 국립수산물품질관리원장에게 제출하여야 한다(시행규칙 제31조 제2항).

25 수산물 유통의 관리 및 지원에 관한 법률상 2021년 3월 5일 홍어에 대하여 이력추적관리 등록을 받은 경우 유효기간이 만료되는 시점을 쓰시오.

정답 2024년 3월 4일

풀이 이력추적관리 등록의 유효기간 등(법 제28조 제1항)
이력추적관리 등록의 유효기간은 등록한 날부터 3년으로 한다. 다만, 품목의 특성상 달리 적용할 필요가 있는 경우에는 10년의 범위에서 해양수산부령으로 유효기간을 달리 정할 수 있다.

26 수산물 유통의 관리 및 지원에 관한 법률상 이력추적관리등록을 반드시 취소하여야 하는 경우를 서술하시오.

정답 ① 거짓이나 그 밖의 부정한 방법으로 등록을 받은 경우
② 이력추적관리 표시 금지명령을 위반하여 계속 표시한 경우

풀이 이력추적관리등록의 취소 등(법 제30조 제1항)
해양수산부장관은 등록한 자가 다음의 어느 하나에 해당하면 그 등록을 취소하거나 6개월 이내의 기간을 정하여 이력추적관리 표시의 금지를 명할 수 있다. 다만, 1. 또는 2.에 해당하면 등록을 취소하여야 한다.
1. 거짓이나 그 밖의 부정한 방법으로 등록을 받은 경우
2. 이력추적관리 표시 금지명령을 위반하여 표시한 경우
3. 이력추적관리 등록변경신고를 하지 아니한 경우
4. 표시방법을 위반한 경우
5. 입고·출고 및 관리 내용의 기록 및 보관을 하지 아니한 경우
6. 정당한 사유 없이 자료제출 요구를 거부한 경우

27 농수산물 품질관리법령상 지리적 특성을 가진 우수 수산물 및 가공품의 품질 향상과 지역특화 산업으로 육성 및 소비자보호를 목적으로 실시하는 제도는?

정답 지리적표시 등록제도

풀이 **지리적표시의 등록(법 제32조 제1항)**
농림축산식품부장관 또는 해양수산부장관은 지리적 특성을 가진 농수산물 또는 농수산가공품의 품질 향상과 지역특화산업 육성 및 소비자 보호를 위하여 지리적표시의 등록 제도를 실시한다.

28 농수산물 품질관리법령상 지리적표시와 관련되는 법을 [보기]에서 모두 골라 답란에 쓰시오.

┌─ 보기 ───┐
  상표법, 종자산업법, 식물신품종 보호법, 인삼산업법, 관세법, 연안관리법
└──┘

정답 상표법, 종자산업법, 식물신품종 보호법, 인삼산업법, 연안관리법

풀이 법 제34조에 상표법, 종자산업법, 식물신품종 보호법, 인삼산업법, 시행령 제12조에 연안관리법 등이 관련되어 있다.

29 농수산물 품질관리법령상 지리적표시 등록이 이루어지는 절차를 순서대로 나열하시오.

┌──┐
  지리적표시 등록 신청, 등록신청 공고, 심의회 심사, 등록
└──┘

정답 지리적표시 등록 신청 → 심의회 심사 → 등록신청 공고 → 등록

풀이 **지리적표시의 등록(법 제32조 제4항)**
농림축산식품부장관 또는 해양수산부장관은 등록 신청을 받으면 지리적표시 등록심의 분과위원회의 심의를 거쳐 등록거절 사유가 없는 경우 지리적표시 등록 신청 공고결정을 하여야 한다. 이 경우 농림축산식품부장관 또는 해양수산부장관은 신청된 지리적표시가 상표법에 따른 타인의 상표(지리적표시 단체표장을 포함)에 저촉되는지에 대하여 미리 특허청장의 의견을 들어야 한다.

30 농수산물 품질관리법령상 지리적표시 등록 후 그 중요 사항이 변경되었을 경우 변경신청을 하여야 한다. 중요 사항에 해당되는 것을 [보기]에서 모두 골라 답란에 쓰시오.

┌ 보기 ┤
등록자, 자체품질기준 중 제품생산기준, 지리적표시품 품질관리계획, 지리적표시 대상지역의 범위

정답 등록자, 자체품질기준 중 제품생산기준, 지리적표시 대상지역의 범위

풀이 **지리적표시의 등록 및 변경(시행규칙 제56조 제3항)**
지리적표시로 등록한 사항 중 다음의 어느 하나의 사항을 변경하려는 자는 지리적표시 등록(변경)신청서에 변경사유 및 증거자료를 첨부하여 농산물은 국립농산물품질관리원장, 임산물은 산림청장, 수산물은 국립수산물품질관리원장에게 각각 제출하여야 한다.
1. 등록자
2. 지리적표시 대상지역의 범위
3. 자체품질기준 중 제품생산기준, 원료생산기준 또는 가공기준

31 농수산물 품질관리법령상 국립수산물품질관리원장이 지리적표시의 등록신청공고를 할 때 그 공고내용에 포함시켜야 할 사항을 [보기]에서 모두 골라 답란에 쓰시오.

┌ 보기 ┤
• 등록일 및 등록번호
• 등록자의 자체품질기준
• 지리적표시 대상지역의 범위
• 품질의 특성과 지리적 요인과의 관계
• 지리적표시 등록신청인의 사업자등록번호

정답 등록일 및 등록번호, 등록자의 자체품질기준, 지리적표시 대상지역의 범위, 품질의 특성과 지리적 요인과의 관계

풀이 **지리적표시의 등록공고 등(시행규칙 제58조 제1항)**
국립농산물품질관리원장, 국립수산물품질관리원장 또는 산림청장은 지리적표시의 등록을 결정한 경우에는 다음의 사항을 공고하여야 한다.
1. 등록일 및 등록번호
2. 지리적표시 등록자의 성명, 주소(법인의 경우에는 그 명칭 및 영업소의 소재지) 및 전화번호
3. 지리적표시 등록 대상품목 및 등록명칭
4. 지리적표시 대상지역의 범위
5. 품질의 특성과 지리적 요인의 관계
6. 등록자의 자체품질기준 및 품질관리계획서

32 다음은 농수산물 품질관리법령상 지리적 특성을 가진 우수 수산물 및 그 가공품에 대한 지리적 표시의 등록제도에 관하여 설명한 것이다. 옳으면 ○, 틀리면 ×를 괄호 안에 표시하시오.

① 지리적표시의 대상지역의 범위는 해당 품목의 특성에 영향을 주는 지리적 특성, 서식지 및 어획·채취의 환경이 동일한 연안해역에 따라 구획한다. ( )

② 지리적 특성을 가진 우수 수산물 및 그 가공품의 품질보증과 지역특화산업 육성 및 생산자 보호를 위하여 지리적표시의 등록제도를 실시한다. ( )

③ 지리적표시를 하고자 하는 때에는 지리적특산품의 표지 및 표시사항을 스티커로 제작하여 포장·용기의 표면 등에 부착하여야 하며 포장·용기의 표면 등에 인쇄하여서는 아니 된다. ( )

④ 누구든지 지리적표시의 등록신청 공고에 이의가 있을 때에는 지리적표시의 등록신청 공고일로부터 15일 이내에 이의신청을 할 수 있다. ( )

정답 ① ○, ② ×, ③ ×, ④ ×

풀이 ① 지리적표시의 대상지역(시행령 제12조 제2호)
② 농림축산식품부장관 또는 해양수산부장관은 지리적 특성을 가진 농수산물 또는 농수산가공품의 품질 향상과 지역특화산업 육성 및 소비자 보호를 위하여 지리적표시의 등록 제도를 실시한다(법 제32조 제1항).
③ 지리적표시권자가 그 표시를 하려면 지리적표시품의 포장·용기의 겉면 등에 등록 명칭을 표시하여야 하며, 지리적표시품의 표시를 하여야 한다. 다만, 포장하지 아니하고 판매하거나 낱개로 판매하는 경우에는 대상품목에 스티커를 부착하거나 표지판 또는 푯말로 표시할 수 있다(시행규칙 제60조).
④ 농림축산식품부장관 또는 해양수산부장관은 지리적표시의 등록 또는 중요 사항의 변경등록 신청을 받으면 그 신청을 받은 날부터 30일 이내에 지리적표시 분과위원회에 심의를 요청하여야 한다(시행령 제14조 제1항).

33 B지역에서 양식장어를 생산하는 홍길동이 "B장어"로 지리적표시의 등록을 받은 후 그 가공품인 "장어즙"을 지리적 특산품으로 표시하고자 한다. 농수산물 품질관리법령이 규정한 지리적 특산품의 표시방법에 의한 표시사항에 해당되는 것을 쓰시오.

정답 등록 명칭(영문등록 명칭), 지리적표시관리기관 명칭, 생산자, 주소(전화)

풀이 지리적 표시품의 표시 − 표시사항(농수산물 품질관리법 시행규칙 [별표 15])

	등록 명칭 : (영문등록 명칭)
	지리적표시관리기관 명칭, 지리적표시 등록 제 호
	생산자(등록법인의 명칭) :
	주소(전화) :
이 상품은 농수산물 품질관리법에 따라 지리적표시가 보호되는 제품입니다.	

34 다음은 지리적표시의 등록거절 사유의 세부기준이다. 다음 괄호 안에 알맞은 내용을 순서대로 쓰시오.

---

① 해당 품목이 지리적표시 대상지역에서만 생산된 농수산물이 아니거나 이를 주원료로 하여 해당 지역에서 (   )된 품목이 아닌 경우
② 해당 품목의 (   )이 국내나 국외에서 널리 알려지지 않은 경우
③ 해당 품목이 지리적표시 대상지역에서 생산된 (   )가 깊지 않은 경우
④ 해당 품목의 명성·품질 또는 그 밖의 특성이 (   )으로 특정지역의 생산환경적 요인이나 인적 요인에 기인하지 않는 경우
⑤ 그 밖에 해양수산부장관이 지리적표시 등록에 필요하다고 인정하여 정하는 기준에 적합하지 않은 경우

정답 ① 가공, ② 우수성, ③ 역사, ④ 본질적

풀이 지리적표시의 등록거절 사유의 세부기준(농수산물 품질관리법 시행령 제15조)
지리적표시 등록거절 사유의 세부기준은 다음과 같다.
1. 해당 품목이 농수산물인 경우에는 지리적표시 대상지역에서만 생산된 것이 아닌 경우
2. 해당 품목이 농수산가공품인 경우에는 지리적표시 대상지역에서만 생산된 농수산물을 주원료로 하여 해당 지리적표시 대상지역에서 가공된 것이 아닌 경우
3. 해당 품목의 우수성이 국내 및 국외에서 모두 널리 알려지지 아니한 경우
4. 해당 품목이 지리적표시 대상지역에서 생산된 역사가 깊지 않은 경우
5. 해당 품목의 명성·품질 또는 그 밖의 특성이 본질적으로 특정지역의 생산환경적 요인과 인적 요인 모두에 기인하지 아니한 경우
6. 그 밖에 농림축산식품부장관 또는 해양수산부장관이 지리적표시 등록에 필요하다고 인정하여 고시하는 기준에 적합하지 않은 경우

35 지리적표시 지역에서 생산자단체에 가입된 A씨가 통조림을 생산하여 지리적표시 등록을 신청하였으나 거절당했다. 이유를 쓰시오.

정답 지리적 특성을 가진 농수산물 또는 농수산가공품을 생산하거나 제조·가공하는 자로 구성된 법인이 아니기 때문이다.

풀이 지리적표시의 등록(농수산물 품질관리법 제32조 제2항)
지리적표시의 등록은 특정지역에서 지리적 특성을 가진 농수산물 또는 농수산가공품을 생산하거나 제조·가공하는 자로 구성된 법인만 신청할 수 있다. 다만, 지리적 특성을 가진 농수산물 또는 농수산가공품의 생산자 또는 가공업자가 1인인 경우에는 법인이 아니라도 등록신청을 할 수 있다.
※ 지리적표시는 반드시 지리적 명칭(특정한 지역, 지방, 산, 하천 등의 명칭)이어야 하며, 지리적 명칭과 관련이 없는 브랜드는 상표로는 가능하나 지리적표시의 대상은 아니다.

36 농수산물 품질관리법령상 생산이 곤란한 사유가 발생했을 때 1차 위반 시 행정처분의 내용을 괄호 안에 쓰시오.

> ① 지리적표시품 생산계획의 이행이 곤란하다고 인정되는 경우 : (   )
> ② 해당 표준규격품의 생산이 곤란한 사유가 발생한 경우 : (   )
> ③ 품질인증품의 생산이 곤란하다고 인정되는 사유가 발생한 경우 : (   )

정답 ① 등록취소, ② 표시정지 6개월, ③ 인증취소

풀이 **시정명령 등의 처분기준 – 개별기준(시행령 [별표 1])**
　① 지리적표시품 생산계획의 이행이 곤란하다고 인정되는 경우(1차 위반 시) : 등록취소(제2호 제바목 제1단)
　② 표준규격품의 생산이 곤란한 사유가 발생한 경우(1차 위반 시) : 표시정지 6개월(제2호 제가목 제3단)
　③ 품질인증품의 생산이 곤란하다고 인정되는 사유가 발생한 경우(1차 위반 시) : 인증취소(제2호 제라목 제4단)

37 표준규격이 아닌 포장재에 표준규격품의 표시를 하여 1차 위반한 경우 행정처분기준을 쓰시오.

정답 시정명령

풀이 **시정명령 등의 처분기준 – 표준규격품(농수산물 품질관리법 시행령 [별표 1])**

위반행위	행정처분 기준		
	1차 위반	2차 위반	3차 위반
1) 표준규격품 의무표시사항이 누락된 경우	시정명령	표시정지 1개월	표시정지 3개월
2) 표준규격이 아닌 포장재에 표준규격품의 표시를 한 경우	시정명령	표시정지 1개월	표시정지 3개월
3) 표준규격품의 생산이 곤란한 사유가 발생한 경우	표시정지 6개월	–	–
4) 내용물과 다르게 거짓표시나 과장된 표시를 한 경우	표시정지 1개월	표시정지 3개월	표시정지 6개월

38 품질인증을 받지 아니한 제품을 품질인증품으로 표시를 하여 1차 위반한 경우 행정처분기준을 쓰시오.

정답 인증취소

풀이 시정명령 등의 처분기준 – 품질인증품(농수산물 품질관리법 시행령 [별표 1])

위반행위	행정처분 기준		
	1차 위반	2차 위반	3차 위반
1) 의무표시사항이 누락된 경우	시정명령	표시정지 1개월	표시정지 3개월
2) 품질인증을 받지 아니한 제품을 품질인증품으로 표시한 경우	인증취소	–	–
3) 품질인증기준에 위반한 경우	표시정지 3개월	표시정지 6개월	–
4) 품질인증품의 생산이 곤란하다고 인정되는 사유가 발생한 경우	인증취소	–	–
5) 내용물과 다르게 거짓표시 또는 과장된 표시를 한 경우	표시정지 1개월	표시정지 3개월	인증취소

39 농수산물 품질관리법상 품질인증기관이 품질인증업무를 위반한 경우 경고, 지정취소, 업무정지 1~6개월을 처분한다. 다음 행위를 1회씩 위반 시 각각 받는 행정처분은?

① 품질인증기관의 지정 기준, 절차 및 품질인증 업무의 범위 등에 위반하여 품질인증 업무를 한 경우 （　　　）

② 다른 사람에게 자기의 성명이나 상호를 사용하여 품질인증 업무를 하게 하거나 품질인증기관지정서를 빌려준 경우 （　　　）

③ 품질인증 업무를 성실하게 수행하지 않아 공중에 위해를 끼치거나 품질인증을 위한 조사 결과를 조작한 경우 （　　　）

정답 ① 경 고
② 업무정지 3개월
③ 업무정지 1개월

풀이 품질인증기관의 지정취소 및 업무정지에 관한 세부기준 – 개별기준(시행규칙 [별표 9])

위반행위	위반횟수별 행정처분기준		
	1회 위반	2회 위반	3회 이상 위반
사. 업무범위를 위반하여 품질인증 업무를 한 경우	경 고	업무정지 1개월	업무정지 3개월
아. 다른 사람에게 자기의 성명이나 상호를 사용하여 품질인증 업무를 하게 하거나 품질인증기관지정서를 빌려준 경우	업무정지 3개월	업무정지 6개월	지정취소
자. 품질인증 업무를 성실하게 수행하지 않아 공중에 위해를 끼치거나 품질인증을 위한 조사 결과를 조작한 경우	업무정지 1개월	업무정지 3개월	업무정지 6개월

40 농수산물 품질관리법상 지리적표시품이 표시기준 또는 규격에 미달되는 경우 시정명령, 등록취소, 표시정지, 1~3개월을 처분한다. 다음 행위를 1회씩 위반 시 각각 받는 행정처분은?

① 내용물과 다르게 거짓표시나 과장된 표시를 한 경우 ( )
② 지리적표시품이 규격에 미달한 경우 ( )
③ 지리적표시품이 아닌 제품에 지리적표시를 한 경우 ( )

정답 ① 표시정지 1개월, ② 표시정지 3개월, ③ 등록취소

풀이 시정명령 등의 처분기준 – 지리적표시품(시행령 [별표 1])

위반행위	행정처분 기준		
	1차 위반	2차 위반	3차 위반
1) 지리적표시품 생산계획의 이행이 곤란하다고 인정되는 경우	등록취소	–	–
2) 등록된 지리적표시품이 아닌 제품에 지리적표시를 한 경우	등록취소	–	–
3) 지리적표시품이 등록기준에 미치지 못하게 된 경우	표시정지 3개월	등록취소	–
4) 의무표시사항이 누락된 경우	시정명령	표시정지 1개월	표시정지 3개월
5) 내용물과 다르게 거짓표시나 과장된 표시를 한 경우	표시정지 1개월	표시정지 3개월	등록취소

41 지리적표시품으로 지정받은 자가 등록기준에 미달되어 '표시정지 3월'의 행정처분을 받았다. 그 후 1년 6개월이 되는 날 같은 위반행위로 재차 행정처분을 받게 되었다. 이 경우의 처분기준을 쓰시오.

정답 표시정지 3개월

풀이 시정명령 등의 처분기준 – 일반기준(농수산물 품질관리법 시행령 [별표 1])
위반행위의 횟수에 따른 행정처분의 기준은 최근 1년간 같은 위반행위로 행정처분을 받는 경우에 적용한다. 이 경우 행정처분 기준의 적용은 같은 위반행위에 대하여 최초로 행정처분을 한 날과 다시 같은 위반행위로 적발한 날을 기준으로 한다.

42 농수산물 품질관리법령상 지리적표시의 무효심판을 청구할 수 있는 경우 2가지를 쓰시오.

정답 ① 등록거절 사유에 해당하는 경우에도 불구하고 등록된 경우
② 지리적표시 등록이 된 후에 그 지리적표시가 원산지 국가에서 보호가 중단되거나 사용되지 아니하게 된 경우

풀이 지리적표시의 무효심판(법 제43조 제1항)
지리적표시에 관한 이해관계인 또는 지리적표시 등록심의 분과위원회는 지리적표시가 다음의 어느 하나에 해당하면 무효심판을 청구할 수 있다.
1. 등록거절 사유에 해당하는 경우에도 불구하고 등록된 경우
2. 지리적표시 등록이 된 후에 그 지리적표시가 원산지 국가에서 보호가 중단되거나 사용되지 아니하게 된 경우

43 농수산물 품질관리법령상 유전자변형수산물의 표시를 해야 하는 자를 쓰시오.

정답 유전자변형수산물을 생산하여 출하하는 자, 판매하는 자, 또는 판매할 목적으로 보관·진열하는 자

풀이 유전자변형농수산물의 표시(법 제56조 제1항)
유전자변형농수산물을 생산하여 출하하는 자, 판매하는 자, 또는 판매할 목적으로 보관·진열하는 자는 대통령령으로 정하는 바에 따라 해당 수산물에 유전자변형수산물임을 표시하여야 한다.

44 농수산물 품질관리법령상 유전자변형수산물의 표시에 관한 설명이다. 옳으면 ○, 틀리면 ×를 괄호 안에 표시하시오.

① 표시대상품목은 해양수산부장관이 식용으로 적합하다고 인정하여 고시한 품목으로 한다. (   )

② 유전자변형 수산물의 표시대상품목, 표시기준 및 표시방법 등에 필요한 사항은 대통령령으로 정한다. (   )

③ 유전자변형수산물의 표시는 해당 수산물의 포장·용기의 표면 또는 판매장소 등에 하여야 한다. (   )

④ 표시기준 및 표시방법에 관한 세부사항은 식품의약품안전처장이 정하여 고시한다. (   )

정답 ① ×, ② ○, ③ ○, ④ ○

풀이 ① 유전자변형농수산물의 표시대상품목은 식품위생법에 따른 안전성 평가 결과 식품의약품안전처장이 식용으로 적합하다고 인정하여 고시한 품목으로 한다(시행령 제19조).
② 유전자변형농수산물의 표시(법 제56조 제2항)
③ 유전자변형농수산물의 표시기준 등(시행령 제20조 제2항)
④ 유전자변형농수산물의 표시기준 등(시행령 제20조 제3항)

45 농수산물 품질관리법상 유전자변형수산물의 표시기준이다. 옳으면 ○, 틀리면 ×를 괄호 안에 표시하시오.

① 유전자변형수산물을 생산하여 출하하는 자, 판매하는 자 또는 판매할 목적으로 보관·진열하는 자는 해당 수산물에 유전자변형수산물임을 표시하여야 한다. ( )

② 유전자변형수산물에는 해당 수산물이 유전자변형수산물임을 표시하거나, 유전자변형수산물이 포함되어 있음을 표시하거나, 유전자변형수산물이 포함되어 있을 가능성이 있음을 표시하여야 한다. ( )

③ 식품의약품안전처장은 유전자변형수산물인지를 판정하기 위하여 유전자변형수산물 판정 심판관을 지정하여야 한다. ( )

④ 유전자변형수산물의 표시는 해당 수산물의 포장·용기의 표면 또는 판매장소 등에 하여야 한다. ( )

⑤ 농수산물 품질관리법상 유전자변형수산물 표시대상품목을 고시하는 자는 국립수산물품질관리원장이다. ( )

정답 ① ○, ② ○, ③ ×, ④ ○, ⑤ ×

풀이 ① 유전자변형농수산물의 표시(법 제56조 제1항)
② 유전자변형농수산물의 표시기준 등(시행령 제20조 제1항)
③ 식품의약품안전처장은 유전자변형농수산물인지를 판정하기 위하여 필요한 경우 시료의 검정기관을 지정하여 고시하여야 한다(시행령 제20조 제4항).
④ 유전자변형농수산물의 표시기준 등(시행령 제20조 제2항)
⑤ 유전자변형농수산물의 표시기준 및 표시방법에 관한 세부사항은 식품의약품안전처장이 정하여 고시한다(시행령 제20조 제3항).

46 유전자변형수산물의 수거·조사에 관한 설명이다. 옳으면 ○, 틀리면 ×를 괄호 안에 표시하시오.

① 유전자변형표시 대상 수산물의 수거·조사는 업종·규모·거래품목 및 거래형태 등을 고려하여 식품의약품안전처장이 정하는 기준에 해당하는 영업소에 대하여 매년 1회 실시한다. ( )

② 국립수산물품질관리원장은 유전자변형 표시에 대한 정기 수거·조사계획을 2년마다 세워야 한다. ( )

③ 수거·조사의 방법 등에 관하여 필요한 사항은 총리령으로 정한다. ( )

④ 수산물의 유통량이 현저하게 증가하는 시기 등 필요할 때에는 수시로 수거하거나 조사하게 할 수 있다. ( )

정답 ① ○, ② ×, ③ ○, ④ ○

풀이 ① 유전자변형농수산물의 표시 등의 조사(시행령 제21조 제1항)
② 정기적인 수거·조사는 지방식품의약품안전청장이 유전자변형농수산물에 대하여 대상 업소, 수거·조사의 방법·시기·기간 및 대상품목 등을 포함하는 정기 수거·조사 계획을 매년 세우고, 이에 따라 실시한다(유전자변형농수산물의 표시 및 농수산물의 안전성조사 등에 관한 규칙 제4조).
③ 유전자변형농수산물의 표시 등의 조사(시행령 제21조 제2항)
④ 유전자변형농수산물 표시의 조사(법 제58조 제1항)

47 농수산물 품질관리법령상 식품의약품안전처장은 유전자변형수산물의 표시 또는 거짓표시 등의 금지를 위반한 자에 대하여 취할 수 있는 처분을 2가지 쓰시오.

정답 ① 유전자변형수산물 표시의 이행·변경·삭제 등 시정명령
② 유전자변형 표시를 위반한 수산물의 판매 등 거래행위의 금지

풀이 유전자변형농수산물의 표시 위반에 대한 처분(법 제59조)
① 식품의약품안전처장은 제56조(유전자변형농수산물의 표시) 또는 제57조(거짓표시 등의 금지)를 위반한 자에 대하여 다음의 어느 하나에 해당하는 처분을 할 수 있다.
   1. 유전자변형농수산물 표시의 이행·변경·삭제 등 시정명령
   2. 유전자변형 표시를 위반한 수산물의 판매 등 거래행위의 금지
② 식품의약품안전처장은 제57조를 위반한 자에게 ①에 따른 처분을 한 경우에는 처분을 받은 자에게 해당 처분을 받았다는 사실을 공표할 것을 명할 수 있다.
③ 식품의약품안전처장은 유전자변형농수산물 표시의무자가 제57조를 위반하여 ①에 따른 처분이 확정된 경우 처분내용, 해당 영업소와 수산물의 명칭 등 처분과 관련된 사항을 대통령령으로 정하는 바에 따라 인터넷 홈페이지에 공표하여야 한다.
④ ①에 따른 처분과 ②에 따른 공표명령 및 ③에 따른 인터넷 홈페이지 공표의 기준·방법 등에 필요한 사항은 대통령령으로 정한다.

48 농수산물 품질관리법령상 유전자변형수산물 표시 위반의 공표명령을 받은 자는 지체 없이 공표문을 전국을 보급지역으로 하는 1개 이상의 일반일간신문에 게재하여야 한다. 공표문의 내용에 포함되는 사항을 [보기]에서 모두 골라 답란에 쓰시오.

┌─ 보기 ───
│ 영업의 종류, 영업소의 명칭 및 주소, 수산물의 가격, 수산물의 명칭
└──

정답 영업의 종류, 영업소의 명칭 및 주소, 수산물의 명칭

풀이 공표명령의 기준·방법 등(시행령 제22조 제2항)
유전자변형농수산물 표시 위반에 대한 처분에 따라 공표명령을 받은 자는 지체 없이 다음의 사항이 포함된 공표문을 신문 등의 진흥에 관한 법률에 따라 등록한 전국을 보급지역으로 하는 1개 이상의 일반일간신문에 게재하여야 한다.
1. "농수산물 품질관리법 위반사실의 공표"라는 내용의 표제
2. 영업의 종류
3. 영업소의 명칭 및 주소
4. 농수산물의 명칭
5. 위반내용
6. 처분권자, 처분일 및 처분내용

49 농수산물 품질관리법령상 안전성조사에 관한 설명이다. 옳으면 ○, 틀리면 ×를 괄호 안에 표시하시오.

① 식품의약품안전처장은 수산물의 품질 향상과 안전한 수산물의 생산·공급을 위한 안전관리계획을 매년 수립·시행하여야 한다. ( )

② 지방식품의약품안전처장은 관할 지역에서 생산·유통되는 수산물의 안전성을 확보하기 위한 세부추진계획을 수립·시행하여야 한다. ( )

③ 안전관리계획 및 세부추진계획에는 안전성조사, 위험평가 및 잔류조사, 어업인에 대한 교육, 그 밖에 총리령으로 정하는 사항을 포함하여야 한다. ( )

④ 식품의약품안전처장은 시·도지사 및 시장·군수·구청장에게 세부추진계획 및 그 시행 결과를 보고하게 할 수 있다. ( )

정답 ① ○, ② ×, ③ ○, ④ ○

풀이 ① 안전관리계획(법 제60조 제1항)
② 시·도지사 및 시장·군수·구청장은 관할 지역에서 생산·유통되는 농수산물의 안전성을 확보하기 위한 세부추진계획을 수립·시행하여야 한다(법 제60조 제2항).
③ 안전관리계획(법 제60조 제3항)
④ 안전관리계획(법 제60조 제5항)

50 농수산물 품질관리법령상 수산물 안전성조사에 관한 설명이다. 옳으면 ○, 틀리면 ×를 괄호 안에 표시하시오.

① 안전성조사를 하는 공무원은 생산장소에 있는 수산물에 대하여 시료를 수거 및 조사하거나 해당 수산물을 생산하는 자의 관계장부 또는 서류를 열람할 수 있다. ( )

② 안전성조사를 하는 공무원이 저장장소에 있는 수산물에 대하여 시료를 수거할 때에는 그 권한을 표시하는 증표를 내보여야 한다. ( )

③ 식품의약품안전처장이나 시·도지사는 수산물의 안전관리를 위하여 수산물 또는 수산물의 생산에 이용·사용하는 어장·용수(用水)·자재 등에 대하여 안전성조사를 하여야 한다. ( )

④ 안전성조사 대상품목의 구체적인 사항은 생산량과 소비량 등을 고려하여 안전관리계획으로 정한다. ( )

정답 ① ○, ② ○, ③ ○, ④ ×

풀이 ① 출입·수거·조사 등(법 제62조 제1항)
② 출입·수거·조사 등(법 제62조 제3항)
③ 안전성조사(법 제61조 제1항)
④ 안전성조사의 대상품목은 생산량과 소비량 등을 고려하여 안전관리계획으로 정하고, 대상품목의 구체적인 사항은 식품의약품안전처장이 정한다(유전자변형농수산물의 표시 및 농수산물의 안전성조사 등에 관한 규칙 제7조).

51 다음 괄호 안에 알맞은 말을 순서대로 쓰시오.

> 안전성조사의 대상지역은 수산물의 생산장소, (①), (②), (③), 위판장 및 공판장 등으로 하되,
> 유해물질의 오염이 우려되는 장소에 대하여 우선적으로 안전성조사를 하여야 한다.

정답 ① 저장장소, ② 도매시장, ③ 집하장

풀이 안전성조사의 대상지역 등(유전자변형농수산물의 표시 및 농수산물의 안전성조사 등에 관한 규칙 제8조 제1항)
안전성조사의 대상지역은 농수산물의 생산장소, 저장장소, 도매시장, 집하장, 위판장 및 공판장 등으로 하되,
유해물질의 오염이 우려되는 장소에 대하여 우선적으로 안전성조사를 하여야 한다.
※ 안전성조사의 대상지역 등(유전자변형농수산물의 표시 및 농수산물의 안전성조사 등에 관한 규칙 제8조 제3항)
수산물 안전성조사의 대상은 단계별 특성에 따라 다음과 같이 한다.
1. 생산단계 조사 : 다음에 해당하는 것을 대상으로 할 것
   가. 저장과정을 거치지 아니하고 출하하는 수산물
   나. 수산물의 생산에 이용·사용하는 어장·용수·자재 등
2. 저장단계 조사 : 저장과정을 거치는 수산물 중 생산자가 저장하는 수산물을 대상으로 할 것
3. 출하되어 거래되기 전 단계 조사 : 수산물의 도매시장, 집하장, 위판장 또는 공판장 등에 출하되어
   거래되기 전 단계에 있는 수산물을 대상으로 할 것

52 농수산물 품질관리법상 안전성조사에서 출입·수거·조사 등에 관한 설명이다. 옳으면 ○,
틀리면 ×를 괄호 안에 표시하시오.

① 시·도지사는 안전성조사, 위험평가 또는 잔류조사를 위하여 필요하면 관계 공무원에게 시료 수거 및
조사 등을 하게 할 수 있다. 이 경우 유상으로 시료 수거를 하게 하여야 한다. ( )

② 수산물의 생산에 이용·사용되는 토양·용수·자재 등의 시료 수거, 조사 또는 열람에 관하여는 정당한
사유 없이 이를 거부·방해하거나 기피하여서는 아니 된다. ( )

③ 수산물의 생산에 이용·사용되는 토양·용수·자재 등의 시료 수거, 조사 또는 열람에 관하여는 조사의
일시, 목적, 대상 등을 조사 대상자에게 알려야 한다. 다만, 긴급한 경우나 미리 알리면 그 목적을 달성할
수 없다고 인정되는 경우에는 알리지 아니할 수 있다. ( )

정답 ① ×, ② ○, ③ ○

풀이 ① 식품의약품안전처장이나 시·도지사는 안전성조사, 위험평가 또는 같은 조 제3항에 따른 잔류조사를
위하여 필요하면 관계 공무원에게 농수산물 생산시설(생산·저장소, 생산에 이용·사용되는 자재창고,
사무소, 판매소, 그 밖에 이와 유사한 장소를 말한다)에 출입하여 시료 수거 및 조사 등을 하게 할 수
있다. 이 경우 무상으로 시료 수거를 하게 할 수 있다(법 제62조 제1항).
② 출입·수거·조사 등(법 제62조 제4항)
③ 출입·수거·조사 등(법 제62조 제2항)

53 농수산물의 안전성조사 결과 잔류허용기준 등을 초과한 농수산물의 처리방법 3가지를 쓰시오.

정답 ① 출하 연기 ② 용도 전환 ③ 폐기

풀이 안전성조사 결과에 대한 조치(유전자변형농수산물의 표시 및 농수산물의 안전성조사 등에 관한 규칙 제10조 제1항)
국립농산물품질관리원장, 국립수산물품질관리원장 또는 시·도지사는 안전성조사 결과 생산단계 안전기준
에 위반된 경우에는 해당 농수산물을 생산한 자 또는 소유한 자에게 다음의 조치를 하도록 그 처리방법
및 처리기한을 정하여 알려 주어야 한다.
1. 해당 농수산물(생산자가 저장하고 있는 농수산물을 포함)의 유해물질이 시간이 지남에 따라 분해·소실되
어 일정 기간이 지난 후에 식용으로 사용하는 데 문제가 없다고 판단되는 경우 : 해당 유해물질이 식품위생
법 등에 따른 잔류허용기준 이하로 감소하는 기간까지 출하 연기
2. 해당 농수산물의 유해물질의 분해·소실 기간이 길어 국내에 식용으로 출하할 수 없으나, 사료·공업용
원료 및 수출용 등 다른 용도로 사용할 수 있다고 판단되는 경우 : 다른 용도로 전환
3. 1. 또는 2.에 따른 방법으로 처리할 수 없는 농수산물의 경우 : 일정한 기간을 정하여 폐기

54 농수산물 품질관리법령상 안전성조사에 대한 조치 사항이다. 옳으면 ○, 틀리면 ×를 괄호
안에 표시하시오.

① 해당 수산물(생산자가 저장하고 있는 수산물을 포함)의 유해물질이 시간이 지남에 따라 분해·소실되어
일정 기간이 지난 후에 식용으로 사용하는 데 문제가 없다고 판단되는 경우 : 해당 유해물질이 식품위생법
등에 따른 잔류허용기준 이하로 감소하는 기간까지 출하 연기한다. ( )

② 해당 수산물의 유해물질의 분해·소실 기간이 길어 국내에 식용으로 출하할 수 없으나, 사료·공업용
원료 및 수출용 등 다른 용도로 사용할 수 있다고 판단되는 경우 : 일정한 기간을 정하여 폐기한다. ( )

③ 유해물질이 시간이 지남에 따라 분해·소실되어 일정 기간이 지난 후에 이용·사용하는 데에 문제가
없다고 판단되는 경우 : 해당 유해물질이 잔류허용기준 이하로 감소하는 기간까지 수산물의 생산에 해당
어장·용수·자재 등의 이용·사용을 중지시킨다. ( )

④ 객토(客土), 정화(淨化) 등의 방법으로 유해물질 제거가 가능하다고 판단되는 경우 : 해당 수산물 생산에
이용·사용되는 어장·용수·자재 등을 개량한다. ( )

정답 ① ○, ② ×, ③ ○, ④ ○

풀이 ① 안전성조사 결과에 대한 조치(유전자변형농수산물의 표시 및 농수산물의 안전성조사 등에 관한 규칙
제10조 제1항 제1호)
② 해당 농수산물의 유해물질의 분해·소실 기간이 길어 국내에 식용으로 출하할 수 없으나, 사료·공업용
원료 및 수출용 등 다른 용도로 사용할 수 있다고 판단되는 경우 : 다른 용도로 전환(유전자변형농수산물의
표시 및 농수산물의 안전성조사 등에 관한 규칙 제10조 제1항 제2호)
③ 안전성조사 결과에 대한 조치(유전자변형농수산물의 표시 및 농수산물의 안전성조사 등에 관한 규칙
제10조 제2항 제2호)
④ 안전성조사 결과에 대한 조치(유전자변형농수산물의 표시 및 농수산물의 안전성조사 등에 관한 규칙
제10조 제2항 제1호)

55 다음 괄호 안에 들어갈 알맞은 말을 쓰시오.

---

1. 해양수산부장관은 외국과의 협약을 이행하거나 외국의 일정한 위생관리기준을 지키도록 하기 위하여 수출을 목적으로 하는 수산물의 (①)·(②) 및 수산물을 생산하는 (③)의 위생관리기준을 정하여 고시한다.
2. 해양수산부장관은 국내에서 생산되는 수산물의 품질 향상과 안전한 생산·공급을 위하여 (①)단계, (②)단계 및 출하되어 거래되기 이전 단계의 과정에서 유해물질이 섞여 들어오거나 남아 있는 것 또는 수산물이 오염되는 것을 방지하는 것을 목적으로 하는 (③)을 정하여 고시한다.

정답 1. ① 생산, ② 가공시설, ③ 해역
2. ① 생산, ② 저장, ③ 위해요소중점관리기준

풀이 1. **위생관리기준(농수산물 품질관리법 제69조 제1항)**
① 해양수산부장관은 외국과의 협약을 이행하거나 외국의 일정한 위생관리기준을 지키도록 하기 위하여 수출을 목적으로 하는 수산물의 생산·가공시설 및 수산물을 생산하는 해역의 위생관리기준을 정하여 고시한다.
② 해양수산부장관은 국내에서 생산되어 소비되는 수산물의 품질 향상과 안전성 확보를 위하여 수산물의 생산·가공시설(식품위생법 또는 식품산업진흥법에 따라 허가받거나 신고 또는 등록하여야 하는 시설은 제외한다) 및 수산물을 생산하는 해역의 위생관리기준을 정하여 고시한다.
③ 해양수산부장관, 시·도지사 및 시장·군수·구청장은 수산물의 생산·가공시설을 운영하는 자 등에게 제2항에 따른 위생관리기준의 준수를 권장할 수 있다.
2. **위해요소중점관리기준(농수산물 품질관리법 제70조 제2항)**
해양수산부장관은 국내에서 생산되는 수산물의 품질 향상과 안전한 생산·공급을 위하여 생산단계, 저장단계(생산자가 저장하는 경우만 해당) 및 출하되어 거래되기 이전 단계의 과정에서 유해물질이 섞여 들어오거나 남아 있는 것 또는 수산물이 오염되는 것을 방지하는 것을 목적으로 하는 위해요소중점관리기준을 정하여 고시한다.

---

56 농수산물 품질관리법령상 위생관리 등에 관한 설명이다. 옳으면 ○, 틀리면 ×를 괄호 안에 표시하시오.

① 해양수산부장관은 위해요소중점관리기준이 효과적으로 준수되도록 하기 위하여 위해요소중점관리기준의 이행에 필요한 기술·정보를 제공하거나 교육훈련을 실시할 수 있다. ( )

② 위해요소중점관리기준 이행증명서는 국립수산물품질관리원장이 발급한다. ( )

③ 위생관리기준은 국립수산물품질관리원장이 정하여 고시한다. ( )

④ 위해요소중점관리기준은 해양수산부장관이 정하여 고시한다. ( )

정답 ① ○, ② ○, ③ ×, ④ ○

풀이 ① 위해요소중점관리기준(법 제70조 제5항)
② 위해요소중점관리기준 이행증명서의 발급(시행규칙 제85조)
③ 해양수산부장관은 외국과의 협약을 이행하거나 외국의 일정한 위생관리기준을 지키도록 하기 위하여 수출을 목적으로 하는 수산물의 생산·가공시설 및 수산물을 생산하는 해역의 위생관리기준을 정하여 고시한다(법 제69조 제1항).
④ 위해요소중점관리기준(법 제70조 제1항)

57 농수산물 품질관리법령상 위해요소중점관리기준 등에 관한 설명이다. 옳으면 ○, 틀리면 ×를 괄호 안에 표시하시오.

① 수출을 목적으로 하는 수산물 및 수산가공품에 유해물질이 섞여 들어오거나 남아 있는 것 또는 수산물 및 수산가공품이 오염되는 것을 방지하기 위하여 생산·가공 등 각 단계를 중점적으로 관리하는 위해요소중점관리기준을 정하여 고시한다.   (   )

② 국내에서 생산되는 수산물의 품질 향상과 안전한 생산·공급을 위하여 생산단계, 저장단계(생산자가 저장하는 경우만 해당) 및 출하되어 거래되기 이전 단계의 과정에서 유해물질이 섞여 들어오거나 남아 있는 것 또는 수산물이 오염되는 것을 방지하는 것을 목적으로 한다.   (   )

③ 위생관리기준 또는 위해요소중점관리기준을 이행하는 시설로 등록한 생산·가공시설 등을 운영하는 자에게 위해요소중점관리기준을 준수하도록 할 수 있다.   (   )

④ 위해요소중점관리기준이 효과적으로 준수되도록 하기 위하여 위해요소중점관리기준의 이행에 필요한 기술·정보를 제공하거나 교육훈련을 실시할 수 있는 사람은 등록을 한 자와 그 종업원이다.
                                                                                    (   )

정답 ① ○, ② ○, ③ ○, ④ ×

풀이 ① 위해요소중점관리기준(법 제70조 제1항)
② 위해요소중점관리기준(법 제70조 제2항)
③ 위해요소중점관리기준(법 제70조 제3항)
④ 해양수산부장관은 위해요소중점관리기준이 효과적으로 준수되도록 하기 위하여 등록을 한 자(그 종업원을 포함)와 등록을 하려는 자(그 종업원을 포함)에게 위해요소중점관리기준의 이행에 필요한 기술·정보를 제공하거나 교육훈련을 실시할 수 있다(법 제70조 제5항).

58 해양수산부장관이 지정해역을 지정하는 경우 잠정지정해역, 일반지정해역으로 구분하여 지정할 수 있다. 다음 괄호 안에 맞는 말을 쓰시오.

1. 잠정지정해역 : (①) 이상의 기간 동안 매월 (②) 이상 위생에 관한 조사를 하여 그 결과가 지정해역위생관리기준에 부합하는 경우
2. 일반지정해역 : (①) 이상의 기간 동안 매월 (②) 이상 위생에 관한 조사를 하여 그 결과가 지정해역위생관리기준에 부합하는 경우

정답 1. ① 1년, ② 1회
2. ① 2년 6개월, ② 1회

풀이 지정해역의 지정 등(농수산물 품질관리법 시행규칙 제86조 제4항)
해양수산부장관은 지정해역을 지정하는 경우 다음의 구분에 따라 지정할 수 있으며, 이를 지정한 경우에는 그 사실을 고시하여야 한다.
1. 잠정지정해역 : 1년 이상의 기간 동안 매월 1회 이상 위생에 관한 조사를 하여 그 결과가 지정해역위생관리기준에 부합하는 경우
2. 일반지정해역 : 2년 6개월 이상의 기간 동안 매월 1회 이상 위생에 관한 조사를 하여 그 결과가 지정해역위생관리기준에 부합하는 경우

59 농수산물 품질관리법령상 해양수산부장관은 지정해역의 보존·관리를 위한 지정해역 위생관리종합대책을 수립하기 위하여 필요하면 관계 기관의 장의 의견을 들을 수 있다. 해당 관계 기관의 장을 쓰시오.

정답 ① 해양수산부 소속 기관의 장
② 지정해역을 관할하는 지방자치단체의 장
③ 수산업협동조합법에 따른 조합 및 중앙회의 장

풀이 **지정해역 위생관리종합대책(법 제72조 제3항)**
해양수산부장관은 종합대책을 수립하기 위하여 필요하면 다음의 자(관계 기관의 장)의 의견을 들을 수 있다. 이 경우 해양수산부장관은 관계 기관의 장에게 필요한 자료의 제출을 요청할 수 있다.
1. 해양수산부 소속 기관의 장
2. 지정해역을 관할하는 지방자치단체의 장
3. 수산업협동조합법에 따른 조합 및 중앙회의 장

60 농수산물 품질관리법령상 해양수산부장관은 위생관리기준에 맞는 해역을 지정해역으로 지정하여 고시할 수 있다. 지정해역에서 수산물의 생산을 제한할 수 있는 경우를 쓰시오.

정답 ① 선박의 좌초·충돌·침몰, 그 밖에 인근에 위치한 폐기물처리시설의 장애 등으로 인하여 해양오염이 발생한 경우
② 지정해역이 일시적으로 위생관리기준에 적합하지 아니하게 된 경우
③ 강우량의 변화 등에 따른 영향으로 지정해역의 오염이 우려되어 해양수산부장관이 수산물의 생산제한이 필요하다고 인정하는 경우

풀이 **지정행역에서의 생산제한(시행령 제27조 제1항)**
지정해역에서 수산물의 생산을 제한할 수 있는 경우는 다음과 같다.
1. 선박의 좌초·충돌·침몰, 그 밖에 인근에 위치한 폐기물처리시설의 장애 등으로 인하여 해양오염이 발생한 경우
2. 지정해역이 일시적으로 위생관리기준에 적합하지 아니하게 된 경우
3. 강우량의 변화 등에 따른 영향으로 지정해역의 오염이 우려되어 해양수산부장관이 수산물의 생산제한이 필요하다고 인정하는 경우

61 농수산물 품질관리법령상 해양수산부장관은 지정해역의 보존·관리를 위한 지정해역 위생관리종합대책을 수립·시행하여야 한다. 종합대책에 포함되는 사항을 쓰시오.

정답 ① 지정해역의 보존 및 관리(오염 방지에 관한 사항을 포함)에 관한 기본방향
② 지정해역의 보존 및 관리를 위한 구체적인 추진 대책
③ 해양수산부장관이 지정해역의 보존 및 관리에 필요하다고 인정하는 사항

풀이 지정해역 위생관리종합대책(법 제72조 제2항)
종합대책에는 다음의 사항이 포함되어야 한다.
1. 지정해역의 보존 및 관리(오염 방지에 관한 사항을 포함)에 관한 기본방향
2. 지정해역의 보존 및 관리를 위한 구체적인 추진 대책
3. 그 밖에 해양수산부장관이 지정해역의 보존 및 관리에 필요하다고 인정하는 사항

62 농수산물 품질관리법령상 지정해역 및 주변해역에서의 제한 또는 금지에 관한 설명이다. 옳으면 ○, 틀리면 ×를 괄호 안에 표시하시오.

① 누구든지 지정해역 및 지정해역으로부터 1km 이내에 있는 해역(주변해역)에서 오염물질을 배출하는 행위를 하여서는 아니 된다. ( )

② 주변해역에서 양식어업을 하기 위하여 설치한 양식시설에서 오염물질을 배출하는 행위를 하여서는 아니 된다. ( )

③ 해양수산부장관은 지정해역 및 주변해역에서 수산물의 질병 또는 전염병이 발생한 경우로서 수산생물질병관리법에 따른 수산질병관리사나 수의사법에 따른 수의사의 진료에 따라 동물용 의약품을 사용하는 것을 제한하거나 금지할 수 있다. ( )

④ 주변해역에서 양식어업을 하기 위하여 설치한 양식시설에서 가축(개와 고양이를 포함)을 사육(가축을 내버려두는 경우를 포함)하는 행위를 하여서는 아니 된다. ( )

정답 ① ○, ② ○, ③ ×, ④ ○

풀이 ① 지정해역 및 주변해역에서의 제한 또는 금지(법 제73조 제1항 제1호)
② 지정해역 및 주변해역에서의 제한 또는 금지(법 제73조 제1항 제2호)
③ 해양수산부장관은 지정해역에서 생산되는 수산물의 오염을 방지하기 위하여 양식어업의 양식업권자(양식산업발전법에 따라 인가를 받아 양식업권의 이전·분할 또는 변경을 받은 자와 양식시설의 관리를 책임지고 있는 자를 포함)가 지정해역 및 주변해역 안의 해당 양식시설에서 약사법에 따른 동물용 의약품을 사용하는 행위를 제한하거나 금지할 수 있다. 다만, 지정해역 및 주변해역에서 수산물의 질병 또는 전염병이 발생한 경우로서 수산생물질병 관리법에 따른 수산질병관리사나 수의사법에 따른 수의사의 진료에 따라 동물용 의약품을 사용하는 경우에는 예외로 한다(법 제73조 제2항).
④ 지정해역 및 주변해역에서의 제한 또는 금지(법 제73조 제1항 제3호)

63 농수산물 품질관리법령상 국립수산과학원장은 지정된 지정해역에 대하여 매월 1회 이상 위생에 관한 조사를 하여야 한다. 위생조사를 한 결과 지정해역이 지정해역위생관리기준에 부합하지 아니하게 된 경우에는 지체 없이 그 사실을 누구에게 보고하거나 통지하여야 하는가?

> **정답** 해양수산부장관, 국립수산물품질관리원장 및 시·도지사

> **풀이** **지정해역의 관리 등(시행규칙 제87조)**
> ① 국립수산과학원장은 지정된 지정해역에 대하여 매월 1회 이상 위생에 관한 조사를 하여야 한다.
> ② 국립수산과학원장은 ①에 따라 위생조사를 한 결과 지정해역이 지정해역위생관리기준에 부합하지 아니하게 된 경우에는 지체 없이 그 사실을 해양수산부장관, 국립수산물품질관리원장 및 시·도지사에게 보고하거나 통지하여야 한다.
> ③ ②에 따라 보고·통지한 지정해역이 지정해역위생관리기준으로 회복된 경우에는 지체 없이 그 사실을 해양수산부장관, 국립수산물품질관리원장 및 시·도지사에게 보고하거나 통지하여야 한다.

64 농수산물 품질관리법령상 위생관리기준에 맞는 수산물의 생산·가공시설과 위해요소중점관리기준을 이행하는 시설(생산·가공시설 등)을 운영하는 자는 생산·가공시설 등을 해양수산부장관에게 등록할 수 있다. 대통령령으로 정하는 수산물 생산·가공시설 등의 등록사항을 쓰시오.

> **정답** ① 위생관리기준에 맞는 수산물의 생산·가공시설과 위해요소중점관리기준을 이행하는 시설(생산·가공시설 등)의 명칭 및 소재지
> ② 생산·가공시설 등의 대표자 성명 및 주소
> ③ 생산·가공품의 종류

> **풀이** **수산물 생산·가공시설 등의 등록사항 등(시행령 제24조)**
> "대통령령으로 정하는 사항"이란 다음의 사항을 말한다.
> ① 위생관리기준에 맞는 수산물의 생산·가공시설과 위해요소중점관리기준을 이행하는 시설(생산·가공시설 등)의 명칭 및 소재지
> ② 생산·가공시설 등의 대표자 성명 및 주소
> ③ 생산·가공품의 종류

65 농수산물 품질관리법령상 수산물 생산ㆍ가공시설 등의 등록사항을 변경신고하려는 경우에는 생산ㆍ가공시설등록변경신고서 또는 위해요소중점관리기준 이행시설 등록 변경신고서에 규정에 해당하는 서류를 첨부하여 누구에게 제출해야 하는가?

정답 국립수산물품질관리원장

풀이 수산물의 생산ㆍ가공시설 등의 등록신청 등(시행규칙 제88조 제5항)
등록사항의 변경신고를 하려는 경우에는 생산ㆍ가공시설 등록 변경신고서 또는 위해요소중점관리기준 이행시설 등록 변경신고서에 다음의 서류를 첨부하여 국립수산물품질관리원장에게 제출해야 한다.
1. 생산ㆍ가공시설 등록증 또는 위해요소중점관리기준 이행시설 등록증
2. 등록사항의 변경을 증명할 수 있는 서류

66 농수산물 품질관리법령상 생산ㆍ가공시설 등의 등록 등에 대한 설명이다. 괄호 안에 알맞은 용어를 답란에 쓰시오.

① 위생관리기준에 맞는 수산물의 생산ㆍ가공시설과 위해요소중점관리기준을 이행하는 시설(생산ㆍ가공시설 등)을 운영하는 자는 생산ㆍ가공시설 등을 (   )에게 등록할 수 있다.
② 생산ㆍ가공시설 등의 등록을 한 자는 그 생산ㆍ가공시설 등에서 생산ㆍ가공ㆍ출하하는 수산물ㆍ수산물가공품이나 그 포장에 위생관리기준에 맞는다는 사실 또는 위해요소중점관리기준을 이행한다는 사실을 표시하거나 그 사실을 (   )할 수 있다.
③ 생산ㆍ가공시설 등의 등록절차, 등록방법, 변경신고절차 등에 필요한 사항은 (   )으로 정한다.
④ 수산물의 생산ㆍ가공시설을 등록하려는 자는 생산ㆍ가공시설 등록신청서 등을 (   )에게 제출하여야 한다.

정답 ① 해양수산부장관
② 광 고
③ 해양수산부령
④ 국립수산물품질관리원장

풀이 ① 위생관리기준에 맞는 수산물의 생산ㆍ가공시설과 위해요소중점관리기준을 이행하는 시설(생산ㆍ가공시설 등)을 운영하는 자는 생산ㆍ가공시설 등을 해양수산부장관에게 등록할 수 있다(법 제74조 제1항).
② 생산ㆍ가공시설 등의 등록을 한 자(생산ㆍ가공업자 등)는 그 생산ㆍ가공시설 등에서 생산ㆍ가공ㆍ출하하는 수산물ㆍ수산물가공품이나 그 포장에 위생관리기준에 맞는다는 사실 또는 위해요소중점관리기준을 이행한다는 사실을 표시하거나 그 사실을 광고할 수 있다(법 제74조 제2항).
③ 생산ㆍ가공시설 등의 등록절차, 등록방법, 변경신고절차 등에 필요한 사항은 해양수산부령으로 정한다(법 제74조 제5항).
④ 수산물의 생산ㆍ가공시설을 등록하려는 자는 생산ㆍ가공시설 등록신청서에 필요한 서류를 첨부하여 국립수산물품질관리원장에게 제출해야 한다(시행규칙 제88조 제1항).

67 농수산물 품질관리법령상 위생관리기준에 맞는 수산물의 생산·가공시설을 등록하려는 자는 생산·가공시설 등록신청서에 부속서류를 첨부하여 국립수산물품질관리원장에게 제출해야 한다. 첨부할 서류의 번호를 답란에 쓰시오.

---

① 위해요소중점관리기준의 이행계획서(외국과의 협약에 규정되어있거나 수출상대국에서 정하여 요청하는 경우)
② 위해요소중점관리기준 이행시설의 구조 및 설비에 관한 도면
③ 생산·가공시설의 구조 및 설비에 관한 도면
④ 생산·가공시설에서 생산·가공되는 제품의 제조공정도

정답 ①, ③, ④

풀이 **수산물의 생산·가공시설 등의 등록신청 등(시행규칙 제88조 제1항)**
수산물의 생산·가공시설을 등록하려는 자는 생산·가공시설 등록신청서에 다음의 서류를 첨부하여 국립수산물품질관리원장에게 제출해야 한다. 다만, 양식시설의 경우에는 7.의 서류만 제출한다.
1. 생산·가공시설의 구조 및 설비에 관한 도면
2. 생산·가공시설에서 생산·가공되는 제품의 제조공정도
3. 생산·가공시설의 용수배관 배치도
4. 위해요소중점관리기준의 이행계획서(외국과의 협약에 규정되어 있거나 수출상대국에서 정하여 요청하는 경우만 해당)
5. 다음의 구분에 따른 생산·가공용수에 대한 수질검사성적서(생산·가공시설 중 선박 또는 보관시설은 제외)
   가. 유럽연합에 등록하게 되는 생산·가공시설 : 수산물 생산·가공시설의 위생관리기준(시설위생관리기준)의 수질검사항목이 포함된 수질검사성적서
   나. 그 밖의 생산·가공시설 : 먹는물수질기준 및 검사 등에 관한 규칙에 따른 수질검사성적서
6. 선박의 시설배치도(유럽연합에 등록하게 되는 생산·가공시설 중 선박만 해당)
7. 어업의 면허·허가·신고, 수산물가공업의 등록·신고, 식품위생법에 따른 영업의 허가·신고, 공판장·도매시장 등의 개설 허가 등에 관한 증명서류(면허·허가·등록·신고의 대상이 아닌 생산·가공시설은 제외)

68 농수산물 품질관리법령상 위생관리기준에 맞는 수산물의 양식시설을 등록하려는 자가 첨부하여야 할 서류로 옳은 것의 번호를 답란에 쓰시오.

① 어업의 면허 증명서류
② 수산물가공업의 등록 증명서류
③ 영업의 허가 증명서류
④ 수질검사성적서 증명서류

정답 ①, ②, ③

풀이 수산물의 생산·가공시설 등의 등록신청 등(시행규칙 제88조 제1항 제7호)
어업의 면허·허가·신고, 수산물가공업의 등록·신고, 식품위생법에 따른 영업의 허가·신고, 공판장·도매시장 등의 개설 허가 등에 관한 증명서류(면허·허가·등록·신고의 대상이 아닌 생산·가공시설은 제외)

69 농수산물 품질관리법상 위해요소중점관리기준을 이행하는 시설을 등록하려는 자가 위해요소중점관리기준 이행시설 등록신청서에 첨부하여야 할 서류로 옳은 것의 번호를 답란에 쓰시오.

① 위해요소중점관리기준 이행시설의 구조 및 설비에 관한 도면
② 생산·가공시설의 용수배관 배치도
③ 위해요소중점관리기준 이행계획서
④ 공판장·도매시장 등의 개설허가 등에 관한 증명서류

정답 ①, ③, ④

풀이 수산물의 생산·가공시설 등의 등록신청 등(시행규칙 제88조 제2항)
위해요소중점관리기준을 이행하는 시설(위해요소중점관리기준 이행시설)을 등록하려는 자는 위해요소중점관리기준 이행시설 등록신청서에 다음의 서류를 첨부하여 국립수산물품질관리원장에게 제출해야 한다.
1. 위해요소중점관리기준 이행시설의 구조 및 설비에 관한 도면
2. 위해요소중점관리기준 이행시설에서 생산·가공되는 수산물·수산가공품의 생산·가공 공정도
3. 위해요소중점관리기준 이행계획서
4. 어업의 면허·허가·신고, 수산물가공업의 등록·신고, 식품위생법에 따른 영업의 허가·신고, 공판장·도매시장 등의 개설허가 등에 관한 증명서류(면허·허가·등록·신고의 대상이 아닌 위해요소중점관리기준 이행시설은 제외)

70 농수산물 품질관리법상 조사·점검 등에 대한 설명이다. 옳으면 ○, 틀리면 ×를 괄호 안에 표시하시오.

① 해양수산부장관은 지정해역으로 지정하기 위한 해역과 지정해역으로 지정된 해역이 위생관리기준에 맞는지를 조사·점검하여야 한다. ( )

② 해양수산부장관은 생산·가공시설 등이 위생관리기준과 위해요소중점관리기준에 맞는지를 조사·점검하여야 한다. 이 경우 그 조사·점검 주기는 대통령령으로 정한다. ( )

③ 생산·가공시설 등에 대한 조사·점검주기는 1년에 2회 이상으로 한다. ( )

④ 국립수산과학원장은 조사·점검결과를 종합하여 다음 연도 2월 말일까지 해양수산부장관에게 보고하여야 한다. ( )

정답 ① ○, ② ○, ③ ×, ④ ○

풀이 ① 조사·점검(법 제76조 제1항)
② 조사·점검(법 제76조 제2항)
③ 생산·가공시설 등에 대한 조사·점검주기는 2년에 1회 이상으로 한다(시행령 제25조 제1항).
④ 조사·점검(시행규칙 제90조 제1항)

71 농수산물 품질관리법상 조사·점검 등에 대한 설명이다. 옳으면 ○, 틀리면 ×를 괄호 안에 표시하시오.

① 해양수산부장관은 조사·점검을 위하여 필요한 경우에는 관계 공무원에게 해당 영업장소, 사무소, 창고, 선박, 양식시설 등에 출입하여 관계 장부 또는 서류의 열람, 시설·장비 등에 대한 점검을 하거나 필요한 최소량의 시료를 수거하게 할 수 있다. ( )

② 조사·점검에는 오염물질의 배출, 가축의 사육행위 및 동물용 의약품의 사용 여부의 확인·조사 등이 포함된다. ( )

③ 열람·점검 또는 수거에 관하여는 정당한 사유 없이 이를 거부·방해하거나 기피하여서는 아니 된다. ( )

④ 열람·점검 또는 수거시 그 목적을 달성하기 위하여 점검이나 조사의 일시, 목적, 대상 등을 알리지 않아도 된다. ( )

정답 ① ○, ② ○, ③ ○, ④ ×

풀이 ① 조사·점검(법 제76조 제4항 제1호)
② 조사·점검(법 제76조 제4항 제2호)
③ 조사·점검(법 제76조 제5항 – 법 제13조 제2항)
④ 점검이나 조사를 할 때에는 미리 점검이나 조사의 일시, 목적, 대상 등을 점검 또는 조사 대상자에게 알려야 한다. 다만, 긴급한 경우나 미리 알리면 그 목적을 달성할 수 없다고 인정되는 경우에는 알리지 아니할 수 있다(법 제76조 제5항 – 법 제13조 제3항).

72 농수산물 품질관리법령상 국립수산물품질관리원장 또는 시·도지사(조사·점검기관의 장)는 생산·가공시설과 위해요소중점관리기준 이행시설(생산·가공시설 등)의 대표자로 하여금 위생관리에 관한 사항 등을 보고하게 할 수 있다. 보고하여야 할 내용 2가지를 쓰시오.

정답 ① 수산물의 생산·가공시설 등에 대한 생산·원료입하·제조 및 가공 등에 관한 사항
② 생산·가공시설 등의 중지·개선·보수명령 등의 이행에 관한 사항

풀이 위생관리에 관한 사항 등의 보고(시행규칙 제89조)
국립수산물품질관리원장 또는 시·도지사(조사·점검기관의 장)는 다음의 사항을 생산·가공시설과 위해요소중점관리기준 이행시설(생산·가공시설 등)의 대표자로 하여금 보고하게 할 수 있다.
1. 수산물의 생산·가공시설 등에 대한 생산·원료입하·제조 및 가공 등에 관한 사항
2. 생산·가공시설 등의 중지·개선·보수명령 등의 이행에 관한 사항

73 농수산물 품질관리법령상 조사·점검 등에 대한 설명이다. 옳으면 ○, 틀리면 ×를 괄호 안에 표시하시오.

① 생산·가공시설 등을 조사·점검하는 경우 국립수산물품질관리원장은 수산물검사관이 조사·점검하게 해야 한다. ( )

② 시·도지사는 국립수산물품질관리원장 또는 국립수산과학원장이 실시하는 위해요소중점관리기준에 관한 교육을 1주 이상 이수한 관계 공무원이 조사·점검하게 해야 한다. ( )

③ 해양수산부장관은 식품위생법 및 축산물위생관리법 등 식품 관련 법령의 조사·점검 대상이 되는 경우 해당 관계 행정기관의 장에게 공동으로 조사·점검할 것을 요청할 수 있다. ( )

④ 공동 조사·점검의 요청방법 등에 필요한 사항은 대통령령으로 정한다. ( )

정답 ① ○, ② ○, ③ ○, ④ ○

풀이 조사·점검(법 제76조 제7항)
해양수산부장관은 생산·가공시설 등이 다음의 요건을 모두 갖춘 경우 생산·가공업자 등의 요청에 따라 해당 관계 행정기관의 장에게 공동으로 조사·점검할 것을 요청할 수 있다.
1. 식품위생법 및 축산물위생관리법 등 식품 관련 법령의 조사·점검 대상이 되는 경우
2. 유사한 목적으로 6개월 이내에 2회 이상 조사·점검의 대상이 되는 경우. 다만, 외국과의 협약사항 또는 시정조치의 이행 여부를 조사·점검하는 경우와 위법사항에 대한 신고·제보를 받거나 그에 대한 정보를 입수하여 조사·점검하는 경우는 제외한다.

74 농수산물 품질관리법령상 해양수산부장관은 생산·가공시설 등이나 생산·가공업자 등이 법에 위반할 경우 생산·가공·출하·운반의 시정·제한·중지 명령, 생산·가공시설 등의 개선·보수 명령 또는 등록 취소를 할 수 있다. 등록취소를 반드시 해야하는 경우를 쓰시오.

정답 거짓이나 그 밖의 부정한 방법으로 등록을 한 경우

풀이 생산·가공의 중지 등(법 제78조 제1항)
해양수산부장관은 생산·가공시설 등이나 생산·가공업자 등이 다음의 어느 하나에 해당하면 대통령령으로 정하는 바에 따라 생산·가공·출하·운반의 시정·제한·중지 명령, 생산·가공시설 등의 개선·보수 명령 또는 등록취소를 할 수 있다. 다만, 1.에 해당하면 그 등록을 취소하여야 한다.
1. 거짓이나 그 밖의 부정한 방법으로 등록을 한 경우
2. 위생관리기준에 맞지 아니한 경우
3. 위해요소중점관리기준을 이행하지 아니하거나 불성실하게 이행하는 경우
4. 조사·점검 등을 거부·방해 또는 기피하는 경우
5. 생산·가공시설 등에서 생산된 수산물 및 수산가공품에서 유해물질이 검출된 경우
6. 생산·가공·출하·운반의 시정·제한·중지 명령이나 생산·가공시설 등의 개선·보수 명령을 받고 그 명령에 따르지 아니하는 경우
7. 생산·가공업자 등이 부가가치세법에 따라 관할 세무서장에게 폐업 신고를 하거나 관할 세무서장이 사업자등록을 말소한 경우

75 농수산물 품질관리법 제78조(생산·가공의 중지 등)에 따른 생산·가공·출하·운반의 시정·제한·중지 명령, 생산·가공시설 등의 개선·보수명령(중지·개선·보수명령 등) 및 등록취소의 기준이다. 위생관리기준에 적합하지 않은 경우 다음 1차 행위 위반 시 행정처분은?

---

① 위생관리기준에 중대하게 미달되어 수산물 및 수산가공품의 품질수준의 유지에 영향을 줄 우려가
　 있다고 인정되는 경우　　　　　　　　　　　　　　　　　　　　　　　　　　　　　　　 (　　　)
② 위생관리기준에 경미하게 미달되나 수산물 및 수산가공품의 품질수준의 유지에 영향을 줄 우려가
　 있다고 인정되는 경우　　　　　　　　　　　　　　　　　　　　　　　　　　　　　　　 (　　　)

정답 ① 생산·가공·출하·운반의 제한·중지 명령 또는 생산·가공시설 등의 개선·보수명령
　　　 ② 생산·가공·출하·운반의 시정명령 또는 생산·가공시설 등의 개선·보수명령

풀이 중지·개선·보수명령 등 및 등록취소의 기준 – 개별기준(시행령 [별표 2])

위반행위	행정처분 기준		
	1차 위반	2차 위반	3차 이상 위반
가. 위생관리기준에 맞지 않는 경우			
1) 위생관리기준에 중대하게 미달되는 경우	생산·가공·출하·운반의 시정명령 또는 생산·가공시설 등의 개선·보수 명령	등록취소	–
2) 위생관리기준에 경미하게 미달되어 수산물 및 수산가공품의 품질수준의 유지에 영향을 줄 우려가 있다고 인정되는 경우	생산·가공·출하·운반의 시정명령 또는 생산·가공시설 등의 개선·보수 명령	생산·가공·출하·운반의 제한·중지 명령	등록취소

76 농수산물 품질관리법 제78조(생산·가공의 중지 등)에 따른 생산·가공·출하·운반의 시정·제한·중지 명령, 생산·가공시설 등의 개선·보수명령(중지·개선·보수명령 등) 및 등록취소의 기준이다. 위해요소중점관리기준을 이행하지 않거나 불성실하게 이행하는 경우 다음 1차 행위 위반 시 행정처분은?

| ① 이행하지 않는 경우 | (|) |
| ② 불성실하게 이행하는 경우 | (|) |

정답 ① 생산·가공·출하·운반의 제한·중지 명령
② 생산·가공·출하·운반의 시정명령

풀이 중지·개선·보수명령 등 및 등록취소의 기준 - 개별기준(시행령 [별표 2])

위반행위	행정처분 기준		
	1차 위반	2차 위반	3차 이상 위반
나. 위해요소중점관리기준을 이행하지 않거나 불성실하게 이행하는 경우			
1) 이행하지 않는 경우	생산·가공·출하·운반의 제한·중지 명령	등록취소	–
2) 불성실하게 이행하는 경우	생산·가공·출하·운반의 시정명령	생산·가공·출하·운반의 제한·중지 명령	등록취소

77 농수산물 품질관리법 제78조(생산·가공의 중지 등)에 따른 생산·가공·출하·운반의 시정·제한·중지 명령, 생산·가공시설 등의 개선·보수명령(중지·개선·보수명령 등) 및 등록취소의 기준이다. 위해요소중점관리기준을 이행하는 시설에서 생산된 수산물 및 수산가공품에서 유해물질이 검출된 경우 다음 1차 행위 위반 시 행정처분은?

① 시정이 가능한 위해물이 발견된 경우   (   )
② 시정이 불가능한 위해물이 발견된 경우   (   )

정답 ① 생산·가공·출하·운반의 시정명령
② 생산·가공·출하·운반의 제한·중지명령

풀이 중지·개선·보수명령 등 및 등록취소의 기준 – 개별기준(시행령 [별표 2])

위반행위	행정처분 기준		
	1차 위반	2차 위반	3차 이상 위반
다. 위해요소중점관리기준을 이행하는 시설에서 생산된 수산물 및 수산가공품에서 유해물질이 검출된 경우			
1) 시정이 가능한 유해물질이 발견된 경우	생산·가공·출하·운반의 시정 명령	생산·가공·출하·운반의 제한·중지 명령	등록취소
2) 시정이 불가능한 유해물질이 발견된 경우	생산·가공·출하·운반의 제한·중지 명령	등록취소	–

78 농수산물 품질관리법령상 수산물 등에 대한 검사에 대한 설명이다. 괄호 안에 올바른 용어를 답란에 쓰시오.

> ① 정부에서 수매·비축하는 수산물 및 수산가공품, 외국과의 협약이나 수출 상대국의 요청에 따라 검사가 필요한 경우로서 해양수산부장관이 정하여 고시하는 수산물 및 수산가공품은 품질 및 규격이 맞는지와 유해물질이 섞여 들어오는지 등에 관하여 (   )의 검사를 받아야 한다.
>
> ② 수산물 및 수산가공품에 대한 검사기준은 (   )이 활어패류·건제품·냉동품·염장품 등의 제품별·품목별로 검사항목, 관능검사(官能檢查)의 기준 및 정밀검사의 기준을 정하여 고시한다.
>
> ③ 해양수산부장관은 규정 외의 수산물 및 수산가공품에 대한 검사 신청이 있는 경우 검사를 하여야 한다. 다만, 검사기준이 없는 경우 등 (   )으로 정하는 경우에는 그러하지 아니한다.
>
> ④ 검사를 받은 수산물 또는 수산가공품의 포장·용기나 내용물을 바꾸려면 다시 (   )의 검사를 받아야 한다.

정답 ① 해양수산부장관, ② 국립수산물품질관리원장, ③ 해양수산부령, ④ 해양수산부장관

풀이 ① 수산물 등에 대한 검사(법 제88조 제1항)
② 수산물 등에 대한 검사기준(시행규칙 제110조)
③ 수산물 등에 대한 검사(법 제88조 제2항)
④ 수산물 등에 대한 검사(법 제88조 제3항)

79 농수산물 품질관리법령상 수산물 등에 대한 검사에 대한 설명이다. 괄호 안에 올바른 내용을 답란에 쓰시오.

① 수산물 및 수산가공품에 대한 검사신청은 검사를 받으려는 날의 (   ) 전부터 미리 신청할 수 있다.

② 미리 신청한 검사장소·검사희망일 등 주요 사항이 변경되는 경우에는 즉시 그 내용을 (   )로 신고하여야 한다.

③ 처리기간의 기산일(起算日)은 (   )일부터 산정하며, 미리 신청한 검사희망일을 연기하여 그 지연된 기간은 검사 처리기간에 산입(算入)하지 아니한다.

④ 수산물 및 수산가공품에 대한 검사의 종류에는 (   ), 관능검사, 정밀검사가 있다.

정답 ① 5일, ② 문서, ③ 검사희망, ④ 서류검사

풀이 ①, ②, ③ 수산물 등에 대한 검사신청(시행규칙 제111조 제2항)
④ 수산물 및 수산가공품에 대한 검사의 종류 및 방법(시행규칙 [별표 24])

80 수산물 및 수산가공품의 "서류검사"란 검사신청 서류를 검토하여 그 적합 여부를 판정하는 검사로서 법 제88조 제4항 각 호에 따른 수산물 및 수산가공품, 국립수산물품질관리원장이 필요하다고 인정하는 수산물 및 수산가공품을 그 대상으로 한다. 서류검사의 내용을 3가지 이상 쓰시오.

정답 ① 검사신청 서류의 완비 여부 확인
② 지정해역에서 생산하였는지 확인
③ 생산·가공시설 등이 등록되어야 하는 경우에는 등록 여부 및 행정처분이 진행 중인지 여부 등

풀이 수산물 및 수산가공품에 대한 검사의 종류 및 방법 – 서류검사(농수산물 품질관리법 시행규칙 [별표 24])
가. "서류검사"란 검사신청 서류를 검토하여 그 적합 여부를 판정하는 검사로서 다음의 수산물·수산가공품을 그 대상으로 한다.
1) 법 제88조 제4항에 따른 수산물 및 수산가공품
2) 국립수산물품질관리원장이 필요하다고 인정하는 수산물 및 수산가공품
나. 서류검사는 다음과 같이 한다.
1) 검사신청 서류의 완비 여부 확인
2) 지정해역에서 생산하였는지 확인(지정해역에서 생산되어야 하는 수산물 및 수산가공품만 해당)
3) 생산·가공시설 등이 등록되어야 하는 경우에는 등록 여부 및 행정처분이 진행 중인지 여부 등
4) 생산·가공시설 등에 대한 시설위생관리기준 및 위해요소중점관리기준에 적합한지 확인(등록시설만 해당)
5) 원양산업발전법에 따른 원양어업의 허가 여부 또는 수산식품산업의 육성 및 지원에 관한 법률 제16조에 따른 수산물가공업의 신고 여부의 확인(법 제88조 제4항 제3호에 해당하는 수산물 및 수산가공품만 해당)
6) 외국에서 검사의 일부를 생략해 줄 것을 요청하는 서류의 적정성 여부

81 '관능검사'란 오관(五官)에 의하여 그 적합 여부를 판정하는 검사로서 다음의 수산물 및 수산가공품을 그 대상으로 한다. 다음 괄호 안에 들어갈 알맞은 말을 쓰시오.

1. 법 제88조 제4항 제1호에 따른 수산물 및 수산가공품으로서 외국요구기준을 이행했는지를 확인하기 위하여 (①)·(②)·(③) 또는 규격 등의 확인이 필요한 수산물·수산가공품
2. 검사신청인이 (④)를 요구하는 수산물·수산가공품(비식용수산·수산가공품은 제외한다)
3. 정부에서 수매·비축하는 수산물·수산가공품
4. 국내에서 소비하는 수산물·수산가공품

정답 ① 품질, ② 포장재, ③ 표시사항, ④ 위생증명서

풀이 수산물 및 수산가공품에 대한 검사의 종류 및 방법 – 관능검사(농수산물 품질관리법 시행규칙 [별표 24])
'관능검사'란 오관(五官)에 의하여 그 적합 여부를 판정하는 검사로서 다음의 수산물 및 수산가공품을 그 대상으로 한다.
1) 법 제88조 제4항 제1호에 따른 수산물 및 수산가공품으로서 외국요구기준을 이행했는지를 확인하기 위하여 품질·포장재·표시사항 또는 규격 등의 확인이 필요한 수산물·수산가공품
2) 검사신청인이 위생증명서를 요구하는 수산물·수산가공품(비식용수산·수산가공품은 제외)
3) 정부에서 수매·비축하는 수산물·수산가공품
4) 국내에서 소비하는 수산물·수산가공품

82 다음 괄호 안에 들어갈 알맞은 말을 쓰시오.

수산물 및 수산가공품의 관능검사는 국립수산물품질관리원장이 (①)가 필요하다고 정한 수산물 및 수산가공품 외에는 (②)으로 한다. 무포장제품(단위중량이 일정하지 않은 것) 1톤 미만은 (③) 추출한다.

정답 ① 전수검사, ② 표본추출방법, ③ 2마리

풀이 수산물 및 수산가공품에 대한 검사의 종류 및 방법 – 관능검사(농수산물 품질관리법 시행규칙 [별표 24])
관능검사는 다음과 같이 한다.
국립수산물품질관리원장이 전수검사가 필요하다고 정한 수산물 및 수산가공품 외에는 다음의 표본추출방법으로 한다.
1) 무포장제품(단위중량이 일정하지 않은 것)

신청로트(Lot)의 크기	관능검사 채점지점(마리)	신청로트(Lot)의 크기	관능검사 채점지점(마리)
1톤 미만	2	5톤 이상～10톤 미만	5
1톤 이상～3톤 미만	3	10톤 이상～20톤 미만	6
3톤 이상～5톤 미만	4	20톤 이상	7

2) 포장제품(단위중량이 일정한 블록형의 무포장제품을 포함한다)

신청개수	추출개수	채점개수
4개 이하	1	1
5개 이상～50개 이하	3	1
51개 이상～100개 이하	5	2
101개 이상～200개 이하	7	2
201개 이상～300개 이하	9	3
301개 이상～400개 이하	11	3
401개 이상～500개 이하	13	4
501개 이상～700개 이하	15	5
701개 이상～1,000개 이하	17	5
1,001개 이상	20	6

83 수산물 및 수산가공품의 "정밀검사"란 물리적·화학적·미생물학적 방법으로 그 적합 여부를 판정하는 검사로서 다음의 수산물·수산가공품을 그 대상으로 한다. 다음 괄호 안에 들어갈 알맞은 말을 쓰시오.

① 검사신청인 또는 외국요구기준에서 (　　　)를 요구하는 수산물 및 수산가공품
② (　　　)결과 정밀검사가 필요하다고 인정되는 수산물 및 수산가공품
③ 외국요구기준에 따라 수출된 수산물 및 수산가공품에서 (　　　)이 검출된 경우 그 수산물 및 수산가공품의 생산·가공시설에서 생산·가공되는 수산물

정답　① 분석증명서, ② 관능검사, ③ 유해물질

풀이　**수산물 및 수산가공품에 대한 검사의 종류 및 방법 – 정밀검사(농수산물 품질관리법 시행규칙 [별표 24])**
"정밀검사"란 물리적·화학적·미생물학적 방법으로 그 적합 여부를 판정하는 검사로서 다음의 수산물·수산가공품을 그 대상으로 한다.
1) 검사신청인 또는 외국요구기준에서 분석증명서를 요구하는 수산물 및 수산가공품
2) 관능검사결과 정밀검사가 필요하다고 인정되는 수산물 및 수산가공품
3) 외국요구기준에 따라 수출된 수산물 및 수산가공품에서 유해물질이 검출된 경우 그 수산물 및 수산가공품의 생산·가공시설에서 생산·가공되는 수산물

84 다음 괄호 안에 들어갈 알맞은 말을 쓰시오.

수산물 및 수산가공품의 정밀검사는 외국요구기준에서 정한 검사방법이 있는 경우에는 그 방법으로 하고, 그 방법이 없을 때에는 (　①　) 제14조에 따른 (　②　)에서 정한 검사방법으로 한다.

정답　① 식품위생법, ② 식품 등의 공전

풀이　**수산물 및 수산가공품에 대한 검사의 종류 및 방법 – 정밀검사(농수산물 품질관리법 시행규칙 [별표 24])**
정밀검사는 다음과 같이 한다.
외국요구기준에서 정한 검사방법이 있는 경우에는 그 방법으로 하고, 그 방법이 없을 때에는 식품위생법에 따른 식품 등의 공전(公典)에서 정한 검사방법으로 한다.
※ **수산물 및 수산가공품에 대한 검사의 종류 및 방법 – 비고(시행규칙 [별표 24])**
　1. 법 제88조 제4항 제1호 및 제2호에 따른 수산물·수산가공품 또는 수출용으로서 살아있는 수산물에 대한 위생(건강)증명서 또는 분석증명서를 발급받기 위한 검사신청이 있는 경우에는 검사신청인이 수거한 검사시료로 정밀검사를 할 수 있다. 이 경우 검사신청인은 수거한 검사시료와 수출하는 수산물이 동일함을 증명하는 서류를 함께 제출하여야 한다.
　2. 국립수산물품질관리원장 또는 검사기관의 장은 검사신청인이 식품위생법에 따라 지정된 식품위생검사기관의 검사증명서 또는 검사성적서를 제출하는 경우에는 해당 수산물·수산가공품에 대한 정밀검사를 갈음하거나 그 검사항목을 조정하여 검사할 수 있다.

85 농수산물 품질관리법령상 수산물 지정 검사기관이 시설·장비·인력이나 조직 중 어느 하나가 지정기준에 미치지 못한 경우 1회 위반의 경우 처분기준을 쓰시오.

정답 업무정지 1개월

풀이 수산물 지정검사기관의 지정취소 및 업무정지에 관한 처분기준 – 개별기준(시행규칙 [별표 26])

위반행위	위반횟수별 처분기준		
	1회	2회	3회 이상
다. 수산물검사기관의 지정기준에 미치지 못하게 된 경우			
1) 시설·장비·인력이나 조직 중 어느 하나가 지정기준에 미치지 못한 경우	업무정지 1개월	업무정지 3개월	업무정지 6개월 또는 지정취소
2) 시설·장비·인력이나 조직 중 둘 이상이 지정기준에 미치지 못한 경우	업무정지 6개월 또는 지정취소	지정취소	–

86 농수산물 품질관리법령상 수산물 지정 검사기관이 검사를 거짓으로 한 경우 1회 위반의 경우 처분기준을 쓰시오.

정답 업무정지 3개월

풀이 검사를 거짓으로 한 경우 또는 성실하게 하지 않은 경우 처분기준(시행규칙 [별표 26])

위반행위	위반횟수별 처분기준		
	1회	2회	3회 이상
라. 검사를 거짓으로 한 경우	업무정지 3개월	업무정지 6개월 또는 지정취소	지정취소
마. 검사를 성실하게 하지 않은 경우			
1) 검사품의 재조제가 필요한 경우	경고	업무정지 3개월	업무정지 6개월 또는 지정취소
2) 검사품의 재조제가 필요하지 않은 경우	경고	업무정지 1개월	업무정지 3개월 또는 지정취소
바. 정당한 사유 없이 지정된 검사를 하지 않은 경우	경고	업무정지 1개월	업무정지 3개월 또는 지정취소

87 농수산물 품질관리법령상 수산물검사관은 검사한 결과나 재검사한 결과를 그 수산물 및 수산가 공품에 검사 결과를 표시하여야 한다. 표시하지 않아도 되는 경우를 쓰시오.

정답 살아 있는 수산물 등 성질상 표시를 할 수 없는 경우

풀이 **검사 결과의 표시(법 제93조)**
수산물검사관은 검사한 결과나 재검사한 결과 다음의 어느 하나에 해당하면 그 수산물 및 수산가공품에 검사 결과를 표시하여야 한다. 다만, 살아 있는 수산물 등 성질상 표시를 할 수 없는 경우에는 그러하지 아니하다.
1. 검사를 신청한 자(검사신청인)가 요청하는 경우
2. 정부에서 수매·비축하는 수산물 및 수산가공품인 경우
3. 해양수산부장관이 검사 결과를 표시할 필요가 있다고 인정하는 경우
4. 검사에 불합격된 수산물 및 수산가공품으로서 관계 기관에 폐기 또는 판매금지 등의 처분을 요청하여야 하는 경우

88 농수산물 품질관리법령상 수산물 또는 수산가공품의 재검사의 설명이다. 옳으면 ○, 틀리면 ×를 답란에 표시하시오.

① 검사한 결과에 불복하는 자는 그 결과를 통지받은 날부터 14일 이내에 해양수산부장관에게 재검사를 신청할 수 있다. ( )

② 재검사는 처음에 검사한 수산물검사관이 검사하게 하여야 한다. ( )

③ 수산물검사기관이 검사를 위한 시료 채취나 검사방법이 잘못되었다는 것을 인정하는 경우 재검사를 할 수 있다. ( )

④ 전문기관이 검사하여 수산물검사기관의 검사 결과와 다른 검사 결과를 제출하는 경우 재검사를 할 수 있다. ( )

정답 ① ○, ② ×, ③ ○, ④ ○

풀이 **재검사(법 제96조)**
① 검사한 결과에 불복하는 자는 그 결과를 통지받은 날부터 14일 이내에 해양수산부장관에게 재검사를 신청할 수 있다.
② ①에 따른 재검사는 다음의 어느 하나에 해당하는 경우에만 할 수 있다. 이 경우 수산물검사관의 부족 등 부득이한 경우 외에는 처음에 검사한 수산물검사관이 아닌 다른 수산물검사관이 검사하게 하여야 한다.
   1. 수산물검사기관이 검사를 위한 시료 채취나 검사방법이 잘못되었다는 것을 인정하는 경우
   2. 전문기관(해양수산부장관이 정하여 고시한 식품위생 관련 전문기관)이 검사하여 수산물검사기관의 검사 결과와 다른 검사 결과를 제출하는 경우
③ ①에 따른 재검사의 결과에 대하여는 같은 사유로 다시 재검사를 신청할 수 없다.

89 농수산물 품질관리법령상 해양수산부장관은 검사나 재검사를 받은 수산물 또는 수산가공품 검사판정을 취소할 수 있다. 반드시 검사판정을 취소해야 하는 사유를 쓰시오.

정답 거짓이나 그 밖의 부정한 방법으로 검사를 받은 사실이 확인된 경우

풀이 검사판정의 취소(법 제97조)
해양수산부장관은 검사나 재검사를 받은 수산물 또는 수산가공품이 다음의 어느 하나에 해당하면 검사판정을 취소할 수 있다. 다만, 1.에 해당하면 검사판정을 취소하여야 한다.
1. 거짓이나 그 밖의 부정한 방법으로 검사를 받은 사실이 확인된 경우
2. 검사 또는 재검사 결과의 표시 또는 검사증명서를 위조하거나 변조한 사실이 확인된 경우
3. 검사 또는 재검사를 받은 수산물 또는 수산가공품의 포장이나 내용물을 바꾼 사실이 확인된 경우

90 농수산물 품질관리법령상 수산물의 검정에 대한 설명이다. 옳으면 ○, 틀리면 ×를 답란에 표시하시오.

① 검정을 신청하려는 자는 국립수산물품질관리원장 또는 지정받은 검정기관의 장에게 검정신청서에 검정용 시료를 첨부하여 검정을 신청하여야 한다. ( )

② 해양수산부장관은 수산물의 품질·규격·성분·잔류물질 등 또는 수산물의 생산에 이용·사용하는 어장·용수·자재 등의 품위·성분 및 유해물질 등의 검정을 실시할 수 있다. ( )

③ 해양수산부장관은 검정신청을 받은 때에는 검정 인력이나 검정 장비의 부족 등 검정을 실시하기 곤란한 사유가 없으면 검정을 실시하고 신청인에게 그 결과를 통보하여야 한다. ( )

④ 국립수산물품질관리원장 또는 지정검정기관의 장은 신청인과 협의하여 검정기간을 따로 정하여 검정한다. ( )

정답 ① ○, ② ○, ③ ○, ④ ×

풀이 ① 검정절차 등(시행규칙 제125조 제1항)
② 검정(법 제98조 제1항)
③ 검정(법 제98조 제2항)
④ 국립농산물품질관리원장, 국립수산물품질관리원장 또는 지정검정기관의 장은 시료를 접수한 날부터 7일 이내에 검정을 하여야 한다. 다만, 7일 이내에 분석을 할 수 없다고 판단되는 경우에는 신청인과 협의하여 검정기간을 따로 정할 수 있다(시행규칙 제125조 제2항).

91 해양수산부장관은 수산물검사기관이 지정 취소 사유에 해당하면 그 지정을 취소하거나 6개월 이내의 기간을 정하여 검사 업무의 전부 또는 일부의 정지를 명할 수 있다. 지정 취소의 사유를 두 가지 이상 쓰시오.

> **정답** ① 거짓이나 그 밖의 부정한 방법으로 지정받은 경우
> ② 업무정지 기간 중에 검사 업무를 한 경우

> **풀이** **수산물검사기관의 지정 취소 등(법 제90조 제1항)**
> 해양수산부장관은 수산물검사기관이 다음의 어느 하나에 해당하면 그 지정을 취소하거나 6개월 이내의 기간을 정하여 검사 업무의 전부 또는 일부의 정지를 명할 수 있다. 다만, 1. 또는 2.에 해당하면 그 지정을 취소하여야 한다.
> 1. 거짓이나 그 밖의 부정한 방법으로 지정받은 경우
> 2. 업무정지 기간 중에 검사 업무를 한 경우
> 3. 수산물검사기관의 지정기준에 미치지 못하게 된 경우
> 4. 검사를 거짓으로 하거나 성실하지 아니하게 한 경우
> 5. 정당한 사유 없이 지정된 검사를 하지 아니하는 경우

92 다음 괄호 안에 알맞은 말을 순서대로 쓰시오.

> 농수산물 품질관리법상 해양수산부장관은 수산물의 거래 및 수출·수입을 원활하게 하기 위하여 수산물의 (①)·(②)·(③)·(④) 등에 대하여 검정을 실시할 수 있다.

> **정답** ① 품질, ② 규격, ③ 성분, ④ 잔류물질

> **풀이** **검정(법 제98조 제1항)**
> 농림축산식품부장관 또는 해양수산부장관은 농수산물 및 농산가공품의 거래 및 수출·수입을 원활하게 하기 위하여 다음의 검정을 실시할 수 있다. 다만, 종자산업법에 따른 종자에 대한 검정은 제외한다.
> 1. 농산물 및 농산가공품의 품위·품종·성분 및 유해물질 등
> 2. 수산물의 품질·규격·성분·잔류물질 등
> 3. 농수산물의 생산에 이용·사용하는 농지·어장·용수·자재 등의 품위·성분 및 유해물질 등

93 농수산물 품질관리법령상 수산물의 중금속 검정항목을 쓰시오.

정답 수은, 카드뮴, 구리, 납, 아연 등

풀이 검정항목 – 수산물(시행규칙 [별표 30])

구 분	검정항목
일반성분 등	수분, 회분, 지방, 조섬유, 단백질, 염분, 산가, 전분, 토사(흙, 모래), 휘발성 염기질소, 수용성추출물(단백질, 지질, 색소 등은 제외한다), 열탕 불용해 잔사물, 젤리강도(한천), 수소이온농도(pH), 당도, 히스타민, 트라이메틸아민, 아미노질소, 전질소(총질소), 비타민 A, 이산화황(SO_2), 붕산, 일산화탄소
식품첨가물	인공감미료
중금속	수은, 카드뮴, 구리, 납, 아연 등
방사능	방사능
세 균	대장균군, 생균수, 분변계대장균, 장염비브리오, 살모넬라, 리스테리아, 황색포도상구균
항생물질	옥시테트라사이클린, 옥솔린산
독 소	복어독소, 패류독소
바이러스	노로바이러스

94 농수산물 품질관리법령상 수산물의 검정결과에 따른 조치이다. 괄호 안에 알맞은 용어를 답란에 쓰시오.

- 국립수산물품질관리원장은 검정을 실시한 결과 유해물질이 검출되어 인체에 해를 끼칠 수 있다고 인정되는 경우에는 해당 수산물의 생산자·소유자에게 출하연기, (①) 또는 폐기 등의 조치를 하도록 하여야 한다.

- 해당 유해물질이 시간이 지남에 따라 분해·소실되어 일정 기간이 지난 후에 식용으로 사용하는 데 문제가 없다고 판단되는 경우에는 해당 유해물질이 식품위생법에 따른 잔류허용기준 이하로 감소하는 기간 동안 (②) 또는 판매금지한다.

- 해당 유해물질의 분해·소실기간이 길어 국내에서 식용으로 사용할 수 없으나, 사료·공업용 원료 및 수출용 등 식용 외의 다른 용도로 사용할 수 있다고 판단되는 경우에는 (③)한다.

- 해당 생산자 등은 해당 조치를 이행한 후 그 결과를 (④)에게 통보하여야 한다.

정답 ① 판매금지, ② 출하연기, ③ 국내 식용으로 판매금지, ④ 국립수산물품질관리원장

풀이 **검정결과에 따른 조치(시행규칙 제128조의2)**
① 국립농산물품질관리원장 또는 국립수산물품질관리원장은 검정을 실시한 결과 유해물질이 검출되어 인체에 해를 끼칠 수 있다고 인정되는 경우에는 해당 농수산물·농산가공품의 생산자·소유자(생산자 등)에게 다음의 조치를 하도록 그 처리방법 및 처리기한을 정하여 알려 주어야 한다. 이 경우 조치 대상은 검정신청서에 기재된 재배지 면적 또는 물량에 해당하는 농수산물·농산가공품에 한정한다.
  1. 해당 유해물질이 시간이 지남에 따라 분해·소실되어 일정 기간이 지난 후에 식용으로 사용하는 데 문제가 없다고 판단되는 경우 : 해당 유해물질이 식품위생법의 식품 또는 식품첨가물에 관한 기준 및 규격에 따른 잔류허용기준 이하로 감소하는 기간 동안 출하연기 또는 판매금지
  2. 해당 유해물질의 분해·소실기간이 길어 국내에서 식용으로 사용할 수 없으나, 사료·공업용 원료 및 수출용 등 식용 외의 다른 용도로 사용할 수 있다고 판단되는 경우 : 국내 식용으로의 판매금지
  3. 1. 또는 2.에 따른 방법으로 처리할 수 없는 경우 : 일정한 기한을 정하여 폐기
② 해당 생산자 등은 ①에 따른 조치를 이행한 후 그 결과를 국립농산물품질관리원장 또는 국립수산물품질관리원장에게 통보하여야 한다.
③ 지정검정기관의 장은 검정을 실시한 농수산물·농산가공품 중에서 유해물질이 검출되어 인체에 해를 끼칠 수 있다고 인정되는 것이 있는 경우에는 다음의 서류를 첨부하여 그 사실을 지체 없이 국립농산물품질관리원장 또는 국립수산물품질관리원장에게 통보하여야 한다. 이 경우 그 통보 사실을 해당 생산자 등에게도 동시에 알려야 한다.
  1. 검정신청서 사본 및 검정증명서 사본
  2. 조치방법 등에 관한 지정검정기관의 의견

95 농수산물의 원산지 표시 등에 관한 법률상 국산수산물의 원산지 표시방법에 대한 설명이다. 옳으면 ○, 틀리면 ×를 답란에 표시하시오.

① 포장재에 직접 인쇄하는 것을 원칙으로 하되, 지워지지 아니하는 잉크·각인·소인 등을 사용하여 표시하거나 스티커, 전자저울에 의한 라벨지 등으로도 표시할 수 있다. (   )

② 포장재에 원산지를 표시하기 어려운 경우에는 푯말, 안내표시판, 일괄 안내표시판, 상품에 붙이는 스티커 등을 이용하여 표시한다. (   )

③ 표시는 한글로 하되, 필요한 경우에는 한글 옆에 한문 또는 영문 등으로 추가하여 표시할 수 있다. (   )

④ 표시의 위치와 글자의 크기 등은 국립수산물품질관리원장이 정하는 방법에 따른다. (   )

정답 ① ○, ② ○, ③ ○, ④ ×

풀이 ①, ②, ③ 농수산물 등의 원산지 표시방법(시행규칙 [별표 1])
④ 표시대상, 표시를 하여야 할 자, 표시기준은 대통령령으로 정하고, 표시방법과 그 밖에 필요한 사항은 농림축산식품부와 해양수산부의 공동부령으로 정한다(법 제5조 제4항).

96 농수산물의 원산지 표시 등에 관한 법률상 농수산물 가공품의 원료에 대한 원산지 표시대상에서 제외되는 품목 3가지를 쓰시오.

정답 물, 식품첨가물, 주정(酒精) 및 당류

풀이 원산지의 표시대상(시행령 제3조 제2항)
농수산물 가공품의 원료에 대한 원산지 표시대상은 다음과 같다. 다만, 물, 식품첨가물, 주정(酒精) 및 당류(당류를 주원료로 하여 가공한 당류가공품을 포함)는 배합 비율의 순위와 표시대상에서 제외한다.
1. 원료 배합 비율에 따른 표시대상
   가. 사용된 원료의 배합 비율에서 한 가지 원료의 배합 비율이 98% 이상인 경우에는 그 원료
   나. 사용된 원료의 배합 비율에서 두 가지 원료의 배합 비율의 합이 98% 이상인 원료가 있는 경우에는 배합 비율이 높은 순서의 2순위까지의 원료
   다. 가. 및 나. 외의 경우에는 배합 비율이 높은 순서의 3순위까지의 원료
   라. 가.부터 다.까지의 규정에도 불구하고 김치류 및 절임류(소금으로 절이는 절임류에 한정한다)의 경우에는 다음의 구분에 따른 원료
      1) 김치류 중 고춧가루(고춧가루가 포함된 가공품을 사용하는 경우에는 그 가공품에 사용된 고춧가루를 포함한다. 이하 같다)를 사용하는 품목은 고춧가루 및 소금을 제외한 원료 중 배합 비율이 가장 높은 순서의 2순위까지의 원료와 고춧가루 및 소금
      2) 김치류 중 고춧가루를 사용하지 아니하는 품목은 소금을 제외한 원료 중 배합 비율이 가장 높은 순서의 2순위까지의 원료와 소금
      3) 절임류는 소금을 제외한 원료 중 배합 비율이 가장 높은 순서의 2순위까지의 원료와 소금. 다만, 소금을 제외한 원료 중 한 가지 원료의 배합 비율이 98% 이상인 경우에는 그 원료와 소금으로 한다.
2. 1.에 따른 표시대상 원료로서 식품 등의 표시·광고에 관한 법률에 따른 식품 등의 표시기준에서 정한 복합원재료를 사용한 경우에는 농림축산식품부장관과 해양수산부장관이 공동으로 정하여 고시하는 기준에 따른 원료

97 원산지 표시대상 및 방법에 관한 설명이다. 옳으면 ○, 틀리면 ×를 답란에 표시하시오.

① 국산으로 생산지역이 다른 동일품목의 농수산물을 혼합한 경우에는 혼합비율이 높은 순으로 2개 지역까지 지역명을 표시하거나 "국산" 또는 "국내산"으로 표시한다. ( )

② 국내 가공품에 포함된 물·식품첨가물·당류 및 식염은 배합비율의 순위에 따라 표시한다. ( )

③ 수입 수산물과 그 가공품은 농수산물 품질관리법령에 따른 원산지를 표시한다. ( )

④ 수산물 가공품의 경우 포장재에 직접 인쇄하는 것을 원칙으로 한다. ( )

정답 ① ×, ② ×, ③ ×, ④ ○

풀이 ① 국산 농수산물로서 그 생산 등을 한 지역이 각각 다른 동일 품목의 농수산물을 혼합한 경우에는 혼합 비율이 높은 순서로 3개 지역까지의 시·도명 또는 시·군·구명과 그 혼합 비율을 표시하거나 "국산", "국내산" 또는 "연근해산"으로 표시한다(시행령 [별표 1]).
② 물, 식품첨가물, 주정(酒精) 및 당류(당류를 주원료로 하여 가공한 당류가공품을 포함한다)는 배합비율의 순위와 표시대상에서 제외한다(시행령 제3조 제2항).
③ 수입 농수산물과 그 가공품(수입농수산물 등)은 대외무역법에 따른 원산지를 표시한다(시행령 [별표 1]).
④ 농수산물 가공품의 경우 포장재에 직접 인쇄하는 것을 원칙으로 하되, 지워지지 아니하는 잉크·각인·소인 등을 사용하여 표시하거나 스티커, 전자저울에 의한 라벨지 등으로도 표시할 수 있다(시행규칙 [별표 2]).

98 국내가공품의 원산지 표시방법에 대한 설명이다. 옳으면 ○, 틀리면 ×를 답란에 표시하시오.

① 원산지가 다른 동일 원료를 혼합하여 사용한 경우에는 혼합 비율이 높은 순서로 2개 국가(지역, 해역 등)까지의 원료 원산지와 그 혼합 비율을 각각 표시한다. ( )

② 원산지가 다른 동일 원료의 원산지별 혼합 비율이 변경된 경우로서 그 어느 하나의 변경의 폭이 최대 15% 이하이면 종전의 원산지별 혼합 비율이 표시된 포장재를 혼합 비율이 변경된 날부터 1년의 범위에서 사용할 수 있다. ( )

③ 사용된 원료(물, 식품첨가물, 주정 및 당류는 제외)의 원산지가 모두 국산일 경우에는 원산지를 일괄하여 "국산"이나 "국내산" 또는 "연근해산"으로 표시할 수 있다. ( )

④ 원료의 수급 사정으로 인하여 원료의 원산지 또는 혼합 비율이 자주 변경되는 경우로서 원산지가 다른 동일 원료를 사용하는 경우에는 국립농산물품질관리원장과 국립수산물품질관리원장이 공동으로 정하여 고시하는 바에 따라 원료의 원산지와 혼합 비율을 표시할 수 있다. ( )

정답 ① ○, ② ○, ③ ○, ④ ×

풀이 원산지의 표시기준 – 농수산물 가공품(농수산물의 원산지 표시 등에 관한 법률 시행령 [별표 1])
　가. 사용된 원료의 원산지를 농수산물 및 수입 농수산물과 그 가공품 및 반입 농수산물과 그 가공품의 기준에 따라 표시한다.
　나. 원산지가 다른 동일 원료를 혼합하여 사용한 경우에는 혼합 비율이 높은 순서로 2개 국가(지역, 해역 등)까지의 원료 원산지와 그 혼합 비율을 각각 표시한다.
　다. 원산지가 다른 동일 원료의 원산지별 혼합 비율이 변경된 경우로서 그 어느 하나의 변경의 폭이 최대 15% 이하이면 종전의 원산지별 혼합 비율이 표시된 포장재를 혼합 비율이 변경된 날부터 1년의 범위에서 사용할 수 있다.
　라. 사용된 원료(물, 식품첨가물, 주정 및 당류는 제외한다)의 원산지가 모두 국산일 경우에는 원산지를 일괄하여 "국산"이나 "국내산" 또는 "연근해산"으로 표시할 수 있다.
　마. 원료의 수급 사정으로 인하여 원료의 원산지 또는 혼합 비율이 자주 변경되는 경우로서 다음의 어느 하나에 해당하는 경우에는 농림축산식품부장관과 해양수산부장관이 공동으로 정하여 고시하는 바에 따라 원료의 원산지와 혼합 비율을 표시할 수 있다.
　　1) 특정 원료의 원산지나 혼합 비율이 최근 3년 이내에 연평균 3개국(회) 이상 변경되거나 최근 1년 동안에 3개국(회) 이상 변경된 경우와 최초 생산일부터 1년 이내에 3개국 이상 원산지 변경이 예상되는 신제품인 경우
　　2) 원산지가 다른 동일 원료를 사용하는 경우
　　3) 정부가 농수산물 가공품의 원료로 공급하는 수입쌀을 사용하는 경우
　　4) 그 밖에 농림축산식품부장관과 해양수산부장관이 공동으로 필요하다고 인정하여 고시하는 경우

99 원산지 표시방법에서 거짓 표시 등의 금지에 관한 설명이다. 옳으면 ○, 틀리면 ×를 답란에 표시하시오.

① 누구든지 원산지 표시를 거짓으로 하거나 이를 혼동하게 할 우려가 있는 표시를 하는 행위를 하여서는 아니 된다. ( )

② 누구든지 원산지 표시를 혼동하게 할 목적으로 그 표시를 손상·변경하는 행위를 하여서는 아니 된다. ( )

③ 원산지 표시를 한 농수산물이나 그 가공품에 원산지가 다른 동일 농수산물이나 그 가공품을 혼합하여 조리·판매·제공하는 경우에는 가능하다. ( )

④ 원산지를 위장하여 조리·판매·제공하거나, 조리하여 판매·제공할 목적으로 농수산물이나 그 가공품의 원산지 표시를 손상·변경하여 보관·진열하는 행위를 하여서는 아니 된다. ( )

정답 ① ○, ② ○, ③ ×, ④ ○

풀이 ① 거짓표시 등의 금지(법 제6조 제1항 제1호)
② 거짓표시 등의 금지(법 제6조 제1항 제2호)
③ 농수산물이나 그 가공품을 조리하여 판매·제공하는 자는 원산지 표시를 한 농수산물이나 그 가공품에 원산지가 다른 동일 농수산물이나 그 가공품을 혼합하여 조리·판매·제공하는 행위를 하여서는 아니 된다(법 제6조 제2항 제3호).
④ 거짓표시 등의 금지(법 제6조 제2항 제2호)

100 완도군에서 생산된 전복을 군산시에 있는 가공공장에서 통조림으로 가공하여 포장하였다. 이러한 경우에 농수산물의 원산지 표시 등에 관한 법률상 원산지표시 방법을 쓰시오.

정답 원산지 : 완도군

풀이 **원산지의 표시기준 – 국산 수산물(시행령 [별표 1])**
'국산'이나 '국내산' 또는 '연근해산'으로 표시한다. 다만, 양식 수산물이나 연안정착성 수산물 또는 내수면 수산물의 경우에는 해당 수산물을 생산·채취·양식·포획한 지역의 시·도명이나 시·군·구명을 표시할 수 있다.

101 농수산물의 원산지 표시 등에 관한 법률상 다음 보기에 대한 원산지표시 방법을 쓰시오.

> ┤보기├─
>
> 여수산 새우 40%, 순천산 새우 30%, 완도산 새우 20%, 고흥산 새우 10%를 혼합하여 젓갈판매점에서
> 원산지를 표시하여 판매할 경우

정답 새우(여수산 40%, 순천산 30%, 완도산 20%)

풀이 원산지의 표시기준 – 원산지가 다른 동일 품목을 혼합한 농수산물(시행령 [별표 1])
국산 농수산물로서 그 생산 등을 한 지역이 각각 다른 동일 품목의 농수산물을 혼합한 경우에는 혼합 비율이
높은 순서로 3개 지역까지의 시·도명 또는 시·군·구명과 그 혼합 비율을 표시하거나 "국산", "국내산"
또는 "연근해산"으로 표시한다.

102 국내 가공공장에서 국산 새우 55%와 중국산 새우 45%를 혼합하여 새우젓을 생산하였다. 이때
새우젓 포장재에 표시하는 원산지 표시방법을 쓰시오.

정답 새우 : 국산 55%, 중국산 45%

풀이 원산지의 표시기준 – 원산지가 다른 동일 품목을 혼합한 농수산물(시행령 [별표 1])
동일 품목의 국산 농수산물과 국산 외의 농수산물을 혼합한 경우에는 혼합 비율이 높은 순서로 3개 국가(지역,
해역 등)까지의 원산지와 그 혼합 비율을 표시한다.

103 농수산물의 원산지 표시 등에 관한 법률상 원료의 수급 사정으로 인하여 원료의 원산지 또는 혼합 비율이 자주 변경되는 경우에는 농림축산식품부장관과 해양수산부장관이 공동으로 정하여 고시하는 바에 따라 원료의 원산지와 혼합 비율을 표시할 수 있다. 이에 해당되는 경우를 두 가지 이상 쓰시오.

> **정답** ① 특정 원료의 원산지나 혼합 비율이 최근 3년 이내에 연평균 3개국(회) 이상 변경된 경우
> ② 원산지가 다른 동일 원료를 사용하는 경우
> ③ 정부가 농수산물 가공품의 원료로 공급하는 수입쌀을 사용하는 경우
> ④ 그 밖에 농림축산식품부장관과 해양수산부장관이 공동으로 필요하다고 인정하여 고시하는 경우

> **풀이** 원산지의 표시기준 – 농수산물 가공품(시행령 [별표 1])
> 원료의 수급 사정으로 인하여 원료의 원산지 또는 혼합 비율이 자주 변경되는 경우로서 다음의 어느 하나에 해당하는 경우에는 농림축산식품부장관과 해양수산부장관이 공동으로 정하여 고시하는 바에 따라 원료의 원산지와 혼합 비율을 표시할 수 있다.
> 1) 특정 원료의 원산지나 혼합 비율이 최근 3년 이내에 연평균 3개국(회) 이상 변경되거나 최근 1년 동안에 3개국(회) 이상 변경된 경우와 최초 생산일부터 1년 이내에 3개국 이상 원산지 변경이 예상되는 신제품인 경우
> 2) 원산지가 다른 동일 원료를 사용하는 경우
> 3) 정부가 농수산물 가공품의 원료로 공급하는 수입쌀을 사용하는 경우
> 4) 그 밖에 농림축산식품부장관과 해양수산부장관이 공동으로 필요하다고 인정하여 고시하는 경우

104 농수산물의 원산지 표시 등에 관한 법률상 원산지 표시 등의 조사에 관한 설명이다. 옳으면 ○, 틀리면 ×를 답란에 표시하시오.

① 농림축산식품부장관, 해양수산부장관, 관세청장, 시·도지사 또는 시장·군수·구청장은 원산지의 표시 여부·표시사항과 표시방법 등의 적정성을 확인하기 위하여 대통령령으로 정하는 바에 따라 관계 공무원으로 하여금 원산지 표시대상 농수산물이나 그 가공품을 수거하거나 조사하게 하여야 한다.　　(　)

② 시·도지사는 수거한 시료의 원산지를 판정하기 위하여 필요한 경우에는 검정기관을 지정·고시할 수 있다.　　　　　　　　　　　　　　　　　　　　　　　　　　　　　　　　　　　　　(　)

③ 수거·조사·열람을 하는 때에는 원산지의 표시대상 농수산물이나 그 가공품을 판매하거나 가공하는 자 또는 조리하여 판매·제공하는 자는 정당한 사유 없이 이를 거부·방해하거나 기피하여서는 아니 된다.　　　　　　　　　　　　　　　　　　　　　　　　　　　　　　　　　　　　(　)

④ 수거 또는 조사를 하는 관계 공무원은 그 권한을 표시하는 증표를 지니고 이를 관계인에게 내보여야 하며, 출입 시 성명·출입시간·출입목적 등이 표시된 문서를 관계인에게 교부하여야 한다.　(　)

> **정답** ① ○, ② ×, ③ ○, ④ ○

> **풀이** ① 원산지 표시 등의 조사(법 제7조 제1항)
> ② 농림축산식품부장관과 해양수산부장관은 수거한 시료의 원산지를 판정하기 위하여 필요한 경우에는 검정기관을 지정·고시할 수 있다(시행령 제6조 제2항).
> ③ 원산지 표시 등의 조사(법 제7조 제3항)
> ④ 원산지 표시 등의 조사(법 제7조 제4항)

105 농수산물의 원산지 표시 등에 관한 법률상 1년 이하의 징역이나 1천만원 이하의 벌금에 처하는 경우에 해당되는 경우를 [보기]에서 찾아 쓰시오.

┌─ 보기 ───┐
① 원산지 거짓 표시 등의 금지 규정을 위반한 경우
② 원산지 표시 등의 위반에 대한 처분 등을 이행하지 아니한 자
③ 상습으로 원산지 거짓 표시 등의 금지 규정을 위반한 경우
④ 원산지의 표시방법을 위반한 자
└──┘

정답 ②

풀이 벌칙(법 제14조, 제16조)
① 제6조(거짓 표시 등의 금지) 제1항 또는 제2항을 위반한 자는 7년 이하의 징역이나 1억원 이하의 벌금에 처하거나 이를 병과(倂科)할 수 있다.
② ①의 죄로 형을 선고받고 그 형이 확정된 후 5년 이내에 다시 제6조 제1항 또는 제2항을 위반한 자는 1년 이상 10년 이하의 징역 또는 500만원 이상 1억5천만원 이하의 벌금에 처하거나 이를 병과할 수 있다.
③ 제9조(원산지 표시 등의 위반에 대한 처분 등) 제1항에 따른 처분을 이행하지 아니한 자는 1년 이하의 징역이나 1천만원 이하의 벌금에 처한다.

양벌규정(법 제17조)
법인의 대표자나 법인 또는 개인의 대리인, 사용인, 그 밖의 종업원이 그 법인 또는 개인의 업무에 관하여 제14조 또는 제16조에 해당하는 위반행위를 하면 그 행위자를 벌하는 외에 그 법인이나 개인에게도 해당 조문의 벌금형을 과(科)한다. 다만, 법인 또는 개인이 그 위반행위를 방지하기 위하여 해당 업무에 관하여 상당한 주의와 감독을 게을리하지 아니한 경우에는 그러하지 아니하다.

과태료(법 제18조)
① 다음의 어느 하나에 해당하는 자에게는 1천만원 이하의 과태료를 부과한다.
　1. 원산지 표시를 하지 아니한 자
　2. 원산지의 표시방법을 위반한 자
　3. 임대점포의 임차인 등 운영자가 거짓표시 등의 금지(법 제6조 제1항 또는 제2항)에 해당하는 행위를 하는 것을 알았거나 알 수 있었음에도 방치한 자
　4. 방송채널 등에 물건 판매중개를 의뢰한 자가 거짓표시 등의 금지(법 제6조 제1항 또는 제2항)에 해당하는 행위를 하는 것을 알았거나 알 수 있었음에도 방치한 자
　5. 수거·조사·열람을 거부·방해하거나 기피한 자
　6. 영수증이나 거래명세서 등을 비치·보관하지 아니한 자
② 다음의 어느 하나에 해당하는 자에게는 500만원 이하의 과태료를 부과한다.
　1. 교육 이수명령을 이행하지 아니한 자
　2. 유통이력을 신고하지 아니하거나 거짓으로 신고한 자
　3. 유통이력을 장부에 기록하지 아니하거나 보관하지 아니한 자
　4. 유통이력 신고의무가 있음을 알리지 아니한 자
　5. 수거·조사 또는 열람을 거부·방해 또는 기피한 자
③ ① 및 ②에 따른 과태료는 대통령령으로 정하는 바에 따라 다음의 자가 각각 부과·징수한다.
　1. ① 및 ②의 1. 과태료 : 농림축산식품부장관, 해양수산부장관, 관세청장, 시·도지사 또는 시장·군수·구청장
　2. ②의 2.부터 ⑩까지의 과태료 : 농림축산식품부장관

CHAPTER 02 수확 후 품질관리기술

01 수산물 수확 전후 품질관리기술

1 수산물의 사후 변화

어패류가 어획되고 죽은 후에 일어나는 변화 즉, 사후에는 산소가 공급되지 않는 상태(혐기상태)로 되고, 미생물이나 효소에 의하여 근육의 비가역적인 분해가 진행된다.

생 - 사 - 해당작용 - 사후경직 - 해경 - 자가(기)소화 - 부패

(1) 해당작용

① 해당작용은 글리코겐이 분해되면서 에너지 물질인 ATP와 산이 생성되는 과정이다.

② 사후에는 산소의 공급이 끊기므로 소량의 ATP와 젖산이 생성된다.

③ 젖산의 양이 많아지면 근육의 pH가 낮아지고, 근육의 ATP도 분해된다.

④ 젖산의 축적과 ATP의 분해로 사후경직이 시작된다.

(2) 사후경직

① 어패류가 죽은 후 근육의 투명감이 떨어지고 수축하여 어체가 굳어지는 현상이다.

② 어류의 사후경직은 죽은 뒤 1~7시간에 시작되어 5~22시간 동안 지속된다.

③ 어류의 사후경직은 어류의 종류, 어류가 죽기 전의 상태, 죽은 후의 방치온도, 내장의 유무 등에 따라 큰 차이가 있다.

④ 붉은 살 생선은 흰 살 생선보다 사후경직이 빨리 시작되고 지속시간도 짧다.

⑤ 죽기 전에 오랫동안 격렬하게 움직인 어류는 사후경직이 빨리 시작되고 지속시간도 짧다. 그렇지 않은 어류는 조직의 글리코겐 함량이 높기 때문에 경직 개시까지의 시간이 길고 지속시간도 길다.

⑥ 사후경직은 신선도 유지와 직결되므로 죽은 후 저온 등의 방법으로 사후경직 지속시간을 길게 해야 신선도를 오래 유지할 수 있다.

(3) 해 경

① 사후경직이 지난 뒤 수축된 근육이 풀어지는 현상이다.

② 해경의 단계는 극히 짧아 바로 자가소화 단계로 이어진다.

(4) 자가(기)소화

① 근육 조직 내의 자가소화 효소작용으로 근육 단백질에 변화가 발생하여 근육이 부드러워지는(유연성)현상이다.

② 자가소화는 여러 가지 영향을 받지만 어종, 온도, pH가 가장 크게 좌우한다.

③ 주로 운동량이 많은 생선은 pH 4.5 정도, 담수어는 23~27℃ 정도에서 자가소화가 가장 빠르다.

④ 자가소화가 진행된 생선은 조직이 연해지고, 풍미도 떨어져서 회로 먹기는 좋지 않으며 열을 가해 조리하는 것이 좋다.

⑤ 해경과 자가소화 현상은 겉보기로 구별하기 어려우며, 자가소화 기간이 짧기 때문에 변질로 이어지기 쉽다.

⑥ 젓갈, 액젓, 식해는 자가소화를 이용한 가공품이다.

※ 축육은 자가소화를 적당히 진행시킴으로써 육질을 적당하게 연화(숙성)시켜 풍미를 좋게 하는 반면, 어패류는 자가소화 단계부터 바로 변질이 시작됨

(5) 부 패

① 어패류 단백질이나 지방성분이 미생물의 작용에 의하여 유익하지 않은 물질로 분해되어 독성 물질이나 악취를 발생시키는 현상이다.

② 가장 먼저 일어나는 작용으로 트라이메틸아민옥사이드(TMAO)가 세균에 의해 트라이메틸아민(TMA)으로 환원되는데, 이것이 좋지 못한 비린내의 주성분이다.

③ 세균과 효소작용으로 아미노산 또는 여러 가지 성분이 분해되어 아민류, 지방산, 암모니아 등을 생성해서 매운맛과 부패 냄새의 원인이 된다.

④ 유독성 아민류인 히스타민이 생겨서 알레르기나 두드러기 등의 중독을 일으킨다.

2 어패류의 선도

(1) 선도 판정의 개요

① 어류의 선도는 원료의 취급 방법과 온도 관리에 따라서 크게 좌우된다.

② 어패류의 선도 판정은 가공원료의 품질, 가공 적합성 또는 위생적인 안전성의 판정을 위해 대단히 중요하다.

③ 선도 판정 방법은 될 수 있는 한 간편·신속하고 정확도가 높아야 한다.

④ 선도 판정 방법으로는 관능적 판정법, 화학적 판정법, 물리적 판정법, 그리고 세균학적 판정법 등이 알려져 있다.

⑤ 정확한 선도 판정을 위해서는 여러 가지 판정법을 적용하여 종합적으로 선도를 판정하는 것이 효과적이다.

⑥ 많이 이용되는 선도 판정법은 관능적 판정법과 화학적 판정법이다.

(2) 어패류의 선도 판정법

① 화학적 선도 판정법

화학적 선도 판정법은 어패류의 선도 판정 방법으로 가장 많이 연구되어 온 방법이다. 어패류의 선도가 떨어지면 근육의 성분은 세균의 작용에 의해 점점 분해되어 원래 근육 중에 없거나 적게 함유되어 있던 물질들이 생성되는데, 이러한 분해 생성물들의 양을 측정하여 어패류의 선도를 측정하는 방법이다. 즉, 암모니아, 트라이메틸아민(TMA), 휘발성염기질소(VBN), pH, 히스타민, K값 등을 측정하여 선도를 판정한다.

[화학적 방법에 의한 선도 판정 기준]

측정 항목	초기 부패 판정 기준
pH	적색육어류 : pH 6.2~6.4 백색육어류 : pH 6.7~6.8 새우류 : pH 7.7~8.0
휘발성염기질소	일반 어류 : 30~40mg/100g
트라이메틸아민	일반 어류 : 3~4mg/100g

㉠ pH 측정법
- pH 측정법은 사후에 pH가 감소하다가 증가하는 시점의 pH를 초기 부패시기로 하여 선도 판정의 기준으로 삼는 것이다.
- 살아 있는 어류의 pH는 7.2~7.4 정도지만, 죽은 후에 해당반응의 진행에 따라 pH가 5.6~6.0 정도까지 낮아진다. 그 후에 부패가 시작되면 염기성 질소 화합물이 생성되어 pH가 다시 올라가기 시작한다.
- 일반적으로 적색육어류는 pH 6.2~6.4, 백색육어류는 pH 6.7~6.8이 되었을 때 초기부패라 판정한다.
- 어종과 pH값만으로 선도 판정 기준을 정하기는 어려우며, 다른 선도 판정 방법과 병용하여 선도를 판정하는 것이 바람직하다.

㉡ 휘발성염기질소(VBN) 측정법
- VBN은 단백질, 아미노산, 요소, 트라이메틸아민옥사이드 등이 세균과 효소에 의해 분해되어 생성되는 휘발성 질소화합물을 말하는 것으로, 주요 성분은 암모니아, 다이메틸아민, 트라이메틸아민 등이다.

- VBN은 신선한 어육 중에는 그 함유량이 매우 적지만, 선도가 떨어지면 그 양이 점차 증가하므로 휘발성염기질소의 생성량 변화를 측정하여 어패류의 선도를 판정할 수 있다.
- VBN의 측정법은 현재 어패류의 선도 판정 방법으로 가장 널리 쓰이고 있는 방법이다.
- 신선한 어육에는 5~10mg/100g, 보통 선도 어육에는 15~25mg/100g, 부패 초기 어육에는 30~40mg/100g의 VBN이 들어 있다.
- 통조림과 같은 수산 가공품은 일반적으로 휘발성염기질소 함유량이 20mg/100g 이하인 것을 사용해야 좋은 제품을 얻을 수 있다.
- 상어와 홍어 등은 암모니아와 트라이메틸아민의 생성이 지나치게 많으므로 이 방법으로 선도를 판정할 수 없다.

ⓒ 트라이메틸아민(TMA ; TriMethylAmine) 측정법
- 트라이메틸아민은 신선한 어육 중에는 거의 존재하지 않으나, 사후 선도가 떨어지게 되면 트라이메틸아민옥사이드로부터 TMA 생성량을 기준으로 하여 선도를 측정하는 방법이다 (부패에 따른 증가 속도가 암모니아보다 커서 신선도 판정의 좋은 지표가 된다).
- 초기 부패로 판정할 수 있는 TMA의 양은 어종에 따라 다르다. 즉, 일반 어류는 TMA의 양이 3~4mg/100g, 대구는 4~6mg/100g, 청어는 7mg/100g, 다랑어는 1.5~2mg/100g일 때 초기 부패로 판정한다.
- 일반적으로 민물고기의 어육에는 트라이메틸아민옥사이드 양이 원래 적기 때문에 트라이메틸아민의 양으로 선도를 판정할 수 없다.
- 가오리, 상어, 홍어 등은 트라이메틸아민옥사이드가 다량 함유되어 있어 적용할 수 없다.

ⓔ K값 판정법
- K값은 일반적 선도 측정을 위하여 적용하는 휘발성염기질소와는 달리 횟감과 같이 선도가 우수해야 하는 경우에 적용한다.
- K값은 사후에 어육 중에 함유되어 있는 ATP의 분해 정도를 이용하여 신선도를 판정하는 방법이다. K값이 작을수록 어육의 선도는 좋다.
- 어류의 근육 수축에 관여하는 ATP(Adenosine TriPhosphate)는 사후에 분해되는데, 어류의 경우 ATP → ADP → AMP → IMP → Inosine(H_xR) → Hypoxanthine(H_x)순으로 분해된다. 따라서 ATP 분해산물의 함량을 측정함으로써 선도를 판정할 수 있다.
- K값은 전체 ATP 분해산물 함량에 대한($H_xR + H_x$) 함량의 비율로 나타낸다.
- 살어의 경우는 K값이 10% 이하이고, 신선어는 20% 이하, 선어는 30% 정도이다.
- VBN과 TMA는 초기 부패의 판정에 주로 사용되나, K값은 신선한 횟감용 어육의 선도 판정에 적합하다.
- $K값(\%) = \dfrac{H_xR + H_x}{ATP + ADP + AMP + IMP + H_xR + H_x} \times 100$

② 관능적 판정법

사람의 시각, 후각, 촉각에 의해 어패류의 선도를 판정하는 방법으로, 짧은 시간에 선도를 판정할 수 있어서 매우 실용적이지만 판정 결과에 대하여 객관성이 낮은 결점이 있다.

[관능적 방법에 의한 선도 판정 기준]

항 목	판정 기준
어 피	• 광택이 있고 고유 색깔을 가질 것 • 비늘이 단단히 붙어 있을 것 • 점질물이 투명하고 점착성이 작을 것
눈 알	• 눈은 맑고 정상 위치에 있을 것 • 혈액의 침출이 적을 것
아가미	• 아가미 색이 선홍색이나 암적색일 것 • 조직은 단단하고 악취가 나지 않을 것
육 질	• 어육은 투명하고 근육이 단단하게 느껴지는 것 • 근육을 1~2초간 눌러 보아 자국이 금방 없어지는 것
복 부	• 내장이 단단히 붙어 있고 손가락으로 눌렀을 때 단단하게 느껴질 것 • 연화, 팽창하여 항문 부위에 내장이 나와 있지 않을 것
냄 새	• 해수 또는 담수의 냄새가 날 것 • 불쾌한 비린내(취기)가 나지 않을 것

③ 세균학적 선도 판정법

㉠ 세균수를 측정하여 선도를 판정한다.

㉡ 일반적으로 어육 1g당 세균수가 10^5 이하이면 신선, $10^5 \sim 10^6$ 정도이면 초기부패 단계로 판정한다.

㉢ 측정에 1~2일을 요하고 조작이 복잡하며, 결과에 상당한 오차가 있어 실용성이 작다.

3 어패류의 선도 유지 방법

(1) 선도 유지의 필요성

① 어패류는 그 특성상 변질, 부패되기 쉬우므로 식중독 발생의 우려가 있다.

② 식품위생안전을 위해 어획 후 선상에서의 처리, 저장 및 유통 과정 중의 선도 유지가 반드시 필요하다.

③ 어패류의 선도를 유지하는 가장 효과적인 방법은 저온 저장법이다.

④ 저온으로 유지하면 미생물이나 효소의 작용을 줄이고 사후경직 기간을 길게 하므로 선도효과를 유지할 수 있다.

(2) 저온 저장법

어패류의 선도 유지에는 저온 저장법이 사용되는데, 그중에서도 냉각 저장법과 동결 저장법을 주로 사용한다.

① 냉각 저장법

동결점(0℃) 이상의 온도에서 단기간 저장하는 선도 유지법으로 변질 요인인 미생물과 효소의 작용을 정지시키지 못하고 약하게 할 뿐이므로 단기 저장에 효과적이다. 이 방법은 원료상태에 가장 가깝게 저장하므로 상품성이 높다.

㉠ 빙장법
- 얼음의 융해잠열을 이용하여 어패류의 온도를 낮추어 저장하는 방법이다.
- 어패류 체내의 수분을 얼리지 않은 상태에서 짧은 기간 동안 선도를 유지한다.
- 연안에서 어획한 수산물을 단기간에 유통할 때 저장과 수송에 널리 이용된다.
- 사용되는 얼음에는 담수빙(0℃)과 해수빙(-2℃)을 사용한다.

㉡ 냉각해수 저장법
- 어패류를 -1℃로 냉각시킨 해수에 침지시킨 후 냉장한다.
- 선도 보존 효과가 좋다.
- 지방질 함량이 높은 연어, 참치, 정어리, 고등어에 주로 사용된다.
- 빙장법을 대체할 수 있는 냉각 저장법이다.

※ **빙장법과 비교한 냉각 해수법의 장점**
- 냉각속도가 빠르고 품질보존효과가 좋아 보장기간을 연장할 수 있다.
- 냉각온도를 낮게 할 수 있고, 하층의 어체가 압력으로 해서 손상되는 일이 없다.
- 처리에 소요되는 시간이나 일손을 절약할 수 있다.

② 동결 저장법

㉠ 어패류를 -18℃ 또는 그 이하로 유지하여 동결 상태로 어패류를 저장하는 방법이다.

㉡ -18℃ 이하에서 저장하면 미생물 및 효소에 의한 변패 등이 억제되어 선도 유지 기간이 연장된다.

㉢ 어종에 따라 다르나 보통 6개월에서 1년 정도는 선도를 유지할 수 있다.

㉣ 동결 수산물에 얼음막 처리(Glazing)를 하면 더욱 효과적이다.

※ **글레이즈(Glaze, 빙의)**
- 빙의란 동결한 어류의 표면에 입힌 얇은 얼음막(3~5mm)을 말한다.
- 동결법으로 어패류를 장기간 저장하면 얼음 결정이 증발하여 무게가 감소하거나 표면이 변색된다. 이를 방지하기 위해 냉동 수산물을 0.5~2℃의 물에 5~10초 담갔다가 꺼내면 3~5mm 두께의 얇은 빙의(얼음옷)가 형성된다.
- 장기 저장하면 빙의가 없어지므로 1~2개월마다 다시 작업하여야 하며, 동결품의 건조와 변색 방지에 효과적이다.

(3) 식품의 저온 저장 온도

① 냉장(0~10℃) : 단기간 보존을 위해 얼리지 않은 상태에서 저온 저장

② 칠드(Chilled, −5~5℃) : 냉장과 어는점 부근의 온도 대에서 식품을 저장

③ 빙온(0℃~어는점) : 식품을 비동결 상태의 온도영역(0℃~어는점 사이)에서 저장하는 방법으로 빙결정이 생성되지 않은 상태에서 보관

④ 부분 동결(−3℃ 부근) : 최대 빙결정생성대에 해당되는 온도 구간에서 식품을 저장하는 방법으로, 조직 중 일부가 빙결정인 상태

⑤ 동결(−18℃ 이하) : 장기간 보존을 위해 식품을 완전히 얼려서 저장

※ **동결식품**
   1. 동결식품(Frozen Food)의 정의
      ① 전처리 → 급속 동결 → 포장 → −18℃ 이하에서 저장 및 유통의 단계를 거친다.
      ② 품질 변화를 최소화하면서 장기 보존에 적합하다.
   2. 동결식품의 특성
      ① 저장성 우수(1년 이상 유지)
      ② 편의성 우수(즉석 조리 가능)
      ③ 안전성 우수(−18℃ 이하에서 처리)

4 수산 가공 원료의 수송

(1) 활어 수송

① 활어 수송의 개요
   ㉠ 활어 수송은 살아 있는 상태로 어패류를 운반하는 것이다.
   ㉡ 횟감용 어패류나 양식용 치어 및 관상용 어류를 수송하는 데 많이 이용된다.
   ㉢ 활어의 수송은 바다에서는 활어선, 육지에서는 활어차가 주로 이용된다.
   ㉣ 게, 새우와 같은 갑각류나 조개, 미꾸라지, 뱀장어 등은 공기 중에서 오랜 시간 살 수 있으므로 상자나 바구니에 담아 수송할 수 있다.
   ㉤ 대부분의 어류는 물 밖에서는 살 수 없으므로 활어 수조에 담아 수송한다.

② 활어 수송을 위한 고려사항
   ㉠ 저온 유지
      • 수송할 때에는 수온을 낮게 유지시켜야 한다.
      • 활어 수송 중에는 활어의 대사를 억제하기 위하여 활어 수조의 해수 온도를 수온 제어 장치를 이용하여 낮추어야 한다.
      • 수온이 높으면 활어는 대사량이 증가하여 영양 성분의 소비가 많아지므로 품질이 떨어진다.
   ㉡ 산소 보충
      • 산소 공급 장치를 이용하여 부족한 산소를 보충해 주어야 한다.

• 수조 내에 대량의 활어를 수송하면 산소가 부족하게 되어 질식할 우려가 있다.

ⓒ 오물 제거

• 여과 장치를 이용하여 배설물을 제거하여야 한다.

• 대사량의 증가로 인하여 배설물이 많아지게 되므로 수송 전에는 먹이를 주지 않는다.

• 활어 수조에 대량의 활어를 넣어두면 배설물이나 피부에서 점질 물질 등이 발생한다.

ⓔ 상처 예방

• 수조의 크기에 맞는 적정량을 넣어 상처를 예방하여야 한다.

• 활어 수조에 많은 양의 활어를 넣어 두면 마찰에 의하여 비늘이 떨어지거나 상처를 입기 쉽다.

ⓜ 위생 관리 : 활어는 가열하지 않고 횟감으로 많이 이용되므로 균 처리 장치를 설치하여 식중독 균이나 병원균에 오염되지 않도록 위생관리를 하여야 한다.

③ 활어 수송 방법

㉠ 활어차 수송법

• 활어차의 수조에 활어를 넣고 공기나 산소를 보충하면서 수송하는 방법이다.

• 한꺼번에 많은 양의 활어를 수송할 수 있어 가장 널리 이용되는 방법이다.

• 활어 수조 설비의 비용 부담, 어종별 저온 생리 특성의 불확실성, 특수차량 소요, 운송 중 폐사 위험 등의 문제점이 있다.

㉡ 마취 수송법

• 냉각이나 마취 약품으로 마취시켜 운반하는 방법이다.

• 어류를 마취시켜 운반하면 대사 기능이 떨어져 취급이 용이하고, 상처를 적게 준다.

• 위생상 안전성 여부와 혐오감을 일으킬 수 있다.

• 일반 어류의 수송에는 거의 이용되지 않고 뱀장어의 종묘 운반 등에 이용된다.

㉢ 침술 수면 수송법

• 침술로 물고기의 활동력을 저하시키고, 아가미처럼 생존을 위한 최소 부위만 움직이게 하여, 가수면 상태에 빠뜨려 수송하는 방법이다.

• 일일이 처리가 어렵고 시간이 많이 걸리는 것이 단점이다.

㉣ 인공 동면 수송법

• 넙치를 대상으로 최근에 시도되고 있으나 상업적으로 널리 활용되고 있지는 않다.

• 수온을 4~5℃로 낮추어 넙치의 기초 대사 활동을 줄여 생체 리듬을 조절한 후에 약 2℃ 상태의 동면 유도 장치 안에서 동면에 들면, 넙치는 호흡은 하지만 잠든 상태가 된다. 이때 물 없이 포장해 2~3℃를 유지한 채 장거리 수송을 한다.

• 수송이 끝난 후 넙치를 수조에 넣으면 잠에서 깨어난다. 그러나 생체 리듬 조절이 잘못되면 깨어나지 못하는 일도 있다.

④ 활어 수송 시 산소의 보충 방법
  ㉠ 포기법
    - 활어 수조 안의 물이 공기나 산소와 접촉하게 하여 산소가 물속에 녹아들게 하는 방법이다.
    - 기체 주입법 : 활어차에서 가장 많이 이용하는 방법으로 기체 분사기로 압축 산소나 공기를 활어 수조 안에 미세한 기포로 불어 넣는 방법이다.
    - 살수법 : 활어 수조 위에서 압력수를 분사하여 산소가 녹아드는 것을 촉진하는 방법이다.
    - 산소 봉입법 : 활어를 넣은 수조 안의 물의 일부를 산소로 치환하는 방법이다. 치어나 고급어의 소량 수송에 적합하다.
  ㉡ 환수법
    - 배의 밑바닥이나 옆면의 환수구를 통하여 외부의 신선한 물이 들어오게 하여 연속적으로 교류시키는 방법이다.
    - 활어를 활어선으로 수송할 때 이용한다.

(2) 냉동·냉장 수송

① 냉동·냉장 수송의 개요
  ㉠ 어패류는 다양한 유통 경로를 거쳐 소비자에게 도달하기 때문에 취급상 약간의 부주의로도 쉽게 부패하거나 품질이 현저하게 저하되는 특징이 있다.
  ㉡ 유통의 전 과정에 걸쳐 체계적인 저온 유통 시스템(Cold Chain System)의 구축이 필요하다.
  ㉢ 어패류를 짧은 기간에 소비할 때에는 냉장이 이용되나, 다량 어획되어 짧은 기간에 소비가 불가능할 경우에는 냉동 상태로 수송한다.

② 냉장·냉동차
  ㉠ 냉장차
    - 어패류를 0~10℃ 범위로 온도를 유지하면서 수송한다.
    - 저온을 유지하기 위하여 냉동기를 탑재하거나 얼음 및 드라이아이스 등을 이용한다.
  ㉡ 냉동차
    - 냉동기를 이용하여 어패류를 동결 상태로 수송한다.
    - 냉풍을 강제 송풍시켜 동결 상태를 유지하며, 대부분의 수산물 수송에 이용된다.
      ※ 드라이아이스
        - 이산화탄소를 압축·냉각하여 만든 고체 이산화탄소
        - 온도는 −78.5℃
        - 식품의 냉각재로 많이 쓰임

③ 액체 질소 냉동차
  ㉠ 초저온의 액체 질소를 살포하여 수산물을 동결하여 수송하는 방법이다.
  ㉡ 장치는 간단하나 비용이 냉동차보다 많이 든다.

5 수산식품의 저장

수산식품의 저장 목적은 미생물 증식, 효소 반응, 지질 산패, 갈변 등에 의한 품질 저하를 억제하여 수산식품의 저장 기간을 연장하는 것이다. 수산식품의 저장 방법은 여러 가지 방법이 있으며, 효율적인 저장을 위해서는 두 가지 이상의 방법을 함께 사용하는 경우가 많다.

[수산식품의 저장 방법]

종 류	주요 저장 방법
수분활성도 조절	건조, 염장, 훈제
온도 조절	가열 처리(저온 살균, 고온 살균), 저온 유지(냉장, 냉동)
식품첨가물 사용	식품 보존료, 산화방지제 첨가
식품 조사 처리	감마선 조사
기체 조절	가스 치환(N_2, CO_2) 포장, 진공 포장, 탈산소제 첨가
pH 조절	산(유기산) 첨가, 발효(젖산 발효)

(1) 수분활성도 조절에 의한 저장

① 수분활성도와 식품저장

식품 변질의 주요 원인인 미생물 증식, 효소 작용, 산화 반응, 갈변 반응 속도는 수분활성도에 따라 달라지므로 수분활성도 조절을 통해 어패류의 저장기간을 연장할 수 있다.

㉠ 결합수와 자유수
- 식품 속의 수분은 결합수와 자유수로 존재한다.
- 결합수와 자유수의 비교

결합수	자유수
• 단백질, 전분 등의 식품 성분과 직·간접으로 결합되어 있다. • 건조나 압착으로 제거하기 어렵다. • 용매로 작용하지 않는다. • 미생물 증식에 이용되지 않는다.	• 미생물의 증식이나 화학반응에 이용된다. • 건조나 압착하면 쉽게 제거된다. • 용매로 작용한다.

㉡ 수분활성도(Water Activity)
- 미생물 생육과 생화학반응에 이용될 수 있는 식품 속의 수분 함량을 나타낸 것이 수분활성도이다.
- 일정한 온도에서 순수한 물의 수증기압(P_0)에 대한 식품의 수증기압(P)의 비로 나타낸다.

$$수분활성도(A_W) = \frac{P}{P_0}$$

여기서, P : 주어진 온도에서 식품의 수증기압, P_0 : 주어진 온도에서 순수한 물의 수증기압

ⓒ 미생물 증식과 수분활성도의 관계
- 식품 변질 원인인 미생물의 증식과 생화학 반응속도는 수분활성도에 따라 달라진다.
- 증식하지 않는 것 : 일반적으로 세균은 수분활성도 0.90 이하에서, 효모는 0.88 이하에서, 곰팡이는 0.80 이하에서는 증식하지 않는다.
- 증식하는 것 : 호염성 세균은 0.75, 내건성 곰팡이는 0.65, 내삼투압성 효모는 0.62에서도 증식한다.
- 수분활성도에 따라 효소 반응 속도, 갈변 속도, 지질 산화 속도도 달라지는 데 반해, 지질 산화 속도는 지나치게 수분활성도가 낮으면 오히려 빨라진다.
- 수분활성도를 낮추어 수산식품을 저장하는 대표적인 방법은 건조, 염장, 훈연, 수분조절제 (Humactant) 첨가 등이 있다.

② 건조에 의한 저장
ⓐ 등온흡습곡선
- 일정한 온도에서 식품의 평균수분함량과 수분활성도의 관계를 나타낸 그림이 등온흡습곡선이다.
- 변곡점을 기준으로 단분자층 영역(영역 Ⅰ), 다분자층 영역(영역 Ⅱ), 모세관 응축 영역(영역 Ⅲ)으로 나누어지며, 모세관 응축 영역은 수분이 비교적 쉽게 제거되나 단분자층은 건조 시간이 길어지고, 에너지가 더 소요된다.
- 등온흡습곡선의 기울기는 식품에 따라 다르므로, 식품마다 등온흡습곡선을 구해야 한다.

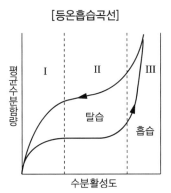

[등온흡습곡선]

ⓑ 물의 상태와 수산물의 건조방법
- 물의 온도와 압력 변화에 따른 물의 상태 변화를 나타낸 것을 물의 상태 곡선이라고 한다.
- 상압에서 수분을 증발시켜 건조하는 방법 : 소건법, 열풍 건조법 등
- 감압하여 얼음을 승화시켜 건조하는 방법 : 동결 건조법 등
- 상압 건조에서 건조속도는 수분의 표면 증발 속도와 내부 확산 속도에 의해 결정된다.
- 표면 증발과 내부 확산 속도가 균형을 이루도록 하여야 건조가 효율적이다.

③ 염장에 의한 저장
ⓐ 어패류에 식염을 첨가하면 삼투압에 의해 어패류로부터 수분이 빠져나옴과 동시에 소금은 어패류 내부로 이동한다.
ⓑ 염장을 하면 수분활성도가 낮아져서 맛, 조직감, 저장성이 향상되고, 미생물 증식 및 효소 활성이 저하된다.
ⓒ 염장으로 식품 중의 미생물은 원형질 분리를 일으켜 생육이 억제되거나 사멸된다.
ⓓ 15.6% 식염 용액의 수분활성도가 0.9 부근으로, 세균의 증식이 억제된다.
ⓔ 미생물 중에는 고염에서도 잘 자라는 호염성 세균도 존재한다.

Aw	NaCl(g)	물(g)	식염(%)
1.000	0.0	100.0	0
0.990	1.7	98.3	1.75
0.980	3.5	96.5	3.50
0.960	7.0	93.0	6.92
0.940	10.0	90.0	10.0
0.920	13.0	87.0	13.0
0.900	16.0	84.0	15.6
0.850	22.0	78.0	21.3

④ 훈제에 의한 저장

㉠ 훈제품은 목재를 불완전 연소시켜 발생하는 연기(훈연)에 어패류를 그을려 보존성과 풍미를 향상시킨 제품이다.

㉡ 훈제의 저장성 향상 요인은 염지에 의한 수분활성도 저하, 훈연 성분의 항산화와 항균 물질, 훈제 과정 중 가열 및 건조에 의한 미생물 생육 억제 요인 등이 있다.

㉢ 냉훈법은 대표적인 훈제법으로 10~30℃의 저온에서 1~3주간 훈제하는 것으로 저장성 향상 을 주목적으로 한다.

㉣ 수산 훈제품에는 훈제 장어, 훈제 연어, 훈제 송어 및 훈제 오징어 등이 있다.

(2) 가열에 의한 저장

① 미생물의 내열성

㉠ 곰팡이, 효모 등의 미생물은 넓은 pH와 낮은 수분활성도에서도 생육이 가능하나 열에는 대체로 약하여 100℃에서 가열하면 대부분 사멸한다.

㉡ 100℃로 가열하면 세포 내의 단백질이 비가역적으로 변성되기 때문에 대부분의 미생물은 사멸된다.

㉢ 바실러스(*Bacillus*) 속이나 클로스트리듐(*Clostridium*) 속의 세균은 100℃에서 가열하여도 내열성 포자 형성으로 인하여 쉽게 사멸되지 않으므로 레토르트로 고온 살균을 하여야 한다.

㉣ 대표적인 수산식품으로는 어패류 통조림 및 레토르트 파우치 제품이 있다.

② 가열온도와 가열시간

㉠ 클로스트리듐 보툴리눔 포자를 살균하는 데 걸리는 시간은 가열온도가 높을수록 살균시간이 줄어든다.

㉡ 내용물의 종류와 형상에 따라 다르나 대체로 살균온도가 10℃ 증가하면 살균시간은 1/10로 줄어든다.

㉢ 초기 미생물의 농도가 높을수록 가열 살균시간이 길어지므로, 살균 전 위생적 전처리 공정을 통해 초기 미생물 농도를 줄임으로써 살균시간을 줄일 수 있다.

③ pH와 내열성
  ㉠ 대체로 식품의 pH가 낮을수록 미생물의 내열성이 약하고, 중성에 가까울수록 내열성이 강해진다.
  ㉡ 클로스트리듐 보툴리눔(*Cl. botulinum*)의 살균 : 내열성 포자를 형성하고, 치사율이 높은 독소를 생성하는 균으로 pH 4.6 미만의 산성 조건에서는 증식이 억제된다.
  ㉢ pH 4.6 미만인 산성 식품 통조림은 저온 살균을 하고, pH 4.6 이상인 저산성 식품은 레토르트로 고온 살균하여야 한다.

(3) 저온에 의한 저장

미생물은 최적 증식 온도 이하에서는 증식 속도가 서서히 감소하고, 최고 증식 온도 이상의 고온으로 가열하면 급격히 사멸된다. 온도가 감소하면 갈변 등의 생화학적 반응 속도도 감소된다. 그러나 수산식품을 저온 저장하여도 미생물이 완전하게 사멸되지는 않는다. 일부 저온 세균은 0℃에서도 활발히 증식하고, −10~0℃에도 완만히 증식하거나 동면 상태로 존재한다. 식품의 온도를 낮추는 저온 저장은 저장 온도에 따라 0~10℃의 냉장, −18℃ 이하의 냉동으로 구분한다.

① 냉 동
  ㉠ 냉동은 식품을 −18℃ 이하로 저장하는 방법이다.
  ㉡ 수산식품을 냉동하면 식품 중의 수분은 대부분 빙결정을 형성하여 수분활성도가 낮아져서 미생물의 증식이 억제되고, 효소 반응 등의 생화학 반응 속도가 감소하여 식품을 장기 저장할 수 있다.

② 냉 장
  ㉠ 냉장은 0~10℃ 저온에서 식품 속의 수분이 동결되지 않는 온도까지 냉각 저장하는 방법이다.
  ㉡ 식품을 냉장하면 부패 세균의 증식이나 자가 효소의 활성이 일부 억제된다. 그러나 효소 반응과 부패 세균의 증식이 계속 진행되므로 단기간 보존에만 이용된다.

(4) 식품첨가물에 의한 저장

수산식품 저장을 위한 첨가물로는 보존료와 산화방지제가 많이 사용된다.

	역 할	종 류
보존료	미생물 생육 억제	소브산, 소브산칼륨, 소브산칼슘
산화방지제	산화 방지	부틸하이드록시아니솔(BHA), 다이부틸하이드록시톨루엔(BHT), 터셔리부틸하이드로퀴논

① 보존료

    ㉠ 보존료는 세균, 효모, 곰팡이 등의 미생물의 증식을 억제하여 식품의 보존기간을 늘려주는 식품첨가물이다.

    ㉡ 수산식품에 사용되는 대표적인 보존료로는 소브산과 프로피온산, 소브산칼슘, 소브산칼륨이 있다.

    ㉢ 사용 기준은 어육가공품과 성게젓에 2.0g/kg 이하, 젓갈류에 1.0g/kg 이하이다.

② 산화방지제

    ㉠ 산화방지제는 지질 성분의 산패 방지를 위해 사용하는 첨가물이다.

    ㉡ 산화방지제에는 수용성인 비타민 C와 지용성인 비타민 E, 부틸하이드록시아니솔(Butyl Hydroxy Anisole, BHA)과 다이부틸하이드록시톨루엔(Dibutyl Hydroxy Toluene, BHT)이 있다.

    ㉢ 산화방지제는 이미 산패가 시작된 후에는 효과가 떨어지므로 신선한 식품에 첨가하여야 저장성을 연장할 수 있다.

    ㉣ BHA와 BHT의 사용기준은 어패류 건제품, 어패류 염장품에 0.2g/kg 이하, 어패냉동품의 침지액에 1g/kg 이하이다.

(5) 식품 조사 처리에 의한 저장

① 식품 조사 처리 기술이란 감마선, 전자선가속기에서 나오는 에너지를 복사의 방식으로 식품에 조사하여 식품 등의 발아억제, 살균, 살충 또는 숙도 조절에 이용하는 기술이다.

② 통칭하여 방사선 살균, 방사선 살충, 방사선 조사 등으로 구분할 수 있다.

③ 식품 조사 처리는 조사된 감마선이 식품을 통과하여 빠져나가므로 조사된 식품이 방사능에 오염되는 것은 아니다.

④ 식품 조사 처리에 사용되는 감마선 방출 선원으로는 ^{60}Co을 사용한다.

⑤ 식품 조사 처리에서는 흡수선량을 킬로그레이(kGy)라는 단위로 나타내며, 허용 대상 식품별 흡수선량은 다음과 같다.

※ **식품공전 – 허용 대상 식품별 흡수선량(식품의약품안전처 고시)**

품 목	선량(kGy)
건조 식육 및 어패류 분말 살균	7 이하
된장, 고추장, 간장 분말 살균	7 이하
효모 · 효소식품 살균	7 이하
조류식품 살균	7 이하
소스류 살균	10 이하
복합 조미식품 살균	10 이하

6 **수산식품의 변질**

어패류 등 수산식품은 시간이 지남에 따라 맛, 향, 색 등이 변하고 결국 악취 성분과 유해 물질이 생성되어 부패된다. 이와 같이 식품 저장 중 발생하는 여러 가지 품질 저하를 변질이라고 한다. 이러한 변질 원인으로 미생물 증식, 효소 반응, 산화 반응, 갈변 반응, 동결 변성 등이 있다.

(1) 미생물에 의한 변질

수산식품의 미생물 오염은 1차 오염과 2차 오염으로 나눌 수 있다.

※ **1차 오염** : 어패류 자체에 부착된 미생물 오염으로 어류의 경우 껍질에 $10^2 \sim 10^5/cm^2$, 아가미 $10^3 \sim 10^7/g$, 소화관 $10^3 \sim 10^8/g$ 정도의 많은 미생물에 오염되어 있다.

※ **2차 오염** : 어패류를 운반, 저장, 가공 및 제품 유통 단계에서 발생하는 오염이다.

① 어패류 부패균

   ㉠ 어패류의 부패에 관여하는 세균에는 슈도모나스속, 비브리오속 등 수중 세균이 많다.

   ㉡ 슈도모나스속 균은 어패류의 부패 초기에 급격히 증가하며 트라이메틸아민, 황화수소 등의 부패취를 생성한다.

      ※ **어패류의 부패균 및 부패취**

주요 부패균		주요 부패취
• 슈도모나스속(*Pseudomonas*) • 비브리오속(*Vibrio*)	→	• 트라이메틸아민 • 황화수소 • 메틸메르캅탄 • 다이메틸설파이드

② 식중독균

   ㉠ 식중독이란 식품의 섭취에 연관된 인체에 유해한 미생물 또는 미생물이 만들어내는 독소에 의해 발생한 것이 의심되는 모든 감염성 또는 독소형 질환을 말한다.

   ㉡ 일반적으로 증상은 구토, 설사, 복통, 발열 등이 나타낸다.

   ㉢ 미생물에 의한 식중독은 세균성 감염형, 세균성 독소형, 바이러스성 식중독으로 분류한다.

   ㉣ 감염형은 유해균이 다량 오염된 식품을 섭취할 경우에 발생한다.

   ㉤ 독소형은 유해균이 생성한 독소에 의해 발병한다. 특히 장염비브리오균과 노로바이러스는 오염된 어패류가 주요 감염원이다.

[식중독 미생물 원인균]

분 류	종 류	원인균
세균성	감염형	장염비브리오균, 살모넬라균 등
	독소형	황색포도상구균, 클로스트리듐 보툴리눔균 등
바이러스형		노로바이러스 등

③ 미생물 생육에 미치는 요인

    ㉠ 미생물은 저온균은 10~20℃, 중온균은 25~40℃, 고온균은 50~60℃에서 생육 최적 온도를 나타낸다.

    ㉡ 대부분의 식품 미생물은 중온균에 속하나 어패류의 주요 부패균인 슈도모나스속은 저온균에 속한다.

    ㉢ 클로스트리듐속 등의 미생물은 포자를 생성하여 높은 내열성을 나타내므로 가열 살균 시 유의하여야 한다.

    ㉣ 세균의 내열성은 일반적으로 중성에서는 강하나 산성에서는 약하므로 pH 4.6 이상의 저산성 수산물 통조림은 고온 살균을 한다.

(2) 효소에 의한 변질

① 효소의 성질

    ㉠ 효소는 화학반응의 반응 속도를 촉진하는 생체 촉매로 단백질로 이루어져 있다.

    ㉡ 생물체의 대사 과정에서 일어나는 화학반응의 활성화 에너지를 낮추어 반응 속도를 증가시킨다.

    ㉢ 활성화 에너지란 화학 반응이 일어나기 위해서는 반응물의 유효 충돌이 필요하며, 이를 위해 필요한 최소한의 에너지이다.

    ㉣ 효소는 기질 특이성이 있다. 즉, 효소의 촉매 작용은 매우 선택적이어서 하나의 효소는 하나의 기질 또는 유사한 기질에만 촉매 작용을 한다. 효소의 기질 특이성은 효소의 입체 구조에 의존한다.

② 효소 활성 조절 인자

    ㉠ 효소 활성은 온도, pH, 기질의 농도에 영향을 받는다.

    ㉡ 효소 활성은 온도 증가에 따라 증가하나 최적 온도를 지나면 효소의 활성이 감소하고 결국은 불활성된다.

    ㉢ 가장 활성이 높은 pH를 최적 pH라고 하며, 최적 pH보다 높거나 낮은 pH에서는 대부분 효소의 활성이 감소하거나 없어진다.

③ 효소에 의한 수산식품 변질

    ㉠ 효소에 의한 수산식품의 변질은 자가소화와 지질 분해 등이 있다.

    ㉡ 어패류의 자가소화에 관여하는 단백질 분해 효소는 단백질을 펩타이드와 아미노산으로 분해하여 조직을 붕괴시키고, 미생물의 증식을 촉진시킨다.

    ㉢ 수산물의 저장 중 지질 분해 효소에 의하여 지질이 분해되면 저분자 지방산 등이 생성되어 산패가 촉진되며, 맛과 향이 변질된다.

종 류	효 소	생성물	변 질
자가소화	단백질 분해 효소	펩타이드 아미노산	조직 연화 부패 촉진
지질 분해	지질 분해 효소	지방산 스테롤	불쾌한 맛, 냄새 산패 촉진

(3) 갈변에 의한 변질

갈변이란 식품의 색깔이 저장·가공 과정 중에 갈색 또는 흑갈색으로 변화하는 과정이며, 갈변 반응은 효소가 직접 관여하는 효소적 갈변과 효소와 관계없이 일어나는 비효소적 갈변으로 나뉜다.

① 효소적 갈변
  ㉠ 대표적인 효소적 갈변은 흑변으로, 새우 등의 갑각류에 잘 발생하는 변질로 외관이 검게 변색되는 현상이다.
  ㉡ 흑변은 갑각류에 함유되어 있는 타이로시나제에 의해 아미노산인 타이로신이 검은 색소인 멜라닌으로 변하기 때문이다.
  ㉢ 단백질이 주성분인 효소는 가열하거나 pH를 변화시키면 단백질이 변성되어 효소가 불활성화된다.
  ㉣ 타이로시나아제의 활성은 0℃에서도 완전히 정지되지는 않으므로, 흑변을 억제하기 위해서는 산성아황산나트륨(NaHSO₃) 용액에 침지 후 냉동 저장하거나 가열 처리하여 효소를 불활성화시켜야 한다.

② 비효소적 갈변
  ㉠ 비효소적 갈변은 효소와 관계없이 식품 성분 간의 반응에 의해 갈색화되는 반응이다.
  ㉡ 비효소적 갈변은 마이야르 반응(Maillard Reaction), 캐러멜화 반응, 아스코브산 산화 반응으로 구분된다.
  ㉢ 마이야르 반응
    • 거의 모든 식품에서 자연 발생적으로 일어나는 갈변 반응이다.
    • 아미노산 등에 있는 아미노기와 포도당 등에 있는 카보닐기가 여러 단계 반응을 거친 후 갈색의 멜라노이딘 색소를 생성하는 반응으로 아미노 카보닐 반응이라고도 한다.
    • 마이야르 반응은 수산 건제품이나 조미 가공품에서 흔히 발생하며, 식품의 주요 성분이 반응에 관여하므로 근본적인 억제가 힘들다.
    • 저온 저장을 하면 갈변 진행을 일부 억제할 수 있다.
    • 마이야르 반응은 식품에 좋은 향 등을 부여하는 반면, 식품의 색을 변색시키고 필수아미노산인 라이신과 같은 아미노산을 감소시켜 품질을 저하시킨다.

ⓔ 캐러멜화 반응
- 단백질이 포함되지 않은 당류에 열을 가했을 때 일어나는 반응으로, 주로 설탕을 녹일 때 나타난다.
- 설탕이 캐러멜화 반응을 하면 과당과 포도당으로 분해된다.
- 과당(프럭토스) 110℃, 갈락토스 160℃, 포도당(글루코스) 160℃, 맥아당 180℃ 온도에서 캐러멜화 반응을 일으킨다.

ⓜ 아스코브산(Ascorbic Acid) 산화반응
- 야채·과일에 있는 아스코브산(비타민 C)은 산화하면서 갈변현상을 일으킨다.
- 갈변은 pH에 반비례하는데, 즉 pH가 높을수록 갈변현상이 잘 일어나지 않는다.

(4) 산화에 의한 변질

① 산화의 종류
ⓐ 식품에 함유되어 있는 다양한 성분이 산소와 결합하여 산화되는데, 그 중 지질 산화가 가장 중요한 식품 변질의 원인이다.
ⓑ 어육의 지질은 불포화지방산이 다량 함유되어 있어 산소, 빛, 가열에 의하여 쉽게 산화되어 불쾌한 맛과 냄새를 생성한다.
ⓒ 지질의 변질을 산패라고 하며 자동 산화, 가열 산화, 감광체 산화가 있다.
- 자동 산화 : 지질이 공기 중의 산소를 자연 발생적으로 흡수하여 연쇄적으로 산화되는 것으로 수산식품의 경우 가장 흔한 산패이다.
- 가열 산화 : 유지를 높은 온도(140~200℃)에서 가열할 때 일어나는 산화로 기름 튀김 식품에서 발생한다.
- 감광체 산화 : 빛과 감광체에 의해 일어나는 산화

※ **지방 산화의 종류 및 특징**

산화 종류	특 징
자동 산화	산소흡수, 연쇄반응
가열 산화	가열(튀김), 고온
감광체 산화	빛 흡수, 감광체

② **자동 산화의 반응과 측정**
ⓐ 자동 산화의 경우 반응
- 초기에는 산소 흡수량이 거의 일정하지만, 일정 시간이 지나면 급격히 증가한다.
- 유지의 산소 흡수 속도가 일정하게 낮은 수준을 유지하는 단계를 유도기간이라 한다.
- 유도기간이 지나면 산소 흡수 속도가 급속히 증가하고, 산화 생성물도 급격히 증가하여 산패가 급속히 진행된다.

ⓛ 산패 측정법 : 지질 산화로 인해 생성된 유리지방산 함량을 측정하는 산가(Acid Value, AV)와 산화 생성물인 과산화물함량을 측정하는 과산화물가(Peroxide Value, POV) 등이 있다.

③ 산패 억제법
  ㉠ 산소를 제거하거나 차단하여야 한다.
  ㉡ 빛이 투과하지 않는 불투명 용기에 저장하여야 한다.
  ㉢ 온도를 낮추면 산패를 지연할 수 있다.
  ㉣ 산화방지제인 아스코브산, 토코페롤, BHA, BHT 등을 첨가한다.

(5) 동결에 의한 변질

① 식품을 동결하면 단백질의 변성으로 보수력이 저하하여 육즙(Drip)이 발생하고, 또한 냉동 저장 중 건조가 일어나 산화와 갈변이 촉진된다.

② 단백질 변성 방지를 위해서는 솔비톨 등의 당류를 어육에 첨가하고, 건조를 방지하기 위해서는 글레이징이나 포장을 한다.

③ 횟감용 참치육을 동결 저장하면 마이오글로빈(Myoglobin, 근육 색소 단백질)이 산화되어 갈색의 메트마이오글로빈으로 변하는데, 이 변색은 −18℃에서도 계속 일어난다. 따라서 횟감용 참치는 −55~−50℃에 냉동 저장한다.

[동결에 의한 변질]

변 질	방지방법
건조, 지질 산화, 갈변	포장, 글레이징, 항산화제
단백질 변성, 드립 발생	급속 동결, 동결 변성 방지제
횟감용 참치육 변색	−55~−50℃ 냉동 저장

02 | 수산물의 가공

※ 수산물 식용품의 목적 및 제조 방법에 따른 분류

목 적	종 류
저장성	냉동품, 건제품, 염장품, 통조림
풍미 및 기호 증진	어육연제품, 훈제품, 발효식품, 조미가공품
미생물의 생육환경, 억제	건제품, 염장품, 통조림, 어육연제품

1 건제품

(1) 건제품의 개요

① 건제품은 수산물을 태양열 또는 인공열로 건조시켜 저장성을 향상시킨 제품이다.

② 수산가공품 중 장기 저장의 한 방법으로 건제품이 가장 오래된 역사를 지니고 있다.

③ 수산물 내의 수분을 감소시켜 미생물 및 효소 등의 작용을 지연시킴으로써 저장성을 높인 제품이다.

④ 최근에는 다른 보존 기술(저온이나 포장 등)을 함께 이용하여 제품의 맛이나 조직감을 향상시키고, 비교적 수분 함유량이 많은 건제품을 소비자의 기호에 맞게 널리 유통하고 있다.

(2) 가공 원리

① 어패류, 해조류 등을 수분 함량을 낮추어 미생물과 효소의 작용을 억제하고 독특한 풍미나 조직을 가지도록 하는 것이다.

② 식품의 저장성은 미생물이 이용할 수 있는 수분의 양(자유수)에 따라 결정된다.

③ 수분 함유량이 많으면 수분활성도가 높고, 수분 함유량이 적으면 수분활성도가 낮다.

> ※ 수산물 가공 처리의 목적
> - 저장성을 높인다.
> - 위생적인 안전성을 높인다.
> - 운반 및 소비의 편리성을 높인다.
> - 효율적 이용성을 높인다.
> - 부가가치를 높일 수 있다.

(3) 건조 방법

천일 건조법, 동건법, 열풍 건조법, 냉풍 건조법, 배건법, 감압 건조법, 동결 건조법 및 분무 건조법 등이 있다.

① 천일 건조법

    ㉠ 자연 조건(태양의 복사열이나 바람)을 이용하여 건조시키는 가장 오래된 방법이다.

    ㉡ 비용이 적게 들고 간편하다.

    ㉢ 넓은 공간이 필요하고, 날씨가 나쁘거나 지방 함유량이 높은 원료는 건조 중에 품질이 나빠질 수 있다.

    ㉣ 바닷가에서 어패류와 해조류의 건조에 많이 이용된다.

② 동건법

    ㉠ 겨울철에 자연의 힘으로 동결과 해동을 반복하여 식품을 건조시키는 방법이다.

    ㉡ 밤에 기온이 내려가 식품 중의 수분이 동결되고, 낮에 기온이 올라가 해동되어 수분이 빠져나가는 과정을 반복하면서 수산물이 건조된다.

ⓒ 동결 시 얼음결정으로 식품의 세포가 파괴되고, 해동 시 세포질 내의 수용성 성분이 동시에 제거되는 과정을 반복하여 독특한 물성을 가진 건제품이 된다.

ⓔ 건조장은 야간의 기온이 −5℃ 전후, 주간 0℃ 이상 되는 곳이면 적지이다.

ⓜ 한천과 황태의 제조에 이용된다.

ⓗ 최근에는 냉동기를 이용하는 경우가 증가하고 있다.

ⓢ 동건품은 동결과정 중 생성된 빙결정이 녹아 조직에 구멍이 생겨 스펀지 같은 조직이 된다.

③ 열풍 건조법

ㄱ 수산물을 건조 장치의 뜨거운 바람에 강제 순환시켜 건조시키는 방법이다.

ㄴ 기후 조건의 영향을 받지 않는다.

ㄷ 비교적 기계도 단순하고, 건조 속도가 빠르기 때문에 천일 건조법에 비하여 비교적 품질이 일정한 제품을 생산할 수 있다.

ㄹ 어류와 어분의 건조 등에 이용된다.

④ 냉풍 건조법

ㄱ 습도가 낮은 냉풍을 이용하여 수산물을 건조시키는 방법이다.

ㄴ 사용하는 냉풍의 온도는 15~35℃이고, 상대습도는 20% 정도이다.

ㄷ 건조 온도가 낮아서 효소반응, 지질의 산화나 변색이 억제되므로 색깔이 양호한 제품을 생산할 수 있다.

ㄹ 열풍 건조에 비하여 건조 속도가 느리고 설비가 비싸다.

ㅁ 멸치나 오징어 등의 건조에 사용되고 있다.

⑤ 배건법

ㄱ 수산물을 나무, 전기 등을 태우거나 열로 구우면서 수분을 증발시켜 건조시키는 방법이다.

ㄴ 나무를 태울 때 나오는 훈연 성분 중에 항균 및 항산화 성분으로 제품의 저장성이 향상된다.

ㄷ 가다랑어를 삶은 후 배건한 가다랑어 배건품(가쓰오부시)이 대표적이다.

⑥ 감압 건조법

ㄱ 수산물을 밀폐 가능한 건조실에 넣고 진공펌프로 감압시키면서 일정 온도(보통 50℃ 이하)에서 압력을 낮추어 건조시키는 방법이다.

ㄴ 지방 산화, 단백질 변성이 적고 소화율이 높은 제품을 만들 수 있다.

ㄷ 생산비가 많이 들고 연속 작업이 안 된다.

⑦ 동결 건조법

ㄱ 식품을 동결된 상태로 낮은 압력에서 빙결정을 승화시켜 건조하는 방법이다.

ㄴ 식품 속의 수분은 얼음 상태의 고체 상태에서 액체 상태의 물을 거치지 않고 기체로 승화되어 제거된다.

ㄷ 건조 중 품질변화가 가장 적고, 가장 좋은 건조 방법이다.

ⓔ 수산물의 색, 맛, 향기, 물성의 변화가 최대한 억제되고, 복원성이 좋은 제품을 얻을 수 있어 최근에 북어, 건조 맛살, 전통국 등의 제조에 사용되고 있다.

ⓜ 시설비 및 운전 경비가 가장 비싸다.

ⓗ 다공성으로 인해 부스러지기 쉽고 흡습과 지질 산패가 잘 일어난다.

⑧ 분무 건조법

ⓐ 액체 상태의 원료를 열풍(130~170℃) 속에 미립자 상태로 분산시켜 순간적으로 건조시키는 방법이다.

ⓑ 건조 시간이 짧고, 열에 의한 단백질의 변성이 적어 품질이 좋으며, 대량의 제품을 연속적, 경제적으로 건조하는 데 적합하다.

(4) 건제품의 종류

건제품	건조방법	종 류
소건품	원료를 그대로 또는 간단히 전처리하여 말린 것	마른오징어, 마른대구, 상어 지느러미, 김, 미역, 다시마
자건품	원료를 삶은 후에 말린 것	멸치, 해삼, 패주, 전복, 새우
염건품	소금에 절인 후에 말린 것	굴비(원료 : 조기), 가자미, 민어, 고등어
동건품	얼렸다 녹였다를 반복해서 말린 것	황태(북어), 한천, 과메기(원료 : 꽁치, 청어)
자배건품	원료를 삶은 후 곰팡이를 붙여 배건 및 일건 후 딱딱하게 말린 것	가쓰오부시(원료 : 가다랑어)

① 소건품(날마른치)

ⓐ 수산물을 원형 그대로 또는 전처리하여 물에 씻은 후 말린 것이다.

ⓑ 건조하기 전에 가열처리를 하지 않기 때문에 고온다습한 시기에는 어패류에 부착해 있는 세균이나 어체 내 효소 작용에 의하여 건조 중에 육질이 연화될 수 있다.

ⓒ 소건품에는 마른오징어, 마른명태, 마른대구, 마른미역, 마른김 등이 있다.

   ※ 마른오징어
   • 오징어의 내장 등을 제거한 후 세척하여 건조한다.
   • 특유의 향미가 있고, 황갈색 내지 황백색이다.
   • 다리나 흡반의 탈락이 적고, 표면이 적당한 양의 흰 가루로 덮여 있다.
   • 표면의 흰 가루는 베타인과 유리 아미노산(타우린, 글루탐산, 히스티딘 등)이 주성분이다.

② 자건품(찐마른치)

ⓐ 수산물을 삶아서(자숙) 말린 것이다.

ⓑ 삶는 과정 중 수산물에 부착되어 있는 미생물이 죽게 되고, 원료에 함유된 자가소화 효소가 불활성화되며, 건조 중 품질의 변화를 방지할 수 있다.

ⓒ 부패하기 쉬운 소형 어패류의 건조에 널리 이용된다.

ⓓ 대표적으로 마른멸치, 마른전복, 마른해삼, 마른새우, 마른굴이 있다.

※ **마른멸치**
- 멸치를 권현망으로 어획하여 가공한 일반 마른멸치와 죽방렴으로 어획하여 가공한 죽방멸치로 나눌 수 있다.
- 어획한 원료 멸치는 가공선에서 씻은 후 플라스틱 채발 또는 나무 채발에 얇게 편다.
- 채발을 포개서 염도 5~6%의 끓는물에 넣어 어체가 떠오를 때까지 삶은 후 물빼기를 한다.
- 대부분 육지에서 자연건조나 열풍건조를 하였으나, 요즘은 주로 냉풍건조를 한다.

※ **마른새우**
- 마른새우는 껍질이 붙은 것과 살만으로 된 것이 있다.
- 원료는 중하, 보리새우, 징거미새우, 볏새우 등이다.
- 어획한 새우는 잘 씻은 후 끓고 있는 3% 소금물에 넣고 새우가 떠오를 때까지 삶는다.
- 떠오른 새우를 건져 채발에 넣어서 천일건조나 열풍건조를 한다.

③ 동건품(얼마른치)
  ㉠ 자연냉기와 냉동기를 이용하여 냉동과 해동을 반복하여 탈수 건조시켜 만든 제품이다.
  ㉡ 겨울철에 야외에서 수산물을 밤에는 수분을 동결시킨 다음 낮에는 녹이는 작업을 여러 번 되풀이하여 말린 제품이다.
  ㉢ 마른명태와 한천이 동건품으로 가공된다. 마른명태는 황태, 동건 명태 또는 북어라고도 한다.

  ※ **마른명태의 동건품**
  - 내장을 제거한 명태를 아가미 또는 코를 꿰어 묶는다.
  - 차가운 민물(2~3℃)이 담긴 대형 수조에 2~5일간 담가서 수세 및 표백을 하며, 어체에 충분히 물을 흡수시킨다.
  - 야외의 건조대(덕)에 걸어 동결시킨다.
  - 밤사이에 언 어체는 낮 동안에 얼음 일부가 녹아 수분이 유출되고, 밤이 되면 다시 얼게 되어 이 과정을 되풀이하면서 건조가 진행된다.

④ 염건품(간마른치)
  ㉠ 수산물을 소금에 절인(염지) 다음 말린 것이다.
  ㉡ 소금에 의해 일부 탈수가 일어나고, 건조 중 품질변화를 줄일 수 있다.
  ㉢ 염건품에는 굴비, 간대구포, 염건 고등어, 염건 전갱이, 염건 꽁치, 염건 숭어알이 있는데, 대표적인 것이 굴비이다.

  ※ **굴비(물간법)**
  - 나무통에 재고, 포화 식염수에 7~10일간 염지한다.
  - 그 후 어체의 크기에 따라 선별하여 수돗물 또는 소금물이 담긴 물통에 3~4회 정도 세척하여 이물질을 제거한다.
  - 세척한 다음 건조대에 걸어서 2~3일 정도 그늘에서 건조한다.

⑤ 자배건품(일본의 가쓰오부시류)
  ㉠ 어육을 찐 후 배건 및 천일건조하여 나무 막대처럼 딱딱하게 건조한 것이다.
  ㉡ 원료어로는 가다랑어, 고등어, 정어리 등이 사용되고 있다.
  ㉢ 최근에 천연 조미료로 많이 쓰이고 있는 가쓰오부시는 가다랑어를 원료로 하여 만든 자배건품이다.

- 건제품은 유통 과정 중 고온 및 고습에 방치되는 경우 미생물에 의하여 불쾌취가 발생한다.
- 적색육 어류(고등어 등)에서는 히스타민이 생성되거나 식중독을 유발시키는 경우도 있다.
- 어류에는 불포화 지방산이 많이 함유되어 있어서 저장 중에 지질의 산화로 인하여 변색을 일으켜 갈색이나 적갈색으로 변화하고, 영양가의 저하 및 산패취가 발생하게 된다.
- 변화의 예로는 마른멸치의 아가미나 복부가 적갈색으로 되는 경우이다.

2 훈제품

(1) 훈제품의 개요

① 훈제품은 나무를 불완전 연소시켜 발생되는 연기(훈연)에 어패류를 쐬어 건조시켜 독특한 풍미와 보존성을 지니도록 한 제품이다.

② 훈연 중 건조에 의한 수분의 감소, 첨가하는 식염 및 연기 중의 방부성 물질 등에 의해서 보존성이 주어지는 원리를 이용한 것이다.

③ 훈제 연기 속에 포함된 훈연성분에는 폼알데하이드, 페놀류, 유기산류 등이 있는데, 이들은 각각 항균성이 있다. 특히 페놀류는 항균성, 항산화성이 있으나 발암성 물질인 벤조피렌이 생성되는 경우도 있다.

④ 훈제 재료로 쓰이는 나무는 일반적으로 수지가 적고 단단한 것이 좋다. 수지가 많은 나무는 그을음이 많고 불쾌한 맛을 주기 때문이다.

⑤ 훈제용 나무에는 참나무, 떡갈나무, 자작나무, 개암나무, 너도밤나무, 상수리나무, 호두나무가 있다. 왕겨나 옥수수심이 사용되기도 한다.

(2) 훈제 방법

훈제 방법은 냉훈법, 온훈법, 열훈법, 액훈법으로 나눌 수 있다.

① 냉훈법

   ⊙ 냉훈법은 단백질이 응고하지 않을 정도의 저온 10~30℃(보통 25℃ 이하)에서 1~3주일 정도로 비교적 오랫동안 훈제하는 방법이다.

   ⊙ 제품의 건조도가 높아(수분 30~35%) 1개월 이상 보존이 가능한 제품을 얻을 수 있다.

   ⊙ 저장성은 온훈법에 비해 높으나 풍미는 떨어진다.

   ⊙ 연어류, 대구, 임연수어, 청어, 송어 등에 사용된다.

② 온훈법

   ⊙ 30~80℃에서 3~8시간 정도로 비교적 짧은 시간 동안 훈제하는 방법이다.

   ⊙ 제품의 건조도가 낮아 수분 함유량이 높으므로 보존성은 적으나 풍미가 좋은 제품을 얻을 수 있다.

ⓒ 수분함량이 비교적 높아 저장기간이 짧으므로 장기 저장을 할 때는 통조림이나 저온 저장이 필요하다.

ⓔ 보존보다는 풍미를 목적으로 한다.

ⓜ 연어류, 송어류, 오징어, 문어류, 뱀장어, 청어 등에 사용된다.

③ 열훈법

ⓐ 열훈법은 고온(100~120℃)에서 단시간(2~4시간 정도) 훈제하는 방법이다.

ⓑ 수분 함유량(60~70%)이 높아 저장성이 낮다.

ⓒ 훈연한 제품으로는 뱀장어, 오징어 등이 대표적이다.

④ 액훈법

ⓐ 어패류를 직접 훈연액 중에 침지한 후 꺼내어 건조하든가, 훈연액을 다시 가열하여 나오는 연기에 원료를 쐬어 훈제하는 방법이다.

　※ 훈연액
　　• 활엽수로 숯을 만들 때 나오는 연기 성분을 응축 또는 물에 흡수시켜서 정제하거나 목재 건류 시의 부산물인 목초액을 정제하여 만든다.
　　• 훈제 효과를 대신할 수 있으므로 액훈법이 많이 사용되고 있다.

ⓑ 짧은 시간에 많은 양의 제품을 가공할 수 있고 시설이 간단하며, 일손이 적게 드는 장점이 있다.

ⓒ 훈연액에 의한 제품의 품질 변화와 훈연액의 농도나 침지 시간을 맞추기 어려운 단점이 있다.

[훈제 방법의 종류와 특징]

훈제법	훈제 온도(℃)	훈제 기간	보존성	수분 함유량(%)
냉훈법	15~30	1~3주	길 다	낮다(30~35)
온훈법	30~80	3~8시간	짧 다	높다(50~60)
열훈법	100~120	2~4시간	짧 다	높다(60~70)
액훈법	식품을 훈연액(목초액)에 침지한 뒤 건조			

(3) 훈제품의 가공

① 훈제품의 일반적인 제조 공정은 원료의 전처리 → 염지 → 염 배기 → 물빼기 → 풍건 → 훈제 처리 → 마무리 손질로 이루어진다.

② 수산 훈제품에는 냉훈품과 온훈품이 대부분이다. 이 중에서 오징어 조미 훈제품과 연어 훈제품이 대표적이다.

③ 오징어 조미 훈제품

ⓐ 조미한 오징어 육을 훈제하여 수분 함유량을 50% 정도로 만든 후 충분히 냉각시켜 수분의 분포를 고르게 한다.

ⓑ 냉각을 마친 육을 롤러(Roller)에 넣어 육을 펴서 줄무늬를 넣고 압착시킨다.

④ 연어 훈제품
  ㉠ 어류 훈제품 중에서 가장 고급품에 속한다.
  ㉡ 훈제품의 종류로는 라운드식(아가미와 내장 제거 후 훈제), 무두식(머리와 내장 제거 후 훈제), 그리고 미국식(왕연어 사용)이 있다.

3 염장품

(1) 염장품의 개요

① 염장품은 전처리한 수산물에 소금을 가하여 수분 함량을 줄여 만든 제품이다.

② 염장을 하면 삼투압 작용으로 탈수가 되고 맛, 조직감, 저장성이 향상된다.

③ 염기를 식품 내에 침투시켜 세균 및 자가소화 효소의 작용을 억제함으로써 변질 및 부패를 방지한다.

④ 소금은 미생물의 작용을 억제는 하지만, 죽이지는 못한다. 따라서 소금농도 15% 이상에서는 세균의 발육이 억제되나 2% 이하에서는 부패하게 된다.

(2) 염장 방법

염장 방법에는 마른간법, 물간법, 개량 물간법이 있다.

① 마른간법
  ㉠ 수산물에 직접 소금을 뿌려서 염장하는 방법이다.
  ㉡ 사용되는 소금의 양은 일반적으로 원료 무게의 20~35% 정도이다.
  ㉢ 저장탱크의 어체 전체에 소금을 고루 비벼 뿌리고, 겹겹이 쌓아 염장할 때에는 고기와 고기가 쌓인 층 사이에도 소금을 뿌려 준다.
  ㉣ 염장품에는 염장 고등어, 염장 멸치, 염장 명태알, 염장 캐비어, 염장 미역 등이 있다.

  ※ 마른간법의 장단점

장 점	단 점
• 설비가 간단하다. • 포화 염수 상태가 되므로 탈수 효과가 매우 크다. • 소금 침투가 빨라 염장 초기의 부패가 적다. • 염장이 잘못되었을 때, 그 피해를 부분적으로 그치게 할 수 있다.	• 소금의 침투가 불균일하다. • 탈수가 강하여 제품의 외관이 불량하며, 수율이 낮다. • 지방이 많은 어체의 경우 공기와 접촉되므로 지방이 산화되기 쉽다.

② 물간법
  ㉠ 식염을 녹인 소금물에 수산물을 담가서 염장하는 방법이다.
  ㉡ 물간을 하면 소금의 침투에 따라 수산물로부터 수분이 탈수되므로 소금물의 농도가 묽어지게 된다.
  ㉢ 소금의 농도를 일정하게 유지하기 위하여 소금을 수시로 보충하고, 교반해 주어야 한다.

② 육상에서의 염장 또는 소형어의 염장에 주로 사용한다.

※ **물간법의 장단점**

장 점	단 점
• 소금의 침투가 균일하다. • 염장 중 공기와 접촉되지 않아 산화가 적다. • 과도한 탈수가 일어나지 않으므로 외관, 풍미, 수율이 좋다. • 제품의 짠 맛을 조절할 수 있다.	• 소금의 침투 속도가 느리다. • 물이 새지 않는 용기와 소금의 양이 많이 필요하다. • 염장 중에 자주 교반해 주어야 하고, 연속 사용할 때는 소금을 보충해 주어야 한다. • 마른간법에 비해 탈수효과가 적고 어체가 무르다.

③ **개량 물간법**

　㉠ 마른간법과 물간법의 단점을 보완하여 개량한 염장법이다.

　㉡ 어체를 마른간법으로 하여 쌓아올린 다음에 누름돌을 얹어 적당히 가압하여 두면, 어체로부터 스며 나온 물 때문에 소금물층이 형성되어 결과적으로 물간법을 한 것과 같게 된다.

　㉢ 소금의 침투가 균일하고, 염장 초기에 부패를 일으킬 염려가 적다.

　㉣ 제품의 외관과 수율이 좋고, 지방 산화가 억제되고 변색을 방지할 수 있다.

[염장 방법]

종 류	마른간법	물간법	개량 물간법
방 법	식품에 소금(원료 무게의 20~35%)을 직접 뿌려서 염장	일정 농도의 소금물에 식품을 염지	마른 간을 하여 쌓은 뒤 누름돌을 얹어 가압
특 징	• 염장 설비가 필요 없다. • 식염 침투가 불균일하다. • 식염 침투가 빠르다. • 지방이 산화되기 쉽다.	• 외관, 풍미, 수율이 좋다. • 식염 침투가 균일하다. • 용염량이 많다. • 염장 중에 자주 교반한다.	• 마른간법과 물간법을 혼합하여 단점을 개량한 방법이다. • 외관과 수율이 좋다. • 식염의 침투가 균일하다.

(3) 염장품의 가공

① 염장품에는 염장 고등어, 염장 조기, 염장 대구, 염장 미역, 염장 해파리, 염장 연어알, 염장 철갑상어알(캐비어) 등이 있다.

② 염장품의 대표적인 염장 고등어를 간고등어 또는 자반고등어라고도 하며, 어체 처리 방법에 따라서 배가르기와 등가르기로 나눈다.

③ 저장 수단이 발달하지 못한 시기에 우리나라 내륙지방에서 발달된 수산물 가공 방법 중 하나이다.

(4) 염장품의 품질 변화

① 염장 중에 일어나는 변화

　㉠ 소금의 침투 : 염장하면 식품의 내부와 외부의 삼투압의 차이로 소금이 식품 내부로 침투하고, 소금의 침투 속도와 침투량은 소금의 농도 및 순도, 식품의 성상, 염장 온도 및 방법에 따라 달라지며, 염장 10~20일 정도이면 소금의 침투가 완료된다.

※ **염장 중 소금의 침투 속도에 영향을 미치는 요인**
- 소금량 : 많을수록 침투 속도가 빠르다.
- 소금순도 : Ca염 및 Mg염이 존재하면 침투를 저해한다.
- 식품성상 : 지방 함량이 많으면 침투를 저해한다.
- 염장온도 : 높을수록 침투 속도가 빠르다.
- 염장방법 : 염장 초기 침투 속도는 마른간법 > 개량 물간법 > 물간법의 순이고, 18% 이상의 식염수에 염장하면 물간법 > 마른간법순이다.

ⓒ 수분 함유량의 변화 : 소금이 식품 내부로 침투하면 식품의 탈수 현상이 일어나 수분 함유량이 낮아지고, 탈수 현상은 식품 내의 소금과 외부 소금물의 농도가 평형을 이룰 때까지 계속된다.

ⓒ 무게의 변화 : 염장 중에 어육 중의 수분은 일방적으로 감소하며, 소금을 많이 사용할수록 탈수량도 많아서 무게의 감소도 크다.

ⓔ 탄성의 변화 : 염장품을 만들면 근원섬유 단백질의 겔(Gel)화에 의한 현상으로 육 조직이 단단해지고 탄성이 있는 제품이 되는 경우가 있다.

② 저장 중의 품질 변화
ⓐ 염장품의 소금 농도가 낮으면 자가소화가 일어나 육질이 연해지기도 한다.
ⓒ 저장 중에 지방질의 산화로 불쾌취가 나거나 변색(황갈색 또는 적갈색)하게 된다.
ⓒ 소금 농도가 10% 이하가 되면 세균에 의한 부패가 빠르게 진행되므로 저온에서 저장, 유통해야 한다.
ⓔ 곰팡이가 발생하면 색이 변하고, 불쾌한 냄새가 발생하여 상품 가치가 떨어진다.
ⓜ 염장어가 여름철에 색깔이 붉은 색으로 변하는 경우, 그 원인은 호염성 세균(사르시나속, 슈도모나스속)이 발육하여 적색 색소를 생성하기 때문이다.

수산물의 품목별 품질기준(수산물의 품질인증 세부기준 [별표 1] - 국립수산물품질관리원 고시)
1. 건제품

구 분	품질기준			
공통기준	• 일반 : 개별기준에 없는 품목은 공통기준을 적용한다. • 원료 : 국산 또는 원양산이어야 한다. • 선별 : 크기가 균일하고 파치품(흠이 있어 가치가 떨어지는 물품)의 혼입(한데 섞임)이 거의 없어야 한다. • 협잡물 : 토사 및 그 밖의 협잡물이 없어야 한다. • 성상 : 건제품 성상 채점 기준표에 따라 평가한 결과, 총 5점 만점에 평균 3.5점 이상이며, 2점 이하의 항목이 없어야 한다. • 정밀검사 : 식품위생법에서 정한 기준 및 규격에 적합해야 한다.			
개별기준	품 목	크기(체장) 및 중량	수 분	혼입률 등
	마른오징어	60g 이상/마리	23.0% 이하	
	덜마른오징어	80g 이상/마리	50.0% 이하	
	마른옥돔	23cm 이상/마리	–	

구 분	품질기준			
	품 목	크기(체장) 및 중량	수 분	혼입률 등
개별기준	마른멸치	대멸 77mm 이상/마리 중멸 51mm 이상/마리 소멸 31mm 이상/마리 자멸 16mm 이상/마리 세멸 16mm 미만/마리	30.0% 이하 (세멸 : 35.0% 이하)	• 머리가 없는 것 또는 크기가 다른 것의 혼입률 5% 미만 • 진균수 : 1g당 1,000 이하
	마른한치	40g 이상/마리	35.0% 이하	
	덜마른한치	60g 이상/마리	50.0% 이하	
	마른꽃새우	–	20.0% 이하	파치품 포함 크기가 다른 것의 혼입률 5% 미만
	황 태	70g 이상/마리 35cm 이상/마리	20.0% 이하	
	황태포	50g 이상/마리 35cm 이상/마리	20.0% 이하	
	황태채	–	23.0% 이하	
	굴 비	18cm 이상/마리	65.0% 이하	
	꽁치과메기	20cm 이상/편 절단 : 7cm 이상/편	50.0% 이하	• 세균수 : 1g당 100,000 이하 • 대장균군 : 1g당 10 이하 • 머리부, 등뼈, 내장 및 껍질이 잘 제거되고 육질에 혈액이 없으며 진공포장 해야 한다.
	마른굴	3g 이상/개	20.0% 이하	
	마른홍합	3g 이상/개	20.0% 이하	
	마른뱅어포	15g 이상/장 (길이)265 × (너비) 190mm	20.0% 이하	구멍기가 거의 없어야 한다.

[건제품 성상 채점 기준표]

항목	심사기준	평가점수
형태 (5점)	고유 형태의 손상과 변형이 없는 것	5
	거의 없는 것	4
	보통인 것	3
	심한 것	2
	아주 심한 것	1
색택 (5점)	고유의 색택이 아주 뚜렷한 것	5
	뚜렷한 것	4
	보통인 것	3
	희미한 것	2
	현저히 희미한 것	1
향미 (5점)	이취(이상한 냄새)가 없고 고유의 향미가 아주 양호한 것	5
	이취가 거의 없고 고유의 향미가 양호한 것	4
	이취와 고유의 향미가 보통인 것	3
	이취가 심하고 고유의 향미가 나쁜 것	2
	이취가 아주 심하고 고유의 향미가 아주 나쁜 것	1

2. 염장품

구 분	품질기준
공통기준	**(해조류)** • 일반 : 개별기준에 없는 품목은 공통기준을 적용한다. • 원료 : 국산 또는 원양산이어야 한다. • 선별 : 크기가 대체로 균일하고 파치품의 혼입이 거의 없어야 한다. • 처리 : 자숙(쪄서 익힘)이 적당하고 염도가 엽상체(해조류의 잎·줄기·뿌리)에 고르게 침투하여 물빼기가 충분한 것 • 협잡물 : 잡초, 토사 및 그 밖의 협잡물이 없어야 한다. • 성상 : 염장품 성상 채점 기준표에 따라 평가한 결과, 총 5점 만점에 평균 3.5점 이상이며, 2점 이하의 항목이 없어야 한다. • 정밀검사 : 식품위생법에서 정한 기준 및 규격에 적합해야 한다. **(어 류)** • 일반 : 개별기준에 없는 항목은 공통기준을 적용한다. • 원료 : 국산 또는 원양산이어야 한다. • 선별 : 크기가 균일하고 파치품의 혼입이 거의 없어야 한다. • 처리 : 내장과 아가미를 제거하고 혈액과 기타 협잡물이 없어야 한다. • 성상 : 염장품 성상 채점 기준표에 따라 평가한 결과, 총 5점 만점에 평균 3.5점 이상이며, 2점 이하의 항목이 없어야 한다. • 정밀검사 : 식품위생법에서 정한 기준 및 규격에 적합해야 한다.

구 분	품 목	중량(크기)	수 분	염 분	혼입률 등
개별기준	간미역 (또는 염장미역)	–	63.0% 이하	40.0% 이하	노쇠엽, 황갈색엽의 혼입이 없어야 하며, 15cm 이하의 파치품이 3% 미만
	간다시마 (또는 염장다시마)	60cm 이상 (뿌리절단면부터 줄기 끝부분까지)	–	–	병충해엽, 혼입률 5% 미만
	간고등어 (또는 염장고등어)	300g 이상/마리 (가공 전 원료 상태의 중량 적용)	–	5.0% 이하	휘발성 염기질소(VBN) : 30.0mg/100g 이하

[염제품 성상 채점 기준표]

항목	심사기준	평가점수
형태 (5점)	고유 형태의 손상과 변형이 없는 것	5
	거의 없는 것	4
	보통인 것	3
	심한 것	2
	아주 심한 것	1
색택 (5점)	고유의 색택이 아주 뚜렷한 것	5
	뚜렷한 것	4
	보통인 것	3
	희미한 것	2
	현저히 희미한 것	1

항목	심사기준	평가점수
향미 (5점)	이취가 없고 고유의 향미가 아주 양호한 것	5
	이취가 거의 없고 고유의 향미가 양호한 것	4
	이취와 고유의 향미가 보통인 것	3
	이취가 심하고 고유의 향미가 나쁜 것	2
	이취가 아주 심하고 고유의 향미가 아주 나쁜 것	1

3. 해조류

구 분	품질기준
공통기준	• 일반 : 개별기준에 없는 품목은 공통기준을 적용한다. • 원료 : 국산 또는 원양산이어야 한다. • 선별 : 크기가 대체로 균일하고 파치품의 혼입이 거의 없어야 한다. • 협잡물 : 잡초, 토사 및 그 밖의 협잡물이 없어야 한다. • 성상 : 해조류 성상 채점 기준표에 따라 평가한 결과, 총 5점 만점에 평균 3.5점 이상이며, 2점 이하의 항목이 없어야 한다. • 정밀검사 : 식품위생법에서 정한 기준 및 규격에 적합해야 한다.

구분	품 목	중 량	크 기	수 분	청태혼입 및 구멍끼 등
개별기준	마른김	250g 이상/속	• 개량식 : (길이)210×(너비)190mm • 재래식 : (길이) 265×(너비)190mm	15.0% 이하	청태의 혼입이 5% 미만이고, 구멍기가 없어야 한다.
	마른돌김	270g 이상/속	• 개량식 : (길이)210×(너비)190mm • 재래식 : (길이)265×(너비)190mm	15.0% 이하	청태의 혼입이 5% 미만인 것
	얼구운김	원료는 마른김 중량 기준 이상이어야 한다(다만, 화입으로 인한 감량을 감안할 수 있다).	원료는 마른김 크기 기준이어야 한다(다만, 화입으로 인한 크기의 감소를 감안할 수 있다).	5.0% 이하	청태의 혼입이 5% 미만이고, 구멍기가 없어야 한다.
	얼구운 돌김	원료는 마른돌김 중량 기준 이상이어야 한다(다만, 화입으로 인한 감량을 감안할 수 있다).	원료는 마른돌김 크기 기준이어야 한다(다만, 화입으로 인한 크기의 감소를 감안할 수 있다).	5.0% 이하	청태의 혼입이 5% 미만인 것
	마른 가닥미역	–	–	16.0% 이하	노쇠엽, 병충해엽, 황갈색엽 등의 혼입률 5% 미만
	마른 썰은미역, 마른 실미역	–	–	16.0% 이하	노쇠엽, 병충해엽, 황갈색엽 등의 혼입률 5% 미만

구 분	품질기준				
	품 목	중 량	크 기	수 분	청태혼입 및 구멍끼 등
개별기준	마른 다시마	–	엽체 길이 30cm 이상 엽의 중량 15g 이상	18.0% 이하	–
	마른썰은 다시마	–	–	18.0% 이하	노쇠엽, 파치의 혼입률 5% 미만
	찐 톳	–	• 줄기 : 길이 3cm 이상으로서 3cm 미만의 줄기와 잎의 혼입량 3% 미만 • 잎 : 줄기를 제거한 잔여분(길이 줄기 3cm 미만 포함)으로 서 가루가 섞이지 아니한 것	16.0% 이하	–
	마른김 (자반용)	250g 이상/장	(길이)400 × (너비) 300mm 이상	15.0% 이하	청태의 혼입이 10% 미만인 것
	구운김	원료는 마른김 중량 기준 이상이어야 한다(다만, 화입으로 인한 감량을 감안할 수 있다).	원료는 마른김 크기 기준이어야 한다(다만, 화입으로 인한 크기의 감소를 감안할 수 있다).	3.0% 이하	청태의 혼입이 5% 미만인 것
	파래김	250g 이상/장	• 개량식 : (길이)210 × (너비)190mm • 재래식 : (길이)265 × (너비)190mm	15.0% 이하	파래의 혼입이 10% 이상인 것

[해조류 성상 채점 기준표]

항목	심사기준	평가점수
형태 (5점)	고유 형태의 손상과 변형이 없는 것	5
	거의 없는 것	4
	보통인 것	3
	심한 것	2
	아주 심한 것	1
색택 (5점)	고유의 색택이 아주 뚜렷한 것	5
	뚜렷한 것	4
	보통인 것	3
	희미한 것	2
	현저히 희미한 것	1
향미 (5점)	이취(이상한 냄새)가 없고 고유의 향미가 아주 양호한 것	5
	이취가 거의 없고 고유의 향미가 양호한 것	4
	이취와 고유의 향미가 보통인 것	3
	이취가 심하고 고유의 향미가 나쁜 것	2
	이취가 아주 심하고 고유의 향미가 아주 나쁜 것	1

4. 횟감용 수산물

 ※ 횟감용 수산물 : 머리, 뼈, 내장 등을 제거하여 최종 소비자가 그대로 섭취할 수 있도록 유통판매를
  목적으로 위생처리하여 용기·포장에 넣은 제품

1) 신선·냉장품

구 분	품질기준
공통기준	• 일반 : 개별기준에 없는 품목은 공통기준을 적용한다. • 원료 : 국산 또는 원양산이어야 한다. • 처리 : 위생적인 장소에서 안전하게 처리되어야 하며, 이물 등의 혼입이 없어야 한다. 다만, 어류는 혈액제거가 잘 되어야 한다. • 보존 : 청결하고 위생적인 용기포장에 넣어 4℃ 이하에서 보존해야 한다. • 성상 : 신선·냉장품 성상 채점 기준표에 따라 평가한 결과, 총 5점 만점에 평균 3.5점 이상이며, 2점 이하의 항목이 없어야 한다. • 정밀검사 : 식품위생법에서 정한 기준 및 규격에 적합해야 한다.
개별기준	• 굴 : 개당 3g 이상이어야 한다. • 우렁쉥이 : 개당 15g 이상이어야 한다. • 냉장붉은대게살(횟감) : 휘발성 염기질소(VBN) 15mg/100g 이하

2) 냉동품

구 분	품질기준
공통규격	• 일반 : 개별기준에 없는 품목은 공통기준을 적용한다. • 원료 : 국산 또는 원양산이어야 한다. • 선별 : 크기가 대체로 고른 것이어야 한다. • 협잡물 : 혈액 등의 처리가 잘되고 그 밖의 협잡물이 없어야 한다. • 저장상태 : 얼음막(글레이징) 처리가 잘되어 있고 건조 및 기름절임 현상이 없어야 한다. • 동결포장 : −35℃ 이하에서 급속 동결하여 위생적인 용기에 포장해야 한다. • 성상 : 냉동품 성상 채점 기준표에 따라 평가한 결과, 총 5점 만점에 평균 3.5점 이상이며, 2점 이하의 항목이 없어야 한다. • 정밀검사 : 식품위생법에서 정한 기준·규격에 적합해야 한다.

[신선·냉장품 성상 채점 기준표]

항목	심사기준	평가점수
색택 (5점)	고유의 색택이 아주 뚜렷한 것	5
	뚜렷한 것	4
	보통인 것	3
	희미한 것	2
	현저히 희미한 것	1
향미 (5점)	이취가 없고 고유의 향미가 아주 양호한 것	5
	이취가 거의 없고 고유의 향미가 양호한 것	4
	이취와 고유의 향미가 보통인 것	3
	이취가 심하고 고유의 향미가 나쁜 것	2
	이취가 아주 심하고 고유의 향미가 아주 나쁜 것	1

[냉동품 성상 채점 기준표]

항목	심사기준	평가점수
형태 (5점)	고유 형태의 손상과 변형이 없는 것	5
	거의 없는 것	4
	보통인 것	3
	심한 것	2
	아주 심한 것	1
색택 (5점)	고유의 색택이 아주 뚜렷한 것	5
	뚜렷한 것	4
	보통인 것	3
	희미한 것	2
	현저히 희미한 것	1
조직감 (5점)	실온 해동 후 눌렀을 때 복원현상이 아주 양호한 것	5
	양호한 것	4
	보통인 것	3
	나쁜 것	2
	아주 나쁜 것	1
향미 (5점)	이취가 없고 고유의 향미가 아주 양호한 것	5
	이취가 거의 없고 고유의 향미가 양호한 것	4
	이취와 고유의 향미가 보통인 것	3
	이취가 심하고 고유의 향미가 나쁜 것	2
	이취가 아주 심하고 고유의 향미가 아주 나쁜 것	1

5. 냉동수산물

구 분	품질기준
공통기준	• 일반 : 개별기준에 없는 품목은 공통기준을 적용한다. • 원료 : 국산 또는 원양산이어야 한다. • 선별 : 크기가 대체로 고르고 파치품 혼입이 거의 없어야 한다. • 저장상태 : 얼음막(글레이징) 처리가 잘되어 있고 건조 및 기름절임 현상이 거의 없어야 한다. • 동결포장 : −35℃ 이하에서 급속 동결하여 위생적인 용기에 포장해야 한다. • 처리 : 필렛(Fillet) 제품은 뼈 제거가 잘 되어야 하며, 청크(Chunk) 제품은 일정한 크기로 절단해야 한다. • 성상 : 냉동수산물 성상 채점 기준표에 따라 평가한 결과, 총 5점 만점에 평균 3.5점 이상이며, 2점 이하의 항목이 없어야 한다. • 정밀검사 : 식품위생법에서 정한 기준 및 규격에 적합해야 한다.

구 분	품 목	크기(체장) 및 중량
개별기준	고등어	30cm 이상/마리
	갈 치	항문장 25cm 이상/마리
	삼 치	50cm 이상/마리
	뱀장어	40cm 이상/마리
	붕장어	50cm 이상/마리
	대 구	40cm 이상/마리
	꽃 게	두흉갑장 8cm 이상/마리

구 분	품질기준	
	품 목	크기(체장) 및 중량
개별기준	가자미	20cm 이상/마리
	참조기	20cm 이상/마리
	참 돔	25cm 이상/마리
	눈볼대	20cm 이상/마리
	전갱이	20cm 이상/마리
	오징어	외투장 23cm 이상/마리
	문 어	1,000g 이상/마리
	꽁 치	25cm 이상/마리
	청 어	25cm 이상/마리
	새 우	35마리 이하/kg
	옥 돔	25cm 이상/마리
	굴	3g 이상/개
	병 어	20cm 이상/마리
	민 어	40cm 이상/마리
	홍 어	체반폭 45cm 이상/마리
	키조개(개아지살)	50g 이상/개
	전 복	150g 이상/개
	주꾸미	55g 이상/마리
	붉은대게살(자숙)	–
	명 태	35cm 이상/마리
	넙 치	600g 이상/마리
	새고막(자숙)	각고 2cm 이상/개
	홍 합	10g 이상/개
	논우렁이살	3g 이상/개
	바지락살	5g 이상/개
	홍합(자숙)	8g 이상/개
	왕우렁이살	3g 이상/개

크기(체장) 측정 : 어류 및 오징어류의 크기(체장)의 측정은 수산자원관리법 시행령 [별표 2] 수산자원의 포획·채취금지 체장 또는 체중의 수산동물의 종류별 체장 계측도에 따른다.
• 전장 : 주둥이에서 꼬리지느러미 끝까지의 길이
• 체반폭 : 가오리류의 양쪽 가슴지느러미 사이의 너비
• 항문장 : 주둥이에서 항문까지의 길이
• 외투장 : 오징어류 외투막의 길이
• 두흉갑장 : 갑각류 머리·가슴의 껍데기 길이

[냉동수산물 성상 채점 기준표]

항목	심사기준	평가점수
형태 (5점)	고유 형태의 손상과 변형이 없는 것 거의 없는 것 보통인 것 심한 것 아주 심한 것	5 4 3 2 1
색택 (5점)	고유의 색택이 아주 뚜렷한 것 뚜렷한 것 보통인 것 희미한 것 현저히 희미한 것	5 4 3 2 1
조직감 (5점)	실온 해동 후 눌렀을 때 복원현상이 아주 양호한 것 양호한 것 보통인 것 나쁜 것 아주 나쁜 것	5 4 3 2 1
향미 (5점)	이취가 없고 고유의 향미가 아주 양호한 것 이취가 거의 없고 고유의 향미가 양호한 것 이취와 고유의 향미가 보통인 것 이취가 심하고 고유의 향미가 나쁜 것 이취가 아주 심하고 고유의 향미가 아주 나쁜 것	5 4 3 2 1

4 연제품

(1) 연제품의 개요

① 연제품은 어육에 소량의 소금을 넣고 고기갈이 한 육에 맛과 향을 내는 부원료를 첨가하고 가열하여 겔(Gel)화시킨 제품이다.

② 어종, 어체의 크기에 무관하게 원료의 사용 범위가 넓다.

③ 맛의 조절이 자유롭고, 어떤 소재라도 배합이 가능하다.

④ 대표적인 연제품은 게맛어묵 제품이다.

⑤ 외관·향미(香味) 및 물성(物性)이 어육과 다르고, 바로 섭취할 수 있다.

※ 어육 연제품의 종류
- 어묵류 : 배합하는 소재의 종류가 많고 성형이 자유로우며, 가열 방법이 다양하여 제품 종류가 많다. 국내에 서는 찐어묵, 구운어묵, 튀김어묵, 게맛어묵(맛살류) 등이 시판되고 있다.
- 어육소시지 : 열수축성 재료로 고압살균 포장하여 저장성을 높인 제품으로 지방이나 향신료를 사용하여 제품에 풍미가 있다.
- 어육햄 : 다랑어, 고래 등의 어육과 육류(돼지육 등)의 지육(脂肉)을 혼합하여 만든 제품으로 육류에 비해 어육의 비율이 높다.
- 어육햄버거 : 갈아낸 어육에 잘게 썬 어육, 야채를 넣어 육류햄버거와 유사한 식감(食感)을 갖도록 가공한 제품이다.

(2) 어육 연제품의 원료

선도가 좋고 탄력, 색택, 맛, 냄새, 육질 및 경제성을 고려해야 한다.

[어육 연제품 원료의 특성, 용도 및 주요 어장]

어 종		특성 및 용도	주요 어장
냉수성 어종	명 태	• 최대의 연제품 원료 자원으로 감칠맛은 없음 • 선도가 좋은 경우 탄력이 강함 • 폼알데하이드 생성으로 단백질 동결 변성이 쉬움 • 자연응고 및 되풀림이 쉬움	북태평양 해역, 알래스카 베링해
	대구류	• 단백질 분해효소 활성이 강하여 겔 강도가 약함 • 명태보다 백색도가 떨어지지만 감칠맛이 있음 • 자연 응고 및 되풀림이 쉬움	캐나다, 미국의 북동 태평양 해역
	임연수어	• 북태평양에서 명태 다음으로 어획량이 많음 • 겔 형성능이 크고, 자연 응고가 어려움 • 감칠맛이 있어 구운 어묵, 튀김 어묵에 이용됨	일본 홋카이도 등 북태평양 해역
온수성 어종	실꼬리돔	• 육색이 희고 감칠맛이 풍부하며 겔 형성능이 좋고, 명태 대체 어종으로 이용됨 • 고온 및 저온에서 자연 응고와 되풀림이 쉬움 • 60℃ 부근에서 극단적으로 탄력 저하함	태국, 베트남, 인도 등 동남아시아
	조기류	• 탄력이 강한 고급 어묵용 원료임 • 자연 응고가 약간 쉽고 되풀림이 극히 쉬움 • 황조기 및 백조기가 주 어종임	중국, 한국, 일부 태국, 베트남, 인도 해역
	매퉁이	• 육색이 대단히 희고 감칠맛이 강함 • 40~50℃의 고온 자연 응고 시 겔 강도 강함 • 선도 저하 시 되풀림이 쉬움 • 폼알데하이드 생성으로 단백질의 동결 변성이 쉬움	태국, 베트남, 인도, 중국 남부 해역

(3) 어육 연제품의 종류

① 형태(성형)에 따른 어육 연제품의 분류

ㄱ 판붙이어묵 : 작은 판에 연육을 붙여서 찐 제품

ㄴ 부들어묵 : 꼬챙이에 연육을 발라 구운 제품

ㄷ 포장어묵 : 플라스틱 필름으로 포장, 밀봉하여 가열한 제품

ⓔ 어단 : 공 모양으로 만들어 기름에 튀긴 제품

ⓜ 기타 : 틀에 넣어 가열한 제품(집게다리, 바다가재 및 새우 등의 틀 사용)과 다시마 같은 것으로 둘러서 만 제품이 있다.

② 가열 방법에 따른 어육 연제품의 분류

㉠ 찐어묵 : 신선한 어육 또는 동결 연육을 소량의 소금과 함께 갈아서, 나무판에 붙여서 수증기로 가열한 제품이다.

㉡ 구운어묵 : 고기갈이 한 어육을 꼬챙이(쇠막대)에 발라 구운 제품이다(그 모양이 부들이 나무와 비슷하다고 하여 부들어묵이라고도 한다).

㉢ 튀김어묵 : 고기갈이 한 어육을 일정한 모양으로 성형하여 기름에 튀긴 제품이다(소비량이 가장 많다).

㉣ 게맛어묵(맛살류) : 동결 연육을 게살, 새우살 또는 바닷가재 살의 풍미와 조직감을 가지도록 만든 제품으로 막대 모양의 스틱(Stick), 스틱을 자른 덩어리 모양의 청크(Chunk), 청크를 더 잘게 자른 가는 조각 모양의 플레이크(Flake) 등이 있다.

[가열 방법에 따른 연제품의 분류]

가열 방법	가열 온도(℃)	가열 매체	제품 종류
증자법	80~90	수증기	판붙이어묵, 찐어묵
배소법	100~180	공 기	구운어묵(부들어묵)
탕자법	80~95	물	마어묵, 어육소시지
튀김법	170~200	식용유	튀김어묵, 어단

(4) 어육 연제품의 가공

① 동결 연육(Surimi)의 제조

㉠ 채육 공정

• 머리, 내장을 먼저 제거한다.

• 소형어는 그대로, 대형어는 두편뜨기나 세편뜨기를 하여 10℃ 정도의 물로 비늘과 어피 등을 제거한다.

• 그 다음에 채육기에 넣어서 살을 발라낸다.

㉡ 수세 공정

• 채육된 어육에 물을 혼합하여 교반하면서 혈액, 지방, 색소, 수용성 단백질 및 껍질을 제거하는 공정이다(어육 연제품의 탄력에 영향을 미치는 공정).

• 육 정선기로 결제 조직, 흑피, 뼈, 껍질의 소편, 적색육 등을 제거한다.

• 주로 스크루압착기(Screw Press)로 탈수시키며, 최종 수분 함량은 등급에 따라 70~80% 정도가 되게 한다.

ⓒ 첨가물의 혼합 및 충전
- 첨가물의 혼합은 냉각식의 믹서(Mixer) 또는 세절 혼합기인 사일런트 커터를 사용한다.
- 첨가물의 충전은 혼합시킨 육을 충전기로 착색 폴리에틸렌 필름에 10kg씩 충전한 다음, 금속 등의 이물질의 혼입을 검사한다.
- 무염 연육은 6% 설탕(또는 소비톨)과 0.2~0.3%의 중합인산염이 첨가된 것이다.
- 가염 연육은 중합인산염 대신에 2~3%의 소금이 첨가된 것이다.
ⓐ 동결 및 저장
- 연육의 동결은 접촉식 동결 장치 또는 공기 동결 장치로 급속 동결시킨다.
- 저장은 품질 안정을 위하여 일반적으로 −18℃ 이하에 보관한다.
  - ※ 동결수리미
    - 장기간 냉동 저장할 수 있어 계획적으로 연제품을 생산할 수 있다.
    - 어체 처리 시의 폐수 및 어취 발생 등의 환경 문제를 해결할 수 있다.
② 어육 연제품(어묵 등)의 제조
ⓐ 고기갈이 공정
- 육 조직을 파쇄하고 첨가한 소금으로 단백질을 충분히 용출시키고 조미료 등의 부원료를 혼합시키는 것이 목적이다(어육 연제품의 탄력 형성에 가장 크게 영향을 미침).
- 고기갈이는 동결 연육을 사일런트 커터에서 초벌갈이(10~15분간 어육만), 두벌갈이(소금 2~3%를 가하여 20~30분간), 세벌갈이(다른 부원료를 넣어 10~15분간)를 한다.
ⓑ 성형 공정
- 게맛어묵은 노즐을 통하여 얇은 시트 형태로 사출한다.
- 어육소시지는 케이싱(Casing)에 채운다.
- 성형할 때 기포가 들어가지 않도록 한다. 기포가 들어가면 가열 공정에서 팽창, 파열되거나 변질의 원인이 되기도 한다.
ⓒ 가열 공정
- 가열은 육단백질을 탄력 있는 겔로 만들고, 연육에 부착해 있는 세균이나 곰팡이를 사멸시키는 데 목적이 있다.
- 연제품은 중심 온도가 75℃ 이상, 어육소시지와 햄은 80℃ 이상이 되도록 가열해야 한다.
ⓐ 냉각 및 포장 공정
- 가열이 끝나면 빨리 냉각시킨다.
- 게맛어묵 및 어육소시지와 같은 포장 제품은 냉수 냉각을 한다.
- 일반 연제품은 송풍 냉각을 한다.
- 포장은 제품에 따라 완전 포장 제품, 무포장 및 간이 포장 제품으로 한다.
③ 어육햄 및 어육소시지의 가공
ⓐ 어육햄 : 참다랑어의 육편과 돼지고기에 연육을 첨가하고, 여기에 조미료와 향신료를 첨가, 마쇄, 혼합한 후에 케이싱에 충전·밀봉하여 가열 살균한 제품이다.

ⓛ 어육소시지 : 잘게 자른 어육에 지방, 조미료 및 향신료를 첨가하고 갈아서 케이싱에 충전, 밀봉한 다음 어육햄과 같은 방법으로 열처리한 제품이다.

(5) 연제품의 겔 형성에 영향을 주는 요인

① 어종 및 선도
  ㉠ 어육의 겔 형성력은 경골어류, 바다고기, 백색육 어류가 좋다.
  ㉡ 냉수성 어류 단백질보다 온수성 어류 단백질이 더 안정하고, 선도가 좋을수록 겔 형성력이 좋다.

  ※ 겔(Gel)
    콜로이드 용액(졸)이 일정한 농도 이상으로 진해져서 튼튼한 그물 조직이 형성되어 굳어진 것으로 탄력을 지닌다.

② 수 세
  ㉠ 어육 속의 수용성 단백질(근형질 단백질 등)이나 지질 등은 겔 형성을 방해한다.
  ㉡ 수세를 하면 수용성 단백질과 지질 등이 제거되어 색이 좋아지고, 겔 형성에 관여하는 근원섬유 단백질이 점점 농축되므로 겔 형성이 좋아져 제품의 탄력이 좋아진다.

③ 소금 농도 : 고기갈이 할 때 소금(2~3%)을 첨가하면 근원섬유 단백질의 용출을 도와 겔 형성을 강화시키고, 맛을 좋게 한다.

④ 고기갈이 육의 pH 및 온도
  ㉠ 고기갈이 한 어육은 pH 6.5~7.5에서 겔 형성이 가장 강해진다.
  ㉡ 고기갈이 온도는 10℃ 이하에서 한다(0~10℃에서 단백질의 변성이 극히 적으므로).

⑤ 가열 조건
  ㉠ 가열 온도가 높고 또 가열 속도가 빠를수록 겔 형성이 강해진다.
  ㉡ 가열은 급속 가열하는 것이 좋다(저온에서 장시간 가열하면 탄력이 약한 제품이 된다).

⑥ 첨가물
  ㉠ 연제품에 사용되는 첨가물 : 조미료, 광택제, 탄력 보강제, 증량제 등이 있다.
  ㉡ 조미료 : 소금, 설탕, 물엿, 미림, 글루탐산나트륨이 사용된다.
  ㉢ 달걀흰자 : 탄력 보강 및 광택을 내기 위하여 첨가한다.
  ㉣ 지방 : 맛의 개선이나 증량을 목적으로 주로 어육소시지 제품에 많이 첨가한다.
  ㉤ 녹말(전분)
    • 탄력 보강 및 증량제로서 사용한다.
    • 첨가량은 일부 고급 연제품을 제외하고는 보통 어육에 대하여 5~20% 정도이다.
    • 녹말은 가열 공정 중에 호화되어 제품의 탄력을 보강한다.
    • 감자 녹말, 옥수수 녹말, 타피오카 녹말, 고구마 녹말이 사용되고 있다.

(6) 어육 연제품의 품질 변화

① 어육 연제품의 저장성

    ㉠ 무 포장 또는 간이 포장 연제품

- 2차 오염균에 의하여 제품의 표면에서부터 변질이 시작되는 것이 보통이다.
- 상온에서의 저장 한계는 여름철에는 1~2일, 봄·가을철에는 5~6일 정도이다.

    ㉡ 진공 포장 제품

- 대부분 바실러스(Bacillus)속의 세균 때문에 변질이 일어난다.
- 포장어묵류는 10℃ 이하에서 보존, 유통되므로 보통 1개월 정도는 변질의 우려가 없다.
- 보존 온도가 높아지면 대개 제품의 표면에서 나타나며 기포 발생, 점질물 생성, 연화, 반점 생성, 산패 등이 일어난다.

② 연제품의 변질 방지

    ㉠ 연제품의 변질을 방지하기 위해서는 가열 직후에 제품에 남아 있는 세균의 수를 최대한 줄이고 2차 오염의 기회를 차단하며, 저온에 저장하여 잔존 세균의 증식을 억제시켜야 한다.

    ㉡ 방법으로는 중심온도 75℃ 이상 가열, 1~5℃에서 저온 냉장, 소브산 및 소브산칼륨 등 보존료 사용, 포장 등이 있다.

        ※ 게맛어묵(게맛살)

- 냉동 고기풀을 원료로 하여 연제품 제법으로 제조
- 게살의 풍미와 조직감을 가지도록 한 인위적인 모조 식품(Copy Food)
- 고품질의 선상 냉동고기풀(명태육)을 원료로 사용

5 젓갈(발효식품)

(1) 젓갈의 개요

① 젓갈은 어패류의 근육, 내장, 생식소(알) 등에 소금을 넣고 변질을 억제하면서 발효·숙성시킨 것이다.

② 젓갈은 소금을 첨가하여 저장성을 좋게 하면서 독특한 풍미를 가지게 한 우리 고유의 전통 수산발효식품이다.

③ 젓갈은 단백질, 당질, 지질 등의 분해 물질이 어우러져 진한 감칠맛을 내므로 직접 섭취하거나 조미료로도 많이 이용된다.

④ 저장 측면에서는 염장품과 유사하나 일반 염장품은 염장 중에 육질의 분해가 억제되어야 좋은 제품인 반면, 젓갈은 원료를 적당히 분해·숙성시켜 독특한 풍미를 갖게 한다는 점에서 차이가 있다.

(2) 젓갈의 종류

① 젓갈류에는 젓갈, 액젓, 식해가 있다.

② 대부분의 어패류를 젓갈 원료로 사용할 수 있다.

③ 원료에 따른 젓갈의 분류

구분(원료)	제 품
육젓(근육)	멸치젓, 정어리젓, 오징어젓, 조기젓, 소라젓, 전복젓, 전어젓
내장젓(내장)	창란젓, 참치 내장젓, 갈치 내장젓, 해삼 내장젓
생식소젓(알)	명란젓, 성게 알젓, 청어 알젓, 상어 알젓

④ 젓갈의 가공방법에 따른 분류

　　㉠ 육젓 : 어패류의 원형이 유지되는 것으로, 어패류에 8~30% 정도의 소금만을 사용하여 2~3
　　　　개월 상온 발효시켜서 만든 발효 젓갈이다.

　　㉡ 액젓 : 어패류의 원형이 유지되지 않는 것으로 발효 기간을 12개월 이상 연장함으로써 어패류
　　　　를 더욱 분해시켜서 만든다(멸치젓과 새우젓이 대표적).

　　　※ **젓갈의 맛 성분**
　　　　어패류 속의 단백질 및 핵산, 당질 등이 숙성 중에 자가소화 효소 및 미생물에 의하여 분해되어 각종
　　　　아미노산, 올리고당, 유기산, 뉴클레오티드, 단당류 등으로 변하여 독특한 맛을 낸다.

(3) 전통 젓갈과 저염 젓갈

① 전통 젓갈

　　㉠ 어패류에 20% 이상의 소금을 넣어서 부패를 막으면서 자가소화 효소 등의 작용을 활용하여
　　　　숙성시킨 것으로 맛과 보존성이 좋다.

　　㉡ 소금이 10% 이상이 되면 장염 비브리오균이 증식할 수 없으므로 식중독 염려가 없다.

② 저염 젓갈

　　㉠ 소금농도를 7% 이하로 단기간 숙성시킨 것으로 맛과 보존성이 낮다.

　　㉡ 조미료로 맛을 부여하거나 저온 저장 및 보존료를 첨가하여 보존성을 높이고 있다.

　　㉢ 식중독을 일으키는 장염 비브리오는 2~5%의 소금이 있으면 증식을 잘하므로 식중독의 염려
　　　　가 있다.

　　　※ **전통 젓갈과 저염 젓갈의 비교**

전통 젓갈	저염 젓갈
• 소금농도 약 20% 이상	• 소금농도 약 4~7%
• 숙성 기간 약 10~20일	• 숙성 기간 약 0~3일
• 자가소화에 의한 감칠맛 등의 생성	• 조미료 등에 의한 감칠맛 부여
• 소금에 의한 부패 방지	• 보존료, 수분활성도 조정에 의한 보존(냉장)
• 보존성이 높음(상온 저장 가능)	• 보존성이 낮음(냉장 보관)
• 식염에 의해 부패 억제	• 젖산, 소비톨, 에탄올을 첨가하여 부패 억제
• 보존식품	• 기호식품

(4) 젓갈의 가공 방법

① 멸치젓

ⓐ 일반적으로 마른간법으로 만들고, 유럽에서는 개량 물간법으로 멸치젓 통조림을 만들고 있다.

ⓑ 봄에 담근 것을 춘젓, 가을에 담근 것을 추젓이라 한다.

ⓒ 춘젓이 추젓보다 맛이 좋은 것으로 알려져 있다.

② 새우젓

ⓐ 어획 직후 선상에서 선별한 후 바로 가염 처리를 하여야 한다.

ⓑ 소금량은 젓갈 중 가장 많은 약 35% 정도를 넣어야 한다.

ⓒ 새우 껍질 때문에 소금의 침투 속도가 느리고 내장에 있는 효소의 활성이 높기 때문에 소금량을 많이 한다.

ⓓ 1~2월(겨울)에 담는 것을 동백하젓, 3~4월(봄)에 담근 것을 춘젓, 5월에 담는 것을 오젓, 6월에 담근 것을 육젓, 7~8월에 담근 것은 자젓, 9~10월(가을)에 담근 것을 추젓이라 한다.

ⓔ 살이 가장 잘 오른 육젓이 가장 고급품이다.

③ 명란젓

ⓐ 명란 채취 : 명태의 복부를 갈라서 내장과 함께 명란을 채취한다.

ⓑ 물빼기 : 채취한 명란을 소금물(3%)로 수세하여 명란 표면의 오물을 제거한 후 물빼기를 한다. 이때 알집이 터지지 않도록 주의한다.

ⓒ 염지 : 물빼기한 명란은 염지를 하는데, 발색제는 최종 잔존 농도가 5ppm 이하가 되도록 아질산나트륨을 첨가하는 것이 허용되어 있다.

ⓓ 숙성 및 포장 : 염지가 끝난 명란은 깨끗한 물로 씻고 다시 하룻밤 정도 물빼기하여 숙성(10℃ 이하, 2일 또는 7~15일)하고, 조미 후 용기에 넣고 포장하여 저온 유통시킨다.

(5) 액 젓

① 주로 동남아시아에서 많이 생산되며 우리나라, 일본, 유럽에서도 이용되고 있다.

② 우리나라는 멸치액젓과 까나리액젓이 대표적이다.

③ 어패류를 고농도의 소금으로 염장한 후 장기간 숙성시켜 액화한 것으로, 아미노산의 함유량이 높기 때문에 주로 조미료로 이용된다.

④ 액젓의 제조 방법

ⓐ 액젓은 젓갈 제조 방법과 동일하게 처리하여 1년 이상 숙성·액화시켜서 어패류의 근육을 완전히 분해시켜서 만든다.

ⓑ 대부분의 유통되는 액젓은 생젓국(원액)을 뜨고 난 잔사에 소금과 물을 적당량 가하여 3차까지 달인 다음 여과하여 원액과 혼합하여 액젓으로 출하하기도 한다.

(6) 식 해

① 식해는 염장 어류에 조, 밥 등의 전분질과 향신료 등의 부원료를 함께 배합하여 숙성시켜 만든 것이다.

② 식해는 식염의 농도가 낮아 저장성이 짧으므로 가을이나 겨울철에 주로 제조된다.

③ 주된 원료로는 가자미, 넙치, 명태, 갈치 등을 주로 사용하고 있다.

④ 부원료는 쌀밥 또는 조밥과 소금, 엿기름, 고춧가루 등이 사용된다.

⑤ 가자미식해가 대표적이다.

6 조미가공품

(1) 조미가공품의 종류

① **조미조림제품** : 소형 어류와 조개류 및 해조류 등의 원료를 간장과 설탕을 주성분으로 하는 진한 조미액에 넣고 높은 온도에서 오래 끓여서 만든 제품

② **조미건제품** : 소형 어패류의 고기를 조미액에 침지한 다음에 건조시켜 만든 제품

③ **조미구이제품** : 어패류의 고기에 간장, 설탕, 물엿, 조미료를 섞은 조미액을 바른 다음에 이를 숯불, 적외선, 프로판가스 등을 이용한 배소기로 구워서 만든 제품

(2) 조미가공품의 제조

① **오징어 세절 조미조림**

  ㉠ 오징어 육을 찐 다음에 압착하여 실처럼 가늘게 찢어 조미액 속에서 조린 제품이다.

  ㉡ 백진미(껍질을 벗겨 가공), 참진미(껍질을 벗기지 않고 가공), 군진미(숯불에 구운), 맛진미(압연 처리) 등의 제품이 있다.

② **쥐치 꽃포**

  ㉠ 육편뜨기 : 쥐치의 머리와 내장을 제거하고, 껍질을 벗긴 다음에 육편을 뜬다.

  ㉡ 조미 : 육편을 수세하여 혈액과 이물질을 제거한 다음에 조미액을 가하여 잘 섞어준다.

  ㉢ 건조 : 조미 작업이 끝나면 천일건조하거나 열풍건조한다.

③ **조미 배건 오징어**

  ㉠ 조미 배건 오징어에는 찢은 조미 배건 오징어와 압연 조미 배건 오징어가 있다.

  ㉡ 찢은 조미 배건 오징어 : 껍질을 제거한 몸통을 조미액과 잘 혼합하고, 배소기에서 구운 뒤 인열기에 걸어 부풀어 오르도록 찢은 제품이다.

  ㉢ 압연 조미 배건 오징어 : 껍질을 제거한 몸통을 조미하고 찐 다음 가열하여 압연한 제품이다.

7 해조류 가공품

(1) 김

김의 가공품으로는 마른김과 조미김이 있다.

① 마른김의 가공

    ㉠ 세척 : 채취기로 채취한 양식김을 세척 탱크 내에서 교반하여 씻는다.

        ※ 근래에는 채취한 생김을 탈수한 다음 급속 동결(–30~–25℃ 정도)하여 두었다가 적당한 시기에 바닷물로 해동하여 쓰기도 한다.

    ㉡ 탈수 및 건조 : 세척한 김은 통에서 깨끗한 찬물로 풀어 잘 섞고, 김 되로 떠서 탈수하여 옥외 건조(햇빛을 이용) 또는 실내 건조(열풍을 이용)를 한다.

    ㉢ 결속 : 건조한 김은 발장에서 떼에 내어 이물질(협잡물, 잡태 등)을 제거한 후 10장을 한 첩으로 접고, 10첩을 한 속(톳)으로 하여 결속한다.

    ㉣ 열처리 : 마른김 자체를 열처리하면 김의 수분을 5% 이하로 줄일 수 있으므로 장기간 저장할 수 있다.

    ㉤ 포장 : 열처리가 끝나면 상자에는 방습지를 깔고 김을 넣은 다음에 밀봉하여 포장한다.

② 조미김

    ㉠ 조미김은 마른김을 조미하여 건조한 것이다.

    ㉡ 마른김을 가열하여 조미액(식용유 등)을 김 표면에 발라 구운 후 적당한 크기로 절단하고, 건조제를 넣어서 밀봉·포장한다.

    ㉢ 저장 유통 중에 지방의 산화가 품질에 커다란 영향을 미친다.

        ※ 우리나라에서 생산되는 김은 대부분이 양식산의 방사무늬김이다.

(2) 마른미역

① 마른미역의 종류

종 류	가공 방법
소건미역	채취한 미역을 깨끗이 씻은 다음에 건조한 것
회건미역	생미역에 초목을 태워서 얻는 재를 섞어서 건조한 것
염장 데친 미역	끓는 물로 미역을 데쳐 효소를 불활성화시키고 소금으로 염장한 것
염장 썰은 미역	염장미역을 씻은 다음, 절단기로 4~5cm 크기로 자른 후 포장한 것
실미역	염장미역 잎사귀만 선별하여 씻은 다음 건조시켜 포장한 것

② 염장미역의 가공

    ㉠ 채취한 미역을 끓는 식염수(3~4%)에 데친(30~60초 정도) 후 물로 냉각하여 탈수한다.

    ㉡ 탈수된 미역에 식염(30~40%)을 마른간법으로 뿌린 다음 염지 탱크에 넣어두면 수분이 배어나와 물간 형태가 된다.

ⓒ 충분히 염장된 미역을 탈수한 다음 줄기, 변색된 잎, 파손된 잎 등을 제거한 후 다시 식염
(10~20%)을 혼합하고 염장미역을 제조하여 저온 저장한다.

③ 마른 썬 미역

㉠ 염장미역을 원료로 사용한다.

㉡ 염장미역을 수세하여 과잉된 소금기(농도)를 낮추고 압착기로 탈수한다.

㉢ 탈수한 미역에서 불량품을 제거한 다음 일정한 크기로 절단하여 열풍 건조기로 건조한다.

㉣ 건조한 미역은 이물제거기를 통해 이물질(모래, 먼지 등)을 제거하고 포장한다.

(3) 한 천

① 한천(Agar)의 원료

㉠ 한천의 원료가 되는 해조류는 홍조류로, 대표적인 것이 우뭇가사리와 꼬시래기이다.

㉡ 우뭇가사리 등의 세포벽에 존재하는 다당류이다.

㉢ 한천은 해조류를 열수로 추출한 액을 냉각하여 생기는 우무를 동결, 탈수, 건조한 것이다.

㉣ 꼬시래기가 전 세계적으로 가장 많이 사용되고 있다.

> ※ **해조 다당류 가공품**
> 해조류에는 한천, 알긴산, 카라기난과 같이 다당류의 함유량이 많아 식품, 화장품, 및 의약품 산업에
> 이용되고 있다.

② 한천의 제조 방법

㉠ 자연 한천 제조법

• 자연 한천은 겨울철에 자연의 냉기(저온)를 이용하여 동건법(동결과 해동을 반복하여 건조)
으로 제조하므로, 건조장의 자연 조건(기후, 지형 및 수질)이 중요하다.

• 기온은 하루의 최저 기온(밤 기온)이 −10~−5℃, 최고 기온(낮 기온)이 5~10℃ 정도 되고,
날씨는 맑고 바람이 적은 곳이 좋다.

• 추출은 전처리 없이 상압에서 끓는 물에 원료를 넣어 장시간 자숙하여 추출한다.

• 추출한 한천 성분을 여과포로 여과하여 응고시켜 만든 우무를 일정 크기(각 한천 : 길이
35cm, 두께와 폭 3.9~4.2cm, 실 한천 : 길이 35cm, 두께와 폭 6mm)로 절단하여 자연
저온을 이용하여 동건하여 제조한다.

> ※ **우뭇가사리를 이용한 자연 한천의 제조과정**
> 우뭇가사리 → 수침 → 수세 → 자숙, 추출 → 여과 → 절단 → 동결건조 → 제품

㉡ 공업 한천 제조법

• 한천 제조에 사용되는 탈수법은 동결탈수법과 압착탈수법이 있다.

• 우뭇가사리는 동결탈수법으로, 꼬시래기는 압착탈수법으로 한천을 생산한다.

• 꼬시래기를 원료로 사용할 경우 알칼리 전처리를 하여야 품질이 좋은 한천이 얻어진다.

• 공업 한천은 냉동기로 동결하므로 기후 조건의 영향을 받지 않아 연중 생산할 수 있다.

③ 한천의 성질

    ㉠ 성분은 아가로스(Agarose, 70~80%)와 아가로펙틴(Agaropectin, 20~30%)의 혼합물이다.

    ㉡ 아가로스는 중성 다당류이고, 아가로펙틴은 산성 다당류이다.

    ㉢ 응고력이 강하고 보수성·점탄성이 좋으며, 인체의 소화 효소나 미생물에 의해서 분해되지 않는다.

    ㉣ 아가로스의 함유량이 많을수록 응고력이 강하다.

    ㉤ 냉수에는 녹지 않으나 80℃ 이상의 뜨거운 물에는 잘 녹는다.

    ㉥ 소화·흡수가 잘되지 않아 다이어트 식품의 소재로 많이 이용되고 있다.

④ 한천의 용도

식품가공용	• 요리용(우무요리, 일본요리, 중국요리) • 제과용(양갱, 젤리, 잼) • 유제품용(아이스크림, 요구르트 안정제) • 양조용(맥주, 포도주, 청주, 식초 등의 청정제) • 저칼로리 건강식품
의약품	정장제, 변비예방치료제, 외과 붕대, 치과 인상제
공업용	치약, 로션, 샴푸 등
기 타	미생물 배지, 분석 시약용, 겔 여과제, 조직 배양용

(4) 알긴산(Alginic Acid)

① 알긴산의 원료

    ㉠ 알긴산은 갈조류에 들어 있는 점질성 다당류이다.

    ㉡ 미역, 감태, 모자반, 다시마, 톳 등의 갈조류가 사용되고 있는데, 그 함유량은 15~35% 정도이다.

② 알긴산의 제조 공정

    ㉠ 알긴산이나 알긴산염의 추출 정제를 위한 각 공정은 알긴산에 함유되어 있는 카복실기의 이온교환 특성을 이용한 것이다.

    ㉡ 알긴산 제조 공정은 알긴산법과 칼슘알긴산법이 있다.

    ㉢ 원료 중에 들어 있는 알긴산 이외의 성분을 제거하고, 알긴산의 추출을 쉽게 하기 위해서 선별한 원료를 묽은 산과 알칼리 용액으로 전처리한다.

③ 알긴산의 성질

    ㉠ 만누론산(Mannuronic Acid)과 글루론산(Guluronic Acid)으로 만들어진 고분자의 산성 다당류이다.

    ㉡ 물에 녹지 않으나 나트륨염, 암모늄염 등의 알칼리염은 물에 녹아 점성이 큰 용액을 만든다.

    ㉢ 2가의 금속이온(칼슘 등)과 결합하면 겔을 만드는 성질을 가지고 있다.

ⓔ 콜레스테롤, 중금속, 방사선물질 등을 몸 밖으로 배출하고, 장의 활동을 활발하게 하는 기능이 있다.

ⓜ 알긴산은 점성, 겔 형성력, 막 형성력 및 유화 안정성 등의 성질을 가지고 있다.

④ 알긴산의 용도

ⓖ 식품산업용 : 주스류의 점도 증강제, 아이스크림 안정제, 다이어트 기능성 음료, 제과, 유제품, 양조 및 육가공품 등

ⓛ 의약품용 : 정장제, 외과용 봉합사와 지혈제, 치과 인상제 등

ⓒ 공업용 : 인쇄용지 광택제, 용수 응집제, 직물용 호료 등

ⓔ 화장품산업용 : 로션과 크림 등의 점도 증강제

ⓜ 기타 : 물의 정수제, 중금속과 방사능물질 제거기능 등

(5) 카라기난

① 카라기난의 원료

ⓖ 홍조류에 속하는 진두발, 돌가사리, 카파피쿠스 알바레지 등에 들어 있는 다당류이다.

ⓛ 카라기난의 원료는 대부분 동남아(필리핀), 남미(페루)에서 수입하여 사용하고 있다.

② 카라기난의 제조 공정

ⓖ 먼저 원료를 전처리하여 불순물을 제거한 후 자숙(삶는 것), 추출한다.

ⓛ 추출된 카라기난은 여과(필터프레스) 및 응고(염화칼륨 첨가)를 거쳐 탈수, 건조(풍건), 분쇄후 포장하여 제품화한다.

ⓒ 탈수 공정은 가압 탈수법 또는 알코올 탈수법(아이소프로필알코올 사용)이 이용된다.

③ 카라기난의 성질

ⓖ 카라기난은 갈락토스와 안하이드로갈락토스가 결합된 고분자 다당류이다.

ⓛ 카라기난의 종류에 따라서는 안하이드로갈락토스가 함유되지 않는 것도 있다.

ⓒ 한천에 비해 황산기의 함량이 많아 응고하는 힘은 약하나 점성이 매우 크고 투명한 겔을 형성한다.

ⓔ 단백질과 결합하여 단백질 겔을 형성한다.

ⓜ 70℃ 이상의 물에 완전히 용해된다.

ⓗ 점성, 겔 형성력, 유화 안정성, 현탁 분산성, 결착성의 기능이 있다.

④ 카라기난의 용도

ⓖ 육가공품, 연제품의 식품 산업용 및 수산 냉동품의 글레이즈제 등

ⓛ 아이스크림 안정제, 초콜릿 우유의 침전 방지제, 식빵 및 과자의 조직 개량 및 보수제, 화장품 및 치약의 점도 증가제로 사용되고 있다.

※ **카라기난의 종류**
- 카파 카라기난 : 단단한 겔을 형성하고 카파피쿠스 알바레지로 만든다.
- 람다 카라기난 : 겔을 형성하지 않으며, 콘드루스 크리스푸스로 만든다.
- 요타 카라기난 : 반고체 상태의 투명한 겔을 형성하고 유케마 덴티쿨라툼으로 만든다.

※ **용어 해설**
- 친수성 : 물에 쉽게 용해되는 성질
- 증점제 : 식품 조직의 점성을 증가시키기 위해 넣는 물질
- 봉합사 : 외과 수술할 때 사용하는 실
- 호료 : 식품의 형태를 유지하고 감촉을 좋게 하는 물질
- 난소화성 물질 : 섭취해도 소화가 잘되지 않는 물질
- 결착성 : 두 물질을 서로 붙여주는 성질
- 보수제 : 식품 조직에서 일정한 수분 함량을 유지하기 위해 넣는 물질

8 통조림

(1) 통조림의 개요

① 통조림의 뜻
- ㉠ 통조림은 용기에 원료를 담아 공기를 제거하고 밀봉한 후 가열·살균하여 상온에서 변질하지 않고 장기간 유통·보존할 수 있도록 만든 식품이다.
- ㉡ 금속 용기에 원료를 넣어 밀봉하였어도 가열·살균하지 않은 것은 통조림의 범주에 포함하지 않고 있다.
- ㉢ 통조림 용기는 처음에는 유리병을 사용하였으나 지금은 깨지지 않고 가벼워 사용하기 편리한 금속 용기(캔)가 주로 사용되고 있다.
- ㉣ 대표적인 수산물 통조림은 참치, 골뱅이, 굴, 꽁치 등이 있다.

② 통조림의 장점
- ㉠ 밀봉하여 가열 살균하므로 안전하게 장기 보존할 수 있다.
- ㉡ 살균 처리로 세균이 대부분 사멸하여 식중독 우려가 없는 안전식품이다.
- ㉢ 고온에서 가열하므로 구입 후 별도의 조리 없이 바로 먹을 수 있는 간편식품이다.
- ㉣ 가볍고 깨질 염려가 없으며, 휴대가 간편한 편리성이 우수한 식품이다.

③ 통조림의 단점
- ㉠ 소비자가 통조림의 내용물을 눈으로 직접 확인할 수 없다.
- ㉡ 원료에 따른 제품의 맛에 차이가 적다.

(2) 통조림의 역사

① 통조림의 개발

ⓐ 최초의 개발은 프랑스의 니콜라 아페르에 의해서 병조림으로 제조되었다.

ⓑ 프랑스의 나폴레옹 시대에 장기간의 전쟁으로 군인들에게 장기보존이 가능하고, 휴대할 수 있는 전투식량 보급의 필요에 의해서였다.

ⓒ 보존성은 좋으나 유리로 되어 깨지기 쉽고, 무거워 휴대가 불편한 단점이 있었다.

> ※ **병조림의 개발**
> - 나폴레옹은 1795년에 상금을 걸고 식량의 장기 저장 방법을 모집하였다.
> - 아페르는 제과 제빵, 양조, 요리 등 식품에 관한 해박한 자신의 지식과 경험을 살려 개발한 식품보존법 (이 당시는 병조림의 형태임)이 채택되어 1810년에 나폴레옹 황제로부터 12,000프랑의 상금을 받았다.
> - 프랑스 정부가 상금을 내건 1795년이 통조림의 시초가 되었고, 상금을 탄 아페르는 통조림의 아버지로 불리고 있다.

② 금속 용기의 개발

ⓐ 아페르가 고안한 유리병의 단점을 개선하기 위해 영국의 피터 듀란드는 1810년에 양철을 오려서 납땜하여 만든 양철 캔을 개발하였다.

ⓑ 현재의 통조림의 시작으로 통조림 용기를 캔(Can)이라고 부르게 된 것도 양철 캔(Tin Canister)으로부터 유래되었다.

③ 통조림의 산업화

ⓐ 미 국

- 1821년에 일어난 미국의 남북 전쟁 때 미국 보스턴에 통조림 가공 공장이 설립되면서 통조림 산업이 활발히 발전한 계기가 되었고, 미국 각지에서 활발하게 기업화되었다.
- 전쟁으로 인해 휴대가 간편하고 별도의 조리 없이 바로 먹을 수 있고, 또한 안전한 통조림이 군수품으로 대량 필요하게 된 것이다.

ⓑ 우리나라

- 1892년 일본인에 의해 시작되었다.
- 1919년에 통조림 공장이 처음으로 설립되었다.
- 1939년에 최초의 캔 생산 공장이 설립되었다.
- 1970년대부터 수산물은 굴, 농산물은 양송이 통조림을 주력 수출 전략 산업으로 육성하며 크게 발전하였다.

> ※ 통조림은 과거에는 전쟁 군수품으로 발전한 반면, 최근에는 이용이 편리하고 안전한 저장 식품으로 소비가 늘어나고 있다.

(3) 통조림 용기의 종류

① 스틸 캔

    ㉠ 스틸 캔은 철(스틸)로 만든 캔으로 두께 0.3mm 이하의 얇은 철판(또는 강판)으로 캔에 사용되는 철판은 주석도금 철판과 무주석 철판의 2종류가 있다.

    ㉡ 주석도금 철판

        • 철판의 양쪽 면에 주석을 도금한 것

        • 주석도금 스틸 캔은 주로 수산물 통조림의 쓰리피스 캔에 많이 사용

    ㉢ 무주석 철판

        • 주석 대신 크로뮴이나 니켈을 도금한 것

        • 무주석 도금 스틸 캔은 주석 도금 캔보다 원가가 싸지만, 쓰리피스 용접 캔에는 직접 사용할 수 없으므로 주로 투피스 캔에 사용

        • 무주석 도금 스틸 캔은 참치를 비롯한 수산물 통조림의 투피스 캔에 가장 많이 사용

② 알루미늄 캔

    ㉠ 알루미늄 캔의 장점

        • 캔 내용물에서 금속 냄새가 거의 나지 않고, 변색(흑변)을 일으키지 않는다.

        • 가벼우며 녹이 생기지 않고, 외관이 고급스러워 상품성이 뛰어나다.

        • 타발 압연 캔이나 따기 쉬운 뚜껑을 만들기 쉬운 장점이 있다.

    ㉡ 알루미늄 캔의 단점 : 강도가 스틸 캔보다 약하고 소금에 대한 부식에 약하다.

    ㉢ 알루미늄 캔의 용도 : 참치 등 수산물 통조림을 비롯하여 탄산음료, 맥주, 유제품 등 대부분의 식품에 많이 사용되고 있다.

③ 쓰리피스 캔

    ㉠ 쓰리피스 캔이란 몸통과 뚜껑과 밑바닥의 세 부분으로 이루어진 원형관 또는 사각관을 말한다.

    ㉡ 캔 몸통에 있는 사이드 심의 접착 방식에 따라 납땜 캔, 접착 캔, 용접 캔으로 구분된다.

    ㉢ 용접 캔이 접착 강도와 원가, 위생성이 좋아 대부분을 차지하고 있다.

    ㉣ 식품용 통조림에서 사용이 크게 줄고 있다.

④ 투피스 캔

    ㉠ 투피스 캔은 컵과 같이 몸통과 밑바닥이 한 부분, 뚜껑이 한 부분 즉, 2부분으로 구성되는 캔을 말한다.

    ㉡ 수산물 통조림과 식품용 통조림의 대부분을 차지하고 있다.

⑤ 캔 뚜껑

    ㉠ 캔 뚜껑은 주로 전체 또는 일부를 손잡이로 잡아당겨 쉽게 열 수 있도록 되어 있다.

    ㉡ 종류에는 손잡이를 잡아당기면 새겨진 부분만 떨어져 나오게 된 것, 그대로 붙어 있는 것, 새겨진 부분을 눌러 따게 된 것, 뚜껑 전면을 잡아 당겨 따게 된 것 등이 있다.

(4) 통조림 용기의 규격

① 우리나라의 통조림 용기 규격 : 우리나라의 통조림 용기 규격은 한국산업규격(KS D 9004호)으로 정하고 있지만, 최근에는 국제 표기를 사용하거나 우리나라와 일본 등지에서는 용량과 형상을 기준으로 하는 참고 명칭을 사용하기도 한다.

[우리나라 수산물 통조림 용기의 규격]

형 태	KS호칭	안지름 (mm)	높이 (mm)	내용적 (mL)	종 류	참고 명칭	용 도
원형관	301-1 (300-1)	74.1 (72.9)	34.4	120.3	투피스 캔	평3호관 (신평 3호관)	참치(소)
원형관	301-7 (300-7)	74.1 (72.9)	113.0	454.4	쓰리피스 캔	4호관	고등어, 골뱅이
사각관	103-2	103.4×59.5	30.0	135.0	투피스 캔	각 5호관A	굴, 홍합, 바지락

② 통조림 용기의 국제적 호칭

> 206 / 211 × 413 Aluminium 2PC Tuna Can
> 목 지름(넥인) 몸통 지름 캔 높이 소재(재료) 모양 내용물

㉠ 206은 $2\frac{6}{16}$ 인치(in)를 의미한다. 그리고 넥인하지 않은 캔이라면 211만 표시하게 된다.

㉡ 지름은 밀봉부의 바깥지름을 말한다.

㉢ 높이는 밑 뚜껑과 위 뚜껑까지의 높이를 말한다.

㉣ 우리나라의 호칭 규격은 지름만 국제 규격을 따르고 있다.

(5) 통조림의 가공

① 통조림의 가공 원리

㉠ 통조림의 가공 원리는 원료를 알맞게 전처리(선별, 조리 등)한 후 캔에 넣고(살쟁임), 탈기, 밀봉, 살균, 냉각, 포장하여 제품을 만드는 것이다.

㉡ 통조림의 제조에서 탈기, 밀봉, 살균 및 냉각 공정은 통조림을 장기간 저장할 수 있게 하는 핵심 4대 공정이라 한다.

※ **통조림의 일반적인 가공 공정**

원료 선별 → 조리 → 살쟁임 → 탈기 → 밀봉 → 살균 → 냉각 → 포장

② 통조림의 가공 4대 공정

㉠ 탈 기

• 용기에 내용물을 채우고 나서 용기 내부에 있는 공기를 제거하는 공정이다.

• 탈기의 목적

- 캔 내의 공기 제거에 의한 호기성 세균의 발육 억제

－ 살균할 때 공기의 팽창에 의한 캔의 파손 방지

－ 공기 산화에 의한 내용물의 영양성분 파괴 억제

－ 캔 내부의 부식 방지, 변패관(팽창관)의 검출 용이 등

• 탈기는 종전에는 탈기함을 사용하였으나 현재는 진공펌프에 의한 기계적 탈기법이 많이 쓰이며, 시머(밀봉기)에서 밀봉과 동시에 일어난다.

• 탈기의 정도는 캔의 진공도를 측정하여 확인한다.

ⓛ 밀 봉

• 탈기를 끝낸 후 캔의 몸통과 뚜껑 사이에 빈 틈새가 없도록 시머로 봉하는 공정이다.

• 밀봉의 목적은 캔 안의 내용물을 외부 미생물과 오염 물질로부터 차단하고, 진공도 유지이다.

• 아무리 살균을 잘하여도 밀봉 공정이 잘못되면 빠르게 변질하게 되므로 밀봉은 통조림 가공에서 가장 중요한 공정 중의 하나이다.

ⓒ 살 균

• 살균은 용기 내에 밀봉되어 있는 내용물의 유해 미생물을 살균하기 위해서이다.

• 살균의 목적

－ 미생물의 사멸과 효소의 불활성화로 보존성과 위생적 안전성 향상

－ 식품을 바로 먹을 수 있게 하여 이용 간편성 향상

• 살균할 때 가열의 정도는 식품의 산도(pH)에 따라 다르다.

－ pH가 4.5 이하이면 산성 식품, 4.5 이상이면 저산성 식품으로 구분한다.

－ 클로스트리듐 보툴리눔균은 내열성이 강하고, 매우 강한 독성을 생성하는 세균으로 저산성 식품의 경우 레토르트에서 고온으로 열처리하여야 한다.

－ pH가 4.6 이상인 어패류 통조림은 100℃ 이상의 고온・고압에서 장시간 살균한다.

• 살균은 대부분 레토르트에 넣어서 고압 가열 수증기로 한다.

ⓒ 냉 각

• 살균을 마친 통조림은 내용물의 품질 변화를 줄이기 위해 40℃까지 지체 없이 냉각해야 한다.

• 냉각의 목적

－ 호열성 세균의 발육 억제

－ 스트루바이트의 생성 억제

－ 내용물의 과도한 분해 방지

• 가압 냉각

－ 가압 냉각은 레토르트 내에서 가열 살균할 때의 압력을 그대로 유지하고, 물을 주입하면서 한다.

－ 예비 냉각이 이루어지면 레토르트에서 캔을 꺼내어 냉각수 통에 넣어서 마무리한다.

- 냉각 공정에서 레토르트의 압력
  - 레토르트의 압력이 캔의 내압보다 과도하게 크면 패널 캔이 생기기 쉽다.
  - 레토르트의 압력이 캔의 내압보다 과도하게 작으면 버클 캔이 생기기 쉽다.

(6) 통조림의 가공 방법

① 수산물 통조림의 종류

    ㉠ 보일드 통조림 : 원료 자체를 그대로 삶아서 식염수로 간을 맞춰 만든 통조림(고등어, 정어리, 꽁치, 참치, 홍합, 연어, 바지락)

    ㉡ 가미 통조림 : 원료를 조미료(간장, 설탕, 향신료 등)로 조미하여 만든 통조림(골뱅이, 정어리, 참치, 오징어)

    ㉢ 기름 담금 통조림 : 원료를 조미하고, 식물성 기름(면실유)을 첨가하여 만든 통조림(참치)

    ㉣ 훈제 기름 담금 통조림 : 원료를 훈제하고, 식물성 기름을 첨가하여 만든 통조림(굴, 홍합)

    ㉤ 기타 통조림 : 원료를 장조림, 굽기 또는 수프로 만들거나 살을 발라 만든 통조림(게살)

② 참치 기름담금 통조림의 가공

    ㉠ 원 료

        • 가다랑어와 황다랑어가 많이 사용된다.

        • 원료는 변질을 막기 위해 냉동 보관한다.

    ㉡ 어체 크기 선별

        냉동된 참치는 해동 및 자숙 공정을 원활히 하기 위해서 크기별로 선별한다.

    ㉢ 해 동

        • 냉동 원료(-15℃ 이하)는 20℃ 정도의 물속에서 해동시킨다.

        • 어체의 중심온도가 -3~3℃가 되면 해동을 마치고 건져낸다.

    ㉣ 어체 처리

        해동된 참치는 배를 절개하여 내장을 제거하고 세척한 후 크기별로 구분하여 복부를 위로 향하게 하여 용기에 담는다.

    ㉤ 자 숙

        • 자숙은 레토르트에서 가열 수증기로 100~105℃에서 1~4시간 정도 한다.

        • 어체의 중심 온도가 75℃ 정도 도달하면 자숙을 완료한다.

        • 자숙은 미생물을 사멸시켜 제품의 변질을 막고 원료의 껍질, 적색육, 뼈의 분리를 쉽게 한다.

    ㉥ 냉 각

        • 자숙이 끝난 어체에 냉각수를 뿌려 냉각실에 넣는다.

        • 어체의 중심 온도가 30~40℃ 정도 되면 냉각을 마친다.

        • 냉각은 육의 조직을 수축시켜 단단하게 하므로 작업 중에 육의 손실을 줄일 수 있다.

ⓧ 육의 선별

- 냉각이 끝나면 머리, 껍질, 꼬리, 뼈, 적색육을 제거하고 순수한 백색육만을 취한다.
- 백색육은 캔의 높이에 맞게 자른다.

  ※ **절단 크기**
  401-1관(참치 1호관) : 약 40mm, 307-1관(참치 2호관) : 약 30mm, 211-1관(참치 3호관) : 약 25mm

◎ 살쟁임과 부재료 첨가

- 절단한 백색육은 캔의 규격에 맞게 살쟁임한다.
- 살쟁임 양은 401-1관(참치 1호관) : 301~325g, 307-1관(참치 2호관) : 135~174g, 211-1관(참치 3호관) : 80~86g 정도로 한다.
- 용기는 C-에나멜로 코팅된 캔을 사용한다.
- 살쟁임이 끝나면 제품에 알맞은 카놀라유, 야채즙, 소스를 첨가한다.

  ※ **307-1관(참치 1호관)의 내용 총량**
  고형량 170g, 카놀라유 30g, 식염 30g 정도

ⓩ 밀 봉

- 캔에 살쟁임과 부재료 첨가가 끝나면 진공 시머로 탈기와 밀봉을 한다.
- 탈기의 정도는 진공도가 40~53kPa(30~40cmHg) 정도 되게 한다.

ⓒ 살균, 냉각 및 포장

- 밀봉이 끝나면 즉시 레토르트에 넣어 114℃에서 70~180분 가열·살균한다.
- 살균을 마치면 즉시 냉각수를 탱크에 주입하여 급속 냉각시킨 다음 포장한다.

  ※ **통조림의 외관 표시**
  - 상단 : 원료의 품종명 및 조리 방법
  - 중단 : 원료의 크기, 살쟁임 형태, 제조 공장명, 허가 번호
  - 하단 : 제조 연월일

(7) 통조림의 품질관리

① 통조림의 품질 변화

통조림의 품질변화 현상으로는 흑변, 허니콤, 스트루바이트, 어드히전, 커드 등이다.

㉠ 흑 변

- 황화수소(어패류를 가열하면 단백질이 분해되어 발생)가 캔의 철이나 주석 등과 결합하면 캔 내면에 흑변이 일어난다.
- 황화수소는 어패류의 선도가 나쁠수록, pH가 높을수록 많이 발생한다.
- 참치, 게, 새우, 바지락 등의 원료가 흑변을 일으키기 쉽다.
- 흑변을 예방하기 위해서는 C-에나멜로 코팅된 캔을 사용해야 한다.

  ※ 게살 통조림을 가공할 때 황산지에 게살을 감싸는 것은 황화수소를 차단하여 흑변을 막기 위함이다.

ⓒ 허니콤(Honey Comb)
- 어육의 표면에 벌집모양의 작은 구멍이 생기는 것이다(참치 통조림에서 흔히 볼 수 있다).
- 허니콤은 어육을 가열할 때 육 내부에서 발생한 가스가 밖으로 배출되면서 생긴 통로이다.
- 허니콤을 예방하기 위해서는 어체 취급 시 상처를 내지 않도록 해야 한다.

ⓒ 스트루바이트(Struvite)
- 통조림 내용물에 유리 조각 모양의 결정이 나타나는 현상이다.
- 중성과 약알칼리성의 통조림에 나타나기 쉽다.
- 꽁치 통조림에서 많이 나타나고, 참치 통조림에서도 pH 6.3 이상될 때 생길 수 있다.
- 예방하기 위해서는 살균 후 통조림을 급랭시켜야 한다(30~50℃ 범위가 최대 결정 생성 범위).

ⓒ 어드히전(Adhesion)
- 캔을 열었을 때 육의 일부가 용기의 내부나 뚜껑에 눌러붙어 있는 현상이다.
- 어드히전은 육과 용기면 사이에 물기가 있으면 일어날 수 없다.
- 예방하기 위해서는 빈 캔 내면에 식용유 유탁액을 도포하거나, 빈 캔 내면에 물을 분무하거나, 내용물인 육의 표면에 소금을 뿌려 수분이 스며 나오게 한다.

ⓒ 커드(Curd)
- 어류 보일드 통조림의 표면에 생긴 두부 모양의 응고물을 말한다.
- 커드는 가열·살균할 때 육중의 수용성 단백질이 녹아 나와 응고하여 생성된다.
- 커드는 선도가 나쁜 원료에서 생기기 쉽다.
- 커드의 예방
  - 생선을 살쟁임 전에 묽은 소금물에 담가 수용성 단백질을 미리 용출시켜 제거한다.
  - 살쟁임을 육편과 육편 사이에 틈이 없도록 한다.
  - 살쟁임한 육의 표면 온도가 빨리 50℃ 이상이 되도록 가열한다.

※ **통조림 품질 변화의 종류별 원인과 방지법**

종 류	원 인	방지법
흑 변	선도 저하 및 가열에 의해 발생한 황화수소	C-에나멜로 코팅된 캔 사용
허니콤	가열에 의한 육 내부의 가스 배출	어체에 상처가 나지 않도록 취급
스트루바이트	유리 조각 모양의 결정 생성	살균 후 급랭
어드히전	캔 내면에 육의 부착	캔 내면에 수분 및 기름 도포
커 드	수용성 단백질의 응고에 의한 두부 모양의 응고물 생성	수용성 단백질 제거

② 캔의 변형

통조림의 변형 캔에는 내용물의 변질 정도에 따라 평면 산패, 플리퍼, 스프링거, 스웰 캔, 버클 캔, 패널 캔이 있다.

　㉠ 평면 산패(Flat Sour)
　　• 젖산이 생성되면서 발생하는 산패로서, 가스가 방출되지 않기 때문에 캔이 부풀지 않는다.
　　• 외관은 정상이므로 내용물을 확인해야 산패 여부를 알 수 있다.
　㉡ 플리퍼(Flipper)
　　• 통조림의 팽창 정도를 나타내는 용어로서, 스프링거(Springer)보다 경미한 상태이다.
　　• 캔의 뚜껑이나 밑바닥의 어느 한쪽 면이 약간 부풀어 있고, 부풀어 있는 부분을 손끝으로 누르면 원상태로 되돌아간다.
　㉢ 스프링거(Springer)
　　• 캔의 뚜껑이나 밑바닥이 플리퍼의 경우보다 심하게 부풀어 있는 것을 말한다.
　　• 손끝으로 부푼 면을 누르면 반대쪽 면이 부풀어 튀어나온다.
　㉣ 스웰 캔(Swelled Can) : 변질이 심하여 캔의 뚜껑과 밑바닥 모두가 부푼 상태의 캔을 말한다.
　㉤ 버클 캔(Buckled Can)
　　• 캔 외압보다 캔 내압이 커져서 캔의 몸통 부분이 볼록하게 튀어나온 상태의 캔을 말한다.
　　• 버클 캔이 생기기 쉬운 경우
　　　- 가열 살균 후에 급격히 증기를 배출하는 경우
　　　- 가열 살균 전에 변질한 경우
　　　- 배기가 불충분한 경우
　　　- 수소 팽창을 일으킨 경우
　　　- 살쟁임을 과다하게 한 경우 등
　㉥ 패널 캔(Panelled Can)
　　• 버클 캔의 반대인 경우이다. 즉, 캔 외압보다 캔 내압이 낮아 캔 몸통의 일부가 안쪽으로 오목하게 쭈그러 들어간 상태의 캔을 말한다.
　　• 패널 캔이 생기기 쉬운 경우
　　　- 진공도가 높은 대형 캔을 고압 살균할 때 수증기를 급격히 주입하여 레토르트의 압력이 급격히 높아지는 경우
　　　- 가열 살균 후 가압 냉각할 때 캔 내압은 낮아졌으나 공기압이 너무 높은 경우 등

③ 통조림의 품질검사법

　㉠ 통조림의 품질검사는 일반 검사, 세균 검사, 화학적 검사 및 밀봉 부위 검사 등으로 나눌 수 있다.

ⓒ 통조림의 일반검사 항목

검사 항목	내 용
표시사항 및 외관검사	제조일자, 포장 상태, 밀봉 상태, 변형 캔 등을 육안으로 조사
타관검사	• 타검봉으로 캔을 두드려 나는 소리를 검사 • 눈으로 판별이 불가능한 캔의 검사에 이용 • 진공도가 높을수록 타검음이 높아지는 경향이 있음
가온검사	• 살균 불량 통조림을 조기발견하기 위해 검사 • 37℃에서 1~3주 또는 55℃에서 가온하여 외관 및 내용물을 검사
진공도검사	• 탈기, 밀봉 공정이 제대로 되었는지 통조림 진공계를 이용하여 검사 • 진공계를 팽창 링에 찔러 진공도를 측정 • 진공도가 50kPa(37.5cmHg)이면 탈기가 양호한 제품임
개관검사	캔 내용물의 냄새, 색, 육질 상태, 맛, 액즙의 맑은 정도 등을 검사
내용물의 무게검사	제품에 표시된 무게만큼 들어 있는지 검사

ⓒ 밀봉 부위의 검사
- 밀봉 외부의 치수 측정
  - 치수 측정 항목 : 캔 높이, 밀봉 두께, 밀봉 너비, 카운트 싱크 깊이를 측정한다.
  - 캔 높이(H)는 버니어 캘리퍼스 또는 측고계로 측정한다.
  - 밀봉 두께(T)와 밀봉 너비(W)는 시밍 마이크로미터로 측정한다.
  - 카운터 싱크(C) 깊이는 카운터 싱크 게이지 또는 시밍 마이크로미터로 측정한다.
  - 밀봉 외부의 치수 측정은 캔의 종류에 따른 표준 치수와 비교하여 판정한다.

※ **밀봉 부위의 표준 치수**

호칭 지름	두께		TC	WC	T	W	C	BH	CH	OL
	뚜껑	몸통								
202	0.21	0.19	1.82	–	1.06~ 1.26	2.64~ 2.94	2.95~ 3.25	1.75~ 2.15	1.65~ 2.05	40% 이상
211	0.21	0.21	1.86	2.54	1.10~ 1.30	2.75~ 3.05	3.05~ 3.35	1.78~ 2.18	1.78~ 2.18	40% 이상
301 (300)	0.23	0.23	1.98	–	1.20~ 1.40	2.80~ 3.10	3.05~ 3.35	1.78~ 2.18	1.78~ 2.18	40% 이상
307	0.25	0.25	2.03	2.77	1.30~ 1.50	2.83~ 3.13	3.05~ 3.35	1.78~ 2.18	1.78~ 2.18	40% 이상
401	0.25	0.25	2.08	–	1.30~ 1.40	2.83~ 3.13	3.05~ 3.35	1.78~ 2.18	1.78~ 2.18	40% 이상
603	0.28	0.28	–	–	1.45~ 1.65	2.93~ 3.23	3.10~ 3.40	1.87~ 2.27	1.87~ 2.27	40% 이상

※ **이중 밀봉 부위의 이름**
- T : 밀봉 두께
- W : 밀봉 너비
- CD : 카운터 싱크 깊이(척 플랜지 두께에 의해 결정되며, 표준 치수의 범위 내에 있어야 함)
- BH : 보디훅(몸통 플랜지의 길이를 나타내며, 보디훅이 작으면 누설 캔이 되기 쉽고, 너무 크면 립의 원인이 되기도 함)
- CH : 커버훅(캔 뚜껑의 컬이 밀봉부 내에 말려 들어간 길이이며, 제1롤 압력의 강약에 따라 변화함)
- OL(Overlap Length) : 밀봉부 중합 길이(보디훅과 커버훅이 겹쳐진 부분의 길이)
- OL%(Percentage of Overlap) : 밀봉부 중합률(밀봉부 내에서 보디훅과 커버훅의 겹쳐진 정도를 나타냄)

※ **립** : 보디훅의 일부가 혀를 낸 것처럼 밀봉부 밖으로 빠져 나온 것

- 밀봉 내부의 치수 측정
  - 치수 측정 항목 : 보디훅 길이, 커버훅 길이, 밀봉부 중합률을 측정한다.
  - 밀봉 내부의 치수 측정은 시밍 마이크로미터나 확대 투영기를 사용하여 측정하고, 그 값을 표준 치수와 비교하여 밀봉이 올바르게 되었는지를 검사한다.

※ **밀봉 부위 내부의 치수 측정**

검사 항목	판정 기준
보디훅(BH) 길이	표준값보다 0.13mm 이상 짧으면 안 됨
커버훅(CH) 길이	표준값보다 0.13mm 이상 짧으면 안 됨
밀봉부 중합률(OL%)	• 원형관에서의 합격 한계는 45% 이상이 되어야 함 • 타원관 등에서는 40% 이상이 되어야 함

※ **통조림의 원료와 조리 방법 표기**

원 료	굴	OY
	고등어	MK
	가다랑어	TS
	바지락	SN
	골뱅이	BT
	꽁 치	MP
조리방법	보일드 통조림	BL
	조미 통조림	FD
	기름담금 통조림	OL
	훈제 기름담금 통조림	SO

9 기타 수산 가공품

(1) 소 금

① 소금의 개요

ㄱ 소금은 보통 먹을 수 있는 염이라 식염이라고도 하며, 바닷물에 약 2.8% 들어 있다.

ㄴ 염화나트륨을 주성분으로 하여 칼슘, 마그네슘, 칼륨 등이 함유되어 있다.

ㄷ 소금은 식품을 가공할 때 조미용 및 저장용으로 널리 사용되고 있다.

ㄹ 소금은 산업용으로 브라인(Brine) 용액, 합성섬유 및 고무, 비누, 석회석, 물감, 피혁 제조 등에 이용된다.

ㅁ 석유 공업, 소다 공업, 요업 및 기타 화학 공업에서도 널리 사용된다.

ㅂ 도로용 소금은 제설용, 제빙용으로도 이용되고 있다.

② 소금의 종류

종 류	제조 방법 및 특징
천일염 (굵은소금)	• 염전에서 바닷물을 자연 증발시켜 생산하는 소금을 말하며, 이를 분쇄 · 세척 · 탈수한 소금을 포함한다. • 염도는 일반적으로 90% 내외이고, 색상은 백색과 투명색이 있으나 한국은 기상 조건 등으로 염도 80% 내외의 백색이다. • 입자가 크고 거칠며 불순물이 완벽하게 걸러지지 않은 대신 수분과 무기질, 미네랄이 풍부하다.
암 염	• 지각변동으로 해수가 땅속에서 층을 이루고 파묻혀 있는 것을 제염한 것이다. • 암염은 미네랄은 거의 없고 98~99%가 염화나트륨이다. • 보통 염도가 96% 이상이고, 색은 투명한 것이 보통이나 토질에 따라 회색, 갈색, 적색, 청색 등의 색을 띤다.
정제염 (기계소금)	• 결정체 소금을 용해한 물 또는 바닷물을 이온교환막에 전기 투석시키는 방법 등을 통하여 얻어진 함수를 증발시설에 넣어 제조한 소금을 말한다. • 염화나트륨 함량이 99% 이상으로 미네랄은 거의 없다. • 흡습성이 적고 백색을 띤다. • 일명 '맛소금'은 정제염에 MSG(글루타민산나트륨)를 첨가하여 만든 것이다.
재제염 (재제조 소금)	• 결정체 소금을 용해한 물 또는 함수를 여과, 침전, 정제, 가열, 재결정, 염도조정 등의 조작 과정을 거쳐 제조한 소금을 말한다(꽃소금). • 보통 천일염과 수입염을 섞어 생산되며, 염도는 90% 이상으로 높다. • 천일염보다 입자와 색상이 고와 일반적인 조리용으로 많이 사용하지만, 여과 과정에서 각종 미네랄 성분이 제거되어 천일염보다 영양면에서는 떨어진다.
가공염 (가공소금)	• 천일염 · 정제소금 · 재제조소금 · 화학부산물소금 또는 기타 소금을 대통령령으로 정하는 비율 이상 사용하여 볶음 · 태움 · 용융(열을 가하여 액체로 만듦)의 방법, 다른 물질을 첨가하는 방법 또는 그 밖의 조작방법 등을 통하여 그 형상이나 질을 변경한 소금을 말한다. • 태운 소금은 다시 구운 소금과 죽염으로 나눌 수 있다.

※ 간수 : 바닷물에서 소금을 만들 때 남는 액체

(2) 어 분

① 어분의 개요

㉠ 어분의 원료는 어류 가공에 부적합한 잡어, 어류 가공 부산물(머리, 뼈, 껍질, 내장, 꼬리 등) 등이다.

㉡ 원료를 찌거나 삶은 후 압착하여 기름을 짜낸 다음 건조, 분쇄하여 가루로 만든 것이다.

㉢ 어분은 대부분 수증기를 가열 매체로 사용하여 자숙하는 습식법으로 생산하고 있다.

② 어분의 종류

습식 어분의 주요 가공 공정은 증장, 압착, 건조 및 분쇄로 되어 있다.

종 류	원 료	특 징
백색 어분	명태, 대구, 가자미류 등 백색육 어류	지질과 색소의 함유량이 적어, 저장 중에도 잘 변색하지 않음
갈색 어분	고등어, 꽁치, 정어리 등 적색육 어류	지질과 색소의 함유량이 많아 가공 및 저장 중에 지질의 산화 및 변색으로 갈색을 띰
환원 어분	어분 가공 회수 성분	어분 가공 중 영양 성분을 회수하여 농축 처리함
잔사 어분	명태 가공 부산물	어체를 가공하고 남은 비가식부가 주원료임
북양 공선 어분	명태 부산물	북태평양의 동결 연육 가공선에서 생산함
연안 어분	고등어, 정어리	연안에서 어획되는 어종이 주원료임
수입 어분	청어, 멸치	칠레, 페루, 남아프리카 공화국 등에서 수입함

③ 어분의 성분과 이용

㉠ 어분의 주된 성분은 수분(10% 이하), 단백질(60~70%) 및 지방(백색 어분 : 3~5%, 갈색 어분 : 5~12%), 무기질(12~16%)이다.

㉡ 어분의 가격을 결정하는 데 가장 중요한 요소는 단백질 함유량으로, 단백질이 많을수록 어분의 가격이 높다.

㉢ 주로 가축이나 양어의 사료 및 비료로 이용된다.

㉣ 정제하여 가공식품의 원료로도 사용한다(농축 어육 단백질).

> ※ **농축 어육 단백질(FPC)**
> 어분 속에 들어 있는 단백질 외의 성분을 최대로 제거하여 정제한 고도의 단백질 농축물로, 분말이나 페이스트(Paste)상으로 만든 식용 어분의 일종이며, 단백질 강화식품 및 환자의 건강식으로 이용한다.

(3) 어 유

① 어유의 개요

㉠ 어유는 어체에서 채취되는 기름을 말한다.

㉡ 어분의 제조 공정에서 부산물로 생기는 자숙액(삶을 때 나오는 액즙)과 압출액(고형분에 압력을 가했을 때 나오는 액즙) 또는 내장(간)을 이용하여 만든다.

㉢ 어유는 생체 조절 기능이 우수한 고도 불포화지방산이 많이 함유되어 있다.

② 대표적인 것이 간유로 오징어간유, 명태간유, 상어간유인데 그 중에서도 오징어간유의 생산량이 가장 많다.

② 어유의 가공

　㉠ 먼저 어체에서 지방을 함유하고 있는 조직을 파괴하여 탈수와 동시에 지방을 분리시켜야 한다.

　㉡ 채유법으로 가장 많이 쓰이고 있는 것은 자취법(습식법)이다.

　㉢ 자취법은 어체를 자숙하여 액의 표면에 떠오르는 기름을 채취하는 방법이다.

　㉣ 어유의 정제방법은 탈산(20% NaOH 사용), 수세, 탈색(산성 백토 사용), 냉각침전(0.5%), 탈취(수증기 또는 질소 사용) 공정의 순으로 한다.

　㉤ 어유로부터 EPA와 DHA를 고순도로 추출·정제하기 위하여 초임계 가스 추출법이 이용되기도 한다.

③ 어유의 성분 및 이용

　㉠ 어유의 주성분은 트라이글리세리드이며 그 밖에 알코올류, 스테롤류, 탄화수소, 인지질, 당지질이 소량으로 들어 있다.

　㉡ 식용 : 경화유로서 마가린이나 쇼트닝에 첨가하거나 계면활성제로 사용된다.

　㉢ 비식용 : 도료, 내한성 윤활유, 비누 원료로 사용된다.

　　※ **어교** : 어류의 껍질, 뼈, 비늘, 부레 등에 들어 있는 콜라겐 성분을 이용하여 만든 점착액 물질('부레풀'이라고도 함)로 접착제로 주로 사용된다.

(4) 기타 가공품

① 수산 피혁

　㉠ 수산동물의 껍질을 벗기고 적절한 가공 처리를 하여 유연성, 탄력성, 내구성, 내수성 등을 부여하여 만든 가죽 제품이다.

　㉡ 가공 원리 : 어류 껍질의 주성분인 콜라겐을 추출하여 피혁으로 가공

　㉢ 가공 특성 : 육상동물 피혁보다 품질이 떨어지지만, 원료가 풍부하고 가격이 저렴하여 많이 이용

　㉣ 가공 원료 : 악어, 고래, 먹장어, 가오리, 상어, 연어

　㉤ 이용 : 악어, 먹장어, 가오리는 고급 핸드백, 신발, 허리띠의 소재로 쓰이고 있다.

② 수산 공예품

　㉠ 수산 공예품에는 나전칠기, 진주, 산호가 있다.

　㉡ 나전칠기

　　• 진주나 전복, 조가비를 갈아 만든 자개를 칠기의 겉면에 박아 넣거나 붙인 것을 말한다.

　　• 조가비를 이용하여 만든 나전칠기는 독창적이고 우아한 우리나라 고유의 전통공예품이다.

　　※ **조개 단추**
　　　조가비공예품 중 가장 생산량이 많음

ⓒ 진 주

- 광택이 아름다워 목걸이, 반지, 팔찌, 귀고리, 브로치 등의 장신구로 많이 쓰인다.
- 진주에는 천연진주, 양식진주 및 이들 진주의 대용품으로 만든 인조진주가 있다.

  ※ 진주의 종류
    - 천연진주 : 진주조개, 전복 등의 조개류 외투막에서 분비되어 만들어진 구슬
    - 양식진주 : 진주조개의 외투막에 작은 구슬을 넣으면 모조개가 구슬의 표면에 진주질을 분비하여 얻음
    - 인조진주 : 유리나 플라스틱으로 만든 구슬에 고기비늘 성분(구아닌)을 발라서 진주와 비슷한 모양과 색택을 가지게 한 것

10 기능성 수산식품

(1) 수산물 기능성 성분의 종류

① 간 유

ⓐ 간유는 어류의 신선한 간에서 얻은 기름이다.

ⓑ 원료는 대구, 명태, 상어 등의 간이다.

ⓒ 간유에는 비타민 A, D를 비롯하여 EPA(에이코사펜타엔산)와 DHA(도코사헥사엔산)의 함량이 높다.

ⓓ 비타민 A는 시각 기능과 성장인자 등에 관여하는 비타민이다.

ⓔ 간유는 시력 보호(야맹증 예방), 뼈 건강(구루병 예방), 피부 건강, 혈액흐름 개선, 중성지질 감소 등의 기능을 가지고 있다.

② EPA, DHA

ⓐ EPA와 DHA는 탄소의 이중결합구조를 가진 불포화지방산이다.

ⓑ EPA와 DHA의 함량은 대구와 명태에는 간에, 고등어와 정어리에는 근육에, 참치는 머리 특히 눈구멍(안와)에 많다.

종 류	EPA(EicosaPentaenoic Acid)	DHA(DocosaHexaenoic Acid)
구 조	탄소수 20개, 이중 결합 5개인 고도 불포화지방산	탄소수 22개, 이중 결합 6개인 고도 불포화지방산
기능성	• 혈중 중성지방 함량 저하, 혈중 콜레스테롤 저하 • 혈소판 응집 억제 작용 • 고지혈증, 동맥경화, 혈전증, 심장질환 예방 • 면역력 강화, 항암 효과	• 혈액의 흐름을 좋게 하고, 혈액 속의 중성지질을 개선 • 동맥경화, 혈전증, 심근경색, 뇌경색 예방 • 기억력 개선, 학습능력 증진, 시력 향상 • 당뇨, 암 등의 성인병 예방
	EPA와 DHA는 불안정한 물질이므로 산소, 자외선 및 금속의 영향을 받아 변질되기 쉽고, 변질되면 냄새가 나빠지고 기능이 떨어진다.	

※ **고도 불포화지방산**
- 어육에는 고도의 불포화지방산이 많으며, 생리활성 기능이 있음
- 등푸른 생선인 고등어, 참치, 정어리, 꽁치, 방어 등에 많이 함유
- 공기와 접촉하면 유지의 변질과 이취(나쁜 냄새)의 원인으로 작용
- 특히 n-3계 지방산에 속하고, 인체 내에서 생리활성 기능이 우수함

③ 스콸렌(Squalene)
　㉠ 스콸렌은 수심 30m 이하의 깊은 바다에서 서식하는 상어의 간유에 많이 함유되어 있다.
　㉡ 스콸렌의 기능
- 항산화 작용 : 활성산소 제거, 지방의 변화에 의한 각종 질병 등의 부작용 예방
- 기타 면역작용, 간기능 개선 작용, 산소 수송기능 강화 작용 등

④ 키틴(Chitin), 키토산(Chitosan)
　㉠ 키 틴
- 갑각류의 껍데기를 이루고 있는 동물성 식이섬유의 한 종류로, 식물의 섬유소인 셀룰로스와 유사한 구조를 하고 있다.
- 갑각류(게, 새우 등)의 껍데기와 연체동물(오징어 등)의 골격 성분에 많다.
　㉡ 키토산
- 키틴의 분해로 만들어진다(불안정한 키틴을 탈아세틸화).
- 키토산을 분해시키면 글루코사민이 된다.
- 키틴과 키토산은 항균작용, 혈류 개선, 콜레스테롤 감소 등의 기능 및 의료용 재료(인공뼈, 피부), 수술용 실, 인조섬유 및 다이어트 식품 등에 이용된다.
　　※ **키틴·키토산 올리고당**
　　　키틴이나 키토산을 분해하여 당의 분자수를 2~10개로 만든 것

⑤ 콘드로이틴황산(Chondroitin Sulfate)
　㉠ 콘드로이틴황산은 점질성 다당류의 한 종류이고, 단백질과 결합 상태로 존재하므로 뮤코다당 단백이라고도 한다.
　㉡ 상어, 홍어, 가오리 등의 연골어류의 연골조직에 특히 많고, 오징어와 해삼에도 함유되어 있다.
　㉢ 제조 원료로는 상어 연골을 많이 이용하고 있다.
　㉣ 기능으로는 관절 및 연골건강에 도움을 주어 관절염 예방, 노화방지, 피부 보습작용 등이 있다.

⑥ 콜라겐(Collagen) 및 젤라틴(Gelatin)
　㉠ 콜라겐
- 어류의 껍질과 비늘로부터 추출하여 제조된다.
- 수산물에서는 전체 단백질의 약 10~30% 정도이다.

- 동물의 거의 모든 부위(피부, 비늘, 뼈, 근육, 혈관, 힘줄 및 이빨 등)에 존재하여 조직의 형태 유지 기능을 담당하고 있다.
- 기능으로는 피부재생, 보습효과 및 관절건강에 기여, 식품 소재(소시지 케이싱) 등이 있다.
  - ㉡ 젤라틴
    - 콜라겐을 가열하면 젤라틴이 된다(콜라겐을 열수 처리하여 얻는 유도 단백질).
    - 식품 및 의약품 소재(캡슐, 정제, 파스, 지혈제), 식품용 젤리를 만드는 데 이용된다.

⑦ 한 천
  - ㉠ 홍조류인 우뭇가사리(25~35% 정도 함유)와 꼬시래기에 많다.
  - ㉡ 우뭇가사리는 동결탈수법으로, 꼬시래기는 압착탈수법으로 한천을 생산한다.
  - ㉢ 찬물에는 잘 녹지 않고 가열하면 녹으며, 식히면 탄력 있는 겔이 형성된다.
  - ㉣ 인체 내에서 잘 소화·흡수되지 않는다.
  - ㉤ 변비를 개선하고, 저칼로리로서 건강식품이다.

⑧ 푸코이단(Fucoidan)
  - ㉠ 갈조류인 개다시마(약 5%)와 미역 포자엽(약 9%)에 많다(미역의 줄기나 잎에는 적다).
  - ㉡ 혈액의 응고방지, 항종양 및 콜레스테롤 감소, 변비개선 작용 등을 한다.
  - ㉢ 점성이 낮고 용해성이 좋아 수용성 식이섬유 소재로서의 이용 가능성과 강한 보습성으로 화장수 및 물티슈로도 개발되고 있다.

⑨ 스피룰리나(Spirulina)
  - ㉠ 열대성의 미세조류로 엽록소, 카로티노이드, 필수지방산 등이 풍부하다.
  - ㉡ 특징은 나선형으로 클로렐라보다 100배 정도 더 크며, 세포벽이 크고 연하다.
  - ㉢ 강수량이 적은 열대성 사막지역의 고온과 알칼리성의 염분 농도가 높은 환경에서 잘 자란다.
  - ㉣ 태국, 미국 캘리포니아, 중국, 대만, 호주, 멕시코, 인도 등이 주요 생산국이다.
  - ㉤ 기능으로는 항산화 작용, 체질개선 및 콜레스테롤 감소 등이 있다.

⑩ 클로렐라(Chlorella)
  - ㉠ 민물에서 서식하는 단세포 녹조식물이다.
  - ㉡ 특징으로는 일반 식물보다 엽록소가 많아 광합성 작용이 활발하고, 세포분열 능력이 뛰어나 빠른 속도로 증식한다(적정 조건에서 하루에 약 10배 증가).
  - ㉢ 우리나라는 실내에서 대량 배양해서 생산하고 있고, 아열대지역에서는 야외에서 생산하고 있다.
  - ㉣ 엽록소, 카로티노이드, 비타민, 필수지방산, 철분, 식이섬유 등이 풍부하지만, 세포벽이 스피룰리나보다 단단하다.
  - ㉤ 피부건강에 도움을 주고, 항산화 작용 및 체질을 개선하며, 콜레스테롤을 감소시킨다.

(2) 기능성 수산 가공품의 원료

기능성 수산 가공품 원료에는 고시형과 개별 인정형이 있다. 고시형은 우리나라 식품의약품 안전 처가 기능성을 인정하여 고시한 것이고, 개별 인정형은 개인이나 사업자가 특정 원료의 기능성을 식품의약품안전처로부터 개별적으로 인정받은 것이다.

① 고시형

종 류	효 능
글루코사민	관절 및 연골 건강
뮤코다당·단백	관절 및 연골 건강
분말한천(고시된 원료로 전환)	배변 활동 원활
스콸렌	항산화 작용
스피룰리나(고시된 원료로 전환)	피부건강, 항산화 작용, 혈중 콜레스테롤 개선
알콕시글리세롤 함유 상어간유	면역력 증진
N-아세틸글루코사민	관절 및 연골건강, 피부 보습
EPA 및 DHA 함유 유지(고시된 원료로 전환, 오메가-3 지방산 함유 유지의 명칭 변경)	기억력 개선, 눈 건강, 혈중 중성지질 개선·혈행 개선
클로렐라	피부건강·항산화·면역력 증진
키토산/키토올리고당	혈중 콜레스테롤 개선, 체지방 감소

② 개별 인정형

종 류	효 능
AP콜라겐 효소분해 펩타이드	피부 보습
DHA농축유지	혈중중성지방 개선, 혈행 개선
연어 펩타이드	높은 혈압 감소
정어리 펩타이드	혈압 조절
정제 오징어유	혈중중성지방 개선, 혈행 개선
초록입홍합추출오일	관절 건강
해태올리고펩타이드	혈압 조절

11 수산 가공 기계

(1) 원료 처리 기계

1970년대 냉동 고기풀(수리미, Surimi) 생산 때부터 본격적으로 도입

① 어체 선별기(Roll 선별기)

㉠ 특 징

- 크기 측정 방식과 무게 측정 방식이 있다.
- 크기 선별 방식은 다단 롤러 컨베이어를 이용한 대량 처리에 이용된다.

ⓛ 작동 원리
- 회전하는 롤 사이 공간의 크기에 따라서 크기가 작은 것부터 밑의 컨베이어에 떨어지게 한다.
- 한 쌍의 롤을 경사지게 설치 → 롤 회전(반대 방향) → 롤 사이의 간격에 따라 작은 것부터 아래 컨베이어로 분리
- 롤 위쪽에서 물을 분사하여 어체가 잘 미끄러지게 한다.
ⓒ 적용 : 정어리, 고등어, 꽁치, 전갱이, 명태 등의 선별에 사용된다.
② 필릿 가공기(머리 및 내장 제거기)
ⓐ 특징 : 어류를 가공하기 전에 머리와 내장을 제거하여 필릿으로 만드는 기기이다.
ⓛ 작동 원리 : 어류가 투입되면 머리 제거 → 복부 절개로 내장 제거 → 육편을 절단기로 자르는 방식이다.
ⓒ 적용 : 명태, 연어, 고등어 등의 어류를 조리하기 쉽게 만들거나 동결 수리미를 만들 때 전처리용으로 이용된다.
③ 탈피기
ⓐ 어체의 껍질을 제거하는 기계로, 엔드리스(Endless) 회전 밴드형 칼(탈피칼)을 사용한다.
ⓛ 이송 컨베이어에 필릿을 놓고 육과 껍질 사이로 필릿의 길이 방향에 수직으로 고속 주행하는 밴드 칼을 통과시켜 표피를 제거한다.
ⓒ 적용 : 청어나 대구 등의 필릿 탈피 작업에 이용된다.
④ 어류 세척기
ⓐ 특징 : 세척기는 회전, 교반, 진동의 방법으로 어체와 어체 또는 어체와 세척수 사이의 마찰을 이용하여 세척하는 기구이다.
ⓛ 작동 방식 : 세척에는 세척 탱크 단위로 하는 방식과 어체를 이송하면서 연속적으로 세척하는 방식이 있다.

(2) 건조기

① 열풍 건조기
어패류를 열풍(뜨거운 바람)을 이용하여 건조하는 장치이다. 여기에는 상자형과 터널형이 있다.
ⓐ 상자형 건조기
- 원료를 선반에 넣고 정지된 상태에서 열풍을 강제 순환시켜 건조한다.
- 비용이 적게 들고, 구조가 간단하며 취급이 용이하다.
- 열효율이 낮고 건조 속도가 느리며, 열손실이 많다. 또한 연속 작업이 불가하고 균일한 제품을 얻기가 곤란하다.
ⓛ 터널형 건조기
- 원료를 실은 수레(대차)를 터널 모양의 건조기 안에서 이동시키면서 열풍으로 건조한다.

- 열효율이 높고 건조 속도가 빠르며, 열 손실이 적다. 연속 작업이 가능하고 균일한 제품을 얻기가 쉽다.
- 비용이 많이 들고, 일정한 건조 시설이 필요하다.

② 진공 동결 건조기

   ㉠ 건조 원리 : 어패류를 동결(−30∼−40℃ 정도)된 상태로 낮은 압력에서의 빙결정을 높은 진공에서 직접 승화시켜 건조시키는 장치이다.

   ㉡ 구조 : 진공 동결 건조 장치는 건조실, 가열 장치, 응축기, 진공 펌프로 구성되어 있다.
- 건조실 : 식품을 건조
- 가열 장치 : 얼음의 승화 잠열을 제공
- 응축기 : 승화 시 발생하는 수증기 응축
- 진공 펌프 : 건조실 내부를 진공 상태로 유지

   ㉢ 특징 및 용도
- 열에 의한 성분 변화가 없어 어패류의 색, 맛, 향기, 물성을 잘 유지한다.
- 식품 조직의 외관이 양호하고, 복원성이 좋다.
- 시설 및 운전 경비가 많이 들기 때문에 제품 가격이 비싸고, 건조 시간이 오래 소요된다.
- 북어, 맛살, 전통국 등 고가 제품의 건조에 사용된다.

③ 제습 건조기

   ㉠ 건조 원리 : 제습 건조 방식은 어패류에서 배출된 함유 수분을 제습기의 증발기(냉각기)로 흡착하여 물로 배출하고, 응축기(발열기)에서 3∼5℃ 높은 건조공기를 순환·배출한다.

   ㉡ 구조 : 냉각기(공기 냉각 기능), 가열기(공기 가열 기능), 가습기(습도 조절 기능), 송풍기(열풍 공급 기능)로 구성된다.

   ㉢ 특징 및 용도
- 원적외선 방사 가열과 병용하면 더욱 효과적이다.
- 자연 건조 가능한 건조 시스템으로 저온 상태로 탈색, 맛, 향, 영양소 파괴가 없다.
- 건조 함수율 조절이 가능하며 건조, 수산물 반건조 등에 사용된다.
- 부가가치가 높은 제품에 사용된다.

(3) 통조림용 기기

① 이중 밀봉기(Seamer, 시머)

통조림을 제조할 때 캔의 몸통과 뚜껑을 빈 공간 없이 밀봉하는 기계이다.

   ㉠ 이중 밀봉의 원리
- 이중 밀봉이란 뚜껑의 컬을 캔 몸통의 플랜지 밑으로 말아 넣고 압착하여 봉하는 방법을 말한다.

- 캔은 리프터로 시밍 척에 닿을 때까지 들어 올려지고, 리프터와 시밍 척에 의해 뚜껑과 몸통이 단단히 고정된다.
- 제1롤이 수평운동을 하여 시밍 척에 접근하여 뚜껑의 컬을 압착하면서 캔 주위를 빠르게 회전한다. 이때 뚜껑의 컬이 캔 몸통의 플랜지 밑으로 말려 들어간다.
- 제1롤의 후퇴와 동시에 제2롤이 시밍 척에 접근하여 제1롤에 의해 말려 들어간 뚜껑의 컬과 몸통의 플랜지를 더욱 강하게 압착하여 밀봉을 완성시킨다.
- 제2롤의 후퇴와 동시에 리프터가 내려가고, 밀봉된 캔은 밀봉기 밖으로 나온다.
  - ※ 컬과 플랜지
    - 컬(Curl) : 캔 뚜껑의 가장 자리를 굽힌 부분으로, 컬의 내부에 밀봉재가 발려 있어 밀봉부의 빈틈이 없도록 유지함
    - 플랜지(Flange) : 캔 몸통의 가장 자리를 밖으로 구부린 부분

  ⓛ 시머의 종류
  - 홈 시머, 세미트로 시머, 진공 시머가 있다.
  - 홈 시머와 세미트로 시머는 실험실이나 소규모 공장에서 사용하고, 진공 시머는 대규모 공장에서 사용한다.

  ⓒ 밀봉기의 구성
  - 시머는 시밍 척(Chuck), 리프터(Lifter), 시밍 롤(Roll)의 3요소로 구성되어 있다.
  - 시밍 척과 시밍 롤은 시밍 헤드라 불린다.
  - 시밍 롤은 제1롤과 제2롤로 이루어져 있다.
  - 제1롤의 홈은 너비가 좁고 깊으며, 제2롤의 홈은 너비가 넓고 얕다.

[밀봉 3요소의 기능]

3요소	기 능
리프터	• 밀봉 전 : 캔을 들어 올려 시밍 척에 고정시킴 • 밀봉 후 : 캔을 내려 줌
시밍 척	밀봉할 때 캔 뚜껑을 붙잡아 캔 몸통에 밀착하여 고정시키는 역할
시밍 롤	• 캔 뚜껑의 컬을 캔 몸통의 플랜지 밑으로 밀어 넣어 밀봉을 완성시킴 • 제1롤 : 캔 뚜껑의 컬을 캔 몸통의 플랜지 밑으로 말아 넣는 역할 • 제2롤 : 이를 더욱 압착하여 밀봉을 완성시킴

② 레토르트(Retort)

  ㉠ 원 리
  - 가열 수증기를 이용하여 통조림을 가열 살균하는 밀폐식 고압 살균솥이다.
  - 정지식과 회전식이 있다(회전식이 열전달이 빨라 살균 시간을 단축).

  ⓛ 특 징
  - 100℃ 이상을 유지하기 위해 고압 증기를 사용한다.
  - 가열 매체로는 증기(통조림 살균)와 열수(유리병, 플라스틱 용기 제품 살균)가 있다.
  - 살균 후 품질 변화를 줄이기 위해 급랭한다(냉각수를 주입하여 40℃까지 가압 냉각).

※ 밴드, 블리더

　레토르트 내부의 공기를 제거하고 수증기를 순환시키는 장치

(4) 연제품용 기기

① 채육기

㉠ 원 리

- 채육기는 세척된 어체를 어육과 뼈, 껍질로 분리하여 어육만 채취하는 기구이다.
- 원료 육편을 호퍼에 주입하면 회전 드럼(채육 망)과 압착판 또는 압착 벨트 사이의 압착에 의해 살코기는 채육망 안으로, 뼈와 껍질은 롤러 밖으로 분리된다.

㉡ 구조 및 특징

- 압착판 또는 압착 벨트 방식이 있으며, 주로 압착 벨트 방식이 사용된다.
- 압착 벨트 방식이 압착판 방식보다 성능이 훨씬 높고, 구조도 사용하기에 편리하게 되어 있다.
- 압착 벨트와 채육망은 서로 반대 방향으로 회전한다.
- 냉동 고기풀 및 연제품 제조에 사용된다.

  ※ 연속식 압착기
  - 연속식 압착기는 수세한 어육에 있는 뼈와 껍질을 압착해서 걸러내는 장치이다.
  - 투입된 어육을 스크루를 사용하여 그물 모양의 작은 구멍이 있는 철제 원통으로 밀어 넣으면 육과 껍질 및 뼈가 분리된다.
  - 분리 과정에서 육의 탄력이 보강되는 효과를 얻을 수 있다.

② 세절기(사일런트 커터, Silent Cutter) - 세절혼합기

㉠ 원 리

- 어육을 고속 회전하는 칼날로 잘게 부수고, 여러 가지 부원료를 혼합할 때 사용하는 기기이다.
- 어육이 담긴 접시는 수평으로 회전하고, 세절이 끝나면 배출 회전막이 작동하여 원료를 배출한다.
- 연제품을 가공할 때는 어육의 온도를 10℃ 이하로 유지하면서 작동시킨다.

㉡ 특 징

- 사일런트 커터와 볼 커터가 있다.
- 칼날은 3~4개로 구성되어 있고, 수직으로 고속 회전한다.
- 온도 감지기(마찰로 인한 육의 온도 상승을 감지)와 세절기 뚜껑(살코기가 밖으로 유출되는 것을 방지)이 있다.
- 작업자의 안전을 위해 세절기 뚜껑을 열면 칼날의 작동이 정지된다.
- 동결 수리미, 어육소시지, 연제품, 각종 어묵을 만들 때 많이 사용한다.

③ 성형기
  ㉠ 고기갈이를 마친 고기풀의 점착성을 이용하여 적당한 모양으로 가공 처리한다.
  ㉡ 제품의 종류에 따라 성형 방법이 다르고 기계의 종류도 다양하다.
  ㉢ 가공 순서 : 고기풀을 호퍼에 공급 → 노즐을 통해 압출 → 모양판을 통과 → 성형 → 가열 → 냉각

(5) 동결 장치
① 접촉식 동결 장치
  ㉠ 원리 : 냉각시킨 냉매나 염수(브라인)를 흘려 금속판(동결판)을 냉각시킨 후 이 금속판 사이에 원료를 넣고 압력을 가하여 동결하는 것으로 냉동 고기풀 제조에 사용한다.
  ㉡ 특 징
    • 동결 속도가 빠르고, 일정한 모양을 가진 포장식품인 경우 더욱 효과적이다.
    • 금속판의 두께가 얇아야 접촉 효과가 크다(50~60mm).
    • 동결 수리미, 명태 필릿, 원양선상 수산물의 동결에 많이 이용되고 있다.
    • 접촉식 해동 장치는 구조적으로 동결 장치와 동일하며, 금속판 내부에 온수(25℃)를 흘려서 동결 수리미의 해동에 이용하기도 한다.
② 송풍식 동결장치
  ㉠ 원리 : 냉각기를 동결실 상부에 설치하고, 송풍기로 강한 냉풍을 빠른 속도로 불어 넣어 수산물을 동결시키는 장치이다.
  ㉡ 특 징
    • 냉풍의 유속을 빠르게 하면 동결 속도가 빨라진다.
    • 개별동결식품(IQF)을 비롯한 대부분의 수산물의 동결에 이용되고 있다.
    • 육상의 냉동 창고에서 대부분이 채택하고 있는 동결 장치이다.
    • 장점 : 짧은 시간에 많은 양의 급속 동결이 가능하고, 동결하고자 하는 식품의 모양과 크기에 제약을 받지 않으며, 가격이 저렴하다.
    • 단점 : 동결 중에 송풍에 의한 수산물의 건조와 변색이 있으나 글레이징을 하여 방지한다.
    ※ **용어 해설**
      • 정치식 : 가공 기계를 고정된 상태에서 운전하는 방식으로 회전식, 동요식과는 반대 개념이다.
      • 스톤 모르타르(Stone Mortar) : 돌로 만든 기계식 맷돌로, 사일런트 커터가 나오기 전에 연제품의 고기갈이 기계로 주로 사용되었다.
      • 호퍼(Hopper) : 원료 공급 장치의 투입구
      • 노즐(Nozzle) : 고압의 액체를 분출시킬 때 분출 단면적을 작게 하면 압력 에너지가 속도 에너지로 바뀌는 것을 이용하여 고속으로 원료를 분출시키는 장치
      • 팰릿(Pallet) : 식품을 적재하기 위한 용도로 만들어진 플라스틱 상자

1 수산물의 냉장 등

(1) 수산물의 냉장과 냉각

① 수산물 냉장의 개요
　㉠ 수산물의 냉장은 수산물을 빙결점보다 높은 온도에서 저장하는 방법이다.
　㉡ 냉장 수산물은 조직감이 우수하여 품질 수명이 긴 냉동품보다 비싸게 유통된다.

② 수산물의 냉장 중 성분 변화 및 억제
　수산물은 어획 후 생물학적 요인, 화학적 요인, 물리학적 요인에 의하여 품질 저하가 일어난다. 그러나 어획 후 품질 저하는 저온 저장에 의해 억제가 가능하다.
　㉠ 생물학적 요인
　　• 품질 저하 발생 : 미생물(세균, 곰팡이, 효모 등)과 효소의 작용에 의한 신선도 저하
　　• 저온 저장 원리 : 저온으로 저장하면 미생물의 증식과 효소의 활성이 억제됨
　　• 저하 억제 방안 : pH 및 공기 조성 변화
　㉡ 화학적 요인
　　• 품질 저하 발생 : 산소, 효소 반응(연화, 갈변, 향미 악변 등)으로 지질의 산화, 중합, 퇴색
　　• 저온 저장 원리 : 온도가 10℃ 낮아지면 반응속도는 1/2~1/3로 억제됨
　　• 저하 억제 방안 : 항산화제 처리
　㉢ 물리학적 요인
　　• 품질 저하 발생 : 광선, 열에 의한 건조, 식품성분의 변화 등
　　• 저온 저장 원리 : 저온 저장으로 건조가 억제됨
　　• 저하 억제 방안 : 속포장 또는 글레이징 처리
　　　※ 빙결점 : 식품을 냉동고에 두었을 때 얼음 결정이 처음으로 생성되는 온도, 즉 얼기 시작하는 온도를 말하고, 동결점 또는 어는점이라고도 한다.
　　　　• 식품의 동결 : 식품을 빙결점 이하에서 저장하는 조작
　　　　• 식품의 냉각 : 식품을 빙결점과 환경 온도의 범위 내에서 저장하는 조작

③ 수산물의 냉장 방법
　식품의 냉장은 수빙법, 쇄빙법, 냉장법과 빙온법 등이 있다.
　㉠ 수빙법(水氷法)
　　• 습식빙장법으로 청수(淸水) 또는 해수에 얼음을 넣어 0℃ 부근으로 유지시키고 어체를 넣어 냉각, 빙장하는 방법이다.
　　• 어체 온도를 급속히 내려서 세균이 번식할 기회를 주지 않고, 경직기간을 오랫동안 유지시키는 데 목적이 있다.
　　• 경직도가 높고 경직기간이 길게 연장되므로 선도 유지가 양호하다.

- 얼음과 해수의 혼합용량은 해수 10에 대하여 얼음 2~4 정도의 양을 사용한다.
- 더욱 낮은 온도를 유지시키고, 또 어획물의 색택 변화를 방지하기 위하여 식염(3% 정도)을 첨가한다.
- 수빙법은 최초 어체 온도를 급속히 냉각시키는 장점이 있는 반면 운반이 불편하며 물이 새지 않는 큰 용기가 필요하고, 시간이 경과됨에 따라 저온 유지에 손이 많이 간다.
- 장기간 수빙으로 저장하여 두면 어체가 수분을 흡수하게 되고, 표피가 변색될 우려가 있으므로 이 방법은 단시간의 빙장에 이용하는 것이 효과적이다.
ⓛ 쇄빙법
- 쇄빙(碎氷)으로 어패류를 얼음 속에 묻어 냉각 저장하는 방법이다.
- 부패나 변질을 지연시키는 효과가 있어 수산물의 경우 어선 내에서나 육상 수송을 할 때 어패류의 저장에 널리 이용되고 있다.
- 사용되는 얼음의 종류는 담수를 얼린 담수빙, 대략 3%의 식염수를 얼린 염수빙, 방부제나 살균제를 얼린 살균빙 등이 있다.
ⓒ 빙온법 : 최대 빙결정생성대에 해당하는 온도 구간(최대 −3℃)에서 식품조직 중 수분의 일부가 빙결정 상태가 되도록 식품을 저장하는 방법으로, 어패류의 단기 저장(−2~−0.5℃)에 이용된다.

항 목	수빙법	쇄빙법
작 업	어려움	용 이
냉각속도	신 속	완 만
산 화	일부 억제	용 이
손 상	없 음	있 음
건 조	진행 안 됨	일부 진행
퇴 색	수용 퇴색	산화 변색

④ 냉장 수산물의 제조

원료 입하 → 선별 → 수세 및 탈수 → 어체 처리 → 재수세 및 탈수 → 선별 → 포장 → 냉각 → 저장

ⓝ 원료 수산물이 들어오면 크기, 상처 유무, 신선도 등에 따라 선별한다.
ⓛ 얼음물로 수세 및 탈수를 한다.
ⓒ 목적에 맞게 어체 처리를 한다.
ⓔ 혈액과 내장 등을 씻기 위하여 재수세 및 탈수한다.
ⓜ 선별 및 포장하여 전처리를 한다.
ⓗ 포장한 것을 빙장 등의 방법으로 유통하거나 단기 저장을 한다.

※ 냉장식품과 냉동식품의 제조를 위한 어체 처리 형태 및 명칭
- 어 체
  - 라운드(Round) : 아무런 전처리를 하지 않은 전어체
  - 세미드레스(Semi-dress) : 아가미와 내장을 제거한 어체
  - 드레스(Dress) : 세미드레스 처리한 어체에서 머리를 제거한 어체
  - 팬드레스(Pan-dress) : 드레스 처리한 어체에서 지느러미와 꼬리를 제거한 어체
- 어 육
  - 필렛(Fillet) : 드레스 처리한 어체를 포를 떠서 뼈 부분을 제외한 두 장의 육편만 취한 것
  - 청크(Chunk) : 드레스 처리한 어체를 뼈를 제거하고, 통째썰기한 것
  - 스테이크(Steak) : 필렛을 약 2cm 두께로 자른 것
  - 다이스(Dice) : 육편을 2~3cm 각으로 자른 것
  - 초프(Chop) : 채육기에 걸어서 발라낸 것
  - 그라운드(Ground) : 고기갈이를 한 것

(2) 수산물의 동결과 저장

① 수산물 동결의 개요
  ㉠ 수산물 동결은 빙결점보다 낮은 온도에서 수산물을 가공하거나 저장하는 조작을 말한다.
  ㉡ 냉동품은 '동결 – 저장 – 해동'의 과정을 거쳐야 하기 때문에 본래의 상태대로 복원이 불가능하다. 따라서 냉동품은 냉장품에 비하여 낮은 가격에서 유통된다.

② 동결에 따른 현상
  ㉠ 동결곡선
   - 식품의 동결곡선은 식품의 동결 중 온도중심점에서 시간별 온도 변화를 기록하여 연결한 곡선으로 빙결점 이상의 냉각곡선(Cooling Curve)과 빙결점 이하의 냉동곡선(Freezing Curve)으로 나눈다.
   - 식품의 동결곡선은 빙결점까지의 냉각 구역(A-B구역), 빙결점 –1~–5℃ 범위의 동결 구역(B-C구역, 최대 빙결정생성대)과 빙결점 미만의 저장 온도까지 온도 강하 구역(C-D구역)으로 나누어진다.

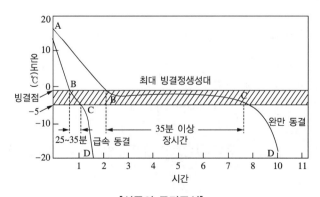

[식품의 동결곡선]

ⓒ 온도중심점 : 식품을 냉각하거나 동결할 때 온도 변화가 가장 느린 지점을 말하며, 식품의 품온이 측정되어지는 부분이다. 일반적으로 일정한 형상을 갖춘 식품의 온도중심점은 기하학적 무게 중심점이다.

ⓒ 빙결점(동결점, Freezing Point) : 식품이 얼기 시작할 때의 온도로, 대부분의 식품은 빙결점이 −0.5~−2.0℃이다.

  ※ 어류의 빙결점은 담수어가 평균 −0.5℃로 가장 높고, 회유성 어류로 평균 −1.0℃, 저서성 어류는 평균 −2.0℃로 가장 낮다.

ⓒ 공정점(Eutectic Point) : 식품 중 수분이 완전히 얼었을 때의 온도로, 보통 공정점은 −55~−60℃이다.

ⓒ 빙결률(동결률, Freezing Ratio) : 식품 중 물(수분량)이 얼음(빙결정)으로 변한 비율을 말한다. 빙결률은 다음 식으로 구할 수 있다.

$$빙결률(\%) = \left(1 - \frac{식품의\ 빙결점}{식품의\ 품온}\right) \times 100$$

ⓒ 최대빙결정생성대(빙결정최대생성권, Zone of Maximum Ice Crystal Formation)
  • 빙결정이 가장 많이 만들어지는 온도대로서 빙결점 −1~−5℃의 온도 구간을 말한다. 대부분의 식품은 최대 빙결정생성대에서 60~90%의 수분이 빙결정으로 변한다.
  • 빙결점이 −1℃인 식품은 −5℃로 내리게 되면 식품 내 수분의 약 60~80%가 빙결하게 된다.
  • 이때 많은 빙결잠열의 방출로 식품의 온도는 거의 변화하지 않고 동결이 이루어져 냉동곡선은 거의 평탄하다.
  • 빙결정의 수, 크기, 모양 및 위치가 이 온도대에서 머무르는 시간에 따라 좌우되며, 물질에 영향을 준다.
  • 식품조직 구조의 파괴로 ATP, 글리코겐 및 지질의 효소적인 분해와 단백질의 동결 변성 등이 최대로 발생한다.
  • 저온 미생물 중에는 발육 가능한 미생물이 있어 신속하게 −10℃까지 낮추어야 한다.

ⓒ 빙결정 성장
  • 동결식품은 저장 중에 조직 내의 미세한 빙결정의 수는 줄어들고 대신 대형의 빙결정이 생기게 되는데, 이는 식품의 품질을 저하시키는 원인이 된다.
  • 빙결정 성장의 원인으로는 저장 중 온도의 변화와 작은 결정과 큰 결정의 증기압의 차를 들 수 있다.
    ※ 빙결정 성장의 방지
      • 급속 동결을 하여 빙결정의 크기를 될 수 있는 대로 같도록 할 것
      • 동결 종온을 낮추어 빙결률을 높임으로써 잔존하는 액상이 적도록 할 것
      • 저장 온도를 낮게 하여 증기압을 낮게 유지할 것
      • 저장 중 온도의 변화를 없게(±1℃ 이내) 할 것

※ 최대빙결정생성대의 통과 시간에 따른 냉동품의 빙결정 분포 및 크기

동결 속도 (-5℃~빙결점 통과시간)	얼음의 위치	모양	크기 (지름×길이)	세포 내
근세포 — 수초	세포 내	바늘 모양	$1\sim5\mu m \times 5\sim10\mu m$	동결 속도 ≫ 물의 이동 속도
1.5분	세포 내	막대 모양	$5\sim20\mu m \times 20\sim500\mu m$	동결 속도 > 물의 이동 속도
40분	세포 내	기둥 모양	$50\sim100\mu m \times 1,000\mu m$	동결 속도 < 물의 이동 속도
90분	세포 외	기둥 모양	$50\sim200\mu m \times 2,000\mu m$	동결 속도 ≪ 물의 이동 속도

③ 급속 동결과 완만 동결

국제냉동협회에서 최대빙결정생성대의 통과 시간에 따라 급속 동결과 완만 동결로 구분한다.

㉠ 급속 동결
- 냉동품에 작은 빙결정이 생성되어 손상이 적은 동결 방법이다.
- 일반적으로 최대빙결정생성대(-5~-1℃)를 단시간(25~35분 이내)에 통과하여 빙결점의 크기를 작게 함으로써 고품질의 제품을 제조하는 동결 방법이다.
- 급속 동결에 의해 냉동식품을 제조하는 경우 빙결정의 크기를 작게 하여 조직의 파괴 및 단백질의 구조 파괴를 억제, 해동 중에 Drip의 유출로 인한 영양성분의 손실 억제, 동결시간을 단축하여 경제적인 손실 절감 효과가 있다.
- 동결 직후 또는 저장 초기에 해동하면 세포 내 동결, 세포 외 동결의 어느 쪽도 품질에는 큰 차이가 없으나 저장기간이 길어지면 세포 외 동결 쪽이 품질 저하가 크게 된다.

  ※ 식품은 빨리 동결시키거나 낮은 온도에서 저장하면 빙결정의 크기가 작아 조직 손상이 적으나 오랜 시간 동안 동결시키거나 높은 온도에서 저장하면 빙결정의 크기가 크게 되어 조직 손상이 크다. 따라서 냉동품의 품질은 최대빙결정생성대의 통과 시간이 짧을수록 우수하다.

㉡ 완만 동결
- 빙결정생성대(-5~-1℃)를 35분 이상 걸려서 통과하는 것이다.
- 동결은 냉동품에 큰 빙결정이 생성되어 조직 손상이 큰 동결 방법이다.
- 조직의 파괴 및 식품 중의 단백질 고차 구조의 파괴와 염 농축에 의한 단백질의 동결변성을 초래한다.

  ※ 일반적으로 동결식품의 빙결점은 보존온도가 높거나 보존기간이 경과하면 서서히 조직이 파괴된다. 냉동식품의 조직파괴 억제를 위하여 반드시 급속 동결과 저장온도의 저온 유지(-18℃ 이하) 및 보존 중의 온도 변화 억제 등을 실시하여야 한다.

  ※ 심온 동결
  온도중심점(온도가 가장 늦게 내려가는 지점)이 -18℃ 이하로 내려가게 하는 동결로, 식품의 동결에서는 급속 동결도 강조하지만 심온 동결도 강조한다.

④ 수산 냉동식품의 제조

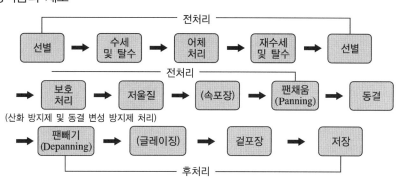

※ 참고 : 속포장이나 글레이징은 두 공정 중 한 공정만 실시함

㉠ 동결 전처리
- 수세 및 탈수 : 수산물을 선별한 다음 대형어는 분무 처리로, 소형어는 침지 처리로 수세하고, 탈수한 후 목적에 맞게 어체 처리를 한다.
- 어체 처리, 재수세 및 탈수 : 어체 처리 중 발생한 혈액, 내장의 일부, 뼈, 껍질 및 비늘 등을 제거하기 위하여 수세하고 탈수한다.
- 선별 및 특별 전처리 : 크기, 손상 유무 등에 따라 재선별한 후 동결 처리 및 저장 중에 품질 저하를 방지할 목적으로 염수 처리, 가염 처리, 탈수 처리, 산화 방지제 처리 및 동결 변성 방지제 처리 등과 같은 보호 처리를 한다.
- 칭량 및 팬채움 : 어체를 저울질하고, 건조 및 지질산화 방지를 위하여 팬채움을 실시한다.
  ※ 전처리 목적
  - 경제성 : 불가식부에 해당하는 운임 및 보관료의 절약
  - 편리성 : 불가식부의 사전 처리에 의해 조리의 편리
  - 위생성 : 비위생적인 불가식부의 신속한 제거로 위생성 향상
  - 품질저하 억제 : 데치기 등에 의한 효소 실활(불활성화)로 품질저하 억제

㉡ 동결 : 동결은 대형어와 중형어의 경우 개체 동결을 하고, 소형어의 경우 동결팬에 넣어 다음의 여러 가지 방법 중에서 선택하여 실시하여야 한다.
- 공기동결법

정지공기동결법 (완만 동결)	• 자연대류에 의한 동결법으로 냉각관을 선반 모양으로 조립하고, 그 위에 식품 등을 얹은 다음 동결실 내의 정지한 공기 중에서 동결하는 방법이다. • 동결 장치가 간단하고, 모양의 구애됨이 없이 대량 처리가 가능하지만, 완만 동결로서 품질이 저하된다.
송풍동결법	• 동결실은 대개 상자터널형이며, 식품을 TRAY RACK이나 컨베이어 위에 얹어 식품 표면에 차가운 냉풍(-40~-30℃)을 팬으로 순환(3~5m/s)시켜 단시간에 동결하는 방법이다. • 동결 속도가 빠르고 품질도 우수하여 수산물의 동결에 많이 이용된다.

- 접촉동결법
  - 냉각된 냉매를 흘려 금속관을 냉각(-40~-20℃)시킨 후 이 금속관 사이에 원료를 넣고 양면을 밀착(압력 0.1~0.2kg/m²)하여 동결하는 방법이다.
  - 대표적인 급속 동결법 중의 하나이다.
  - 식품이 냉각된 금속판에 직접 접촉하므로 동결 속도가 빠르다.
  - 일정한 크기를 가진 수산물의 동결에 유용하다.
- 침지동결법
  - 포화 식염수(동결점 -21℃)를 -16℃ 정도로 냉각하여 그 용액에 수산물을 직접 침지하여 동결하는 방법이다.
  - 방수성과 내수성이 있는 플라스틱 필름에 밀착 포장된 식품을 냉각 브라인에 침지 동결하는 방법이다.
  - 급속 동결법 중 하나이며, 조작이 간편하다.
  - 냉각된 식염수가 혈액이나 점액으로 오염되는 단점이 있어 포장된 가공식품의 동결에 이용된다.
- 액화가스동결법
  - 식품에 직접 액체질소와 같은 액화가스를 살포하여 급속 동결하는 방법이다.
  - 새우, 반탈각굴 등과 같은 고가의 개체급속동결(IQF) 제품 등에 한정적으로 이용된다.
  - 장점 : 초급속 동결이고 연속 작업이 가능하며, 동결 장치에 맞지 않는 블록도 가능하다.
  - 단점 : 설치비·운영비가 비싸고, 제품에 균열이 생길 우려가 있다.

ⓒ 동결 후처리
  - 동결이 끝난 냉동품은 팬으로부터 분리하고, 글레이징(건조나 산화 방지)을 실시하며, 포장재로 겉포장한다.
  - 속포장 공정과 글레이징 공정은 두 공정 중 한 공정만을 실시한다.

⑤ 동결 저장 중 식품 성분의 변화
  ㉠ 수산물의 동결 처리 및 저장은 단백질의 변성에 의한 육의 보수력 저하, 색소의 변화, 승화 및 동결 화상, 드립의 발생 등으로 품질이 저하하여 소비자의 구매 의욕을 떨어뜨린다.

  ※ 동결 화상(Freezer Burn)
  동결 화상은 동결 저장 중에 승화한 다공질의 표면에 산소가 반응하여 갈변하는 현상으로 풍미가 낮아 소비자로부터 외면을 받으므로 주의하여야 한다.

  ㉡ 동결 저장 중 식품 성분의 변화 억제 방안 : 가염 처리, 인산염 처리, 글레이징, 동결 변성 방지제, 산화 방지제를 처리하거나 포장 처리 등에 의하여 다소 억제가 가능하다.
    - 가염 처리 : 명태, 넙치, 가자미 등 백색육의 동결 및 해동 시 다량의 드립 발생으로 영양 및 중량 감소와 조직감 등 품질 손실
    → 3~5%의 식염수용액(0~2℃)에 침지(0.5~1hr)로 저급품화 방지

- 인산염 처리 : 단백질의 변성은 pH 6.5 이하에서 진행되므로, 인산염 처리로 pH 6.5~7.2 정도를 유지하여 금속 등 변성 촉진 인자 봉쇄로 단백질 변성을 억제한다.
- 산화방지제 처리 : 유리지방산 생성과 단백질 변성 촉진을 방지한다.
- 삼투압 탈수 처리 : 빙결정에 의한 품질저하를 방지한다.
- 포장 처리 : 공기 차단에 의한 산화 방지, 수분의 증발 및 승화 방지에 의한 감량을 방지한다.
- 글레이징 처리(빙의 처리) : 공기를 차단하여 건조 및 산화에 의한 표면의 변질을 방지한다.

(3) 냉동품의 해동

① 해동의 개요

ⓐ 해동은 냉동품을 해동 매체인 공기, 물, 얼음, 증기, 금속판, 오븐 등으로 녹이는 조작을 말한다.

ⓑ 해동은 냉동의 역순으로 가능한 Drip의 발생이 적어야 한다. 해동 속도, 해동 종온, 해동 환경은 식품의 종류와 용도에 따라 결정되어야 한다.

ⓒ 해동에 의하여 육질이 연화되고 미생물 및 효소의 활동이 용이하며, 산화가 용이하고 표면이 건조되며, 맛 성분 및 영양 성분의 손실이 발생된다.

※ 해동식품이 미해동식품에 비하여 선도 저하가 빠르고 부패하기 쉬운 이유
- 해동에 의한 조직 변화로 표면 세균이 내부로 침투한다.
- 연약한 조직으로 미생물의 침입 및 증식이 용이하다.
- Drip(아미노산, 비타민군 등)이 미생물 증식의 영양원이 된다.

② 드립(Drip)

ⓐ 개 념

- 동결식품을 해동하면 빙결정이 녹아서 생성한 수분이 육질에 흡수되지 못하고 체액이 분리되어 나오는데, 이것을 Drip이라 한다.
- 드립이 유출되면 식품 성분 중 수용성 성분(단백질, 염류, 비타민류, 아미노산, 퓨린, 엑스 성분 등)이 빠져나오고 풍미 물질도 흘러나와 식품가치를 저하시키고 무게도 감소한다.

ⓑ Drip의 발생 원인

- 빙결정에 의한 육질의 기계적 손상이나 세포의 파괴
- 체액의 빙결 분리
- 단백질의 변성
- 해동경직에 의한 근육의 이상적 강수축 등

ⓒ Drip 발생의 양

- 일반적으로 원료가 신선하고 같은 중량이라도 표면적이 작을수록, 동결 속도가 빠르고 동결 냉장 온도가 낮을수록, 동결 냉장 기간이 짧을수록 드립이 적다.
- 절단한 근육에 비해 절단하지 않는 것이 드립이 적다.
- 식염, 당류, 중합인산염을 첨가할수록 드립이 적다.

- 수분 함량이 많을수록, 지방 함량이 적을수록 드립이 많다.
- 해동은 0℃ 부근에서 거의 완료되나 그 조건을 그대로 두면 품온은 더욱 상승하여 변질이 급속히 진행하게 된다. 따라서 해동 후 중심온도는 0~5℃ 정도를 유지하는 것이 좋다.

ⓛ Drip의 발생을 줄이려면
- 선도가 좋은 원료를 선택한다.
- 급속 동결을 실시한다.
- 냉장 온도를 낮추고, 냉장 기간을 짧게 한다.
- 온도의 상하 변동을 적게 한다.

③ 수산 냉동품의 해동 정도

수산 냉동품의 해동은 완전 해동, 반해동, 별도의 해동이 불필요한 경우, 해동시켜서는 안 되는 경우 등과 같이 목적에 맞게 4종류의 해동 방법 중 하나를 선택하여 실시하여야 한다.

㉠ 완전 해동 : 해동 종료 온도는 빙결점 이상의 온도(얼지 않은 온도대)에서 가능한 낮은 온도가 좋다(냉동고등어).

㉡ 반해동 : 해동 종료 온도는 칼로 절단할 수 있는 정도(온도중심점이 -3℃)가 좋다(냉동연육).

※ 일반적으로 반해동을 하면 칼질이 용이하고 완전 해동으로 인한 시간경과, Drip 발생, 선도 저하 방지에 효과적이다.

㉢ 별도의 해동이 불필요한 제품 : 개별동결식품 등

※ 개별동결식품
새우 등과 같은 고급품을 냉동 팬 속에 넣어 덩어리로 동결하는 방법 대신, 1959년경 미국에서 액체질소를 사용하여 한 개씩 사용할 수 있도록 각각 냉동한 식품

㉣ 해동시켜서는 안 되는 제품 : 생선 패티, 스틱 등

④ 해동 방법

수산 냉동품의 해동 방법은 공기, 물, 금속, 전기와 같은 해동 매체에 따라 공기 해동법, 수중 해동법, 접촉식 해동법, 전기 해동법, 이들 해동 매체를 조합한 조합 해동법 등이 있다.

㉠ 공기 해동법
- 공기를 매체로 해동하는 방법이다.
- 정지공기 해동법(자연 해동 방법)은 모든 피해동품에 이용이 가능하지만, 해동 시간이 길고, 장소를 많이 차지한다.
- 송풍 해동법은 해동 시간이 짧다.

㉡ 수중 해동법
- 적당한 온도의 수중에서 해동시키는 방법으로 정지법, 유동법, 살포법이 있다.
- 열전달률이 공기보다 커서 해동 속도가 훨씬 빠르다.
- 수산물 가공 공장에서 가장 많이 사용되고, 원형 및 블로형 동결어의 해동에 적합하다.
- 해동수가 오염되기 쉽고, 폐수 처리 비용이 많이 든다.

ⓒ 접촉식 해동법
- 25℃의 온수가 흐르는 금속판 사이에 피해동품을 끼워 유압으로 판을 접촉시켜 해동시킨다.
- 동결 연육의 해동에 많이 이용된다.
ⓔ 전기 해동법
- 고주파(915~2,450MHz)나 초단파(13, 27, 40MHz)를 이용하는 유전가열법에 의한 해동 방법이다.
- 전기 해동 방법은 피해동품의 내부에서 가열하는 내부 가열 방식으로 짧은 시간에 해동이 가능하다.
ⓜ 조합 해동법 : 살포형, Air-Blast형, 고주파형 해동 장치를 조합한 장치를 이용하여 해동하는 방법이다.

(4) 저온과 미생물

① 미생물의 발육과 온도

미생물은 증식 최적 발육 온도에 따라 10~20℃ 범위의 저온성균, 25~40℃ 범위의 중온성균, 50~60℃의 호열성균으로 분류한다.

고온성 세균 (호열성 세균)	중온성 세균이 사멸되는 75℃에서도 발육, 50~60℃에서 최적 온도대이고 최저 온도대는 40℃임
중온성 세균	25~40℃에서 생육, 37℃ 전후 최적 온도대, 0℃ 이하 및 50℃ 이상에서는 증식이 안 되며, 병원성 세균 등 대부분 여기에 포함
저온성 세균 (호랭성 세균)	20℃ 부근이 최적 생육 온도대이지만, 7℃ 이하에서도 생육을 잘하며 0℃에서도 2주 이내에 증식한다. 대표적인 저온성균은 비브리오(Vibrio) 및 슈도모나스(Pseudomonas) 등 수산물에 많이 존재하는 수중 세균

② 미생물의 저온 사멸

㉠ 콜드 쇼크(Cold Shock)
- 식품을 급속히 냉각하여 빙결점(어는점) 이상에서 일부의 균이 사멸하는 현상이다.
- 콜드 쇼크는 저온 세균 < 고온 및 중온 세균, GRAM 양성균 < GRAM 음성균
- 식품을 급속히 냉각함으로써 세균의 세포막이 손상되어 세포 내 성분(핵산, 펩타이드, 효소, 아미노산, 마그네슘 등)의 유출로 증식이나 대사활성 등이 저하된다.

㉡ 최대빙결정생성대
- 최대빙결정생성대에서는 미생물의 증식이 정지하지만, 일부 효소계가 작용하고 있어 대사계에 불균형이 생겨 차츰 사멸한다.
- 최대빙결정생성대보다 저온으로 처리하면 생리적 기능이 완전 정지 휴면 상태로 된다.
  예 대장균 등 미생물은 대체로 빙결점 부근에서 사멸

© 동 결

- 미생물을 동결하는 경우 세포 내의 빙결정의 생성, 탈수, 염류 농축 등의 작용을 받아 여러 가지 장해가 일어난다.
- 동결은 세포막의 투과성 파괴로 세포 성분의 유출, 유해물질의 침입, 환경인자의 감수성 증대 또는 세포구조가 기계적으로 파괴되어 사멸하게 된다.
- 일반적으로 동결 속도가 빠를수록 사멸률이 높다.

  ※ **동결은 다른 저장 방법에 비하여**
  - 향미, 식감 및 식품 고유의 품질변화가 작다.
  - 미생물의 증식에 의한 변패가 거의 없다.
  - 화학적, 물리적, 생물학적 요인의 식품 변질 억제가 가능하다.
  - 동결 처리는 살균 작용이 없어 해동하면 동결 전의 상태가 되므로 식품의 부패 및 식중독 등에 주의해야 한다.

2 수산물의 냉동과 냉동식품

(1) 냉동의 개요

① 냉동의 원리

  ㉠ 냉동은 냉각하고자 하는 물질로부터 열을 빼앗아 주위 온도보다 저온으로 하고, 또 그것을 유지하는 과정이다.

  ㉡ 냉동의 원리는 어떤 물질이 상변화할 때 주위로부터 열을 흡수하거나 방출하는 물리적 성질을 이용한 것이다. 예를 들면, 땀을 흘린 후 바람을 맞으면 시원함을 느끼는 것도 일종의 냉동 원리이다.

② 냉동능력

  ㉠ 냉동능력 : 0℃의 물 1톤을 24시간 동안에 0℃의 얼음으로 만드는 데 소요되는 열량을 처리할 수 있는 능력

  ㉡ 우리나라의 냉동톤

   - 우리나라 냉동업계에서는 냉동능력의 단위로 냉동톤을 사용한다.
   - 우리나라에서 1냉동톤은 0℃의 물 1톤을 24시간 동안에 0℃의 얼음으로 변화시키는 냉동능력으로 1시간에 3,320kcal의 열을 제거하는 냉동능력을 말한다(국제표준단위를 사용).

  ㉢ 제빙톤

   - 1제빙톤은 24시간 동안에 얼음을 생산하여 낼 수 있는 능력을 말한다.
   - 제빙능력을 표시하는 단위이다.

(2) 냉동 방법

냉동 방법은 물질이 상태를 변화시킬 때에 다량의 잠열을 필요로 하는 성질을 이용한 것이다. 현재 사용하고 있는 냉동의 방법에는 액체의 증발열을 이용하는 방법, 얼음의 융해열이나 드라이아이스의 승화열을 이용하는 방법, 증기의 팽창을 이용하는 방법, 펠티에 효과를 이용하는 방법 등이 있다. 공업적으로 가장 많이 사용하고 있는 방법은 증발열을 이용하는 것으로서, 증기압축식 냉동법(압축기, 응축기, 팽창밸브, 증발기로 구성), 흡수식 냉동법 등이 여기에 속한다.

① 자연 냉동법

자연 냉동법은 얼음, 액화질소, 액화천연가스, 드라이아이스, 눈 또는 얼음과 염류 및 산류의 혼합제를 이용하여 냉동하는 방법이다.

- ㉠ 융해열을 이용하는 방법(수빙법, 쇄빙법) : 대기압하에서 얼음이 융해될 때(녹을 때) 주위로부터 열을 흡수(온도 0℃에서 79.68kcal/kg 흡수)하는 원리를 이용한 방식이다.
- ㉡ 승화열을 이용하는 방법 : 드라이아이스(Dry Ice)가 고체 상태에서 기체 상태(이산화탄소)로 승화할 때 주위로부터 열을 흡수(-78.5℃에서 약 137kcal/kg의 열을 흡수)하는 원리를 이용한 방식으로 얼음보다 저온을 얻을 수 있으며, 또한 작용 후 기체 상태로 변화되어 뒤처리가 편리하여 냉동식품의 간단한 저장 및 운반에 이용된다.
- ㉢ 증발열을 이용하는 방법(IQF) : 어떤 물질이 액체(액체질소, 액체이산화탄소)가 기체(질소가스, 탄산가스)로 될 때는 증발잠열(질소 : -196℃에서 48kcal/kg, 이산화탄소 : -78℃에서 137kcal/kg)을 피냉각 물질로부터 흡수하게 되는 원리를 이용하는 방법이다.
- ㉣ 기한제를 이용하는 방법(침지식 냉동) : 서로 다른 두 물질을 혼합하면 한 종류만을 사용할 때보다 더 낮은 온도를 얻을 수 있는 원리로, 얼음이나 눈에 소금을 혼합하였을 때 얼음의 융해열과 소금의 융해열이 상승 작용을 하여(-18~-20℃의 저온) 주위의 열을 흡수하는 방법이다. 이와 같은 혼합물을 기한제라 한다.

② 기계적 냉동법

증발하기 쉬운 액체를 증발시키고 그 증발열을 이용하여 물체를 냉각시켜 냉동하는 방법으로 증기 압축식, 흡수식, 공기 압축식, 진공식, 전자 냉동식 등과 같은 기체 장치를 이용한 냉동 방법이고, 이 중에서 식품 산업에서는 주로 증기압축식이 이용된다.

- ㉠ 증기압축식 냉동법
  - 액화가스의 증발잠열을 이용하고 증발한 가스를 압축하여 다시 이용할 수 있도록 하여 연속적으로 냉동 작용을 한다.
  - 대기압에 가까운 압력에서 증발하기 쉬운 냉매(암모니아, 프레온 등)를 증발기에서 증발시키고, 이를 압축기에서 압축시킨 후 응축기에서 다시 응축시키는 과정을 반복함으로써 냉동 목적을 달성한다.
  - 냉동 장치는 압축기, 응축기, 팽창밸브, 증발기 및 기타 부속기기(수액기 등)로 구성된다.

- 작동 매체(냉매)는 암모니아, 프레온(Freon)계 냉매가 주로 사용된다.
- 현재 가장 많이 이용되고 있는 냉동법이다.

ⓒ 흡수식 냉동법(Absorption Refrigeration)
- 저온을 생성하는 냉매와 흡수하는 물질을 이용하여 냉매의 연속적인 증발을 유도하는 방법이다.
- 증기압축식은 압축기를 사용하여 가스를 압축하지만, 흡수식은 흡수기(Absorber)에서 흡수제의 화학 작용으로 냉매 증기를 흡수하고, 발생기에서 가열·분리하여 처리하는 것이 다르다.
- 압축기 대신 흡수기와 발생기를 사용하며, 증발기와 응축기는 증기압축식과 같이 가지고 있다.
- 흡수식은 기계적인 일 대신 열에너지를 이용하는 것으로 가열원으로는 LNG, LPG, 기름 및 폐열 등을 이용할 수 있으나 효율이 낮다.
- 폐열을 이용할 수 있는 곳에 적합하고, 냉매와 흡수제의 종류에 따라 저온의 열원도 이용 가능하다.

ⓒ 흡착식 냉동법
- 냉매가 증발과 액화를 반복하여 냉동 목적을 달성하는 것은 증기압축식 및 증기흡수식 냉동법과 동일하다.
- 압축기 및 흡수기 대신 흡착제가 내재된 흡착기를 사용한다. 흡수식에는 흡수 용액이 냉매와 같이 순환하지만, 흡착식에서는 흡착제는 고정되어 있고 냉매만 순환한다는 점이 다르다.
- 흡착제는 실리카겔, 제올라이트, 활성탄 등이 있으나 주로 실리카겔을 사용한다.
- 흡수식 냉동기와 같이 비프레온화와 폐열을 이용하는 냉동 방식이다.

ⓒ 공기 냉동법
- 고압 상태의 공기가 저압 상태로 단열 팽창할 때 주위에서 열을 흡수하는 작용을 이용하여 저온을 얻는 방법이다.
- 공기 냉동 사이클은 냉매인 공기를 압축하여 고온고압으로 된 압축공기를 상온(常溫) 부근까지 냉각한 후 팽창 터빈에서 팽창시켜 저온을 얻는 방식이다.
- Joule-Thomson(압축공기나 기체를 팽창시킬 때 공기의 온도가 내려가는 것) 효과를 이용하는 냉동법이다.
- 피스톤형 압축기 및 팽창기를 이용하면 냉동능력에 비해 부피가 크고, 효율이 저하되어 주로 초저온용으로 사용된다.
- 효율은 낮지만, 소형·경량이기 때문에 주로 항공기의 공조용으로 많이 사용된다.

ⓜ 전자 냉동법(열전식 냉동법)
- 펠티에에 의해 발견된 열전 효과의 하나인 펠티에 효과를 이용한 것이다.
- 성질이 다른 2종의 금속 도체가 접합하여 전류를 통하면 한쪽 접합점에서는 열을 방출하고, 다른 한쪽 접합점에서는 열을 흡수하는 현상을 이용한 것이다.
- 압축기, 응축기, 증발기와 냉매가 없고, 움직이는 부품과 소음이 없다.
- 소형으로 수리가 간단하며, 수명은 반영구적이다.
- 다양한 용량으로 제작할 수 있으며, 용량 조절도 간단히 조절할 수 있다.
- 단점은 가격이 비싸고, 효율면에서 결점이 있다.
- 가정용 소형냉장고, 자동차용 냉장고, 전자기기의 냉각, 광통신용 반도체 레이저 냉각, 의료·의학 물성실험장치 등 특수 분야에 적용되고 있다.
- 많이 사용하는 재료로는 비스무트 텔루륨, 안티몬 텔루륨, 비스무트 셀레늄 등이 있다.

ⓗ 증기분사 냉동법
- 증기압축 냉동의 일종으로 압축기 대신 증기 이젝터(Steam Ejector) 내에 있는 노즐을 통해 다량의 증기를 분사할 때의 부압 작용에 의하여 진공을 만들어 냉동 작용을 하는 방법이다.
- 증기분사 냉동 장치는 대부분 수증기에 의해 작동되므로 증기분사 냉동기라 하며, 회전하는 부분이 없고 공기 밀봉이 잘되어 증발기 측에 고진공을 얻을 수 있다.
- 이 냉동법은 배출증기가 풍부한 공장에서 냉수를 만드는 장치 등에 이용하여 배출증기를 유효하게 이용할 수 있다.

(3) 냉 매

① 냉매의 개요

㉠ 냉매란 냉동 장치, 열펌프, 공기 조화 장치 등의 냉동 사이클 내를 순환하면서 저온부(증발기)에서 흡수한 열을 응축기를 통하여 고온 측으로 열을 운반하는 작동 유체이다.

㉡ 냉매는 열을 흡수 또는 방출할 때 냉매의 상태 변화 과정의 유무에 따라 1차 냉매와 2차 냉매로 나눌 수 있다.
- 1차 냉매 : 증발 또는 응축의 상태 변화 과정을 통하여 열을 흡수 또는 방출하는 냉매
  - 자연냉매(무기화합물) : 물, 암모니아, 질소, 이산화탄소, 프로판, 부탄 등[탄화수소(HC) : 메탄(R-50), 에탄(R-170), 프로판(R-290), 부탄(R-600), 아이소부탄(R-600a), 프로필렌(R-1270) 등]
  - 프레온계 냉매 : R-11(CCl_3F), R-22($CHClF_2$), R-134a(CH_2FCF_3), R-502(R-22 +R-115) 등
  - 혼합냉매 : 두 종류의 프레온계 냉매를 혼합한 것으로, 조성에 따라 끓는점의 변화가 없는 성질을 갖고 있으며 단일 냉매처럼 사용(공비혼합냉매, 비공비혼합냉매가 있음)

- 2차 냉매(Brine, 브라인) : 상태 변화 없이 감열을 통하여 열 교환을 하는 냉매
  - 무기계 : 염화칼슘, 염화나트륨 및 염화마그네슘 등
  - 유기계 : 에틸렌글리콜, 프로필렌글리콜 및 에틸알코올 등
② 냉매의 구비조건
  ㉠ 물리적 조건
  - 저온에서도 증발압력은 대기압보다 조금 높아야 한다.
  - 응축압력은 적당히 낮아야 한다.
  - 증발잠열이 크고, 액체 비열이 작아야 한다.
  - 증기의 비체적이 작아야 한다.
  - 압축기 토출가스의 온도가 낮아야 한다.
  - 임계온도가 높고 상온에서 반드시 액화하여야 한다.
  - 전기절연성, 절연내력이 커야 한다.
  - 응고점은 냉동 장치의 사용 온도 범위보다 낮아야 한다.
  - 누설탐지가 용이하며, 유체의 점성이 낮아야 한다.
  ㉡ 화학적 조건
  - 부식성, 인화성, 폭발성이 없어야 한다.
  - 불활성이고, 화학적으로 안정해야 한다.
  - 윤활유에 미치는 용해도가 적절해야 한다.
  ㉢ 기타 조건
  - 독성이나 자극성이 없고, 성능계수가 커야 한다.
  - 누설되어도 냉동, 냉장품에 손상을 주지 않아야 한다.
  - 값이 저렴하고, 시공 및 취급이 쉬워야 한다.
  - 악취가 없고, 지구환경에 대한 악영향이 없어야 한다.
③ 냉매의 종류
  ㉠ 암모니아 냉매
  - 암모니아는 열역학적 특성 및 높은 효율을 지닌 냉매로 냉동, 냉장, 제빙 등 산업용의 증기 압축식, 흡수식 냉동기의 작동 유체로 사용되어 왔다.
  - 암모니아는 증발압력, 응축압력, 임계온도, 응고온도가 모두 냉매로서 적당하다.
  - 증발열(전열)이 현재 사용되고 있는 냉매 중에서 가장 크고, 냉동 효과도 크다.
  - 가격이 저렴하고, 설비유지비와 보수비용이 적으며 취급이 용이하다.
  - 암모니아는 독성이 강하고 가연성이며, 불쾌한 냄새와 강한 자극성을 가지고 있을 뿐만 아니라 아연, 구리 및 주석 등을 부식시킨다.

- 윤활유와 용해하지 않기 때문에 유회수가 힘들고, 수분에 의한 에멀션 현상을 일으킨다.
- 비열비가 높아 토출가스의 온도가 상승하므로 실린더를 냉각시키는 장치가 필요하다.

※ 암모니아 및 프레온계 냉매의 응용 분야

암모니아	프레온계 냉매			
	R-22	R-13	R-134a	R-502
저온 창고, 제빙, 스케이트 링크	저온 창고, 쇼케이스	저온 사이클	에어컨, 전기 냉장고	쇼케이스

ⓛ 프레온계 냉매
- 프레온은 미국 제조회사의 상품명이고, 정식 명칭은 플루오린화염화탄소이다.
- 프레온계 냉매는 R-11(CCl_3F), R-22($CHClF_2$), R-134a(CH_2FCF_3), R-502(R-22 +R-115) 등이 있다.

  ※ 프레온계 냉매
  - CFC계 : 염소(Cl), 플루오린(F), 탄소(C)로 구성된 염화불화탄소로서 R-11, R-12, R-113, R-124, R-115 등이 포함
  - HCFC계 : 수소가 한 개 이상 포함되어 있는 수소화불화탄소로서 R-22, R-123, R-124, R-141b, R-142b 등이 포함
  - HFC계 : R-32, R-125, R-134a, R-143a, R-152a 등

- 화학적으로 안전하여 연소성, 폭발성의 염려가 없고, 독성과 냄새가 없다.
- 열에 안정적이고, 비등점의 범위가 넓으며, 전기절연 내력이 크다.
- 구입과 취급이 용이하다.
- 전기절연물을 침식시키지 않으므로 밀폐형 압축기에 적합하고, 윤활유에는 잘 용해되나 물에는 잘 용해되지 않는다.
- 800℃ 이상의 화염에 접촉되면 독성가스가 발생하고, 오존층 파괴 및 지구온난화에 영향을 미친다.
- 수분이 침투하면 금속에 대한 부식성이 있고, 천연고무나 수지를 부식시킨다.

ⓒ 브라인(Brine)
- 브라인이란 증발기 내에서 증발하는 냉매의 냉동력을 피냉각물로 전달하여 주는 부동액을 말하며, 간접냉매 또는 2차 냉매라고 한다.
- 냉각 방식은 보통의 냉동 장치처럼 냉매의 증발잠열로 대상물을 냉각시키는 것이 아니라 액체의 열전달 매체를 냉각해서 대상물을 냉각시킨다.
- 브라인은 상태 변화를 하지 않고 항상 액체 상태를 유지하면서 현열 교환을 통해서 열을 이동시키는 열전달 매체이다.

- 브라인 장치는 경제적이고 안전성이 있으며, 열용량이 크므로 온도가 일정하게 유지하는 곳에 많이 이용된다. 항온조가 대표적인 장치이다.
- 무기계는 염화칼슘, 염화나트륨 및 염화마그네슘 등이 있다.
- 유기계는 에틸렌글리콜, 프로필렌글리콜 및 에틸알코올 등이 있다.
- 브라인의 구비조건
  - 비점이 높고 비열이 크며, 열전달 작용 및 열안정성이 양호할 것
  - 응고점, 점도가 낮고 비중이 적당할 것
  - 가격이 싸고 취급이 용이하며, 부식성이 없을 것

(4) 냉동식품

① 냉동식품의 개요

 ㉠ 냉동식품의 정의
- 냉동식품은 전처리, 급속동결, 심온동결 저장 및 소비자용 포장이 된 식품을 말한다.
- 냉동식품이라 함은 가공 또는 조리한 식품을 장기 보존할 목적으로 동결 처리하여 용기, 포장에 넣어진 것으로 냉동 보관을 요하는 식품을 말한다.

 ㉡ 냉동식품의 특성
- 저장성 : 품온 저하와 신선도 유지(생원료와 유사한 조직적 특성이 있음)
- 편리성 : 전처리(불가식부의 제거)가 되어 있어 편리하고, 전자레인지 등 조리가 간편함
- 안전성 : 저온(-18℃ 이하) 저장이 1년 이상 가능하여 품질 안정성이 인정되는 식품
- 가격 안정성 : 원료의 장기보존이 가능하여 가격 안정화를 기할 수 있음
- 유통합리화 : 냉동식품은 일시에 대량으로 어획되는 원료를 구매하고 제조하여 연중 고르게 유통시킴으로써 유통의 합리화를 시도할 수 있음

② 냉동식품의 종류

 ㉠ 소재에 따른 분류 : 수산물, 농산물, 축산물, 조리식품 등

 ㉡ 가열시기에 따른 분류
- 가열하지 않고 섭취하는 냉동식품 : 별도의 가열과정 없이 그대로 식용할 수 있는 냉동식품
- 가열하여 섭취하는 냉동식품 : 섭취 시 별도의 가열과정을 거쳐야만 하는 냉동식품

 ㉢ 소비 용도에 따른 분류 : 업무용(학교급식, 산업체 급식, 식당), 가정용(일반용)

③ 식품의약품안전청 고시 식품의 기준 및 규격(식품공전)에서 냉동식품의 분류와 규격

 ㉠ 식품공전에서 냉동식품은 크게 가열하지 않고 섭취하는 냉동식품과 가열하여 섭취하는 냉동식품으로 분류한다.

 ㉡ 식품공전에서는 냉동식품에 대하여 세균수, 대장균군, 대장균 및 유산균수에 대하여 규정하고 있다.

	가열하지 않고 섭취하는 냉동식품	가열하여 섭취하는 냉동식품
세균수	n=5, c=2, m=100,000, M=500,000(다만, 발효제품, 발효제품 첨가 또는 유산균 첨가제품 제외)	n=5, c=2, m=1,000,000, M=5,000,000(살균제품은 n=5, c=2, m=100,000, M=500,000, 다만, 발효제품, 발효제품 첨가 또는 유산균 첨가제품 제외)
대장균군	n=5, c=2, m=10, M=100(살균제품에 해당)	n=5, c=2, m=10, M=100(살균제품에 해당)
대장균	n=5, c=2, m=0, M=10(다만, 살균제품은 제외)	n=5, c=2, m=0, M=10(다만, 살균제품은 제외)
유산균수	표시량 이상(유산균 첨가제품에 해당)	

3 냉동장치와 냉동설비

(1) 냉매선도 및 냉동사이클

① 냉매선도(증기선도)

　㉠ 냉매선도는 냉동능력, 소요능력 계산에 필요한 냉매압력, 엔탈피, 온도, 비체적, 건조도 및 엔트로피(Entropy)에 대하여 값이 같은 점을 연결한 선으로 구성되어 있다.

　㉡ 냉매선도는 외부에서 알 수 있는 압력과 온도만으로 내부의 상태를 유추하고 냉동기의 현재 성능을 평가하기 위하여 사용한다.

　㉢ 세로축에 압력의 대수를, 가로축에 엔탈피(Enthalpy)를 나타내어 냉매의 상태 변화를 나타낸 선도로 몰리에르(Mollier) 선도, 압력-엔탈피 선도 또는 P-h 선도라고도 한다.

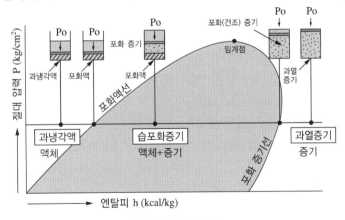

[증기선도의 구성]

② 냉매선도의 구성

　㉠ 포화액선과 포화증기선

　　• 포화액선 : 임계점을 중심으로 좌하로 그어진 선으로, 냉매 액체로부터 증기가 되려고 하는 냉매의 상태이다.

- 포화증기선 : 임계점을 중심으로 우하로 그어진 선으로, 냉매 액체가 증발하여 냉매액이 전혀 없는 건포화 증기 상태이다.

  ※ **냉매의 상태**
  - 과냉각액 구역 : 포화액선의 좌측 구역으로 액체 상태이다.
  - 습증기 구역 : 포화액선과 포화증기선의 중앙 구역으로 액체 상태와 증기 상태가 혼재하여 있다.
  - 과열증기 구역 : 포화증기선의 우측 구역으로 증기 상태이다.

ⓛ 등압력선과 등엔탈피선
- 등압력선(p, kg/cm^2) : 등압력선은 가로축과 평행한 수평선으로 절대압력을 나타낸다.
- 등엔탈피선(h, kcal/kg) : 등엔탈피선은 세로축과 평행한 수직선으로 냉매 1kg에 대한 엔탈피를 구할 수 있고, 등엔탈피선상에서는 압력과 관계없이 열량은 같다.

ⓒ 등건조도선(x)
- 습증기 구역(포화액선과 포화증기선 사이)을 10등분하여 나타낸 곡선들이다.
- 건조도가 일정한 점을 연결한 선으로, 습증기 중에 있는 건조포화증기의 무게비를 나타낸 값이다.
- 건조포화증기의 건조도는 1이고, 포화액의 건조도는 0이다.

ⓔ 등온선(t, ℃)
- 온도가 같은 점을 이은 선이다.
- 과냉각액 구역의 경우 등엔탈피선과 평행 직교한다.
- 습증기 구역의 경우 압력에 따라 온도가 일정해지기 때문에 등압력선과 일치한다.
- 과열증기 구역의 경우 상부는 약간 구부러지고, 아래로 내려갈수록 급하향한다.

ⓜ 등비체적선(v, m^3/kg)
- 습증기와 과열 증기 구역에서 비체적이 같은 점을 이은 선이다.
- 냉매 1kg당의 체적이 같은 선을 연결한 선으로 왼쪽에서 오른쪽으로 비스듬히 올라간다.

ⓗ 등엔트로피선(s, kcal/kg·°K)
- 엔트로피값이 같은 점을 연결한 곡선이다.
- 습증기 구역과 과열증기 구역에서 오른쪽으로 비스듬히 위쪽으로 그어진 선이다.

③ 냉동사이클
ⓛ 냉동사이클에서 냉매의 상태 변화
- 압축 과정
  - 압축기에서 냉매증기를 압축하는 과정으로, 압축 변화는 등엔트로피선을 따라 응축압력에 도달하게 된다.
  - 압축 과정은 상온의 물이나 공기에 의해 냉각되어 응축이 잘될 수 있도록 압력을 높이는 역할을 한다.
  - 압축 과정 동안 압축기가 한 일을 압축일량이라고 하며, 압축기 입·출구의 엔탈피 차이로 구할 수 있다.

- 응축 과정
  - 응축기 내에서 냉매가 응축되는 과정으로, 냉매는 응축기 외부의 물이나 공기에 의해 냉각되어 기체에서 액체 상태로 변화한다.
  - 압축기에서 나온 고압의 냉매가스는 상온의 냉각수나 냉각공기에 의하여 쉽게 액화할 수 있는 상태가 되며, 이때 냉각수나 냉각공기로 방출되는 열량을 응축열량이라고 한다.
  - 응축열량은 냉매가 증발기에서 흡수한 열량과 압축기에서 압축에 의해 가해진 열을 합한 열량이 된다.
  - 응축 과정도 증발 과정과 같이 응축기 내에서의 냉매는 증기와 액이 혼합된 상태이며, 기체에서 액체로 변화하는 동안 응축압력과 온도 사이에는 일정한 관계가 있다. 즉, 압력이 결정되면 온도가 결정되고, 역으로 온도가 결정되면 그때의 압력도 알 수 있다.
- 팽창 과정
  - 팽창 과정은 액체 냉매가 팽창밸브를 통과할 때 상태가 변화하는 것을 말한다.
  - 외부와의 열 출입이 없는 단열팽창으로 엔탈피의 변화가 없다.
  - 팽창 과정은 응축기에서 응축된 액체 냉매가 증발기에서 쉽게 증발할 수 있도록 압력과 온도를 저하시키며, 증발기로 유입되는 냉매의 유량을 조절하는 역할을 한다.
- 증발 과정
  - 증발 과정은 증발기 속에 있는 액체 냉매가 열교환기 주위에 있는 공기나 물질로부터 증발에 필요한 증발잠열을 흡수하여 증발하는 과정을 말한다.
  - 팽창밸브에서 공급된 냉매액은 증발할 때 필요한 증발잠열을 외부로부터 빼앗으며 냉각작용을 한다.
  - 냉매에 열을 빼앗긴 주위의 공기나 물질은 냉각되어 저온으로 유지되고, 냉매는 주위에서 열을 빼앗아 증발하게 된다. 이때 냉매가 액체에서 기체로 증발하는 과정에서의 냉매 온도와 압력은 일정하게 유지된다.

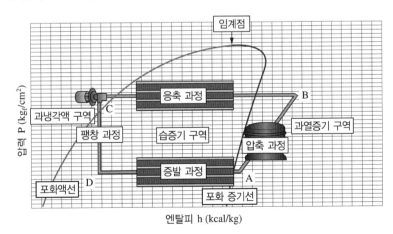

[증기선도와 냉동사이클]

ⓛ 1단 압축 냉동사이클
- 일반적으로 사용하는 냉동사이클로 증발기에서 나오는 냉매가스를 한 대의 압축기로 압축하는 냉동사이클이다.
- −30℃ 이상의 온도를 요구하는 냉동설비에 가장 많이 쓰이는 사이클이다.
- 식품의 냉동, 소형 공기조화, 대·소형 냉장고 등과 같은 가정용 냉동장치나 공기조화에 사용되는 대표적인 사이클이다.
- 장치는 압축기, 응축기, 팽창밸브, 증발기 등으로 구성되며, 압축기의 증기흡입 상태에 따라 습압축 냉동사이클, 건조압축 냉동사이클, 과열압축 냉동사이클로 구분된다.

ⓒ 2단 압축 냉동사이클
- −30℃ 이하 정도의 낮은 증발 온도를 요구하는 냉동장치에서 사용된다.
- 2단 압축을 하면 압축비가 작게 되어 체적효율의 저하를 막을 수 있다.
- 1차 압축 후 토출가스를 냉각하여 다시 압축함으로써 2차 압축 후의 토출가스 온도를 낮게 할 수 있다.
  ※ −30℃ 이하의 낮은 증발온도를 필요로 하는 경우 단단 압축을 하면 압축기의 압축비가 증대되어 체적효율이 작아지고, 냉동장치의 성능계수도 저하된다. 또 압축기의 토출가스 온도가 높아져 윤활유가 열화되기 쉽다.

ⓔ 2원 냉동사이클
- 다원 냉동사이클 중의 하나로, −60℃ 정도 이하의 저온설비에 사용되는 것으로 두 가지의 냉매를 사용하는 각각의 다른 냉동사이클로 구성된다.
  ※ 다원 냉동사이클은 냉동사이클을 온도적으로 2단 이상 분할한 방식이고, 다단압축 냉동사이클은 압축 과정을 2단 이상으로 나누어서 하는 방식이다.
- 저단측 냉동사이클의 응축기는 고단측 냉동사이클의 증발기에 의해 냉각되는 냉동사이클이다.

ⓜ 표준 냉동사이클
- 냉동기의 성능을 비교하기 위하여 법령에서 정한 조건에서 작성한 사이클을 말한다.
- 냉동장치의 냉동능력 및 소요 동력의 크기가 응축온도, 증발온도, 액의 과냉각도, 흡입증기의 과열도 등에 따라 달라지기 때문이다.
- 법령에서 정한 조건은 응축온도 30℃, 증발온도 −15℃, 압축기 흡입가스 온도 −15℃, 팽창밸브 직전의 액체 온도 25℃에서 작성한 사이클을 말한다.

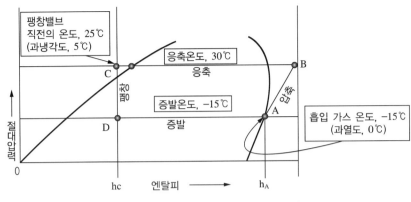

[표준 냉동사이클의 조건과 P-h 선도]

(2) 냉동장치

냉동장치의 주요 기기는 압축기, 응축기, 증발기, 팽창밸브 등이다.

① 압축기(Compressor)

  ㉠ 증발기로부터 증발된 냉매(프레온, 암모니아) 증기를 압축시켜 응축기로 보내 압력을 높이는 장치이다.

  ㉡ 압축기는 냉동기의 심장부로서 증발기에서 증발한 냉매가스를 흡입하여 필요 응축압력까지 압축하여 송출하는 것으로 냉동사이클 내의 냉매순환의 원동력이다.

  ㉢ 압축기의 분류

   • 압축 방식에 따라 용적식, 원심식, 흡수식으로 분류한다.

    – 용적식 : 왕복동식(단동식과 복동식), 회전식(회전 날개형과 회전 고정형), 스크루식 및 스크롤식으로 분류

    – 원심식 : 단단 압축식과 다단 압축식으로 분류하며, 대표적으로 터보압축기가 있음

   • 형상에 따라 입형 압축기(소규모 공급), 횡형 압축기(거의 보급 중단) 및 다기통형 압축기(가장 많이 공급)로 분류한다.

   • 회전 속도에 따라 저속 압축기(700rpm 이하), 중속 압축기(700~1,000rpm) 및 고속 압축기(1,000rpm 이상)로 분류한다.

   • 냉매에 따라 암모니아식, 프레온식으로도 분류한다.

  ㉣ 압축기의 피스톤 토출량 : 1시간에 피스톤이 냉매증기를 흡입하여 압출·토출하는 냉매 증기의 체적을 말한다.

② 응축기(Condenser)

  압축기로부터 나온 고온·고압의 가스냉매를 물 또는 공기로 냉각시켜 응축시키는 장치로, 증발기와 반대 역할을 한다. 냉각 방법으로는 냉각물질의 종류에 따라 수랭식, 공랭식, 증발식의 3종류가 있다.

⊙ 수랭식 응축기
　　　　• 냉각수를 쉽게 얻을 수 있는 곳에서 사용한다.
　　　　• 전열률이 좋아 능력에 비해 소형으로 설치장소가 좁아도 된다.
　　　　• 부식이 쉽고 종류에 따라 청소 등 불편이 있다.
　　　　• 이중관식, 셸튜브식, 대기식, 침수식 등이 있으나 수평형의 셸 엔드 튜브(Shell and Tube)
　　　　　식이 널리 사용되고 있다.
　　　ⓛ 공랭식 응축기
　　　　• 냉각수를 얻을 수 없는 경우 열부하가 적은 소형 냉동기 및 에어컨디셔너의 유닛에 사용
　　　　　된다.
　　　　• 핀 코일(Fin Coil)에 냉매를 보내고, 그 외부에 송풍기로 바람을 보내 냉각하는 방법이다.
　　　　• 물을 필요로 하지 않으므로 스케일이 부착되거나 동결될 염려가 없다.
　　　　• 구조가 간단하고 설치가 쉽다.
　　　　• 자연대류식 응축기와 강제대류식 응축기(콘덴싱 유닛에 사용)가 있다.
　　　ⓒ 증발식 응축기
　　　　• 수랭식과 공랭식의 중간 형태로 냉각수를 충분히 얻을 수 없는 곳에 사용된다.
　　　　• 냉각수의 증발잠열을 이용하여 냉매증기를 응축하므로 냉각수의 사용량이 매우 적다.
　　　　• 냉각관에 냉각수를 분무시키고 공기를 불어주면 냉각수가 증발하면서 증발열을 흡수하므
　　　　　로 냉각수와 냉매의 온도차와 증발열에 의한 냉각 작용을 동시에 얻을 수 있다.
　　　　• 겨울철에는 외기온도가 낮아 물을 사용하지 않고 공랭식으로 사용할 수 있다.
　　　　　※ 냉각탑
　　　　　　증발식 응축기에서 냉각관 대신에 표면적이 큰 충전물로 대체한 구조장치로, 냉각수의 재생기 역할을
　　　　　　한다.

③ 증발기
　　　⊙ 증발기는 응축기로 액화한 냉매액을 팽창밸브를 통하여 증발시키고, 그 증발열을 이용하여
　　　　물 혹은 브라인을 냉각하는 냉각기이다.
　　　ⓛ 증발관 속에 공급된 냉매액이 저압에서 냉각 대상물인 공기, 물 또는 브라인으로부터 열을
　　　　뽑아 냉각효과를 내는 장치이다.
　　　ⓒ 냉각에 필요한 냉매액을 팽창밸브에서 공급받고 증발기 내에서 증발된 증기는 압축기로 흡입
　　　　된다.

ⓔ 증발기의 분류

- 냉매액 공급 방식에 따른 분류

건식 증발기	• 팽창밸브에서 감압된 냉매액이 증발기 내로 흐르는 동안 증발되어 출구에서 모두 증기로 된다. • 구조가 간단하고 냉매 충전량이 적으며, 제어 방식은 간단하지만 열전달률이 나쁘다.
만액식 증발기	• 팽창밸브를 나온 냉매 중 액체만 증발기로 공급하여 증발기 내부에는 항상 냉매액이 가득 차 있다. • 대형 증발기에서는 냉동기유로 암모니아가 많이 사용되고, 열전달률이 좋지만 소요 냉매 량이 많다. • 프레온 냉동장치에서 사용할 경우 냉동기유 회수장치가 필요하다.
액순환식 증발기	• 포화액상의 냉매만 액체 펌프를 사용하여 증발관 속으로 강제 순환시킨다. • 만액식보다 열전달률이 좋고 증발기에 기름이 끼지 않으며, 제상 작업이 간단하여 자동 화에 용이하다. • 동력소모가 많고 시설이 복잡하다.

- 열교환 매체에 따라 공랭식과 수랭식이 있다.
- 증발기 구조에 따라 나관 코일식, 플레이트식, 핀 코일식, 셸 튜브식, 셸 코일식이 있다.

④ 팽창밸브

㉠ 냉매액이 증발하기 용이하도록 감압과 동시에 냉매량을 조절하는 장치

㉡ 팽창밸브는 증발기로의 고압의 액체 냉매를 저압으로 하여 냉매가 쉽게 증발하도록 한다.

㉢ 팽창밸브에서 냉매액의 공급이 부족할 경우 : 증발온도를 유지하지 못하고 압축기가 과열운
전된다.

㉣ 팽창밸브에서 냉매액의 공급이 지나칠 경우 : 습압축이 되므로 안정된 운행이 어렵다.

㉤ 팽창밸브는 수동팽창밸브, 자동팽창밸브 및 모세관으로 분류된다.

수동팽창밸브	• 밸브의 핸들을 수동으로 돌려 냉매의 유량을 조절한다. • 주로 바이패스용으로 사용된다.
자동팽창밸브	• 유량조절이 냉매의 상태에 따라 자동으로 조절된다. • 정압식 팽창밸브, 온도식 팽창밸브, 플로트식 팽창밸브 및 전자 팽창밸브 등이 있다.
모세관	• 내경 0.6~2mm의 모세관으로 모세관의 특징을 이용하여 감압한다. • 부하변동이 적은 소량의 건식 증발기(가정용 냉장고, 룸에어컨 등)에 주로 사용된다.

※ 팽창밸브 중에서 주로 사용되는 것은 온도식 팽창밸브와 플로트식 팽창밸브이고, 가정용 냉장고는 모세
관이 사용된다.

⑤ 부속기기

냉동장치의 부속기기는 수액기, 기름 분리기, 액 분리기, 불응축가스 분리기 및 안전밸브 등
이다.

㉠ 수액기

- 응축기에서 액화한 냉매를 팽창밸브로 보내기 전에 일시적으로 저장하는 용기이다.
- 고압 수액기와 저압 수액기가 있다.

- 증발기 부하변동에 따라 냉매 공급량을 조절한다.
- 냉동장치의 수리 또는 정지시킬 때 냉매를 저장 또는 공급한다.
- 응축기의 전열면적을 넓혀준다.

ⓛ 유(기름) 분리기
- 압축기에서 송출된 냉매증기 중에 혼입된 윤활유를 분리시키는 고압 용기이다.
- 압축기와 응축기 사이의 토출배관 도중에 설치하여 열전달률 저하를 방지한다.
  ※ 냉매증기 중에 윤활유가 많으면 압축기에는 윤활유가 부족하게 되고, 증발기 등의 전열성능을 떨어뜨린다.

ⓒ 액 분리기
- 증발기에서 완전히 증발하지 않은 액체와 증기가 동시에 압축기로 흡입되면 압축기가 파손될 수 있으므로 이를 방지하기 위하여 설치한다.
- 증발기와 압축기 사이의 흡입가스 배관에 설치한다.
- 흡입가스에 냉매액이 혼입되면 액은 분리하고 증기만을 압축기에 흡입시켜 액압축을 방지하며 압축기를 보호한다.
- 냉동부하가 심한 제빙장치, 대형 냉장고, 동결장치 등에서 이용된다.

ⓔ 불응축가스 분리기
- 응축기에 부착하여 장치 내에 존재하는 공기와 냉매를 분리하여 공기를 제거하는 장치이다.
- 분리된 액체 냉매의 경우는 수액기로, 불응축가스의 경우는 대기로 방출한다.
- 불응축가스가 있으면 전열 작용 저하 및 응축압력이 높고, 부식 등이 심화된다.

(3) 냉동설비

① 냉각장치

ⓐ 진공예랭장치
- 진공냉각은 저압 상태에서 수산물 표면의 물을 기화시켜 이때의 증발잠열을 이용하여 냉각하는 방법이다.
- 다른 예랭 방법에 비하여 가격이 비싸지만, 냉각 속도가 매우 빠르다.
- 냉각 과정 중에 표면의 수분이 증발되므로 중량감모가 생기는데, 온도 5.5℃가 내려가면 약 1%의 중량이 감소된다.
- 진공예랭장치는 진공조, 진공펌프, 콜드트랩, 냉동기 및 제어장치 등으로 구성되어 있다.

ⓛ 냉수식 예랭장치
- 냉수를 냉각매체로 냉각하는 방법으로, 냉수 속에 담그는 방법이나 냉수를 분무하여 냉각하는 방법이 있다.
- 0~2℃로 냉각한 냉수를 직접 예랭물에 접촉시켜 냉각하는 방법으로, 공기를 이용하는 냉각에 비해 냉각속도가 빠르다.
- 예랭 후 중량감모에 대한 염려가 없고, 기계장치가 간단해서 설비비와 운전비가 적게 든다.

- 물에 젖지 않는 특수한 포장과 냉각수의 살균이 필요하다.
- 냉수식 예랭장치에는 살수식, 담금식, 연속식 등이 있다.
ⓒ 공기예랭장치
- 냉각된 공기를 송풍하여 냉각한다.
- 강제통풍냉각과 차압통풍냉각이 있다.
- 강제통풍냉각은 냉기를 송풍기로 불어서 포장상자 주위를 통과시키면서 냉각하는 것이다.
- 차압통풍냉각은 흡인팬으로 냉기를 포장상자 내부로 빨아들여서 냉각하는 것이다.
② 동결장치
ⓐ 송풍식 동결장치
- 냉각기를 동결실 상부에 설치하고, 송풍기로 강한 냉풍을 강제 순환시켜 식품을 동결시키는 장치이다.
- 공기에 유속을 가하여 표면 열전달계수를 크게 하여 동결 속도를 빨리하려는 동결장치이다.
- 공기의 온도는 일반적으로 −30~−40℃ 정도이다.
- 원료를 계획적이고 대량으로 공급받을 수 있는 곳에 유리하다.
- 동결 속도가 빠르고 제품의 품질이 양호하며, 작업이 연속적이다.
- 피동결물의 크기나 형상에 제약을 적게 받는다.
- 설치비가 비싸고 건조로 인한 중량감소, 표면 퇴색 등의 단점이 있다.
ⓑ 접촉동결장치
- 냉각된 금속판 사이에 원료를 넣고, 양면을 밀착하여 동결하는 장치이다.
- 냉각시킨 냉매나 염수(브라인)를 흘려 금속판(동결판)을 냉각한다.
- 금속판을 통해 냉매와 직접 접촉하므로 동결 속도가 빠르다.
- 냉동 고기풀 제조 또는 해동장치에 사용된다.
- 일정 모양을 갖춘 포장식품인 경우 동결 효과가 크다.
ⓒ 침지동결장치
- 브라인 중에 식품을 침지하여 동결하는 장치이다.
- 23% 정도의 식염수를 −15~−16℃ 정도로 냉각하며, 여기에 수산물을 침지한다.
- 열전달률이 크기 때문에 급속동결이 되고, 연속화 및 자동화가 가능하다.
- 급속동결로 식염이 원료에 침입하는 경우는 적지만, 염수가 원료의 혈액이나 점액 등으로 오염된다.
- 가공품의 원료 어류 동결에 많이 이용되고, 개별 포장하여 침지하는 경우가 많다.
ⓓ 액화가스 동결장치
- 식품에 직접 액화가스(질소, 산소)를 살포하여 급속동결하는 장치이다.
- 새우, 반탈각굴 등과 같은 고가의 개체급속동결(IQF) 제품 등에 한정적으로 이용되고 있다.

1 식품의 품질관리

(1) 품질관리의 과정

품질관리는 표준으로 하는 품질을 정하고 설정한 품질기준에 적합한지 검사한 후 그 결과를 평가하여 이상이 있는 경우 적절한 수정 조치를 하는 것으로, 품질관리 과정은 PDCA Cycle, 즉 계획(Plan), 실시(Do), 확인(Check), 조치(Action)의 4단계로 구성되어 있다.

① 계획(Plan) : 목표설정과 달성을 위한 계획수립 및 기준을 정한다. 목표를 달성하기 위하여 원재료, 제조 공정, 종업원 등에 대한 표준 작업 기준을 정한다.

② 실시(Do) : 설정된 계획을 실행한다. 설정된 품질기준을 충족시키기 위해 제조 공정을 표준화하고 이를 교육한다.

③ 확인(Check) : 계획대로 업무가 수행되는지 확인한다. 실시한 결과를 측정(품질검사)하여 계획과 비교·검토한다.

④ 조치(Action) : 확인한 결과에 따라 조치를 취한다. 제품이 설정된 품질기준에 미달할 경우 수정하여 품질이 목표에 도달하게 하고, 이를 유지하도록 한다.

(2) 식품 품질구성 인자

① 식품의 품질구성 인자에는 양적, 관능적, 영양학적 및 위생학적 품질이 있다.

② 일반 소비자들이 민감하게 느끼는 품질 인자는 관능적 품질, 영양학적, 위생학적 품질이다.

③ 소비자들은 여러 인자들을 복합적으로 고려하여 식품의 품질을 인식한다.

(3) 품질관리 단계의 세부적인 내용

① 수요 및 시장 조사 : 기존 판매된 제품 및 새로 출시할 제품에 대한 여러 정보를 수집하여 제품의 개발 및 개선을 위한 자료 조사를 실시한다.

② 품질 기준 및 규격 설정 : 최종 생산 제품의 품질에 대한 품질 기준과 규격 등을 결정한다.

③ 제품 생산 : 설정된 품질 기준에 부합하는 제품 생산을 위하여 품질에 큰 영양을 미치는 사람(Man), 원료(Material), 설비(Machine), 작업 방법(Method)에 대한 작업 기준을 표준화하고 이를 교육한다.

④ 제조 공정 관리와 개선 : 작업 표준에 따라 올바르게 작업이 실시되고, 제품이 예상한 대로 생산되는지를 확인한다.

⑤ 제품 품질검사 : 원료, 부품 등을 구입할 때나 제조 공정 중의 중간 단계 및 최종 단계에서 분석이나 검사를 실시한다. 이 과정에 의해서 불량품 발생을 최소화하고, 소비자에게 안정적인 품질의 제품을 공급할 수 있다.

⑥ 제품의 운송 및 판매 : 식품은 운송, 보관 등의 유통 과정 중에 부패하거나 손상되는 경우가 많다. 따라서 유통이나 판매 중의 관리도 품질관리의 중요한 활동 중 하나이다.

⑦ 클레임 처리 : 제품에 대한 클레임이 발생할 경우 신속히 클레임 처리에 대한 대책을 세워야 한다. 클레임 대처에서 중요한 것은 단순히 소비자를 만족시키는 것에만 그치는 것이 아니라 이를 기업 내 관련 부서의 업무에 반영하여 향후 유사한 클레임의 재발 방지를 위한 대책을 만드는 것이다.

※ 전사적 품질관리(Total Quality Control, TQC)의 필요성
유통 과정 중에 부패하기 쉬운 식품의 특성상 식품산업에 품질에 대한 책임을 제조 부분에만 국한시키는 것은 한계가 있다. 과거의 품질관리는 단순히 최종 제품에 대한 검사만으로 이루어졌으나 현대의 품질관리는 단순한 제품 검사만으로 이루어질 수 없다. 즉, 제품 개발, 개선 및 품질 유지를 위한 노력이 지속적으로 이루어져야 한다. 또한 품질에 대한 책임은 생산현장과 품질검사 요원들만의 노력으로는 충분하지 않으며, 최고경영자를 포함한 회사 모든 부분의 종사자가 참여하는 전사적 품질관리가 필요하다.

2 안전관리인증기준

(1) 안전관리인증기준의 개요

① 안전관리인증기준(Hazard Analysis and Critical Control Point, HACCP)은 안전한 제품의 생산 및 유통을 보장하는 데 필요한 예방적 관리 체제이다.

② 식품(건강기능식품 포함)·축산물의 원료 관리, 제조·가공·조리·선별·처리·포장·소분· 보관·유통·판매의 모든 과정에서 위해한 물질이 식품 또는 축산물에 섞이거나 식품 또는 축산물이 오염되는 것을 방지하기 위하여 각 과정의 위해요소를 확인·평가하여 중점적으로 관리하는 기준을 말한다.

③ HACCP은 식품·축산물 안전에 영향을 줄 수 있는 "위해요소"와 이를 유발할 수 있는 조건이 존재하는지 여부를 판별하기 위해 정보를 수집·평가하는 "위해요소분석(Hazard Analysis, HA)" 과정과, 식품·축산물의 위해요소를 예방·제어하거나 허용 수준 이하로 감소시켜 식품· 축산물의 안전성을 확보하는 "중요관리점(Critical Control Point, CCP)" 단계, 과정 또는 공정으로 크게 나누어 볼 수 있다.

④ 중요관리점 공정에서 한계기준을 적절히 관리하는지 여부를 확인하기 위한 모니터링 (Monitoring)이 이루어지고, 모니터링 결과 중요관리점의 한계기준을 이탈할 경우 개선조치 (Corrective Action)를 취한다.

⑤ HACCP는 전 세계적으로 가장 효과적이고 효율적인 식품안전관리체계로 인정받고 있으며 미국, 일본, 유럽연합, 국제기구(Codex, WHO, FAO) 등에서도 모든 식품에 HACCP를 적용할 것을 적극 권장하고 있다.

※ HACCP 관련 용어(농수산물 품질관리법, 생산·출하전단계 수산물의 안전관리인증기준)

- 안전관리인증기준(HACCP) : 생산·출하전단계 수산물 안전관리인증기준(Hazard Analysis Critical Control Point), 수산물에 위해물이 혼입 또는 잔류하거나 수산물이 오염되는 것을 방지하기 위하여 위해가 발생할 수 있는 생산과정 등을 중점적으로 관리하는 것
- 안전관리인증기준 관리계획(HACCP Plan) : 양식수산물의 생산과정에서 위해가 발생할 우려가 있는 요소를 사전에 확인하여 허용수준 이하로 감소시키거나 제어 또는 예방할 목적으로 안전관리인증기준(HACCP)에 따라 작성한 생산과정 관리문서나 도표 또는 계획
- 위해요소(Hazard) : 관리하지 아니할 때 인체의 건강을 해할 우려가 있는 생물학적, 화학적·물리적 인자나 조건
- 위해요소분석(Hazard Analysis) : 수산물 안전에 영향을 줄 수 있는 위해요소와 이를 유발할 수 있는 조건이 존재하는지 여부를 판별하기 위하여 필요한 정보를 수집하고 평가하는 일련의 과정
- 중요관리점(Critical Control Point, CCP) : 수산물에서 발생할 수 있는 위해를 예방 또는 제어하거나 허용 수준 이하로 감소시켜 해당 수산물의 안전성을 확보할 수 있는 중요한 결정단계
- 한계기준(Critical Limit) : 중요관리점에서 위해요소 관리가 허용범위 이내로 충분히 이루어지고 있는지 여부를 판단할 수 있는 기준이나 기준치
- 모니터링(Monitoring) : 중요관리점에서 위해요소관리가 허용범위 이내로 충분히 관리되고 있는지 여부를 평가하기 위하여 계획적으로 실시하는 일련의 관찰 또는 측정을 말하며, 장차 검증에 사용되는 정확한 기록을 생산하는 것 포함
- 개선조치(Corrective Action) : 중요관리점을 모니터링한 결과 한계기준을 이탈할 경우 취하는 일련의 조치
- 선행요건(Pre-requisite Program) : 안전관리인증기준(HACCP)을 적용하기 위한 사전위생관리 프로그램
- 검증(Verification) : 안전관리인증기준(HACCP) 관리계획의 유효성(Validation)과 실행(Implementation) 여부를 정기적으로 평가하는 일련의 행위
- 안전관리인증기준(HACCP) 팀 : 안전관리인증기준(HACCP) 관리계획의 개발·이행 및 유지에 책임이 있는 사람들의 집단
- 안전관리인증기준(HACCP) 이행시설 : 농수산물 품질관리법 제74조에 따라 생산·출하전단계 수산물의 안전관리인증기준을 이행하는 시설로 국립수산물품질관리원장에게 등록하고자 하거나 등록한 시설

(2) HACCP 시스템의 역사

1960년대의 미국의 항공우주국(NASA)의 아폴로 계획에서 우주비행사가 이용하는 우주식의 안전성 확보의 연구에서 시작되었다. 그 후 많은 연구와 개선을 거듭하여 현재 세계 각국에서 가장 합리적인 식품위생관리기법으로 높은 평가를 받고 있다.

① HACCP의 역사

1959~60년대	미국 우주계획용의 식품제조를 위하여 Pillsbury사가 구상을 정리
1971년	미국의 국립식품보호회의에서 최초로 개요를 공표
1973년	FDA(미국식품의약품관리청)에 의하여 저산성통조림의 규제에 도입
1985년	NAS(미국과학아카데미)의 식품보호위원회가 이 방식의 유효성을 평가하고, 식품 생산자에 대해 이 방식에 의한 자주위생·품질관리의 적극적 도입, 행정당국에 대해서는 법적 강제력이 있는 HACCP제도의 도입을 각각 권고
1988년	ICMSF(국제식품미생물규격위원회)가 WHO에 대해 국제규격에의 HACCP 도입을 권고
1989년	NACMCF(미국식품미생물기준자문위원회)가 HACCP 지침을 제출, 이 중에서 HACCP의 7원칙을 최초로 제시
1992년	NACMCF가 HACCP 지침의 수정판을 제출
1993년	FAO/WHO가 HACCP 적용을 위한 지침을 제시

② 한국의 HACCP 역사

1995년 12월	식품위생법에 위해요소중점관리기준에 대한 조항 신설
1996년 12월	식약청 고시 '식품위해요소중점관리기준' 제정
2002년 8월	식품위생법 제48조에 의무적용 법적 근거 마련
2003년 8월	식품위생법 시행규칙에 의무적용 대상품목 지정 : 어묵류, 냉동식품(피자류, 만두류, 면류), 냉동수산식품(어류, 연체류, 조미가공품), 빙과류, 비가열음료, 레토르트식품, 배추김치 (2006년 12월 추가)
2005년 10월	6개 식품 의무적용 세부기준 마련
2009년 2월	HACCP 지원사업 수탁(한국보건산업진흥원등) 법적 근거 마련
2012년 5월	HACCP 정기조사평가 차등관리제 도입(식약청 고시)
2013년 12월	HACCP 지정 및 사후관리 평가 시 '과락제' 도입
2014년 1월	재단법인 '한국식품안전관리인증원' 개원
2014년 11월	식품위생법 시행규칙에 신규 의무적용 8품목 지정 : 과자·캔디류, 빵·떡류, 초콜릿류, 어육소시지, 음료류, 즉석섭취식품, 국수·유탕면류, 특수용도식품
2015년 8월	HACCP 적용 부실업체 행정조치 강화(One-Strike-Out제 시행)
2016년 2월	한국식품안전관리인증원의 설립 및 운영에 관한 법률 제정

(3) 안전관리인증제도의 효과

① 적용 업소 및 제품에는 HACCP 인증마크가 부착되므로 기업 및 상품이미지 향상

② 소비자의 건강에 대한 염려 및 관심으로 제품의 경쟁력, 차별성, 시장성 증대

③ 관리요소, 제품 불량·폐기·반품, 소비자 불만 등의 감소로 기업의 비용 절감

④ 체계적이고 자율적으로 위생관리를 수행할 수 있는 위생관리 시스템 확립 가능

⑤ 위생관리 효율성 증대, 농수산식품 및 축산물의 안전성 향상

⑥ 미생물 오염 억제에 의한 부패 저하, 수확 후 신선도 유지 기간 증대

(4) 안전관리인증기준(HACCP) 운영 관리

① 선행요건(Pre-requisite Program) 관리

선행요건이란 안전관리인증기준(HACCP)을 적용하기 위한 위생관리프로그램을 말한다.

㉠ HACCP 적용업소(도축장·농장 제외)가 준수해야 하는 선행요건(식품 및 축산물 안전관리인
증기준 [별표 1]).

- 영업장 관리 : 작업장, 건물바닥·벽·천장, 배수·배관, 출입구, 통로, 창, 채광·조명,
  부대시설(탈의실, 화장실) 등 관리
- 위생 관리 : 작업환경(동선 계획 및 공정간 오염방지, 온도·습도, 환기시설, 방충·방서
  등) 관리, 개인위생 관리, 폐기물 관리 세척 또는 소독 등
- 제조·가공 시설·설비 관리 : 제조시설 및 기계·기구류 등 설비 관리
- 냉장·냉동 시설·설비 관리 : 냉장시설 10℃ 이하, 냉동시설 −18℃ 이하 유지 관리
- 용수 관리 : 식품 제조·가공에 사용되거나 식품에 접촉할 수 있는 시설·설비·기구·용기·
  종업원 등의 세척에 사용되는 용수 관리
- 보관·운송 관리 : 구입·입고 관리, 협력업소 관리, 운송 관리, 보관 관리 등
- 검사 관리 : 제품검사, 시설·설비·기구 등 검사
- 회수 프로그램 관리 : 부적합품이나 반품된 제품 회수를 위한 프로그램 수립 및 운영

㉡ 적용대상 : 안전관리인증기준을 이행하는 시설로 등록한 생산·가공시설 등을 운영하는 자
에 한해 생산·출하전단계수산물 중 육상양식장에 적용한다(생산·출하전단계 수산물의 안
전관리인증기준 제3조~제5조).

- 수산업법 제41조 및 같은 법 시행령 제27조의 규정에 의하여 육상해수양식어업으로 허가한
  양식업체
- 내수면어업법 제11조 및 같은 법 시행령 제9조의 규정에 의하여 육상양식어업으로 신고한
  양식업체

㉢ 선행요건 준수 시설

- 양식장 시설·설비관리
- 양식장 위생관리
- 종자, 동물용의약품, 사료, 용수 관리
- 의약품 관리
- 사육 및 출하관리
- 그 밖에 안전관리인증기준(HACCP) 적용을 위해 필요한 사항

② 안전관리인증기준 관리기준

    ㉠ 안전관리인증기준(HACCP) 이행시설로 등록하고자 하거나 등록한 시설은 다음의 안전관리 인증기준(HACCP) 적용원칙과 [별표 1]의 양식장 안전관리인증기준(HACCP) 및 위생관리기 준에 따라 적절한 안전관리인증기준(HACCP) 관리계획을 수립·운영하여야 한다.

       • 위해요소 분석

       • 중요관리점 설정

       • 중요관리점의 한계기준 수립

       • 모니터링 체계 확립

       • 한계기준치 이탈 시 기록유지 및 개선조치방법 수립

       • 검증방법 수립

       • 문서화 및 기록 유지

    ㉡ 안전관리인증기준(HACCP) 이행시설로 등록하고자 하거나 등록한 시설은 다음의 사항을 포함하는 안전관리인증기준(HACCP) 관리기준서를 작성·비치하여야 한다.

       • 안전관리인증기준(HACCP) 팀 구성(조직 및 인력현황, 안전관리인증기준(HACCP) 팀 구성 원별 역할 등)

       • 양식생물 설명서(양식생물명, 양식생물 용도, 작성자 및 작성 연월일, 양식생물 규격, 구매 자·출하처 및 출하 시 운반자, 그 밖의 필요한 사항)

       • 생산공정도 등[생산공정도, 양식장 평면도(사육동, 사육관리시설, 출입자동선, 소독시설 등 시설·설비 배치), 용수 및 배수처리 계통도]

       • 위해요소 분석

       • 중요관리점 설정

       • 중요관리점의 한계기준 수립

       • 모니터링 체계 확립

       • 한계기준치 이탈 시 기록유지 및 개선조치방법 수립

       • 검증방법 수립

       • 문서화 및 기록 유지

    ㉢ 안전관리인증기준(HACCP) 이행시설로 등록하고자 하거나 등록한 시설은 [별표 1]의 양식장 안전관리인증기준(HACCP) 및 위생관리기준을 준수하여야 한다.

    ㉣ 안전관리인증기준(HACCP) 이행시설로 등록하고자 하거나 등록한 시설에 대한 조사·점검 은 별지 제2호 서식의 안전관리인증기준(HACCP) 이행상황 조사·점검표에 따라 수행하고 위 시설은 안전관리인증기준 관리계획(HACCP Plan)에 따라 1개월 이상 운영하여야 한다.

    ㉤ 국립수산물품질관리원장은 안전관리인증기준(HACCP) 이행시설로 등록하고자 하거나 등록한 시 설에 대한 이행 및 조사·점검 사항을 품목별로 세부기준을 마련하여 적용할 수 있다.

절 차	적 용		단 계	
1	HACCP팀 구성		준비 5단계	12절차
2	제품설명서 작성			
3	제품의 용도 확인			
4	공정흐름도 작성			
5	공정흐름도 현장 확인			
6	모든 잠재적 위해요소 분석	원칙1	적용 7원칙	
7	중요관리점(CCP) 결정	원칙2		
8	중요관리점의 한계기준 설정	원칙3		
9	중요관리점별 모니터링 체계 확립	원칙4		
10	개선 조치방법 수립	원칙5		
11	검증 절차 및 방법 수립	원칙6		
12	문서화 및 기록 유지방법 설정	원칙7		

③ 기록 관리

  ㉠ HACCP 적용업소는 관계 법령에 특별히 규정된 것을 제외하고는 이 기준에 따라 관리되는 사항에 대한 기록을 2년간 보관하여야 한다.

  ㉡ 기록할 때에 작성자는 작성일자, 시간 및 이름을 적고 서명하여야 한다.

  ㉢ 기록이 작성일자, 시간, 이름 및 서명 등의 동일함을 보증할 수 있을 때에는 전산으로 유지할 수 있다.

  ㉣ HACCP 지도관 또는 시·도 검사관, 식품(축산물)위생감시원은 기록을 열람할 수 있다.

3 수산식품위생

(1) 식중독

① 식중독의 개요

  ㉠ 식중독의 정의 : 식품 섭취로 인하여 인체에 유해한 미생물 또는 유독물질에 의하여 발생하였거나 발생한 것으로 판단되는 감염성 질환 또는 독소형 질환을 말한다.

  ㉡ 식중독의 발생 시기 : 세균의 발육이 왕성하여 식품이 부패되기 쉬운 6~9월 사이가 가장 많다.

  ㉢ 식중독의 원인 : 비브리오, 살모넬라, 포도상구균 등의 식중독 세균에 노출(부패)된 음식물을 섭취하여 발생하며, 실제로 전체 식중독 중 세균성 식중독이 80% 이상 차지하고 있다.

  ㉣ 식중독 환자의 증상 : 설사와 복통이 가장 일반적이며 그 밖에 구토, 발열, 두통이 나타나기도 한다. 그러나 전염병균은 아니다.

[식중독의 분류]

세균성 식중독	• 감염형 식중독 : 살모넬라, 장염 비브리오, 병원성 대장균, Yersinia, 아리조나균, 리스테리아, Campylobacter • 독소형 식중독 : 황색포도상구균, 장구균, 보툴리누스균 • 감염형과 독소형의 중간형 : 웰치균
자연독에 의한 식중독	• 동물성 식중독 : 복어, 조개류 • 식물성 식중독 : 독버섯, 감자, 독미나리, 독보리 등
화학물질에 의한 식중독	• 유해금속 : 수은, 카드뮴, 납, 비소, 구리, 주석, 안티몬 등 • 농약 : 유기인제, 유기염소제 • 유해첨가물 : 유해감미료, 유해착색료, 유해보존료, 유해표백제
곰팡이독 식중독	• 곡류독(Aflatoxin) : 황변미 중독, 맥각독 • 진균독(간장독, 신장독, 신경독)

② 감염형 식중독

식품과 함께 섭취한 미생물과 병원체가 체내에서 증식되어 중독을 일으키는 것을 말한다.

㉠ 장염 비브리오 식중독 : 일반적으로 7~9월 사이에 많이 발생하는데, 인간의 특정 혈구를 용해시키는 능력을 갖고 있으며, 콜레라와 증상이 비슷하다. 세균성 식중독의 60~70% 정도가 이 균에 의하며, 염분 10~20%에서도 생육이 가능하다.

• 원인균 및 특징 : *Vibrio parahaemolyticus*(해수균)이며 호염성세균, 그람음성세균, 무포자 간균, 단모균, 중온균(생육적온 37℃)이며, 최적조건은 3~4% 염분 농도(호염성)에서도 잘 자란다. 최적온도에서 세대시간 약 10~12분으로 식중독균 중 증식속도가 가장 빠르다.

• 원인식품 : 어패류(조개류나 채소의 소금 절임), 생선류, 생선회, 초밥류, 어패류를 손질한 도마(조리기구)나 손을 통한 2차 감염 등이다.

• 감염원 : 해수 연안, 갯벌, 플랑크톤 등에 널리 분포하며, 특히 육지로부터 오염되기 쉬운 해역에서 많이 전파한다.

• 잠복기 및 증상 : 잠복기는 식후 10~18시간이며, 균량에 따라 차이가 있고 복통, 메스꺼움, 구토, 설사, 발열 등의 급성 위장염 형태의 증상이다.

• 예방법 : 어패류는 수돗물로 잘 씻고, 오염된 조리 기구는 세정·열탕 처리하여 2차 오염을 방지하여야 한다. 이 균은 60℃에서 5분, 55℃에서 10분의 가열로서 쉽게 사멸하므로 반드시 식품을 가열한 후 섭취한다.

㉡ 살모넬라 식중독(인축 공통전염병)

• 원인균 및 특징 : *Salmonella enteritidis*(장염균), *Sal. typhimurium*, *Sal. cholera suis*, *Sal. derby* 등이며 그람음성 무포자 간균, 주모균, 통성혐기성이며, 최적조건은 pH 7~8이고 온도는 36~38℃이다.

• 원인식품 : 우유, 육류, 난류 및 그 가공품, 어패류 및 그 가공품, 도시락, 튀김류, 어육 연제품이다. 식중독 발생건수가 가장 많다.

• 감염원 : 살모넬라 병원균 및 미생물에 오염된 식품을 섭취함으로써 발생하며, 설치류(쥐), 파리, 바퀴벌레, 가금류(닭, 오리, 달걀), 어패류 및 그 가공품 등이 전파한다.

- 잠복기 및 증상 : 잠복기는 보통 6~72(대부분 12~36)시간이며, 주요 증상으로는 구토, 메스꺼움, 복통, 설사, 발열(가장 심한 발열 39℃를 넘는 경우가 빈번) 증세 등을 보인다.
- 예방법 : 방충 및 방서시설, 쥐, 파리, 바퀴벌레 등을 구제해야 하며, 균은 열에 약하여 식품을 60℃에서 30분간 가열 살균하면 효과적이고, 저온 보관을 한다.

ⓒ 병원성 대장균 식중독 : 가축이나 인체에 서식하는 *Escherichia coli* 중에서 인체에 감염되어 나타내는 균주이다.
- 원인균 및 특징 : 식품이나 물의 오염지표로 이용되며 그람음성, 무포자 간균, 주모균 등이 있다.
  - 장관병원성 대장균(*Enteropathogenic E. coli*, EPEC)으로 여름철 어린이의 설사증의 원인균이며, 독소는 형성하지 않는다(잠복기 9~12시간).
  - 장관독소원성 대장균(*Enterotoxigenic E. coli*, ETEC)으로 주로 집단적으로 발생하고, 여행 도중 관광객들의 설사증의 원인균이다.
  - 장관출혈성 대장균(*Enterohemorrhagic E. Coli*, EHEC)으로 장관 내 (신)상피세포 등에 작용하여 설사증, 출혈, 신장에 나쁜 영향을 주며, 노약자(노인, 어린이) 등에서 많이 발생한다(잠복기 3~8일).
  - O157 : H7은 장관출혈성 대장균에 해당한다.
- 원인식품 : 육가공품(햄, 소시지), 튀김류(특히 크로켓), 채소, 샐러드, 분유(우유), 마요네즈, 파이, 급식도시락, 두부 및 그 가공품 등이 있다.
- 감염원 : 환자나 보균감염자의 분변(배설물)이 감염원이다. 자연계에서는 하천수와 어패류 등에서 분리 검출되므로 1차 및 2차 오염으로 감염될 수 있다.
- 잠복기 및 증상 : 잠복기는 평균 10~24시간(평균 13시간)으로 설사(주요 증상), 발열, 두통, 복통 등이고 수일 내(3~4일) 회복된다.
- 예방법 : 화장실 사용 후 손 씻기를 습관화 하며 분뇨를 위생적으로 처리하고, 분변(사람, 동물)에 의해서 오염되지 않도록 하며, 특히 어린이들의 기저귀, 수건, 욕조나 목욕물, 침구류 등과 식기소독을 철저히 한다.

ⓓ *arizona* 식중독
- 원인균 및 특징 : *Salmonella arizona* Group, 가금류, 파충류(뱀, 개구리 등) 등에 의해 감염된다.
- 원인식품 : 가금류(닭, 달걀), 난류, 어패류 및 그 가공품 등이며, 그 밖에 살모넬라와 유사하다.
- 감염원 : 살모넬라와 유사하며, 파충류(뱀, 개구리)나 가금류(닭, 오리, 타조, 메추리, 칠면조 등) 등이다.
- 잠복기 및 증상 : 잠복기는 보통 10~12시간이며, 급성위장염 형태(주요 증상으로는 복통이 있고, 설사나 고열을 수반)를 보인다.

- 예방법 : 방충, 가열살균, 저온 보존 및 저장, 방서시설에 의한 구충·구서 및 방충시설을 설치한다.
ⓜ *Yersinia enterocolitica* 식중독
  - 원인균 및 특징 : *Yersinia enterocolitica*이며 그람음성의 단간균, 저온 및 호랭균(냉장 온도에서도 발육 가능) 등이다.
  - 원인식품 : 오염수(음료수), 가축류(소, 돼지, 양 등), 생우유 등이다.
  - 감염원 : 오물, 오염수, 소, 돼지, 양, 생우유, 애완동물(개, 고양이), 쥐 등이다.
  - 잠복기 및 증상 : 잠복기는 보통 2~5일이며, 유아의 위장염 형태(복통, 발열 등), 어린이는 설사증을 유발한다.
  - 예방법 : 저온에서도 생존이 강하므로 가공육(냉장·냉동)에 유의한다. 봄, 가을에 식중독 발생이 잦다.
ⓗ *Listeria* 식중독
  - 원인균 및 특징 : *Listeria monocytogenes*, 그람양성의 통성혐기성균, 내염성, 호랭균 등이다.
  - 원인식품 : 식육가공제품(소, 돼지, 양), 유제품(우유, 치즈, 버터, 발효유), 가금류(닭, 꿩, 칠면조, 오리, 타조 등), 채소류 및 과일 등이 원인식품이며, 호랭균이므로 냉장고에서 오래된 식품은 피해야 한다.
  - 감염원 : 오염수(음료수), 오염된 식품, 병에 감염된 동물과의 직접적인 접촉 시 발병한다.
  - 잠복기 및 증상 : 잠복기는 수일에서 몇 주(1~6주) 정도이고 유행성 감기와 증상이 비슷(미열, 위장염 – 복통, 설사)하며 뇌막염, 자궁내막염(조기유산, 사산), 패혈증 및 수막염(면역력이 저하된 사람에서 발병) 등을 유발한다.
  - 예방법 : 균은 열에 약하므로 식품은 가열조리 후 섭취하고, 식육제품(쇠고기, 돼지고기, 양고기), 유제품 제조 공정과 가공시설이 병원균에 오염되지 않도록 철저한 위생관리를 하고, 호염성과 호랭균이므로 식품 제조 과정 중에 오염되지 않도록 한다.
ⓢ *Campylobacter*(장염) 식중독
  - 원인균 및 특징 : *Campylobacter jejuni*, *Campylobacter coli*, 그람음성, 나선형, 혐기성, 간균이다.
  - 원인식품 : 닭(가장 많이 발생), 소, 돼지, 개, 고양이 등에 분포한다.
  - 감염원 : 오물, 오염수, 소, 돼지, 개, 고양이 및 이 균에 오염된 물이나 식품이다.
  - 잠복기 및 증상 : 잠복기는 2~11일(보통 2~4일) 정도이고 주요 증상은 급성위장염 형태(복통, 구토, 설사, 발열)이며, 하루에 수차례 설사(점액, 고름 섞인 피 수반)를 한다.
  - 예방법 : 가축(소, 돼지, 양), 닭(가금류) 등의 철저한 위생관리, 이들 동물의 배설물에 의한 2차 오염(소량의 균으로도 발병 가능)이 되지 않도록 노력한다. 균은 열에 약하므로 식품과 음식물은 가열 후 섭취한다.

③ 독소형(Toxin Type Food Poisoning) 식중독

식품 내에 미생물이나 병원체의 증식에 의해 생산된 독소를 식품과 함께 섭취하여 발생하는 식중독이다.

㉠ 황색포도상구균 식중독

- 원인균 및 특징 : *Staphylococcus aureus*(황색포도상구균), 그람양성, 무포자, 구균, 통성혐기성, 무편모, 소금 7.5%의 배지에서도 발육이 가능하고 혈장응고효소를 생산하며, 고농도식염(약 15%)에서도 발육이 가능하다.
- 독소 : Enterotoxin(장내 독소)
- 원인식품 : 유가공제품(우유, 크림, 버터, 치즈, 요구르트 등), 가공육제품, 난류, 쌀밥, 떡, 도시락, 샌드위치, 빵, 과자류 등의 전분질 식품 등이다.
- 감염원 : 대부분이 인간의 상처가 곪은 곳, 콧구멍, 목구멍 등의 황색포도상구균(기침, 재채기 등)이다.
- 잠복기 및 증상 : 잠복기는 1~6(평균 2~3)시간으로, 세균성 식중독 중에서 가장 짧다. 주요 증상은 급성위장염 형태(메스꺼움, 구토, 복통, 설사)이며, 치명률은 낮다.
- 예방법 : 화농성 질환의 조리사(인후염 환자)는 조리를 해서는 안 되고, 완성된 조리식품은 곧바로 섭취하며, 남은 음식은 저온 보존한다.

  ※ Enterotoxin(장내 독소)의 특징
  - 독소는 내열성이 커서 100℃ 온도에서 1시간 이상 가열로도 활성을 잃지 않으며, 120℃에서 20~30분 동안 가열하여도 파괴되지 않는다.
  - 균체가 증식 및 성장할 때만 독소를 생산하며, pH 6.5~6.8일 때 활성이 가장 크고, 생육 최적온도는 30~37℃이다.
  - 황색포도상구균은 80℃에서 30분 이상 가열 시 파괴되지만, 황색포도상구균에서 생성된 장독소는 내열성이 강해 100℃에서 60분간 가열해야 사멸한다.

㉡ *botulinus* 식중독

- 원인균 및 특징 : *Clostridium botulinum*, 유기물이 많은 토양하층 및 늪지대에서 서식하고, 신경독소인 뉴로톡신(Neurotoxin)을 생산한다.
- 독소 : Neurotoxin은 가열에 약하여 80℃에서 30분, 100℃에서 1~3분 동안 가열하면 파괴된다. 세균성 식중독 중에서 저항력이 가장 강하다.
- 감염원 : 흙(토양), 냇가, 호수, 갯벌, 동물의 배설물이다. A, B, C, D, E, F형 중 A, B, E형이 사람에게 식중독을 일으킨다.
- 원인식품 : 불충분하게 가열살균 후 밀봉 저장한 식품(통조림, 소시지, 햄, 병조림), 야채, 육류 및 유제품, 과일, 가금류(닭, 오리, 칠면조 등), 어육훈제품 등이 있다.
- 잠복기 및 증상 : 보통 12~36시간, 주요 증상은 급성위장염 형태(메스꺼움, 구토, 복통, 설사 등)의 소화기계 질환 증상과 신경 증상(두통, 신경장애 및 마비 등)을 나타낸다. 세균성 식중독 중 치명률이 가장 높다(30~80%). 또한 안장애(시력저하, 동공확대, 광선에 대한 무자극 반응), 후두마비 증상(언어장애, 타액분비 이상, 연하곤란), 심할 경우 호흡마비

등이 유발된다.
- 예방법 : 분변(배설물) 오염이 되지 않도록 철저한 위생관리를 하고, 통·병조림 제조 시 충분히 살균(가열)한다.

ⓒ *cereus*균 식중독
- 원인균 및 특징 : *Bacillus cereus*, 식품에 증식하며 설사독소와 구토독소를 생산한다. 내열성으로 135℃에서 4시간 가열해도 견디는 성질이 있다.
- 독소 : *cereus*균의 Enterotoxin 분리에 성공하였고, 그 결과 독소형 식중독으로 분류되었다.
- 감염원 : 흙, 오염수(음료수), 동·식물 등 자연계에 분포한다.
- 원인식품 : 대부분이 Spice(향신료)를 사용한 식품과 요리, 육류, 채소, 수프, 소스, 밥류, 푸딩 등이다.
- 잠복기 및 증상 : 잠복기는 8~16시간(평균 12시간, 설사형)과 1~5시간(구토형)이 있다.
- 주요 증상 : 강한 급성위장염 형태(복통, 수양성 설사, 메스꺼움, 두통, 발열 등)이다.
- 예방법 : 제조된 식품은 곧바로 섭취하도록 하며, 남은 음식은 보온(60℃)과 냉장 보존을 한다.

④ 기타 세균성 식중독
㉠ *welchii*균 식중독(중간형 식중독)
식품과 같이 섭취된 세균이 장관 내에서 독소(아포 형성 시)를 생산하거나 증식하여 발생되는 식중독이다.
- 원인균 및 특징 : *Clostridium perfringens*, *Clostridium welchii*(독소 A, B, C, D, E형), 그람양성, 무포자, 간균, 편성혐기성 등이다.
- 원인식품 : 육류 및 그 가공품, 어패류 및 그 가공품, 가금류 및 그 가공품, 식물성 단백질 식품 등이 있다.
- 감염원 : 균에 감염된 식품취급자와 조리사 등의 분변(배설물)에 오염된 식품, 오염수(음료수), 오물 및 쥐, 가축의 분변에 오염된 식품에서 감염된다.
- 잠복기 및 증상 : A형의 잠복기는 평균 8~24시간이며 주요 증상은 복통, 수양성 설사이고, 경우에 따라 점혈변이 보이기도 한다.
- 예방법 : 분변의 오염방지, 호열성이므로 식품의 가열조리와 함께 저장 시 신속히 냉각한다.

㉡ *Proteus*균 식중독
- 원인균 및 특징 : *Proteus morganii*, *Proteus vulgaris*, *Proteus mirabilis*, 알레르기를 일으키는 히스타민을 만들고, 사람이나 동물의 장내에 상주한다.
- 원인식품 : 등푸른 붉은살 생선(꽁치, 고등어, 정어리), *Proteus morganii*균은 어육 등에 증식하여 히스티딘(Histidine)을 부패시켜 히스타민(Histamine)을 생성함으로써 알레르기성 식중독을 발생시킨다.

- 감염원 : Proteus 병원균의 감염과 오염된 식품의 섭취로 발생한다.
- 잠복기 및 증상 : 잠복기는 평균 12~16시간이며, 주요 증상은 급성위장염 형태(구토, 설사, 복통, 발열 등), 안면홍조, 발진(두드러기) 등이다.
- 예방법 : 어패류는 충분히 깨끗하게 세척하고 가열·살균한 후 섭취한다.

ⓒ 장구균 식중독

장구균은 장관의 일반적인 생리작용에 관여하며, 냉동식품에 대한 분변오염 지표로 이용된다.

- 원인균 및 특징 : *Streptococcus faecalis*, *Streptococcus faecium*, *Streptococcus faecalis* var. *liquefaciens*, 사람과 동물의 정상적인 장내 세균이며, 동물과 인체의 장관 내에 높은 비율로 관여한다.
- 원인식품 : 유가공제품(특히 치즈, 우유), 소시지, 크로켓, 크림, 파이, 분유, 두부가공품 등이 있다.
- 감염원 : 인간이나 동물의 분변에 의해서 식품으로 2차 오염의 가능성이 있다.
- 증상 및 잠복기 : 잠복기는 5~10시간이고, 주요 증상으로는 급성위장염 증상과 설사(수양성)이고, 보통 포도상구균의 식중독과 비슷하다.
- 예방법 : 분변오염을 방지한다.

(2) 어패류의 독

① 복어독

㉠ 독성분 : 테트로도톡신(Tetrodotoxin)
- 복어의 알과 생식선(난소·고환), 간, 내장, 피부 등에 함유되어 있다.
- 독성이 강하고 물에 녹지 않으며, 열에 안정하여 끓여도 파괴되지 않는다.

㉡ 잠복기 및 증상 : 식후 30분~5시간 만에 발병하며, 중독 증상이 단계적으로 진행(혀의 지각마비, 구토, 감각둔화, 보행곤란)
- 골격근의 마비, 호흡곤란, 의식혼탁, 의식불명, 호흡이 정지되어 사망에 이른다.
- 진행 속도가 빠르고 해독제가 없어 치사율이 60% 정도로 높다.

㉢ 예방법
- 전문조리사만이 요리하도록 한다.
- 난소, 간, 내장 부위는 먹지 않도록 한다.
- 독이 가장 많은 산란 직전에는(5~6월) 특히 주의한다.
- 유독부의 폐기를 철저히 한다.

② 패류독소

    ㉠ 원인균 및 특징 : 패류독소(PSP ; Paralytic Shellfish Poisoning)는 독소를 함유한 굴, 홍합, 피조개, 바지락 등의 패류(조개류)를 섭취하여 발생하는 식중독으로, 그 원인은 패류의 먹이 중 유독성 플랑크톤(예 알렉산드리움[*Alexandrium tamarensc*], 짐노디움[*Gymnodinium catcnatum*])에 있다. 패류독소는 매년 2~3월부터 남해안을 중심으로 발생·확산되며 5~6월에 최고치를 나타낸다.

    ㉡ 증상 : 독소의 종류에 따라 증상이 다르게 나타나 마비성, 설사성, 신경성, 기억상실성 패류독소로 구분하는데, 우리나라에서는 주로 마비성 패류독소가 발견된다.

패류독소	독소종류	원인식품	증 상
마비성	Saxitoxin	담치, 굴, 피조개, 꼬막, 대합	섭취 후 30분 이내 마비증상 (전신마비, 근육마비, 호흡곤란)
	Gonyautoxin		
신경성	Brevetoxin	담치, 굴, 대합	마비성 패류독소와 유사 증상
설사성	Okadaic Acid	굴, 모시조개	설사, 구토, 복통 등
	Dinophysistoxin		
기억상실성	Domoic Acid	굴	섭취 후 24시간 이내 두통과 단기기억상실

    ㉢ 예방법 : 마비성 패류독소가 유행하는 기간에 검출지역에서 생산된 패류의 섭취를 삼가도록 해야 한다.

    ※ 어패류의 독성물질

종 류	함유 수산물(함유 부위)
테트로도톡신	복어(간장, 난소 혈액)
이크티오톡신	뱀장어(혈액)
홀로수린	해삼(내장)
티라민	문어(타액)
베네루핀	바지락(내장), 굴(내장)
삭시톡신	굴(근육, 내장), 홍합(근육, 내장)
미틸로톡신	홍합(간장)

(3) 중금속

① 수은(Hg)

    ㉠ 주된 중독 경로 : 수은에 오염된 식품 섭취 시 유발한다.

    ㉡ 시력감퇴, 말초신경마비, 구토, 복통, 설사, 경련, 보행곤란 등의 신경계 장애 증상, 미나마타병을 유발한다.

② 카드뮴(Cd)

    ㉠ 주된 중독 경로 : 공장폐수, 법랑제품, 조리 관련 식기, 기구, 도금 용기에서 용출된다.

ⓛ 메스꺼움, 구토, 복통, 이타이이타이병(골연화증 발생) 등을 유발한다.

③ 아연(Zn)

ⓖ 주된 중독 경로 : 용기, 조리 기기 및 기구, 도금한 식기 등에서 용출된다.

ⓛ 구토, 설사, 두통 등을 유발한다.

④ 납(Pb)

ⓖ 주된 중독 경로 : 통조림, 법랑제품기구, 용기, 포장 용기 등에서 용출된다.

ⓛ 메스꺼움, 구토, 설사, 빈혈(주요 증상) 등을 유발한다.

⑤ 구리(Cu)

ⓖ 주된 중독 경로 : 식품첨가물, 조리 및 가공식기 등의 용기로부터 오염된다.

ⓛ 구토, 설사, 복통, 메스꺼움 등의 증상을 나타낸다.

⑥ 안티몬(Sb)

ⓖ 주된 중독 경로 : 법랑제 식기, 표면도금 등으로부터 오염된다.

ⓛ 메스꺼움, 구토, 설사, 복통 등의 증상을 나타낸다.

⑦ 주석(Sn)

ⓖ 주된 중독 경로 : 통조림의 납땜 작업 시 오염된다.

ⓛ 메스꺼움, 구토, 설사 등의 증상을 보인다.

⑧ 바륨(Ba)

ⓖ 주된 중독 경로 : 바륨에 오염된 식품을 오용할 때 유발된다.

ⓛ 구토, 설사, 복부경련 등의 증상을 보인다.

05 수산식품의 포장

1 식품과 포장

(1) 식품 포장의 개요

① 식품 포장의 목적

ⓖ 포장의 목적은 유통 과정에서 외부의 압력이나 부적합한 환경으로부터 수산물을 보호하는
데 있다.

ⓛ 포장은 상품의 수송, 하역, 보관 등 유통상의 편리성과 더불어 상품의 품질 표시 수단이
되며, 소비자의 구매 의욕을 증대시키는 목적을 가지고 있다.

ⓒ 어획물의 포장은 생산에서 소비에 이르는 과정에서 물리적인 충격, 미생물 등에 의한 오염과
광선, 온도, 습도 등에 의한 변질을 방지하고 상품가치를 증대시키는 포장이어야 한다.

② 포장이란, 수산물의 유통 과정에서 그 보존성과 위생적인 안전성을 높이고 편의성과 보호성을 부여하며, 판매를 촉진하기 위하여 알맞은 재료나 용기를 사용하여 적절한 처리를 하는 기술 또는 그렇게 한 상태를 의미한다.

② 일반적인 포장의 기능

상품의 보존성, 편리성, 상품성, 보호성, 분배 및 취급성, 판매촉진성, 위생성과 안전성, 외관향상, 정보제공 기능을 가지고 있다.

㉠ 밀봉 및 차단 기능을 달성시켜 준다.

㉡ 식품을 오래 저장할 수 있게 보존성을 높인다.

㉢ 제품의 취급이 간편하도록 편리성을 부여한다.

㉣ 제품의 외관을 아름답게 하여 상품성을 높인다.

㉤ 제품의 수송 및 취급 중에 손상을 받지 않도록 보호한다.

㉥ 식품을 담아서 운반하고 소비되도록 분배하는 취급수단이 된다.

㉦ 미생물이나 유해물질의 혼입을 막아서 식품의 안전성을 높인다.

㉧ 디자인이나 표시 내용을 통한 광고로 판매촉진 효과를 부여한다.

㉨ 내용물에 대한 정보를 소비자에게 전달하는 정보제공의 기능을 가진다.

③ 국립수산물품질관리원에서 제시하는 포장 관련 용어의 정의(수산물 표준규격-국립수산물품질관리원 고시 제2023-34호, 2023. 10. 23.)

㉠ 표준규격품 : 이 고시에서 정한 포장규격 및 등급규격에 맞게 출하하는 수산물을 말한다. 다만, 등급규격이 제정되어 있지 않은 품목은 포장규격에 맞게 출하하는 수산물을 말한다.

㉡ 포장규격 : 포장치수, 포장재료, 포장방법, 포장설계 및 표시사항 등을 말한다.

㉢ 등급규격 : 수산물의 품종별 특성에 따라 형태, 크기, 색택, 신선도, 건조도 또는 선별상태 등 품질구분에 필요한 항목을 설정하여 특, 상, 보통으로 정한 것을 말한다.

㉣ 거래단위 : 수산물의 거래 시 사용하는 무게 또는 마릿수 등을 말한다.

㉤ 포장치수 : 포장재 바깥쪽의 길이, 너비, 높이를 말한다.

㉥ 겉포장 : 수산물의 수송을 주목적으로 한 포장을 말한다.

㉦ 속포장 : 수산물의 품질을 유지하기 위해 사용한 겉포장 속에 들어 있는 포장을 말한다.

㉧ 포장재료 : 수산물을 포장하는 데 사용하는 재료로서 식품위생법 등 관계 법령에 적합한 골판지, 그물망, 폴리프로필렌(PP), 폴리에틸렌(PE), 발포 폴리스티렌(PS) 등을 말한다.

④ 거래단위(수산물 표준규격 제3조)

㉠ 수산물의 표준거래단위는 3kg, 5kg, 10kg, 15kg 및 20kg을 기본으로 한다. 다만, 형태적 특성 및 시장 유통여건을 고려한 품목별 표준거래단위는 [별표 1]과 같다.

㉡ 표준거래단위 이외의 거래단위는 거래 당사자 간의 협의 또는 시장 유통여건에 따라 사용할 수 있다.

[별표 1] 수산물의 표준거래단위

종 류	품 목	표준거래단위
선어류	고등어	5kg, 8kg, 10kg, 15kg, 16kg, 20kg
	삼 치	5kg, 7kg, 10kg, 15kg, 20kg
	조 기	10kg, 15kg, 20kg
	양 태	3kg, 5kg, 10kg
	수조기	3kg, 5kg, 10kg
	병 어	3kg, 5kg, 10kg, 15kg
	가자미류	3kg, 5kg, 7kg, 10kg
	숭 어	3kg, 5kg, 10kg
	대 구	5kg, 8kg, 10kg, 15kg, 20kg
	멸 치	3kg, 4kg, 5kg, 10kg
	가오리류	10kg, 15kg, 20kg
	곰 치	10kg, 15kg, 20kg
	넙 치	10kg, 15kg, 20kg
	뱀장어	5kg, 10kg
	전 어	3kg, 5kg, 10kg, 15kg, 20kg
	쥐 치	3kg, 5kg, 10kg
	가다랑어	15kg, 20kg
	놀래미	5kg, 10kg, 15kg
	명 태	5kg, 10kg, 15kg, 20kg
	조피볼락	3kg, 5kg, 10kg, 15kg
	도다리류	3kg, 5kg, 10kg
	참다랑어	10kg, 20kg
	갯장어	5kg, 10kg
	그 밖의 다랑어	15kg, 25kg
	서 대	3kg, 5kg, 10kg, 15kg
	부 세	5kg, 7kg, 10kg
	백조기	5kg, 7kg, 10kg, 15kg, 20kg
	붕장어	4kg, 8kg
	민 어	8kg, 10kg, 15kg, 20kg
	전갱이	6kg
패류 등	생 굴	0.2kg, 1kg, 3kg, 10kg
	바지락	3kg, 5kg, 10kg, 20kg
	고 막	3kg, 5kg, 10kg
	피조개	3kg, 5kg, 10kg
	오징어	5kg, 8kg, 10kg, 15kg, 20kg
	화살오징어	3kg, 5kg, 10kg
	문 어	3kg, 5kg, 10kg, 15kg, 20kg
	우렁쉥이	3kg, 5kg, 10kg

(2) 식품 포장의 분류

식품 포장은 포장 재료, 포장 방식, 포장 기술 등에 따라 다양하게 분류하고 있다.

① 기능에 따른 분류

　㉠ 겉포장(외포장)

　　• 운반, 수송 및 취급을 목적으로 보관을 편리하게 하고, 충격·진동 및 압력 등으로 인한 손상이 없도록 보호한다.

　　• 산물 또는 속포장한 수산물의 수송을 주목적으로 한 외부포장이다.

　　• 겉포장재는 골판지상자, PE대(폴리에틸렌대), PP대(직물제 포대), 그물망(PE), 지대(종이 포대), 플라스틱상자, 다단식 목재·금속재 상자, 발포폴리스티렌 스티로폼상자가 있다.

　㉡ 속포장(내포장)

　　• 개개 상품의 손상 방지를 위해 외포장 내부에 포장하는 것을 말한다.

　　• 소비자가 구매하기 편리하도록 겉포장 속에 들어있는 포장을 속포장(Packaging)이라 한다.

　　• 식품에 대한 수분, 습기, 광열 및 충격 등을 방지하기 위하여 적합한 재료 및 용기 등으로 물품을 포장하는 것이다.

　　• 수산물의 내포장재에는 폴리에틸렌(Polyethylene) 필름이나 난좌형 트레이(Tray)가 많이 쓰이고 있다.

　㉢ 낱포장(낱개포장)

　　• 낱개포장은 내포장의 일종이지만, 특별히 상품 하나하나를 포장하는 방식이다.

　　• 낱개포장은 특히 개당 가격이 비싼 수산물에 이용하면 상품의 격을 높일 수 있다.

　　• 식품 개개를 보호하기 위하여 적합한 재료 및 용기 등으로 포장하는 방법 및 포장한 상태를 말한다.

② 그 밖의 분류

　㉠ 포장 재료에 의한 분류 : 금속, 병, 종이, 골판지, 플라스틱 등

　㉡ 포장 재료의 물성에 따른 분류 : 강성용기 포장(양철캔, 유리병), 유연 포장(종이나 플라스틱 필름) 및 반강성용기 포장(플라스틱이나 알루미늄 포일(Foil) 등의 성형 용기와 같은 것) 등

　㉢ 포장의 용도별 분류 : 공업 포장(산업자재의 포장), 상업 포장(식품 포장 또는 소매 포장)

　㉣ 포장의 목적별 분류 : 방습 포장, 방진 포장, 방수 포장, 기체차단 포장 및 무균 포장 등

　㉤ 가스 조성별 분류 : 공기 포장, 진공 포장, 가스치환 포장 및 탈산소제 첨가 포장 등

　㉥ 포장의 형태별 분류 : 상자 포장, 포대 포장, 통조림 등

　㉦ 포장 작업의 공정별 분류 : 1차 포장, 2차 포장, 3차 포장

　㉧ 포장 내용물의 종류별 분류 : 소시지, 버터, 과일, 쌀 포장 등

　㉨ 포장 제품의 처리 형태에 따른 분류 : 수송 포장, 저장 포장 등

　㉩ 포장 제품의 판로별 분류 : 내수용 포장, 수출용 포장 등

　㉪ 포장 재료의 재사용 여부에 따른 분류 : 재사용 포장, 1회 사용 포장

ⓔ 포장 내용물의 성상별 분류 : 생선식품, 건조식품, 냉동식품, 액체식품 포장 등

(3) 식품 포장 재료의 조건

① 위생성

    ㉠ 포장 재료는 무해, 무독해야 한다.

    ㉡ 식품의 수분, 산, 염류, 유지 등에 의해서 부식 또는 식품 위생상의 문제가 없어야 한다.

    ㉢ 속포장재의 포장 재질로부터 유해물질이 내용물에 전이되지 않아야 한다.

② 보호성

    ㉠ 물리적 강도

- 겉포장재는 내용물의 보존성과 보호성에 적합한 통제기구를 가지고 있어야 하고, 규정에 명시된 물리적 강도를 지녀야 한다.
- 겉포장재는 물리적 강도를 유지하기 위한 방습·방수성이 있어야 한다.
- 물리적 강도에는 인장 강도, 신장도, 인열 강도, 충격 강도, 완충성, 내마멸성 등이 있다.

    ㉡ 차단성

- 일반적으로 차단하여야 할 가장 중요한 것은 습기, 산소 및 빛 등이다.
- 식품을 저장하거나 유통하는 과정에서 오염물질, 휘발성 이취발생물질에 노출될 위험이 있을 때는 속포장재를 활용하여 사전에 차단할 필요가 있다.
- 플라스틱 필름을 속포장용 재료로 사용할 때는 인쇄 잉크에서 나오는 유기용매 냄새가 생산물로 스며들어 이취를 발생할 수 있을 경우 휘발성 화합물의 차단이 가능한지를 확인한다.
- 수산물의 속포장 재료로 지나치게 차단성이 높은 플라스틱 필름을 사용하면 포장 내에 이산화탄소 축적과 김서림, 물방울 응결현상에 의해 미생물 증식의 위험성이 있다.
- 포장 재료의 차단 요소에는 방습성, 방수성, 기체 차단성, 단열성, 차광성, 자외선 차단성 등이 있다.

    ㉢ 안정성

- 속포장재 없이 바로 겉포장 박스에 수산물을 담을 경우에는 겉포장 박스의 안전성이 확보되어야 한다.
- 포장 재료의 성질 변화에 영향을 끼치는 것은 수분, 빛, 약품, 유지, 온도 등이다.
- 안정성에는 내약품성, 내수성, 내광성, 내유성, 내한성, 차광성, 자외선 차단성 및 내열성이 갖추어져야 한다.

③ 작업성

    ㉠ 겉포장 재료는 사용 과정에서 쉽게 펼쳐지고 모양을 갖출 수 있어야 한다(종이상자 등).

    ㉡ 겉포장 재료는 내용물을 담은 후 기계화 작업 효율을 높일 수 있게 봉함이 용이하도록 설계되어야 한다.

ⓒ 속포장 재료는 기계화를 위해서 일정한 경탄성, 포장재의 강도, 미끄럼성, 열접착성이 있어야 하고, 포장기계에서 미끄러질 때 정전기가 발생하지 않게 대전성이 없어야 한다.

ⓔ 플라스틱 포장 재료의 대전성은 자동 포장 작업이나 인쇄 작업 중의 고장의 원인이 되고, 먼지가 붙기 쉬워 상품가치를 떨어뜨리게 된다.

④ 편리성

ⓐ 소비자의 입장에서 개봉 용이성, 휴대적성이 있어야 한다.

ⓑ 겉포장재는 저장·유통 과정에서는 보존·보호성이 커야 하고, 소비 단계에서는 쉽게 해체가 가능해야 하며, 감량이 손쉬워야 한다.

ⓒ 속포장재도 쉽게 개봉될 수 있게 플라스틱 필름의 열접착 봉지나 용기 뚜껑에는 개봉하는 부분에 일자 혹은 삼각형 흠집을 내거나(Opening-Cut) 뚜껑을 뜯는 부분이 접착부에서 어느 정도 돌출되도록 한다.

⑤ 상품성

ⓐ 속포장 필름이 투명해야 상품의 품질이 쉽게 확인되어 소비자의 신뢰도를 높일 수 있다.

ⓑ 정확한 내용물의 표시, 포장 색깔, 모양 등의 디자인이 아름다워야 상품성이 높다. 따라서 포장 재료의 인쇄적성이 좋아야 한다.

ⓒ 플라스틱 필름은 인쇄적성이 좋은 편이지만, 폴리에틸렌이나 폴리프로필렌은 인쇄면이 벗겨지기 쉬운 결점이 있다.

ⓓ 친환경인증, 지리적표시제 상품의 경우 정확한 인증 표시를 해야 한다.

ⓔ 수출 수산물의 경우 수출 대상국의 현지 통관에 필요한 표시사항 및 대상국에서 요구하는 정보가 제대로 표기되었는지 확인이 필요하다.

⑥ 경제성

ⓐ 포장 재료의 생산비, 디자인 개발, 브랜드화에 소요되는 경비는 모두 포장경비에 포함된다.

ⓑ 국내 수산물 포장은 고급화 추세에 의해 화려한 색상과 디자인에 과다한 경비가 지출되고 있다.

ⓒ 포장 재료는 생산성이 높고, 값이 싸고, 쉽게 구할 수 있어야 한다.

ⓓ 무게가 가볍고 부피가 작으며, 수송이나 보관성이 좋아야 한다.

⑦ 사회성(환경친화성)

ⓐ 분해성, 재활용성을 들 수 있다.

ⓑ 골판지상자나 지대 포장은 분해성, 소각성은 좋으나 재사용 및 재활용도가 떨어져 장기적으로는 산림자원의 낭비로 이어진다.

ⓒ 플라스틱 또는 발포 플라스틱상자는 사용 후 쓰레기 문제를 야기하지만, 회수 및 재사용 시스템을 갖춘다면 자원낭비를 막는 경제적인 포장재라 할 수 있다.

※ 포장 재료가 갖추어야 할 조건
- 내용물을 보호할 수 있는 물리적 강도를 가져야 한다.
- 위생적으로 안전해야 하고, 포장된 내용물의 품질 변화를 방지하는 기능을 가져야 한다.
- 포장재는 사용이 쉽고 경제적이며, 포장 작업이 편리한 재질이어야 한다.
- 포장재의 재활용이 가능하고, 환경보호 측면에서 사용한 다음 분해하기 쉬운 포장재의 개발을 요구하고 있다.

2 포장 재료의 종류와 특성

※ 포장 재료의 원료별 분류
- 종이 및 판지 제품 : 포장지, 봉지, 종이 컵, 판지상자, 골판지상자 등
- 유연재료 : 셀로판, 폴리에틸렌, 폴리에스터, 폴리프로필렌, 폴리염화비닐, 알루미늄 포일 등
- 금속 용기 : 양철 캔, 알루미늄 캔, TFS 캔(무주석 도금 스틸 캔), 압축식 금속 튜브 등
- 유리 용기 : 여러 가지 유리병, 유리 용기
- 플라스틱 용기 : 플라스틱병, 플라스틱통 등 강성 및 반강성의 용기
- 목재 용기 : 나무상자, 나무통, 나무 팰릿 등
- 포백제품 : 무명, 삼베, 합성섬유 등으로 만든 자루
- 가식성 재료 : 동물의 내장, 오블레이트(전분을 원료로 하여 만든 가식성 필름) 등
- 완충재 : 플라스틱 발포, 볏짚, 종이 등으로 만든 완충재

(1) 골판지

① 골판지의 특성

㉠ 골판지는 상하의 라이너 사이에 파형으로 된 종이(중심)를 붙여 골을 지운 것이다.

㉡ 국내에서 가장 일반적으로 많이 사용되고 있는 외포장재는 골판지이다.

㉢ 골판지는 비교적 적은 무게의 재료를 사용하면서도 높은 압축강도를 지니고 있다.

㉣ 겉포장재로서 골판지상자를 사용하는 주목적은 내용물을 보호하는 것이므로 내용물이 위치하는 적절한 공간을 확보해 주고 충격을 흡수하는 기능을 가져야 한다.

㉤ 골판지는 2장의 원지 사이에 파형으로 된 중심원지를 붙여 만든 것으로 강도가 강하고 완충성이 뛰어나며, 무공해성이고 봉합과 개봉이 편리하다.

㉥ 골의 형태는 U형과 V형이 있으며, 최근에는 양자의 중간 형태인 UV형이 많이 사용되고 있다.

㉦ 골판지상자는 수분을 흡수하면 그 강도가 떨어지므로, 장기간 수송이나 습한 조건에서 이용해야 할 경우에는 방습 처리를 해야 한다.

② 골판지상자의 장점

　　㉠ 대량 생산품의 포장에 적합하다.

　　㉡ 대량주문 요구를 수용할 수 있다.

　　㉢ 가볍고 체적이 작아 보관이 편리하므로 운송물류비가 절감된다.

　　㉣ 포장 작업이 용이하고 기계화, 생력화가 가능하다.

　　㉤ 포장 조건에 맞는 강도 및 형태를 임의 제작할 수 있다.

　　㉥ 외부충격에 완충을 주어 내용물의 손상을 방지할 수 있다.

③ 골판지상자의 단점

　　㉠ 습기에 약하고 수분을 흡수하면 압축강도가 저하된다.

　　㉡ 소단위 생산 시 비용이 비교적 많이 든다.

　　㉢ 취급 시 변형 또는 파손되기 쉽다.

④ 골판지상자의 분류

　　㉠ 일반 외부포장용 골판지상자 : 일반적으로 사용하는 수산물 겉포장 및 수송용 골판지상자
　　　　이다.

　　㉡ 방수 골판지상자 : 장기간 습한 기상조건에서 수송할 경우나 외국에 수출하는 수산물, 수분
　　　　함량이 높은 수산물의 저장 및 장거리 수송에 사용되며, 방수 처리에 따라 다음의 3종으로
　　　　구분한다.

발수 골판지상자	극히 짧은 시간 동안 접촉에 대한 젖음 방지성이 있음
내수 골판지상자	물과 접촉하여 수분이 종이층 속으로 스며들어도 어느 정도 지력이 보유되므로써 외관, 강도의 손상 및 저하가 적도록 가공한 것
차수 골판지상자	장시간 물에 접촉하여도 거의 물을 통하지 않아 강도가 떨어지지 않도록 가공한 것(물의 투과에 대한 저항성이 가장 큼)

　　㉢ 강화 골판지상자 : 강도를 높일 목적으로 여러 가지 복합가공을 한 골판지상자를 말한다.

⑤ 골판지상자의 품질기준

　　㉠ 골판지의 품질기준 및 시험방법은 KS T1018(상업 포장용 미세골 골판지), KS T1034(외부포
　　　　장용 골판지)에서 정하는 바에 따른다(수산물 표준규격 [별표 3]).

　　㉡ 골판지상자는 품목과 포장단위에 따라 파열강도, 압축강도, 수분 함량 및 발수도가 적합한
　　　　수준이 되도록 골판지 종류를 지정하고 있다.

　　㉢ 골판지의 종류는 파열강도와 압축강도를 기준으로 양면 1종ㆍ2종과 이중양면 1종ㆍ2종으로
　　　　나눈다.

　　㉣ 파열강도는 주로 라이너 종이의 재질에 따라, 압축강도는 골의 구조에 따라 다르다.

⑥ 방수성의 표현

　　㉠ 골판지상자의 방수 특성은 발수도 R로 표시한다.

　　㉡ 발수도는 포장종이 재질에 물을 흘려보낼 때 물이 종이에 스미는 정도를 나타내는데, R값이
　　　　클수록 방수성이 높은 것을 의미한다.

ⓒ 일반 유통용 골판지상자의 발수도는 수산물의 특성에 따라 R2, R4, R6로 세분하며, 생산물의 수분 함량 및 호흡속도 등을 고려하여 일반적인 지침이 제시되어 있다.

> ※ **종이의 분류**
> • 종이는 판지, 양지, 화지 및 기타 화학섬유지와 합성지가 있다.
> • 포장 재료로 많이 사용하는 것은 판지와 양지이다.
> • 판지 : 골판지상자, 백판지, 황판지, 색판지, 칩보드(Chip Board), 건재 원지, 기관 원지 등이다.
>   ※ 판지는 두꺼운 종이로 만든 포장용기나 상자를 말한다.
> • 양지 : 인쇄용지, 포장용지, 박엽지, 필기 및 도화용지, 신문용지, 잡종지 등이 있다.
> • 화지 : 창호지, 반지, 선화지 및 휴지 등이 있다.

(2) 플라스틱 필름

① 포장 재료로서 플라스틱 필름의 특성

ⓐ 가열할 때 일어나는 상태 변화에 따라 열경화성 플라스틱(페놀수지, 요소수지, 멜라민수지 등)과 열가소성 플라스틱(PE, PP, PVC 등)으로 분류한다.

ⓑ 플라스틱은 일반적으로 가볍고 방습성 및 방수성이 우수하며, 내약품성과 내유성이 있고 적당한 물리적 강도와 투명성 등을 특징으로 들 수 있다.

ⓒ 포장에 사용되는 이상적인 필름은 산소의 유입보다는 이산화탄소의 방출에 더 많은 비중을 두어야 하며, 이산화탄소 투과도는 산소 투과도의 3~5배에 이르러야 한다.

> ※ **필름과 성형 용기로서의 장점**
>
> | 플라스틱 필름으로서의 장점 | 플라스틱 성형 용기로서의 장점 |
> | --- | --- |
> | • 내용물의 보존성이 크고 열접착성이 있으며, 인쇄 적성이 좋다.
• 다른 재료를 도포하거나 적층하여 결점을 보완할 수 있다.
• 포장의 모양이나 크기를 조절하기 쉽다. | • 착색이 용이하고, 대량 생산이 가능하다.
• 성형을 여러 종류로 자유롭게 할 수 있다.
• 표시용 문자나 마크를 부각시킬 수 있다.
• 값이 저렴하여 1회 사용 용기를 만들기에 적당하다. |

② 플라스틱 필름의 종류

ⓐ 셀로판
  • 셀로판은 목재를 화학적으로 처리하여 만든 펄프를 주원료로 하기 때문에 친환경적인 포장 재질이다.
  • 셀로판은 셀룰로스를 가공해서 만들기 때문에 흔히 재생 셀룰로스 제품이라고 한다.
  • 일반적으로 포장용은 한 면이나 양면에 나이트로셀룰로스나 폴리염화비닐리덴을 코팅하여 사용한다.
  • 코팅된 셀로판은 투명성과 광택, 열접착성, 수분 및 산소 차단성, 내열성, 내유성, 내약품성, 인쇄성 등에서 우수하다.
  • 사탕이나 캔디류의 포장에 주로 사용한다.

ⓛ 폴리에틸렌(Polyethylene, PE)
- 폴리에틸렌은 에틸렌가스의 중합체로 중합 방식은 크게 저밀도폴리에틸렌(LDPE)과 고밀도폴리에틸렌(HDPE) 제조 공정으로 구분된다.
- 폴리에틸렌은 가격이 저렴하고 거의 대부분의 형상으로 성형이 가능하며, 수분 차단성과 내약품성이 좋고 내화학성이 좋다. 그러나 기체 투과성이 크다.
- 저밀도폴리에틸렌은 내한성이 커서 냉동식품의 포장에 많이 사용하고 있다.

ⓒ 폴리프로필렌(Polypropylene, PP)
- 프로필렌을 중합시켜 만든 것으로, 플라스틱 필름 중에서 가장 가벼운 것 중 하나이다.
- 방습성, 내열성, 내한성, 내약품성, 광택 및 투명성이 높으며 물리적 강도가 강하다.
- 포장용 필름, 섬유, 성형 용기 등으로 가공되어 널리 쓰이고 있다.

ⓔ 폴리염화비닐(PolyVinyl Chloride, PVC)
- 폴리염화비닐(폴리비닐클로라이드)은 일반적으로 PVC 혹은 비닐로 불리며, 세계 전체 수요 중 폴리에틸렌(PE) 다음으로 많은 양을 차지하고 있다.
- 염화비닐을 중합시켜 만든 것으로 첨가하는 가소제의 농도에 따라 단단한 경질, 유연한 연질의 필름으로 만들 수 있다.
- 가소제가 적게 들어간 경질은 내유성과 산과 알칼리에 강하고, 가스 차단성이 높아 유지식품의 산패 방지에 쓰인다.
- 가소제가 많이 들어간 연질의 스트레치 필름은 광택성과 투명성이 좋고 유연하나 위생적인 이유로 식품 포장 재료로는 사용하지 않고 있다.
- 태울 경우 유독가스가 발생하고 단량체인 VCM(Vinyl Chloride Monomer)이 FDA로 부터 발암위험인자라고 판정받은 바 있어 사용이 제한되고 있다.
- 중량물 고정을 위한 Shrink Pack 혹은 Stretch Wrapping용으로 아직도 많이 이용된다.

ⓜ 폴리염화비닐리덴(PVDC)
- 기본 중합체(Base Polymer) 중 염화비닐리덴의 함유율이 50% 이상인 합성수지제를 말한다.
- 유지, 유기용매에도 매우 안정하고, 산·알칼리에 잘 견딘다.
- 필름으로 만든 것은 투명도가 매우 높고 내약품성, 열수축성, 밀착성, 가스차단성, 방습성 등이 좋으며, 투습성과 기체 투과성이 낮다.
- 120℃ 고온살균을 할 수 있으며, 가열소시지 케이싱이나 증류기 파우치, 즉석식품 포장 및 통조림의 대용 포장제로 사용된다.
- 기타 건조식품, 고지방식품, 향기성식품, 어육연제품 등의 포장 또는 전자레인지용 랩 필름 등 다양하게 이용되고 있다.

ⓗ 폴리스티렌(PS)
- 에틸렌에 벤젠기가 붙어 있는 스티렌을 중합하여 만든다.
- 무색투명하고 선명한 착색이 자유로우며, 가볍고 단단하다. 또 성형가공성이 뛰어나다.
- 산, 알칼리, 염류, 유기산 등에 대해서는 뛰어난 저항성을 갖고 있다.
- 충격에 약하며, 기체투과성이 매우 커서 진공포장이나 가스치환 포장에는 적당하지 못하다.
- 발포성 폴리스티렌(스티로폼)은 열성형하여 가금류, 생선, 육류, 과일이나 야채를 담는 용기나 일회용 음료컵으로 사용된다.
- 내충격성 스티렌(HIPS)은 요거트 같은 유제품 용기나 초콜릿, 커피, 차, 스프 등 자판기용 일회용 컵으로 사용된다.
- 폴리스티렌 종이(PSP)는 과자류의 속포장 용기, 뜨거운 음식물의 보온 용기 등으로 이용된다.

ⓢ 폴리에스터(PET)
- 정식 명칭은 에틸렌글리콜과 테레프탈산의 축합 반응으로 얻어지는 폴리에틸렌 테레프탈레이트이다.
- 투명하고 광택이 있으며, 저온에서도 성질의 변화가 작아서 −70℃까지 사용할 수 있다.
- 인장강도가 매우 우수하고 내한성, 내열성, 가스 차단성, 방습성, 내약품성이 우수하다.
- 기체 투과율은 매우 적지만, 열접착성이 좋지 않다.
- 가열살균식품, 냉동식품 등의 포장 필름으로 많이 사용된다.
- 성형 용기로는 탄산음료수 병으로 많이 사용되고 있으며, 기존의 유리병에 비하여 무게가 가볍고 질기며, 깨지지 않고 수송이 편리하여 생산량이 급증하고 있는 추세이다.

③ 플라스틱 필름의 재가공 – 성능 보강
㉠ 연신 필름(Orientated Film)
- 플라스틱 필름을 만든 후 다시 적당한 온도에서 장력을 가해 장력의 방향으로 분자배열을 이루도록 하여 만든 플라스틱 필름이다.
- 한 방향으로 장력을 가한 것을 일축 연신 필름, 서로 직각 방향으로 장력을 가한 것을 이축 연신 필름이라고 한다.
- 연신 필름은 미연신 필름에 비해 인장강도, 내열성, 내한성, 충격강도가 좋아진다.
- 기체나 수증기 투과성이 작다. 또한 연신 필름을 연신 온도 이상으로 가열하면 원래의 치수로 수축하는 성질이 있으므로, 이것을 이용해서 수축 포장에 이용할 수 있다.

※ 연신에 의한 필름의 물성상 배향 효과
- 탄성률/강성 : 배향 방향으로는 증가하지만, 배향의 수직 방향으로는 탄성률의 경우 감소하고 유연성은 증가한다.
- 인장강도(항복점) : 배향 방향으로는 상당량 증가하지만, 수직 방향으로는 감소한다.
- 충격강도 : 이축 배향으로 인해 증가한다.

- 치수안정성 : 연신된 필름에 열을 가하면 무질서한 상태 쪽으로 복원력이 작용하므로 치수안정성은 감소한다.
- 투명성 : 결정성 필름 내의 고분자 체인이 이축 배향을 이루므로 증가한다.
- 차단성 : 수증기 및 기체의 투과도가 감소하게 되어 차단성이 좋아진다.

  ⓛ 열수축 필름
- 수축 필름이란 필름을 만든 후 그 필름이 용융하지 않을 정도의 고온에서 연신한 필름으로 상품을 포장하고 열을 가하여 수축시켜 밀착 포장하는 필름을 통틀어 수축 필름이라 한다.
- 많이 사용되는 필름으로는 폴리염화비닐(PVC), 폴리에틸렌(PE), 폴리염화비닐리덴(PVDC) 등이 있다.
- 용도에 따라 종, 횡, Unbalance 연신을 자유로이 행하는 것이 가능하다.

    ※ 수축 필름의 특징
- 복잡한 형상이나 여러 개의 상품을 한 번에 포장할 수 있다.
- 투명성과 광택성이 우수하여 상품의 가치나 보존성을 향상시킬 수 있다.
- 포장비가 저렴하며, 운반 중 진동이나 충격으로부터 보호할 수 있다.
- 완전히 균일한 수축이 어려워 고도의 수축 기술이 요구된다.
- 수축 시 피포장물의 강도가 약할 경우 그 형태가 수축장력에 의해 변형될 수 있다.
- 수축 온도의 범위가 좁으므로 수축터널의 온도 조절에 많은 주의가 요구된다.

  ⓒ 가공 필름
- 플라스틱 필름에 새로운 성능을 부여하기 위한 것으로 도포 필름과 적층 필름이 있다.
- 도포 필름은 적당한 물질을 입힌 것이고, 적층 필름은 다른 필름을 겹쳐 붙여서 가공한 필름이다.
- 적층 필름은 단체 필름에 대응하는 말로 성질이 다른 두 종류 이상의 플라스틱 필름이나 플라스틱과 지류, 알루미늄박 등과 복합가공된 필름류의 총칭으로 그 종류는 다종다양하다.
- 가공 필름의 주요 플라스틱 필름에는 PP/PE, PET/PE, PET/AI/PO, N/PE 등이 있다.

    ※ 레토르트 파우치 식품
- 플라스틱 필름과 알루미늄박의 적층 필름 팩에 식품을 담고 밀봉한 후 레토르트 살균(포자사멸온도인 120℃에서 4분 이상 살균)하여 상업적 무균성을 부여한 것이다.
- 레토르트 식품을 넣는 주머니의 외부는 폴리에스터의 얇은 막으로 되어 있고, 중층은 알루미늄박(箔)이고, 내부는 또 다시 폴리에스터막으로 되어 있는데 이 셋을 붙여서 주머니를 만든다.
- 레토르트 파우치는 통조림과 같은 장기보존성을 가진다. 또한 가열·살균 시 통조림보다 열의 냉점조달시간(Come-Up Time)이 짧아 단시간 가열로 목적하는 살균이 가능하고, 이로 인한 영양소 파괴 및 품질열화를 최소화시킬 수 있다.
- 상온에서도 장기간 안전하고 조리가 간단하며, 휴대가 쉬운 장점을 지니고 있다.
- 레토르트식품에서 이취가 생성되는 이유는 미생물의 사멸을 위해 일반적인 조리 방법에 비하여 훨씬 심하게 열을 가함으로써 식품 성분이 변하여 바람직하지 않은 휘발성 성분들이 발생하며, 이 성분들은 밀봉된 포장 내에서 제품 중에 그대로 남게 되기 때문이다.

(3) 유리 제품

① 일반적으로 유리 용기는 소다석회유리로서 규사, 탄산나트륨, 탄산칼륨이 주원료이다.

② 유리는 그 성분 조성에 따라 소다석회유리, 납유리, 붕규산유리 및 특수유리 등으로 분류된다.

③ 유리병은 주류, 우유, 주스, 간장, 식용유 등의 액체식품의 용기로 많이 쓰인다.

④ 입구가 큰 유리병은 과일·채소류, 어패류, 해조류 등의 가공품인 고형물 또는 반고체상의 식품의 용기로 주로 사용된다.

⑤ 유리 용기의 장단점

장 점	단 점
• 재생성이 좋고, 다양한 모양을 디자인할 수 있다. • 겉모양이 아름답고 화학적으로 비활성이며, 투명하여 내용물을 볼 수 있다. • 산, 알칼리, 알코올, 기름, 습기 등에 안정하여 녹거나 침식 또는 녹슬지 않는다.	• 빛이 투과되어 내용물이 변질되기 쉽다. • 무겁고 깨지기 쉬우며, 가격이 비싸다. • 충격 또는 열에 약하고, 포장 및 수송경비가 많이 든다.

(4) 알루미늄 튜브와 알루미늄 포일

① 알루미늄 튜브

㉠ 알루미늄 튜브 포장은 치약이나 화장품 또는 일부의 식품에도 포장되고 있다.

㉡ 식품 포장에는 농축된 상태로 저장 안정성이 있으며, 소비자가 조금씩 덜어서 먹는 식품에 제한적으로 이용되고 있다.

㉢ 대표적인 포장에는 토마토 퓨레, 겨자, 치즈 스프레드 등이다.

② 알루미늄 포일

㉠ 알루미늄 포일은 알루미늄을 얇고 판판하게 늘린 금속제이다.

㉡ 가스투과방지, 광택성, 내식성, 가공성, 열전도성 및 기타 기계적 성질 등이 우수하다.

㉢ 중량이 가볍고 위생적으로 안전하며, 가격이 저렴하다.

㉣ 강도, 인쇄성, 열접착성 등을 보완하기 위해 종이, 셀로판, 폴리에틸렌 등과 겹쳐 복합필름의 형태로 많이 이용된다.

㉤ 접시, 컵 모양의 성형 용기와 알루미늄 포일과 크라프트지, 베 등을 적층하여 만든 관 등이 있다.

㉥ 컵, 접시 등의 간이 용기로 만들어 즉석요리나 빵, 냉동식품의 포장에 사용되고 있다.

(5) 가식 필름

① 오블레이트(Oblate)

㉠ 오블레이트는 녹말과 젤라틴을 섞어 만든 얇고 투명한 식용 종이(알파 녹말 필름)이다.

㉡ 쓴 가루약을 먹을 때 싸서 먹거나 사탕이나 과자류의 포장용으로도 이용된다.

㉢ 감자, 고구마 등의 녹말로 풀을 만들면 점도나 전성이 커서 원료로 적합하다.

ⓔ 밀, 옥수수 등의 녹말로 풀을 만들면 점도와 전성이 약하여 한천이나 풀가사리 등을 섞어서 만든다.

ⓜ 사용이 비교적 간편하여 원하는 두께 및 모양의 형태를 쉽게 만들 수 있다.

　　※ 알파(α) 녹말 : 생녹말에 물을 넣고 가열하여 부피가 늘어나고 점성이 생겨 풀같이 된 녹말

② 재제장

ⓐ 콜라겐 함량이 높은 동물(돼지, 소, 양 등)의 껍질, 힘줄 등을 정제・가공하여 튜브 모양으로 케이싱(Casing)한 것이다.

ⓒ 비엔나소시지의 껍질, 어육소시지 등의 껍질을 재제장으로 만들면 벗기지 않고 먹을 수 있다.

3 식품 포장 기술

(1) 진공 포장

① 랩 포장 방법의 단점을 보완하여 저장성을 높일 수 있도록 고안된 방법이 진공 포장이다.

② 진공 포장의 주목적은 포장 용기 내의 산소를 제거함으로써 주요 부패 미생물인 호기성 균들의 성장과 지방 산화를 지연시켜 저장성을 높이는 데 있다.

③ 일반적으로 산소와 이산화탄소의 투과도가 낮은 필름으로 포장한 것이 투과도가 그렇지 않은 것보다 미생물의 성장을 더욱 억제시킨다.

④ 진공 포장 재료에는 기체 차단성이 우수한 폴리에스터(PET), 폴리염화비닐리덴(PVDC) 등이 있다.

⑤ 진공 포장을 실시하면 포장 내 산소 농도가 급격히 감소하고, 옥시마이오글로빈은 다이옥시마이오글로빈 형태로 바뀌고 육색은 적자색으로 변한다.

　　※ 진공 포장의 효과
　　• 호기성 변패 미생물의 생장을 저지시킨다.
　　• 마이오글로빈의 화학적 변성을 막는다.
　　• 수분 손실을 막는다.
　　• 포장 제품의 부피를 줄여 수송・보관 등을 용이하게 한다.

(2) 입체 진공 포장

① 입체 진공 포장은 폼-필-실[Form(형태)/Fill(충전)/Seal(접착)] 포장의 일종이다.

② 폼 - 필 - 실 포장은 플라스틱 용기가 만들어진(폼) 후 내용물이 충전(필)되고, 상부 필름이 덮여져 진공 후 밀봉되는 과정(실)이 연속적으로 이루어진다.

③ 진공 포장보다 제품의 입체감이 두드러져 상품성이 돋보이고, 생산성이 우수한 포장이다.

④ 육가공 프랑크소시지나 고급 연제품 등에 사용되고 있다.

⑤ 수평식, 진공 Chamber식, 수직식 폼-필-실 포장법이 있다.

(3) 가스 치환(충전) 포장

① 가스 치환 포장은 용기 중의 공기를 탈기하고 질소(N_2), 탄산가스(CO_2), 산소(O_2) 등의 불활성가스와 치환하여 밀봉하는 방식이다.

② 일반적으로 식품의 색, 향, 유지의 산화 방지에는 질소가 사용되고 곰팡이, 세균의 발육 방지에는 탄산가스가 사용되며, 고기 색소의 발색에는 산소가 사용되고 있다.

③ 불활성가스를 충전하여 밀봉함으로써 내용물을 불활성가스 중에 저장하는 것과 같은 효과를 얻어 변질, 변패를 방지한다.

④ 가스 치환 포장을 함으로써 진공 포장에서의 수축, 변형 및 파손 등이 일어날 수 있는 문제를 해결할 수 있다.

⑤ 고령자를 위하여 레토르트 살균한 옥수수는 배리어성 용기에 담긴 후 N_2와 CO_2의 혼합 가스로 치환 포장되고 있다.

(4) 탈산소제 첨가 포장

① 탈산소제 봉입 포장은 진공 포장이나 가스 치환 포장과 같이 별도의 포장 용기를 필요로 하지 않고, 산소 차단성이 우수한 포장재 내부에 식품을 투입하고 다시 탈산소제를 봉입한 후 밀봉하는 방법이다.

② 탈산소제 봉입 포장의 효과로는 곰팡이 방지, 벌레 방지, 호기성세균에 의한 부패 방지, 지방과 색소의 산화 방지, 향기·맛의 보존, 비타민류의 보존 등을 들 수 있다.

(5) 무균 포장

① 무균 포장은 식품이나 식품의 표면을 살균한 다음 살균시킨 용기에 무균으로 포장하는 것이다.

② 무균 충전 포장은 초고온 단시간 살균장치(UHT)로 무균이 된 액상식품을 냉각하고, H_2O_2로 살균한 종이 용기나 PET병에 무균 충전 포장하는 것이다.

③ 포장 재료로는 종이, 플라스틱 및 알루미늄 포일의 복합체가 많이 이용되고 있다.

④ 식품에는 즉석밥, 슬라이스햄, 슬라이스치즈, 우유, 아이스크림, 과즙음료 등이 있다.

(6) 전자레인지용 플라스틱 포장

① 전자레인지 식품의 목적은 간단히 빨리 먹을 수 있는 식품을 제공한다는 것이다.

② 가열과 조리하는 요소도 겸비하여 이미 만들어진 부식물이 아닌 반조리품이 출시되고 있다.

③ 장점은 가열시간이 짧고 식품의 품질과 영양성분의 파괴가 적으며, 포장과 함께 가열조리가 가능하다는 점이다.

④ 단점은 식품 내부에서 열이 발생하기 때문에 식품 표면에서의 갈변이나 바삭바삭한 조직감이 만들어지지 못하고, 제품의 형태가 불균일할 경우 균일한 가열이 어렵다는 점이다.

CHAPTER 02 적중예상문제

01 어류에는 근육의 색에 따라 백색육과 적색육 어류로 구분된다. 다음 [보기]에서 백색육과 적색육을 찾아 쓰시오.

> ─ 보기 ─
> * 정어리
> * 넙 치
> * 대 구
> * 참 돔
> * 고등어
> * 가다랑어

정답 ① 백색육 : 넙치, 대구, 참돔
　　② 적색육 : 정어리, 고등어, 가다랑어

풀이 • 백색육 : 참돔, 넙치, 대구, 가자미류 등
　　• 적색육 : 고등어, 정어리, 가다랑어, 방어 등

02 어패류의 엑스 성분은 어패류의 맛에 중요한 역할을 하고 어패류의 변질 등과도 관련이 많아 식품학적으로도 중요한 성분이다. 연결된 내용이 맞으면 ○, 틀리면 ×로 표시하시오.

> ① 아미노산 – 적색육 어류 – 이노신산 : (　　　)
> ② 유기산 – 어류 – 젖산 : (　　　)
> ③ 베타인 – 연체동물 – 글리신 : (　　　)

정답 ① ×, ② ○, ③ ○

풀이 **어패류 엑스 성분의 종류**

엑스 성분	함유 어패류(함유 성분)
아미노산	• 적색육(히스티딘), 백색육어류(글리신, 알라닌) • 조개류·연체동물(타우린, 글리신, 알라닌)
뉴클레오타이드	어류 근육(이노신산)
유기산	어류(젖산), 조개류(숙신산)
요소, 트리	상어·가오리[트라이메틸아민옥사이드, 요소(암모니아 생성)]
베타인	연체동물·갑각류(글리신, 베타인)
구아니디노 화합물	어류 근육(크레아틴)

03 다음 [보기]의 내용 중 엑스 성분을 모두 찾아 쓰시오.

┌─ 보기 ───┐
│ • 단백질   • 아미노산   • 지 질   │
│ • 색 소   • 베타인   • 유기산   │
└───┘

정답 아미노산, 베타인, 유기산

풀이 어패류의 엑스 성분은 열수 추출물 중에서 단백질, 지질, 색소 등의 고분자 물질을 제외한 아미노산, 저분자 펩타이드, 뉴클레오타이드 유기염기, 유기산, 저분자 탄수화물, 비단백 질소화합물을 말한다.

04 다음 괄호 안에 알맞은 말을 순서대로 쓰시오.

┌───┐
│ 어패류의 맛 성분에는 아미노산과 뉴클레오타이드 등이 관여한다. 아미노산 중에서 특히 중요한 것은 │
│ 제5의 맛 성분으로서 화학조미료로 널리 이용된 (①)이고, 뉴클레오타이드 중에서 맛에 크게 관여하는 │
│ 성분은 (②)이다. 조개류에서 국물을 시원하게 느껴지는 것은 (③) 성분 때문이다. │
└───┘

정답 ① 글루탐산나트륨, ② 이노신산, ③ 숙신산

풀이 ① 글루탐산 : 맛을 내는 아미노산의 일종으로, 나트륨염인 글루탐산나트륨(MSG)은 제5의 맛 성분으로 화학 조미료로 널리 이용되어 왔다.
② 이노신산(IMP) : 뉴클레오타이드 중에서 맛에 관여하는 성분이며, 특히 다른 맛 성분과 맛의 상승작용이 강하다.
③ 숙신산 : 조개류에 들어 있는 것으로, 국물이 시원하게 느껴진다.
※ 그 외 엑스 성분
 • 유리 아미노산(글리신, 알라닌, 글루탐산) : 가장 많이 차지하는 것으로 단맛, 신맛, 쓴맛, 감칠맛 등 어패류의 맛에 커다란 역할을 한다.
 • 베타인 : 연체동물 및 갑각류에 들어 있으며, 상쾌한 단맛을 낸다(마른오징어의 표피를 덮고 있는 흰 가루 성분).
 • 발린 : 성게의 쓴맛을 내는 아미노산의 일종이다.

05 다음 괄호 안에 알맞은 말을 순서대로 쓰시오.

> 1. 숙성시킨 홍어나 상어의 냄새가 강한 것은 (①)과 암모니아가 생성되기 때문이다.
> 2. 어패류를 굽거나 조릴 때 나는 구수한 냄새는 (②)이 조미 성분과 반응하여 나는 냄새이다.

정답 ① 트라이메틸아민, ② 피페리딘

풀이 냄새 성분
① 트라이메틸아민(TMA ; Trimethylamine)
- 신선한 어류의 경우 생선 특유의 비린내는 거의 없으나 시간이 경과함에 따라 비린내는 강해지며, 따라서 이 냄새는 생선의 신선도를 가늠하여 주는 척도가 될 수 있다.
- 어류의 신선도가 떨어져서 나는 냄새는 암모니아, 트리메틸아민, 메틸메르캅탄, 인돌, 스카톨, 저급지방 산 등이 관여한다.
- 트라이메틸아민은 바닷물고기에는 있으나 민물고기에는 없다.
- 홍어, 상어, 가오리 등의 연골어류 근육에는 트라이메틸아민옥사이드(Trimethylamine Oxide)와 요소의 함유량이 일반 어류보다 많기 때문에 이들이 분해되면 트라이메틸아민과 암모니아가 생성되어 냄새가 매우 강해진다. 즉, 숙성시킨 홍어나 상어의 냄새가 강한 것은 이 때문이다.
- 질소 함유 화합물로서 본래 냄새가 없는 트라이메틸아민옥사이드(TMAO)는 어류의 저장 중 미생물들의 작용에 의해서 트라이메틸아민(Trimethylamine)으로 되는데, 이 트라이메틸아민은 오래된 어류 특유의 강한 비린내를 갖고 있다.
② 피페리딘(Piperidine)
- 민물고기의 비린내이다.
- 어패류를 굽거나 조릴 때 나는 구수한 냄새는 피페리딘이 조미 성분과 반응하여 나는 냄새이다.
- 오징어나 문어를 삶을 때 나는 냄새는 타우린 때문이다.

06 굴이나 홍합의 경우는 플랑크톤을 섭식하는데 플랑크톤이 독화되는 시기에 독성물질이 많이 생성된다. 홍합의 근육이나 내장에 함유되어 있는 독성물질을 쓰시오.

정답 삭시톡신(Saxitoxin)

풀이 5~9월 사이의 홍합은 삭시톡신이라는 독성물질을 갖고 있다. 이 삭시톡신이란 마비성 패류독을 나타내는데, 조개류는 삭시톡신을 생성하지 않고 보통 플랑크톤을 흡수하여 조개 내에 축적되며, 이러한 조개를 섭취하게 될 경우에 중독 증상이 나타난다.

07 다음 괄호 안에 알맞은 말을 순서대로 쓰시오.

> 어패류의 독성분에는 복어의 (①), 굴이나 홍합 등 조개류의 삭시톡신, 뱀장어 혈액의 이크티오톡신,
> 해삼 내장의 (②), 문어 타액의 (③), 굴과 바지락 내장의 (④), 홍합 간장의 미틸로톡신 등이 있다.

정답 ① 테트로도톡신, ② 홀로수린, ③ 티라민, ④ 베네루핀

풀이 어패류의 독성물질

종 류	함유 수산물(함유 부위)
테트로도톡신(Tetrodotoxin)	복어(간장, 난소, 혈액)
이크티오톡신(Ichthyotoxin)	뱀장어(혈액)
홀로수린(Holothurin)	해삼(내장)
티라민(Tyramine)	문어(타액)
베네루핀(Venerupin)	굴(내장), 바지락(내장)
삭시톡신(Saxitoxin)	굴(근육, 내장), 홍합(근육, 내장)
마이틸로톡신(Mytilotoxine)	홍합(간장)

08 어패류에 들어있는 색소는 피부색소, 근육색소, 혈액색소, 내장색소로 나눌 수 있다. 이들 색소
중에서 근육색소의 (①)과 혈액색소의 (②)에는 철이 함유되어 있고, 혈액색소의 (③)에
는 구리가 함유되어 있다. 다음 괄호 안에 알맞은 말을 순서대로 쓰시오.

정답 ① 마이오글로빈, ② 헤모글로빈, ③ 헤모시아닌

풀이 색 소
1. 피부색소 : 피부에 있는 색소로 멜라닌, 카로티노이드 등이 있다.
   • 카로티노이드 : 아스타잔틴과 이스타신, 타라산틴으로 가재, 게, 새우의 껍질에서 발견되며, 안전성이
     있어 가열하여도 쉽게 변하지 않는다.
2. 근육색소 : 마이오글로빈(대부분의 어류), 아스타잔틴(연어, 송어) 등이 있다.
   • 마이오글로빈 : 붉은살 생선에 주로 들어 있으며, 체내의 산소와 결합하면 옥시마이오글로빈이 되어
     선홍색으로 바뀐다.
3. 혈액색소 : 어류에는 헤모글로빈(철 함유), 갑각류에는 헤모시아닌(구리 함유)이 있다.
4. 내장색소 : 멜라닌(오징어먹물) 등이 있다.

09 다음 괄호 안에 알맞은 말을 순서대로 쓰시오.

> 해조류는 지방과 단백질 함유량이 낮고 탄수화물과 무기질 함유량이 높다. 그 중 홍조류인 우뭇가사리, 꼬시래기 등에서 추출되는 (①)과 진두발, 돌가사리 등 홍조류에서 추출되는 (②)이 있으며 다시마, 미역, 감태 등 갈조류로부터 추출되는 (③)이 있다.

정답 ① 한천, ② 카라기난, ③ 알긴산

풀이 **해조류의 주요 성분**
1. 해조류는 지방과 단백질 함유량이 낮고 탄수화물과 무기질 함유량이 높다.
2. 해조류(김, 미역, 다시마)는 25~60%의 탄수화물을 함유하고 있으나 대부분 소화·흡수되지 못하므로 에너지원이 되지 못한다.
3. 해조류에 함유되어 있는 대표적인 탄수화물은 한천, 카라기난, 알긴산이다.
   ① 한 천
      • 홍조류인 우뭇가사리, 꼬시래기 등 홍조류에서 추출
      • 양과자, 젤리, 의약품 제조에 사용
   ② 카라기난
      • 진두발, 돌가사리 등 홍조류에서 추출
      • 식빵, 과자류 제조에 사용
   ③ 알긴산
      • 다시마, 미역, 감태 등 갈조류로부터 추출
      • 아이스크림, 주스 등 식품 소재로 사용

10 다음은 수산물의 사후변화 과정이다. 괄호 안에 알맞은 말을 쓰시오.

> 생 – 사 – (①) – 사후경직 – 해경 – (②) – 부패

정답 ① 해당작용, ② 자가(기)소화

풀이 어패류의 사후변화는 '해당작용 – 사후경직 – 해경 – 자가(기)소화 – 부패'의 과정을 거친다.

11 어패류가 어획되고 죽은 후에 일어나는 변화로 글리코겐이 분해되면서 에너지 물질인 ATP와 산이 생성되는 과정은?

정답 해당작용

풀이 **해당작용**
① 해당작용은 글리코겐이 분해되면서 에너지 물질인 ATP와 산이 생성되는 과정이다.
② 사후에는 산소의 공급이 끊기므로 소량의 ATP와 젖산이 생성된다.
③ 젖산의 양이 많아지면 근육의 pH가 낮아지고, 근육의 ATP도 분해된다.
④ 젖산의 축적과 ATP의 분해로 사후경직이 시작된다.

12 어패류 사후에 조직 내의 효소에 의하여 근육 단백질이 분해되는 현상은?

정답 자가(기)소화

풀이 **자가(기)소화**
① 근육 조직 내의 자가(기)소화 효소작용으로 근육 단백질에 변화가 발생하여 근육이 부드러워지는(유연성) 현상이다.
② 자가소화는 여러 가지 영향을 받지만 어종, 온도, pH가 가장 크게 좌우한다.
③ 주로 운동량이 많은 생선은 pH 4.5 정도, 담수어는 23~27℃ 정도에서 자가소화가 가장 빠르다.

13 수산물의 선도를 유지하기 위하여 연장해야 하는 사후 변화의 단계는?

정답 사후경직

풀이 **사후경직**
① 어패류가 죽은 후 근육의 투명감이 떨어지고, 수축하여 어체가 굳어지는 현상이다.
② 어류의 사후경직은 죽은 뒤 1~7시간에 시작되어 5~22시간 동안 지속된다.
③ 사후경직은 신선도 유지와 직결되므로 죽은 후 저온 등의 방법으로 사후경직 지속시간을 길게 해야 신선도를 오래 유지할 수 있다.

14 어패류의 선도 판정 방법으로 많이 이용되고 있는 것은?

정답 관능적 방법과 화학적 방법

풀이 어패류의 선도 판정 방법에는 관능적 방법, 화학적 방법, 물리적 방법, 세균학적 방법이 있다. 그런데 어패류는 종류가 많고 사후의 변화 과정이 대단히 복잡하며, 또 여러 가지 요인에 따라서 사후 변화 과정에 큰 차이를 보이기 때문에 한 가지 방법만으로 일률적으로 선도를 정확하게 판정한다는 것은 매우 어려운 일이다. 그러므로 정확한 선도 판정을 위해서는 대상 어패류의 종류와 상태에 따라서 여러 가지 판정 방법을 적용시켜 종합적으로 선도를 판정하는 것이 좋다. 어패류의 선도 판정 방법으로 많이 이용되고 있는 것은 관능적 방법과 화학적 방법이다.

15 어패류의 선도 판정 방법 중 화학적 방법의 측정 항목을 3가지 이상 쓰시오.

정답 암모니아, 트라이메틸아민(TMA), 휘발성염기질소(VBN), pH, 히스타민, K값 등

풀이 화학적 선도 판정법
화학적 선도 판정법은 어패류의 선도 판정 방법으로서 가장 많이 연구되어 온 방법이다.
어패류의 선도가 떨어지면 근육의 성분은 세균의 작용에 의해 점점 분해되어 원래 근육 중에 없거나 적게 함유되어 있던 물질들이 생성된다. 이러한 분해 생성물들의 양을 측정하여 어패류의 선도를 측정한다. 즉, 암모니아, 트라이메틸아민(TMA), 휘발성염기질소(VBN), pH, 히스타민, K값 등을 측정하여 선도를 판정하는 방법이다.

16 수산 가공 원료의 선도 판정 지표로 가장 많이 사용되는 것은?

정답 휘발성염기질소 측정법

풀이 휘발성염기질소 측정법
- 휘발성염기질소(VBN)는 단백질, 아미노산, 요소, 트라이메틸아민옥사이드 등이 세균과 효소에 의하여 분해되어 생성되는 휘발성 질소화합물을 말한다. 주요 성분은 암모니아, 다이메틸아민, 트라이메틸아민 등이다.
- 휘발성염기질소는 어획 직후의 신선한 어육 중에는 그 함유량이 매우 적지만, 선도가 떨어지면 그 양이 점차 증가한다. 그러므로 휘발성염기질소의 생성량의 변화를 측정하여 어패류의 선도를 판정할 수 있다. 휘발성염기질소 측정법은 현재 어패류의 선도 판정 방법으로서 널리 쓰이고 있는 방법이다. 단, 상어와 홍어 등은 암모니아와 트라이메틸아민의 생성이 지나치게 많으므로 이 방법으로 선도를 판정할 수 없다.

17 어패류의 선도 판정 방법 중 사람의 시각, 후각, 촉각에 의해 어패류의 선도를 판정하는 방법은?

정답 관능적 판정법

풀이 **관능적 판정법**
사람의 감각 중에서 주로 시각, 후각, 촉각에 의하여 어패류의 선도를 판정하는 방법을 관능적 판정법이라 한다. 이 방법은 짧은 시간에 선도를 판정할 수 있어서 매우 실용적이지만 판정 결과에 대하여 객관성이 낮은 결점이 있다.

18 관능적 판정에 의한 선도 판정 기준 중 아가미의 판정 기준을 쓰시오.

정답 ① 아가미의 색이 선홍색이나 암적색일 것
② 조직은 단단하고 악취가 나지 않을 것

풀이 **관능적 방법에 의한 선도 판정 기준**

항 목	판정 기준
어 피	• 광택이 있고 고유 색깔을 가질 것 • 비늘이 단단히 붙어 있을 것 • 점질물이 투명하고 점착성이 작을 것
눈 알	• 눈은 맑고 정상 위치에 있을 것 • 혈액의 침출이 적을 것
아가미	• 아가미 색이 선홍색이나 암적색일 것 • 조직은 단단하고 악취가 나지 않을 것
육 질	• 어육은 투명하고 근육이 단단하게 느껴지는 것 • 근육을 1~2초간 눌러 자국이 금방 없어지는 것
복 부	• 내장이 단단히 붙어 있고 손가락으로 눌렀을 때 단단하게 느껴질 것 • 연화, 팽창하여 항문 부위에 내장이 나와 있지 않을 것
냄 새	• 해수 또는 담수의 냄새가 날 것 • 불쾌한 비린내(취기)가 나지 않을 것

19 다음 괄호 안에 알맞은 말을 순서대로 쓰시오.

> 상어, 홍어류는 일반 어류보다 트라이메틸아민과 암모니아의 생성량이 지나치게 많아 (①)과 (②)으로 선도 판정을 할 수 없다.

정답 ① 휘발성염기질소법, ② 트라이메틸아민법

풀이 일반적으로 민물고기의 어육 중의 트라이메틸아민옥사이드의 양은 바닷물고기보다 적기 때문에 트라이메틸아민의 양으로 선도를 판정할 수 없고, 가오리, 상어, 홍어 등은 트라이메틸아민옥사이드가 다량 함유되어 있어 적용할 수 없다. 즉, 휘발성염기질소의 주요 측정 성분은 암모니아, 다이메틸아민, 트라이메틸아민 등으로 상어, 홍어류는 일반 어류보다 트라이메틸아민과 암모니아의 생성량이 지나치게 많아 휘발성염기질소법과 트라이메틸아민법으로 선도 판정을 할 수 없다.

20 일반적 선도 측정을 위하여 적용하는 휘발성염기질소와는 달리 횟감과 같이 선도가 우수한 경우에 적용하는 선도 판정법은?

정답 K값 판정법

풀이 K값 판정법
- K값은 일반적 선도 측정을 위하여 적용하는 휘발성염기질소와는 달리 횟감과 같이 선도가 우수한 경우에 적용한다.
- K값은 사후에 어육 중에 함유되어 있는 ATP의 분해 정도를 이용하여 신선도를 판정하는 방법이다. K값이 작을수록 어육의 선도는 좋다.

21 어패류의 선도를 유지하는 가장 효과적인 방법은?

정답 저온 저장법

풀이 저온 저장법
어패류의 선도 유지에는 저온 저장법이 사용되는데, 그 중에서도 냉각 저장법(빙장법, 냉각해수 저장법 등)과 동결 저장법을 주로 사용한다.

22 저장고 내의 상대습도를 높게 유지하기 위한 △T의 의미를 쓰시오.

정답 증발기 코일의 온도와 저장고 내의 온도편차

풀이 **저장고 구조 및 냉장기기 조절에 의한 습도 유지**
저장고 내 증발기 코일에서 제상(성에 제거)에 의한 수분 손실을 줄이려면 증발기 코일의 온도와 저장고 내의 온도 편차(△T)가 작아야 한다. △T를 작게 하려면 냉각기의 표면적이 넓고 송풍량이 충분하며, 냉장기기의 냉매압력조절장치 등의 자동제어장치가 있어야 한다. 저장고 내 상대습도와 냉장기기의 △T값과의 관계를 보면 △T값이 작을수록 저장고 내 상대습도를 높게 유지할 수 있다.

23 수분활성도에 따른 식품 변질의 주요 원인을 3가지 이상 쓰시오.

정답 미생물 증식, 효소 반응, 산화 반응, 갈변 반응

풀이 식품 변질의 주요 원인인 미생물 증식, 효소 반응, 산화 반응, 갈변 반응 속도는 수분활성도에 따라 달라진다.

24 수산식품의 저장 방법 중 수분활성도 조절에 의한 저장 방법을 3가지 쓰시오.

정답 건조, 염장, 훈제

풀이 수분활성도를 낮추어 수산식품을 저장하는 대표적인 방법으로는 건조, 염장, 훈연, 수분조절제(Humactant) 첨가 등이 있다.
※ **수산식품의 저장 방법**

종 류	주요 저장 방법
수분활성도 조절	건조, 염장, 훈제
온도 조절	가열 처리(저온 살균, 고온 살균), 저온 유지(냉장, 냉동)
식품첨가물 사용	식품보존료, 산화방지제 첨가
식품 조사 처리	감마선 조사
기체 조절	가스치환(N_2, CO_2) 포장, 진공 포장, 탈산소제 첨가
pH 조절	산(유기산) 첨가, 발효(젖산 발효)

25 식품을 극히 단시간 내에 급랭할 때 일부 균이 사멸하는 현상은?

정답 콜드 쇼크(Cold Shock)

풀이 **콜드 쇼크(Cold Shock)**
- 식품을 급속히 냉각하여 빙결점(어는점) 이상에서 일부의 균이 사멸하는 현상이다.
- 식품을 급속히 냉각함으로써 세균의 세포막이 손상을 받아 세포 내 성분(핵산, 펩타이드, 효소, 아미노산, 마그네슘 등)의 유출로 증식이나 대사활성 등이 저하된다.

26 괄호 안에 알맞은 말을 쓰시오.

> 일반적으로 세균은 수분활성도 (①) 이하에서, 효모는 0.88 이하에서, 곰팡이는 (②) 이하에서는 증식을 하지 않는다. 그러나 호염성 세균은 (③), 내건성 곰팡이는 0.65, 내삼투압성 효모는 (④)에서도 증식한다.

정답 ① 0.90, ② 0.80, ③ 0.75, ④ 0.62

풀이 **수분활성도와 저장 안전성**
식품의 변질 원인인 미생물의 증식과 생화학 반응 속도는 수분활성도에 따라 달라진다. 일반적으로 세균은 수분활성도 0.90 이하에서, 효모는 0.88 이하에서, 곰팡이는 0.80 이하에서는 증식을 하지 않는다. 그러나 호염성 세균은 0.75, 내건성 곰팡이는 0.65, 내삼투압성 효모는 0.62에서도 증식한다.

27 동결한 어류의 표면에 입힌 얇은 얼음막(3~5mm)을 형성하는 것을 무엇이라 하는가?

정답 글레이즈(Glaze, 빙의)

풀이 **글레이즈(Glaze, 빙의)**
- 빙의란 동결한 어류의 표면에 입힌 얇은 얼음막(3~5mm)을 말한다.
- 동결법으로 어패류를 장기간 저장하면 얼음 결정이 증발하여 무게가 감소하거나 표면이 변색된다. 이를 방지하기 위해 냉동수산물을 0.5~2℃의 물에 5~10초 담갔다가 꺼내면 3~5mm 두께의 얇은 빙의(얼음옷)가 형성된다.
- 장기 저장하면 빙의가 없어지므로 1~2개월마다 다시 작업하여야 하며, 동결품의 건조와 변색 방지에 효과적이다.

28 괄호 안에 알맞은 말을 쓰시오.

> 수산물 건조 방법으로는 상압에서 수분을 증발시켜 건조하는 (①), (②) 등과 감압하여 얼음을 승화시켜 건조하는 (③)이 있다.

정답 ① 소건법, ② 열풍 건조법, ③ 동결 건조법

풀이 수산물 건조 방법으로는 상압에서 수분을 증발시켜 건조하는 소건법, 열풍 건조법 등과 감압하여 얼음을 승화시켜 건조하는 동결 건조법이 있다. 상압 건조의 경우 건조 속도는 수분의 표면 증발 속도와 내부 확산 속도에 의해 결정된다.

29 지방질 함량이 높은 연어, 참치, 정어리, 고등어에 주로 사용되는 저온 저장법은?

정답 냉각해수 저장법

풀이 **냉각해수 저장법**
- 어패류를 −1℃로 냉각시킨 해수에 침지시킨 후 냉장한다.
- 선도 보존 효과가 좋다.
- 지방질 함량이 높은 연어, 참치, 정어리, 고등어에 주로 사용된다.
- 빙장법을 대체할 수 있는 냉각 저장법이다.

30 냉장과 어는점 부근의 온도 대(−5~5℃)에서 식품을 저장하는 것은?

정답 칠드(Chilled)

풀이 **식품의 저온 저장 온도**
- 냉장(0~10℃) : 단기간 보존을 위해 얼리지 않은 상태에서 저온 저장
- 칠드(Chilled, −5~5℃) : 냉장과 어는점 부근의 온도 대에서 식품을 저장
- 빙온(0℃~어는점) : 식품을 비동결 상태의 온도 영역(0℃~어는점 사이)에서 저장하는 방법으로 빙결정이 생성되지 않은 상태에서 보관
- 부분 동결(−3℃ 부근) : 최대 빙결정생성대에 해당되는 온도 구간에서 식품을 저장하는 방법으로, 조직 중 일부가 빙결정인 상태
- 동결(−18℃ 이하) : 장기간 보존을 위해 식품을 완전히 얼려서 저장

31 훈제품은 목재를 불완전 연소시켜 발생하는 연기(훈연)에 어패류를 그을려 보존성과 풍미를 향상시킨 제품이다. 훈제법의 저장성 향상 요인을 2가지 이상 쓰시오.

정답 ① 염지에 의한 수분활성도 저하
② 훈연 성분의 항균 물질

풀이 훈제법의 저장성 향상 요인
• 염지에 의한 수분활성도 저하
• 훈연 성분의 항균 물질
• 훈연 성분의 항산화 물질
• 훈제 과정 중 가열 및 건조에 의한 미생물 생육 억제

32 수산식품 저장을 위한 첨가물로는 보존료와 산화방지제가 많이 사용된다. 다음 [보기]에서 보존료와 산화방지제를 구분하여 쓰시오.

┌보기┐
• 소브산   • 소브산 칼륨   • 부틸하이드록시아니솔(BHA)
• 소브산 칼슘   • 수용성인 비타민 C   • 다이부틸하이드록시톨루엔(BHT)

정답 ① 보존료 : 소브산 및 소브산 칼륨, 소브산 칼슘
② 산화방지제 : 수용성인 비타민 C, 부틸하이드록시아니솔(BHA)과 다이부틸하이드록시톨루엔(BHT)

풀이 ① 보존료 : 세균, 곰팡이, 효모 등의 증식을 억제하여 식품의 저장 기간을 늘려주는 식품첨가물이다. 식품에 사용할 수 있는 보존료로는 소브산 및 소브산 칼륨, 소브산 칼슘이 있다.
② 산화방지제 : 지질 성분의 산패 방지를 위해 사용하는 첨가물로 수용성인 비타민 C(아스코브산)와 지용성인 비타민 E(토코페롤), 부틸하이드록시아니솔(BHA)와 다이부틸하이드록시톨루엔(BHT)이 있다.

33 식품 조사 처리에서는 흡수선량을 킬로그레이(kGy)라는 단위로 나타낸다. 어패류 분말의 허용 대상 흡수선량은?

정답 7킬로그레이(kGy) 이하

풀이 **식품 조사 처리에 의한 저장**
식품 조사 처리 기술이란 감마선, 전자선 가속기에서 방출되는 에너지를 복사의 방식으로 식품에 조사하여 식품 등의 발아억제, 살균, 살충 또는 숙도 조절에 이용하는 기술로, 통칭하여 방사선 살균, 방사선 살충, 방사선 조사 등으로 구분할 수 있다. 식품 조사 처리에 사용되는 감마선 방출 선원으로는 ^{60}Co을 사용한다. 식품 조사 처리에서는 흡수선량을 킬로그레이(kGy)라는 단위로 나타내며, 허용 대상 식품별 흡수선량은 다음과 같다.

※ 허용 대상 식품별 흡수선량

품 목	조사 목적	선량(kGy)
건조 식육 및 어패류 분말	살 균	7 이하
된장, 고추장, 간장 분말	살 균	7 이하
효모·효소 식품	살 균	7 이하
조류 식품	살 균	7 이하
소스류	살 균	10 이하
복합 조미식품	살 균	10 이하

34 미생물에 의한 식중독은 세균성 감염형, 세균성 독소형, 바이러스성 식중독으로 분류한다. 다음 [보기] 중 감염형 식중독균을 모두 찾아 쓰시오.

┌보기┐
- 장염비브리오균
- 황색포도상구균
- 클로스트리듐 보툴리눔균
- 살모넬라균
- 노로바이러스

정답 장염비브리오균, 살모넬라균

풀이 **식중독 미생물 원인균**

분 류		종 류	원인균
세균성		감염형	장염비브리오균, 살모넬라균 등
		독소형	황색포도상구균, 클로스트리듐 보툴리눔균 등
바이러스형			노로바이러스 등

35 괄호 안에 알맞은 말을 쓰시오.

> 미생물은 생육을 위한 적정 온도에 따라 분류할 수 있는데 저온균은 (①), 중온균은 25~40℃, 고온균은
> (②)에서 생육 최적 온도를 나타낸다. 대부분의 식품 미생물은 중온균에 속하나 어패류의 주요 부패균인
> (③)은 저온균에 속한다.

정답 ① 10~20℃, ② 50~60℃, ③ 슈도모나스속

풀이 미생물 생육에 미치는 요인
  • 미생물은 저온균은 10~20℃, 중온균은 25~40℃, 고온균은 50~60℃에서 생육 최적 온도를 나타낸다.
  • 대부분의 식품 미생물은 중온균에 속하나 어패류의 주요 부패균인 슈도모나스속은 저온균에 속한다.

36 효소는 생물체의 대사 과정에서 일어나는 대부분의 화학반응의 반응 속도를 촉진하는 생체
촉매로, 단백질로 이루어져 있으며 화학반응의 활성화 에너지를 낮추어 반응 속도를 증가시킨
다. 효소 활성의 조절인자 3요소를 쓰시오.

정답 온도, pH, 기질의 농도

풀이 효소 활성은 온도, pH, 기질의 농도에 영향을 받는다. 효소 활성은 온도 증가에 따라 증가하지만, 최적 온도를
지나면 효소의 활성이 감소하고 결국은 불활성된다. 또한 효소는 pH 변화에 따라 영향을 받는데 가장 활성이
높은 pH를 최적 pH라고 한다. 최적 pH보다 높거나 낮은 pH에서는 대부분 효소의 활성이 감소하거나 없어진다.

37 괄호 안에 알맞은 말을 쓰시오.

효소에 의한 수산식품의 변질은 자가소화와 지질 분해가 대표적이다. 어패류의 자가소화에 관여하는 주요 효소는 (①)로 단백질을 (②)와 (③)으로 분해하여 조직을 붕괴시키고, 미생물의 증식을 촉진시킨다. 또한 수산물의 경우 저장 중 지질이 지질 분해 효소에 의하여 분해되면 저분자 지방산 등이 생성되어 산패가 촉진되며, 맛과 향이 변질된다.

정답 ① 단백질 분해 효소, ② 펩타이드, ③ 아미노산

풀이 수산식품의 효소적 변질

종 류	효 소	기 질	생성물	변 질
자가소화	단백질 분해 효소	단백질	펩타이드, 아미노산	조직 연화, 부패 촉진
지질 분해	지질 분해 효소	지 질	지방산 스테롤	불쾌한 맛, 냄새, 산패 촉진

38 갈변에 의한 변질 중 갈변 반응은 효소가 직접 관여하는 효소적 갈변과 효소와 관계없이 일어나는 비효소적 갈변으로 나눈다. 비효소적 갈변 반응 3가지를 쓰시오.

정답 마이야르 반응, 캐러멜화 반응, 아스코브산 산화 반응

풀이 효소와 관계없이 식품 성분 간의 반응에 의해 갈색화 되는 반응을 비효소적 갈변이라고 한다. 비효소적 갈변은 마이야르 반응(Maillard Reaction), 캐러멜화 반응, 아스코브산 산화 반응으로 구분된다.

39 마이야르 반응에 대한 내용이다. 괄호 안에 알맞은 말을 쓰시오.

아미노산 등에 있는 (①)와 포도당 등에 있는 (②)가 여러 단계 반응을 거친 후 갈색의 멜라노이딘 색소를 생성하는 반응으로 (③) 반응이라고도 한다.

정답 ① 아미노기, ② 카보닐기, ③ 아미노 카보닐

풀이 마이야르(메일러드) 반응은 거의 모든 식품에서 자연 발생적으로 일어나는 가장 중요한 갈변 반응이다. 마이야르 반응은 아미노산 등에 있는 아미노기와 포도당 등에 있는 카보닐기가 여러 단계 반응을 거친 후 갈색의 멜라노이딘 색소를 생성하는 반응으로 아미노 카보닐 반응(Amino-Carbonyl Reaction)이라고도 한다. 마이야르 반응은 식품의 색을 변색시키고, 필수아미노산인 라이신과 같은 아미노산을 감소시켜 품질을 저하시키나 한편으로는 식품에 좋은 향 등을 부여하는 긍정적인 측면도 있다.

40 다음 [보기]에서 마이야르 반응과 관련이 있는 것을 모두 찾아 쓰시오.

┌─보기┐
- 글루코스
- 라이신
- 멜라노이딘
- 소비톨
- 비효소적 갈변
└─────┘

정답 라이신, 멜라노이딘, 비효소적 갈변

풀이
- 글루코스 : 비효소적 갈변반응으로 마이야르 반응, 캐러멜화 반응, 아스코브산 산화반응이 있는데, 글루코스는 160℃ 열을 가했을 때 캐러멜화 반응을 일으키는 당류이다.
- 소비톨 : 알코올의 일종으로 단맛을 내는 식품첨가물로 사용된다.

41 새우 등의 갑각류에 발생하는 흑변에 관여하는 효소 (①)와 흑변을 억제하기 위한 용액 (②)을 쓰시오.

정답 ① 타이로시나제, ② 산성아황산나트륨($NaHSO_3$)

풀이 수산식품의 대표적인 효소적 갈변은 흑변이다. 흑변은 새우 등의 갑각류에 잘 발생하는 변질로 외관이 검게 변색되는 현상이다. 이는 갑각류에 함유되어 있는 타이로시나제에 의해 아미노산인 타이로신이 검정 색소인 멜라닌으로 변하기 때문이다. 새우 흑변에 관여하는 효소인 타이로시나제의 활성은 0℃에서도 완전히 정지되지는 않는다. 흑변을 억제하기 위해서는 산성아황산나트륨($NaHSO_3$) 용액에 침지 후 냉동 저장하거나 가열 처리하여 효소를 불활성화시켜야 한다.

42 다음 [보기]에서 새우의 흑변과 관련이 있는 것을 모두 찾아 쓰시오.

┌─보기┐
- 타이로시나제
- 멜라닌
- 산성아황산나트륨
- 소브산
- 효소적 갈변
└─────┘

정답 타이로시나제, 멜라닌, 산성아황산나트륨, 효소적 갈변

풀이 소브산은 식품 저장을 위한 첨가물인 보존료이다.

43 식품에 함유되어 있는 다양한 성분이 산소와 결합하여 산화되나 그 중 지질의 산화가 가장 중요한 식품 변질의 원인이다. 괄호 안에 산화의 종류를 쓰시오.

> ① 지질이 공기 중의 산소를 자연 발생적으로 흡수하여 연쇄적으로 산화되는 것 - (   )
> ② 유지를 높은 온도(140~200℃)에서 가열할 때 일어나는 것 - (   )
> ③ 빛과 감광체에 의해 일어나는 것 - (   )

정답 ① 자동 산화, ② 가열 산화, ③ 감광체 산화

풀이 지질 산패에는 지질이 공기 중의 산소를 자연 발생적으로 흡수하여 연쇄적으로 산화되는 자동 산화, 유지를 높은 온도(140~200℃)에서 가열할 때 일어나는 가열 산화, 그리고 빛과 감광체에 의해 일어나는 감광체 산화가 있다. 수산식품의 경우 자동 산화가 가장 흔한 산패이며, 가열 산화는 튀김식품에서 발생한다.

44 지질의 변질을 산패라고 하며 자동 산화, 가열 산화, 감광체 산화가 있다. 산패 측정 요소 2가지를 쓰시오.

정답 산가, 과산화물가

풀이 산패 측정법으로는 지질 산화로 인해 생성된 유리지방산 함량을 측정하는 산가(Acid Value, AV)와 산화생성물인 과산화물가 함량을 측정하는 과산화물가(Peroxide Value, POV) 등이 있다.

45 수산물 건조법 3가지와 건제품을 3가지 이상 쓰시오.

정답 ① 건조법 : 천일 건조법, 동건법, 열풍 건조법, 냉풍 건조법
② 건제품 : 소건품, 자건품, 염건품

풀이 • 수산물의 건조법에는 천일 건조법, 동건법, 열풍 건조법, 냉풍 건조법, 배건법, 감압 건조법, 동결 건조법, 분무 건조법 등이 있다.
• 수산 건제품에는 소건품, 자건품, 염건품, 동건품, 자배건품 등이 있다.

46 수산물을 그대로 또는 전처리하여 말린 건제품은?

> **정답** 소건품

> **풀이** 소건품은 수산물을 그대로 또는 전처리하여 말린 것이다. 마른오징어, 마른대구, 마른미역, 마른김 등이 있다.

47 수산물을 삶아서 말린 건제품은?

> **정답** 자건품

> **풀이** 자건품은 수산물을 삶아서 말린 것이다. 마른멸치, 마른해삼, 마른새우, 마른전복, 마른굴 등이 있다.

48 수산물을 동결, 해동을 반복하여 말린 건제품은?

> **정답** 동건품

> **풀이** 동건품은 겨울철에 야외에서 자연 저온을 이용하여 밤에 수산물 중의 수분을 동결시킨 다음 낮에 녹이는 작업을 여러 번 되풀이하여 건조시킨 제품이다. 마른명태와 한천이 동건품으로 가공된다. 마른명태는 황태, 동건명태 또는 북어라고도 한다.

49 식품 중의 빙결정을 승화시켜 제품의 복원성을 좋게 한 건조 방법은?

> **정답** 동결 건조법

> **풀이** 동결 건조법은 식품을 동결한 채로 낮은 압력에서 빙결정을 승화시켜 건조하는 방법이다. 여러 가지 건조 방법 중에서 가장 좋은 건조 방법이지만, 시설비 및 운전경비가 가장 비싸다. 수산물의 색, 맛, 향기, 물성의 변화가 최대한 억제되고, 복원성이 좋은 제품을 얻을 수 있어 최근에 북어, 건조 맛살, 전통국 등의 제조에 사용되고 있다.

50 훈제품은 나무를 불완전 연소시켜 발생되는 연기에 어패류를 쐬어 건조시켜 독특한 풍미와 보존성을 지니도록 한 제품이다. 훈제 중에 발생할 수 있는 발암물질은?

정답 벤조피렌

풀이 훈제 중 건조에 의한 수분의 감소, 식염의 첨가와 연기 성분 중의 항균성 물질에 의하여 보존성이 주어진다. 그러나 훈제 중에 발암성 물질인 벤조피렌이 생성되는 경우도 있다.

51 훈제 방법 3가지를 쓰시오.

정답 냉훈법, 온훈법, 열훈법

풀이 훈제 방법은 냉훈법, 온훈법, 열훈법, 액훈법으로 나눌 수 있다.

52 훈제 방법 중 30~80℃에서 3~8시간 정도로 비교적 짧은 시간 동안 훈제하는 방법은?

정답 온훈법

풀이 • 냉훈법 : 냉훈법은 단백질이 응고하지 않을 정도의 저온 10~30℃(보통 25℃ 이하)에서 1~3주일 정도로 비교적 오랫동안 훈제하는 방법
• 온훈법 : 30~80℃에서 3~8시간 정도로 비교적 짧은 시간 동안 훈제하는 방법
• 열훈법 : 열훈법은 고온(100~120℃)에서 단시간(2~4시간 정도) 훈제하는 방법
• 액훈법 : 어패류를 직접 훈연액 중에 침지한 후 꺼내어 건조하거나 훈연액을 다시 가열하여 나오는 연기에 원료를 쐬어 훈제하는 방법

53 조미보다는 저장을 목적으로 하는 훈제 방법은?

정답 냉훈법

풀이 냉훈법은 제품의 건조도가 높아 1개월 이상 보존이 가능한 저장성 있는 제품을 얻을 수 있으나, 풍미는 온훈품보다 떨어진다.

54 염장품은 전처리한 수산물에 소금을 가하여 만든 제품이다. 염장 방법 3가지를 쓰시오.

> 정답 마른간법, 물간법, 개량 물간법

> 풀이 염장품을 만드는 염장 방법에는 마른간법, 물간법, 개량 물간법이 있다.

55 수산물에 직접 소금을 뿌려서 염장하는 방법으로 설비가 간단하나 소금의 침투가 불균일한 염장법은?

> 정답 마른간법

> 풀이 마른간법은 수산물에 직접 소금을 뿌려서 염장하는 방법이다. 사용되는 소금의 양은 어체의 종류나 기후에 따라 다르지만, 일반적으로 원료 무게의 20~35% 정도이다.
> ※ **마른간법의 장단점**

장 점	단 점
• 설비가 간단하다. • 소금 침투가 빨라 염장 초기의 부패가 적다. • 염장이 잘못되었을 때 그 피해를 부분적으로 그치게 할 수 있다.	• 소금의 침투가 불균일하다. • 탈수가 강하여 제품의 외관이 불량하며, 수율이 낮다. • 염장 중에 공기와 접촉되므로 지방이 산화되기 쉽다.

56 염장품 저장 중의 품질 변화에 대한 내용이다. 괄호 안에 알맞은 말을 쓰시오.

> ① 염장품의 소금 농도가 낮으면 (   )가 일어나 육질이 연해지기도 한다.
> ② 소금 농도가 (   )% 이하가 되면 세균에 의한 부패가 빠르게 진행되므로 저온에서 저장, 유통해야 한다.
> ③ 염장어가 여름철에 색깔이 붉은 색으로 변하는 경우, 그 원인은 (   ) 세균이 발육하여 적색 색소를 생성하기 때문이다.

> 정답 ① 자가소화, ② 10, ③ 호염성

> 풀이 **저장 중의 품질 변화**
> 염장품은 저장 중에 지방질의 산화로 불쾌취가 나거나 변색(황갈색 또는 적갈색)하게 되고, 소금 농도가 낮으면 자가소화가 일어나 육질이 연해지기도 한다. 그리고 소금 농도가 10% 이하가 되면 세균에 의한 부패가 빠르게 진행되므로 저온에서 저장·유통해야 한다. 염장어는 고온 다습한 여름철에 색깔이 붉은색으로 변하는 수가 있는데, 그 원인은 호염성 세균(사르시나속, 슈도모나스속)이 발육하여 적색 색소를 생성하기 때문이다.

57 다음 [보기]의 내용은 형태(성형)에 따른 어육 연제품의 분류이다. 괄호 안에 어묵의 종류를 쓰시오.

┌ 보기 ┐
① 작은 판에 연육을 붙여서 찐 제품 – (   )
② 꼬챙이에 연육을 발라 구운 제품 – (   )
③ 공 모양으로 만들어 기름에 튀긴 제품 – (   )
└────────────────────────────────────┘

정답 ① 판붙이어묵, ② 부들어묵, ③ 어단

풀이 형태(성형)에 따른 어육 연제품의 분류
- 판붙이어묵 : 작은 판에 연육을 붙여서 찐 제품
- 부들어묵 : 꼬챙이에 연육을 발라 구운 제품
- 어단 : 공 모양으로 만들어 기름에 튀긴 제품
- 포장어묵 : 플라스틱 필름으로 포장, 밀봉하여 가열한 제품
- 기타 : 틀에 넣어 가열한 제품(집게다리, 바다가재 및 새우 등의 틀 사용)과 다시마 같은 것으로 둘러서 만 제품이 있다.

58 어육연제품의 겔 형성에 영향을 주는 요인을 3가지 이상 쓰시오.

정답 어종, 선도, 수세 조건

풀이 어육연제품의 겔 형성에 영향을 주는 요인에는 어종, 선도, 수세 조건, 소금 농도, 고기갈이육의 pH 및 온도, 가열조건, 첨가물 등이 있다.

59 어육제품에 사용되는 첨가물로 탄력보강 및 광택을 내기 위한 것은?

정답 달걀흰자

풀이 달걀흰자는 탄력 보강 및 광택을 내기 위하여 첨가하고, 지방은 맛의 개선이나 증량을 목적으로 주로 어육소시지 제품에 많이 첨가한다.
※ 녹말(전분)은 탄력 보강 및 증량제로 사용하며, 첨가량은 일부 고급 연제품을 제외하고는 보통 어육에 대하여 5~20% 정도이다. 녹말은 가열 공정 중에 호화되어 제품의 탄력을 보강한다.

60 다음 [보기]에서 카라기난의 원료를 모두 찾아 쓰시오.

┌─ 보기 ┐
- 꼬시래기
- 진두발
- 카파피쿠스
- 돌가사리
- 다시마
- 우뭇가사리
└─────────────────────┘

정답 진두발, 카파피쿠스, 돌가사리

풀이
- 한천의 원료는 홍조류로 대표적인 것이 우뭇가사리와 꼬시래기이다.
- 알긴산의 원료는 갈조류인 미역, 감태, 모자반, 다시마, 톳 등이 사용되고 있다.
- 카라기난의 원료는 홍조류에 속하는 진두발, 돌가사리, 카파피쿠스 알바레지(Kappaphycus Alvarezii) 등이 있다.

61 알긴산 제조 시 알긴산의 추출을 쉽게 하기 위해서 전처리에 사용되는 용액은?

정답 묽은 산, 알칼리 용액

풀이 갈조류를 이용하여 알긴산을 제조하기 위해서는 먼저 선별한 원료를 묽은 산과 알칼리 용액으로 전처리한다. 이는 원료 중에 들어 있는 알긴산 이외의 성분을 제거하고, 알긴산의 추출을 쉽게 하기 위해서이다.

62 미역을 물에 담가 두면 미끈미끈하고 끈적한 물질이 배어 나오는데, 이 성분이 바로 알긴산이 다. 갈조류에 들어 있는 알긴산의 성분은?

정답 만누론산과 글루론산

풀이 알긴산은 만누론산(Mannuronic Acid)과 글루론산(Guluronic Acid)으로 만들어진 고분자의 산성 다당류이 다. 한천은 아가로스(Agarose)와 아가로펙틴(Agaropectin)의 혼합물이고, 카라기난은 갈락토스와 안하이드 로갈락토스가 결합된 고분자 다당류이다.

63 다음 중 소금의 종류에 대하여 설명한 것 중 괄호 안에 맞으면 O, 틀리면 × 하시오.

① 천일염은 염전에서 바닷물을 증발시켜 만든 것이다. ( )
② 암염은 땅속에 있는 염을 정제한 것이다. ( )
③ 정제염은 바닷물을 정제하여 소금의 순도를 높인 것이다. ( )
④ 재제염은 함수를 증발시설에 넣어 제조한 소금을 말한다. ( )
⑤ 가공염은 소금을 볶아서 만든 것이다. ( )

정답 ① O, ② O, ③ O, ④ ×, ⑤ O

풀이 ④는 정제염(기계소금)에 대한 설명이다.
재제염(재제조소금)이란 결정체소금을 용해한 물 또는 함수를 여과, 침전, 정제, 가열, 재결정, 염도조정 등의 조작과정을 거쳐 제조한 소금을 말한다.

64 탄소가 이중결합구조를 가진 불포화지방산으로 대구와 명태에는 간에 많고, 고등어와 정어리에는 근육에 많은 기능성 성분은?

정답 EPA, DHA

풀이 EPA(에이코사펜타엔산)와 DHA(도코사헥사엔산)
• EPA와 DHA는 수소와 탄소 간의 이중결합이 2개 이상인 불포화지방산이다.
• EPA와 DHA의 함량은 대구와 명태에는 간에, 고등어와 정어리에는 근육에, 참치는 머리 특히 눈구멍(안와)에 많다.

종류	EPA(EicosaPentaenoic Acid)	DHA(DocosaHexaenoic Acid)
구조	탄소수 20개, 이중결합 5개인 고도 불포화지방산	탄소수 22개, 이중결합 6개인 고도 불포화지방산
기능성	• 혈중 중성지방 함량 저하. 혈중 콜레스테롤 저하 • 혈소판 응집 억제 작용 • 고지혈증, 동맥경화, 혈전증, 심장질환 예방 • 면역력 강화, 항암 효과	• 혈액의 흐름을 좋게 하고, 혈액 속의 중성지질을 개선 • 동맥경화, 혈전증, 심근경색, 뇌경색 예방 • 기억력 개선, 학습능력 증진, 시력 향상 • 당뇨, 암 등의 성인병 예방
	EPA와 DHA는 불안정한 물질이므로 산소나 자외선 및 금속의 영향을 받아 변질되기 쉽고, 변질하면 냄새가 나빠지고 기능이 떨어진다.	

65 상어의 간유에 많이 함유되어 있는 기름 성분은?

> 정답 스콸렌(Squalene)

> 풀이 **스콸렌(Squalene)**
> 스콸렌은 깊은 바다에서 서식하는 상어의 간에 많이 함유되어 있는 기름 성분이다. 상어의 간유는 약 80~90%
> 가 스콸렌이다. 스콸렌의 기능은 항산화 작용이다. 항산화 작용은 활성산소를 제거하거나 지방이 좋지 못한
> 쪽으로 변화하여 각종 질병 등의 부작용을 일으키는 것을 막아주는 것이다.

66 제조 과정에서 압착탈수법을 이용하는 한천 원료는?

> 정답 꼬시래기

> 풀이 우뭇가사리는 동결탈수법으로, 꼬시래기는 압착탈수법으로 한천을 생산한다.

67 식물의 섬유소인 셀룰로스와 유사한 구조를 하고 있으며, 게나 새우 등 갑각류의 껍데기와
오징어 등의 연체동물의 골격 성분에 많이 들어 있는 기능성 물질은?

> 정답 키틴

> 풀이 **키틴(Chitin), 키토산(Chitosan)**
> • 키틴은 갑각류의 껍데기를 이루고 있는 동물성 식이섬유의 한 종류이다. 키틴은 식물의 섬유소인 셀룰로스
> 와 유사한 구조를 하고 있고, 키토산은 키틴의 분해로 만들어진다. 키틴이나 키토산을 분해하여 당의 분자수
> 를 2~10개로 만든 것을 키틴·키토산 올리고당이라고 한다. 키토산을 분해시키면 글루코사민이 된다.
> • 키틴은 수산물 중에는 게, 새우 등 갑각류의 껍데기와 오징어 등의 연체동물의 골격 성분에 많다. 키틴은
> 게와 새우의 가공폐기물 중 건물량 기준으로 각각 13~15% 및 14~17% 함유되어 있으며, 또한 크릴에는
> 약 1.0%~1.7% 정도 함유되어 있다.
> • 키틴과 키토산은 콜레스테롤 감소 기능이 있는 것으로 알려져 있으며 인공피부, 수술용 실, 인조섬유 및
> 다이어트식품 등에 이용된다.

68 뮤코다당류의 한 종류로 연골어류(상어, 홍어, 가오리)의 연골 조직에 특히 많이 함유되어 있는 기능성 물질은?

> **정답** 콘드로이틴황산

> **풀이** **콘드로이틴황산(Chondroitin Sulfate)**
> - 콘드로이틴황산은 뮤코다당류의 한 종류이고, 단백질과 결합 상태로 존재하므로 뮤코다당 단백이라고도 한다. 콘드로이틴황산은 연골어류(상어, 홍어, 가오리)의 연골 조직에 특히 많이 함유되어 있고, 오징어와 해삼에도 함유되어 있다. 콘드로이틴황산 제조 원료로는 상어 연골을 많이 이용하고 있다.
> - 콘드로이틴황산의 기능으로는 관절 및 연골 건강에 도움을 주는 것으로 알려져 있다. 이외에도 피부보습 및 감염 방지 등의 작용도 있다.

69 다음 [보기]의 수산물 기능성 성분의 내용이 옳으면 괄호 안에 ○, 틀리면 × 하시오.

┌─┤보기├──
│ ① 간유는 비타민 A, D와 EPA, DHA가 많고 대구, 명태, 상어의 간이 주로 이용되고 있다. (   )
│ ② 콘드로이틴황산은 상어의 간에 많고, 항산화 작용의 기능이 있다.   (   )
│ ③ 콜라겐은 어류 껍질에 많고 관절 건강, 피부재생 기능이 있다.   (   )
│ ④ 젤라틴은 우뭇가사리에 많고, 배변 활동 증가의 기능이 있다.   (   )
└──

> **정답** ① ○, ② ×, ③ ○, ④ ×

> **풀이** ① 간유는 비타민 A, D와 EPA, DHA가 많고 대구, 명태, 상어의 간이 주로 이용되고 있다. 간유의 기능으로는 시력보호, 뼈 건강, 피부 건강, 혈액흐름 개선, 중성지질 감소가 있다.
> ② 스쿠알렌은 상어의 간에 많고, 항산화 작용의 기능이 있다.
> ③ 콜라겐, 젤라틴은 어류 껍질에 많고 관절 건강, 피부재생, 보습효과의 기능이 있다.
> ④ 한천은 우뭇가사리에 많고, 배변활동 증가의 기능이 있다.

70 통조림의 가공 원리를 처음으로 개발하여 통조림의 아버지로 불리는 사람은?

> **정답** 아페르

> **풀이** 통조림은 프랑스의 니콜라 아페르에 의해 처음으로 개발되었고, 통조림용 금속 용기는 영국의 피터 듀란드에 의해 고안되었다.

71 수산물 통조림의 변색을 방지하기 위해 사용하는 캔 내면 도료는?

> **정답** C-에나멜

> **풀이** C-에나멜은 유성니스에 산화아연을 현탁시킨 것으로 양철캔의 내면 도료로 사용한다. 바지락, 다랑어, 옥수수 등 통조림에서 발생할 수 있는 흑변현상을 방지하는 역할을 한다.

72 통조림 가공의 4대 공정을 쓰시오.

> **정답** 탈기, 밀봉, 살균, 냉각

> **풀이** 통조림의 가공 원리는 원료를 알맞게 전처리한 후에 캔에 넣고(살쟁임), 탈기, 밀봉, 살균, 냉각하여 제품을 만드는 것이다. 이 중 탈기부터 냉각까지 공정을 통조림 가공의 4대 공정이라고도 하며, 이 공정이 통조림을 장기간 저장할 수 있게 하는 핵심 공정이라 할 수 있다.

73 통조림의 밀봉은 시머에서 탈기와 동시에 이루어진다. 시머의 주요 부위 즉, 밀봉의 3요소를 쓰시오.

> **정답** 리프터, 시밍 척, 시밍 롤

> **풀이** • 시머는 리프터, 시밍 척, 시밍 롤로 이루어져 있다.
> • 시밍 롤은 제1롤과 제2롤로 이루어져 있다. 제1롤의 홈은 너비가 좁고 깊지만, 제2롤의 홈은 너비가 넓고 얕다.
> • 리프터, 시밍 척, 시밍 롤을 밀봉의 3요소라 부른다. 시밍 척과 시밍 롤은 시밍 헤드라고도 불린다.

74 [보기]의 내용은 통조림 가공 방법 등에 대한 내용이다. 맞으면 ○, 틀리면 ×로 표하시오.

┌─보기┐
① 밀봉은 원료를 용기에 담고 나서 캔 내에 있는 공기를 제거하는 공정이다. （ ）
② 이중 밀봉은 리프터, 시밍 척, 시밍 롤에 의하여 이루어진다. （ ）
③ 가열은 식품을 고온에서 방치하는 시간을 단축시켜 내용물의 분해와 스트루바이트의 생성을 막고, 호열성 세균의 발육을 억제하기 위한 공정이다. （ ）
④ 수산물 통조림은 조리 방법에 따라 보일드 통조림, 가미 통조림, 기름 담금 통조림, 훈제 기름 담금 통조림으로 구분한다. （ ）
⑤ 보일드 통조림은 원료를 조리하여 살쟁임하고, 식물성 기름(카놀라유)을 주입하여 통조림한 것이다. （ ）
└────────┘

정답 ① ×, ② ○, ③ ×, ④ ○, ⑤ ×

풀이 ① 밀봉은 시머로 캔의 몸통과 뚜껑을 빈 틈새가 없도록 봉하는 공정이다. 캔 내의 공기를 제거하는 공정은 탈기이다.
② 이중 밀봉은 캔 뚜껑의 컬을 몸통의 플랜지 밑으로 말아 압착하여 봉하는 방법이다. 이중 밀봉은 리프터, 시밍 척, 시밍 롤에 의하여 이루어진다.
③ 냉각은 식품을 고온에서 방치하는 시간을 단축시켜 내용물의 분해와 스트루바이트의 생성을 막고, 호열성 세균의 발육을 억제하기 위한 공정이다.
④ 수산물 통조림은 조리 방법에 따라 보일드 통조림, 가미 통조림, 기름 담금 통조림, 훈제 기름 담금 통조림으로 구분한다.
⑤ 원료를 조리하여 살쟁임하고 식물성 기름을 주입하여 만든 통조림은 기름담금 통조림이다. 보일드 통조림은 원료 자체를 그대로 삶아서 식염수로 간을 맞춰 만든 통조림이다.

75 통조림의 보존성을 좋게 하는 데 가장 중요한 공정 두 가지를 쓰시오.

정답 밀봉, 살균

풀이 밀봉과 세척이 끝난 캔은 곧 바로 레토르트에 넣어 114℃에서 70~180분 가열 살균한다. 살균이 끝나면 즉시 냉각수를 탱크에 주입하여 급속 냉각시킨다.

76 통조림에 발생하는 흑변의 원인 물질은?

정답　황화수소

풀이　• 어패류를 가열하면 단백질이 분해되어 황화수소를 발생하는 수가 있다. 황화수소는 어패류의 선도가 나쁠수록, 그리고 pH가 높을수록 많이 발생한다.
　　　• 황화수소가 통조림 용기의 철이나 주석 등과 결합하면 캔 내면에 흑변이 일어난다. 흑변을 막기 위해서는 C-에나멜로 코팅된 캔을 사용해야 한다.
　　　• 게살 통조림을 가공할 때 게살을 황산지에 감싸는 이유는 황화수소를 차단하여 흑변을 막기 위함이다.

77 통조림 내용물에 유리 조각 모양의 결정이 나타나는 현상은?

정답　스트루바이트

풀이　통조림 품질 변화의 종류별 원인과 방지법

종 류	원 인	방지법
흑 변	선도 저하 및 가열에 의해 발생한 황화수소	C-에나멜로 코팅된 캔 사용
허니콤	가열에 의한 육 내부의 가스 배출	어체에 상처가 나지 않도록 취급
스트루바이트	유리 조각 모양의 결정 생성	살균 후 급랭
어드히전	캔 내면에 육의 부착	캔 내면에 수분 및 기름 도포
커 드	수용성 단백질의 응고에 의한 두부 모양의 응고물 생성	수용성 단백질 제거

78 젖산으로 인한 산패로서 가스 생성이 없는 것을 무엇이라 하는가?

정답　평면 산패(무가스 산패, Flat Sour)

풀이　평면 산패
　　　• 젖산이 생성되면서 발생하는 산패로서, 가스가 방출되지 않기 때문에 캔이 부풀지 않는다.
　　　• 외관상 정상관과 구분하기 어렵고 개관 후 pH 측정이나 세균검사를 통해 알 수 있다.

79 통조림의 품질검사 종류를 3가지 이상 쓰시오.

정답 일반검사, 세균검사, 화학적 검사 및 밀봉 부위 검사

풀이 통조림의 품질검사는 일반검사, 세균검사, 화학적 검사 및 밀봉 부위 검사 등으로 나눌 수 있다.

80 통조림의 일반검사 항목을 3가지 이상 쓰시오.

정답 표시사항 및 외관검사, 타관검사, 가온검사, 진공도 검사

풀이 통조림의 일반검사 항목

검사 항목	내 용
표시사항 및 외관검사	제조일자, 포장 상태, 밀봉 상태, 변형 캔 등을 육안으로 조사
타관검사	• 타검봉으로 캔을 두드려 나는 소리를 검사 • 눈으로 판별이 불가능한 캔의 검사에 이용 • 진공도가 높을수록 타검음이 높아지는 경향이 있음
가온검사	• 살균 부족 통조림을 조기발견하기 위해 검사 • 37℃에서 1~3주 또는 55℃에서 가온하여 외관 및 내용물을 검사
진공도검사	• 탈기, 밀봉 공정이 제대로 되었는지 통조림 진공계를 이용하여 검사 • 진공계를 팽창 링에 찔러 진공도를 측정 • 진공도가 50kPa(37.5cmHg)이면 탈기가 잘된 양호한 제품
개관검사	캔 내용물의 냄새, 색, 육질 상태, 맛, 액즙의 맑은 정도 등을 검사
내용물의 무게검사	제품에 표시된 무게만큼 들어 있는지 검사

81 통조림 밀봉부위 검사 시 밀봉 외부의 치수 측정에 해당하는 것을 모두 찾아 쓰시오.

• 캔 높이	• 보디 훅 길이	• 밀봉 두께
• 커버훅 길이	• 밀봉부 중합률	• 카운트 싱크 깊이

정답 캔 높이, 밀봉 두께, 카운트 싱크 깊이

풀이 • 밀봉부위의 검사에는 밀봉 외부의 치수 측정, 밀봉 내부의 치수 측정, 관 내압 시험 등이 있다.
• 밀봉 외부의 치수 측정에는 캔 높이, 밀봉 두께, 밀봉 너비, 카운트 싱크 깊이가 있다.
• 밀봉 내부의 치수 측정에는 보디훅 길이, 커버훅 길이, 밀봉부 중합률이 있다.

82 밀봉 외부의 치수 측정에서 밀봉 두께(T)와 밀봉 너비(W)를 측정하는 기구는?

정답 시밍 마이크로미터

풀이 • 밀봉 외부의 치수 측정에서 캔 높이(H)는 버니어캘리퍼스 또는 측고계로 측정한다. 밀봉 두께(T)와 밀봉 너비(W)는 시밍 마이크로미터로 측정하고, 카운터 싱크 깊이(C)는 카운터 싱크 게이지 또는 시밍 마이크로미터로 측정한다.
• 밀봉 내부의 치수 측정은 시밍 마이크로미터나 확대투영기를 사용하여 측정하고, 그 값을 표준 치수와 비교하여 밀봉이 올바르게 되었는지를 검사한다.

83 수산물을 빙결점-환경 온도의 범위에서 저온 처리하는 것은?

정답 냉각 처리

풀이 식품의 동결은 식품을 빙결점 이하에서 저장하는 조작을 말하고, 식품의 냉각은 식품을 빙결점-환경 온도의 범위에서 저장하는 조작들을 말한다.
※ **빙결점** : 식품을 냉동고에 두었을 때 얼음 결정이 처음으로 생성되는 온도, 즉 얼기 시작하는 온도를 말하고, 동결점 또는 어는점이라고도 한다.

84 괄호 안에 알맞은 말을 쓰시오.

> 수산물의 냉장 중 수분 증발은 수분 투과도가 낮은 (①)으로 억제할 수 있고, 지질 산화는 (②) 처리로 억제할 수 있으며, 미생물 증식은 (③) 등으로 억제가 가능하다.

정답 ① 속포장, ② 항산화제, ③ 저장 온도 조절

풀이 • 수산물은 전처리하여 냉장하면 대부분 미생물의 증식이 억제되어 저장성을 가지지만, 일부의 경우 냉장 중에 수분이 증발되고 지질이 산화되며, 저온 미생물이 증식되는 경우가 있다.
• 냉장 중 수분 증발은 수분 투과도가 낮은 속포장 등의 처리로 억제할 수 있고, 지질 산화는 항산화제 처리로 억제할 수 있으며, 미생물 증식은 저장 온도 조절 등으로 억제할 수 있다.

85 사후에 어육 중에 함유되어 있는 ATP의 분해 정도를 이용하여 신선도를 판정하는 방법은?

정답 K값

풀이 **K값의 적용 대상 및 판정**
K값은 횟감과 같이 선도가 우수한 경우에 적용한다. K값은 일반적으로 즉살한 고기는 그 값이 10% 이하인데, 횟감으로 쓸 수 있는 고기의 K값은 20% 전후이고 소매점에서 선어로 판매할 수 있는 고기의 K값은 35% 정도이다. K값의 측정은 사후 어육의 초기 변화 정도, 즉 신선도를 조사하는 방법이다.

86 냉장식품과 냉동식품의 제조를 위한 어체 처리 형태 중 아가미와 내장을 제거한 어체의 명칭은?

정답 세미드레스

풀이 **냉장식품과 냉동식품의 제조를 위한 어체 처리 형태 및 명칭**

명 칭	처리 방법
라운드	아무런 전처리를 하지 않은 전어체
세미드레스	아가미와 내장을 제거한 어체
드레스	세미드레스 처리한 어체에서 머리를 제거한 어체
팬드레스	드레스 처리한 어체에서 지느러미와 꼬리를 제거한 어체
필 렛	드레스 처리한 어체를 포를 떠서 뼈 부분을 제외한 두 장의 육편만 취한 것
청 크	드레스 처리한 어체를 뼈를 제거하고, 통째썰기한 것
스테이크	필렛을 2cm 두께로 자른 것
다이스	육편을 2~3cm 각으로 자른 것
초 프	채육기에 걸어 발라낸 것
그라운드	고기갈이를 한 것

87 식품의 동결곡선은 식품의 동결 중 온도중심점에서 시간별 온도 변화를 기록한 곡선을 말한다. 여기서 온도중심점이란?

정답 동결할 때 온도 변화가 가장 느린 지점

풀이 **냉동에서의 온도중심점**
온도중심점은 식품을 냉각하거나 동결할 때 온도 변화가 가장 느린 지점을 말하며, 식품의 품온이 측정되는 부분이다. 일반적으로 일정한 형상을 갖춘 식품의 온도중심점은 기하학적 무게중심점이다.

88 국제냉동협회에서 정의한 급속 동결의 최대 빙결정생성대의 통과 시간은?

정답 25~35분 이내

풀이 • 국제냉동협회에서는 최대빙결정생성대의 통과 시간에 따라 급속 동결과 완만 동결로 구분하는데, 급속 동결은 25~35분 이내에 통과하는 것으로 정의하며, 완만 동결은 35분 이상 걸려서 통과하는 것으로 정의하고 있다.
• 즉, 급속 동결은 냉동품에 작은 빙결정이 생성되어 손상이 적은 동결 방법이고, 완만 동결은 냉동품에 큰 빙결정이 생성되어 조직 손상이 큰 동결 방법이다.

89 수산식품의 동결 방법은 주로 공기동결법, 접촉동결법, 침지동결법, 액화가스동결법 등이 이용된다. 이 중 냉풍에 의하여 식품을 동결하는 방법은?

정답 공기동결법

풀이 • 공기동결법 : 냉풍에 의하여 식품을 동결하는 방법으로, 식품 산업계에서 많이 응용되고 있는 대표적인 동결법 중 하나이다.
• 접촉동결법 : 냉각된 금속판 사이에 원료를 넣고 양면을 밀착하여 동결하는 방법으로, 대표적인 급속동결법 중 하나이다.
• 침지동결법 : 방수성과 내수성이 있는 플라스틱 필름에 밀착 포장된 식품을 냉각 브라인에 침지 동결하는 방법으로, 급속동결법 중 하나이다.
• 액화가스동결법 : 식품에 직접 액체질소와 같은 액화가스를 살포하여 급속동결하는 방법으로 새우, 반탈각 굴 등과 같은 고가의 개체급속동결(IQF) 제품 등에 한정적으로 이용되고 있다.

90 연결된 내용이 맞으면 ○, 틀리면 ×로 표시하시오.

---
① 빙결점 : 식품이 얼기 시작할 때의 온도   (   )

② 공정점 : 빙결정이 가장 많이 만들어지는 온도대   (   )

③ 빙결률 : 식품 중의 물(수분량)이 얼음(빙결정)으로 변한 비율   (   )

정답 ① ○, ② ×, ③ ○

풀이 ① 빙결점(동결점) : 식품이 얼기 시작할 때의 온도로, 대부분의 식품은 빙결점이 −0.5∼−2.0℃이다.

② 공정점 : 식품 중의 수분이 완전히 얼었을 때의 온도로, 보통 공정점은 −55∼−60℃이다.

   ※ 최대 빙결정생성대(빙결정최대생성권) : 빙결정이 가장 많이 만들어지는 온도대로서 빙결점 −1∼−5℃
      의 온도구간을 말한다.

③ 빙결률(동결률) : 식품 중의 물(수분량)이 얼음(빙결정)으로 변한 비율을 말한다. 빙결률은 다음 식으로
   구할 수 있다.

$$빙결률(\%) = \left(1 - \frac{식품의\ 빙결점}{식품의\ 품온}\right) \times 100$$

91 수산물의 동결 시에 속포장을 하면 생략할 수 있는 공정은?

정답 글레이징

풀이 **동결 후 처리**
- 동결이 끝난 냉동품은 팬으로부터 분리하고 글레이징(건조나 산화방지)을 실시하며, 포장재로 겉포장한다.
- 속포장 공정과 글레이징 공정은 두 공정 중 한 공정만을 실시한다.

92 [보기]에서 냉동식품의 보호 처리를 모두 찾아 쓰시오.

보기

- 글레이징   • 동결 변성 방지제   • 동 결
- 산화방지제   • 포장 처리   • 칭 량

정답 글레이징, 동결 변성 방지제, 산화방지제, 포장 처리

풀이 냉동식품의 저장 중 성분 변화는 글레이징, 동결 변성 방지제, 산화방지제 및 포장 처리에 의하여 억제가
가능하다.

93 냉동품을 해동하면 흘러나오는 액즙은?

> **정답** 드 립
>
> **풀이** 드립은 냉동품을 해동할 때 빙결정이 녹아서 생성한 수분이 육질에 흡수되지 못하고 유출한 액즙을 말한다.

94 냉동장치의 주요 기기 4가지를 쓰시오.

> **정답** 압축기, 응축기, 팽창밸브, 증발기

95 1냉동톤은 1시간에 (　　　)kcal의 열을 제거하는 냉동능력을 말한다.

> **정답** 3,320
>
> **풀이** 1냉동톤은 0℃의 물 1톤을 24시간 동안에 0℃의 얼음으로 변화시키는 냉동능력으로, 1시간에 3,320kcal의 열을 제거하는 냉동능력을 말한다.
> ※ 1제빙톤은 24시간 동안에 얼음을 생산해 낼 수 있는 능력을 말한다.

96 냉동사이클의 각 점에서의 상태가 다음과 같을 때 각 물음에 답하시오.

상태점	엔탈피(kJ/kg)	비체적(m³/kg)
압축기 입구(1)	1,660	0.79
압축기 출구(2)	1,980	0.23
팽창밸브 직전(3)	540	–
증발기 입구(4)	540	0.138

① 13,900kJ/h의 냉동능력을 얻기 위해서는 어느 정도의 냉매가 필요한가?(단, 압축기의 체적효율은 0.8이다)

정답 12.41kg/h

풀이 냉동효과(r) = $h_1 - h_2$ = 1,660 – 540 = 1,120kJ/kg

냉매 순환량(G) = $\dfrac{R}{r}$ = $\dfrac{13,900}{(1,660-540)}$ = 12.41kg/h

② 증발기에서 증발된 냉매 증기를 압축기가 흡입하여야 되는데, 이 경우 흡입증기의 체적(실제의 피스톤 토출량)과 이론적 피스톤 압출량을 구하여라(단, 압축기의 체적효율은 0.8이다).

정답 12.26m³/h

풀이 흡입 증기의 체적을 구하기 위하여

$V = G \cdot v_1$ = 12.41 × 0.79 = 9.804m³/h

이론적 피스톤 압출량을 구하기 위해서

$V_0 = \dfrac{R \cdot v_1}{\eta v \cdot r}$ = $\dfrac{13,900 \times 0.79}{0.8 \times 1,120}$ = 12.26m³/h

97 증기선도의 포화액선의 좌측 구역인 과냉각액 구역에서의 냉매의 상태는?

정답 액체 상태

풀이 증기선도의 구성
- 증기선도는 세로축에 압력의 대수를 나타내고, 가로축에 엔탈피(Enthalpy)를 나타내어 냉매의 상태 변화를 나타낸 선도를 말한다. 이와 같은 증기 선도는 몰리에르(Mollier) 선도, 압력-엔탈피 선도 또는 P-h 선도라고도 한다.
- 증기선도는 임계점을 중심으로 좌하로 그어진 포화액선과 우하로 그어진 포화증기선이 있다. 냉매의 상태는 포화액선의 좌측 구역인 과냉각액 구역에서는 액체 상태이고, 포화액선과 포화증기선의 중앙구역인 습증기 구역에서는 액체 상태와 증기 상태가 혼재하여 있는 습증기 상태이고, 포화증기선의 우측 구역인 과열증기 구역에서는 증기 상태이다.
- 또한 이들 증기선도는 압력, 엔탈피, 온도, 비체적, 건조도 및 엔트로피(Entropy)에 대하여 값이 같은 점을 연결한 선으로 구성되어 있다.

98 냉동사이클의 구성 과정을 쓰시오.

정답 압축 과정, 응축 과정, 팽창 과정, 증발 과정

풀이 냉동사이클의 구성과 각 공정에서 역할

사이클	역 할
압 축	압축기에서 저온 저압의 냉매가스를 압축시키는 공정
응 축	응축기에서 압축 냉매가스를 냉각수 또는 공기로 냉각시키는 공정
팽 창	모세관 또는 팽창밸브로 유량 제어에 의해 냉매액을 증발시키기 쉬운 상태로 만드는 공정
증 발	증발기에서 저온 저압의 냉매액을 비등, 증발시켜 일정 환경의 열을 빼앗아 환경 온도를 낮추는 공정

99 표준냉동사이클에서 정한 압축기 흡입가스의 온도는?

정답 −15℃

풀이 표준냉동사이클은 냉동기의 성능을 비교하기 위하여 법령에서 정한 조건(응축온도 30℃, 증발온도 −15℃, 압축기 흡입가스온도 −15℃, 팽창밸브 직전의 액온도 25℃)에서 작성한 사이클을 말한다.

100 Joule−Thomson 효과를 이용하는 냉동법은?

정답 공기냉동법

풀이 전자냉동법(열전식 냉동법)은 펠티에에 의해 발견된 열전 효과의 하나인 펠티에 효과를 이용한 것이고, Joule−Thomson(압축공기나 기체를 팽창시킬 때에 공기의 온도가 내려가는 것) 효과를 이용하는 냉동법은 공기냉동법이다.

101 냉매는 열을 흡수 또는 방출할 때 냉매의 상태 변화 과정의 유무에 따라 1차 냉매와 2차 냉매로 나눌 수 있다. 다음 [보기]에서 1차 냉매를 모두 찾아 쓰시오.

┤보기├

- 암모니아
- 이산화탄소
- 염화칼슘
- 프로페인(프로판)
- 에틸알코올
- 질 소

정답 암모니아, 이산화탄소, 프로페인(프로판), 질소

풀이
- 1차 냉매
  - 자연냉매(무기화합물) : 물, 암모니아, 질소, 이산화탄소, 프로페인(프로판), 뷰테인(부탄) 등
  - 프레온계 냉매 : $R-11(CCl_3F)$, $R-22(CHClF_2)$, $R-134a(CH_2FCF_3)$, $R-502(R-22+R-115)$ 등
- 2차 냉매(브라인)
  - 무기계 : 염화칼슘, 염화나트륨 및 염화마그네슘 등
  - 유기계 : 에틸렌글리콜, 프로필렌글리콜 및 에틸알코올 등

102 응축된 냉매액을 일시 저장하는 부속기기는?

정답 수액기

풀이 부속기기의 역할

부속기기	역 할
수액기	• 응축기에서 액화한 냉매를 팽창밸브로 보내기 이전에 일시적 저장 • 부하 변동에 대한 냉매 공급량의 조절 • 장치의 수리 때에 냉매 저장
기름 분리기	압축기 송출가스에 포함된 윤활유의 분리에 의한 열전달 저하 방지
액 분리기	흡입가스에 혼입 냉매액의 분리에 의한 액 압축 방지
불응축 가스 분리기	• 냉각 시 침입한 장치 내의 공기와 냉매 분리 • 분리된 액체 냉매의 경우 수액기로, 불응축 가스의 경우 대기 방출

103 0~2℃로 냉각한 냉수를 직접 예랭물에 접촉시켜 냉각하는 방법으로 공기를 이용하는 냉각에 비해 냉각 속도가 빠른 냉각 방식은 무엇인가?

정답 냉수냉각식(Hydrocooling)

풀이 **냉수식 예랭장치**
- 냉수를 냉각매체로 해서 냉각하는 방법으로, 냉수 속에 담그는 방법이나 냉수를 분무하여 냉각하는 방법이 있다.
- 0~2℃로 냉각한 냉수를 직접 예랭물에 접촉시켜 냉각하는 방법으로 공기를 이용하는 냉각에 비해 냉각 속도가 빠르다.
- 예랭 후 중량감모에 대한 염려가 없고, 기계장치가 간단해서 설비비·운전비가 적게 든다.
- 물에 젖지 않는 특수한 포장과 냉각수의 살균이 필요하다.
- 냉수식 예랭장치에는 살수식, 담금식, 연속식 등이 있다.

104 어획 후 품질관리 기술에서 수산물의 증발열을 빼앗는 원리를 이용하여 냉각하는 예랭법은?

정답 진공냉각식

풀이 **진공예랭장치**
- 진공냉각은 저압 상태에서 수산물 표면의 물을 기화시키고, 이때의 증발잠열을 이용하여 냉각하는 방법이다.
- 다른 예랭 방법에 비하여 가격이 비싸지만, 냉각 속도가 매우 빠르다.
- 냉각 과정 중에 표면의 수분이 증발되므로 중량감모가 생기는데, 온도가 5.5℃ 내려가면 약 1%의 중량이 감소된다.
- 진공예랭장치는 진공조, 진공펌프, 콜드트랩, 냉동기 및 제어장치 등으로 구성되어 있다.

105 다음 괄호 안에 알맞은 말을 순서대로 쓰시오.

> 저온저장한 수산물을 상온에 바로 노출시키면 표면에 물기가 맺히는데 이를 (①)이라 하며, 저장 시 수증기가 응결하는 현상을 막기 위해서 (②)을 사용하고, 출고 시 결로 방지를 위해서는 (③)과 외기 온도와의 차이를 10℃ 이내가 되도록 한다.

정답 ① 결로현상, ② 방담필름, ③ 품온

풀이 **방담필름(Anti-Fogging Film)**
- 필름 표면에 결로현상(수증기가 물방울 형태로 응축되어 있는 상태)이 생기지 않도록 계면활성제를 처리한 필름으로 수중에서 증식되기 쉬운 미생물 발생을 방지하여 저장 중인 수산물의 신선도를 유지시켜 주며, 내용물이 잘 보이도록 한다.
- 또한 저장 후 출고 시에 외부와의 온도차에 의해 결로현상이 생기는데, 품온을 외기 온도보다 7~10℃ 정도 낮게 하거나 건조시설을 이용하여 결로를 제거할 수 있다.

106 산소와의 접촉으로 인하여 일어나는 내용물의 산화를 억제하고 제품의 부피를 줄이는 데 효과적인 포장 기술은?

정답 진공포장

풀이 진공포장의 주목적은 포장 내부의 공기를 제거함으로써 산소와의 접촉으로 인하여 일어나는 내용물의 산화를 억제하는 데 있다. 부수적인 효과로는 포장 제품의 부피를 줄여 수송, 보관 등을 용이하게 하는 점도 있다. 진공포장에 사용되는 포장 재료로는 기체 차단성이 우수한 폴리에스터(PET), 폴리염화비닐리덴(PVDC) 등이 있다.

107 속포장과 겉포장 재료로서 널리 사용하고 있는 포장 재료는?

정답 골판지

풀이 **골판지상자의 분류**
- 일반 외부포장용 골판지상자 : 일반적으로 사용하는 수산물 겉포장 및 수송용 골판지상자이다.
- 방수 골판지상자 : 장기간 습한 기상조건에서 수송할 경우나 외국에 수출하는 수산물, 수분 함량이 높은 수산물의 저장 및 장거리 수송에 사용되며, 방수 처리에 따라 다음의 3종으로 구분한다.

발수 골판지상자	극히 짧은 시간 동안 접촉에 대한 젖음 방지성이 있다.
내수 골판지상자	물과 접촉하여 수분이 종이층 속으로 스며들어도 어느 정도 지력이 보유됨으로써 외관, 강도의 손상 및 저하가 적도록 가공한 것이다.
차수 골판지상자	장시간 물에 접촉하여도 거의 물을 통하지 않아 강도가 떨어지지 않도록 가공한 것으로, 물의 투과에 대한 저항성이 가장 크다.

- 강화 골판지상자 : 강도를 높일 목적으로 여러 가지 복합 가공을 한 골판지상자를 말한다.

108 수산식품 중 식품의약품안전처 HACCP 적용 품목 중 냉동수산식품 3품목을 쓰시오.

정답 냉동수산식품 중 냉동 어류, 연체류, 조미가공품

풀이 수산가공식품에서 HACCP 의무적용 품목
※ 수산식품 중 식품의약품안전처 HACCP 적용 품목

고시 품목
• 수산가공식품류의 어육가공품류 중 어묵·어묵소시지 • 냉동수산식품 중 냉동 어류·연체류·조미가공품 • 해당 통·병조림, 레토르트 식품

CHAPTER 03 수산물 유통관리

01 수산물 유통구조 및 가격

1 수산물 유통의 뜻과 특성

(1) 수산물 유통의 뜻

① 정의 : 수산물이 생산된 후 어떤 유통경로를 통해 어떻게 가격이 형성되면서 소비자에게 이전되는지를 국민경제적 관점에서 살펴보는 것으로 수산물 생산과 소비의 중간 연결적인 역할을 강조한다.

② 연근해에서 어획된 수산물의 유통경로

생산자 → 수산업협동조합의 산지위판장 → 수산물 소비지 도매시장 → 도매상 → 소매상 → 소비자

(2) 수산물 유통의 특성

① 품질관리의 어려움

㉠ 수산물은 유통 과정에서 활어 상태 또는 죽은지 오래되지 않은 신선한 상태로 소비자에게 빠르게 이전되어야 한다.

㉡ 부패성이 강하기 때문에 보다 신속한 유통시스템이 요구된다.

㉢ 계절적 요인, 어황에 따라 생산량과 선도가 달라진다.

② 유통경로의 다양성

㉠ 수산물 유통기구가 다양한 형태로 생산지를 중심으로 하여 전국적으로 분산되어 존재하고 동시에 소비지에도 존재하고 있어 유통 경로가 다양하다.

㉡ 어업의 계절적 요인, 어장의 다양한 형태와 규모의 생산자가 전국적으로 분포되어 있어 경로가 다양하다.

㉢ 수산물이 선어, 냉동, 가공원료 등 여러 가지 형태로 이용 배분되고 있어서 다양한 유통 경로가 나타나고 있다.

③ 생산물의 규격화 및 균질화의 어려움

㉠ 수산물의 경우는 어획물의 크기가 매우 다양하다.

㉡ 품질은 신선도나 어획 시기 및 어획 방법 등에 따라 다르다.

④ 가격의 변동성

    ㉠ 수산물 유통은 생산 조건인 자연 환경에 대한 의존도가 크므로 불확실성, 계절성 등으로 수급조절이 어렵다.

    ㉡ 수산물은 생산의 불확실성, 어획물 규격의 다양성, 강한 부패성과 변질성 등으로 상품성 유지가 어려워 일정한 가격의 유지가 곤란하다.

    ㉢ 강한 부패성(변질성)으로 시간적, 공간적 이동상 제약성이 크며, 선도에 따른 상품가치 변동이 매우 커 특별한 유통시설이 필요하며, 물적 유통비용이 증가된다.

    ㉣ 소매 단계에서 계획적인 판매가 어렵고, 부패 등 거래의 위험성을 감안하여 유통 마진이 높은 경향이 있다.

⑤ 수산물 구매의 소량 분산성

    ㉠ 일반적으로 소비자들은 수산물을 조금씩 소량으로 자주 구매하는 경향이 있다.

    ㉡ 소비 자체가 전국적이고 소규모 분산적으로 이루어진다.

    ㉢ 수산물의 저장성이 매우 낮기 때문에 소량으로 빈번하게 구매하여 소비한다.

> ※ 수산물 유통의 기능
> - 운송기능 : 수산물의 생산지와 소비지 사이의 거리를 연결시켜 주는 기능
> - 보관기능 : 조업시기에 생산된 수산물을 비조업시기 때 보관, 저장하여 생산자와 소비자 간의 시간의 거리를 해소시키는 기능
> - 정보전달기능 : 수산물의 원산지, 냉동, 선어, 신선도 등의 수산상품에 대한 정보를 전달하여 소비지에서도 생산지 수산물의 정보를 파악하도록 연결시켜 주는 기능
> - 거래기능 : 수산물 생산자와 소비자 간의 소유권 거리, 가치의 거리를 연결시켜 주는 기능
> - 상품구색기능 : 다양한 수산상품의 구색을 갖추는 기능
> - 선별기능 : 수산물을 용도에 따라 등질 또는 등급별로 선별하는 기능
> - 집적기능 : 지방에 산재해 있는 수산물을 대도시 소비지로 모으는 기능
> - 분할기능 : 대량 어획된 수산물을 시장의 수요에 맞추어 소규모로 나누는 기능

(3) 수산물 유통활동 체계

① 상적 유통활동(수산물 소유권 이전에 관한 활동) : 거래기능에 관한 활동으로 상거래 활동[수요창출, 판매조건 상담, 상거래 행위(판매 및 구매기능)], 유통결제금융활동, 기타 상적 유통조성 활동

② 물적 유통활동(수산물 자체의 이전에 관한 활동) : 운송, 보관, 정보전달기능 등을 수행하는 활동

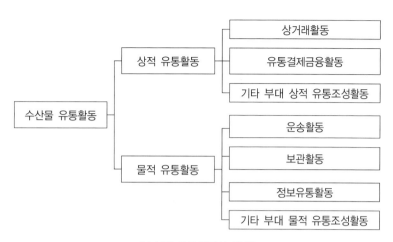

[수산물 유통활동의 체계]

2 수산물 유통시장의 종류와 역할

(1) 수산물 시장의 뜻

① 넓은 의미의 수산물 시장 : 수산물을 이용·배분하는 관련 시장 전부를 뜻하며, 산지시장, 소비지 도매시장은 물론 중간도매상점, 최종 소매상점, 국제 수산물시장, 사이버 수산물시장 등을 포함

② 좁은 의미의 수산물 시장 : 위판장, 공판장, 소비지 도매시장에 한정

(2) 수산물 산지시장

① 산지시장의 개념

㉠ 어업 생산의 기점으로 어선이 접안할 수 있는 어항 시설이 갖추어져 있고, 어획물의 양륙과 1차적인 가격 형성이 이루어지면서 유통 배분되는 시장이다.

㉡ 수산업협동조합이 개설 운영하는 산지위판장으로, 도매시장과 같은 역할도 수행하고 있다.

② 산지시장(산지위판장)의 필요성

㉠ 연근해 어획물의 대부분은 양륙어항에 위치하고 있는 산지위판장에서 1차적인 가격을 형성한 다음, 소비지 시장으로 판매되고 있다.

㉡ 산지시장을 경유하는 이유

• 산지위판장이 어장에 근접한 연안에 위치하고 있기 때문이다.

• 산지위판장의 신속한 판매 및 대금결제 기능, 즉 어업 생산 사이클의 시간 단축은 곧 어업 생산 증대와 직결되기 때문이다.

• 어획물의 다양한 형태의 이용 배분(수출용, 수산물 가공 원료, 비식용 용도)이 가능하기 때문이다.

※ **어업 생산 사이클**

어장조업 → 어획 → 귀항 → 산지위판장 양륙 → 중도매인 경매 → 판매 → 대금결제 → 선원 임금 지불 → 연료, 어구, 선원식료 보급 → 재출항 → 조업

③ 산지시장의 기능

㉠ 수산물 공급은 한정된 규모의 어선들이 정해진 성어기에 어장과 어항을 신속히 이동하여 이루어지며, 왕복 횟수가 곧 어획량을 결정하기 때문에 이동시간과 판매시간을 최대한 짧게 운영하기 위해서 위판장은 연안에 위치하고 있다.

㉡ 어업 생산자는 시장도매업자 역할을 수행하는 수협에 어획물을 위탁 판매하고, 수협은 등록된 중도매인들과 경매 및 입찰에 의해 가격을 결정한다.

㉢ 산지위판장으로 양륙된 수산물들은 경매를 통하여 바로 거래가 이루어지는데, 수산물의 종류에 따라서 손가락을 사용하면서 가격을 제시하는 수지에 의한 호가 방법 및 입찰서에 직접 가격을 기재하는 방법 등이 사용된다.

㉣ 산지위판장은 어종 또는 크기에 따라 분류하여 진열하는 기능도 함께 수행한다.

㉤ 수산물을 구입한 중도매인은 구입대금을 수협에 납입해야 하는데 납입 기일 조건은 당일 납입이 원칙이며, 수협은 중도매인으로부터 판매대금을 납입받아 판매수수료를 공제한 후 어업 생산자에게 지불한다.

※ **산지시장의 기능**
- 어획물의 양륙과 진열기능
- 거래형성기능
- 대금결제기능
- 판매기능

(3) 수산물 도매시장

① **수산물 도매시장의 정의** : 특별시・광역시・특별자치시・특별자치도 또는 시가 생선어류・건어류・염건어류・염장어류・조개류・갑각류・해조류 및 젓갈류 품목의 전부 또는 일부를 도매하게 하기 위하여 관할구역에 개설하는 시장을 말한다.

② **도매시장의 개설** : 도매시장은 양곡부류・청과부류・축산부류・수산부류・화훼부류 및 약용작물 부류별로 개설하거나 둘 이상의 부류를 종합하여 개설한다. 중앙도매시장의 경우에는 특별시・광역시・특별자치시 또는 특별자치도가 개설하고, 지방도매시장의 경우에는 특별시・광역시・특별자치시・특별자치도 또는 시가 개설한다. 다만, 시가 지방도매시장을 개설하려면 도지사의 허가를 받아야 한다.

③ **도매시장의 운영** : 도매시장 개설자는 도매시장에 그 시설규모・거래액 등을 고려하여 적정 수의 도매시장법인・시장도매인 또는 중도매인을 두어 이를 운영하게 하여야 한다.

④ 도매시장의 조직체계

　ⓐ 도매시장법인의 지정 : 도매시장법인은 도매시장 개설자가 부류별로 지정하되, 중앙도매시장에 두는 도매시장법인의 경우에는 해양수산부장관과 협의하여 지정한다.

　ⓑ 경매사의 임면 : 도매시장법인은 도매시장에서의 공정하고 신속한 거래를 위하여 해양수산부령으로 정하는 바에 따라 일정 수 이상의 경매사를 두어야 한다.

　　※ **경매사의 업무**
　　도매시장법인이 상장한 농수산물에 대한 경매 우선순위의 결정, 농수산물에 대한 가격평가, 경락자의 결정

　ⓒ 시장도매인의 지정 : 시장도매인은 도매시장 개설자가 부류별로 지정한다.

　ⓓ 중도매업의 허가 : 중도매인의 업무를 하려는 자는 부류별로 해당 도매시장 개설자의 허가를 받아야 한다.

　ⓔ 매매참가인의 신고 : 매매참가인의 업무를 하려는 자는 해양수산부령으로 정하는 바에 따라 도매시장·공판장 또는 민영도매시장의 개설자에게 매매참가인으로 신고하여야 한다.

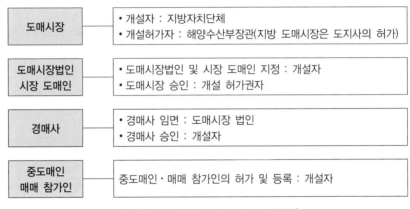

[수산물 도매시장의 개설 및 조직체계]

⑤ 수산물 도매시장의 구성원

　ⓐ 도매시장법인

　　• 정의 : 수산물도매시장의 개설자로부터 지정을 받고 수산물을 위탁받아 상장(上場)하여 도매하거나 이를 매수(買受)하여 도매하는 법인(도매시장법인의 지정을 받은 것으로 보는 공공출자법인을 포함한다)을 말한다.

　　• 도매시장법인의 자격요건
　　　- 해당 부류의 도매업무를 효과적으로 수행할 수 있는 지식과 도매시장 또는 공판장업무에 2년 이상 종사한 경험이 있는 업무집행 담당 임원이 2명 이상 있을 것
　　　- 임원 중 금고 이상의 실형을 선고받고 그 형의 집행이 끝나거나(집행이 끝난 것으로 보는 경우를 포함한다) 집행이 면제된 후 2년이 지나지 아니한 사람이 없을 것

- 임원 중 파산선고를 받고 복권되지 아니한 사람이나 피성년후견인 또는 피한정후견인이 없을 것
- 임원 중 도매시장법인의 지정취소처분의 원인이 되는 사항에 관련된 사람이 없을 것
- 거래규모, 순자산액 비율 및 거래보증금 등 도매시장 개설자가 업무규정으로 정하는 일정 요건을 갖출 것
- 도매시장법인의 역할
  - 기본적으로 판매대행 후 일정 수수료를 받는 수수료 상인이면서 구매와 판매를 통한 이윤을 획득할 수 있는 매매차익 상인의 두 가지 역할 수행
  - 수집상(산지유통인)으로부터 출하받은 수산물을 상장·진열하는 기능
  - 경매사를 통해 판매하는 가격형성기능
  - 판매된 수산물의 대금을 회수하여 시장 사용 수수료를 제외한 금액을 출하자 또는 생산자들에게 지불하는 금융결제기능
- ㉡ 시장도매인
  - 정의 : 수산물도매시장 또는 민영 수산물도매시장의 개설자로부터 지정을 받고 수산물을 매수 또는 위탁받아 도매하거나 매매를 중개하는 영업을 하는 법인을 말한다.
  - 시장도매인의 역할
    - 기본적으로 산지나 생산자로부터 수산물을 구입한 다음 판매하여 그 차액을 이윤으로 획득할 수 있는 매매차익 상인이면서 타인의 수산물을 위탁받아 판매를 대행하는 수수료 상인
    - 수산물을 도매시장 내에 상장시키거나 경매 또는 입찰을 통해 판매하지 않고 자신이 직접 구입하거나 위탁받은 수산물을 중도매인이 아닌 시장 밖의 실수요자(할인점, 도매상, 소매상 등)와 직접 가격교섭을 한 다음 도매 판매를 하는 역할
- ㉢ 중도매인
  - 정의 : 수산물도매시장·수산물공판장 또는 민영수산물도매시장의 개설자의 허가 또는 지정을 받아 다음의 영업을 하는 자를 말한다.
    - 수산물도매시장·수산물공판장 또는 민영수산물도매시장에 상장된 수산물을 매수하여 도매하거나 매매를 중개하는 영업
    - 수산물도매시장·수산물공판장 또는 민영수산물도매시장의 개설자로부터 허가를 받은 비상장(非上場) 수산물을 매수 또는 위탁받아 도매하거나 매매를 중개하는 영업
  - 중도매인의 역할
    - 선별기능 : 수산물을 생산지, 어종, 크기, 선도별로 선별하여 어디에 어떻게 판매할 것인가 하는 사용·효용가치를 찾아내는 기능
    - 평가기능 : 수산물을 보고 손가락으로 가격을 표시하는 경매나 전광판을 통해 가격을 결정하는 입찰기능

- 금융결제기능 : 판매를 위해 직접 구입하거나 소매업자들의 위탁을 받아 대신 구입한 물품에 대한 대금지불기능
- 분하 · 보관 · 가공기능 : 구입한 수산물을 판매하거나 최종소매업자들에게 유통시키기 위하여 일시적인 냉동보관과 포장 · 가공처리 기능

② 매매참가인
- 정의 : 수산물도매시장 · 수산물공판장 또는 민영수산물도매시장의 개설자에게 신고를 하고, 수산물도매시장 · 수산물공판장 또는 민영수산물도매시장에 상장된 수산물을 직접 매수하는 자로서 중도매인이 아닌 가공업자 · 소매업자 · 수출업자 및 소비자단체 등 수산물의 수요자를 말한다.
- 매매참가인의 역할
  - 도매시장에서 구매자로서 중도매인과 동일한 참가권을 가지는 역할
  - 시장 내의 수산물을 중도매인을 통해 위탁 구입하지 않고 직접 거래에 참가하여 경매나 입찰을 통해 필요한 수산물을 구입
  - 도매시장을 공개적 · 개방적으로 유지하는 역할
  - 소비자와 직접 접촉하는 대형소매점이나 소매업자 단체 등은 소비자 정보를 전달하는 역할

⑩ 산지유통인(産地流通人)
- 정의 : 수산물도매시장 · 수산물공판장 또는 민영수산물도매시장의 개설자에게 등록하고, 수산물을 수집하여 수산물도매시장 · 수산물공판장 또는 민영수산물도매시장에 출하(出荷)하는 영업을 하는 자(법인을 포함)를 말한다.
- 산지유통인의 역할 : 등록된 도매시장에서 수산물의 출하업무 이외의 판매 · 매수 또는 중개업무를 할 수 없다.
  - 수집 · 출하기능 : 전국적으로 분산되어 있는 산지에서 다종다양한 수산물을 수집하여 소비지 도매시장에 출하하는 기능
  - 정보전달기능 : 어촌 등과 같은 산지를 돌아다니면서 생산자나 생산조직 단체들과 상담하면서 소비지의 가격동향이나 판매상황 등을 전달하는 기능
  - 산지개발기능 : 새로운 생산지를 찾아다니면서 신상품 등이 있으면 생산자에게 소비지 도매시장을 통해 판매할 것을 권유하는 기능

(4) 소비지 도매시장

① 소비지 도매시장의 정의
  ㉠ 대도시 등의 소비자에게 생산지의 수산물을 원활히 공급 유통시키기 위해서 대도시를 중심으로 하는 소비지에 개설 · 운영되는 도매시장

ⓛ 지방자치단체가 개설하는 시장으로 크게 중앙도매시장과 지방도매시장으로 구분하지만, 현실적으로 법정도매시장, 공판장, 유사도매시장으로 구분

② 소비지 도매시장의 종류

　　㉠ 중앙도매시장 : 특별시·광역시·특별자치시 또는 특별자치도가 개설한 도매시장 중 해당 관할구역 및 그 인접지역에서 도매의 중심이 되는 수산물도매시장
　　　• 서울특별시 가락동 농수산물도매시장
　　　• 서울특별시 노량진 수산물도매시장
　　　• 부산광역시 엄궁동 농산물도매시장
　　　• 부산광역시 국제 수산물도매시장
　　　• 대구광역시 북부 농수산물도매시장
　　　• 인천광역시 남촌 농산물도매시장
　　　• 인천광역시 삼산 농산물도매시장
　　　• 광주광역시 각화동 농산물도매시장
　　　• 대전광역시 오정 농수산물도매시장
　　　• 대전광역시 노은 농산물도매시장
　　　• 울산광역시 농수산물도매시장

　　㉡ 지방도매시장 : 중앙도매시장 외의 수산물도매시장으로 도지사의 허가를 받아 개설

　　㉢ 수산물공판장 : 수산업협동조합과 그 중앙회(농협경제지주회사를 포함), 그 밖에 생산자 관련 단체와 공익상 필요하다고 인정되는 법인으로서 수산물을 도매하기 위하여 특별시장·광역시장·특별자치시장·도지사 또는 특별자치도지사의 승인을 받아 개설·운영하는 사업장

　　㉣ 유사도매시장 : 법정도매시장이 아닌 소매시장의 허가를 얻어 도매 행위를 하는 시장

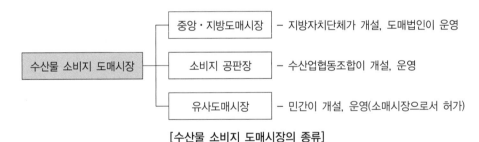

[수산물 소비지 도매시장의 종류]

③ 소비지 도매시장의 필요성

　　㉠ 다종다양한 상품을 특정 장소에서 집하하여 집중적으로 거래함으로써 수요와 공급에 의한 적정 가격형성과 효율적인 전문화를 수행할 필요가 있다.

　　㉡ 생산 및 소비가 일반적으로 영세하기 때문에 생산자와 소비자 사이에서 상품의 집배 및 확실한 대금결제 등을 행하는 전문 상업기능이 필요하다.

ⓒ 다종다양한 상품의 구색 요청에 대응하기 위해 넓은 범위로부터 수산물을 집하할 필요가 있다.

ⓔ 생산자에 대해 생산물의 안정적인 판로를 제공하고 공정한 거래를 행할 장소가 필요하다.

④ 소비지 도매시장의 기능

　ⓐ 산지시장으로부터 수산물을 수집하는 수집집하기능

　ⓑ 경매·입찰 등과 같은 공정 타당한 가격형성기능

　ⓒ 도시 수요자에게 유통시키는 분산기능

　ⓔ 현금에 의한 신속, 확실한 대금결제기능

⑤ 소비지 도매시장의 거래제도

　ⓐ 수탁판매의 원칙

　　• 도매시장 내에서 거래는 원칙적으로 수탁판매 방법으로 거래되는데 도매법인 입장에서는 수탁이지만, 생산자 또는 출하자 입장에서는 위탁이 된다.

　　• 도매시장은 수탁판매를 거부할 수 없으며, 특별한 사유가 있는 경우에는 매수하여 도매할 수 있다.

　　• 수탁판매의 구분

　　　– 무조건 수탁 : 생산자 또는 출하자가 아무런 조건 제시 없이 무조건으로 도매시장에 위탁하여 가장 유리한 가격으로 판매해 줄 것으로 기대하는 것

　　　– 조건부 수탁 : 생산자 또는 출하자가 가격 등의 판매조건을 제시하여 위탁하는 것(최저 희망가격 제시)

　ⓑ 공개경매·입찰·정가매매 또는 수의매매

　　• 도매시장법인은 도매시장에서 수산물을 경매·입찰·정가매매 또는 수의매매(隨意賣買)의 방법으로 매매하여야 한다.

　　　– 정가매매 : 출하자(중도매인)가 일정한 가격을 제시하면 도매시장법인이 거래상대방인 중도매인(출하자)과의 거래를 성사시켜 판매하는 방법

　　　– 수의매매 : 도매시장법인이 출하자와 중도매인 간 의견을 조정하여 거래가격과 물량을 정하는 방법

　　• 출하자가 매매 방법을 지정하여 요청하는 경우 등 해양수산부령으로 매매 방법을 정한 경우에는 그에 따라 매매할 수 있다.

　　• 도매시장법인은 도매시장에 상장한 수산물을 수탁된 순위에 따라 경매 또는 입찰의 방법으로 판매하는 경우에는 최고가격 제시자에게 판매하여야 한다.

　ⓒ 거래제한 원칙

　　• 도매시장 및 공판장 등에 상장된 수산물은 시장 내의 중도매인 또는 매매참가인 외의 사람에게 판매할 수 없다.

- 거래의 특례 : 도매시장 개설자는 입하량이 현저히 많아 정상적인 거래가 어려운 경우 등 특별한 사유가 있는 경우에는 그 사유가 발생한 날에 한정하여 도매시장법인의 경우에는 중도매인·매매참가인 외의 자에게, 시장도매인의 경우에는 도매시장법인·중도매인에게 판매할 수 있다.

ㄹ 거래 관련 수수료

- 도매시장 개설자, 도매시장법인, 시장도매인, 중도매인 또는 대금정산 조직은 해당 업무와 관련하여 징수 대상자에게 법에서 정한 금액(도매시장의 사용료, 시설사용료, 위탁수수료, 중개수수료, 정산수수료) 외에는 어떠한 명목으로도 금전을 징수하여서는 아니된다.
- 사용료 및 수수료 요율(농수산물 유통 및 가격안정에 관한 법률 시행규칙 제39조)

수수료	징수자	부담자	요 율
도매 시장 사용료	개설자	지정 도매인	• 도매시장 개설자가 징수할 사용료 총액이 해당 도매시장 거래금액의 5/1,000(서울특별시 소재 중앙도매시장의 경우에는 5.5/1,000)를 초과하지 아니할 것. 단, 물품을 수산물 전자거래소에서 거래한 경우, 정가·수의매매를 전자거래방식으로 한 경우, 거래 대상 수산물의 견본을 도매시장에 반입하여 거래한 경우 그 거래한 물량에 대해서는 해당 거래금액의 3/1,000을 초과하지 아니함 • 도매시장법인·시장도매인이 납부할 사용료는 해당 도매시장법인·시장도매인의 거래금액 또는 매장 면적을 기준으로 하여 징수할 것
시설 사용료	개설자	시설 사용자	• 해당 시설의 재산가액의 50/1,000(중도매인 점포·사무실의 경우에는 재산가액의 10/1,000)을 초과하지 아니하는 범위 • 도매시장의 시설 중 도매시장 개설자의 소유가 아닌 시설에 대한 사용료는 징수하지 아니함
위탁 수수료	지정 도매인	출하자	위탁수수료의 최고한도 • 양곡부류 : 거래금액의 20/1,000 • 청과부류 : 거래금액의 70/1,000 • 수산부류 : 거래금액의 60/1,000 • 축산부류 : 거래금액의 20/1,000 • 화훼부류 : 거래금액의 70/1,000 • 약용작물부류 : 거래금액의 50/1,000
중개 수수료	중도매인	매수인	최고한도는 거래금액의 40/1,000
정산 수수료	개설자	지정 도매인	• 정률(定率)의 경우 : 거래건별 거래금액의 4/1,000 • 정액의 경우 : 1개월에 70만원

3 수산물 유통경로

(1) 수산물 유통경로의 뜻

① 정의 : 수산물 유통경로란 수산물이 생산자로부터 소비자에게 유통되는 과정에서 유통기능을 수행하는 다양한 유통기구를 경유하는 과정을 말한다.

② 수산물 유통경로의 형태

    ㉠ 계통출하 형태 : 생산자가 수협에 판매를 위탁

    ㉡ 비계통출하 형태 : 생산자가 수협 외의 유통기구에 판매

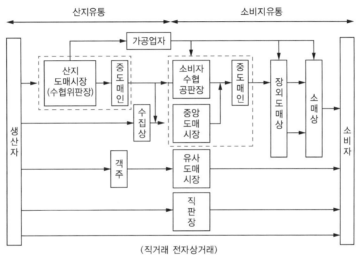

[수산물 유통경로]

③ 수산물 유통경로의 길이를 결정하는 요인

영향요인	긴 유통경로	짧은 유통 경로
제품특성	• 표준화된 경량품, 신상품 • 비부패성 상품 • 동질성 • 기술적 단순성	• 피표준화된 중량품 • 부패성 상품 • 이질성 • 기술적 복잡성
수요특성	• 구매단위가 작고 구매빈도가 높고, 규칙적 • 고객의 지역적 분산(소비자 정보의 광범위 분산)	• 구매단위가 크고, 구매빈도가 낮고, 비규칙적 • 고객의 지역적 집중(소비자 정보의 제한, 집중)
공급특성	• 생산자 수가 많음 • 자유로운 진입·탈퇴 • 지역적 분산 생산	• 생산자 수가 적음 • 제한적 진입·탈퇴 • 지역적 집중생산
유통비용 구조	장기적으로 안정적	장기적으로 불안정

(2) 수협 위탁 유통

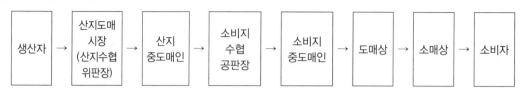

① 생산자가 수협에 수산물의 판매를 위탁하고, 수협의 책임하에 공동 판매하는 형태이다.

② 판매활동이 수협에 전적으로 위임되기 때문에 판매에 대한 모든 책임은 조합이 담당한다.

③ 생산자는 판매에 대한 위험성은 적고 판매 대금을 신속하게 지불받을 수 있지만, 생산자가 가격 결정에 직접 참여하지 못한다.

(3) 산지 유통인에 의한 유통

① 산지 유통인(수집상)이 생산자 또는 산지 중도매인을 통해 수산물을 수집한다.

② 수집상은 산지에서 수집한 수산물은 소비지 중앙도매시장에 출하한다.

③ 위탁 상장된 수산물은 중앙도매시장의 중도매인에 의해 가격 형성 후 도매상, 소매상, 소비자에 게로 유통된다.

(4) 객주 경유 유통

① 상업 자본가인 객주를 경유하는 판매 형태이다.

② 객주는 자기의 책임하에 위탁받은 수산물을 책임지고 판매하며, 그에 대한 수수료를 받거나 일정한 조건으로 수산물을 직접 구매하여 판매 이익을 영위한다.

③ 생산자는 객주로부터 어업의 생산자금을 미리 빌리는 조건으로 생산물의 판매권을 객주에게 양도한다.

④ 영세한 생산자들이 생산자금의 조달을 위해 많이 이용하고 있으나 높은 이자 및 수수료, 낮은 매매가격 등 객주의 횡포가 우려되기도 한다.

※ **객주와 수집상의 차이**
- 수집상 : 도매시장에 등록되어 제도권 내에서 활동을 인정받고 있어서 합법적으로 도매시장에서 거래
- 객주 : 도매시장 밖에서 유통활동을 하기 때문에 법정도매시장에서 거래할 수 없음

(5) 직판장 개설 유통

① 생산자 또는 조합에서 직판장을 개설하여 생산물을 소비자에게 판매하는 형태이다.
② 어업자가 상당한 자금을 조달하여 직매장을 개설하고 수송, 보관 등의 기능을 수행해야 한다 (단점).
③ 시설 자금의 부담은 있으나 판매 경로 단축으로 선도 유지가 용이하고 중간 유통비용의 절감으로 소비자에게 저렴한 가격으로 판매할 수 있다(장점).
④ 공항, 터미널, 대형 양판점, 관광지 등에서 생산자 직판장을 운영한다.

(6) 전자상거래에 의한 유통

① 생산자와 소비자가 인터넷 가상공간에서 직접 거래하는 형태이다.
② 생산자가 인터넷에 자신의 홈페이지를 개설하여 상품 주문을 받고 판매한다.
③ 기타 통신수단을 통해 생산물을 직접 판매한다.

4 수산물 경매

경매란 다수의 판매인과 다수의 구매인이 일정한 장소에서 주어진 시간에 경쟁을 하여 판매할 물품의 가격을 공개적으로 결정하는 방법을 말한다. 경매가 입찰과 다른 점은 매매신청가격을 시종 공표해가면서 가격을 결정하여 매매 성립에 도달하게 하는 것으로써 동일인이 몇 번이라도 가격신청을 새로이 할 수 있다는 것이다.

(1) 영국식 경매(상향식)

경매참가자들이 판매물에 대해 공개적으로 자유롭게 매수희망가격을 제시하여 최고의 높은 가격을 제시한 자를 최종 입찰자로 결정하는 방식

(2) 네덜란드식 경매(하향식)

경매사는 경매시작가격을 결정하고 입찰자가 나타날 때까지 가격을 내려가면서 제시하는 방식

(3) 한일식 경매(동시호가 경매)

기본적으로 영국식 경매와 같은 상향식 경매이지만 영국식과 달리 경매참가자들이 경쟁적으로 가격을 높게 제시하고, 경매사는 그들이 제시한 가격을 공표하면서 경매를 진행시키는 방식

※ **표준경매 수지법**

- 숫자 1 표시 : 둘째손가락(인지)만 펴고, 나머지 손가락은 모아서 움켜쥔다.
- 숫자 2 표시 : 둘째손가락(인지)과 셋째손가락(중지)만 펴서 벌리고, 나머지 손가락은 모아서 움켜쥔다.
- 숫자 3 표시 : 첫째손가락(엄지)과 둘째손가락(인지), 그리고 셋째손가락(중지)만 펴서 벌리고, 나머지 손가락은 모아서 움켜쥔다.
- 숫자 4 표시 : 첫째손가락(엄지)만 구부리고, 나머지 손가락은 펴서 벌린다.
- 숫자 5 표시 : 모든 손가락을 펴서 벌린다.
- 숫자 6 표시 : 첫째손가락(엄지)만을 펴서 벌리고, 나머지 손가락은 모아서 움켜쥔다.
- 숫자 7 표시 : 첫째손가락(엄지)과 둘째손가락(인지)만 펴서 벌리고, 나머지 손가락은 모아서 움켜쥔다.
- 숫자 8 표시 : 둘째손가락(인지)과 셋째손가락(중지)만 편 상태에서 갈고리 모양처럼 구부리고, 나머지 손가락은 움켜쥔다.
- 숫자 9 표시 : 둘째손가락(인지)만 편 상태에서 갈고리 모양처럼 구부리고, 나머지 손가락은 움켜쥔다.

[표준경매 수지도]

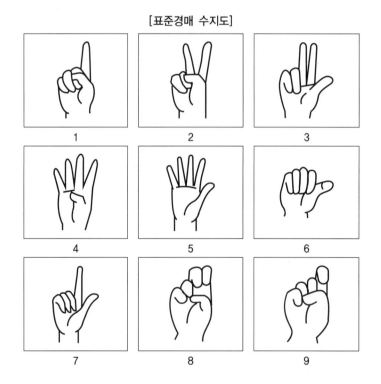

5 수산물 유통마진

(1) 수산물 유통마진의 뜻

① 정의 : 유통마진이란 소비자가 지불한 가격에서 생산자가 판매한 가격을 제한 상품의 가격을 말한다.

> • 소비자가 지불한 가격 = 생산자의 몫 + 유통업자의 몫
> • 유통업자의 몫(유통마진) = 소비자 구입 가격 − 생산자의 몫

② 단계별 유통마진

> • 소매마진 = 소매가격 − 중도매가격
> • 중도매마진 = 중도매가격 − 도매시장가격
> • 도매시장마진 = 도매시장가격 − 출하자 수취가격
> • 출하자마진 = 출하자수취 가격 − 생산자 수취가격

③ 유통마진

> • 마진율 = [(판매가격 − 구입가격) / 판매가격] × 100
> • 유통마진액 = 소비자 구입가격 − 생산자 수취가격
> • 유통마진율(%) = (소비자 구입가격 − 생산자 수취가격 / 소비자 구입가격) × 100

(2) 수산물 유통마진의 측정

① 측정 방법

추적조사 방법	• 대상 수산물의 유통 과정 각 단계마다 거래가격을 추적·조사하는 방법 • 대상 수산물의 유통마진을 상세하게 알 수 있음 • 측정한 유통마진이 대상 수산물 마진의 전체적인 대표성이 떨어지거나 시간과 비용이 많이 듦
통계조사 방법	• 각종 기관이 공표하고 있는 통계를 이용하여 유통마진을 조사·계측하는 것 • 측정마진이 대표성을 가지고 있으면서 간단한 통계자료 비교를 통해서 알 수 있음 • 개별 수산물의 특성을 고려한 측정이 불가능 • 이용하는 통계자료가 유통단계별로 조사·공표되지 않거나 신뢰성에 따라 정확성이 좌우됨

② 유통마진 측정 시 고려사항 : 수산물 유통마진을 측정하는 데 있어 대상 어종의 용도, 등질성, 유통경로 등에 어떠한 차이가 있는지 주의해야 한다.

ㄱ 대상 어종의 용도 차이 : 수산물의 가격 결정에서 대상 수산물의 용도(식용과 비식용)가 무엇인지 정확하게 구분하여야 한다.

ㄴ 대상 어종의 등질성 차이 : 수산물은 그 형태나 형질이 변화(활어, 선어, 냉동어)함에 따라 가격변동이 심하게 나타나므로 어종의 등질성 여부를 반드시 확인해야 한다.

ㄷ 대상 어종의 유통경로 차이 : 시장 유통과 시장 외 유통에 따라 마진율이 다를 수 있기 때문에 유통마진이 작은 유통경로를 선택해야 한다. 시장 유통은 산지위판장과 소비지 도매시장을 경유하며, 수수료라는 마진이 포함되어 있으나 산지위판장과 소비지 도매시장을 경유하지 않는 시장 외 유통은 대부분 마진이 없으며, 상매매에 따른 차익마진이 있다.

(3) 수산물 유통마진의 성격

① 하향경직성 : 구입원가가 하락하여도 하락한 만큼 판매가격은 내려가지 않는다.

② 상향확장성 : 구입가격 상승 시 유통마진의 확장은 반드시 동반된다.

(4) 수산물 유통마진의 구성요소

① 유통마진의 구성

> 유통마진 = 유통이윤(상업이윤) + 유통비용(유통경비)

② 유통비용(유통경비)

    ㉠ 유통기능(운송기능, 보관기능, 정보전달기능, 거래기능, 상품구색기능, 선별기능, 집적기능, 분할기능)에 따라 발생(운송비용, 보관비용, 통신비용, 시장사용비용, 선별비용, 배송비용 등)

    ㉡ 산지시장에서의 유통비용 : 어선의 계류비, 양륙비, 시장진열비, 시장사용비용, 수산물용기비용, 산지수협의 인건비, 수산물의 운반운송비용, 저장보관비용, 포장비, 보험료 등

    ㉢ 소비지시장에서의 유통비용 : 소비지시장까지의 운송비용, 도매시장 사용비용, 소매점까지의 배송비용, 소비자에게 판매될 때까지의 여러 비용 등

③ 유통이윤(상업이윤)

    ㉠ 상품판매가격에서 유통비용을 제외한 것(상업이윤총액 = 상품판매총액 − 상품판매비용총액)

    ㉡ 수수료와 매매차익으로 구분

    ㉢ 수협(산지위판장), 도매시장법인과 시장도매인 취득하는 수수료도 포함

    ㉣ 도매상, 소매상이 취득하는 상업이윤도 포함

    ※ 수산물 유통이윤이 형성되는 이유

      • 수산물 유통업자만의 고유한 능력, 즉 선도나 가격, 수급정보 등을 고려한 수산물 평가능력에 대한 대가로 유통이윤이 발생

      • 수산물은 부패성이 강하고 생산 · 공급이 불확실하여 수산물관리와 재고부담에 대한 위험이 일반 공산품에 비해 상당히 높기 때문에 이러한 위험부담에 대한 대가로 유통이윤이 발생

      • 수산물유통기구에 있어 독특한 거래방법의 대가로서 유통이윤이 산지와 소비지 시장에서 발생하며, 특히 위판장이나 도매시장 등에서 위탁상장에 따른 상장수수료가 발생하고, 중도매인들은 경매에 따른 가격결정과 구매대행에 대한 대가로서 중개수수료가 발생

(5) 수산물 유통의 효율성

① 수산물 유통의 효율화기준

> • 유통효율 = 유통성과 / 유통마진
> • 유통효율 = 유통성과 / (유통비용 + 유통이윤)

ⓐ 유통마진을 일정하게 하고 유통효율을 향상시키는 경우

ⓑ 유통성과를 일정하게 하고 유통마진을 축소시키는 경우

ⓒ 유통마진은 증가하지만, 증가 이상으로 유통효율을 향상시키는 경우

ⓓ 유통성과는 감소하지만, 성과 감소 이상으로 유통마진을 축소시키는 경우

② 수산물 유통성과의 향상

ⓐ 수산물의 양과 질에 관련된 것으로 필요한 시기(때)에 필요한 장소(곳)에 요구하는 수준 이상의 질을 가진 수산물을 필요한 양만큼 제공하는 것

ⓑ 수산물은 눈에 보이지 않는 서비스와 함께 판매된다는 점에서 서비스 향상도 유통성과의 향상과 연결됨

[유통성과의 2가지 측면]

수산식품 믹스의 향상	수산식품의 양적 구성 개선	• 필요한 때에 필요한 양의 수산상품을 제공하는 것(수산식품의 즉시 제공) • 필요한 곳에 필요한 양의 수산상품을 제공하는 것
	수산식품의 질적 구성 개선	• 필요한 때에 필요한 질의 수산상품을 제공하는 것(다양한 수산상품 구색 등) • 필요한 곳에 필요한 질의 수산상품을 제공하는 것
수산식품의 부가서비스 향상	수산물 유통 서비스의 개선	• 정확한 수산 상품지식(원산지, 어종, 가격, 안전성 등)의 전달 • 간편한 조리를 위해 수산상품의 처리 · 가공 서비스
	수산물 유통 환경의 개선	• 구매환경(조명, 온도, 위생관리 등) • 구매시간(영업시간, 영업시간 외의 대응 등)

③ 수산물 유통마진의 축소 : 수산물 유통마진의 축소는 유통마진을 구성하고 있는 유통비용과 유통이윤을 절감시켜 달성할 수 있다.

ⓐ 수산물 유통비용의 절감

수산물 유통 기술개선	• 수산물 유통시설(저장, 보관, 판매시설)의 개선 • 기계화, 시설화 등에 의한 물류비용 절감 • 운송수단, 설비, 용기의 개선 • 수산상품 유통형태의 개선 • 수산물 유통기술의 개선 • 포장 개선 • 운송 방식의 개선 : 컨테이너 운송, 팰릿 운송 등 • 판매 방식의 개선 : 대면 판매 → 셀프서비스 방식
수산물 유통시스템 개선	• 수산물 유통경로의 다원화 • 수산물 유통정보망의 확충
일반 유통비용 조건의 개선 (유통산업비용 조건의 개선)	유통자본, 노동력, 자재 등의 조달 조건의 개선

ⓑ 수산물 유통이윤의 절감

• 수산물 생산공급의 불확실성 축소에 따른 위험부담 이윤의 축소

• 수산물 유통기구 간 경쟁조건의 개선 : 수산물 유통기구 간의 경쟁 촉진, 수산물 유통경로 간의 경쟁 촉진

6 유통단계별 유통비용

(1) 산지 단계

① 유통 과정 : 일반적으로 어업 생산자는 어선으로부터 수협의 산지위판장에 위탁판매를 위해 양륙을 하게 되는데, 이 과정에서 양륙비나 진열 배열비 같은 비용이 발생하게 된다.

② 유통비용 구성요소

㉠ 생산자비용 : 생산자가 산지 수협 위판장에 "양륙 – 위탁 – 경매"하기까지의 비용

위판수수료	출하금액에 부과되는 법정수수료의 4.5%(지역마다 차이)
양륙비	위판장에 접안한 어선에서 생산물을 위판장에 양륙·반입하는 비용(경매 전까지의 양륙과 운반비 포함)
배열비	경매를 하기 위해 위판장에 진열하는 작업비용

㉡ 중도매인비용 : 경매가 끝난 수산물을 중도매인이 소비자 도매시장으로 출하하거나 수요처까지 전달하는 비용

선별, 운반, 상차비	• 중도매인과 수협, 어시장 내의 항운노조와 단체협약에 의해 결정 • 위판장 내 냉동 창고를 이용하는 경우 입출고비 등이 별도로 부가됨
어상자대	• 종류 : 골판지, 스티로폼, 플라스틱, 목상자 • 선어나 패류의 경우 산지에서 포장된 상태로 소비지 도매시장에서 경매가 되므로 장거리운송과 상품보존을 위해 스티로폼이 가장 많이 쓰임
저장 및 보관비용	• 당일판매 수요량을 제외한 초과 구입물량을 수산물 냉동 창고에 일시 보관하거나 장기 저장할 때 부과되는 비용 • 수산물 냉동 창고의 이용률 금액에 따라 지불
운송비	• 운송 방법 : 트럭, 항공, 철도, 해상 • 항공운송과 해상운송의 경우 : 제주 지역에서 주로 이용 • 트럭운송의 경우 : 보통트럭과 전용특장차(냉동탑차) • 수산물화주와 운송업체 간에 운임계약을 체결하여 운송비를 지불하는 형태

(2) 소비지 단계

① 유통 과정

㉠ 산지출하자(생산자, 산지중도매인, 출하법인, 수집상, 수입업자 등)는 소비지 도매시장의 도매시장 법인에 다음 두 가지 형태로 출하·상장시킨다.

• 도매시장법인에게 직접 상장시키는 경우

• 소비지 중도매인을 통해 상장을 위탁시키는 경우

㉡ 경매 이후 소비지 중도매인의 거래 유형은 소비지 소매상 등을 대신하여 구매대행을 해주고 수수료를 받거나 자신들이 직접 도매로 판매하기 위해 구매한 다음 소매상 등에게 판매한다.

② 유통비용 구성요소

㉠ 출하자 비용

상장수수료	• 소비지 도매시장에 수산물을 위탁한 출하자는 거래금액에서 3~4%의 상장수수료를 도매시장 법인에게 지불함 • 도매시장 사용료도 포함(도매시장법인이 상장수수료에서 지불)
위탁수수료	• 산지 출하자가 소비지 중도매인을 통해 상장을 위탁할 경우 발생하는 수수료 • 상장업무를 대행해 준다는 측면보다는 적정가격 보장을 위한 판매대행의 측면이 강함
하차비	• 소비지 도매시장에 도착한 물량을 경매장으로 하역하는 데 드는 비용 • 항운노조원이 담당하며, 출하자가 비용 부담 • 상자당 비용 지불 • 추가적인 선별비용은 필요하지 않음

㉡ 중도매인 비용

이적비	• 경매가 끝난 후 도매시장 내의 판매장까지의 운반비 • 선어의 경우 경매가 끝난 후 경매장에서 바로 판매가 이루어지기 때문에 이적비가 발생되지 않음
기타 유통비용	• 상품구색을 위한 재선별·재포장 비용, 운송차량에 옮기는 비용 • 매장까지 직접 배송하는 배송비

※ 우리나라 표준형 상품 바코드 구성

- KAN(Korean Article Number) 바코드
  - KAN은 한국공통상품코드로 판매시점에 필요한 정보를 신속히 파악할 수 있는 POS 시스템이 보급되면서 미국과 유럽에서 EAN 및 UPC 코드를 사용하고, 일본은 EAN에 가입하여 JAN 코드를 사용하고 있다.
  - 우리나라도 1988년 EAN에 가입과 동시에 KAN 코드를 제정하게 되었다.
- KAN은 표준형 13자리와 단축형 8자리의 두 가지가 있다.
  - 표준형 코드는 제조국코드 3자리, 제조업체코드 4자리, 상품품목코드 5자리, 체크문자 한 자리(검증코드)로 구성된다.
  - EAN 및 JAN은 두 자리의 숫자를 채택해 국가코드로 주로 사용되고, 우리나라의 경우 EAN으로부터 국가번호코드로 "880"을 부여받았다.
  - 상품제조업체코드 5자리는 일정한 기준에 의해 제조업체나 수입업자들이 사용하되 공통상품을 관장하고 있는 코드지정기관이 각 대상 업체에 부여하고 있다.
  - 단축형 코드는 주로 인쇄 공간이 부족하거나 표준형 코드의 사용이 부적당한 경우 사용한다. 표준형과 거의 같지만, 제조업체코드의 경우 표준형이 5자리인데 반해 단축형은 4자리로 구성되며, 상품품목코드에서도 5자리인 표준형과 달리 1자리로 구성된다.
- Barcode(바코드) 도입(사용) 효과
  - 정보처리가 정확성
  - Data 입력의 신속성
  - 작업장의 제한을 받지 않음
  - 기존 시스템의 변형이 필요 없음
  - 인건비와 관리비 등의 유지비 절감
  - 운영에 숙련이 불필요
  - 바코드의 판독 원리

1 수산물 유통경로의 개요

(1) 수산물의 유통경로

수산물은 영세적·분산적·계절적 생산과 소규모·분산적인 소비유형 및 부피와 무게의 상대적 크기, 부패성이 강한 상품 특성, 품목의 성격 등에 따라 그 경로가 복잡하고 다양하다.

(2) 우리나라 수산물의 유통경로

일반적인 유통 과정(연근해 수산물은 산지 수협위판장에서 경매를 거쳐 소비지의 도매시장을 통한 경로)과 계통출하(수협 내륙지 공판장을 통한 경로), 그리고 원양어획물의 유통경로(소매상이나 중개상에 의하여 자유롭게 유통)의 3가지가 있다.

(3) 소비지 유통

소비지 도매시장이 담당하고, 소비지 도매시장과 최종소비자를 연결하는 도매상, 소매상, 백화점, 대형할인점, 슈퍼체인 등 다양한 형태의 중간유통기관이 있다.

2 고급활어류 유통경로

(1) 활어류 유통의 특징

① 산지유통 경로 : 산지수협위판장이나 수집상들이 자신 소유의 수조와 특수장비(수조, 산소공급기 등)이 설치된 활어차를 이용한 도매거래를 하여 거래규모가 크다.

② 소비지 유통 : 주로 소비지 도매시장을 거쳐 고급식당, 횟집, 일식당, 호텔 등으로 활어가 조달되고 최종적으로 소비자에게 판매된다. 이때 활어는 민간 도매시장에서 주로 취급된다(예 인천활어도매조합 등).

③ 민간 도매시장에서 활어 유통이 발달하게 된 것은 특화된 유사도매시장에서 수조, 활어차, 산소공급기, 온도유지기 등 전문적인 기술을 갖출 수 있게 되었기 때문이다.

※ **활어의 상품가치 결정 요인** : 성장환경, 품종, 시기에 따라 차이가 있다.

(2) 주요 품목

① 양식산 넙치

㉠ 양식산 넙치는 산지에서 산지수집상에 의해 출하되기 때문에 대부분이 비계통출하를 하고 있다.

ⓛ 산지에서 출하된 양식산 넙치는 유사도매시장을 경유하여 소비지로 유통된다.

ⓒ 활넙치는 대부분 제주와 남해안에서 양식한 것들이 유통된다.

※ 넙치와 가자미의 구별

넙치는 가자미, 도다리와 생김새가 흡사해 구별이 쉽지 않은데 흔히 '좌광우도'니 '좌넙치, 우가자미'라는 말이 일반적으로 통용되고 있다.

넙치와 가자미의 구별은 등을 위로 하고 배를 아래로 하여 내려다보았을 때 눈과 머리가 왼쪽에 있으면 넙치이고, 눈과 머리가 오른쪽에 있으면 가자미와 도다리이다. 다만, 담수산인 강도다리는 눈이 오른쪽에 있다. 이것도 어렵다면 이빨이 있고 입이 크면 넙치, 이빨이 없고 입이 작으면 가자미와 도다리로 보면 된다.

〈자료 출처 : 국립수산과학원〉

② 꽃 게

㉠ 꽃게의 유통경로

- 꽃게는 어획 후 일정 기간 살 수 있기 때문에 산지에서는 활어차나 수조 없이 유통하여 판매하고 있다(활꽃게는 유통 시 산소보충을 덜 해도 된다).
- 먼 거리의 소비지까지는 활어차로 운반하되 시장판매에서는 수조를 거의 이용하지 않고 식당 등에 장기 판매할 목적으로만 수조에 보관한다.
- 꽃게는 양식을 하지 않기 때문에 활꽃게는 모두 자연산이며, 대부분 서해안 어선어업에 의해 어획되고 있다.
- 꽃게의 전체 생산량 중 활꽃게의 생산 비중은 70~75% 정도이며, 수협의 산지위판장 경유 계통출하 비중은 약 60% 내외, 산지수집상 등 비계통출하 비중은 40% 정도이다.

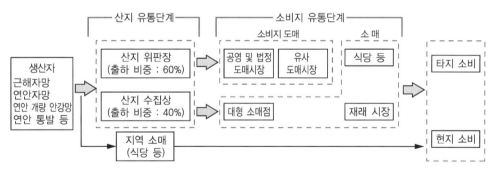

[활꽃게의 주요 유통경로]

ⓛ 국산 꽃게와 수입산 꽃게의 구별

- 국산 꽃게 : 몸통은 전장에 비해 크고, 흉갑(게의 등껍질)에 검은색 반점이 있고 등쪽은 짙은 황갈색, 배쪽은 흰색, 집게가 붉은색을 띤다.
- 중국산 꽃게
  - 등쪽은 국산과 같이 황갈색이며, 집게가 붉은색을 띤다.
  - 주로 냉동 상태로 수입되며, 다리가 탈락된 경우가 많고 고무 밴드로 묶여 있다.

ⓒ 꽃게의 암수 구별
- 암꽃게 : 배딱지가 둥그스름하며 흉갑이 볼록하면서 둥글고, 집게발이 뭉뚝하다.
- 수꽃게 : 배딱지가 뾰족하고 흉갑이 암꽃게에 비해 평평하고, 집게발이 상대적으로 날씬하다.

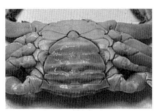
암꽃게

수꽃게

[꽃게의 암수 구별법]

③ 굴 류
ⓐ 자연산 굴의 유통경로
- 자연산 굴은 주로 패·조류 채취어업에 의해 생산되고 있는데, 전체 생산량 중에서 5~7%만 수협의 산지위판장을 통해 계통출하되고 있고, 나머지는 산지의 수집상에 의해 비계통출하되고 있다.
- 자연산 굴의 유통경로 특성은 산지에서 수협위판장보다는 산지수집상을 통해 경유하고 있다.
- 수집상들은 소비지 공영도매시장, 대형도매상, 재래시장 등의 경로를 이용한다.
ⓑ 양식산 굴의 유통경로
- 양식산 굴은 우리나라 굴 생산의 대부분을 차지하며, 수협의 산지위판장을 통해 계통출하되는 비중이 93~95%에 달한다.
- 양식산 굴이 생굴로 유통될 때는 주로 수협의 위판장을 통하지만, 가공용의 원료로 판매될 때는 수협의 산지위판장을 경유하는 비중이 낮아진다.
- 양식 굴의 50% 정도가 산지위판장을 통해 소비지 도매시장과 각 지역의 재래시장으로 유통된다.
- 일반적으로 가공공장으로 가는 굴은 산지위판장을 거치지 않고 직접 가공공장으로 판매되거나 양식업자가 직접 운영하는 가공공장으로 조달되기도 한다(비계통출하).

3 선어류의 유통

(1) 선어류 유통의 특징

① 선어류는 어종이 다양하고 선도 저하가 빠르며, 규격화와 등급화가 제대로 되어 있지 않아 유통 비용이 늘어난다.

② 크기에 따라 가격 차이가 크고 등급별 적정 가격 형성에 어려움이 많으며, 가격의 등락폭도 크다.

③ 선어류는 일반적으로 생산자 → 산지위판장(중도매인) → 소비지 도매시장(중도매인) → 소매시장 → 소비자의 경로를 통해 유통되는 것이 주를 이룬다.

④ 유통경로는 수협의 산지위판장을 통한 계통판매와 산지의 수집상을 경유한 비계통판매로 구분된다.

> ※ 수산물 유통구조 개선 종합대책
> 해양수산부는 현재 '생산자 → 산지위판장 → 산지중도매인 → 소비지 도매시장 → 소비지 중도매인 → 소매상 → 소비자' 등 6단계의 연근해산 수산물 유통구조를 '생산자 → 산지거점 유통센터(FPC) → 소비지분산 물류센터 → 분산도매물류 → 소비자'의 4단계로 줄였다.

(2) 주요 품목

① 고등어의 유통경로

㉠ 선어로 이용되는 신선·냉장 고등어의 일반적인 유통경로는 수협의 산지위판장에서 대부분 양륙되어 산지 중도매인을 통해 소비지 도매시장으로 판매되고, 소비단계를 거쳐 최종소비자들이 구매한다.

㉡ 도매단계에서는 소비지 도매시장의 역할이 줄고 재래시장, 유통·가공업체, 벤더, 양식장(사료용)의 비중이 점차 늘어나는 추세이다.

> ※ 고등어의 종류 및 구별방법

종류	구별 방법
참고등어(국산)	• 배가 하야면서 뽀얗고 눈이 몸체에 비해 약간 큰 편이다. • 등의 푸른 줄무늬와 하얀 배의 중간을 가로지르는 부분에 약간 초록·노란 빛깔을 띤다.
망치고등어(수입산)	• 배에 수많은 검은 반점이 있다. • 일반 참고등어보다 약간 맛도 덜하고, 가격도 싸다.
대서양 고등어 (노르웨이산)	• 망치고등어와 달리 배에 검은 반점들이 없다. • 눈도 훨씬 작고, 등에 줄무늬도 훨씬 진하다.

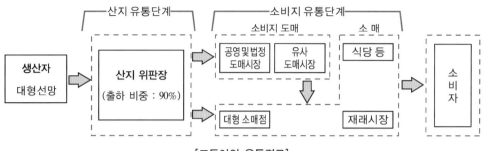

[고등어의 유통경로]

② 갈치의 유통경로

　ㄱ 갈치의 90% 정도가 수협의 산지위판장을 경유하고, 고등어와 비슷한 유통경로를 보이고 있다.

　ㄴ 갈치의 일부 산지에서는 대형마트와 독점적인 거래를 보이는 것이 특징이다.

　ㄷ 갈치의 경우 각 지역 간에 가장 큰 차이를 보이고 있는 것이 수송방법인데, 제주의 경우는 지역의 위치로 인해 항공수송이 주를 이루고 있다.

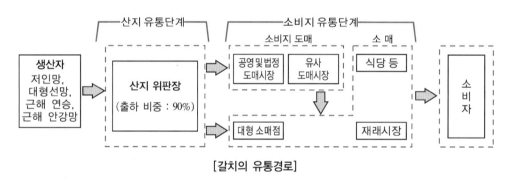

[갈치의 유통경로]

4 냉동수산물 유통구조

(1) 냉동수산물 유통경로의 특징

① 냉동수산물은 주로 원양수산물, 수입수산물에서 나타나기 때문에 시간이나 거리적인 제한으로 냉동하지 않을 수 없다.

② 냉동수산물은 양륙되거나 수입된 이후에 바로 소비되지 않고, 일단 냉동·냉장 창고(−18℃ 이하)에서 보관한다.

③ 냉동수산물은 운송과정에서 선어보다 더 낮은 온도 상태를 유지하기 위해 냉동탑차(−18℃ 이하)를 이용한다.

④ 냉동수산물을 유통하기 위해서는 냉동·냉장 창고와 냉동탑차는 필수적인 유통 수단이다.

(2) 원양 냉동수산물

① 원양수산물은 100% 냉동수산물로 우리나라의 어선이 해외에서 수산물을 어획하여 국내로 반입하는 것을 의미한다.

② 원양수산물은 수협의 산지위판장을 경유하지 않고, 원양어업회사가 일반 도매상들에게 입찰을 통해 판매한다.

③ 소비지로 유통되는 과정은 냉동 원형 상태로 판매되거나 수산가공품의 원료로 이용된다.

④ 원양수산물은 수출수산물, 국내 반입 시 원형수산물, 수산가공품의 원료 등으로 이용되기 때문에 유통경로가 다양하다.

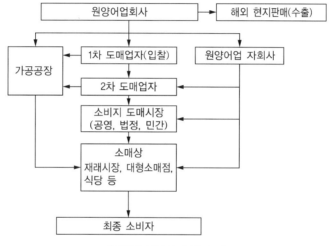

[원양수산물의 유통경로]

(3) 수입 냉동수산물

① 유통경로의 특징

ㄱ 수입 수산물은 일본, 중국 등과 같이 인접한 국가의 수산물이나 고가의 수산물을 제외하고 대부분 냉동수산물 형태로 수입된다.

ㄴ 우리나라의 산지위판장이 국내 어업인 보호 차원에서 수입수산물을 취급하지 않기 때문에 수협의 위판장을 경유하는 것과 전혀 다른 유통경로를 거친다.

② 수입 냉동수산물을 유통하기 위한 조건

ㄱ 수입 단계에서 냉동 컨테이너가 필요하다.

ㄴ 국내 반입 이후에는 일반 냉동수산물과 같이 냉동·냉장 창고와 냉동탑차를 통해 유통한다.

ㄷ 일반적으로 주요 수입항에 있는 냉동·냉장 창고들은 창고 구역 내에 보세장치장을 운영하는데, 이곳에서 통관 전의 수입 수산물을 보관한다.

② 통관을 마치면 일반적인 냉동수산물의 유통경로와 같다.

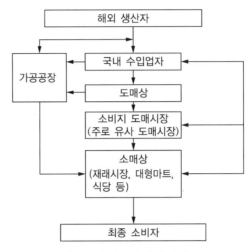

[수입 수산물의 유통경로]

※ 국산 수산물과 수입 수산물의 구별

구 분	국산 수산물	수입 수산물
형 태	선어 유통	냉동 유통
가 격	높 음	낮 음
색	자연스럽고 고유의 색	화려한 색
표 피	부드러움	거 침
육 질	탄력적	비탄력적
크 기	약간 작은 편	큰 편

(4) 주요 품목

① 원양산 냉동명태의 유통경로

ㄱ 원양산 냉동명태는 우리나라로 반입되면서 일반적인 원양산 수산물의 유통경로를 따라 유통된다.

ㄴ 원양어업자가 반입을 하면 1차 도매업자에 의한 입찰이 이루어지고, 이를 2차 도매업자에게 분산하여 소비지 도매시장이나 소매점 등으로 유통된다.

ㄷ 가공용은 가공공장을 경영하고 있는 수산 가공업자가 직접 냉동명태를 원양어업회사로부터 매입하는 경우는 드물며, 1·2차 도매업자를 통해 원료를 구입하여 가공한 후에 소매점 등을 통해 판매하게 된다.

- 노가리 : 명태의 새끼
- 생태 : 잡은 그대로의 상태인 명태
- 동태 : 겨울에 잡아 얼린 상태인 명태
- 북어 : 생태를 잡아서 건조시킨 명태
- 황태 : 눈바람을 맞으며 건조시킨 누런빛의 명태
- 코다리 : 내장을 뺀 명태를 완전히 말리지 않고 반건조한 상태의 명태
- 낚시태 : 낚시로 잡은 명태
- 추태 : 가을에 잡은 명태
- 기타 명칭 : 건태, 백태, 흑태, 강태, 망태, 조태, 왜태, 태어, 더덕북어 등

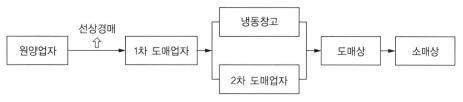

[원양산 명태의 유통경로]

㉣ 최근의 유통경로는 수입상에서부터 소비자까지 유통경로가 단순화되고 있다. 즉, 대형마트의 등장, 학교급식시장의 확대 등으로 인해 중간단계를 생략하여 수입상이 바로 중도매인, 가공업체, 유통업체, 식자재업체, 소매상과 거래를 하며, 이들 업체는 별도의 유통과정을 거치지 않고 바로 소비자와 거래한다.

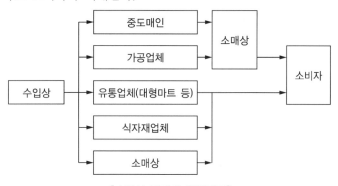

[수입산 명태의 유통경로]

② 원양산 냉동오징어 유통경로

㉠ 연근해산은 산지위판장에서 경매 후 80%가 유통 및 가공업체를 통해 판매되며, 20%는 소비지 도매시장을 통해 유통된다.

㉡ 원양산은 산지위판장을 거치지 않고 원양선사가 입찰을 통해 1차 도매업자에게 판매하고, 이를 도매업자가 분산하여 유통시킨다.

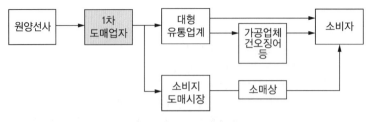

[원양산 오징어의 유통경로]

5 수산가공품 유통구조

(1) 수산가공품의 유통경로 특수성

① 수산가공품은 일반적으로 원료조달 과정에 수산물 유통의 특수성이 반영되는 대신 가공 이후의 유통 단계는 저장성이 높을수록 일반식품의 유통경로와 유사하다.

② 일반적 수산가공품의 유통경로는 조달과 판매과정으로 구분되며, 어떤 원료를 사용했는지에 따라 다양하게 나타난다.

(2) 수산가공품의 유통경로

① 국내 연근해 수산물의 경우

　　㉠ 국내 연근해 수산물을 가공원료로 이용하는 가공업자는 생산자와 직거래하여 원료를 조달하거나 산지수집상 또는 산지위판장과의 거래를 통해 원료를 조달한다.

　　㉡ 산지위판장에서는 매매참가인으로 직거래를 하거나 산지위판장의 중도매인을 통해 거래를 하게 된다.

② 원양수산물의 경우 : 원양어업회사가 가공공장을 가지고 있는 경우에는 생산에서 직접적으로 가공공장에 원료를 조달하지만, 가공공장이 독립적일 경우에는 1차 도매업자 또는 2차 도매업자로부터 원료를 구입한다.

③ 수입 수산물의 경우 : 원료를 이용하는 가공업자는 직수입을 하거나 수입업자를 통해 가공에 적합한 수산물을 조달하게 된다.

(3) 주요 품목

① 마른멸치

　　㉠ 주요 공정 : 원료 멸치의 어획 → 원료 멸치의 이송 및 세척 → 가공선에서 자숙(찌는 것) → 운반선에 옮겨 담아 육상에서 건조 → 선별 및 포장

　　㉡ 유통경로 : 생산된 마른멸치는 기선권현망 수산업협동조합에서 산지 경매를 통해 출하된다 (90% 이상).

ⓒ 종류 : 마른멸치는 크기에 따라 대멸, 중멸, 소멸, 세멸 등으로 구분한다.

② 통조림(참치캔)

　　㉠ 참치(다랑어)의 종류 : 참다랑어, 눈다랑어, 날개다랑어, 황다랑어, 가다랑어

　　　※ **참치통조림** : 황다랑어, 가다랑어를 통조림으로 가공한 것

　　㉡ 유통경로

　　　• 참치통조림의 원료로 이용되는 다랑어는 원양 어획물의 유통경로에 따라 참치캔 가공공장으로 조달된다.

　　　• 조달된 참치캔 원료는 가공공장에서 통조림으로 가공되어 주로 대형소매점, 슈퍼마켓 등으로 유통되어 소비자들이 구매한다.

　　　• 우리나라 참치통조림은 브랜드별로 자사 유통체계를 갖추고 있다는 특징이 있다.

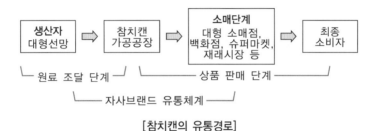

[참치캔의 유통경로]

---

03 수산물 마케팅

1 마케팅의 개념

(1) 마케팅의 의의

① 의의 : 생산자가 상품 또는 서비스를 소비자에게 유통시키는 데 관련된 모든 체계적 경영활동을 말하는 것으로 매매 자체만을 가리키는 판매보다 훨씬 넓은 의미를 지니고 있다.

② 주요 개념

　　㉠ 욕구 : 마케팅에 내재된 가장 기본적인 개념은 인간의 욕구로, 인간의 욕구는 무엇인가 결핍감을 느끼는 상태

　　㉡ 욕망 : 문화와 개성에 의해서 형성된 욕구를 충족시키기 위한 형태

　　㉢ 수요 : 욕망이 구매력을 수반할 때 수요가 됨

　　㉣ 제품 : 인간의 욕구나 욕망을 충족시켜 줄 수 있는 것

　　㉤ 교환 : 어떤 사람에게 필요한 것을 주고 그 대가로 자신이 원하는 것을 얻는 행위

　　㉥ 거래 : 두 당사자 간에 가치를 매매하는 것으로 형성

ⓢ 시장 : 어떤 제품에 대한 실제적 또는 잠재적 구매자의 집합

ⓞ 마케팅 : 인간의 욕망을 충족시킬 목적으로 이루어지는 교환을 성취하기 위해 시장에서 활동하는 것

(2) 마케팅의 기능

① **제품관계** : 신제품의 개발, 기존 제품의 개량, 새 용도의 개발, 포장·디자인의 결정, 낡은 상품의 폐지 등

② **시장거래관계** : 시장조사, 수요예측, 판매경로의 설정, 가격정책, 상품의 물리적 취급, 경쟁대책 등

③ **판매관계** : 판매원의 인사관리, 판매활동의 실시, 판매사무의 처리 등

④ **판매촉진관계** : 광고·선전, 각종 판매촉진책의 실시 등

⑤ **종합조정관계** : 이상의 각종 활동 전체에 관련된 정책·계획책정, 조직설정, 예산관리의 실시 등

(3) 마케팅개념의 변천 과정

① **생산지향적 개념**
  ㉠ 소비자들은 싸고 쉽게 구할 수 있는 제품을 선호한다고 가정한다.
  ㉡ 경영자는 생산성을 높이고 유통효율을 개선시키려는 데 초점을 두어야 한다는 관리 철학이다.

② **제품지향적 개념**
  ㉠ 소비자들은 최상의 품질을 제공하는 제품을 선호할 것이라고 가정한다.
  ㉡ 조직체는 계속적으로 제품개선에 정력을 쏟아야 한다는 관리 철학이다.

③ **판매지향적 개념** : 치열한 판매경쟁으로 기업이 충분한 판매활동과 촉진노력을 기울이지 않는다면 소비자들이 자신의 제품을 구매하지 않을 것으로 보는 개념이다.

④ **마케팅지향적 개념** : 조직의 목표를 달성하기 위해서는 표적시장의 욕구와 욕망을 파악하고 이를 경쟁자보다 효과적이고 효율적인 방법으로 충족시켜 주어야 한다고 보는 관리 철학이다.

⑤ **사회지향적 마케팅개념** : 고객만족과 기업의 이윤뿐만 아니라 장기적으로 사회 전체의 이익과 복지도 함께 고려하여야 한다는 관리 철학이다.

[마케팅개념의 변천 과정]

※ 마케팅의 종류

- 전환마케팅 : 어떤 제품이나 서비스 또는 조직을 싫어하는 사람들에게 그것을 좋아하도록 태도를 바꾸려고 노력하는 마케팅
- 자극마케팅 : 제품에 대하여 모르거나 관심을 갖고 있지 않는 경우 그 제품에 대한 욕구를 자극하려고 하는 마케팅
- 개발마케팅 : 고객의 욕구를 파악한 후 그러한 욕구를 충족시킬 수 있는 새로운 제품이나 서비스를 개발하려는 마케팅
- 재마케팅 : 한 제품이나 서비스에 대한 수요가 안정되어 있거나 감소한 경우 그 수요를 재현하려는 마케팅
- 동시마케팅 : 제품이나 서비스의 공급능력에 맞추어 수요발생 시기를 조정 또는 변경하려는 마케팅
- 유지마케팅 : 현재의 판매수준을 유지하려는 마케팅
- 디마케팅(역마케팅) : 하나의 제품이나 서비스에 대한 수요를 일시적 혹은 영구적으로 감소시키려는 마케팅
- 카운터마케팅 : 특정한 제품이나 서비스에 대한 수요나 관심을 없애려는 마케팅
- 심비오틱마케팅 : 두 개 이상의 독립된 기업들이 연구개발, 시장개척, 판매경로, 판매원관리 등을 위하여 같은 계획과 자원을 결합하여 마케팅문제를 보다 쉽게 해결하고 마케팅관리를 효율적으로 수행하기 위한 마케팅[예] 회사 간의 협력광고, 유통망의 공동이용, 공동 브랜드의 개발, 카드사와 항공사의 제휴(마일리지) 등]
- 조직마케팅(기관마케팅) : 특정 기관 또는 조직에 대하여 대중이 지니게 되는 태도나 행위를 창조·유지·변경하려는 모든 마케팅
- 인사마케팅 : 특정 인물에 대한 태도 또는 행위를 창조·유지하며 변경시키려는 모든 마케팅
- 아이디어마케팅(사회마케팅) : 사회적인 아이디어나 명분·습관 등을 목표로 하고 있는 집단들이 수용할 수 있는 프로그램을 기획·실행·통제하는 마케팅
- 서비스마케팅 : 서비스를 대상으로 하여 이루어지는 마케팅
- 국제마케팅 : 상품 수출을 중심으로 하는 수출마케팅은 물론, 외국기업에 특허권이나 상표 또는 기술적 지식 등의 사용을 허가해주는 사용허가계약으로 외국에서 자사제품의 생산판매체계를 확립하는 활동도 포함되는 마케팅
- 메가마케팅 : 전통적으로 제품, 가격, 장소(유통), 판촉 등 4P만을 마케팅의 통제 가능한 주요 마케팅 전략도구로 인식해 왔으나 영향력, 대중관계, 포장까지도 주요 마케팅 전략도구로 취급하는 경향의 마케팅
- 감성마케팅 : 소비자의 감성에 호소하는 마케팅으로 그 기준도 수시로 바뀔 수 있는 마케팅(다품종 소량생산)
- 그린마케팅 : 사회지향 마케팅의 일환으로 소비자와 사회환경 개선에 기업이 책임감을 가지고 마케팅 활동을 관리하는 마케팅
- 관계마케팅 : 기업이 고객과 접촉하는 모든 과정이 마케팅이라는 인식으로 기업과 고객과의 계속적인 관계를 중시하는 마케팅
- 터보마케팅 : 마케팅 활동에서 시간의 중요성을 인식하고 이를 경쟁자보다 효과적으로 관리함으로써 경쟁적 이점을 확보하려는 마케팅
- 데이터베이스 마케팅 : 고객에 관한 데이터베이스를 구축·활용하여 필요한 고객에게 필요한 제품을 판매하는 마케팅전략으로 '원투 원(One-to-one)마케팅'이라고도 함
- 스포츠마케팅 : 스포츠를 이용하여 제품판매의 확대를 목표로 하는 마케팅으로, 스포츠 자체의 마케팅과 스포츠를 이용한 마케팅 분야로 구분
- 전사적 마케팅 : 마케팅 활동이 판매부문에 한정되어 수행되는 것이 아니라, 기업의 모든 활동이 마케팅기능을 수행하게 된다는 통합적 마케팅과 같은 개념

- 노이즈마케팅 : 제품의 홍보를 위해 기업이 고의적으로 각종 이슈를 만들어 소비자의 호기심을 자아내는 마케팅기법으로 특히 단기간에 최대한의 인지도를 이끌어내기 위해 쓰인다. 긍정적인 내용보다는 자극적이면서 좋지 않은 내용의 구설수를 퍼뜨려 소비자들의 입에 오르내리게 하는 방식
- 블로그마케팅 : 동일한 관심사를 가지는 블로거들이 모이는 곳에 제품 등을 판매하기 위해 홍보하는 타깃마케팅으로 효과적인 방법이다. 블로그마케팅은 소비자와의 쌍방향 커뮤니케이션이 가능하며, 마케팅 공간에서 곧바로 구매가 가능하다는 점이 특징이다. 또한, 비용대비 효과가 높다는 점에서도 경제적인 마케팅채널로 떠오르고 있는 방식
- SNS마케팅 : 웹 2.0을 기초로 해서 상호작용하는 인터넷서비스인데, 이는 온라인상의 인맥을 기반으로 만들어진 커뮤니티 형태의 웹사이트를 활용하고, 기업 또는 스스로에게 필요로 하는 마케팅에 접합하여 효과를 보는 방식(예 트위터 마케팅, 페이스북 마케팅, 스마트폰 마케팅)

2 마케팅관리 과정

(1) 의 의

마케팅 환경을 분석, 이를 토대로 마케팅목표를 설정, 마케팅목표와 일치하는 표적시장을 선정, 이에 적절한 마케팅믹스를 설계하여 이를 실행하고 통제하는 일련의 활동이다.

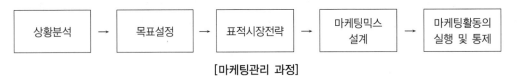

[마케팅관리 과정]

※ SWOT 분석

SWOT 분석은 강점(Strengths), 약점(Weaknesses), 기회(Opportunities), 위협(Threats)의 요인을 분석하여 평가하는 것으로, 기업은 내부환경을 분석하여 자사의 강점과 약점을 발견하고, 외부환경을 분석하여 기회와 위협을 찾아낸다.

(2) 목표설정

① 마케팅목표는 기업의 전사적 목표와 전략에 밀접하게 관련된다.

② 기업의 전략이 종종 마케팅 목표로 구체화되기도 한다.

③ 마케팅목표를 설정하는 데는 시장점유율 목표, 수익률 목표, 상표인지율 목표, 소비자와의 마케팅커뮤니케이션 목표, 소비자 이미지향상 목표 등을 구체적으로 과거와 대비하여 수치로 표시한다. 그 다음에 마케팅목표가 달성될 경우에 예상되는 이익목표를 설정한다.

(3) 표적시장전략 수립

현재 및 장래의 시장규모와 그 시장의 상이한 여러 개의 세분시장들에 대한 자세한 예측이 필요하다.

① **시장세분화** : 시장은 여러 형태의 고객, 제품 및 요구로 형성되어 있으므로 마케팅관리자는 기업의 목표를 달성하는 데 있어 어느 세분시장이 최적의 기회가 될 수 있는가를 결정하여야 한다.

② **표적시장의 선정** : 기업은 여러 세분시장에 대해 충분히 검토한 후에 하나 혹은 소수의 세분시장에 진입할 수 있으므로, 표적시장 선정은 각 세분시장의 매력도를 평가하여 진입할 하나 또는 그 이상의 세분시장을 선정하는 과정이다.

③ **시장위치 선정(포지셔닝)** : 표적소비자의 마음속에 자사의 제품이 경쟁제품과 비교하여, 명백하고 독특하며 바람직한 위치를 잡을 수 있도록 하는 활동을 말한다.

(4) 마케팅믹스 설계

시장세분화, 표적시장의 선정 및 포지셔닝이 이루어지고 나면 마케팅관리자는 마케팅믹스를 설계해야 한다.

① 마케팅믹스(Marketing Mix)

　㉠ 마케팅목표의 효과적인 달성을 위하여 마케팅활동에서 사용되는 여러 가지 방법을 전체적으로 균형이 잡히도록 조정·구성하는 활동을 말한다.

　㉡ 마케팅믹스를 보다 효과적으로 구성함으로써 소비자의 욕구나 필요를 충족시키며, 이익·매출·이미지·사회적 명성·ROI(Return On Investment : 사용자본이익률)와 같은 기업 목표를 달성할 수 있게 된다.

　㉢ 마케팅의 4요소(4P)는 제품, 가격, 판매촉진, 유통인데 이외 고객관리기법, 서비스, 영업방법, 유통경로 등의 통합을 포함하기도 한다.

　㉣ 마케팅믹스의 최대 포인트는 각각의 마케팅 요소를 잘 혼합하여 전략적 측면과 시스템적 측면까지 고려함으로써 최대한의 상승효과를 얻는 것이 중요하다.

　㉤ 마케팅믹스의 조합에 있어서 제품을 기본으로 하여 유통과 촉진을 통하여 부가적인 효용을 창출하되 제품의 효율적인 판매를 위한 지원기능을 한다.

　㉥ 마케팅믹스를 활용한 마케팅 전략의 수립과정 순서는 상황분석, 목표설정, 마케팅믹스의 조합, 마케팅 의사결정, 피드백 순으로 이루어진다.

　㉦ 마케팅 부서에 의해 통제되는 마케팅 환경요인으로는 표적시장의 선정, 소비자의 인식조사, 마케팅믹스의 구성 등이 있다.

② 마케팅믹스 전략

　㉠ 제품계획(Product Planning) : 제품, 제품의 이미지, 상표, 제품의 구색, 포장 등의 개발 및 그에 관련한 의사결정을 의미한다.

　㉡ 가격계획(Price Planning) : 상품가격의 수준 및 범위, 판매조건, 가격결정방법 등을 결정하는 것을 의미한다.

　㉢ 촉진계획(Promotion Planning) : 인적판매, 광고, 판매촉진, PR 등을 통해서 소비자들에게 제품에 대한 정보 등을 알리고 이를 구매할 수 있도록 설득하는 일에 대한 의사결정을 의미한다.

[마케팅믹스(4P)]

② 유통계획(Place Planning) : 유통경로를 설계하고 재고 및 물류관리, 소매상 및 도매상의 관리 등을 위한 계획 등을 세우는 것을 의미한다.

[마케팅활동에 있어서의 4P와 4C]

4P	4C
• 제품 : Product	• 고객가치 : Customer Value
• 가격 : Price	• 고객측 비용 : Cost to the Customer
• 유통 : Place	• 편리성 : Convenience
• 판매촉진 : Promotion	• 의사소통 : Communication

(5) 마케팅활동의 실행 및 통제

기업은 내·외부상황 분석, 마케팅목표 설정, 표적시장의 선정 및 마케팅믹스의 설계에 이르는 전 과정을 실행하며 이러한 마케팅활동의 흐름을 통제할 수 있어야 한다.

① 마케팅활동관리

　㉠ 마케팅 분석

　㉡ 마케팅계획의 수립

　㉢ 마케팅 실행

　㉣ 마케팅 통제

② 마케팅활동의 실행 및 통제의 조건

　㉠ 마케팅계획을 실행할 수 있는 마케팅조직을 설계한다.

　㉡ 마케팅관리과정의 모든 단계에서 조직 구성원의 충원 방법을 파악한다.

　㉢ 마케팅 목표가 얼마나 달성되었는가를 주기적으로 살펴본다(예 매출액 분석, 시장점유율 분석, 마케팅비용, 고객만족도 분석 등).

③ 마케팅 통제(Marketing Control)의 유형(P. Kotler)

　㉠ 연차계획 통제 : 해당 연도의 사업계획과 실적을 비교하고 필요시에 시정조치를 하는 것 → MBO(목표에 의한 관리)

　㉡ 수익성 통제 : 상품, 지역, 고객그룹, 판매경로, 주문 규모 등이 기준별로 수익성에 얼마나 기여하는가를 분석하며, 이를 근거로 제품이나 마케팅활동을 조정하는 것

　㉢ 효율성 통제 : 수익성 분석에서 기업이 제품, 지역 또는 시장과 관련하여 이익획득이 부진하다면 마케팅 중간상과 관련하여 판매원, 광고, 판매촉진 및 유통경로를 관리하는 보다 효율적인 방법을 찾아야 함

　㉣ 전략적 통제 : 마케팅기능이 제대로 잘 수행되고 있는가를 점검하는 것

3 전략적 마케팅계획

(1) 마케팅전략

① 의의 : 마케팅 목표를 달성하기 위해서 다양한 마케팅활동을 통합하는 가장 적합한 방법을 찾아 실천하는 일을 말한다.

② 전략과 전술

  ㉠ 전략은 장기적이며 전개방법이 혁신적이며 계속적 개선을 노리는 점에서 마케팅전술과 다르다.

  ㉡ 전개의 폭은 통합적이어야 하고, 반드시 모든 마케팅기능을 가장 적합하게 조정·구성하여야 한다. 이 점에서도 개별기능의 개선을 중요시하는 전술과 크게 다르다.

  ㉢ 동시에 마케팅전략은 전략 찬스를 발견하기 위한 분석, 가장 알맞은 전략의 입안, 조직 전체의 전개라는 3차원을 포함한다. 이러한 마케팅전략을 전개하려면 결국 기업의 비(非)마케팅 부문, 즉 인사·경리 등에도 많은 관련을 가지게 된다.

(2) 포트폴리오계획

포트폴리오계획 방법 중 대표적인 것은 경영자문회사인 Boston Consulting Group이 수립한 방법이다.

① BCG의 성장-점유 매트릭스 : 수직축인 시장성장률은 제품이 판매되는 시장의 연간성장률로서 시장매력척도이며, 수평축은 상대적 시장점유율로서 시장에서 기업의 강점을 측정하는 척도이다.

  ㉠ 별(Star) : 고점유율·고성장률을 보이는 전략사업단위로 그들의 급격한 성장을 유지하기 위해서 많은 투자가 필요한 전략사업단위이다.

  ㉡ 의문표(Question Mark) : 고성장·저점유율에 있는 사업단위로서 시장점유율을 증가시키거나, 성장하기 위하여 많은 자금이 소요되는 전략사업단위이다.

  ㉢ 현금젖소(Cash Cow) : 저성장·고점유율을 보이는 성공한 사업으로서 기업의 지급비용을 지불하며 또한 투자가 필요한 다른 전략사업단위 등을 지원하는 데 사용할 자금을 창출하는 전략사업단위이다.

  ㉣ 개(Dog) : 저성장·저점유율을 보이는 사업단위로서 자체를 유지하기에는 충분한 자금을 창출하지만 상당한 현금창출의 원천이 될 전망이 없는 전략사업단위이다.

② BCG 매트릭스의 전략대안

  ㉠ 육성(Build) : 이윤의 제고보다는 사업부의 시장점유율을 목적으로 하는 전략이다. Question Mark 또는 Star 사업부가 해당된다.

  ㉡ 보존(Hold) : 현시장 점유율을 유지 및 보호하는 것이다. Cash Cow 사업부가 해당된다.

  ㉢ 수확(Harvest) : 장기적인 효과보다는 현사업부의 단기적 현금 흐름을 증가시키는 데 초점을 둔다. Cash Cow, Dog, Question Mark 사업부가 해당된다.

② 철수(Dives) : 시장에서 철수 및 퇴출시키는 것이다. Dog 또는 Question Mark 사업부가 해당된다.

(3) 풀전략과 푸시전략

① 풀전략(Pull Strategy)
ㄱ 기업이 소비자를 대상으로 광고나 홍보를 하고, 소비자가 그 광고나 홍보에 반응해 소매점에 상품이나 서비스를 주문·구매하는 마케팅 전략이다.
ㄴ 광고와 홍보를 주로 사용하며, 소비자들의 브랜드 애호도가 높고, 점포에 오기 전에 미리 브랜드 선택에 대해서 관여도가 높은 상품에 적합한 전략으로 (가격)협상의 경우에 주도권은 제조업체에게 있다.

② 푸시전략(Push Strategy)
ㄱ 촉진예산을 인적 판매와 거래점 촉진에 집중 투입하여 유통경로상 다음 단계의 구성원들에게 영향을 주고자 하는 전략으로, 일종의 인적 판매 중심의 마케팅전략이다.
ㄴ 푸시전략은 소비자들의 브랜드 애호도가 낮고, 브랜드 선택이 점포 안에서 이루어지며, 동시에 충동구매가 잦은 제품의 경우에 적합한 전략이다.
ㄷ 유통업체의 마진율에 있어서도 푸시전략이 풀전략보다 상대적으로 높으며, 제조업체의 현장 마케팅 지원에 대한 요구 수준 또한 풀전략보다 상대적으로 높다.

4 마케팅조사

(1) 마케팅조사의 의의

① 마케팅조사란 상품 및 마케팅에 관련되는 문제에 관한 자료를 계통적으로 수집·기록·분석하여 과학적으로 해명하는 일을 말한다.
② 마케팅조사의 내용에는 상품조사, 판매조사, 소비자조사, 광고조사, 잠재수요자조사, 판로조사 등 각 분야가 포괄된다. 기법(技法)은 시장분석(Market Analysis), 시장실사(Marketing Survey), 시장실험(Test Marketing)의 3단계로 고찰한다.
③ 시장조사는 마케팅활동의 결과에 대한 조사에서 그치는 것이 아니라, 문제해결을 지향하는 의사 결정을 위한 기초조사이어야 한다.
④ 마케팅조사는 특수한 상황에 대해 단편적·단속적인 프로젝트 기준으로 운영된다.

(2) 마케팅조사의 절차

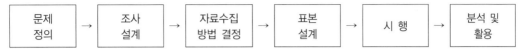

① **문제 정의** : 환경의 변화 및 기업의 마케팅 조직이나 전략의 변화로 인한 마케팅 의사결정의 문제가 발생 시 마케팅 조사가 필요해지며, 마케팅 조사문제가 정의된다.

② **조사설계** : 정의된 문제에 대해 구성된 가설을 검증하는 조사를 수행하기 위한 포괄적인 계획을 의미하는 것으로, 어떠한 조사를 시행할 것인지를 결정하는 단계이다.

③ **자료수집방법 결정** : 설정된 조사목적에 대해 우선적으로 필요한 정보는 무엇인지, 다시 말해 구체적인 정보의 형태가 결정되어야 하므로, 이 단계에서는 조사목적이 보다 더 구체적인 조사과 제로 바뀐다.

④ **표본설계** : 자료수집을 위해 조사 대상을 어떻게 선정할 것인지를 결정하는 과정이다.

⑤ **시행과 분석 및 활용**
ㄱ 수집한 자료들을 정리하고 통계분석을 위한 코딩을 한다.
ㄴ 적절한 통계분석을 실행한다.
ㄷ 정보사용자에 대한 이해 정도를 고려해서 보고서를 작성한다.

(3) 1차 자료와 2차 자료

① **1차 자료** : 현재의 특수한 목적을 위해서 수집되는 정보를 말한다.
ㄱ 장점 : 조사의 목적에 부합하는 정확도, 신뢰도, 타당성 평가가 가능하다.
ㄴ 단점 : 2차 자료에 비해 자료의 수집에 있어 비용 및 시간 등이 많이 든다.

② **2차 자료** : 다른 목적을 위해 수집된 것으로, 이미 어느 곳인가에 존재하는 정보를 말한다.
ㄱ 장점 : 1차 자료에 비해 시간 및 비용 면에서 저렴하다.
ㄴ 단점 : 자료수집의 목적이 조사목적과 일치하지 않는다.

(4) 자료의 수집방법

① **개인면접법**
ㄱ 가정이나 사무실, 거리, 상점가 등에 있는 조사대상자들의 협조를 얻어 그들과의 대화를 통해 정보를 수집하는 방법이다.
ㄴ 면접에 협조적이며, 회수율이 높고, 응답자에게 질문을 정확히 설명할 수 있다. 또한 조사자 가 응답자의 기억을 자극할 수 있다.
ㄷ 중요한 정보의 경우 면접자가 질문사실을 관찰할 수 있다는 장점이 있다.
ㄹ 단점은 비용이 많이 들며, 면접원에 대한 훈련 및 감독을 필요로 하게 되고, 전화조사법에 비해 자료의 수집기간이 길어진다.

② 우편조사법

　　㉠ 원거리조사·분산조사가 가능하고 부재 시에도 조사가 가능하다.

　　㉡ 회답자가 여유 있게 답할 수 있으며, 회답자가 익명을 사용하기 때문에 솔직한 정보수집이
　　　　가능하고, 면접자에 의한 압박이나 영향을 받지 않는다.

　　㉢ 응답자들의 협력을 얻기에는 미흡하며, 응답자들에 대한 정확한 주소록을 확보해야 하고,
　　　　무응답률이 높다는 문제점이 있다.

③ 전화조사법

　　㉠ 비용이 적게 들고, 단기간 내에 조사완료가 가능하다.

　　㉡ 개인면접 기피자도 조사할 수 있으며, 우편조사법에 비해 응답률이 높다.

　　㉢ 전화가 없는 가구는 표본에서 제외되며, 개인적 또는 민감한 사안의 질문에 대해서는 부적절
　　　　한 단점이 있다.

(5) 마케팅조사에 이용되는 척도

① **명목척도** : 서로 대립되는 범주, 이를테면 농촌형과 도시형이라는 식의 분류표지로서, 표지
　　상호간에는 수학적인 관계가 없다.

② **서열척도** : 대상을 어떤 변수에 관해 서열적으로 배열하는 경우(예컨대, 물질을 무게의 순으로
　　배열하는 등)이다.

③ **간격척도** : 크기 등의 차이를 수량적으로 비교할 수 있도록 표지가 수량화된 경우이다.

④ **비율척도** : 간격척도에 절대영점(기준점)을 고정시켜 비율을 알 수 있게 만든 척도로, 법칙을
　　수식화하고 완전한 수학적 조작을 하기 위한 척도이다.

(6) 마케팅조사방법

① 관찰조사

　　㉠ 대상이 되는 사물이나 현상을 조직적으로 파악하는 방법으로써 관찰은 자연적 관찰법
　　　　(Uncontrolled Observation)과 실험적 관찰법(Controlled Observation)으로 구분할 수 있다.

　　㉡ 자연적 관찰법은 어떠한 자극이나 조작을 가하지 않고 일상생활이나 작업 장소에서 자연적으
　　　　로 발생하는 행동 그대로를 관찰·기록하는 것이며, 실험적 관찰법(실험법)은 일상에서 일어
　　　　나지 않는 행동을 인위적으로 유발(誘發)하여 조직적·의도적으로 관찰하는 것이다.

② 질문조사

　　㉠ 조사자가 어떤 문제에 관하여 작성한 일련의 질문사항에 대하여 피조사자가 대답을 기술하도
　　　　록 한 조사방법이다.

　　㉡ 이 방법은 많은 대상을 단시간에 일제히 조사할 수 있고, 결과 또한 비교적 신속하고 기계적으
　　　　로 처리할 수 있다.

③ 실험조사 : 주제에 대하여 서로 비교가 될 집단을 선별하고 그들에게 서로 다른 자극을 제시하여 관련된 요인들을 통제한 후 집단 간의 반응의 차이를 점검함으로써 1차 자료를 수집하는 조사방법으로, 소비자 선호나 기억 정도가 가장 높은 광고 선정 시 적합한 방법이다.

④ 탐색조사 : 예비조사라고도 하며, 필요로 하는 지식의 수준이 극히 낮은 경우에 사용하는 조사방법이다. 탐색조사에 활용되는 것으로는 문헌조사, 사례조사, 전문가에 의한 의견조사 등이 있다.

⑤ 델파이법 : 전문가의 경험적 지식을 통한 문제해결 및 미래예측을 위한 기법으로 전문가합의법이라고도 한다.

> ※ **심층면접법과 표적집단면접법**
> - 심층면접법 : 조사자와 응답자 간 1:1로 질문과 응답을 통해 소매점 서비스에 대한 만족 정도, 서비스 개선사항에 대한 의견 등을 응답자로 하여금 진술하게 하는 방법
> - 표적집단면접법(초점집단면접법) : 표적시장으로 예상되는 소비자를 일정한 자격기준에 따라 6~12명 정도 선발하여 한 장소에 모이게 한 후 면접자의 진행 아래 조사목적과 관련된 토론을 함으로써 자료를 수집하는 마케팅조사기법

04 수산물 거래

1 도매시장거래와 소매시장거래

(1) 도매시장거래

① 도매시장의 의의 : 일반적으로 구체적인 시설과 제도를 갖추고 상설적인 도매거래가 이루어지는 장소(구체적 시장)

② 도매시장의 기능
- ㉠ 수산물의 수급조절기능 : 대량 집산으로 필요한 물량의 조절이 가능
- ㉡ 가격형성기능 : 균형 가격이 다른 소매시장, 산지시장 가격의 결정기준이 됨
- ㉢ 분배기능 : 도매시장에서의 신속한 분배로 소비자는 빠른 수산물 구입이 가능함
- ㉣ 유통경비의 절약 : 대량 매매로 시간과 비용을 절약
- ㉤ 위생적인 거래 가능 : 시설이 법규로 규정되고 현대화되어 안전성이 있음

③ 도매시장의 경매
- ㉠ 원칙 : 최고가격제
- ㉡ 가격을 정하는 방법 : 수지식, 전자식

④ 도매시장 거래절차

ㄱ 1단계 : 개별 또는 단체별로 도매시장에 출하

ㄴ 2단계 : 시장 내 원하는 도매시장 법인에게 송품장 전달, 판매 의뢰

※ 송품장은 생산자가 출하하는 수산물의 내용을 담은 서식이며, 도매시장에서는 법인과 관련된 서식으로 경매 및 정산 등의 기초 자료로 쓰이고 있다.

ㄷ 3단계 : 도매시장법인은 상장 수산물의 송품장을 출하주로부터 접수

ㄹ 4단계 : 도매시장법인은 송품장을 기초로 하여 판매원표를 작성(입력)

ㅁ 5단계 : 경매 우선순위에 따라 품목별, 생산자별로 하역, 진열(선별)

ㅂ 6단계 : 경매사 주관 하에 품목별로 지정된 시간에 중도매인과 매매참가인을 상대로 경매 진행

ㅅ 7단계 : 최고가격을 제시한 중도매인이나 매매참가인에게 수산물 낙찰

ㅇ 8단계 : 판매금액에서 상장수수료를 공제, 판매대금을 즉시 출하주에게 지급

ㅈ 9단계 : 출하자에게는 대금정산서(종합 계산서) 및 수탁판매정산서를 발송하고, 중도매인에게는 낙찰명세서 발송

※ 낙찰명세서는 도매시장법인 등이 중도매인에게 수산물의 경락 내용 등을 기재하여 제공하는 서식으로, 중도매인의 판매가격 산출 자료로 활용되고 있다.

※ 정산서는 도매시장법인 등이 거래 은행에게 출하자의 판매 대금을 받은 다음 출하자에게 위탁 수산물의 거래 내역 등에 대한 명세(판매내역 및 공제내용)를 알려주는 서식이다.

ㅊ 10단계 : 중도매인은 경매에 의해 구입한 수산물을 신속하게 대량 수요자나 소매상에게 판매

(2) 소매시장거래

① 소매시장의 개념

ㄱ 최종소비자를 대상으로 하여 거래가 이루어지는 시장

ㄴ 비교적 거래단위가 적다.

② 소매시장의 기능

ㄱ 대량 매입, 소량 분할로 수량 조절 기능

ㄴ 소비자에게 수요 촉진 기능

ㄷ 도매상과 소비자에게 시장조사자료 제공 기능

③ 소매거래의 방법

ㄱ 매매참가인을 통한 구매

ㄴ 중도매인을 통한 구매

ㄷ 가격결정 : 구입가격에 일정한 상업이윤과 유통비용, 손실량을 합하여 결정

④ 수산물 소매방법
　　㉠ 소매점 판매
　　㉡ 통신 판매
　　㉢ 방문 판매
　　㉣ 자동판매기 판매
　　㉤ 카탈로그 판매
　　※ **소매상의 분류**

점포 소매상	백화점	번화가나 교통의 중심지에 위치하며, 다양한 상품 판매
	쇼핑센터	여러 소매상들이 인위적으로 결합된 상점가
	슈퍼마켓	셀프 서비스(Self-Service)로 각종 생활용품을 싸게 판매
	연쇄점	중앙본부에서 공동으로 대량 매입·보관·광고를 하여 저렴한 가격으로 공급
	할인판매점	설비와 서비스를 간소화하여 정가를 할인하여 판매
	대중양판점	백화점이나 슈퍼를 혼합한 형태로 중앙본부에서 집중 매입하여 대량으로 판매 (의류나 생활용품)
	하이퍼마켓 (대형마트)	유럽에서 발달한 초대형 소매상으로 One-Stop Shopping과 셀프서비스로 판매 (식료품, 일용잡화, 내구소비재)
무점포 소매상	통신판매점	사이버 쇼핑몰, TV홈쇼핑, 텔레마케팅, 인터넷마케팅 등 통신이나 운송시설을 이용하여 판매 등
	자동판매점	자동판매기로 판매
	방문판매업	소비자를 직접 방문하여 상품정보 제공과 판매

2 선물거래

(1) 선물거래의 개념

① 선물거래란 정부에 의해 허가된 특별한 거래소에서 선물계약을 사고파는 행위를 말한다.
　　㉠ 상품거래소에서 행해지는 거래의 하나로, 매매계약은 체결되어 있으나 현물 수도(受渡)는
　　　일정 기간 뒤에 이루어지는 것이다. '실물거래(實物去來)'와 반대되는 개념이다.
　　㉡ 원래 상품거래에서 이용된 거래 방식인데, 생산자가 상품매수자를 확보하기 위하여 또는
　　　소비자가 상품을 확보하기 위하여 장래의 생산품을 거래하였다.
　　㉢ 선물시장에서는 실물을 인도하거나 인수하지 않더라도 가격이 불리하게 움직일 가능성에 대비
　　　하여 거래자가 반드시 예치해야 할 부담금이 있는데, 이를 마진(Margin)이라고 한다.
② 선물계약이란, 거래 당사자가 특정한 상품을 미래의 일정한 시점에 미리 정해진 가격으로 인도·
　　인수할 것을 현시점에서 표준화한 계약조건에 따라 약정하는 계약을 말한다.
③ **선물거래소** : 선물거래가 이루어지는 공인된 장소

(2) 선물거래의 기능

① 위험전가기능

② 가격예시기능, 가격변동에 대한 예비기능

③ 재고의 배분기능

④ 자본의 형성기능

(3) 선도거래와 선물거래의 차이

① 선도거래 : 매입자와 매도자 당사자 간에 미래에 일정한 상품을 인도·인수해야 할 계약을 미리 체결하는 것이다.

② 선물거래

    ㉠ 미래의 가격을 미리 확정해서 계약만 체결하고, 그때 가서 돈을 주고 물건을 인도받는 거래 이다.

    ㉡ 선물거래는 거래소 이외의 장소에서 미래의 일정한 시점에 상품을 인도·인수하기로 하는 개인 간의 사적거래인 선도거래와는 구분되는 개념이다.

    ㉢ 선도계약상의 문제를 해결하기 위해 선도거래의 발전된 형태로 거래소라는 한정된 장소에서 다수의 거래자가 모여 표준화된 상품을 거래소가 정한 규정과 절차에 따라서 거래하고, 거래 의 이행을 거래소가 보증하는 것을 선물거래라고 한다.

③ 선물거래와 선도거래의 차이점

구 분	선물거래	선도거래
거래조건	거래방법 및 계약단위, 만기일, 품질 등이 모두 표준화되어 있음	거래방법 및 계약단위, 만기일, 품질 등에 제한이 없으며, 매매 당사자 간의 합의에 따름
거래장소	선물거래소라는 공인된 물리적 장소에서 공개적으로 거래가 이루어짐	일정한 장소 없이 전화를 통해 당사자들 간에 직접적으로 거래가 이루어짐
신용위험	청산소가 계약이행을 보증해 주므로 신용상의 위험이 전혀 없음	계약이행의 신용도는 전적으로 매매쌍방에 의존하므로 신용상의 위험 상존
가격형성	경쟁호가방식	거래 쌍방 간 협상으로 형성됨
증거금	모든 거래참가자는 개시증거금과 유지증거금, 추가증거금을 납부함	• 거래별로 신용한도 설정 • 은행 간 거래는 증거금이 없고 은행이 아닌 고객의 경우 필요에 따라 증거금이 요구될 수 있음
손익정산	가격정산은 청산소를 통해 매일매일 이루어짐	선도거래손익에 대해서는 계약 종료일에 정산됨
중도청산	거래체결 후 시황변동에 따라 자유로이 반대거래를 통한 청산이 가능함	거래체결 후 반대거래를 통한 청산이 제한적임

구 분	선물거래	선도거래
실물인수도	대부분의 계약은 만기일 이전에 반대매매(상쇄거래)에 의한 차액정산으로 계약이 종료되고, 지극히 일부분(2% 미만)의 계약만이 만기일에 실물인수도가 이루어짐으로써 계약이 종료됨	계약의 대부분이 실제로 실물인수도가 이루어짐
이행보증	청산소가 보증	당사자 간의 신용도
가격변동	1일 변동폭 제한	변동폭 없음

(4) 수산물 선물거래

① 선물거래가 가능한 수산물

   ㉠ 연간 절대 거래량이 많고 생산 및 수요의 잠재력이 큰 품목으로 시장규모가 있을 것

   ㉡ 장기 저장성이 있는 품목(품질의 동질성 유지가 가능한 품목)

   ㉢ 계절, 연도 및 지역별 가격 진폭이 큰 품목이거나 연중 가격 정보의 제공이 가능한 품목

   ㉣ 대량생산자, 대량수요자와 전문취급상이 많은 품목

   ㉤ 표준규격화가 쉽고, 등급이 단순한 품목과 품위 측정의 객관성이 높은 품목

   ㉥ 정부시책 등으로 생산·가격·유통에 대한 정부의 통제가 없는 품목

구 분	조 건
시장규모	• 연간 절대거래량이 많은 품목 • 생산 및 수요잠재력이 큰 품목
저장성	• 장기 저장성이 있는 품목 • 저장기준 중 품질의 동질성 유지가 가능한 품목
가격진폭	• 계절, 연도 및 지역별 가격 진폭이 큰 품목 • 연중 가격 정보 제공이 가능한 품목
헤징(연계매매)의 수요	• 대량생산자가 많은 품목 • 대량수요자와 전문취급상이 많은 품목 • 선도거래가 선행되지 않은 품목
표준규격	• 표준규격화가 용이하고 등급이 단순한 품목 • 품위 측정의 객관성이 높은 품목
정부시책	생산, 가격, 유통에 대한 정보의 통제가 없는 품목

② 수산물 선물거래의 발전방안

   ㉠ 수산물 표준화·등급화의 선행

   ㉡ 수산물의 저장·보관시설 구비

   ㉢ 선물거래에 대한 교육과 홍보 및 인식의 제고

   ㉣ 전문 인력의 육성

   ㉤ 정부의 적극적인 지원

   ㉥ 한국 선물거래소의 역할이 끊임없이 이루어져야 함

3 산지직거래

(1) 산지직거래의 의의와 기능

① 의 의
  ㉠ 시장을 거치지 않고 생산자와 소비자 또는 생산자 단체와 소비자 단체가 직접 연결된 형태이다.
  ㉡ 도매시장을 거치지 않기 때문에 생산자가 받는 가격을 높일 수 있고 소비자가 지출하는 가격을 낮춤으로써 생산자와 소비자 모두에게 이익을 줄 수 있다.

② 기 능
  ㉠ 시장의 기능을 수직적으로 통합하여 시장활동
  ㉡ 유통비용의 절감
  ㉢ 산지직거래가격은 도매시장에서 형성된 가격에도 영향을 받음

(2) 산지직거래의 유형과 거래방법

① 주말 어민시장
  ㉠ 도시소비자가 쉽게 찾을 수 있는 광장이나 공터를 이용하여 생산자가 소비자에게 수산물을 직접 판매함으로써 유통비용을 줄일 수 있다.
  ㉡ 생산자와 소비자 상호 간의 이해할 수 있는 장을 마련하는 데 목적이 있다.
  ㉢ 지방자치단체와 수산업협동조합이 개설하고 있으나 주로 수산업협동조합이 주관하고 있다.

② 수산물 직판장 : 생산자와 소비자의 직거래로 유통단계를 축소함으로써 생산자·소비자 모두에게 수산업유통을 합리화하는 데 목적이 있다.

③ 수산물 물류센터
  ㉠ 집하된 수산물을 대도시의 슈퍼마켓이나 대량 수요처에 직접 공급해 주는 조직이다.
  ㉡ 유통단계를 축소할 수 있다.
  ㉢ 신선한 수산물을 수요처에 공급할 수 있다.
  ㉣ 수요처의 입장에서는 필요한 수산물을 체계적으로 공급받을 수 있는 장점이 있다.

④ 수산업협동조합의 산지직거래
  ㉠ 도시의 수산업협동조합이 필요한 수산물을 산지 수산업협동조합에 신청하면 산지 수산업협동조합은 주문한 수산물을 조합원을 통해 수집하여 도시의 수산업협동조합에 보내는 방식이다.
  ㉡ 거래 품목은 연중 계속하여 공급할 수 있는 수산물과 계절상품 등이 있다.

⑤ 우편주문판매제도 : 각 지방에서 생산되고 있는 특산품과 전매품 등을 기존 우편망을 통해 소비자에게 직접 공급해주는 통신서비스의 일종이다.

4 공동판매와 계산제

(1) 수산업협동조합의 유통

① 의의 : 수산업협동조합이나 그 밖의 조직을 통해서 수산물을 공동으로 판매하는 것
② 필요성
  ㉠ 유통마진의 절감 : 생산자가 유통 부분을 수직적으로 통합함으로써 수송비와 거래비용을 절감
  ㉡ 독점화 : 수산업협동조합을 통해서 시장교섭력을 제고
  ㉢ 초과이윤 억제 : 수산업협동조합이 유통사업에 참여함으로써 민간 유통업자의 시장지배력을 견제할 수 있음
  ㉣ 시장확보와 위험분산 : 어업 생산자의 경영다각화를 위하여 가격안정화를 유도하고 안정적인 시장을 확보
  ㉤ 수산업협동조합 임직원의 전문적인 지식과 능력에 의한 효과 배가
  ㉥ 수산물 출하 시기의 조절이 용이

(2) 공동판매의 의의

① 수산물은 어느 품목이든지 영세한 어가에 의해 생산되는 특징이 있으므로 단독으로 판매하면 불리한 입장에 서는 경우가 많다.
② 현재 수산물의 공동판매는 어가의 공동조직인 수산업협동조합(수협)에 판매를 위탁하는 방법에 의존하는 경우가 많다. 그에 따라 판매 규모가 확대되면 판매에 필요한 모든 경비가 저렴해지는 효과를 기대할 수 있으며, 사는 쪽에 대한 거래력을 강화하는 효과도 기대된다.

(3) 공동판매의 유형

① 수송의 공동화 : 수송의 공동화란 생산한 수산물의 규모가 작거나 거래의 교섭력을 높이기 위해서 여러 어가가 생산한 수산물을 한데 모아서 공동으로 수송하는 것을 말한다. 공동수송이 필요한 경우는 다음과 같다.
  ㉠ 생산된 수산물이 적은 경우
  ㉡ 가격위험 등을 분산하기 위한 경우
  ㉢ 가격변동이 심한 상품의 경우
② 선별·등급화·포장 및 저장의 공동화
  ㉠ 생산물의 규격 통일, 표준화 : 생산물의 신용을 높이고 상품의 가치를 높이기 위해
  ㉡ 포장과 선별 : 상품성을 높이고 출하시기를 조절하여 높은 가격을 받기 위해
  ㉢ 공동투자 : 전문적인 인력과 시설 및 장비 도입을 위해

③ 시장대책을 위한 공동화

　㉠ 시장개척을 위한 공동화 : 공동조직을 통해 새로운 시장을 개척하며, 필요시 공동으로 광고 및 홍보 등

　㉡ 판매조직을 위한 공동화 : 출장소 설치나 전문인 채용에 의한 공동경비 부담과 공동판매 실시 등

　㉢ 수급조절의 효율 향상을 위한 공동화 : 효율적인 수급조절은 통신망 구축과 올바른 수급 예측작업으로 이루어짐

(4) 공동판매의 원칙

① 무조건 위탁 : 생산물을 공동조직에 위탁할 경우 조건을 붙이지 않고 일체를 위임하는 방식으로 공동조직과 구성원 간의 절대적 신뢰를 전제로 하여야 한다.

② 평균판매 : 수산물의 출하기를 조절하거나 수송·보관·저장방법의 개선을 통하여 수산물을 계획적으로 판매함으로써 어업인이 수취가격을 평준화하는 방식으로 수산물의 평준화나 균등화를 통한 전국적인 통일이 전제되어야 한다.

③ 공동계산제 : 다수의 개별 어가가 생산한 수산물을 출하주별로 구분하는 것이 아니라 각 어가의 상품을 혼합하여 등급별로 구분하고 관리·판매하여 그 등급에 따라 비용과 대금을 평균하여 어가에 정산해 주는 방법이다.

※ 공동계산제의 장단점

장 점	• 개별 어가의 위험을 분산시킬 수 있다. • 대량 거래가 유리하고, 출하 조절이 용이하다. • 상품성 제고 및 도매시장 경매제도를 정착시킬 수 있다. • 수산물 판매 전문인력을 활용하여 전략적 마케팅을 구사함으로써 판로 확대, 생산자 수취가격을 제고시킬 수 있다. • 공동으로 출하함으로써 거래교섭력이 증대된다. • 판매와 수송, 노동력 등에서 규모의 경제를 실현할 수 있다.
단 점	• 공동정산 주기에 따라 자금수요 충족에 일시적인 곤란이 생길 수도 있다. • 갑작스런 시장변화에 즉각적으로 대응할 수 없다.

(5) 공동판매의 발전방향

① 수산물의 고급화 등에 대한 제품의 계획수립이 필요하다.

② 어업인이 적정한 가격을 받을 수 있도록 생산조절 계획을 세우고, 과잉 수산물의 경우에는 광고를 통해 수요창출에 대한 노력을 해야 한다.

③ 새로운 유통경로를 개척과 물적 유통수단의 개발 및 시설투자를 통한 수산물의 상품성 제고, 위험회피를 위한 노력 등을 해야 한다.

④ 조합의 구성원과 조직 간의 긴밀한 협조관계로 조합의 자본금을 늘릴 수 있도록 해야 한다.

> ※ **계통판매**
>
> 어민이 협동조합의 계통조직을 통해 생산한 수산물을 출하·판매하는 일이다. 수산물의 경우 어민이 수협·수협공판장·슈퍼마켓 등의 유통과정을 거쳐 출하하는 것을 말한다. 계통출하의 종류는 어민의 위탁을 받아 수협 계통이 판매하는 수탁판매, 정부 위촉 사업으로 하는 위촉판매, 계통조직이 소비자에 알선하는 알선판매 등이 있다. 수산물의 계통출하는 중간 유통마진을 최소화할 수 있으므로 어민과 소비자 모두에게 유리하며, 생산자 입장에서는 판매비용과 위험부담 모두를 줄일 수 있는 이점이 있다.

5 수산물 전자상거래

(1) 전자상거래의 개념

전자상거래란 기업과 기업 간 또는 기업과 개인 간, 정부와 개인 간, 기업과 정부 간, 기업 자체 내, 개인 상호 간에 다양한 전자매체를 이용하여 상품이나 용역을 교환하는 방식을 말한다.

[전자상거래 유형에 따른 분류]

구 분	거래 참여 주체	예
B2B	기업과 기업	e-마켓 플레이스, 기업의 소모성 물품 구입
B2C	기업과 소비자	인터넷 쇼핑몰, 인터넷 뱅킹, 증권사이트 등
B2G	기업과 정부	조달청, 국방부 등의 정부조달 및 무역자동화 사업 등
C2G	소비자와 정부	각종 민원서류 발급, 세금 부과 및 납부 등
C2B	소비자와 기업	역경매 사이트
C2C	소비자와 소비자	옥션, 벼룩시장 등
O2O	온라인과 오프라인	오프라인 매장에서 상품을 구경한 후 똑같은 제품을 온라인에서 더 저렴하게 구매, 온라인이나 모바일에서 먼저 결제 후 오프라인 매장에서 실제 물건이나 서비스를 받는 방식

(2) 수산물 전자상거래

① 수산물 전자상거래의 개념

　㉠ 정의 : 수산물을 조직(기업, 공공 및 국가기관)과 소비자 간 또는 조직과 조직 간에 상품유통 관련 정보의 배포, 수집, 협상, 주문, 납품, 대금지불 및 자금이체 등 모든 상거래 절차를 전자화된 정보로 전달하는 거래로 온라인 상거래로 정의할 수 있다.

　㉡ 유통경로 : 수산물 전자상거래는 기존의 유통경로인 '생산자 → 산지도매상 → 도매시장 → 소매상 → 소비자'에서 '생산자 → 산지도매상 → 도매시장 → 쇼핑몰 → 소비자'로 변화시켜 쇼핑몰이 소매상의 기능을 수행하고 있다.

© 수산물 전자상거래의 운영절차 : 고객이 전자게시판을 통해 상품에 대한 정보를 수집하여 신용카드나 전자화폐, 포인트, 계좌이체 등을 이용하여 전자결제를 하면 우편 또는 산지직송을 통해 상품을 수령한다(예 국내산 수산물 전문쇼핑몰 www.fishsale.co.kr).

② 수산물 전자상거래의 판매 유형

㉠ 취급상품의 범위에 따른 분류

종합쇼핑몰	여러 분야의 상품을 동시에 취급
전문쇼핑몰	단일 전문 분야 상품을 취급

㉡ 쇼핑몰 운영에 따른 분류 : 상품을 어떻게 매입하고, 판매, 배송, 사후서비스를 수행하는가에 따른 분류

유통형	직매입이나 특정 매입 형태로 상품을 매입하여 판매하고, 소비자에게 배송과 사후서비스까지 책임지는 판매 유형
중개형	상품을 매입하지 않고 단순히 중개기능만 담당하고, 판매된 상품에 대한 일정액의 수수료나 임대료를 받으며 배송과 사후서비스를 거래처에게 책임지게 하는 판매유형
직판형	상품을 생산한 제조업체나 어민 등이 직접 운영하는 판매 유형

[수산물 전자상거래의 판매유형 분류]

구 분	운영 방식	책임 범위		
		품질보증	대금결제	배 송
유통형	종합유통형	직 접	직 접	직 접
	전문유통형	직 접	직 접	직 접
중개형	종합중개형	간 접	직 접	직접·간접
	전문중개형	간 접	직 접	간 접
직판형	전문직판형	직 접	직 접	직 접

③ 수산물 전자상거래의 장애 요인

㉠ 수산물의 상품적 특성 때문에 공산품 전자상거래에 비해 활성화되지 못하고 있다.

㉡ 수산물은 공산품과 비교해 상품의 표준화 및 규격화가 어렵다.

㉢ 생산 및 공급이 불안정하며, 짧은 유통기간으로 인하여 반품처리가 어렵다.

[수산물과 공산품의 상품 성격 차이]

수산물	공산품
• 표준화체계가 미비하다.	• 표준화체계가 구축되었다.
• 반품처리가 어렵다.	• 반품처리가 쉽다.
• 생산 및 공급이 불안정하다.	• 생산 및 공급이 안정적이다.
• 가격 대비 운송비가 높다.	• 가격 대비 운송비가 낮다.
• 유통기간이 짧다.	• 유통기간이 길다.

④ 수산물 전자상거래를 위한 인프라 구축 방안

　㉠ B2B 위주의 e-marketplace 설립하여 불필요한 유통단계와 거래비용을 줄이고 재고관리에 필요한 시간적, 공간적 비용을 대폭 절감시킨다.

　㉡ 반품이나 손해배상 등의 문제들을 효율적인 물류체계 및 공동물류체계를 구축하여 제도적 기반을 마련하는 것이 중요하다.

　㉢ 전자상거래를 활성화시킬 수 있는 전문인력의 양성이 필요하다.

　㉣ 인터넷을 통한 전자상거래는 신속하고 저렴하게 수집, 가공, 공급할 수 있으므로 이에 대해 정확한 통계의 정비와 정보관리시스템의 구축이 필요하다.

　㉤ 수산물 유통에 이용되는 문서를 표준화하여 효율적이고 신속한 유통이 될 수 있도록 해야 한다.

05 수산물 유통기술

1 저온유통체계 및 설비

(1) 저온유통체계(Cold Chain)

① 변패하기 쉬운 식품은 '생산자 → 유통 과정 → 소비자'의 전 과정을 냉동 또는 냉장된 상태로 유지할 필요가 있다. 이러한 연결을 저온유통체계 또는 콜드체인(Cold Chain)이라 한다.

② 저온유통시스템이란 어획 또는 양식, 채취한 수산물을 소비자가 구매하는 단계에 이르기까지 전 유통 과정에서 선도유지를 위해 적절한 저온을 일관되게 유지·관리하는 유통시스템이다.

③ 저온유통을 구성하는 것은 생산지나 출하지의 예랭, 동결 및 냉장시설, 중계지 및 소비지의 냉동 창고, 소매점의 저온 쇼케이스, 가정용 냉장고, 그리고 수송 및 배송 설비이다.

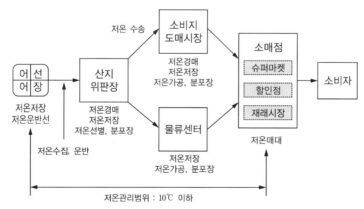

[수산물(신선·냉장) 저온유통시스템의 기본모형]

〈자료 출처 : 수산물 저온유통시스템의 실태와 개선방안(2008), 한국해양수산개발원〉

(2) 저온유통시스템의 도입 필요성

① 신선하고 품질 좋은 수산물을 안정적으로 공급할 수 있게 됨에 따라 소비자의 만족도가 증대된다.

② 품질이 안정적으로 유지되므로 출하조절을 통한 가격안정을 도모할 수 있다.

③ 생산, 유통 및 소비의 전 단계에서 변질, 부패에 의한 감모량을 최소화함으로써 유통비용을 절감시켜 주고, 감모량 감소분만큼의 수산물의 공급증대 효과를 기대할 수 있다.

④ 식품의 불가식 부분을 미리 제거하여 유통시킴으로써 수송비용을 절감할 수 있다.

⑤ 저온유통체계가 정비되면 생선식품을 계획적으로 생산하게 되고, 따라서 생산비와 출하 경비가 절감된다.

⑥ 소비단계에서는 각 소비자가 생선식품을 일괄하여 구입하려는 경향이 생겨 구입에 대한 노력이 경감된다.

⑦ 포장규격화를 촉진하게 되고, 이것은 상품 및 등급규격화로 이어져 전자상거래를 확산시킬 수 있다.

⑧ 시장개방화에 대비하여 수입 수산물에 대한 품질경쟁력 향상을 위한 차별화 수단으로 활용할 수 있다.

(3) 저온유통시스템의 관련 기술

① 저온유통시스템에 활용되는 기술은 주기술과 보조기술로 구분할 수 있다.

② 주기술이란 산지예랭, 저온포장, 저온수송과 배송, 저온보관 및 저장, 저온판매시설과 관련되는 기술이다.

③ 보조기술이란 전처리기술, 포장, 선도유지기술, 표면살균 및 안전성 관련 기술, 집출하, 선별, 규격, 표준화, 정보, 환경 등이 포함된다.

※ 콜드체인 시스템 도입과 관련된 주요기술

주요기술	세부기술
예랭기술	강제통풍, 차입통풍, 진공예랭, 냉수예랭, 얼음예랭
저장, 보관	• 온도제어저장(저온저장, 방온저장, 냉동저장) • 온습도제어 · 관리기술 • 가스제어저장(CA저장, 감압저장, MAP)
수송, 배송	• 수송 · 배송기자재(보랭 · 단열컨테이너, 항공수송용 단열컨테이너, 축랭 · 단열재 등) • 물류관련 표준화(팰릿화) • 수송자재(포장골판지, 기능성포장재, 완충자재) • 고도유통시스템(유통 · 배송센터) • 고속대량수송기술(항공시스템, 철도수송시스템)

주요기술	세부기술
포장, 보존, 보장	• 가스치환포장, 진공포장, 무균충전포장 • 냉동식품(포장자재, 동결, 저장, 해동) • 기능성포장재(항균, 흡수폴리머, 가스투과성, 단열성) • 품질유지제 봉입(탈산소제, 에틸렌흡수·발생제)
집·출하, 선별·검사	• 비파괴 검사(근적외법, 역학적, 방사선, 전자기학) • 센서기술(바이오센서, 칩, 디바이스), 선도, 숙도판정
규격, 표시, 정보처리	• 청과물 출하규격, KS규격 • 식품첨가물·원자재 표시 등 • 정보, 멀티미디어

※ 비고 : 우리나라의 식품공전에는 식품별 기준 및 규격으로 보관 또는 저장온도를 어류는 5℃ 이하, 냉동연육은 −18℃ 이하로 단순하게 규정하고 있으며, 어종이나 육질의 차이에 따라 온도관리 기준을 구별하여 규정하고 있지 않다.

(4) 저온유통설비

① 냉동차 : 저온수송에 사용되는 차량은 냉각장치의 유무에 따라 보랭차와 냉동차로 분류하고, 보랭차는 드라이아이스식 및 얼음식이 있고, 냉동차는 기계식, 냉동판식 및 액체 질소식이 있다.

ⓒ 드라이아이스식

• 승화열(승화온도 : −78.5℃)을 이용하여 고내를 냉각하는 방법으로, 드라이아이스식은 1kg당 약 153kcal의 냉각력이 있다.

• −20℃로 유지되는 동결식품의 수송 및 배송도 가능하지만, 냉장하여 운반하는 식품에는 직접 접촉하지 않도록 해야 하며, 청과물 등의 호흡작용을 저해하지 않도록 주의해야 한다.

ⓒ 얼음식 : 융해열을 이용하여 내부를 냉각시키는 방법으로, 1kg당 약 80kcal의 냉각효과가 있지만, 0℃ 이하의 온도로 유지하는 것은 불가능하다.

ⓒ 기계식

• 현재 사용되고 있는 냉동차 중에서 대표적이며, 냉동 차체 내에 냉동기의 증발기 부분이 있다.

• 압축기 구동 방식에 따라 보조엔진식과 주엔진식이 있다.

보조엔진식	• 구동 전용 엔진을 장비한 것을 부엔진(Sub Engine)식 또는 전용 엔진식이라 부른다. • 엔진식은 대형차에 사용된다.
주엔진식	• 냉동장치에서 차의 엔진으로 압축기를 구동하는 것을 주엔진(Main Engine)식 또는 직결식이라 한다. • 압축기 구동 전용 엔진이 필요 없기 때문에 소형·경량이며, 가격도 저렴하다. • 수송거리가 짧은 중·소형차에 많이 사용되고 운송경비가 싸다. • 차의 속도에 따라 엔진의 회전속도가 다르기 때문에 냉동능력이 변동하는 결점이 있다.

- 냉동장치 자체의 형태에 따라 일체형과 분리형이 있다.

일체형	장착 및 보수가 쉽기 때문에 수출용 냉동트럭은 대부분 이 형식이다.
분리형	차체의 하부에 콘덴싱 유닛(Condensing Unit)을 장치한 것으로, 기계 부품이 노면에 노출되어 있기 때문에 노면의 상태에 따라 파손의 우려가 있다.

   ② 액체질소식
- 액체질소의 기화잠열과 기화한 질소가 소정의 고내 온도까지 상승하는 데 필요한 열량으로 고내를 냉각하는 방법이다.
- 이 방식의 특징은 비점이 −196℃라는 액체질소를 사용하기 때문에 급속냉각이 가능하고, 소음이 없으며 구조가 단순하여 고장이 적다.
- 유지비가 비싸며, 쉽게 액체질소를 얻을 수 없는 결점이 있다.

   ⑩ 냉동판식
- 금속용기에 축랭제를 충전하고, 여기에 냉매배관을 통하여 냉각시킨 후 냉각된 축랭재의 융해잠열 및 감열로 고내를 냉각하는 것이다.
- 취급이 간단하고 고장이 적으며, 유지비도 저렴하다.
- 냉동판의 중량 때문에 화물 적재량이 감소하며, 또 사용 온도범위도 다양하지 못하기 때문에 화물 배송용에만 사용된다.

② 쇼케이스
   ㉠ 쇼케이스란 콜드체인시스템 영역에서 최종소비자를 상대로 하는 상품의 진열 판매를 목적으로 저장하기 위한 냉장 또는 냉동장치를 말한다.

    ※ **콜드체인시스템(Cold Chain System)**
    수산물을 수확 후 선별·포장하여 예랭하고, 저온 저장하거나 냉장차로 저온 수송함으로써 신선한 상태로 소비자에게 공급하는 유통체계시스템이다.

   ㉡ 쇼케이스는 용도별로 냉장용(0~10℃)과 냉동용(−18℃)이 있다.
- 냉장용 : 보존요구 온도대가 0~10℃ 정도인 식품을 보관하는 쇼케이스이며 냉장음료용, 냉장식품용, 야채보관용, 생선보관용, 우유 등 일배품 보관용 등의 제품이 있으며, 우리나라에서는 김치보관용도 포함될 수 있다.
- 냉동용 : 보존 온도대가 −18℃ 이하의 냉동식품을 보관하는 쇼케이스이며 아이스크림 보관용, 냉동가공식품 보관용 및 −40℃ 이하의 초저온용, 급속냉동용 등의 제품으로 구분할 수 있다.

   ㉢ 쇼케이스는 형태별로 오픈형, 세미 오픈형 및 클로즈드형 쇼케이스가 있다.
- 오픈형 쇼케이스 : 문이 없이 내부가 오픈된 쇼케이스로 식품을 냉동·냉장하기 위한 기능과 함께 냉장된 식품을 전시하여, 고객이 직접 식품을 만져보고 골라서 살 수 있는 것으로 외기의 유입은 에어커튼을 이용하여 막으며, 가장 많이 사용되고 있다.

※ 오픈형 쇼케이스에는 케이스 내 또는 별도로 멀리 떨어진 곳에 콘덴싱 유닛이 설치되어 케이스 내부에 있는 증발기와 함께 냉동 사이클을 형성하여 냉매가스를 순환시키는 원리이며, 증발기 팬은 냉각기인 증발기로부터 생성된 찬 공기를 순환시키고 이 찬 공기가 장치를 통해 에어커튼을 형성, 외부공기를 차단함으로써 상품을 보랭하게 된다.

- 세미 오픈형 쇼케이스 : 오픈형과 유사하나 윗면에 유리문을 붙인 것으로, 통상은 문을 닫은 상태이다. 따라서 고객이 물건을 고를 때만 열려 있는 상태가 되므로 고내 온도 보존이 오픈형보다 용이하다.
- 클로즈드형 쇼케이스 : 쇼케이스에 유리문을 부착한 것으로, 고객이 문을 열고 손을 넣어서 상품을 직접 꺼내므로 온도 보존 정도가 좋아서 진열을 위한 상품에 효과적이다.

③ 냉동 컨테이너

ⓐ 냉동화물 및 과실·야채 등 보랭을 필요로 하는 화물을 수송하기 위해 냉동기를 부착한 컨테이너이다.

ⓑ +26℃에서 −28℃ 사이까지 임의로 온도를 조절할 수 있고, 또 전 수송 과정을 통해 냉동기를 가동하여 지정온도를 유지할 수 있도록 설계되어 있다.

ⓒ 컨테이너에 설치된 냉동기는 냉동 사이클(Cycle) 즉, '압축 → 응축 → 팽창 → 증발'을 반복하여 컨테이너의 화물을 적정온도로 유지시킬 수 있다.

2 저온 유통과 식품의 품질

(1) 품질유지를 위한 시간−온도 허용한도(Time−Temperature Tolerance, TTT)

① 동결식품의 상품가치를 갖게 하려면 허용(Tolerance)되는 경과시간(Time)과 그동안 유지되는 품온(Temperature)의 관계를 숫자적으로 처리하는 방법이 TTT 개념이다.

② 저장기간과 품온 사이에서 식품별로 상호 허용성이 존재하는 관계를 숫자적으로 처리하는 방법이 TTT 개념으로, 이것은 냉동 상태에서 식품을 저장하는 경우에 품질저하량을 알 수 있는 유력한 방법이다.

③ 냉장품은 품온이 저온에 가까우면 가까울수록 또 냉동품은 품온이 낮으면 낮을수록 최초의 품질을 보존하는 기간이 길어진다.

④ 동결식품의 유통과정 중 수송이나 냉장 등에 필요한 온도조건 설정을 위한 지침이다.

⑤ 품질이 우수한 동결식품의 유통 시 조건 개선이 필요한 자료를 얻고자 하는 경우 사용된다.

※ **품온** : 식품의 온도, 즉 동결식품의 경우 상품의 가치를 평가할 때 중요한 요소

※ **품질유지기간** : 상품가치에 영향을 미치는 색, 육질, 맛 등을 일수 경과에 따라 각 품온별로 비교하고, 그 종합결과를 기초로 상품가치를 상실했다고 판정되는 시점까지 소요된 일수

※ **냉동식품의 품질** : 냉동식품의 품질을 말할 때 최초의 품질에 영향을 주는 것은 원료(Product), 냉동과 그 전후처리(Processing) 및 포장(Package), 즉 PPP 조건이며, 최종품질은 이것 외에 TTT 개념에 기초한 품온 및 저장기간의 영향이 크다.

(2) TTT 계산

① 품질유지 특성 곡선으로부터 각 품온에서의 1일당 품질변화량을 구할 수 있다.

② 품질유지 특성 곡선은 식품을 여러 가지 온도에 냉동하여 관능검사에 의해 품질을 유지할 수 있는 일수를 결정하여 품온과의 관계를 표시한 것이다.

③ 유통 과정의 어느 시점에서 그 동결 식품의 실용 저장 가능 기간과 그 시점까지 소비된 품질 저하율은 어느 정도인가를 계산으로 알 수 있다.

④ TTT값 1은 관능검사에 의하여 처음으로 품질저하가 인정되었을 때의 변화량을 의미하는 것이고, 이것을 그때까지 소요된 일수로 나눈 값이 그 품온에 있어서의 1일당 품질변화량이 된다.

⑤ 각종 온도에서 1일 저장한 경우의 품질 저하율은 다음 식으로 계산할 수 있다.

> 품질 저하율(%/일) = 100 / 실용 저장 기간(일수)

⑥ 유통 중 TTT값 계산

　㉠ 먼저 각 온도에서 1일 품질 변화량을 산출한다.

　㉡ 각 온도에서 저장일수와 1일 품질변화량을 곱하여 저장 품질 변화량을 산출한다.

　㉢ 각 온도에서 산출한 저장 품질변화량을 모두 합하여 전 온도에서 저장 품질변화량, 즉 TTT값을 산출한다.

　㉣ TTT값의 계산치가 1.0 이하이면 동결식품의 품질은 양호하며, 그 값이 1.0 이상일수록 품질의 저하는 크다.

　※ **저온 유통의 각 단계에서 품질저하의 계산 예**

　저온 유통 단계별로 온도별 저장기간(T–T)이 다음 표와 같은 경우에는 하루당 품질 저하율에 저장기간을 곱하면 그 단계에서 품질 저하율이 구해진다.

저온 유통의 단계	평균품온 (℃)	저장기간 (일)	PSL (일 수)	PSL의 저하율 (1일당 %)	PSL의 저하율 (각 단계당 %)
저온 유통 단계	−23	80	950	0.105*	8.4**
생산지에서 도매상으로 수송	−20	2	660	0.152	0.3
도매상에서 동결 저장	−22	300	800	0.125	37.5
도매상에서 소매상으로 수송	−18	1	550	0.182	0.2
소매상에서 동결 저장	−20	60	660	0.152	9.1
판매점에 진열	−12	6	85	1.176	7.1
판매점에서 소비자에 배송	−8	1	55	1.818	1.8
소비자 냉장고	−18	10	550	0.182	1.8
460일간 PSL의 저하율					65.0

　* 100 / 950 = 0.105
　** 0.105 × 80 = 8.4

(3) 품질저하의 누적

① 일반적으로 온도별 저장기간(T-T경력)의 영향에 의한 품질의 저하는 생산에서 소비까지의 각 단계를 통하여 누적적으로 증가한다.

② 각 단계의 순서가 바뀌어도 누적된 합계 값의 크기에는 변화가 없다. 즉, 식품을 처음 -20℃에서 6개월간, 다음에 -10℃에서 3개월간 저장한 경우와 처음 -10℃에서 3개월간, 다음에 -20℃에서 6개월간 저장한 경우는 품질저하의 정도에는 차이가 없다.

> ※ 수산물 이력제
> • 개념 : 이력추적관리란 농수산물의 안전성 등에 문제가 발생할 경우 해당 농수산물을 추적하여 원인을 규명하고 필요한 조치를 할 수 있도록 농수산물의 생산 단계부터 판매 단계까지 각 단계별로 정보를 기록·관리하는 것을 말한다.
> • 등록 : 국립수산물품질관리원 혹은 한국해양수산개발원에 등록 신청을 하고, 이력정보를 전산 등록한다.
> • 조회 : 대상 수산물은 상품의 겉포장에 13자리 이력번호가 부여되는데, 수산물 이력제에 접속하여 번호를 입력하면 조회가 된다.

---

06 수산물 유통정보관리

1 수산물 유통정보의 개념

(1) 수산물 유통정보의 개념

① 유통정보
  ㉠ 유통에 관련된 사람들, 즉 생산자, 유통업자, 소비자 등의 시장활동 참가자들이 보다 유리한 거래조건을 확보하기 위해 여러 가지 의사결정을 할 때 필요한 각종 자료와 지식을 의미한다.
  ㉡ 유통에 관련된 정책입안자, 연구자 등이 필요한 정책이나 연구를 수행할 때 요구되는 각종 자료와 지식도 포함된다. 여기서 각종 자료와 지식이란 유통과정을 보다 효율적이고 경제적으로 수행하기 위하여 필요한 제반 정보로서 생산동향, 유통가격, 유통량, 소비관련 자료 등이 포함된다.

② 수산물 유통정보
  ㉠ 수산물의 유통에 관련된 정보를 의미한다.
  ㉡ 수산물을 생산하는 사람과 소비하는 사람 외에 수산물 유통에 관계하는 모든 사람은 유통활동에 관련된 정보를 수집·분석하여 의사결정에 활용하고 있다.
  ㉢ 수산물 유통정보는 정보를 이용하는 사람에 따라 필요한 사항이 다르기 때문에 요구하는 정보가 서로 다를 수 있다.

ⓡ 수산물 유통정보에는 시장의 각종 품목별 출하량, 거래가격, 공급과 수요, 시장환경의 변화, 재고변동, 가격동향 및 전망, 수입 수산물의 국내반입량 등이 포함된다.

(2) 수산물 유통정보의 기능

수산물 유통정보는 생산자, 유통업자, 소비자, 정책입안자, 연구자들에게 수산물 유통과 관련한 합리적인 의사결정을 하도록 도와준다.

① **생산자** : 무엇을, 언제, 얼마만큼 생산하여 어디에 출하하면 보다 많은 매출을 올리고 이윤을 얻을 수 있는지 알려준다.

② **유통업자** : 보다 유리한 조건으로 상품을 구입·판매할 수 있는 시장을 발견하는 데 도움을 준다.

③ **정책입안자** : 수산물 유통과 관련한 정책입안에 필요한 자료를 제공해준다.

④ **소비자** : 보다 낮은 가격으로 품질 좋은 상품을 구입할 수 있는 시장을 발견하도록 도움을 준다.

(3) 수산물 유통정보의 분류

수산물 유통정보는 내용의 특성에 따라 통계정보, 관측정보, 시장정보의 세 가지로 구분할 수 있다.

① **통계정보** : 일정한 목적으로 사회·경제적 집단의 사실을 조사·관찰했을 때 얻을 수 있는 계량적 자료

② **관측정보** : 어민의 생산, 판매 등의 계획수립과 정책 입안 및 수산물의 구매 등을 위해 과거와 현재의 어업관련 정보를 수집하여 정리하고 이를 과학적으로 분석·예측한 정보

③ **시장정보** : 현재의 가격수준 및 가격형성에 끼치는 여러 요인에 관한 정보

(4) 수산물 유통정보의 중요성

① 수산물 유통정보는 시장에서 공정거래를 촉진함으로써 어업인의 불이익을 감소시켜 주며 수산물 상품의 특성에 따른 거래의 불확실성과 위험비용을 감소시켜 준다.

② 거래자 간의 상품이용 및 거래시간을 감소시키고, 시장참가자들 간에 지속적인 경쟁을 유발시켜 유통비용을 줄여 준다.

③ 시세 및 출하물량에 대한 정보 제공으로 출하처 선택에 도움을 준다.

④ 수산물 유통정보의 요건으로 적시성, 신속성, 정확성, 적절성, 정보의 통합성이 요구된다.

> ※ **수산종합포털시스템**
> 수산물 유통정보를 수집·통합하여 이용자에게 양질의 정보를 신속히 제공하고, 투명한 유통정보의 제공으로 수산물 가격 안정 및 수급 조절을 위한 정책 수립 자료를 제공한다.

2 수산물 유통정보의 수집체계와 현황

(1) 수산물 유통정보 수집체계의 필요성

수산물 유통정책에 대한 효율적인 의사결정과 어업인에 대한 유용한 유통정보의 제공 및 수산업계의 경쟁력 강화를 위해서 수산물 유통정보를 신속히 수집·분석·제공해 주는 종합적이고 체계적인 시스템을 구축하는 것이 필요하다.

(2) 산지유통정보

수산물 산지에서 생산되는 유통정보는 어법, 지역, 계통출하와 비계통출하, 품종, 활어·선어·냉동·사료용·원료용 등의 생산형태 및 이용배분, 출하지 등을 기준으로 수량, 금액, 가격에 대한 자료를 수집하여야 한다.

① 어업생산통계(통계청)

  ㉠ 목적 : 어업생산통계조사는 수산물의 업종별 및 어종별 생산량과 생산금액을 파악하여 수산물생산, 어업경영 및 수산물유통개선 등 수산정책수립과 수산관련 연구를 위한 기초자료를 제공하는 데 있다.

  ㉡ 어업별 조사체계

   • 일반해면어업 ┬ 계통조사(전국 지역수협의 위판장과 공판장)
   • 천해양식어업 ┘└ 비계통 조회 ┬ 표본조사
                                └ 전수조사

   • 내수면어업 ┬ 어로어업 : 표본조사
              └ 양식어업 : 전수조사

   • 원양어업(원양어업협회 보고)

  ㉢ 일반해면어업(연근해수산물)

   • 수협의 산지 위판장을 경유하는 계통 출하 수산물에 대해 수협의 매매기록장을 통해서 각종 어종, 수량, 단가, 금액, 공제액을 전수조사한다.

[계통출하 집계과정]

- 수협의 산지 위판장을 경유하지 않고 일반 수집상 등을 통해 거래되는 비계통출하는 표본조사를 통해 어업, 어종, 어획량, 금액 등을 조사한다.

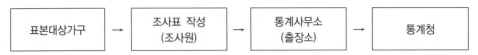

[비계통출하 집계과정]

ⓔ 원양어업 : 원양어업의 생산통계는 원양선사가 원양산업협회로 회사명, 선명, 어선번호, 어선규모(톤), 어선마력, 선원 수, 생산해역, 양륙기지, 어종, 어획량, 판매단가 등을 보고하면 통계청을 통해 집계한다.

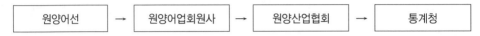

[원양어업의 생산통계 집계과정]

ⓜ 천해양식어업
- 양식어업의 생산통계는 비계통을 대상으로 하며, 전수조사한다.
- 조사내용은 어업, 어종, 치어 입식시기, 입식량, 출하량, 판매액, 판매단가 등이다.

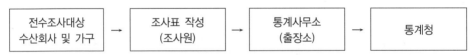

[천해양식어업의 생산통계 집계과정]

ⓗ 내수면어업
- 어로어업과 양식어업으로 구분한다.
- 표본조사를 통해 어종, 어획량, 출하량, 판매액, 1일 최고・최저・평균 어획량, 치어입식시기, 입식량 등을 조사한다.

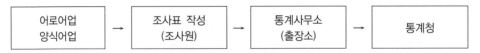

[내수면어업의 생산통계 집계과정]

② 계통판매고
　ⓐ 계통판매고는 매월 통계청이 공포하는 어업 생산고 자료 중에서 산지의 수협 위판장을 통해 조사된 계통판매 자료만을 추출하여 제공하고 있는 정부승인 통계자료이다.
　ⓑ 일반적으로 어업생산통계와 같은 구분법을 가지고 있지만 수협이라는 특성을 반영하여 수협의 각 조합별 수산물 계통판매고(생산량과 생산금액)를 제공하고 있다.

③ 수산물 가공업통계
  ㉠ 목적 : 수산물 가공업통계는 수산물 가공제품 생산실태를 파악하여 수산정책 수립의 기초자료로 활용할 목적으로 작성된 통계이다.
  ㉡ 작성대상 : 수산물을 직접원료 또는 재료로 가공하고 있는 모든 사업체
  ㉢ 작성방법 및 체계
    • 작성방법 : 업체로부터 보고방식으로 진행
    • 작성체계 : 사업체 → 시·군·구 → 시·도 → 통계청
  ㉣ 작성내용
    • 연근해수산물과 원양수산물을 이용한 수산가공품의 생산량과 생산금액, 주요 품종별 원료 사용량 등을 조사한다.
    • 구체적인 조사 내용은 수산물 가공품 102종을 대상으로 생산량, 생산금액, kg당 가격, 원료량 등이며 전국을 대상으로 수행한다.

④ 기타 산지 정보
  ㉠ 정부 승인 통계 자료 이외에 수산물 유통의 산지 정보를 알 수 있는 방법에는 산지 수협 위판장들이 개별적으로 제공하는 정보나 부산공동어시장이 일일 양륙거래량과 거래가격 등을 제시하는 정보를 이용한다.
  ㉡ 이들 자료들은 정부승인 통계조사에 비해 지역적이고 국한적인 내용이기 때문에 이를 대상으로 일반적인 현상을 설명하는 정보로 활용하는 데는 문제가 있다.

    ※ 부산공동어시장
      • 개요 : 우리나라 수산업의 중심지인 부산 남항에 위치하고 있으며, 전국어선어업 생산량의 30% 이상을 판매하는 국내 최대 규모의 어시장으로 수산물유통의 중추적인 역할을 담당하고 있다. 부산 공동어시장은 5개의 수산업협동조합이 공동으로 운영하고 있다.
      • 설립근거 : 수산업협동조합법 제60조 제7항
      • 기능 : 수산물 위탁판매사업, 이용가공사업(냉동·냉장·제빙), 생산어업인 및 종사자의 복리증진사업, 정부업무의 대행 및 보조사업, 회원의 이익도모를 위한 부대사업, 기타(어선급수사업, 주차관리사업)

⑤ 수산물 수출입 통계
  ㉠ 수산정보포털(http://www.fips.go.kr)에서 제공
  ㉡ 품목별 수출입 현황, 품종별 수출입 현황, 연도별·국가별 수출입 현황, 제품별 HS 품목별 실적, HS 품목별 국가별 실적 등의 기준으로 수산물 수출입의 수량과 금액 정보를 제공

[수산물 수출입 정보 내용]

업무구분	수행기관	내용
수출통관/ 수입통관	수출상/ 수입상	물품을 수출 또는 수입하고자 하는 경우 관세청에서 정한 수입/수출 신고서에 기재사항을 기재한 후 신고 시 제출서류를 첨부하여 세관에 제출
검사 및 심사	관세청	물품의 신고내용 및 법률적 요건을 심사하며, 검사대상으로 선정된 물품은 세관공무원이 수입물품에 대한 검사 및 심사를 한 후 신고수리를 함
수출입 통계정보	통상무역 협력관	관세청에서 연계된 수출입정보를 토대로 수산관련 통계정보를 생성하여 현황정보 제공

(3) 소비지 유통정보

① 의의 : 소비지 유통정보는 수산물을 최종적으로 소비하는 소비자들의 정보를 담고 있기 때문에 국가의 물가정책, 수산물 유통 참가자들에게는 매우 중요한 정보가 된다.

② 유통가격 정보조사

　㉠ 조사기관 : 한국농수산식품유통공사, 수산업협동조합중앙회

　㉡ 목적 : 농수축산물에 대한 유통가격정보를 정확하게 조사·수집하여 정보수요자(생산자, 소비자, 유통업자, 관계기관 등)에게 신속히 제공함으로써 시장 출하 및 매매에 관한 의사결정을 돕고, 건전한 유통질서를 확립하여 원활한 수급조절을 유도하는 동시에 실효성 있는 가격안정대책추진을 위한 정책자료를 제공한다.

　㉢ 조사 근거 : 농수축산물 유통정보조사 지침(농림축산식품부 훈령 제378호)

　㉣ 조사대상품목(수산물)

도매가격 (13품목 : 17품종)	고등어(생선, 냉동, 수입냉동), 갈치(생선, 냉동), 명태(냉동), 삼치(냉동), 북어(황태), 물오징어(생선, 냉동), 건멸치, 건오징어, 김(마른김), 건미역, 굴, 전복, 새우(수입흰다리냉동)
소매가격 (16품목 : 22품종)	고등어(국산[생선, 냉동, 염장], 수입냉동), 꽁치(수입냉동), 갈치(생선, 냉동), 명태(냉동), 물오징어(생선, 냉동), 건멸치, 건오징어, 김(마른김, 얼구운김), 건미역, 굴, 새우젓, 멸치액젓, 굵은소금, 조기(수입부세), 전복, 새우(수입흰다리냉동)

※ **수산물 유통정보의 이용**
- KAMIS 농수산물 유통정보(http://www.kamis.or.kr)
- 통계청 홈페이지(http://www.kostat.go.kr)
- 수협중앙회의 수산물 온라인도매시장(http://www.shb2b.co.kr)
- 한국농수산식품유통공사 홈페이지(http://www.at.or.kr)
- 부산국제수산물유통시설관리사업소 홈페이지(http://fishmarket.busan.go.kr)

※ **우리나라 표준형 상품코드의 구성**
- 국가 코드(3자리) : 국가를 식별하는 코드로 우리나라의 경우 '880'을 사용
- 제조업체 코드(4자리) : 제조원 또는 판매원에 부여하는 코드로 각 업체를 식별하는 코드
- 상품품목 코드(5자리) : 제조업체 코드를 부여받은 업체에서 자사의 상품별로 식별하여 부여하는 코드
- 검증 코드(1자리) : 바코드의 오류를 검증하는 코드로 앞의 숫자를 조합하여 나오는 코드

CHAPTER 03 적중예상문제

01 수확에서부터 소비자에게 전달되기까지 모든 과정을 저온 상태로 유지·관리하는 유통시스템은 무엇인가?

정답 콜드체인시스템(Cold Chain System, 저온유통시스템)

풀이 **콜드체인시스템(Cold Chain System)**
농수산물을 수확 후 선별·포장하여 예랭하고, 저온 저장하거나 냉장차로 저온 수송함으로써 농수산물을 생산 또는 수확 직후의 신선한 상태 그대로 소비자에게 공급하는 유통체계로 신선도유지, 출하조절, 안전성확보 등을 위한 시스템이다.

02 연근해에서 어획된 수산물의 유통경로이다. 괄호 안에 맞게 쓰시오.

> 생산자 → (   ) → 수산물 소비지 도매시장 → 도매상 → 소매상 → 소비자

정답 수산업협동조합의 산지위판장

풀이 연근해에서 어획된 수산물은 '생산자 → 수산업협동조합의 산지위판장 → 수산물 소비지 도매시장 → 도매상 → 소매상 → 소비자'의 유통경로를 거친다.

03 수산물 유통의 특성에 해당하는 내용을 모두 찾아 그 번호를 쓰시오.

① 생산물의 규격화, 등급화   ② 가격의 변동성(비탄력성)
③ 수산물의 비균질성   ④ 수산물 구매의 소량 분산성
⑤ 유통경로의 다양성

정답 ②, ③, ④, ⑤

풀이 • 수산물은 중량이나 크기, 모양이 균일하지 않기 때문에 규격화, 등급화가 어렵다.
• 수산물은 생산계획을 수립하는 시점과 수확하여 판매하는 시점 간에 상당한 시차가 있어 공급조절이 어렵고 생산량(공급)에 따라 가격변동이 심하다(비탄력적). 또한 수산물은 가격이 등락하더라도 소비량에 큰 변화를 가져오지 않는 특성이 있다.

04 수산물 유통활동 중 물적 유통활동에 속하는 것을 [보기]에서 모두 찾아 쓰시오.

| 보기 |

① 소유권이전활동   ② 운송활동
③ 보관활동   ④ 하역활동
⑤ 판매활동

정답 ②, ③, ④

풀이 **수산물의 유통활동**
• 상적 유통활동 : 소유권이전활동(구매기능과 판매기능)
• 물적 유통활동 : 운송활동, 보관활동, 가공활동, 정보전달활동
• 유통조성기능 : 표준화 · 등급화, 유통금융, 위험부담, 시장정보기능

05 수산물 유통기능 중 시간적 효용을 창출하는 기능은?

정답 저장기능

풀이 수산물의 저장기능은 수산물 공급이 자연적 조건에 의한 계절적인 제약을 받으므로 공급의 연간 균등화를 위하여 조절하여야 하는 기능으로 시간적 효용을 창출한다.
※ **물적 유통기능과 효용**
• 거래기능 : 소유효용
• 수송기능 : 장소효용
• 저장기능 : 시간효용
• 가공기능 : 형태효용

06 수산물 상업기관을 3가지 이상 쓰시오.

> **정답** 상인, 소매상, 도매상, 수산업협동조합의 직판장

> **풀이** 상업기관은 간접적 유통에서 반드시 필요한 유통기관으로 상인, 소매상, 도매상, 수산업협동조합의 직판장, 수산물도매시장 등이 해당된다.

07 도매상은 생산자 및 소매상을 위한 기능을 동시에 수행한다. 다음 [보기] 중 생산자를 위한 기능을 모두 찾아 쓰시오.

┤보기├
재고유지기능, 구색제공기능, 주문처리기능, 시장정보제공기능, 신용 및 금융기능

> **정답** 재고유지기능, 주문처리기능, 시장정보제공기능

> **풀이** **도매상의 기능**
> • 생산자를 위한 기능 : 시장확대기능, 재고유지기능, 주문처리기능, 시장정보제공기능
> • 소매상을 위한 기능 : 구색제공기능, 소량분할기능, 신용 및 금융기능, 소매상 서비스기능, 기술 지원기능

08 무점포 소매상의 종류를 3가지 이상 쓰시오.

> **정답** 통신판매, TV홈쇼핑, 텔레마케팅, 인터넷 마케팅

> **풀이** 무점포 소매상에는 자동판매기, 방문판매, 통신판매, TV홈쇼핑, 다단계 마케팅, 텔레마케팅, 인터넷 마케팅 등의 유형이 있다.

09 수협이 운영하는 수산물 도매시장에는 위판장과 공판장이 있다. [보기]의 내용이 맞으면 ○, 틀리면 × 하시오.

┌보기┐
① 위판장은 소비지 시장의 역할을 한다.   (   )
② 공판장은 대도시의 수산물 유통을 담당하는 기능을 한다.   (   )
③ 공판장은 보통 수산업협동조합에서 개설하여 운영한다.   (   )
④ 위판장은 어획물의 양육과 1차적인 가격 형성이 이루어진다.   (   )
⑤ 위판장은 배분기능을 가진 사업장이다.   (   )
└──────┘

정답 ① ×, ② ○, ③ ○, ④ ○, ⑤ ○

풀이 위판장과 공판장
• 위판장 : 수협이 개설·운영하는 산지시장(어항)으로 어획물 양육, 1차 가격형성, 배분기능을 지닌 사업장이다.
• 공판장 : 수협이 개설·운영하는 대도시의 소비지 시장으로 판매기능 담당 사업장이다.

10 도매시장 개설자로부터 지정을 받고 농수산물을 위탁받아 상장하여 도매하거나 이를 매수하여 도매하는 유통기구는 무엇인가?

정답 도매시장법인(공판장)

풀이 도매시장법인
수산물도매시장의 개설자로부터 지정을 받고 수산물을 위탁받아 상장(上場)하여 도매하거나 이를 매수(買受)하여 도매하는 법인(도매시장법인의 지정을 받은 것으로 보는 공공출자법인을 포함한다)을 말한다.

11 수산물도매시장·수산물공판장 또는 민영수산물도매시장의 개설자의 허가 또는 지정을 받아 상장된 수산물을 매수하여 도매하거나 매매를 중개하는 영업을 하는 자는?

정답 중도매인

풀이 **중도매인**
수산물도매시장·수산물공판장 또는 민영수산물도매시장의 개설자의 허가 또는 지정을 받아 다음의 영업을 하는 자를 말한다.
- 수산물도매시장·수산물공판장 또는 민영수산물도매시장에 상장된 수산물을 매수하여 도매하거나 매매를 중개하는 영업
- 수산물도매시장·수산물공판장 또는 민영수산물도매시장의 개설자로부터 허가를 받은 비상장(非上場) 수산물을 매수 또는 위탁받아 도매하거나 매매를 중개하는 영업
 ※ **경매사** : 도매시장법인의 임명을 받거나 수산물공판장·민영수산물도매시장 개설자의 임명을 받아 상장된 수산물의 가격 평가 및 경락자 결정 등의 업무를 수행하는 자를 말한다.

12 도매시장 개설자에게 신고하고 경매에 참여하여 상장된 수산물을 직접 매수하는 가공업자, 소매업자, 소비자단체 등의 유통주체는?

정답 매매참가인

풀이 **매매참가인(농수산물유통 및 가격안정에 관한 법률 제2조 제10호)**
농수산물도매시장·농수산물공판장 또는 민영농수산물도매시장의 개설자에게 신고를 하고, 농수산물도매시장·농수산물공판장 또는 민영농수산물도매시장에 상장된 농수산물을 직접 매수하는 자로서 중도매인이 아닌 가공업자·소매업자·수출업자 및 소비자단체 등 농수산물의 수요자를 말한다.

13 수산물 도매시장 유통주체를 [보기]에서 모두 찾아 쓰시오.

┤보기├
① 시장도매인 ② 도매물류센터
③ 중도매인   ④ 도매시장법인

정답 ①, ③, ④

풀이 **도매시장 유통주체** : 도매시장법인, 중도매인, 시장도매인, 매매참가인, 산지유통인

14 수산물 도매시장 유통주체와 기능에 대한 설명으로 맞으면 ○, 틀리면 × 하시오.

① 중도매인 : 경매를 통해 가격을 결정한다.	( )
② 도매시장법인 : 수집상으로부터 출하받은 상품을 상장하여 매매한다.	( )
③ 시장도매인 : 시장 밖의 실수요자에게 판매한다.	( )
④ 매매참가인 : 산지개발기능의 역할을 수행한다.	( )

정답 ① ○, ② ○, ③ ○, ④ ×

풀이 ④ 산지유통인의 기능이다.

15 다음 괄호 안에 알맞은 말을 쓰시오.

(①)은 수산물도매시장 또는 민영수산물도매시장의 개설자로부터 지정을 받고 수산물을 매수 또는 위탁받아 도매하거나 매매를 중개하는 영업을 하는 법인이다. 기본적으로 산지나 생산자로부터 수산물을 구입한 다음 판매하여 그 차액을 이윤으로 획득할 수 있는 (②) 상인이면서 타인의 수산물을 위탁받아 판매를 대행하는 (③) 상인이다. 위탁수수료의 최고한도는 수산부류의 경우 거래금액의 (④)이다.

정답 ① 시장도매인, ② 매매차익, ③ 수수료, ④ 1천분의 60

16 수산물 유통경로의 길이를 결정하는 요인을 모두 찾아 쓰시오.

• 부패성	• 동질성	• 수요특성
• 수송 거리	• 신상품	

정답 부패성, 동질성, 수요특성, 신상품

풀이 유통경로의 길이를 결정하는 요인은 제품특성(상품 부피와 무게, 부패성, 단위당 가치, 표준화 정도, 기술적 수준, 신상품 등), 수요특성, 공급특성, 유통비용구조 등이며, 중간상이 많으면 단계가 길어진다.

17 수협 위탁 유통경로이다. [보기]의 괄호 안에 알맞은 말을 순서대로 쓰시오.

> ┤보기├
> 생산자 – 산지도매시장 – (①) – 소비지 수협공판장 – (②) – 도매상 – 소매상 – 소비자

정답 ① 산지중도매인, ② 소비지중도매인

풀이

생산자 → 산지도매시장(산지수협위판장) → 산지중도매인 → 소비지수협공판장 → 소비지중도매인 → 도매상 → 소매상 → 소비자

- 생산자가 수협에 수산물의 판매를 위탁하고, 수협의 책임하에 공동판매하는 형태이다.
- 판매활동이 수협에 전적으로 위임되기 때문에 판매에 대한 모든 책임은 조합이 담당한다.
- 생산자는 판매에 대한 위험성은 작고 판매대금을 신속하게 지불받을 수 있지만, 생산자가 가격 결정에 직접 참여하지 못한다.

18 다음 괄호 안에 알맞은 말을 쓰시오.

> (①)는 출하자(또는 중도매인)가 일정한 가격을 제시하면 도매시장법인이 거래상대방인 중도매인(또는 출하자)과의 거래를 성사시켜 판매하는 방법이고, (②)는 도매시장법인이 출하자와 중도매인 간 의견을 조정하여 거래가격과 물량을 정하는 방법이다.

정답 ① 정가매매, ② 수의매매

풀이 정가매매·수의매매는 경매·입찰과 같은 도매시장 거래방식의 일종으로 도매시장법인의 중개로 출하자와 중도매인이 거래물량·가격을 사전에 합의하여 단기적인 가격진폭을 완화할 수 있는 방법이다.

19 다수의 판매자와 다수의 구매자가 일정한 장소에서 판매해야 할 물품의 가격을 공개적으로 결정하는 방법을 무엇이라고 하는가?

정답 경 매

풀이 경매는 공정한 거래와 투명한 가격결정을 목적으로 하며, 경매를 통해 판매자(어업인)와 구매자(유통업자) 사이의 불공정한 거래를 개선할 수 있다.

20 경매사가 물건을 팔기 위하여 중도매인에게 낮은 가격으로부터 시작하여 높은 가격을 불러 최고가격을 신청한 사람에게 낙찰시키는 경매 방식은?

정답 영국식 경매 방법

풀이 **경매 방식**
- 영국식 경매 방법 : 상향식 경매라고도 하며, 이는 낮은 가격으로부터 시작해서 높은 가격을 불러 최고가격을 신청한 사람에게 낙찰시키는 방식이다.
- 네덜란드식 경매 방법 : 하향식 경매 방법라고도 하며, 높은 가격으로부터 시작해서 낮은 가격을 불러 최고가격을 신청한 사람에게 낙찰시키는 방식이다.
- 한일식 경매(동시호가 경매) 방법 : 기본적으로 영국식 경매와 같은 상향식 경매이지만, 영국식과 달리 경매참가자들이 경쟁적으로 가격을 높게 제시하고, 경매사는 그들이 제시한 가격을 공표하면서 경매를 진행시키는 방식이다.

21 우리나라 도매시장의 가격은 경매를 통하여 결정되는데, 경매가격 제시는 어떤 가격으로 형성되는가?

> **정답** 최고가격제

> **풀이** 우리나라의 경매가격 제시는 최고가격제, 즉 중도매인들이 가장 낮은 가격으로부터 점차 높은 가격을 제시하면 경매사는 그중 가장 높은 가격을 부르는 중도매인에게 낙찰한다.

22 수산물 유통비용과 가격에 관한 설명이다. 괄호 안에 맞는 말을 차례대로 쓰시오.

> 1. 유통비용은 유통마진 중 (①)을 제외한 부분으로 유통비용이 증가하면 일반적으로 소비자가격은 상승한다.
> 2. 유통비용 변화에 따른 가격 변화폭은 (②)의 이동 폭에 따라 결정된다.
> 3. 유통비용 변화분은 소비자가격과 생산자가격의 (③)을 합한 것이다.

> **정답** ① 상업이윤, ② 공급곡선, ③ 변화폭

23 다음은 유통마진의 측정에 관한 공식이다. 괄호 안에 맞는 말을 차례대로 쓰시오.

> ① (   ) = 소비자 구입가격 − 생산자 수취가격
> ② (   ) = 유통비용 + 상업이윤(유통종사자 이윤)
> ③ (   ) = [(소비자 구입가격 − 생산자 수취가격) / 소비자 구입가격] × 100
> ④ 유통마진율 = (총마진 / 소비자가격) × 100

> **정답** ① 유통마진액, ② 유통마진, ③ 유통마진율

24 다음은 유통마진의 측정에 관한 공식이다. 괄호 안에 맞는 말을 차례대로 쓰시오.

> ① (   ) = [(판매가격 − 구입가격) / 판매가격] × 100
> ② 소매 마진 = 소매가격 − (   )
> ③ (   ) = [(소비자 구입가격 − 생산자 수취가격) / 소비자 구입가격] × 100
> ④ 유통마진액 = 소비자 구입가격 − 생산자 수취가격

정답 ① 마진율, ② 중도매가격, ③ 유통마진율

25 유통비용은 직접비용과 간접비용으로 구분할 수 있는데, 다음 [보기]에서 직접비용에 속하는 항목을 모두 찾아 쓰시오.

┤ 보기 ├─────────────────────────────
수송비, 포장비, 통신비, 저장비, 가공비, 자본이자

정답 수송비, 포장비, 저장비, 가공비

풀이 유통비용
- 직접비용 : 직접비용은 수송비, 포장비, 하역비, 저장비, 가공비 등과 같이 직접적으로 유통을 하는데 지불되는 비용이다.
- 간접비용 : 간접비용은 점포임대료, 자본이자, 통신비, 제세공과금 등과 같이 수산물 유통을 하는데 간접적으로 투입되는 비용이다.

26 활어의 상품가치를 결정하는 요인 3가지를 쓰시오.

정답 ① 성장환경, ② 품종, ③ 시기

풀이 상품으로서 활어는 성장환경, 품종, 시기 등에 따라 같은 수산물이라도 상품적 가치가 달라진다.

27 해양수산부가 발표한 수산물 유통구조 개선 종합대책의 유통단계이다. 괄호 안에 맞는 단계를 쓰시오.

생산자 → 산지거점유통센터(FPC) → (   ) → 분산도매물류 → 소비자

정답 소비지분산물류센터

풀이 해양수산부는 현재 '생산자 → 산지위판장 → 산지중도매인 → 소비지 도매시장 → 소비지 중도매인 → 소매상 → 소비자' 등 6단계의 연근해산 수산물 유통구조를 '생산자 → 산지거점유통센터(FPC) → 소비지분산 물류센터 → 분산도매물류 → 소비자'의 4단계로 줄였다.

28 꽃게의 암수 구별법에서 암꽃게의 특징을 [보기]에서 모두 찾아 쓰시오.

┌─|보기|─────────────────────────────────
│ ① 배딱지가 뾰족하다.
│ ② 흉갑이 볼록하면서 둥글다.
│ ③ 집게발이 상대적으로 날씬하다.
│ ④ 집게발이 뭉뚝하다.
└──────────────────────────────────────

정답 ②, ④

풀이 암꽃게는 배딱지가 둥그스름하며, 흉갑이 볼록하면서 둥글다. 또한 집게발이 상대적으로 뭉뚝하다.

29 고등어의 구별 방법 중 국산 참고등어의 특징을 [보기]에서 모두 찾아 쓰시오.

┤보기├
① 배가 하얗다.
② 눈이 몸체에 비해 약간 큰 편이다.
③ 배에 수많은 검은 반점이 있다.
④ 중간을 가로지르는 부분이 약간 초록·노란 빛깔을 띤다.

정답 ①, ②, ④

풀이 고등어의 종류 및 구별 방법

종 류	구별 방법
참고등어(국산)	• 배가 하야면서 뽀얗고, 눈이 몸체에 비해 약간 큰 편이다. • 등의 푸른 줄무늬와 하얀 배의 중간을 가로지르는 부분이 약간 초록 및 노란 빛깔을 띤다.
망치고등어(수입산)	• 배에 수많은 검은 반점이 있다. • 일반 참고등어보다 약간 맛도 덜하고, 가격도 싸다.
대서양 고등어 (노르웨이산)	• 망치고등어와 달리 배에 검은 반점들이 없다. • 눈도 훨씬 작고, 등에 줄무늬도 훨씬 진하다.

30 갈치의 구별 방법 중 국산 갈치의 특징을 [보기]에서 모두 찾아 쓰시오.

┤보기├
① 몸은 은백색으로 은빛 광택이 난다.
② 눈동자는 검고, 눈 주위가 백색이다.
③ 대부분 냉동 상태로 유통된다.
④ 실꼬리는 가늘고 길다.

정답 ①, ②, ④

풀이 국내산 갈치의 경우 대부분이 수협의 산지위판장을 경유하고, 선어로 유통된다.
※ 갈치의 구별 방법

국내산	수입산(러시아산)
• 몸은 은백색으로 은빛 광택이 난다. • 눈동자는 검고, 눈 주위가 백색이다. • 실꼬리는 가늘고 길다.	• 국내산과 비슷하나 비늘의 손상이 다소 있다. • 눈동자가 검고 눈 주위가 유백색이다. • 대부분 냉동 상태로 유통된다.

31 참치통조림으로 주로 가공되는 다랑어의 종류 2가지를 쓰시오.

> **정답**　황다랑어, 가다랑어

> **풀이**　참치통조림은 주로 황다랑어, 가다랑어를 통조림으로 가공한 것이다.

32 저온유통시스템에 활용되는 기술은 주기술과 보조기술로 구분할 수 있다. 다음 [보기]에서 주기술에 해당하는 내용을 모두 찾아 쓰시오.

┤보기├
산지예랭, 전처리기술, 저온포장, 선도유지기술, 표준화, 저온수송과 배송

> **정답**　산지예랭, 저온포장, 저온수송과 배송

> **풀이**　**저온유통시스템의 관련 기술**
> - 주기술이란 산지예랭, 저온포장, 저온수송과 배송, 저온보관 및 저장, 저온판매시설과 관련되는 기술이다.
> - 보조기술이란 전처리기술, 포장, 선도유지기술, 표면살균 및 안전성 관련 기술, 집출하, 선별, 규격, 표준화, 정보, 환경 등이 포함된다.

33 괄호 안에 맞는 말을 차례대로 쓰시오.

냉동차 즉, 저온 수송에 사용되는 차량은 냉각장치의 유무에 따라 보랭차와 냉동차로 분류하고, 보랭차는 (①) 및 얼음식이 있고 냉동차는 (②), 냉동판식, (③)이 있다.

> **정답**　① 드라이아이스식, ② 기계식, ③ 액체질소식

34 괄호 안에 맞는 말을 순서대로 쓰시오.

우리나라의 식품공전에는 식품별 기준 및 규격으로 보관 또는 저장온도를 어류는 (①) 이하, 냉동연육은 (②) 이하로 단순하게 규정하고 있으며, 어종이나 육질의 차이에 따라 온도관리 기준을 구별하여 규정하고 있지 않다.

정답 ① 5℃, ② -18℃

35 수산물 도매법인이 사이버거래로 친환경수산물을 수산물 가공회사에 판매한 경우 전자상거래의 유형은?

정답 B2B

풀이 전자상거래의 유형
- B2B(Business to Business) : 기업 간
- B2C(Business to Customer) : 기업-소비자 간
- B2G(Business to Government) : 기업-정부 간
- C2C(Customer to Customer) : 소비자 간

36 소비자가 주도권을 쥐고 자신이 원하는 가격조건 등을 충족시키는 기업에게 주문을 하는 전자상거래 형태는?

정답 C2B

풀이 C2B는 개인과 기업 간 전자상거래로 역경매 사이트가 대표적인 유형이다.

37 다음은 마케팅전략 수립을 위한 상황분석이다. 괄호 안에 올바른 용어를 답란에 쓰시오.

기업 내부여건으로 (   )과(와) (   ), 기업 외부요인으로 (   )과(와) (   )을(를) 분석한다.

정답 강점, 약점, 기회, 위협

풀이 **SWOT 분석** : 어떤 기업의 내부환경을 분석하여 강점과 약점을 발견하고, 외부환경을 분석하여 기회와 위협을 찾아내어 이를 토대로 강점은 살리고 약점은 죽이고, 기회는 활용하고 위협은 억제하는 마케팅 전략을 수립하는 것을 말한다.
※ **SWOT** − S(Strength) : 강점, W(Weakness) : 약점, O(Opportunity) : 기회, T(Threat) : 위협

38 기업의 입장에서는 마케팅믹스의 4P지만 고객의 입장에서는 4C가 된다. 다음 중 4P와 4C를 올바르게 대응한 용어를 답란에 쓰시오.

① 제품(Product) − (   )

② 가격(Price) − (   )

③ 유통(Place) − (   )

④ 판매촉진(Promotion) − (   )

정답 ① 고객가치(Customer Value)
② 고객측 비용(Cost to the Customer)
③ 편리성(Convenience)
④ 의사소통(Communication)

39 소비자의 욕구를 확인하고 이에 알맞은 제품을 개발하며 적극적인 광고전략 등에 의해 소비자가 스스로 자사제품을 선택 구매하도록 하는 것과 관련된 마케팅전략을 답란에 쓰시오.

정답 풀전략

풀이 **풀전략**
기업이 자사의 이미지나 상품의 광고를 통해 소비자의 수요를 환기시켜 소비자 스스로 하여금 그 상품을 판매하고 있는 판매점에 오게 해서 지명 구매하도록 하는 마케팅전략을 뜻한다. 따라서 풀(Pull)이란 소비자를 그 상품에 끌어 붙인다는 의미의 전략이다.

40 고객정보를 수집하고 분석하여 고객 이탈방지와 신규 고객확보 등에 활용하는 마케팅 기법은?

정답 CRM(Consumer Relationship Management)

풀이 • CRM(고객관계관리)은 생산된 제품을 판매하기 위한 유통회사 및 개인고객의 정보관리이다.
• POS(판매시점 정보관리)는 판매와 관련한 데이터를 관리하고, 고객정보를 수집하여 부가가치를 향상할 수 있도록 상품의 판매시기를 결정하는 것을 말한다.
• SCM(공급망 사슬 관리)은 생산을 하기 위한 자재를 조달하는 각 협력회사와의 정보시스템 연계방식이다.
• CS(고객만족)는 고객의 욕구와 기대에 최대한 부응하여 그 결과로 상품과 서비스의 재구입이 이루어지고 아울러 고객의 신뢰감이 연속적으로 이어지는 상태이다.

41 다음은 마케팅 조사법을 나열한 것이다. 괄호 안에 알맞은 용어를 답란에 쓰시오.

① (　　　)은 소수의 응답자들을 한 장소에 모이도록 한 다음 자유로운 분위기 속에서 사회자가 제시하는 주제와 관련된 정보를 대화를 통해 수집하는 마케팅 조사법이다.

② (　　　)은 전문가의 경험적 지식을 통한 문제해결 및 미래예측을 위한 기법이다. 전문가 합의법이라고도 한다.

③ (　　　)은 조사대상 집단 중에서 중요한 정보를 얻을 수 있는 사람을 추출하여 심층적으로 면접하는 방법으로, 집단의 크기는 8~12명 정도가 적당하다.

④ (　　　)은 신제품에 대한 광고시안을 몇 개의 소비자 집단에 보여주고 그 중에서 소비자의 선호 정도 및 기억 정도가 가장 높은 광고를 선정하고자 할 때 적합한 마케팅 조사방법이다.

⑤ (　　　)은 조사자가 어떤 문제에 관하여 작성한 일련의 질문사항에 대하여 피조사자가 대답을 기술하도록 한 조사방법이다.

정답 ① 표적집단면접법, ② 델파이법, ③ 심층면접법, ④ 실험조사법, ⑤ 질문조사법

42 소비자의 수산물 구매행동에 대한 설명이다. 옳으면 ○, 틀리면 ×를 답란에 표시하시오.

① 고등어, 갈치 등을 구입할 때 소비자는 경험이나 습관에 의해 쉽게 구매결정을 내리는 저관여 구매행동을 한다. 　　　　　　　　　　　　　　　　　　　　　　　　　　　　　　　　　　　　(　　)

② 친환경수산물과 같은 소비자의 관심이 큰 상품은 신중하게 의사결정을 내리는 고관여 구매행동을 한다. 　　　　　　　　　　　　　　　　　　　　　　　　　　　　　　　　　　　　(　　)

③ 제품관여도가 낮은 수산물의 경우는 브랜드 간 차이가 크더라도 소비자가 브랜드 전환(Brand Switching)을 시도하는 경우가 드물다. 　　　　　　　　　　　　　　　　　　　　　　　　(　　)

④ 저관여 상품의 판매를 확대하려면 친숙도를 높여야 하고, 고관여 상품은 다양한 상품정보를 제공해야 한다. 　　　　　　　　　　　　　　　　　　　　　　　　　　　　　　　　　　　(　　)

정답 ① ○, ② ○, ③ ×, ④ ○

풀이 제품관여도가 낮은 수산물의 경우라도 브랜드 간 차이가 크면 소비자는 브랜드 전환을 시도(다양성 추구)한다.
• 관여도에 따른 반복구매행동 유형

구 분	고관여	저관여
의사결정	복잡한 의사결정	제한적 의사결정
습 관	브랜드 충성도	관 성

• 브랜드 간 차이와 관여도에 따른 소비자 구매행동 유형

구 분	고관여	저관여
브랜드 간에 차이가 클 때	복잡한 의사결정(또는 브랜드 충성)	다양성 추구
브랜드 간에 차이가 작을 때	부조화 감소	관성적 구매

43 수산물 판매확대를 위한 가격전략에 대한 설명이다. 괄호 안에 알맞은 용어를 답란에 쓰시오.

① (   )은 상품가격이 1,000원에 비해 990원이 매우 싸다고 느끼는 소비자 심리를 이용한 가격전략이다.

② (   )은 소비자가 어떤 제품에 대해 지불할 의사가 있는 최고가격 전략이다.

③ (   )은 제품의 원가가 상승되었음에도 동일 가격을 계속 유지하는 전략이다.

④ (   )은 고급품질의 가격이미지를 형성하여 구매를 자극하기 위하여 우수리가 없는 개수의 가격을 구사하는 전략이다.

　정답　① 단수가격전략, ② 유보가격전략, ③ 관습가격전략, ④ 개수가격전략

44 수산물 판매확대를 위한 촉진전략에 대한 설명이다. 옳으면 ○, 틀리면 ×를 답란에 표시하시오.

① 소비자가 수산물의 구매결정을 내리기 이전단계에서는 홍보 및 광고가 판매촉진보다 효과가 높다.
(　)

② 지방자치단체가 여름휴양지에서 휴양객에게 지역특산물을 나누어 주는 무료행사는 풀(Pull) 전략에 해당한다.
(　)

③ 수산물도매시장이 대형할인점에 납품하는 고등어 가격을 인하하여 판매를 확대하는 것은 푸시(Push) 전략에 속한다.
(　)

④ 공산품과 달리 차별화하기 어려운 수산물의 경우는 일반 대중을 상대로 한 PR(공중관계) 전략의 효과가 미미하다.
(　)

　정답　① ○, ② ○, ③ ○, ④ ×

　풀이　수산물의 경우는 일반 대중을 상대로 한 PR(공중관계) 전략의 효과가 크다.

45 수산물 거래에 관한 설명이다. 옳으면 ○, 틀리면 ×를 답란에 표시하시오.

① 도매시장에서 경매와 입찰은 전자식을 원칙으로 한다. ( )

② 중개는 유통기구가 사전에 구매자로부터 주문을 받아 구매를 대행하는 방식이다. ( )

③ 매수는 유통기구가 출하자로부터 수산물을 구매하여 자기 책임으로 판매하는 방식이다. ( )

④ 정가·수의매매는 출하자, 도매시장법인, 중도매인이 경매 이후 상호 협의하여 거래량과 거래가격을 정하는 방식이다. ( )

정답 ① ○, ② ○, ③ ○, ④ ×

풀이 정가·수의매매는 경매·입찰과 같은 도매시장 거래방식의 일종으로 도매시장법인의 중개로 출하자와 중도매인이 거래물량·가격을 사전에 합의하여 단기적인 가격진폭을 완화할 수 있는 방법이다.
※ 정가매매는 출하자(또는 중도매인)가 일정한 가격을 제시하면 도매시장법인이 거래상대방인 중도매인(또는 출하자)과의 거래를 성사시켜 판매하는 방법이고, 수의매매는 도매시장법인이 출하자와 중도매인 간 의견을 조정하여 거래가격과 물량을 정하는 방법이다.

46 수산물 도매시장에 관한 설명이다. 옳으면 ○, 틀리면 ×를 답란에 표시하시오.

① 수산물 물류센터나 대형슈퍼마켓의 등장으로 수산물 도매시장이 사라질 전망이다. ( )

② 수산물 도매시장은 거래수 최소화원리 및 소량준비의 원리에 의해서 소규모 분산적 생산과 소비를 연결하여 사회적 존재 가치를 인정하고 있다. ( )

③ 수산물 도매시장은 생산과 소비가 일반적으로 영세 분산적이므로 생산자와 소비자의 중간에서 수급의 조절, 상품의 집배, 판매 대금의 결제 등 필수적인 기관이다. ( )

④ 생선 식료품은 선도의 변화가 심하고 표준화가 곤란한 상품적 특성을 갖고 있기 때문에 도매시장과 같은 특정 장소에서 집중 거래하기 곤란하다. ( )

정답 ① ×, ② ×, ③ ○, ④ ×

풀이 ① 수산물 물류센터나 대형슈퍼마켓의 등장으로 수산물 도매시장의 역할이 더욱 중요해지고 있다.
② 수산물 도매시장은 대규모 집하와 분산을 통해 생산과 소비의 수급을 조절한다.
④ 생선 식료품은 선도의 변화가 심하고 표준화가 곤란한 상품적 특성을 갖고 있기 때문에 대량의 현물을 특정한 장소에서 집하하여 집중 거래함으로써 가격형성과 능률적인 분산을 행할 필요성이 있다.

47 현물거래와 선물거래에 관한 설명이다. 옳으면 ○, 틀리면 ×를 답란에 표시하고 선물거래의 기능 4가지를 쓰시오.

① 선물가격은 미래의 현물가격에 대한 예시기능을 수행한다. ( )

② 선물거래는 현물거래에 수반되는 가격변동위험을 선물시장에 전가한다. ( )

③ 현물거래와 선물거래는 서로 상이한 상품을 거래대상으로 한다. ( )

④ 현물가격과 선물가격의 차이를 베이시스(Basis)라고 한다. ( )

> **정답** ① ○, ② ○, ③ ×, ④ ○
> **선물거래의 기능** : 위험의 전가기능, 가격의 예시기능, 재고의 배분기능, 자본의 형성기능

> **풀이** 선물거래는 거래계약과 결제가 동시에 이루어지는 현물거래와 달리, 현재 시점에서 특정상품을 현재 합의한 가격으로 미래 일정 시점에 인수도 할 것을 약속하는 계약을 체결한 후 일정 기간이 지나서 그 계약조건에 따라 결제가 이루어진다. 현물거래와 선물거래는 동일한 상품을 거래대상으로 한다.

48 수산업협동조합이 유통사업에 참여함으로써 얻게 되는 장점을 설명한 것이다. 옳으면 ○, 틀리면 ×를 답란에 표시하시오.

① 공동판매를 통하여 위험을 분산할 수 있다. ( )

② 공동선별을 함으로써 조합원들의 단위 노동력당 비용을 절감할 수 있다. ( )

③ 수산물 시장이 불완전경쟁일 경우 수산업협동조합은 민간 유통업자의 시장지배력을 견제할 수 있다. ( )

④ 도매, 가공, 소매 등 상위단계와의 수평적 조정을 통해 시장력을 높일 수 있다. ( )

> **정답** ① ○, ② ○, ③ ○, ④ ×

> **풀이** ④ 생산자가 유통부분을 수직적으로 통합함으로써 수송비와 거래비용을 절감할 수 있다.

49 수산업협동조합을 통한 공동출하의 원칙에 대한 설명이다. 괄호 안에 알맞은 용어를 답란에 쓰시오.

① ( )은/는 조합원의 개별성을 무시하고, 조합에서 집계한 실적에 따라 성과를 공정하게 분해하는 원칙이다.

② ( )은/는 판매처, 판매시기, 판매방법에 관계 없이 판매를 협동조합에 위탁하는 원칙이다.

③ ( )은/는 판매를 계획적으로 실시하여 수취가의 지역적·시간적 차이를 평준화하고자 하는 원칙이다.

정답 ① 공동계산, ② 무조건 위탁, ③ 평균판매

풀이 **공동판매의 원칙**
• 공동계산 : 다수의 개별 어가가 생산한 수산물을 출하주별로 구분하는 것이 아니라 각 어가의 상품을 혼합하여 등급별로 구분하고 관리·판매하여 그 등급에 따라 비용과 대금을 평균하여 어가에 정산해 주는 방법을 말한다.
• 무조건 위탁 : 조합원이 그 생산물의 판매를 공동조직에 위탁할 경우 언제, 누구에게, 어느 정도를 팔아달라는 조건을 붙이지 않고 일체를 위임하는 것을 말한다.
• 평균판매 : 수산물의 출하기를 조절하거나 수송·보관·저장방법의 개선 등을 통하여 수산물을 계획적으로 판매함으로써 어업인의 수취가격을 평준화하는 것이다.

50 수산물 전자상거래의 특성에 대한 설명이다. 옳으면 ○, 틀리면 ×를 답란에 표시하시오.

① 사이버공간을 활용함으로써 시간적, 공간적 제약을 극복할 수 있다. ( )

② 전자 네트워크를 통해 생산자와 소비자가 직접 만나기 때문에 유통경로가 짧아지고, 유통비용이 절감된다. ( )

③ 컴퓨터 및 전산장비를 두루 갖추어야 하기 때문에 대규모 자본의 투자가 필요하다. ( )

④ 생산자와 소비자 간 쌍방향 통신을 통해 1:1 마케팅이 가능하고 실시간 고객서비스가 가능해진다. ( )

⑤ 전자상거래 활성화는 정보통신기술의 발전만으로 충분하다. ( )

정답 ① ○, ② ○, ③ ×, ④ ○, ⑤ ×

풀이 **전자상거래의 특징**
• 유통경로가 기존의 상거래에 비하여 짧다.
• 시간과 공간의 제약이 없다.
• 판매점포가 불필요하다.
• 고객정보의 획득이 용이하다.
• 효율적인 마케팅 활동이 가능하다.
• 소자본에 의한 사업이 가능한 벤처업종이다.
• 전자상거래 활성화는 정보통신기술의 발전만으로는 불충분하며, 관련 분야의 유기적인 참여가 필요하다.

51 수산물 유통정보에 관한 설명이다. 옳으면 ○, 틀리면 ×를 답란에 표시하시오.

① 정보의 비대칭성을 감소시켜 불확실성에 따른 위험부담비용을 줄여준다. ( )

② 유통정보의 적합성보다 신속성 및 다양성이 중요시된다. ( )

③ 유통업자 간에 경쟁을 유도하여 공정거래를 촉진한다. ( )

④ 시세 및 출하물량에 대한 정보 제공으로 출하처 선택에 도움을 준다. ( )

정답 ① ○, ② ×, ③ ○, ④ ○

풀이 ② 수산물 유통정보의 요건으로 적시성, 신속성, 정확성, 적절성, 정보의 통합성이 요구된다.

52 수산물 유통정보 및 정보수집에 관한 설명이다. 괄호 안에 알맞은 용어를 답란에 쓰시오.

① 일정한 목적을 가지고 사회·경제적 집단의 사실을 조사·관찰했을 때 얻을 수 있는 계량적 자료는 ( )이다.

② 수산물의 산지시장 정보수집은 ( )을 중심으로 이루어지고 있다.

③ 소비지 시장의 소매가격 정보는 ( )에서 수집한다.

④ 수산물의 수출입 통계를 제공하고 있는 곳은 ( )이다.

정답 ① 통계정보, ② 수산업협동조합, ③ 한국농수산식품유통공사, ④ 수산정보포털

풀이 ① 통계정보는 일정한 목적을 가지고 사회·경제적 집단의 사실을 조사·관찰했을 때 얻을 수 있는 계량적 자료로서 주로 정책입안 및 평가기준 자료로 활용되고 있다.
② 산지 유통정보와 관련하여 정부의 공식 승인을 받은 것으로, 대표적인 정보자료에는 통계청의 어업생산 통계와 수협중앙회의 수산물 계통판매고(생산량과 생산금액)이다.
③ 소비지 유통정보는 가격정보를 중심으로, 주로 한국농수산식품유통공사와 각 법정도매시장, 수산정보포털에서 제공하고 있다.
④ 수산물의 수출입 통계는 무역통계를 근거로 작성되며, 품목별 수출입 현황, 품종별 수출입 현황, 연도별 수출입 현황 등을 수산정보포털에서 제공하고 있다.

PART 02

수산물 등급판정 실무

수산물품질관리사 2차 필답형 실기

CHAPTER 01 수산물 표준규격

수산물 표준규격 [시행 2023.10.23, 국립수산물품질관리원고시 제2023-34호, 2023.10.23., 일부개정]

01 수산물 표준규격의 주요 내용

1 수산물 표준규격

(1) 목적(제1조)

이 고시는 농수산물 품질관리법 제5조(표준규격), 같은 법 시행령 제42조(권한의 위임) 제6항 제2호 및 같은 법 시행규칙 제5조(표준규격의 제정)부터 제7조에 따라 수산물의 포장규격과 등급규격에 필요한 세부사항을 규정함으로써 수산물의 상품성을 높이고 유통능률 향상 및 공정한 거래 실현에 기여함을 목적으로 한다.

(2) 정의(제2조)

이 고시에서 사용하는 용어의 뜻은 다음과 같다.

① "표준규격품"이란 이 고시에서 정한 포장규격 및 등급규격에 맞게 출하하는 수산물을 말한다. 다만, 등급규격이 제정되어 있지 않은 품목은 포장규격에 맞게 출하하는 수산물을 말한다.

② "포장규격"이란 포장치수, 포장재료, 포장방법, 포장설계 및 표시사항 등을 말한다.

③ "등급규격"이란 수산물의 품종별 특성에 따라 형태, 크기, 색택, 신선도, 건조도 또는 선별상태 등 품질 구분에 필요한 항목을 설정하여 특, 상, 보통으로 정한 것을 말한다.

④ "거래단위"란 수산물의 거래 시 사용하는 무게 또는 마릿수 등을 말한다.

⑤ "포장치수"란 포장재 바깥쪽의 길이, 너비, 높이를 말한다.

⑥ "겉포장"이란 수산물의 수송을 주목적으로 한 포장을 말한다.

⑦ "속포장"이란 수산물의 품질을 유지하기 위해 사용한 겉포장 속에 들어 있는 포장을 말한다.

⑧ "포장재료"란 수산물을 포장하는 데 사용하는 재료로서 식품위생법 등 관계 법령에 적합한 골판지, 그물망, 폴리프로필렌(PP), 폴리에틸렌(PE), 발포 폴리스티렌(PS) 등을 말한다.

(3) 거래단위(제3조)

① 수산물의 표준거래단위는 3kg, 5kg, 10kg, 15kg 및 20kg을 기본으로 한다. 다만, 형태적 특성 및 시장 유통여건을 고려한 어종별 표준거래단위는 [별표 1]과 같다.

② 표준거래단위 이외의 거래단위는 거래 당사자 간의 협의 또는 시장 유통여건에 따라 사용할 수 있다.

[별표 1] 수산물의 표준거래단위

종 류	품 목	표준거래단위
선어류	고등어	5kg, 8kg, 10kg, 15kg, 16kg, 20kg
	삼 치	5kg, 7kg, 10kg, 15kg, 20kg
	조 기	10kg, 15kg, 20kg
	양 태	3kg, 5kg, 10kg
	수조기	3kg, 5kg, 10kg
	병 어	3kg, 5kg, 10kg, 15kg
	가자미류	3kg, 5kg, 7kg, 10kg
	숭 어	3kg, 5kg, 10kg
	대 구	5kg, 8kg, 10kg, 15kg, 20kg
	멸 치	3kg, 4kg, 5kg, 10kg
	가오리류	10kg, 15kg, 20kg
	곰 치	10kg, 15kg, 20kg
	넙 치	10kg, 15kg, 20kg
	뱀장어	5kg, 10kg
	전 어	3kg, 5kg, 10kg, 15kg, 20kg
	쥐 치	3kg, 5kg, 10kg
	가다랑어	15kg, 20kg
	놀래미	5kg, 10kg, 15kg
	명 태	5kg, 10kg, 15kg, 20kg
	조피볼락	3kg, 5kg, 10kg, 15kg
	도다리류	3kg, 5kg, 10kg
	참다랑어	10kg, 20kg
	갯장어	5kg, 10kg
	그 밖의 다랑어	15kg, 25kg
	서 대	3kg, 5kg, 10kg, 15kg
	부 세	5kg, 7kg, 10kg
	백조기	5kg, 7kg, 10kg, 15kg, 20kg
	붕장어	4kg, 8kg
	민 어	8kg, 10kg, 15kg, 20kg
	전갱이	6kg
패류 등	생 굴	0.2kg, 1kg, 3kg, 10kg
	바지락	3kg, 5kg, 10kg, 20kg
	꼬 막	3kg, 5kg, 10kg
	피조개	3kg, 5kg, 10kg
	오징어	5kg, 8kg, 10kg, 15kg, 20kg
	화살오징어	3kg, 5kg, 10kg
	문 어	3kg, 5kg, 10kg, 15kg, 20kg
	우렁쉥이	3kg, 5kg, 10kg

(4) 포장치수(제4조)

수산물의 포장치수는 다음의 어느 하나에 해당해야 한다.

① [별표 2]에서 정하는 수산물의 표준포장치수

② 한국산업표준 KS(이하 'KS') T 1002에서 정한 수송포장 계열치수 T-11형 팰릿(1,100mm × 1,100mm) 및 T-12형 팰릿(1,200mm × 1,000mm)의 평면 적재효율이 90% 이상인 것. 이 경우 높이는 해당 수산물의 포장이 가능한 적정 높이로 한다.

③ [별표 5]에서 정하는 수산물의 종류별 포장규격(포장규격이 정해져 있는 품목에 한정)

[별표 2] 수산물의 표준포장규격

1. 표준포장치수(거래단위별 공통규격)

구 분	포장치수(mm)			비고(KS규격)
	길 이	너 비	높 이	1단 적재 상자수 〈규격번호〉
전 품목 공용규격	488	305		2×4 〈11-31〉
	545	345	100	2×3 〈 - 〉
	550	366	120	2×3 〈11-25〉
	580	435	135	4 〈 - 〉
	600	333	140	3×2 〈12-13〉
	600	400	145	2+3 〈12-12〉
	600	440	150	4 〈 - 〉
	660	440	155	4 〈11-10〉

주 : 1. 높이는 위 표의 높이 중에서 해당 수산물의 포장이 가능한 것을 선택하여 적용한다.
　　 2. 1단 적재 상자수 : KS T 1002의 T-11형 팰릿(1,100mm×1,100mm)과 T-12형 팰릿(1,200mm×1,000mm)에 1단으로 실을 수 있는 상자 개수
　　 3. 규격번호 : T-11형 팰릿(1,100mm×1,100mm) 69개, T-12형 팰릿(1,200mm×1,000mm) 40개 수송포장 계열치수의 일련번호
　　 4. 상자 두께와 뚜껑 높이 등은 거래 당사자 간 협의하여 정할 수 있다.

(5) 포장치수의 허용범위(제5조)

① 골판지상자 및 발포 폴리스티렌(PS) 상자의 포장치수 중 길이, 너비의 허용범위는 ±2.5%로 한다.

② 폴리프로필렌(PP) 또는 폴리에틸렌(PE), 고밀도폴리에틸렌(HDPE)의 길이, 너비, 높이의 허용범위는 ±0.7%로 한다.

③ 그물망, 직물제포대(PP대), 폴리에틸렌대(PE대)의 포장치수의 허용범위는 길이의 ±10%, 너비의 ±10mm, 지대의 경우에는 각각 길이·너비의 ±5mm로 한다.

④ 속포장의 규격은 사용자가 적정하게 정하여 사용할 수 있다.

(6) 포장재료 및 포장재료의 시험방법(제6조)

① 포장재료 및 포장재료의 시험방법은 [별표 3]에서 정하는 기준에 따른다.

② ①에도 불구하고 포장재료의 압축·인장강도 및 직조밀도 등에서 [별표 3]에서 정하는 기준 이상의 강도와 품질의 다른 포장재료를 사용하려는 경우 공인검정기관 성적서 제출 등을 통해 국립수산물품질관리원장의 확인을 받아 사용할 수 있다.

[별표 3] 포장재료 및 포장재료의 시험방법

포장재료는 식품위생법에 따른 용기·포장의 제조방법에 관한 기준과 그 원재료에 관한 규격에 적합하여야 한다.

1. 골판지상자
   ① 거래단위별 골판지 종류

거래단위	5kg 미만	5kg 이상~ 10kg 미만	10kg 이상~ 15kg 미만	15kg 이상
골판지종류	양면 골판지 1종	양면 골판지 2종	2중 양면 골판지 1종	2중 양면 골판지 2종

   ② 골판지의 품질기준 및 시험방법은 KS T 1018(상업 포장용 미세골 골판지), KS T 1034(외부 포장용 골판지)에서 정하는 바에 따른다.

2. 폴리프로필렌(PP), 폴리에틸렌(PE) 또는 고밀도폴리에틸렌(HDPE) 상자
   ① 플라스틱 상자의 품질기준 및 시험방법은 KS T 1354(순환물류포장-수산물용 플라스틱 용기)에서 정하는 바에 따른다.

적재시험	바닥변형(%)	중금속 잔류규격(mg/kg) (Pb, Cd, Cr^{6+}, Hg)
외관상 변형 및 손상 없어야 함	바닥판 휨 변형량 3% 미만 하중 제거 후 바닥판 잔류 변형량 1% 미만	100mg/kg 이하 (합계)

   ② 압축강도는 KS T 1081(플라스틱제 회수용 운반용기) 표2 '압축 하중 종별'에 준하여 적용한다.

3. 폴리에틸렌대(PE대)

① 거래단위별 폴리에틸렌(PE) 두께

거래단위	5kg 미만	5kg 이상~ 10kg 미만	10kg 이상~ 15kg 미만	15kg 이상
폴리에틸렌(PE) 두께	0.03mm 이상	0.05mm 이상	0.07mm 이상	0.10mm 이상

② PE 종류 및 두께에 대한 인장강도, 신장률, 인열 강도 등은 KS T1093(포장용 폴리에틸렌 필름)에 따른다.

4. 폴리스티렌대(PS대)

폴리스티렌대(PS대)의 밀도, 굴곡강도, 흡수량 및 연소성 등은 KS M 3808(발포 폴리스티렌(PS) 단열재)에 따른다.

밀도(kg/cm^3)	굴곡강도(N/cm^2)	흡수량($g/100cm^3$)	연소성
25 이상	20 이상	두께 30mm 미만 2.0 이하, 두께 30mm 이상 1.0 이하	연소시간 120초 이내이며, 연소길이 60mm 이하일 것

5. 직물제 포대(PP대)

① 직물제 포대(PP대)의 섬도, 인장강도, 봉합실 인장강도 및 직조밀도 등은 KS T 1071(직물제 포대)에 따른다.

섬도(데니어)	인장강도(N)	봉합실 인장강도(N)	직조밀도(올/5cm)
900±10	29 이상	39 이상	20±2

② 원단은 KS T 1015(포대용 폴리올레핀 연신사)의 폴리프로필렌 연신사로 직조한다.

6. 거래단위별 그물망의 무게

거래단위	5kg 미만	5kg 이상~10kg 미만	10kg 이상~15kg 미만	15kg 이상
포장재무게	15g 이상	25g 이상	35g 이상	45g 이상

※ 원단은 고밀도 폴리에틸렌(HDPE) 모노필라멘트계이며 편성물로 직조한 것

(7) 포장방법(제7조)

포장은 내용물이 흘러나오지 않도록 해야 하며, 내용물이 보이도록 포장하는 경우 포장한 수산물을 수송용 팰릿이나 차량 등에 싣기 쉬워야 한다. 다만, [별표 5]와 같이 포장방법이 달리 정해진 품목은 그 규정에 따른다.

(8) 포장설계(제8조)

① 골판지 상자의 포장설계는 KS T 1006(골판지 상자 형식)에 따른다.
② [별표 5]에서 정한 품목의 포장설계는 별지에서 정한 바에 따른다.

(9) 표시방법(제9조)

표준규격품의 표시방법은 [별표 4]에 따른다.

[별표 4] 표준규격품의 표시방법

표준규격품을 출하하는 자는 농수산물 품질관리법 시행규칙 제7조 제2항의 규정에 따라 "표준규격품" 문구와 함께 품목, 산지, 어획일자, 등급, 무게(마릿수), 생산자 또는 생산재(유통, 가공)단체의 명칭 및 전화번호를 포장 외면에 표시해야 한다. 단, 품종을 표시해야 하는 품목과 무게 또는 마릿수의 표시방법은 아래 ②와 같다.

① 표시양식(예시)

표준규격품					
품 목		등 급		생산자(생산자단체)	
산 지		무게	kg	이 름	
생산년도		(마릿수)	(마리)	전화번호	

※ 무게는 반드시 표기해야 하며, 필요시 마릿수를 병기할 수 있다.

② 일반적인 표시방법

    ㉠ 표시사항은 가급적 한 곳에 일괄 표시해야 한다.

    ㉡ 품목의 특성, 포장재의 종류 및 크기 등에 따라 양식의 크기와 글자의 크기는 임의로 조정할 수 있다.

    ㉢ 위 표시사항 외에 추가 표시사항이 있는 경우에는 추가할 수 있다.

    ㉣ 원양산의 생산지 표시는 농수산물의 원산지 표시 등에 관한 법률 시행령 제5조 제1항에서 정하는 바에 따른다.

(10) 등급규격(제10조)

수산물 종류별 등급규격은 [별표 5]와 같다.

(11) 표준규격의 특례(제11조)

① 포장규격 또는 등급규격이 제정되어 있지 않은 품목은 유사 품목의 포장규격 또는 등급규격을 적용할 수 있다.

② 북어, 굴비 등과 같은 수산가공품을 표준규격품으로 표시하여 출하할 경우 [별표 5]의 2. 수산가공품(냉동품을 포함)의 등급규격과 포장규격 및 표시사항을 적용할 수 있다.

02 [별표 5] 수산물의 종류별 등급규격

1 수산물(신선어패류)

(1) 생 굴

① 등급규격

항 목	특	상	보 통
1개의 무게(g)	3 이상	3 이상	3 이상
다른 크기 및 외상 있는 것의 혼입률(%)	3 이하	5 이하	10 이하
색택(외투막)	경계가 선명하고 밝음	경계가 선명함	맨눈으로 경계의 구분이 가능함
색택(폐각근)	맑은 진주색을 띰	반투명의 크림색을 띰	연한 회색빛을 띰
냄 새	비린내가 거의 없고 상쾌한 바다향이 남	강한 해초향이 남	해초향이 남
형태 및 단단함	단단하고 탄력이 있으며 형태가 온전함	단단하고 형태가 온전함	부드럽고 형태가 온전함
공통규격	• 고유의 색깔과 향미를 가지고 있어야 한다. • 다른 품종의 것이 없어야 한다. • 부서진 조개류의 껍데기 및 그밖의 협잡물이 없어야 한다. • 내용물 중의 수질은 혼탁하지 않아야 한다.		
설 명	굴 형태　　폐각근　외투막 • 폐각근 : 조개의 관자와 유사하며 단단한 부위 • 외투막 : 굴의 테두리에 있는 검정색의 진한 선		

② 포장규격

㉠ 200g 포장

구 분	포장규격
포장치수	폴리에틸렌(PE) 필름 외치수 : 80 × 250(길이 × 너비)mm
포장재료	폴리에틸렌(PE) 필름 : KS T 1093(포장용 폴리에틸렌 필름)에 규정된 1종인 저밀도 폴리에틸렌(LDPE)으로 하여 모양은 튜브상을 사용하며 폴리에틸렌(PE) 필름 봉투의 강도는 두께 0.05mm 이상, 인장강도 1,670N/cm^2 이상, 신장률 250% 이상, 인열강도(보통) 690N/cm 이상으로 한다. 또한 필름은 무착색의 것을 표준으로 한다.
포장방법	내용물(굴, 얼음, 물)을 폴리에틸렌(PE) 봉투에 담은 후 내용물이 흘러나오지 않도록 윗부분을 묶는다.

ⓛ 1kg 포장

구 분	포장규격
포장치수	폴리에틸렌(PE) 필름 외치수 : 240×430(길이×너비)mm
포장재료	폴리에틸렌(PE) 필름 : KS T 1093(포장용 폴리에틸렌 필름)에 규정된 1종인 저밀도 폴리에틸렌(LDPE)으로 하여 모양은 튜브상을 사용하며 폴리에틸렌(PE) 필름 봉투의 강도는 두께 0.05mm 이상, 인장강도 1,670N/cm^2 이상, 신장률 250% 이상, 인열강도(보통) 690N/cm 이상으로 한다. 또한 필름은 무착색의 것을 표준으로 한다.
포장방법	내용물(굴, 얼음, 물)을 폴리에틸렌(PE) 봉투에 담은 후 내용물이 흘러나오지 않도록 윗부분을 묶는다.

ⓒ 3kg 포장

구 분	포장규격
포장치수	• 용기치수 : ∅156×198(지름×높이)mm • 뚜껑치수 : ∅115×30(지름×높이)mm
포장재료	폴리에틸렌(PE) 용기 : KS T 1047(폴리에틸렌 병) 및 KS M 3511(폴리에틸렌 통)에 규정되어 있는 품질기준에 준하여 가공된 저밀도 폴리에틸렌(LDPE) 일반용기를 사용한다.
포장방법	폴리에틸렌(PE) 용기 내에 생굴을 물, 얼음과 함께 넣은 후 중간 마개로 차단하여 외뚜껑을 닫는다.

ⓔ 10kg 포장

구 분	포장규격
포장치수	• 겉포장 외치수(발포 폴리스티렌(PS) 상자) : 268×268×261(길이×너비×높이)mm • 속포장(폴리에틸렌(PE) 필름) : 480×600(길이×너비)mm
포장재료	• 겉포장 : KS M 3808(발포 폴리스티렌(PS) 단열재)에 규정되어 있는 발포 폴리스티렌(PS) 규격에 준하여 밀도 25kg/m^3 이상의 것을 사용한다. • 속포장 : 두께 0.05mm 이상의 폴리에틸렌(PE) 필름을 사용한다. 또한 필름은 무착색의 것을 표준으로 한다.
포장방법	폴리에틸렌(PE) 필름대(튜브상)를 펼쳐서 발포 폴리스티렌(PS) 상자에 편평히 깐 다음 폴리에틸렌(PE) 필름대 속에 굴을 물, 얼음을 적당한 비율로 배합하여 작업자 손으로 봉합한 후 뚜껑을 닫아 점착테이프로 마무리한다.

③ **표시사항** : 품명, 산지, 등급, 무게, 취급상 유의사항, 생산자 성명, 주소(전화번호)

(2) 바지락

① 등급규격

항 목	특	상	보 통
1개의 크기(각장, cm)	4 이상	3 이상	3 이상
다른 크기의 것의 혼입률(%)	5 이하	10 이하	30 이하
손상 및 죽은 조개류의 껍데기 혼입률(%)	3 이하	5 이하	10 이하
공통규격	• 조개류의 껍데기에 묻은 모래, 뻘 등이 잘 제거돼야 한다. • 크기가 균일하고 다른 종류의 것이 혼입이 없어야 한다. • 부패한 냄새 및 그 밖의 다른 냄새가 없어야 한다.		

② 포장규격

㉠ 3kg 포장

구 분	포장규격
포장치수	겉포장 외치수 : 265 × 285(길이 × 너비)mm
포장재료	• 그물망 원단 : 고밀도 폴리에틸렌(HDPE) 모노필라멘트계로 직조(섬도 217데니어)해야 하고 직조밀도는 11올/5cm이어야 한다. • 봉합실 : 그물망 측면의 봉합은 폴리프로필렌(PP)사 협사 또는 이와 동등한 품질의 재봉실로 봉합한다. 윗부분은 화학사를 가운데 넣고 15±2mm로 봉합하며, 봉합사는 측면 봉합법과 동일하게 적용한다. • 묶는 끈 : 합성수지로 제작하며, 인장강도 196N 이상이어야 한다. • 그물망 색상 : 색상은 푸른색을 사용한다.
포장방법	• 그물망에 내용물을 담은 후 화학사로 내용물이 흘러나오지 않도록 묶어야 한다. • 그물망의 측면은 상품라벨과 함께 봉합하도록 하되 찢어지지 않도록 여유를 준다. • 바늘땀은 가능한 좁은 간격으로 꿰맨다. • 원단의 절단은 열절단해야 하며 그물망 위사가 풀리지 않도록 해야 한다.

㉡ 5kg 포장

구 분	포장규격
포장치수	겉포장 외치수 : 265 × 400(길이 × 너비)mm
포장재료	• 그물망 원단 : 고밀도 폴리에틸렌(HDPE) 모노필라멘트계로 직조(섬도 217데니어)해야 하고 직조밀도는 11올/5cm이어야 한다. • 봉합실 : 그물망 측면의 봉합은 폴리프로필렌(PP)사 협사 또는 이와 동등한 품질의 재봉실로 봉합한다. 윗부분은 화학사를 가운데 넣고 15±2mm로 봉합하며, 봉합사는 측면 봉합법과 동일하게 적용한다. • 묶는 끈 : 합성수지로 제작하며, 인장강도 196N 이상이어야 한다. • 그물망 색상 : 색상은 푸른색을 사용한다.
포장방법	• 그물망에 내용물을 담은 후 화학사로 내용물이 흘러나오지 않도록 묶어야 한다. • 그물망의 측면은 상품라벨과 함께 봉합하도록 하되 찢어지지 않도록 여유를 준다. • 바늘땀은 가능한 좁은 간격으로 꿰맨다. • 원단의 절단은 열절단해야 하며 그물망 위사가 풀리지 않도록 해야 한다.

ⓒ 10kg 포장

구 분	포장규격
포장치수	겉포장 외치수 : 375 × 485(길이 × 너비)mm
포장재료	• 그물망 원단 : 고밀도 폴리에틸렌(HDPE) 모노필라멘트계로 직조(섬도 217데니어)해야 하고 직조밀도는 11올/5cm이어야 한다. • 봉합실 : 그물망 측면의 봉합은 폴리프로필렌(PP)사 협사 또는 이와 동등한 품질의 재봉실로 봉합한다. 윗부분은 화학사를 가운데 넣고 15±2mm로 봉합하며, 봉합사는 측면 봉합법과 동일하게 적용한다. • 묶는 끈 : 합성수지로 제작하며, 인장강도 196N 이상이어야 한다. • 그물망 색상 : 색상은 푸른색을 사용한다.
포장방법	• 그물망에 내용물을 담은 후 화학사로 내용물이 흘러나오지 않도록 묶어야 한다. • 그물망의 측면은 상품라벨과 함께 봉합하도록 하되 찢어지지 않도록 여유를 준다. • 바늘땀은 가능한 좁은 간격으로 꿰맨다. • 원단의 절단은 열절단해야 하며 그물망 위사가 풀리지 않도록 해야 한다.

ⓓ 20kg 포장

구 분	포장규격
포장치수	겉포장 외치수 : 470 × 650(길이 × 너비)mm
포장재료	• 그물망 원단 : 고밀도 폴리에틸렌(HDPE) 모노필라멘트계로 직조(섬도 217데니어)해야 하고 직조밀도는 11올/5cm이어야 한다. • 봉합실 : 그물망 측면의 봉합은 폴리프로펠렌(PP)사 협사 또는 이와 동등한 품질의 재봉실로 봉합한다. 윗부분은 화학사를 가운데 넣고 15±2mm로 봉합하며, 봉합사는 측면 봉합법과 동일하게 적용한다. • 묶는 끈 : 합성수지로 제작하며, 인장강도 196N 이상이어야 한다. • 그물망 색상 : 색상은 푸른색을 사용한다.
포장방법	• 그물망에 내용물을 담은 후 화학사로 내용물이 흘러나오지 않도록 묶어야 한다. • 그물망의 측면은 상품라벨과 함께 봉합하도록 하되 찢어지지 않도록 여유를 준다. • 바늘땀은 가능한 좁은 간격으로 꿰맨다. • 원단의 절단은 열절단해야 하며 그물망 위사가 풀리지 않도록 해야 한다.

③ 표시사항 : 품명, 산지, 등급, 무게, 취급상 유의사항, 생산자 성명, 주소(전화번호)

(3) 꼬 막

① 등급규격

항 목	특	상	보 통
1개의 크기(각장, cm)	3 이상	2.5 이상	2 이상
다른 크기의 것의 혼입률(%)	5 이하	10 이하	30 이하
손상 및 죽은 조개류의 껍데기 혼입률(%)	3 이하	5 이하	10 이하
공통규격	• 조개류의 껍데기에 묻은 모래, 뻘 등이 잘 제거되어야 한다. • 크기가 균일하고 다른 종류의 것이 혼입이 없어야 한다. • 부패한 냄새 및 그 밖의 다른 냄새가 없어야 한다.		

② 포장규격

㉠ 3kg 포장

구 분	포장규격
포장치수	• 겉포장 외치수 : 265 × 295(길이 × 너비)mm
포장재료	• 원단 : KS T 1015(포대용 폴리올레핀 연신사) 중 폴리프로필렌 연신사(섬도 900데니어 이상, 인장강도 29N 이상)로 직조해야 하고 직조밀도는 20올/5cm 이상이어야 한다. • 봉합실 : 봉제에 적합한 실로써 인장강도가 39N 이상이어야 한다. • 묶는 끈 : 화학사(폴리에틸렌(PE))로써 인장강도 98N 이상이어야 한다.
포장방법	• 폴리프로필렌(PP) 포대에 꼬막을 담은 후 화학사로 내용물이 흐르지 않도록 묶어야 한다. • 포대의 하단 봉접부는 2번 접어서 봉접한다. • 봉목선은 끝에서 13mm 이상이어야 한다. • 봉목 봉제 부분의 바늘땀 길이는 7mm 이하여야 하며, 필요시 겹줄 봉제가 가능하다. • 원단의 절단은 열절단해야 하며 포대의 상단은 위사가 풀리지 않도록 해야 한다.

㉡ 5kg 포장

구 분	포장규격
포장치수	겉포장 외치수 : 265 × 405(길이 × 너비)mm
포장재료	• 원단 : KS T 1015(포대용 폴리올레핀 연신사) 중 폴리프로필렌 연신사(섬도 900데니어 이상, 인장강도 29N 이상))로 직조해야 하고 직조밀도는 20올/5cm 이상이어야 한다. • 봉합실 : 봉제에 적합한 실로써 인장강도가 39N 이상이어야 한다. • 묶는 끈 : 화학사(폴리에틸렌(PE))로써 인장강도 98N 이상이어야 한다.
포장방법	• 폴리프로필렌(PP) 포대에 꼬막을 담은 후 화학사로 내용물이 흐르지 않도록 묶어야 한다. • 포대의 하단 봉접부는 2번 접어서 봉접한다. • 봉목선은 끝에서 13mm 이상이어야 한다. • 봉목 봉제 부분의 바늘땀 길이는 7mm 이하여야 하며, 필요시 겹줄 봉제가 가능하다. • 원단의 절단은 열절단해야 하며 포대의 상단은 위사가 풀리지 않도록 해야 한다.

㉢ 10kg 포장

구 분	포장규격
포장치수	겉포장 외치수 : 375 × 515(길이 × 너비)mm
포장재료	• 원단 : KS T 1015(포대용 폴리올레핀 연신사) 중 폴리프로필렌 연신사(섬도 900데니어 이상, 인장강도 29N 이상))로 직조해야 하고 직조밀도는 20올/5cm 이상이어야 한다. • 봉합실 : 봉제에 적합한 실로써 인장강도가 39N 이상이어야 한다. • 묶는 끈 : 화학사(폴리에틸렌(PE))로써 인장강도 98N 이상이어야 한다.
포장방법	• 폴리프로필렌(PP) 포대에 꼬막을 담은 후 화학사로 내용물이 흐르지 않도록 묶어야 한다. • 포대의 하단 봉접부는 2번 접어서 봉접한다. • 봉목선은 끝에서 13mm 이상이어야 한다. • 봉목 봉제 부분의 바늘땀 길이는 7mm 이하여야 하며, 필요시 겹줄 봉제가 가능하다. • 원단의 절단은 열절단해야 하며 포대의 상단은 위사가 풀리지 않도록 해야 한다.

③ **표시사항** : 품명, 산지, 등급, 무게, 취급상 유의사항, 생산자 성명, 주소(전화번호)

2 수산가공품(냉동품 포함)

(1) 북 어

① 등급규격

항 목	특	상	보 통
1마리의 크기(전장, cm)	40 이상	30 이상	30 이상
다른크기의 것의 혼입률(%)	0	10 이하	30 이하
색 택	우 량	양 호	보 통
공통규격	• 형태 및 크기가 균일해야 한다. • 고유의 향미를 가지고 다른 냄새가 없어야 한다. • 인체에 해로운 성분이 없어야 한다. • 수분 : 20% 이하		

② 포장규격(10마리 포장)

구 분	포장규격
포장치수	• 겉포장 외치수 : 500×340×60(길이×너비×높이)mm • 속포장(폴리에틸렌(PE) 필름) : 380×700(길이×너비)mm
포장재료	• 겉포장 : KS T 1034(외부 포장용 골판지)에 규정된 수직 압축강도(kN/m)를 만족하는 양면 골판지 1종, 파열강도 638kPa 이상, KS M 7057(종이 및 판지의 발수도 시험)에 규정된 발수도 R_2의 것으로 사용한다. • 속포장 : KS T 1093(포장용 폴리에틸렌필름) 중에서 1종인 저밀도 폴리에틸렌(LDPE)으로 하며 무착색의 것을 사용한다.
포장방법	내용물을 폴리에틸렌(PE) 속포장에 넣은 후 상·하 20mm 이상 떨어진 곳을 열봉합하여 골판지 상자 속에 담아 상자의 덮개를 덮는다.

③ 표시사항 : 품명, 산지, 등급, 무게, 취급상 유의사항, 가공방법, 생산자 성명, 주소(전화번호). 단, 가공방법은 필요시에만 표시하며 원양산의 생산지 표시는 농수산물의 원산지표시에 관한 법률 시행령에서 정하는 바에 따른다.

(2) 굴 비

① 등급규격

항 목	특	상	보 통
1마리의 크기(전장, cm)	20 이상	15 이상	15 이상
다른크기의 것의 혼입률(%)	0	10 이하	30 이하
색 택	우 량	양 호	보 통
공통규격	• 고유의 향미를 가지고 다른 냄새가 없어야 한다. • 크기가 균일한 것으로 엮어야 한다.		

② 포장규격(10마리 포장)

구 분	포장규격
포장치수	겉포장 외치수 : 395×85×280(길이×너비×높이)mm
포장재료	겉포장 상자 : KS T 1034(외부 포장용 골판지)에 규정된 수직 압축강도(kN/m)를 만족하는 양면 골판지 1종, 파열강도 638kPa 이상, KS M 7057(종이 및 판지의 발수도 시험)에 규정된 발수도 R₂의 것으로 사용한다.
포장방법	골판지 상자에 엮은 굴비 두름을 편평히 한 후 뚜껑을 덮어 손잡이를 조립한다.

③ 표시사항 : 품명, 산지, 등급, 무게, 취급상 유의사항, 생산자 성명, 주소(전화번호)

(3) 마른문어

① 등급규격

항 목	특	상	보 통
형 태	육질의 두께가 두껍고 흡반 탈락이 거의 없는 것	육질의 두께가 보통이고 흡반 탈락이 적은 것	육질이 다소 엷고 흡반 탈락이 적은 것
곰팡이, 적분(붉은색 가루) 및 백분(흰색 가루)	곰팡이, 적분(붉은색 가루)이 피지 아니하고 백분(흰색 가루)이 다소 있는 것	곰팡이, 적분(붉은색 가루)이 피지 아니하고 백분(흰색 가루)이 심하지 않은 것	곰팡이, 적분(붉은색 가루)이 피지 아니하고 백분(흰색 가루)이 다소 심한 것
색 택	우 량	양 호	보 통
향 미	우 량	양 호	보 통
공통규격	• 크기는 30cm 이상이어야 하며 균일한 것으로 묶어야 한다. • 토사 및 그 밖의 협잡물이 없어야 한다. • 수분 : 23% 이하		

② 포장규격(10마리 포장)

구 분	포장규격
포장치수	• 겉포장 외치수 : 500×340×60(길이×너비×높이)mm • 속포장(폴리에틸렌(PE) 필름) : 380×700(길이×너비)mm
포장재료	• 겉포장 : KS T 1034(외부 포장용 골판지)에 규정된 수직 압축강도(kN/m)를 만족하는 양면 골판지 1종, 파열강도 638kPa 이상, KS M 7057(종이 및 판지의 발수도 시험)에 규정된 발수도 R₂의 것으로 사용한다. • 속포장 : KS T 1093(포장용 폴리에틸렌필름) 중에서 1종인 저밀도 폴리에틸렌(LDPE)으로 하며 무착색의 것을 사용한다.
포장방법	내용물을 폴리에틸렌(PE) 속포장에 넣은 후 상·하 20mm 이상 떨어진 곳을 열봉합하여 골판지 상자 속에 담아 상자의 덮개를 덮는다.

③ 표시사항 : 품명, 산지, 등급, 무게, 취급상 유의사항, 생산자 성명, 주소(전화번호)

(4) 새우젓

① 등급규격

항 목	특	상	보 통
육 질	우 량	양 호	보 통
숙성도	우 량	양 호	보 통
다른종류 및 부서진 것의 혼입률(%)	3 이하	5 이하	10 이하
공통규격	• 고유의 향미를 가지고 다른 냄새가 없어야 한다. • 고유의 색깔을 가지고 변질, 변색이 없어야 한다. • 액즙의 정미량이 20% 이하여야 한다.		

② 포장규격

㉠ 1kg 포장

구 분	포장규격
포장치수	용기 외치수 : ∅123×117.7(지름×높이)mm
포장재료	유리용기 : KS L 2501(유리병)에 규정되어 있는 적합한 모양, 사용상 지장이 없는 흠, 눈에 띄지 않는 줄, 균일한 두께, 무색투명한 색상 등의 품질기준과 종류에 준하는 것으로 사용한다.
포장방법	유리용기에 내용물을 충전하여 뚜껑을 닫은 후 폴리염화비닐(PVC) 수축 포장한다.

㉡ 3kg 포장

구 분	포장규격
포장치수	용기 외치수 : ∅160×157(지름×높이)mm
포장재료	• 겉포장 : KS T 1047(폴리에틸렌 병) 및 KS M 3511(폴리에틸렌 통)에 규정되어 있는 품질기준에 준하여 가공된 고밀도 폴리에틸렌(HDPE) 일반용기를 사용한다. • 속포장 : KS T 1093(포장용 폴리에틸렌 필름) 중 1종인 저밀도 폴리에틸렌(LDPE)으로 하며 무착색의 것을 사용한다.
포장방법	속포장인 폴리에틸렌(PE) 봉투(튜브상)에 젓갈을 넣고 결속끈으로 봉한 다음 폴리에틸렌(PE) 용기에 넣어 뚜껑을 완전히 밀폐시킨다.

㉢ 5kg 포장

구 분	포장규격
포장치수	용기 외치수 : ∅190×175(지름×높이)mm
포장재료	• 겉포장 : KS T 1047(폴리에틸렌 병) 및 KS M 3511(폴리에틸렌 통)에 규정되어 있는 품질기준에 준하여 가공된 고밀도 폴리에틸렌(HDPE) 일반용기를 사용한다. • 속포장 : KS T 1093(포장용 폴리에틸렌 필름) 중 1종인 저밀도 폴리에틸렌(LDPE)으로 하며 무착색의 것을 사용한다.
포장방법	속포장인 폴리에틸렌(PE) 봉투(튜브상)에 젓갈을 넣고 결속끈으로 봉한 다음 폴리에틸렌(PE) 용기에 넣어 뚜껑을 완전히 밀폐시킨다.

ⓔ 10kg 포장

구 분	포장규격
포장치수	용기 외치수 : ∅245×230(지름×높이)mm
포장재료	• 겉포장 : KS T 1047(폴리에틸렌 병) 및 KS M 3511(폴리에틸렌 통)에 규정되어 있는 품질기준에 준하여 가공된 고밀도 폴리에틸렌(HDPE) 일반용기를 사용한다. • 속포장 : KS T 1093(포장용 폴리에틸렌 필름) 중 1종인 저밀도 폴리에틸렌(LDPE)으로 하며 무착색의 것을 사용한다.
포장방법	속포장인 폴리에틸렌(PE) 봉투(튜브상)에 젓갈을 넣고 결속끈으로 봉한 다음 폴리에틸렌(PE) 용기에 넣어 뚜껑을 완전히 밀폐시킨다.

③ 표시사항 : 품명, 산지, 등급, 무게, 취급상 유의사항, 생산자 성명, 주소(전화번호)

(5) 멸치젓

① 등급규격

항 목	특	상	보 통
육 질	우 량	양 호	보 통
숙성도	우 량	양 호	보 통
향 미	우 량	양 호	보 통
공통규격	• 다른 품종의 것이 없어야 한다. • 고유의 색깔을 가지고 변색, 변질된 것이 없어야 한다. • 부패한 냄새 및 그 밖의 다른 냄새가 없어야 한다.		

② 포장규격

ⓐ 1kg 포장

구 분	포장규격
포장치수	용기 외치수 : ∅123×117.7(지름×높이)mm
포장재료	유리용기 : KS L 2501(유리병)에 규정되어 있는 적합한 모양, 사용상 지장이 없는 흠, 눈에 띄지 않는 줄, 균일한 두께, 무색투명한 색상 등의 품질기준과 종류에 준하는 것으로 사용한다.
포장방법	유리용기에 내용물을 충전하여 뚜껑을 닫은 후 폴리염화비닐(PVC) 수축 포장한다.

ⓑ 3kg 포장

구 분	포장규격
포장치수	용기 외치수 : ∅160×157(지름×높이)mm
포장재료	• 겉포장 : KS T 1047(폴리에틸렌 병)와 KS M 3511(폴리에틸렌 통)에 규정되어 있는 품질기준에 준하여 가공된 고밀도 폴리에틸렌(HDPE) 일반용기를 사용한다. • 속포장 : KS T 1093(포장용 폴리에틸렌 필름) 중 1종인 저밀도 폴리에틸렌(LDPE)으로 하며 무착색의 것을 사용한다.
포장방법	속포장인 폴리에틸렌(PE) 봉투(튜브상)에 젓갈을 넣고 결속끈으로 봉한 다음 폴리에틸렌(PE) 용기에 넣어 뚜껑을 완전히 밀폐시킨다.

ⓒ 5kg 포장

구 분	포장규격
포장치수	용기 외치수 : ∅190×175(지름×높이)mm
포장재료	• 겉포장 : KS T 1047(폴리에틸렌 병)와 KS M 3511(폴리에틸렌 통)에 규정되어 있는 품질 기준에 준하여 가공된 고밀도 폴리에틸렌(HDPE) 일반용기를 사용한다. • 속포장 : KS T 1093(포장용 폴리에틸렌 필름) 중 1종인 저밀도 폴리에틸렌(LDPE)으로 하며 무착색의 것을 사용한다.
포장방법	속포장인 폴리에틸렌(PE) 봉투(튜브상)에 젓갈을 넣고 결속끈으로 봉한 다음 폴리에틸렌(PE) 용기에 넣어 뚜껑을 완전히 밀폐시킨다.

ⓓ 10kg 포장

구 분	포장규격
포장치수	용기 외치수 : ∅245×230(지름×높이)mm
포장재료	• 겉포장 : KS T 1047(폴리에틸렌 병)와 KS M 3511(폴리에틸렌 통)에 규정되어 있는 품질 기준에 준하여 가공된 고밀도 폴리에틸렌(HDPE) 일반용기를 사용한다. • 속포장 : KS T 1093(포장용 폴리에틸렌 필름) 중 1종인 저밀도 폴리에틸렌(LDPE)으로 하며 무착색의 것을 사용한다.
포장방법	속포장인 폴리에틸렌(PE) 봉투(튜브상)에 젓갈을 넣고 결속끈으로 봉한 다음 폴리에틸렌(PE) 용기에 넣어 뚜껑을 완전히 밀폐시킨다.

ⓔ 20kg 포장

구 분	포장규격
포장치수	용기 외치수 : ∅295×338(지름×높이)mm
포장재료	• 겉포장 : KS T 1047(폴리에틸렌 병)와 KS M 3511(폴리에틸렌 통)에 규정되어 있는 품질 기준에 준하여 가공된 고밀도 폴리에틸렌(HDPE) 일반용기를 사용한다. • 속포장 : KS T 1093(포장용 폴리에틸렌 필름) 중 1종인 저밀도 폴리에틸렌(LDPE)으로 하며 무착색의 것을 사용한다.
포장방법	속포장인 폴리에틸렌(PE) 봉투(튜브상)에 젓갈을 넣고 결속끈으로 봉한 다음 폴리에틸렌(PE) 용기에 넣어 뚜껑을 완전히 밀폐시킨다.

③ **표시사항** : 품명, 산지, 등급, 무게, 취급상 유의사항, 생산자 성명, 주소(전화번호)

(6) 냉동오징어

① 등급규격

항 목	특	상	보 통
1마리의 무게(g)	320 이상	270 이상	230 이상
다른크기의 것의 혼입률(%)	0	10 이하	30 이하
색 택	우 량	양 호	보 통
선 도	우 량	양 호	보 통
형 태	우 량	양 호	보 통
공통규격	• 크기가 균일하고 배열이 바르게 되어야 한다. • 부패한 냄새 및 그 밖의 다른 냄새가 없어야 한다. • 보관온도는 −18℃ 이하여야 한다.		

② 포장규격

㉠ 2kg 포장

구 분	포장규격
포장치수	상자 외치수 : 345 × 135 × 85(길이 × 너비 × 높이)mm
포장재료	겉포장 : KS T 1034(외부 포장용 골판지)에 규정된 수직 압축강도(kN/m)를 만족하는 양면 골판지 1종, 파열강도 638kPa 이상, KS M 7057(종이 및 판지의 발수도 시험)에 규정된 발수도 R₂의 것으로 사용한다.
포장방법	겉포장 : 겉포장 상자는 상하 개폐형 접이식 형태를 적용하며 폴리프로필렌(PP) 냉동 트레이를 상자에 넣어 봉합한다.

㉡ 4kg 포장

구 분	포장규격
포장치수	상자 외치수 : 365 × 240 × 85(길이 × 너비 × 높이)mm
포장재료	겉포장 : KS T 1034(외부 포장용 골판지)에 규정된 수직 압축강도(kN/m)를 만족하는 양면 골판지 1종, 파열강도 638kPa 이상, KS M 7057(종이 및 판지의 발수도 시험)에 규정된 발수도 R₂의 것으로 사용한다.
포장방법	겉포장 : 겉포장 상자는 상하 개폐형 접이식 형태를 적용하며 폴리프로필렌(PP) 냉동 트레이를 상자에 넣어 봉합한다.

㉢ 8kg 포장

구 분	포장규격
포장치수	상자 외치수 : 465 × 310 × 85(길이 × 너비 × 높이)mm
포장재료	겉포장 : KS T 1034(외부 포장용 골판지)에 규정된 수직 압축강도(kN/m)를 만족하는 양면 골판지 1종, 파열강도 638kPa 이상, KS M 7057(종이 및 판지의 발수도 시험)에 규정된 발수도 R₂의 것으로 사용한다.
포장방법	겉포장 : 겉포장 상자는 상하 개폐형 접이식 형태를 적용하며 폴리프로필렌(PP) 냉동 트레이를 상자에 넣어 봉합한다.

③ 표시사항 : 품명, 산지, 등급, 무게, 취급상 유의사항, 생산자 성명, 주소(전화번호). 단, 원양산의 생산지 표시는 농수산물의 원산지표시에 관한 법률 시행령에서 정하는 바에 따른다.

(7) 간미역

① 등급규격

항 목	특	상	보 통
파치품(흠이 있어 가치가 떨어지는 것, 15cm 이하)의 혼입률(%)	3 이하	5 이하	10 이하
노쇠엽, 충해엽, 황갈색엽 등의 혼입률(%)	3 이하	5 이하	10 이하
색 깔	우 량	양 호	보 통
공통규격	• 다른 품종의 것이 없어야 한다. • 속줄기가 제거된 것이어야 한다. • 자숙이 적당하고 염분이 균등하며 물빼기가 충분한 것이어야 한다. • 보관온도는 −5℃ 이하여야 한다. • 수분 : 63% 이하 • 염분 : 25% 이상, 40% 이하		

② 포장규격

㉠ 200g 포장

구 분	포장규격
포장치수	• 외경치수 : 170×210(길이×너비)mm • 내경치수 : 150×190(길이×너비)mm
포장재료	KS T 1093(포장용 폴리에틸렌 필름)에 규정된 폴리에틸렌(PE) 필름으로 필름상을 사용하며 옆면은 완전하게 열봉합해야 한다. 또한 필름은 무착색의 것을 표준으로 한다.
포장방법	• 폴리에틸렌(PE) 봉투는 윗부분을 제외한 밑·옆 부분은 외경치수로부터 10mm 안쪽으로 열봉합 한다. • 내용물을 담은 후 윗부분의 봉합은 밑·옆부분과 동일하게 10mm 안쪽으로 열봉합 한다.

㉡ 500g 포장

구 분	포장규격
포장치수	• 외경치수 : 210×285(길이×너비)mm • 내경치수 : 190×265(길이×너비)mm
포장재료	KS T 1093(포장용 폴리에틸렌 필름)에 규정된 폴리에틸렌(PE) 필름으로 필름상을 사용하며 옆면은 완전하게 열봉합해야 한다. 또한 필름은 무착색의 것을 표준으로 한다.
포장방법	• 폴리에틸렌(PE) 봉투는 윗부분을 제외한 밑·옆 부분은 외경치수로부터 10mm 안쪽으로 열봉합 한다. • 내용물을 담은 후 윗부분의 봉합은 밑·옆부분과 동일하게 10mm 안쪽으로 열봉합 한다.

ⓒ 1kg 포장

구 분	포장규격
포장치수	• 외경치수 : 290 × 350(길이 × 너비)mm • 내경치수 : 270 × 330(길이 × 너비)mm
포장재료	KS T 1093(포장용 폴리에틸렌 필름)에 규정된 폴리에틸렌(PE) 필름으로 필름상을 사용하며 옆면은 완전하게 열봉합해야 한다. 또한 필름은 무착색의 것을 표준으로 한다.
포장방법	• 폴리에틸렌(PE) 봉투는 윗부분을 제외한 밑·옆 부분은 외경치수로부터 10mm 안쪽으로 열봉합 한다. • 내용물을 담은 후 윗부분의 봉합은 밑·옆부분과 동일하게 10mm 안쪽으로 열봉합 한다.

ⓔ 3kg 포장

구 분	포장규격
포장치수	• 외경치수 : 370 × 455(길이 × 너비)mm • 내경치수 : 340 × 425(길이 × 너비)mm
포장재료	• KS T 1093(포장용 폴리에틸렌 필름)에 규정된 폴리에틸렌(PE) 필름으로 필름상을 사용하며 옆면은 완전하게 열봉합해야 한다. 또한 필름은 무착색의 것을 표준으로 한다.
포장방법	• 폴리에틸렌(PE) 봉투는 윗부분을 제외한 밑·옆 부분은 외경치수로부터 10mm 안쪽으로 열봉합 한다. • 내용물을 담은 후 윗부분의 봉합은 밑·옆부분과 동일하게 10mm 안쪽으로 열봉합 한다.

ⓜ 5kg 포장

구 분	포장규격
포장치수	• 겉포장 외치수(골판지 상자) : 285 × 205 × 155(길이 × 너비 × 높이)mm • 속포장(폴리에틸렌(PE) 필름) : 480 × 520(길이 × 너비)mm
포장재료	• 겉포장 : KS T 1034(외부 포장용 골판지)에 규정된 수직 압축강도(kN/m)를 만족하는 양면 골판지 1종, 파열강도 638kPa 이상, KS M 7057(종이 및 판지의 발수도 시험)에 규정된 발수도 R_2의 것으로 사용한다. • 속포장 : KS T 1093(포장용 폴리에틸렌 필름) 중 1종인 저밀도 폴리에틸렌(LDPE)으로 하며 무착색의 것을 사용한다.
포장방법	속포장 폴리에틸렌(PE) 필름을 골판지 상자에 편평히 깔고 내용물에 넣어 묶은 다음 상자의 뚜껑을 닫는다.

ⓑ 10kg 포장

구 분	포장규격
포장치수	• 겉포장 외치수 : 370 × 265 × 155(장×폭×고)mm • 속포장(PE 필름) : 480 × 520(가로×세로)mm
포장재료	• 겉포장 : KS T1034(외부 포장용 골판지)에 규정된 수직 압축강도(kN/m)를 만족하는 양면 골판지 1종, 파열강도 638kPa 이상, KS M7057(종이 및 판지의 발수도 시험)에 규정된 발수도 R_2의 것으로 사용한다. • 속포장 : KS T1093(포장용 폴리에틸렌 필름) 중 1종인 저밀도 폴리에틸렌으로 하며 무착색의 것을 사용한다.
봉합 및 결속	• 봉합 : 골판지 상자의 날개봉합은 폭 2mm 이상의 평철사로 상하 양면에 2개 이상씩 봉합하거나 또는 포장용 마감테이프로 상하 양면에 봉합한다(단, 테이프는 상하 중간면을 봉합하여 옆면에 5cm 이상을 초과하지 못한다). • 결속 : KS T1039(폴리프로필렌 밴드)에 규정된 제16호 PP밴드로 가로 2개소를 결박하거나 또는 연질 폴리끈으로 가로 2개소를 결박하거나 두돌림하여 묶는다.

③ 표시사항 : 품명, 산지, 등급, 무게, 취급상 유의사항, 생산자 성명, 주소(전화번호)

CHAPTER

01 적중예상문제

01 다음 괄호 안에 알맞은 말을 쓰시오.

> "표준규격품"이란 이 고시에서 정한 포장규격 및 등급규격에 맞게 출하하는 수산물을 말한다. 다만, (①)
> 이 제정되어 있지 않은 품목은 (②)에 맞게 출하하는 수산물을 말한다.

정답 ① 등급규격, ② 포장규격

풀이 정의(수산물 표준규격 제2조 제1호)
"표준규격품"이란 이 고시에서 정한 포장규격 및 등급규격에 맞게 출하하는 수산물을 말한다. 다만, 등급규격
이 제정되어 있지 않은 품목은 포장규격에 맞게 출하하는 수산물을 말한다.

02 수산물의 표준규격은 산업표준화법에 의한 한국산업규격(KS)과 다르게 그 규격을 따로 정할
수 있다. 그 항목 중 포장재료, 포장방법 외에 3가지 항목을 쓰시오.

정답 ① 포장치수, ② 포장설계, ③ 표시사항

풀이 정의(수산물 표준규격 제2조 제2호)
"포장규격"이란 포장치수, 포장재료, 포장방법, 포장설계 및 표시사항 등을 말한다.

03 고등어를 가락농수산물시장에 출하하려고 할 때 "표준규격품"이라는 문구 외에 표기하여야 할 사항을 4가지 이상 쓰시오.

정답 ① 품 목
② 산 지
③ 등 급
④ 무게(마릿수)
⑤ 생산자 또는 생산자단체의 명칭 및 전화번호

풀이 표준규격품의 표시방법(수산물의 표준규격 [별표 4])
표준규격품을 출하하는 자는 농수산물 품질관리법 시행규칙 제7조 제2항의 규정에 따라 "표준규격품" 문구와 함께 품목, 산지, 등급, 무게(마릿수), 생산자 또는 생산자(유통, 가공)단체의 명칭 및 전화번호를 포장 외면에 표시해야 한다. 단, 표시사항 외에 추가 표시사항이 있는 경우에는 추가할 수 있다(예 품종을 표시해야 하는 품목).

표준규격품						
품 목		등 급		생산자(생산자단체)		
산 지		무게	kg	이 름		
생산년도		(마릿수)	(마리)	전화번호		

※ 무게는 반드시 표기해야 하며 필요시 마릿수를 병기할 수 있다.

04 다음 괄호 안에 들어갈 알맞은 말을 쓰시오.

> 수산물의 "등급규격"이란 수산물의 (①) 특성에 따라 (②), 크기, 색택, 신선도, 건조도 또는 선별 상태 등 품질구분에 필요한 항목을 설정하여 (③), (④), (⑤)으로 정한 것을 말한다.

정답 ① 품종별, ② 형태, ③ 특, ④ 상, ⑤ 보통

풀이 정의(수산물 표준규격 제2조 제3호)
"등급규격"이란 수산물의 품종별 특성에 따라 형태, 크기, 색택, 신선도, 건조도 또는 선별상태 등 품질 구분에 필요한 항목을 설정하여 특, 상, 보통으로 정한 것을 말한다.

05 다음 괄호 안에 알맞은 말을 쓰시오.

> 수산물 표준규격에서 (   )는 수산물의 거래 시 포장에 사용되는 각종 용기 등의 무게를 제외한 내용물의
> 무게 또는 마릿수 등을 말한다.

정답 거래단위

풀이 정의(수산물 표준규격 제2조 제4호)
"거래단위"란 수산물의 거래 시 사용하는 무게 또는 마릿수 등을 말한다.

06 표준규격에 의한 수산물 포장재의 종류를 5가지 쓰시오.

정답 ① 골판지
② 그물망
③ PP(폴리프로필렌)
④ PE(폴리에틸렌)
⑤ PS(발포 폴리스티렌) – 스티로폼

풀이 정의(수산물 표준규격 제2조 제8호)
"포장재료"란 수산물을 포장하는 데 사용하는 재료로서 식품위생법 등 관계 법령에 적합한 골판지, 그물망,
폴리프로필렌(PP), 폴리에틸렌(PE), 발포 폴리스티렌(PS) 등을 말한다.

07 다음 중 수산물 포장규격에 관한 설명이다. 괄호 안에 맞는 말을 쓰시오.

> ① 골판지 상자의 포장치수 중 길이, 너비의 허용범위는 (   )로 한다.
> ② 폴리프로필렌(PP) 또는 폴리에틸렌(PE), 고밀도폴리에틸렌(HDPE)의 길이, 너비, 높이의 허용범위는
>   (   )로 한다.
> ③ 폴리에틸렌대(PE대)의 포장치수의 허용범위는 길이의 ±10%, 너비의 ±10mm, 지대의 경우에는 각각
>   길이·너비의 (   )로 한다.
> ④ (   )의 규격은 사용자가 적정하게 정하여 사용할 수 있다.
> ⑤ T-11형 팰릿(1,100mm × 1,100mm) 및 T-12형 팰릿(1,200mm × 1,000mm)의 평면 적재효율이 (   )
>   이상인 것을 우선 적용하고, 높이는 해당 수산물의 포장이 가능한 적정높이로 한다.

정답 ① ±2.5%, ② ±0.7%, ③ ±5mm, ④ 속포장, ⑤ 90%

풀이 **포장치수의 허용범위(수산물 표준규격 제5조)**
① 골판지상자 및 발포 폴리스티렌(PS) 상자의 포장치수 중 길이, 너비의 허용범위는 ±2.5%로 한다.
② 폴리프로필렌(PP) 또는 폴리에틸렌(PE), 고밀도폴리에틸렌(HDPE)의 길이, 너비, 높이의 허용범위는
   ±0.7%로 한다.
③ 그물망, 직물제포대(PP대), 폴리에틸렌대(PE대)의 포장치수의 허용범위는 길이의 ±10%, 너비의 ±10mm,
   지대의 경우에는 각각 길이·너비의 ±5mm로 한다.
④ 속포장의 규격은 사용자가 적정하게 정하여 사용할 수 있다.

포장치수(수산물 표준규격 제4조)
T-11형 팰릿(1,100mm × 1,100mm) 및 T-12형 팰릿(1,200mm × 1,000mm)의 평면 적재효율이 90% 이상인
것을 우선 적용하고, 높이는 해당 수산물의 포장이 가능한 적정높이로 한다.

08 다음 괄호 안에 알맞은 내용을 쓰시오.

> 수산물 표준규격에서 선어류의 표준거래단위를 5kg, 8kg, 10kg, 15kg, 16kg, 20kg로 지정하고 있는
> 품목으로는 (①)가(이) 있으며, 15kg, 20kg인 품목으로는 (②)이(가) 있다.

정답 ① 고등어, ② 가다랑어

풀이 **[별표 1] 수산물의 표준거래단위**
• 고등어 : 5kg, 8kg, 10kg, 15kg, 16kg, 20kg
• 오징어, 대구 : 5kg, 8kg, 10kg, 15kg, 20kg
• 삼치, 백조기 : 5kg, 7kg, 10kg, 15kg, 20kg
• 뱀장어 : 5kg, 10kg
• 가다랑어 : 15kg, 20kg
• 참다랑어 : 10kg, 20kg

09 거래단위로 3kg, 5kg, 10kg을 적용하는 품목 3가지를 쓰시오.

정답 양태, 수조기, 숭어

풀이 [별표 1] 수산물의 표준거래단위
- 3kg, 5kg, 10kg : 양태, 수조기, 숭어, 쥐치, 화살오징어, 도다리
- 3kg, 5kg, 10kg, 15kg : 병어, 조피볼락, 서대
- 3kg, 5kg, 10kg, 15kg, 20kg : 전어, 문어

10 다음 수산물의 표준거래단위에 해당하는 것을 [보기]에서 찾아 적으시오.

┤ 보기 ├

조기, 가자미, 멸치, 놀래미, 명태, 가다랑어

15kg	20kg			--- (①)

5kg	10kg	15kg		--- (②)

3kg	4kg	5kg	10kg	------------------------------- (③)

5kg	10kg	15kg	20kg	------------------------------- (④)

정답 ① 가다랑어, ② 놀래미, ③ 멸치, ④ 명태

풀이 [별표 1] 수산물의 표준거래단위
- 조기 : 10kg, 15kg, 20kg
- 가자미 : 3kg, 5kg, 7kg, 10kg
- 멸치 : 3kg, 4kg, 5kg, 10kg
- 놀래미 : 5kg, 10kg, 15kg
- 명태 : 5kg, 10kg, 15kg, 20kg
- 가다랑어 : 15kg, 20kg

11 수산물 표준규격에서 표준거래단위를 3kg, 5kg, 10kg으로 지정하고 있는 패류의 품목 3가지를 쓰시오.

정답 꼬막, 피조개, 우렁쉥이

풀이 [별표 1] 수산물의 표준거래단위

패류 등	생 굴	0.2kg, 1kg, 3kg, 10kg
	바지락	3kg, 5kg, 10kg, 20kg
	꼬 막	3kg, 5kg, 10kg
	피조개	3kg, 5kg, 10kg
	오징어	5kg, 8kg, 10kg, 15kg, 20kg
	화살오징어	3kg, 5kg, 10kg
	문 어	3kg, 5kg, 10kg, 15kg, 20kg
	우렁쉥이	3kg, 5kg, 10kg

12 조기 3kg을 표준규격품으로 출하하고자 할 때 표준거래규격으로 출하가 가능한지의 여부와 그 이유를 쓰시오.

정답 • 출하 가능 여부 : 가능
• 이유 : 조기의 표준거래단위는 10kg, 15kg, 20kg이지만, 5kg 미만 또는 최대 거래단위 이상은 거래 당사자 간의 협의 또는 시장 유통여건에 따라 다른 거래단위를 사용할 수 있으므로 출하 가능하다.

풀이 • 조기의 표준거래단위 : 10kg, 15kg, 20kg
• 표준거래단위 이외의 거래단위는 거래 당사자 간의 협의 또는 시장 유통여건에 따라 사용할 수 있다(수산물 표준규격 제3조 제2항).

13 북어의 등급규격에서 "특"에 해당하는 1마리의 크기(전장)는 얼마인가?

> **정답** 40cm 이상

> **풀이** 북어의 등급규격

항 목	특	상	보 통
1마리의 크기(전장, cm)	40 이상	30 이상	30 이상
다른 크기의 것의 혼입률(%)	0	10 이하	30 이하
색 택	우 량	양 호	보 통
공통규격	• 형태 및 크기가 균일하여야 한다. • 고유의 향미를 가지고 다른 냄새가 없어야 한다. • 인체에 해로운 성분이 없어야 한다. • 수분 : 20% 이하		

14 북어 50마리를 선별하여 상자에 담아 출하하려고 한다. 북어의 등급규격 항목별 선별내용이 다음과 같다. 해당 등급과 그 이유를 답란에 각각 쓰시오(다만, 이 항목 외 등급판정은 고려하지 않는다).

> • 크기 : 40cm가 45마리, 38cm가 5마리
> • 다른 크기의 것의 혼입률 : 5마리
> • 색택 : 우량
> • 수분 : 20% 이하

> **정답** • 등급 : "상"
> • 이유 : 색택과 수분(공통규격)은 "특" 등급에 해당하지만, 1마리의 크기 "특"의 조건인 40cm 이상에 미달하는 것이 5마리(38cm) 있으므로 다른 크기의 것의 혼입률(%)은 10%(5마리/50마리)이다. 따라서 "특"의 조건인 0%를 초과하고, "상"의 조건인 10% 이하에 해당하므로 "상" 등급으로 판정한다.

15 굴비의 표준규격에서 "특"에 해당하는 등급규격을 쓰시오.

정답 • 1마리의 크기(전장, cm) : 20 이상
• 다른 크기의 것의 혼입률(%) : 0
• 색택 : 우량
• 고유의 향미를 가지고 다른 냄새가 없어야 한다.
• 크기가 균일한 것으로 엮어야 한다.

풀이 굴비의 등급규격

항 목	특	상	보 통
1마리의 크기(전장, cm)	20 이상	15 이상	15 이상
다른 크기의 것의 혼입률(%)	0	10 이하	30 이하
색 택	우 량	양 호	보 통
공통규격	• 고유의 향미를 가지고 다른 냄새가 없어야 한다. • 크기가 균일한 것으로 엮어야 한다.		

16 수산물 표준규격의 등급규격 항목 중 "특"에 해당하는 다른 크기의 것의 혼입률이 0%이어야 하는 품목 3가지를 쓰시오.

정답 북어, 굴비, 냉동오징어

풀이 냉동오징어의 등급규격

항 목	특	상	보 통
1마리의 무게(g)	320 이상	270 이상	230 이상
다른 크기의 것의 혼입률(%)	0	10 이하	30 이하
색 택	우 량	양 호	보 통
선 도	우 량	양 호	보 통
형 태	우 량	양 호	보 통
공통규격	• 크기가 균일하고 배열이 바르게 되어야 한다. • 부패한 냄새 및 그 밖의 다른 냄새가 없어야 한다. • 보관온도는 −18℃ 이하여야 한다.		

17 마른문어의 표준규격에서 "특"에 해당하는 형태의 조건은?

정답 육질의 두께가 두껍고, 흡반 탈락이 거의 없는 것

풀이 마른문어의 등급규격

항 목	특	상	보 통
형 태	육질의 두께가 두껍고, 흡반 탈락이 거의 없는 것	육질의 두께가 보통이고, 흡반 탈락이 적은 것	육질이 다소 엷고, 흡반 탈락이 적은 것
곰팡이, 적분(붉은색 가루) 및 백분(흰색 가루)	곰팡이, 적분이 피지 아니하고 백분이 다소 있는 것	곰팡이, 적분이 피지 아니하고 백분이 심하지 않은 것	곰팡이, 적분이 피지 아니하고 백분이 다소 심한 것
색 택	우 량	양 호	보 통
향 미	우 량	양 호	보 통
공통규격	• 크기는 30cm 이상이어야 하며, 균일한 것으로 묶어야 한다. • 토사 및 그 밖의 협잡물이 없어야 한다. • 수분 : 23% 이하		

18 다음 [보기]에 따른 마른문어의 등급과 이유를 쓰시오.

┤보기├
- 형태 : 육질의 두께가 두껍고 흡반 탈락이 거의 없는 것
- 곰팡이, 적분 및 백분 : 곰팡이, 적분(붉은색 가루)이 피지 아니하고 백분(흰색 가루)이 다소 있는 것
- 색택 : 우량
- 향미 : 우량
- 수분 : 25%

정답 등급판정 불가

풀이 다른 항목은 모두 "특" 등급에 해당하지만, 수분 25%는 공통규격에서 정하는 23% 이하를 초과하므로 등급판정이 불가하다.

19 다음 괄호 안에 알맞은 말을 쓰시오.

생굴의 등급규격에서 정하는 특, 상, 보통의 1개의 무게(g)는 모두 (   )이다.

정답 3 이상

풀이 **생굴의 등급규격**

항 목	특	상	보 통
1개의 무게(g)	3 이상	3 이상	3 이상
다른 크기 및 외상 있는 것의 혼입률(%)	3 이하	5 이하	10 이하
색택(외투막)	경계가 선명하고 밝음	경계가 선명함	맨눈으로 경계의 구분이 가능함
색택(폐각근)	맑은 진주색을 띰	반투명의 크림색을 띰	연한 회색빛을 띰
냄 새	비린내가 거의 없고 상쾌한 바다향이 남	강한 해초향이 남	해초향이 남
형태 및 단단함	단단하고 탄력이 있으며 형태가 온전함	단단하고 형태가 온전함	부드럽고 형태가 온전함
공통규격	• 고유의 색깔과 향미를 가지고 있어야 한다. • 다른 품종의 것이 없어야 한다. • 부서진 조개류의 껍데기 및 그 밖의 협잡물이 없어야 한다. • 내용물 중의 수질은 혼탁하지 않아야 한다.		
설 명	 굴 형태 　　　 폐각근 외투막 • 폐각근 : 조개의 관자와 유사하며 단단한 부위 • 외투막 : 굴의 테두리에 있는 검정색의 진한 선		

20 다음의 생굴 10kg을 PE 필름대(튜브형)를 펼쳐서 PS 상자에 편평히 깐 다음 PE 필름대 속에 굴을 물, 얼음과 적당한 비율로 배합하여 작업자 손으로 봉함한 후 뚜껑을 닫아 점착테이프로 마무리한 후 시장에 출하하려고 한다. 등급을 쓰고, 판정이유를 쓰시오.

> • 1개의 무게 : 5g 이상
> • 다른 크기 및 외상이 있는 것의 혼입률 : 5% 이하
> • 색택(외투막) : 경계가 선명함
> • 고유의 색깔과 향미를 가지고 있다.

정답 • 등급 : "상"
　　　• 이유 : 최하위 등급항목은 다른 크기 및 외상이 있는 것의 혼입률과 색택으로 "상" 등급에 해당하므로, "상" 등급으로 판정한다.

21 표준규격이 제정된 수산물의 등급규격 항목 중 색택이 제시된 품목 5가지를 쓰시오.

정답 북어, 굴비, 마른문어, 생굴, 냉동오징어

풀이 **수산물의 등급규격 항목**
　　　• 북어 : 1마리의 크기(전장, cm), 다른 크기의 것의 혼입률(%), 색택
　　　• 굴비 : 1마리의 크기(전장, cm), 다른 크기의 것의 혼입률(%), 색택
　　　• 마른문어 : 형태, 곰팡이, 적분(붉은색 가루) 및 백분(흰색 가루), 색택, 향미
　　　• 생굴 : 1개의 무게(g), 다른 크기 및 외상이 있는 것의 혼입률(%), 색택, 냄새, 형태 및 단단함
　　　• 냉동오징어 : 1마리의 무게(g), 다른 크기의 것의 혼입률(%), 색택, 선도, 형태

22 표준규격이 제정된 수산물 중 등급규격 항목에 육질과 숙성도가 있는 품목 2개는 무엇인가?

정답 새우젓, 멸치젓

풀이 **수산물의 등급규격 항목**
　　　• 새우젓 : 육질, 숙성도, 다른 종류 및 부서진 것의 혼입률(%)
　　　• 멸치젓 : 육질, 숙성도, 향미

23 표준규격이 제정된 수산물 중 등급규격 항목에 형태가 있는 품목 2개는 무엇인가?

정답 생굴, 냉동오징어

풀이 **수산물의 등급규격 항목**
- 생굴 : 1개의 무게(g), 다른 크기 및 외상이 있는 것의 혼입률(%), 색택, 냄새, 형태 및 단단함
- 냉동오징어 : 1마리의 무게(g), 다른 크기의 것의 혼입률(%), 색택, 선도, 형태

24 표준규격이 제정된 수산물 중 등급규격 항목에 다른 크기의 것의 혼입률(%)이 있는 품목 5개 이상을 쓰시오.

정답 북어, 굴비, 생굴, 바지락, 냉동오징어

풀이 **수산물의 등급규격 항목**
- 북어 : 1마리의 크기(전장, cm), 다른 크기의 것의 혼입률(%), 색택
- 굴비 : 1마리의 크기(전장, cm), 다른 크기의 것의 혼입률(%), 색택
- 생굴 : 1개의 무게(g), 다른 크기 및 외상이 있는 것의 혼입률(%), 색택, 냄새, 형태 및 단단함
- 바지락 : 1개의 크기(각장, cm), 다른 크기의 것의 혼입률(%), 손상 및 죽은 조개류의 껍데기 혼입률(%)
- 냉동오징어 : 1마리의 무게(g), 다른 크기의 것의 혼입률(%), 색택, 선도, 형태

25 바지락의 등급규격에서 "특"에 해당하는 1개의 크기(각장)는?

정답 4cm 이상

풀이 **바지락의 등급규격**

항 목	특	상	보 통
1개의 크기(각장, cm)	4 이상	3 이상	3 이상
다른 크기의 것의 혼입률(%)	5 이하	10 이하	30 이하
손상 및 죽은 조개류의 껍데기 혼입률(%)	3 이하	5 이하	10 이하
공통규격	• 조개류의 껍데기에 묻은 모래, 뻘 등이 잘 제거돼야 한다. • 크기가 균일하고, 다른 종류의 것의 혼입이 없어야 한다. • 부패한 냄새 및 그 밖의 다른 냄새가 없어야 한다.		

26 제시된 바지락 5kg의 조건을 바탕으로 해당 등급 및 그 이유를 쓰시오.

- 1개의 크기 : 4cm
- 다른 크기의 것의 혼입률 : 4% 이하
- 손상 및 죽은 조개류의 껍데기 혼입률 : 4% 이하
- 부패한 냄새 및 그 밖의 다른 냄새가 없다.

정답 • 등급 : "상"
  • 이유 : 최하위 등급항목은 손상 및 죽은 조개류의 껍데기 혼입률로 "상"의 조건인 5% 이하에 해당하므로 "상" 등급으로 판정한다.

27 다음 괄호 안에 알맞은 말을 쓰시오.

꼬막의 등급규격에서 "특"의 조건은 1개의 크기 (①)cm 이상, 다른 크기의 것의 혼입률 (②)%
이하, 손상 및 죽은 조개류의 껍데기 혼입률 (③)% 이하여야 한다.

정답 ① 3, ② 5, ③ 3

풀이 꼬막의 등급규격

항 목	특	상	보 통
1개의 크기(각장, cm)	3 이상	2.5 이상	2 이상
다른 크기의 것의 혼입률(%)	5 이하	10 이하	30 이하
손상 및 죽은 조개류의 껍데기 혼입률(%)	3 이하	5 이하	10 이하
공통규격	• 조개류의 껍데기에 묻은 모래, 뻘 등이 잘 제거돼야 한다. • 크기가 균일하고, 다른 종류의 것의 혼입이 없어야 한다. • 부패한 냄새 및 그 밖의 다른 냄새가 없어야 한다.		

28 꼬막 5kg을 PP포대에 담아 출하하려고 한다. 1개의 크기는 3cm 이상이고, 다른 크기의 것의 혼입률과 손상 및 죽은 조개류의 껍데기 혼입률은 5% 이하이다. 등급과 이유를 쓰시오.

정답 • 등급 : "상"
• 이유 : 최하위 등급항목은 손상 및 죽은 조개류의 껍데기 혼입률로, "상"의 조건인 5% 이하에 해당하므로 "상" 등급으로 판정한다.

29 다음 괄호 안에 알맞은 말을 쓰시오.

새우젓의 등급규격에서 "상"의 조건은 육질이 (①)하고, 숙성도가 (②)해야 하며, 다른 종류 및 부서진 것의 혼입률이 (③)% 이하여야 한다. 또 공통규격에서 정하는 액즙의 정미량이 (④)% 이하이어야 한다.

정답 ① 양호, ② 양호, ③ 5, ④ 20

풀이 새우젓의 등급규격

항 목	특	상	보 통
육 질	우 량	양 호	보 통
숙성도	우 량	양 호	보 통
다른 종류 및 부서진 것의 혼입률(%)	3 이하	5 이하	10 이하
공통규격	• 고유의 향미를 가지고 다른 냄새가 없어야 한다. • 고유의 색깔을 가지고 변질, 변색이 없어야 한다. • 액즙의 정미량이 20% 이하여야 한다.		

30 냉동오징어의 등급규격에서 "특"에 해당하는 1마리의 무게는?

정답 320g 이상

풀이 냉동오징어의 등급규격

항 목	특	상	보 통
1마리의 무게(g)	320 이상	270 이상	230 이상
다른 크기의 것의 혼입률(%)	0	10 이하	30 이하
색 택	우 량	양 호	보 통
선 도	우 량	양 호	보 통
형 태	우 량	양 호	보 통
공통규격	• 크기가 균일하고 배열이 바르게 되어야 한다. • 부패한 냄새 및 그 밖의 다른 냄새가 없어야 한다. • 보관온도는 −18℃ 이하여야 한다.		

31 수산물 표준규격의 등급규격 중 다음 [보기]에 제시된 공통규격에 해당하는 품목은 무엇인가?

┤보기├
• 크기가 균일하고 배열이 바르게 되어야 한다.
• 부패한 냄새 및 그 밖의 다른 냄새가 없어야 한다.
• 보관온도는 −18℃ 이하여야 한다.

정답 냉동오징어

32 다음 [보기] 중 냉동오징어의 등급 항목이 아닌 것을 고르시오.

┌ 보기 ┐

① 육 질
② 선 도
③ 숙성도
④ 색 택
⑤ 형 태
⑥ 다른 크기의 것의 혼입률(%)
⑦ 곰팡이, 적분(붉은색 가루) 및 백분(흰색 가루)
⑧ 향 미

└────────────────────────────┘

정답 ① 육질, ③ 숙성도, ⑦ 곰팡이, 적분 및 백분, ⑧ 향미

풀이 냉동오징어의 등급규격 항목
1마리의 무게(g), 다른 크기의 것의 혼입률(%), 색택, 선도, 형태

33 간미역의 등급규격 항목 중 공통규격에서 정하는 수분과 염분의 함량은?

정답 ① 수분 : 63% 이하
② 염분 : 25% 이상, 40% 이하

풀이 간미역의 등급규격

항 목	특	상	보 통
파치품(흠이 있어 가치가 떨어지는 것, 15cm 이하)의 혼입률(%)	3 이하	5 이하	10 이하
노쇠엽, 충해엽, 황갈색엽 등의 혼입률(%)	3 이하	5 이하	10 이하
색 깔	우 량	양 호	보 통
공통규격	• 다른 품종의 것이 없어야 한다. • 속줄기가 제거된 것이어야 한다. • 자숙이 적당하고 염분이 균등하며, 물빼기가 충분한 것이어야 한다. • 보관온도는 −5℃ 이하여야 한다. • 수분 : 63% 이하 • 염분 : 25% 이상, 40% 이하		

34 다음 [보기]의 내용을 바탕으로 간미역의 등급을 결정하시오.

┤보기├

- 파치품(흠이 있어 가치가 떨어지는 것, 15cm 이하)의 혼입률(%) : 5 이하
- 노쇠엽, 충해엽, 황갈색엽 등의 혼입률(%) : 3 이하
- 색깔 : 우량
- 자숙이 적당하고 염분이 균등하며, 물빼기가 충분하다.

정답 • 등급 : "상"
- 이유 : 최하위 등급항목은 파치품(흠이 있어 가치가 떨어지는 것, 15cm 이하)의 혼입률로, "상"의 조건인 5% 이하에 해당하므로 "상" 등급으로 판정한다.

35 수산물 표준규격의 등급규격 항목 중 공통규격에서 정하는 수분이 20% 이하인 품목은?

정답 북 어

풀이 수산물의 등급규격 – 공통규격(수분)
- 북어 : 20% 이하
- 마른문어 : 23% 이하
- 간미역 : 63% 이하

36 수산물 표준규격의 등급규격 항목 중 공통규격에서 정하는 보관온도가 −5℃ 이하인 품목은?

정답 간미역

풀이 수산물의 등급규격 – 공통규격(보관온도)
- 냉동오징어 : −18℃ 이하여야 한다.
- 간미역 : −5℃ 이하여야 한다.

CHAPTER 02 품질검사

01 식품의 품질관리와 검사

(1) 식품의 기준 및 규격의 필요성

식품 섭취로 인한 인체의 위해를 방지하고 식품 영양의 향상을 위해 가공식품뿐만 아니라 가공식품에 첨가되는 모든 식품첨가물 및 용기·포장의 사용 방법(제조·가공·사용·조리 및 보존 방법)에 대한 기준과 그 원재료에 대한 성분 규격을 나타내어야 한다. 또한 변화하는 주변 상황에 맞추어 지속적인 개정이 필요하다.

① **신규 유해물질 증가** : 기존에 식품 가공 중에 문제없이 사용되어 왔던 것이라도 과학 및 분석 기술의 발달로 사람의 건강에 유해한 역할을 하는 것으로 밝혀지는 물질들이 늘어나고 있어 식품 안전성 확보를 위해 필요에 따라 그 기준과 규격을 새롭게 설정해야 한다.

② **원료오염** : 급격한 산업화 및 공업화에 의한 대기오염, 수질오염, 토양오염 등의 환경오염에 의해 식품의 원료인 농축수산물이 오염될 개연성이 높아지고 있다. 또한 농축수산물의 방사선오염 등과 같은 예상하지 못했던 자연재해 등에 의한 오염이 발생하므로, 식품 원료에 대한 기준과 규격에 대한 설정이 필요하다.

③ **첨가물 사용** : 식품의 보존성 향상, 향미 증진, 영양성분 강화 등의 목적으로 식품 가공 중에 여러 가지 첨가물이 사용되고 있다. 특히 화학합성물의 경우에는 오랜 기간 동안의 경험에 의하여 안전성이 입증된 천연물에 비하여 인체에 유해하거나 유해를 초래할 가능성이 높기 때문에 기준 및 규격 등이 검토되어야 한다.

※ **식품공전 및 식품첨가물공전**
- 식품공전(食品公典) : 식품과 기구 및 용기, 포장에 관한 기준 및 규격 설정의 필요성에 의해 제정된 이후 필요에 따라 개정을 거듭하고 있다.
- 식품첨가물공전 : 식품첨가물에 관한 기준 및 규격 설정의 필요성에 의해 제정된 이후 필요에 따라 개정을 거듭하고 있다.

(2) 식품표시제도

① **식품의 표시**

㉠ 식품 또는 식품첨가물에 관한 기준 및 규격 : 식품의약품안전처장은 국민보건을 위하여 필요하면 판매를 목적으로 하는 식품 또는 식품첨가물에 관한 사항을 정하여 고시한다.
- 제조·가공·사용·조리·보존 방법에 관한 기준
- 성분에 관한 규격

ⓛ 유전자변형식품 : 생명공학기술을 활용하여 재배·육성된 농·축·수산물 등을 원재료로 하여 제조·가공한 식품 또는 식품첨가물(유전자변형식품 등)은 유전자변형식품임을 표시하여야 한다. 다만, 제조·가공 후에 유전자변형 디엔에이(DNA, Deoxyribonucleic Acid) 또는 유전자변형 단백질이 남아 있는 유전자변형식품 등에 한정

② **영양성분의 표시** : 제품에 일정량 함유된 영양소의 함량을 표시할 때 '열량, 나트륨, 탄수화물, 당류, 지방, 트랜스지방, 포화지방, 콜레스테롤 및 단백질'은 그 명칭과 함량을 표시하여야 한다. 그 밖의 영양성분(비타민, 무기질, 식이섬유 등)은 임의로 표시할 수 있고, 명칭과 함량을 표시하도록 하고 있다.

③ **허위표시 등의 금지** : 소비자들의 권익 보호를 위해 허위·과대·비방의 표시·광고를 하여서는 아니 되고, 포장에 있어서는 과대포장을 하지 못한다. 식품 또는 식품첨가물의 영양가·원재료·성분·용도에 관하여도 또한 같다.

④ **영양강조의 표시** : 제품에 함유된 영양성분의 함유 사실 또는 함유 정도를 "무", "저", "고", "강화", "첨가", "감소" 등의 특정한 용어를 사용하여 표시하는 것을 말한다.

(3) 식품의 기준 및 규격의 설정

① 식품은 원재료의 생산단계에서부터 제조·가공·조리 등의 가공단계와 보존·저장·운반 등의 유통단계를 거쳐 소비자의 식탁에 오르기까지 많은 단계를 거친다.

② 식품의 기준 및 규격의 설정목적은 식품을 원료단계에서부터 최종 소비자가 섭취할 때까지 모든 단계에서 안전하게 그 가치를 유지하는 것이다.

  ※ **식품의 기준 및 규격의 구성요소**
  • 적합한 원료 구비조건(안전성, 위생성, 건전성)
  • 적절한 식품 제조·가공기준
  • 품질 확보를 위한 식품 주원료의 성분 배합기준
  • 유해물질기준
  • 제품별 식품의 기준과 성분규격
  • 식품의 내용을 파악하고 소비자를 보호하기 위한 적정한 표시기준
  • 유통 중의 보존기준
  • 제품별 성분 및 유해 물질 시험방법
  • 기구 및 용기, 포장의 기준과 규격
  • 식품첨가물 성분 규격과 사용기준

2 제품검사

(1) 제품검사

① 개 요

식품의 경우 균일한 원료의 수급이 대단히 어렵기 때문에 일관성 있는 제품의 품질 유지를 위해서는 원재료와 부재료가 회사의 기준규격에 적합한지에 대한 검사가 필수적이다. 또한, 생산과정이나 혹은 최종공정에서 생산된 제품이 규격에 적합한지를 조사해야 하고 제품에 불량품이 혼입되는 것을 방지하기 위해서도 검사는 필요하다.

※ **제품검사의 필요성**
- 최종제품이 회사에서 설정한 품질기준에 적합한지 판정
- 제조공정이 품질기준에 부합하는 제품 생산에 적합한지 판정

② 제품검사 방법

검사 방법에는 크게 생산된 개개의 제품을 공장에서 모두 조사하는 전수검사와 일부의 시료를 채취하여 검사하는 시료채취검사가 있다.

㉠ 전수검사에 의해서는 기준규격에 합격한 제품만이 출하된다.

㉡ 시료채취검사는 생산된 제품에서 일부를 취하여 검사하고, 그 결과에 따라 집단 전체의 품질을 보증할 수 있는지를 판정하는 방법이다. 일반적으로 시료채취검사는 파괴검사, 어느 정도의 불량품이 혼입되어도 괜찮은지 검사, 불완전한 전수검사보다 면밀한 시료채취에 의해 신뢰도가 높은 결과를 얻을 수 있는 검사 등에 사용한다.

(2) 시료채취 방법

분석에 사용되는 시료는 시료 전체를 대표하여야 하기 때문에 분석집단을 충분히 대표할 수 있게 채취해야 한다. 식품의 경우에는 시료 개체에 따른 차이도 크지만, 같은 개체 내에서도 차이가 나기 때문에 특히 시료채취에 유의하여야 한다.

※ **시료채취법**
- 층별 시료채취법 : 검사 집단이 크고, 그것이 이질 성분으로 구성되어 있다고 생각될 때 같은 성분끼리 모아 몇 개의 이질층으로 나누어 각 층으로부터 각각 무작위로 시료를 채취하는 방법(시료를 채취할 때는 각 층의 크기에 비례하여 추출)
- 취락 시료채취법 : 집단을 구성하고 있는 물품이 이질 성분으로 구성되어 있고, 같은 성분끼리 층 구분이 불가능할 때 집단을 여러 개의 소집단으로 나누어 그중 몇 개의 집락을 취한 후 전부 조사하는 방법

(3) 품질검사 방법

식품은 영양학적 품질과 위생학적 안전성이 보장되어야 할 뿐만 아니라 관능적 요소인 외관, 색채, 맛, 촉감 등도 좋아야 한다. 이에 식품품질검사를 위해서 영양성분검사, 위생학적 안전성과 관련된 물리·화학적 검사 및 관능적 검사를 실시하고 있다. 이 세 가지 방법 중 한 가지만으로는 식품품질을 정확히 평가할 수 없기 때문에 세 가지 방법을 같이 사용하고 있다.

① 영양성분검사

식품 중의 열량, 탄수화물, 당류, 단백질, 지방, 포화지방, 트랜스 지방, 콜레스테롤, 나트륨 등의 의무표시사항 및 비타민, 무기질, 식이섬유 등의 특수 영양성분을 표시하기 위해서는 식품공전 및 식품첨가물공전 등에서 정한 방법으로 분석을 한다.

② 위생학적 안전성검사

최근 식품품질에서 가장 중요하게 여겨지는 품질은 위생 안전성이다. 이에 유해한 미생물에 의한 식품오염과 식품 내 유독 화학물질의 잔류에 대해서 식품공전 및 식품첨가물공전 등에서 정한 방법으로 안전성에 대해 분석한다.

③ 관능검사

ⓐ 시각, 청각, 촉각, 미각 및 후각의 오감에 의하여 측정하는 검사 방법이다.

ⓑ 제품의 특성에 따라 관능검사에 의하지 않고는 측정이 불가능한 경우도 있으며, 다른 검사방법과 비교 시 시간, 비용 등 경제성에서 관능검사가 더 유리한 경우가 많다. 특히 맛, 향기, 혀의 촉감, 색조, 건조도, 신선도, 조직감 등의 관능검사 평가항목이 식품의 품질을 실질적이고 종합적으로 평가하는 데 많이 이용되고 있다.

ⓒ 관능검사 방법으로 비교법, 순위법, 평점법 등의 여러 가지 방법이 고안되어 있으나 이 중에서 식품의 관능검사에 가장 많이 사용되는 방법은 평점법이다. 평점법은 평점의 척도를 사용하여 식품품질의 점수를 매기는 방법으로, 여러 식품에 다양하게 적용할 수 있고 실시하기가 간편하며 결과의 통계적 처리가 용이하다.

※ **관능검사에서 유의하여야 할 점**
- 검사원 선정에 주의한다.
- 관능검사의 결과는 환경에 영향을 받기 쉬우므로 조명 등의 주변환경을 정비한다.
- 판정의 기준이 되는 견본을 정비하고, 정기적으로 기준에 맞는지를 검사한다.

※ **평점의 척도**

맛이 아주 없음	1점
맛이 없음	2점
맛이 조금 떨어짐	3점
맛이 비교적 괜찮음	4점
맛이 좋음	5점
맛이 아주 좋음	6점

1 수산물 · 수산가공품 검사기준에 관한 고시(국립수산물품질관리원 고시 제2022-26호)

(1) 목적(제1조)

이 고시는 농수산물 품질관리법 시행규칙 제110조(수산물 등에 대한 검사기준)에 따른 수산물 · 수산물가공품의 검사기준을 규정하여 업무의 공정성과 객관성을 확보함을 목적으로 한다.

(2) 정의(제2조)

이 고시에서 사용하는 용어의 뜻은 다음과 같다.

① "어패류"란 어류, 패류, 갑각류 및 연체류 등의 수산동물을 말한다.

② "신선 · 냉장품"이란 얼음 등을 이용하여 신선상태를 유지하거나 동결되지 않도록 10℃ 이하로 냉장한 수산동 · 식물을 말한다.

③ "냉동품"이란 수산동 · 식물을 원형 또는 처리 · 가공하여 동결시킨 제품을 말한다.

④ "건제품"이란 수산동 · 식물의 수분을 감소시키기 위하여 건조하거나 말린[삶는 방식, 굽는 방식, 염장(鹽藏)하는 방식 등을 포함] 제품을 말한다.

⑤ "염장품"이란 수산동 · 식물을 식염(食鹽) 또는 식염수를 이용하여 절이거나 식염 또는 식염과 주정(酒精)을 가하여 숙성시켜 만든 제품을 말한다.

⑥ "조미가공품"이란 수산동 · 식물에 조미료를 첨가하여 조림 · 건조 또는 구워서 만든 제품 및 패류 자숙(煮熟) 시 유출되는 액의 유효성분을 농축하여 만든 간장류(주스류) 등의 제품을 말한다.

⑦ "어간유 · 어유"란 수산동물의 간장(肝腸)에서 추출한 유지(乳脂) 또는 이를 원료로 하여 농축한 것(어간유)과 수산동물의 간장을 제외한 어체에서 추출한 유지(어유)를 말한다.

⑧ "어분 · 어비"란 어류 및 그 밖의 수산동물을 자숙 · 압착 · 건조하여 분쇄한 것(어분)과 어류 및 그 밖의 수산동물을 자숙 · 압착 · 건조하여 비료로 사용하는 것(어비)을 말한다.

⑨ "한천"이란 홍조류 중 한천 성분(다당류)을 물리적 또는 화학적 방법으로 추출 · 응고 및 건조시켜 만든 제품을 말한다.

⑩ "어육연제품"이란 어육에 소량의 소금 및 부재료를 넣고 갈아서 만든 고기풀을 가열 · 응고시켜 만든 탄성 있는 겔(Gel) 상태의 가공품을 말한다.

⑪ "통 · 병조림품"이란 수산동 · 식물을 관 또는 병에 넣어 탈기 · 밀봉 · 살균 · 냉각 등의 가공공정을 거쳐 만든 제품을 말한다.

(3) 수산물·수산가공품의 검사기준(제3조)

① 농수산물 품질관리법 시행규칙 제110조의 규정에 의한 수산물·수산가공품(수산물 등)의 검사 기준은 다음과 같다.

ㄱ 농수산물 품질관리법 제88조(수산물 등에 대한 검사) 제1항 제1호에 따른 정부에서 수매·비축하는 수산물 등의 검사기준은 수산물 정부비축사업집행지침에서 정하는 바에 따를 것

ㄴ 법 제88조 제1항 제2호에 따른 외국과의 협약 또는 수출상대국의 요청으로 검사가 필요한 수산물 등의 검사기준은 [별표 1]과 같다.

ㄷ 제1항 제1호 및 제2호 외의 수산물 등에 대하여 검사신청이 있는 경우에는 [별표 1]의 검사기준을 적용할 것

② [별표 1]에서 정해지지 않은 수산물 등의 검사기준은 식품위생법에 의하여 식품의약품안전처장이 정하여 고시한 기준·규격을 적용한다.

③ 제1항 제2호 및 제2항의 규정에도 불구하고 법 제88조 제1항 제2호에 따라서 외국과의 협약·수입국(수입자를 포함) 또는 검사신청인이 요구하는 검사기준이 있는 경우에는 그 기준·규격을 우선 적용할 수 있다.

(4) 수산물 등의 표시기준(제4조)

① 수산물 등에는 제품명, 중량(또는 내용량), 업소명(제조업소명 또는 가공업소명), 원산지명 등을 표시해야 한다. 다만, 외국과의 협약 또는 수입국에서 요구하는 표시기준이 있는 경우에는 그 기준에 따라 표시할 수 있다.

② ①의 규정에도 불구하고 무포장, 대형수산물 또는 수입국에서 요구할 경우에는 그 표시를 생략할 수 있다.

※ 원산지의 표시대상(농수산물의 원산지표시 요령 제2조 – 해양수산부 고시)

농수산물의 원산지 표시 등에 관한 법률 시행령 제3조(원산지의 표시대상) 제1항에 따른 농수산물 또는 그 가공품의 원산지 표시대상은 다음과 같다.

1. 국산 농산물, 수입 농산물과 그 가공품 또는 반입 농산물과 그 가공품, 농산물 가공품의 원료 원산지 표시대상은 [별표 1]과 같다.

2. 국산 수산물, 수입 수산물과 그 가공품 또는 반입 수산물과 그 가공품, 수산물 가공품의 원료 원산지 표시대상은 [별표 2]와 같다.

[별표 2] 수산물 등의 원산지 표시대상 품목(농수산물의 원산지표시요령 – 해양수산부 고시)

1. 국산 수산물 및 원양산 수산물 : 225품목

   농축수산물 표준코드에 정의된 품목 적용을 원칙으로 함

   ※ 처리 형태를 불문하고 살아 있는 것, 신선·냉장, 냉동, 가열, 건조, 염장, 염수장한 수산물(비식용 수산물은 제외)

구 분	품 목
해면어류 (130)	가시고기류, 가오리류, 가자미류, 갈치류, 강달이류, 개복치류, 게르치류, 고등어류, 곤쟁이류, 곰치류, 군평선이류, 기름치류, 까나리류, 꼬리치류, 꼬치고기류, 꼼치류, 꽁치류, 나비고기류, 날가지류, 날개멸류, 날개줄고기류, 날쌔기류, 날치류, 남방칼고기류, 넙치류, 노랑벤자리류, 노래미류, 놀래기류, 농어류, 눈볼대류, 다동가리류, 다랑어류, 달고기류, 대구류, 대주둥치류, 대치류, 도루묵류, 도치류, 독가시치류, 돔류, 동갈양태류, 동강연치류, 동미리류, 둑중개류, 등가시치류, 만세기류, 망둑어류, 매퉁이류, 멸치류, 명태류, 물꽃치류, 물멸류, 물수배기류, 물치다래류, 미올비늘치류, 민어류, 민태류, 밀크피시류, 바늘동치류, 바닥가시치류, 바라문디류, 바리류, 발광멸류, 방어류, 배불뚝치류, 배창류, 뱅어류, 베도라치류, 병어류, 보리멸류, 복어류, 볼락류, 부치류, 붉은메기류, 붉평치류, 비막치어류, 빙어류, 삼세기류, 삼치류, 상어류, 새다래류, 새치류, 색줄멸류, 색줄멸포류, 샛멸류, 샛비늘치류, 서대류, 선홍치류, 성대류, 숭어류, 실치류, 씬벵이류, 아귀류, 압치류, 앨퉁이류, 양미리류, 양태(장대)류, 여을멸류, 연어류, 은비늘치류, 장갱이류, 장어류, 적어류, 전갱이류, 점매가리류, 조기류, 주걱치류, 주둥치류, 준치류, 줄벤자리류, 줄비늘치류, 쥐치류, 철갑둥어류, 철갑상어류, 청어류, 청황문절류, 촉수류, 통구멍류, 통치류, 풀미역치류, 학공치류, 학치류, 해덕류, 해마류, 홍메치류, 홍어류, 활치류, 황줄깜정이류, 횟대류, 기타 해면어류
내수면어류 (28)	가물치류, 누치류, 돔류, 동사리류, 동자개류, 드렁허리류, 등목어류, 메기류, 미꾸라지류, 백련어류, 버들치류, 베스류, 부루길류, 붕어류, 빙어류, 산천어류, 송사리류, 송어류, 쏘가리류, 열목어류, 잉어류, 장어류, 초어류, 피라미류, 한줄퓨실리아류, 황어류, 흑연류, 기타 내수면어류
해면갑각류(4)	가재류, 게류, 새우류, 기타 해면갑각류
해면패류 (15)	가리비류, 가무락류, 개아지살류, 고둥류, 고막류, 골뱅이류, 굴류, 맛류, 바지락류, 우렁이류, 전복류, 조개류, 홍합류, 해락류, 기타 해면패류
해면연체류 (8)	갑오징어류, 꼴뚜기류, 낙지류, 문어류, 오징어류, 주꾸미류, 화살오징어류, 기타 해면연체류
해조류 (18)	갈래곰보류, 김류, 다시마류, 도박류, 돌가사리류, 말류, 모자반류, 미역류, 부리붉은잎류, 볏붉은잎류, 비단풀류, 세모가사리류, 우뭇가사리류, 옥덩굴류, 파래류, 풀가사리류, 카라기난류, 기타 해조류
해면기타 (10)	개불류, 갯지렁이류, 고래류, 미더덕류, 성게류, 우렁쉥이류, 해삼류, 해파리류, 냉동복합류, 기타 해면기타류
내수면 기타 (11)	가재류, 게류, 다슬기류, 미끈가지류, 새우류, 순채류, 우렁이류, 조개류, 자라류, 재첩류, 기타 내수면 기타류(단, 개구리류는 제외한다)
식염(1)	천일염

2. 수입 수산물과 그 가공품 또는 반입 수산물과 그 가공품 : 24품목
대외무역법에 따라 산업통상자원부장관이 공고한 품목 중 수산물

구 분	분류내용
제1류	살아 있는 동물
제2류	육과 식용 설육
제3류	어류·갑각류·연체동물 및 그 밖의 수생무척추동물
제5류	다른 류로 분류되지 않은 동물성 생산품
제12류	채유용에 적합한 종자와 과실, 각종의 종자와 과실, 공업용·의약용의 식물, 짚과 사료용 식물
제13류	락·검·수지 및 그 밖의 식물성 수액과 추출물
제15류	동식물성 지방과 기름 및 이들의 분해 생산물, 조제한 식용 지방과 동식물성 납
제16류	육류·어류·갑각류·연체동물 또는 그 밖의 수생 무척추동물의 조제품
제21류	각종의 조제 식료품
제23류	식품공업에서 생기는 잔유물 및 웨이스트와 조제사료
제25류	소 금

HS번호	품 목
0106	그 밖의 살아 있는 동물(자라에 한함)
0208	그 밖의 육과 식용설육(신선·냉장 또는 냉동한 것에 한한다)
0301	활 어
0302	신선 또는 냉장한 어류(제0304호의 어류의 펠릿 및 그 밖의 어육은 제외한다)
0303	냉동어류(제0304호의 어류의 피레트 및 그 밖의 어육은 제외한다)
0304	어류의 피레트 및 그 밖의 어육(잘게 썰었는지의 여부를 불문하며, 신선·냉장 또는 냉동한 것에 한한다)
0305	건조·염장이나 염수장한 어류, 훈제한 어류(훈제과정 중이나 훈제 전에 조리한 것인지의 여부를 불문한다), 어류의 고운가루·거친가루와 펠릿(식용에 적합한 것에 한한다)
0306	갑각류[껍데기가 붙어 있는 것인지의 여부를 불문하고, 살아있는 것과 신선·냉장·냉동·건조·염장 또는 염수장·훈제한 것(껍데기가 붙어 있는 것인지 또는 훈제 전이나 훈제 과정 중에 조리한 것인지 여부를 불문한다), 껍데기가 붙어 있는 상태로 물에 찌거나 삶은 것(냉장·냉동·건조·염장 또는 염수장한 것인지 여부를 불문한다), 갑각류의 고운가루·거친가루 및 펠릿(식용에 적합한 것에 한한다)를 포함한다]
0307	연체동물[껍데기가 붙어 있는 것인지의 여부를 불문하며, 살아있는 것과 신선·냉장·냉동·건조·염장 또는 염수장·훈제한 것(껍데기가 붙어 있는 것인지 또는 훈제 전이나 훈제과정 중에 조리한 것인지 여부를 불문한다), 연체동물의 고운가루·거친가루 및 펠릿(식용에 적합한 것에 한한다)를 포함한다]
0308	수생(水生) 무척추동물[갑각류와 연체동물은 제외하며, 살아있는 것과 신선·냉장·냉동·건조·염장 또는 염수장, 훈제한 것(갑각류와 연체동물은 제외하며, 훈제 전이나 훈제과정 중에 조리한 것인지 여부를 불문한다), 수생(水生) 무척추동물(갑각류와 연체동물은 제외한다)의 고운가루·거친가루 및 펠릿(식용에 적합한 것에 한한다)를 포함한다]
0507	고래수염과 그 털
1212	해초류와 그 밖의 조류

HS번호	품 목
1302	식물성 원료에서 얻은 한천
1504	어류 또는 바다에 사는 포유동물의 유지와 그 분획물(정제 여부를 불문하며, 화학적으로 변성가공한 것은 제외한다)
1516	동물성 또는 식물성 유지와 그 분획물(전부 또는 부분적으로 수소를 첨가한 것. 인터에스텔화한 것, 리에스텔화한 것 또는 엘라이딘화한 것에 한하며, 정제 여부를 불문하고 더 이상 가공한 것은 제외한다)
1603	육·어류·갑각류·연체동물 또는 그 밖의 수생무척추동물의 추출물과 즙
1604	조제 또는 보존처리한 어류 및 캐비아와 어란으로 조제한 캐비아 대용물
1605	조제 또는 보존처리한 갑각류·연체동물 및 그 밖의 수생무척추동물
2102	효모(활성 또는 불활성의 것), 그 밖의 단세포미생물(죽은 것에 한하며, 제3002호의 백신을 제외한다) 및 조제한 베이킹 파우더
2104	수프·브로드와 수프·브로드용 조제품 및 균질화한 혼합조제식료품
2106	따로 분류되지 아니한 조제식료품
2301	육·설육·어류·갑각류·연체동물 또는 그 밖의 수생무척추동물의 고운가루·거친가루 및 펠릿(식용에 적합하지 아니한 것에 한한다)
2309	사료용 조제품
2501	소금(식탁염과 변성염을 포함한다)·순염화나트륨(수용액 여부 및 고결방지제 또는 유동제의 첨가여부를 불문한다)

3. 수산물 가공품 : 73품목식품위생법에 따른 식품의 기준 및 규격 및 건강기능식품에 관한 법률에 따른 건강기능식품의 기준 및 규격에 따름

가. 식품의 기준 및 규격 정의 품목(50)

구 분	품 목
두부류 또는 묵류(3)	묵류(전분질원료, 해조류 또는 곤약, 다당류)
식용유지류(2)	동물성 유지류(어유), 기타 동물성유지
음료류(5)	다류(침출차, 액상차, 고형차), 기타 음료(혼합음료, 음료베이스)
특수영양식품(7)	영아용 조제식, 성장기용 조제식, 영·유아용 이유식, 특수의료용도식품, 체중조절용 조제식품, 임산·수유부용 식품, 고령자용 영양조제식품
조미식품류(6)	소스류(복합조미식품, 소스), 식염(재제소금, 태움·용융소금, 정제소금, 기타소금, 가공소금)
절임류 또는 조림류(3)	절임류(절임식품, 당절임), 조림류
수산가공식품류(16)	어육가공품류(어육살, 연육, 어육반제품, 어묵, 어육소시지, 기타 어육가공품), 젓갈류(젓갈, 양념젓갈, 액젓, 조미액젓), 건포류(조미건어포, 건어포, 기타 건포류), 조미김, 한천, 기타 수산가공품
동물성가공식품류(4)	추출가공식품, 자라가공식품(자라분말, 자라분말제품, 자라유제품)
즉석식품류(5)	생식류, 즉석섭취·편의식품류(즉석섭취식품, 신선편의식품, 즉석조리식품, 간편조리세트)
기타 식품류(2)	기타 가공품, 효모식품
장기보존식품(3)	통·병조림식품, 레토르트식품, 냉동식품

나. 건강기능식품의 기준 및 규격 정의 품목(16)

구 분	품 목
영양성분(3)	식이섬유, 단백질, 필수지방산
기능성원료(12)	엽록소 함유 식물, 클로렐라, 알콕시글리세롤함유상어간유, 스피루리나, EPA 및 DHA 함유 유지, 스콸렌, 글루코사민, NAG(N-아세틸글루코사민), 뮤코다당·단백, 키토산/키토올리고당, 헤마토코쿠스 추출물, 분말한천
기타(1)	건강기능식품에 관한 법률 제15조 제2항에 따라 인정한 품목 중 수산물 또는 그 가공품을 원료로 사용한 품목

※ 원산지표시 대상 건강기능식품의 기준 및 규격 정의 품목을 주원료 또는 주성분으로 사용하여 건강기능식품에 관한 법률 제7조 제1항에 따라 품목제조신고를 하여 생산된 건강기능식품을 표시 대상으로 하며, 시행령 제3조 제2항 및 제3항에 따라 표시해야 한다.

복합원재료를 사용한 경우 원산지 표시대상(농수산물의 원산지 표시요령 제3조 – 해양수산부 고시)

시행령 제3조(원산지의 표시대상) 제2항 제2호에 따라 복합원재료를 농수산물 가공품에 사용하는 경우 다음과 같이 그 복합원재료에 사용된 원료 원산지를 표시한다.

1. 농수산물 가공품에 사용되는 복합원재료가 국내에서 가공된 경우 복합원재료 내의 원료 배합비율이 높은 두 가지 원료(복합원재료가 고춧가루를 사용한 김치류인 경우에는 고춧가루와 고춧가루 외의 배합비율이 가장 높은 원료 1개를 표시하고, 복합원재료 내에 다시 복합원재료를 사용하는 경우에는 그 복합원재료 내에 원료 배합비율이 가장 높은 원료 한 가지만 표시)
2. 1.의 경우에도 불구하고 해당 복합원재료 중 한 가지 원료의 배합비율이 98% 이상인 경우 그 원료만을 표시 가능
3. 시행령 제5조(원산지의 표시기준) 제1항 [별표 1] 제2호의 수입 또는 반입한 복합원재료를 농수산물 가공품의 원료로 사용한 경우에는 통관 또는 반입 시의 원산지를 표시

원료 원산지가 자주 변경되는 경우 원산지 표시(농수산물의 원산지 표시요령 제4조 – 해양수산부 고시)

① 시행령 제5조 제1항 [별표 1] 제3호 마목에 따라 수입 원료를 사용하는 경우로 다음의 어느 하나에 해당할 때는 해당 원료의 원산지를 '외국산(○○국·○○국·○○국 등)'으로 변경된 국가명을 3개국 이상 함께 표시하거나 '외국산(국가명은 ○○에 별도 표시)'으로 표시할 수 있다. 이 경우 별도 표시라 함은 포장재에 표기된 QR코드나 홈페이지에 해당 국가명을 표시함을 말한다. 다만, 포장재에 직접 표시한 국가 이외의 원산지 원료로 변경된 경우에는 변경사항이 발생한 날부터 1년의 범위에서 기존 포장재를 사용할 수 있다.

1. 원산지 표시대상인 특정 원료의 원산지 국가가 최근 3년 이내에 연평균 3개국 이상 변경되었거나, 최근 1년 동안에 3개국 이상 변경된 경우
2. 신제품의 경우 원산지 표시대상인 특정 원료의 원산지 국가가 최초 생산일로부터 1년 이내에 3개국 이상 변경이 예상되는 경우

② ①에도 불구하고, 다음의 어느 하나에 해당하는 경우에는 해당 원료의 원산지를 "외국산"으로 표시할 수 있다.

1. 원산지 표시대상인 특정 원료의 원산지 국가가 최근 3년 이내에 연평균 6개국을 초과하여 변경된 경우
2. 정부가 가공품 원료로 공급하는 수입쌀을 사용하는 경우
3. 복합원재료 내 표시대상인 특정 원료의 원산지 국가가 최근 3년 이내에 연평균 3개국 이상 변경되었거나, 최근 1년 동안에 3개국 이상 변경된 경우

③ 시행령 제5조 제1항 [별표 1] 제3호 마목에 따라 원산지가 다른 동일원료를 혼합하여 사용하는 경우로서 다음의 어느 하나에 해당하는 경우에는 혼합 비율 표시를 생략하고 혼합 비율이 높은 순으로 2개 이상의 원산지를 표시할 수 있다. 다만, 원산지 표시 중 국내산의 혼합 비율을 생략하기 위해서는 국내산 혼합 비율이 최소 30% 이상이어야 한다.
1. 최근 3년 이내에 연평균 3회 이상 혼합 비율이 변경되었거나, 최근 1년 동안에 3회 이상 혼합비율이 변경된 경우
2. 혼합 비율을 표시할 경우 연 3회 이상 포장재 교체가 예상되는 경우
④ ①에 따라 QR코드나 홈페이지에 원산지를 표시하는 경우 다음을 따라야 한다.
1. 원산지가 변경된 경우 변경사항 발생 1개월 이내에 변경사항을 추가해야 함
2. 원산지 표시내용은 생산된 제품의 유통기한이 종료될 때까지 유지되어야 함

세부 원산지 표시기준(농수산물의 원산지 표시요령 제5조 − 해양수산부 고시)
시행령 제5조 제2항에 따라 농수산물의 이식(移植)·이동 등으로 인한 세부 표시기준은 [별표 3]과 같다.

[별표 3] 이식·이동 등으로 인한 세부 원산지 표시기준

구 분	세부 원산지 표시기준
가. 원산지 변경	수산자원관리법 및 내수면어업법에 의한 이식절차를 거쳐 수정란, 김 사상체 등을 수입하여 국내에서 재생산된 수산물은 국내산으로 본다. 예 김 사상체를 수입하여 김을 양식 생산한 경우 예 수입한 수정란으로부터 부화한 어류의 경우 예 종묘생산용으로 수입한 친어, 모하, 모패 등으로부터 새롭게 생산된 어류, 새우, 패류 등의 경우
나. 원산지 미변경	수산자원관리법 및 내수면어업법에 의한 이식절차를 거치지 않고 성어 또는 제품을 수입하여 단순히 저장, 분포장, 보관, 단기 성육시키는 경우에는 원산지가 변경된 것으로 보지 않는다. 예 미꾸라지를 수입하여 물논, 저수지, 수조 등에 단기간 보관 후 판매하는 경우 예 수산물을 수입하여 이물질을 제거하거나 잘게 찢기, 분포장 등 단순가공 활동을 하여 HS 6단위 기준의 실질적 변형이 일어나지 않는 경우 예 마른 해조류를 수입하여 잘게 부수거나 잘라 소포장하는 경우
다. 원산지 전환	수산물(활어, 산 갑각류, 산 연체동물 등)을 수산자원관리법 및 내수면어업법에 의한 이식절차를 거쳐 출생국으로부터 수입하여 국내에서 일정 기간 양식한 경우 원산지가 전환되었다고 보며 다음과 같이 표시한다. 예 외국에서 출생한 어패류의 경우 미꾸라지는 3개월 이상, 흰다리새우와 해만가리비는 4개월 이상, 그 이외의 어패류는 6개월 이상 국내에서 양식된 때에는 "국산" 또는 "국내산"으로 표시한다. 예 국내에서 출생한 어패류의 경우 유통판매 전 최종 사육지를 기준으로 미꾸라지는 3개월 이상, 흰다리새우와 해만가리비는 4개월 이상, 그 이외의 어패류는 6개월 이상 사육·양식한 때에는 "국산", "국내산"의 표시 외에 해당 시·도명 또는 시·군·구명을 표시할 수 있다. 다만, 해당 조건이 충족되지 아니할 경우 "국산" 또는 "국내산"으로 표시해야 한다.

2 [별표 1] 수산물 · 수산가공품 검사기준

(1) 관능검사기준

① 활어패류

항 목	합 격
외 관	손상과 변형이 없는 형태로서 병충해가 없는 것
활력도	살아 있고, 활력도가 양호한 것
선 별	대체로 고르고 다른 종류의 혼입이 없는 것

② 신선 · 냉장품

항 목	합 격
형 태	손상과 변형이 없고 처리 상태가 양호한 것
색택(빛나는 윤기)	고유의 색택으로 양호한 것
선 도	선도가 양호한 것
선 별	크기가 대체로 고르고, 다른 종류의 혼입이 없는 것
잡 물	혈액 등의 처리가 잘되고, 그 밖에 협잡물이 없는 것
냄 새	신선하여 이취가 없는 것

③ 냉동품

• 어패류

항 목	합 격
형 태	고유의 형태를 가지고 손상과 변형이 거의 없는 것
색 택	고유의 색택으로 양호한 것
선 별	크기가 대체로 고르고 다른 종류의 혼입이 없는 것
선 도	선도가 양호한 것
잡 물	혈액 등의 처리가 잘되고 그 밖에 협잡물이 없는 것
건조 및 유소	글레이징이 잘되어 건조 및 유소(지방의 산패)현상이 없는 것(다만, 건조 및 유소를 방지할 수 있도록 포장한 것은 제외)
온 도	중심온도가 −18℃ 이하인 것(다만, 횟감용 참치류의 중심온도는 −40℃ 이하인 것)

• 연 육

항 목	합 격
형 태	고기갈이 및 연마 상태가 보통 이상인 것
색 택	색택이 양호하고 변색이 없는 것
냄 새	신선하여 이취가 없는 것
잡 물	뼈 및 껍질 그 밖에 협잡물이 없는 것
육 질	절곡시험 C급 이상인 것으로 육질이 보통인 것
온 도	제품 중심온도가 −18℃ 이하인 것

• 해조류

항 목	합 격
형 태	조체발육이 보통 이상의 것으로 손상 및 변형이 심하지 않은 것
색 택	고유의 색택을 가지고 변질되지 않은 것
선 별	파치품(깨어지거나 흠이나서 못 쓰게 된 물건)·충해엽 등의 혼입이 적고 다른 해조 등의 혼입이 거의 없는 것
잡 물	토사 및 이물질의 혼입이 거의 없는 것
온 도	제품 중심온도가 −18℃ 이하인 것

• 붉은대게 액즙

항 목	합 격
색 택	고유의 색택을 가지고 있는 것
잡 물	토사, 패각, 그 밖에 이물이 없는 것
향 미	고유의 향미가 양호한 것
온 도	제품 중심온도가 −18℃ 이하인 것

• 어육연제품(찐어묵 등)

항 목	합 격
형 태	고유의 형태를 가지고 손상과 변형이 거의 없는 것
색 택	고유의 색택으로 양호한 것
잡 물	잡물이 없는 것
탄 력	탄력이 양호한 것
온 도	제품 중심온도가 −18℃ 이하인 것

• 이료용(餌料用) 및 사료용 수산물·수산가공품은 어·패류의 기준 중 선별, 잡물 항목을 제외한다.

④ 건제품
 • 마른김 및 얼구운김

항 목	검사기준				
	특 등	1등	2등	3등	등 외
형 태	길이 206mm 이상, 너비 189mm 이상이고, 형태가 바르며 축파지, 구멍기가 없는 것. 다만, 대판은 길이 223mm 이상, 너비 195mm 이상인 것	길이 206mm 이상, 너비 189mm 이상이고, 형태가 바르며 축파지(표면 또는 가장자리가 오그라진 것, 길이 및 폭의 절반 이상 찢어진 것), 구멍기가 없는 것. 다만, 재래식은 길이 260mm 이상, 너비 190mm 이상, 대판은 길이 223mm 이상, 너비 195mm 이상인 것	왼쪽과 같음	왼쪽과 같음	길이 206mm, 너비 189mm이나 과도하게 가장자리를 치거나 형태가 바르지 못하고, 경미한 축파지 및 구멍기가 있는 제품이 약간 혼입된 것 다만, 재래식과 대판의 길이 및 너비는 1등에 준한다.
색 택	고유의 색택(흑색)을 띠고 광택이 우수하고 선명한 것	고유의 색택을 띠고 광택이 우량하고 선명한 것	고유의 색택을 띠고 광택이 양호하고, 사태(색택이 회색에 가까운 검은색을 띠며 광택이 없는 것)가 경미한 것	고유의 색택을 띠고 있으나 광택이 보통이고, 사태나 나부기(건조과정에서 열이나 빛에 의해 누렇게 변색된 것)가 보통인 것	고유의 색택이 떨어지고, 나부기 또는 사태가 전체 표면의 20% 이하인 것
청태의 혼입	청태(파래 · 매생이)의 혼입이 없는 것	청태의 혼입이 3% 이내인 것 다만, 혼해태는 20% 이하인 것	청태의 혼입이 10% 이내인 것 다만, 혼해태는 30% 이하인 것	청태의 혼입이 15% 이내인 것 다만, 혼해태는 45% 이하인 것	청태의 혼입이 15% 이내인 것 다만, 혼해태는 50% 이하인 것
향 미	고유의 향미가 우수한 것	고유의 향미가 우량한 것	고유의 향미가 양호한 것	고유의 향미가 보통인 것	고유의 향미가 다소 떨어지는 것
중 량	100매 1속의 중량이 250g 이상인 것	100매 1속의 중량이 250g 이상인 것. 다만, 재래식은 200g 이상인 것			
	다만, 얼구운김 중량은 마른김 화입(마른김을 건조기에 넣어 건조시킨 것)으로 인한 감량을 감안할 수 있음				
협잡물	토사 · 따개비 · 갈대잎 및 그 밖에 협잡물이 없는 것				
결 속	10매를 1첩으로 하고, 10첩을 1속으로 하여 강인한 대지로 묶음. 다만, 수요자의 요청에 따라 첩 단위 또는 평첩의 상태로 포장할 수 있음				
결속대지 및 문고지	형광물질이 검출되지 아니한 것				

• 마른멸치

항 목	1등	2등	3등
형 태	• 대멸 : 77mm 이상 • 중멸 : 51mm 이상 • 소멸 : 31mm 이상 • 자멸 : 16mm 이상 • 세멸 : 16mm 미만으로서 다른 크기의 혼입 또는 머리가 없는 것이 1% 이하인 것	• 대멸 : 77mm 이상 • 중멸 : 51mm 이상 • 소멸 : 31mm 이상 • 자멸 : 16mm 이상 • 세멸 : 16mm 미만으로서 다른 크기의 혼입 또는 머리가 없는 것이 3% 이하인 것	• 대멸 : 77mm 이상 • 중멸 : 51mm 이상 • 소멸 : 31mm 이상 • 자멸 : 16mm 이상 • 세멸 : 16mm 미만으로서 다른 크기의 혼입 또는 머리가 없는 것이 5% 이하인 것
색 택	자숙이 적당하여 고유의 색택이 우량하고, 기름이 피지 아니한 것	자숙이 적당하여 고유의 색택이 양호하고, 기름이 핀 정도가 적은 것	자숙이 적당하여 고유의 색택이 보통이고, 기름이 약간 핀 것
향 미	고유의 향미가 우량한 것	고유의 향미가 양호한 것	고유의 향미가 보통인 것
선 별	이종품의 혼입이 없는 것	이종품의 혼입이 없는 것	이종품의 혼입이 거의 없는 것
협잡물	토사 및 그 밖에 협잡물이 없는 것		

• 마른우뭇가사리

항 목	1등	2등	3등	등 외
원 료	산지 및 채취의 계절이 동일하고 조체발육이 우량한 것	산지 및 채취의 계절이 동일하고 조체발육이 양호한 것	산지 및 채취의 계절이 동일하고 조체발육이 보통인 것	왼쪽과 같음
색 택	고유의 색택으로서 우량하며, 발효로 인하여 뜨지 아니한 것	고유의 색택으로서 양호하며, 발효로 인하여 뜨지 아니한 것	고유의 색택으로서 보통이며, 발효로 인하여 뜨지 아니한 것	고유의 색택으로서 보통이며, 발효에 의하여 뜬 정도가 심하지 아니한 것
협잡물	다른 해조 및 그 밖에 협잡물이 1% 이하인 것	다른 해조 및 그 밖에 협잡물이 3% 이하인 것	다른 해조 및 그 밖에 협잡물이 5% 이하인 것	왼쪽과 같음

• 마른톳

항 목	1등	2등	3등
원 료	산지 및 채취의 계절이 같고 조체발육이 우량한 것	산지 및 채취의 계절이 같고 조체발육이 양호한 것	산지 및 채취의 계절이 같고 조체발육이 보통인 것
색 택	고유의 색택으로서 우량하며, 변질되지 않은 것	고유의 색택으로서 우량하며, 변질되지 않은 것	고유의 색택으로서 보통이며, 변질되지 않은 것
협잡물	다른 해조 및 토사 그 밖에 협잡물이 1% 이하인 것	다른 해조 및 토사 그 밖에 협잡물이 3% 이하인 것	다른 해조 및 토사 그 밖에 협잡물이 5% 이하인 것

• 마른어류(어포 포함)

항 목	합 격
형 태	형태가 바르고 손상이 적으며, 충해가 없는 것
색 택	고유의 색택이 양호한 것
협잡물	토사 및 그 밖에 협잡물이 없는 것
향 미	고유의 향미를 가지고 이취가 없는 것

• 마른오징어류(문어 · 갑오징어 등)

항 목	합 격
형 태	• 형태가 바르고 손상이 없으며, 흡반의 탈락이 적은 것 • 썰거나 찢은 것은 크기가 고른 것
색 택	색택이 보통이며, 얼룩이 거의 없는 것
곰팡이 및 적분	곰팡이가 없고, 적분이 거의 없는 것
협잡물	토사 및 그 밖에 협잡물이 없는 것
향 미	고유의 향미를 가지고 이취가 없는 것
선 별	크기가 대체로 고른 것

• 마른굴 및 마른홍합

항 목	합 격
형 태	형태가 바르고 크기가 고르며, 파치품 혼입이 거의 없는 것
색 택	고유의 색택으로 백분이 없고 기름이 피지 않은 것
협잡물	토사 및 협잡물이 없는 것
향 미	고유의 향미를 가지고 이취가 없는 것

• 마른패류(굴 · 홍합을 제외한 그 밖의 패류)

항 목	합 격
형 태	형태가 바르고 손상품이 적은 것
색 택	고유의 색택이 양호한 것
협잡물	토사 및 그 밖에 협잡물이 없는 것
향 미	고유의 향미를 가지고 이취가 없는 것

• 마른어 · 패류 분말 또는 분쇄(멸치 · 굴 · 홍합 등)

항 목	합 격
형 태	• 분말 정도가 미세하고 고른 것 • 분쇄 정도가 대체로 고른 것
색 택	고유의 색택으로 유소현상이 없는 것
협잡물	토사 및 그 밖에 협잡물이 없는 것
향 미	고유의 향미를 가지고 이취가 없는 것

• 마른해삼류

항 목	합 격
형 태	형태가 바르고 크기가 고른 것
색 택	고유의 색택이 양호하고 백분이 심하지 않은 것
협잡물	토사 · 곰팡이 및 그 밖에 협잡물이 없는 것
향 미	고유의 향미를 가지고 이취가 없는 것

• 마른새우류(새우살 · 겉새우 등 일반 갑각류 포함)

항 목	합 격
형 태	손상이 적고 대체로 고른 것
색 택	색택이 양호한 것
협잡물	토사 및 그 밖에 협잡물이 없는 것
향 미	고유의 향미를 가지고 이취가 없는 것
선 별	이종품의 혼입이 거의 없는 것

• 마른상어지느러미(복어지느러미 포함)

항 목	합 격
원 료	이종의 지느러미를 혼합하지 않고, 소형 상어지느러미는 배지느러미 및 뒷지느러미 혼합이 거의 없는 것
형 태	형태가 바르고 지느러미 근부에 군살의 부착이 적고 충해 · 파손 · 구멍이 없는 것
색 택	고유의 색택을 가지고, 바래지거나 기름 및 곰팡이가 피지 아니하고 백분이 심하지 않은 것
협잡물	토사 및 그 밖에 협잡물이 없는 것
향 미	이취가 없는 것

• 마른다시마

항 목	합 격
원 료	조체발육이 양호한 것
형 태	정형 상태가 대체로 바르고 손상품이 거의 없는 것
색 택	• 고유의 색택(흑녹색 또는 흑갈색)이 양호하고, 바래진 정도가 심하지 않은 것 • 곰팡이가 없고 백분이 심하지 아니한 것
협잡물	토사가 없고 그 밖에 협잡물이 거의 없는 것
향 미	고유의 향미를 가지고 이취가 없는 것

• 찐 톳

항 목	합 격
형 태	• 줄기(L) : 길이는 3cm 이상으로서, 3cm 미만의 줄기와 잎의 혼입량이 5% 이하인 것 • 잎(S) : 줄기를 제거한 잔여분(길이 3cm 미만의 줄기 포함)으로서, 가루가 섞이지 않은 것 • 파치(B) : 줄기와 잎의 부스러기로서, 가루가 섞이지 않은 것
색 택	광택이 있는 흑색으로서, 착색은 찐톳 원료 또는 감태 등 자숙 시 유출된 액으로 고르게 된 것
선 별	줄기와 잎을 구분하고 잡초의 혼입이 없으며, 노쇠 등 여윈 제품의 혼입이 없는 것
협잡물	토사 · 패각 등 협잡물의 혼입이 없는 것
취 기	곰팡이 냄새 또는 그 밖에 이취가 없는 것

- 마른미역류(가닥미역 · 썰은미역 등, 썰은간미역 포함)

항 목	합 격
원 료	조체발육이 양호한 것
형 태	• 형태가 바르고 손상이 거의 없는 것 • 썬 것은 크기가 고르고, 파치품의 혼입이 거의 없는 것
색 택	고유의 색택으로 양호한 것
협잡물	토사 및 그 밖에 협잡물이 없는 것
향 미	고유의 향미를 가지고 이취가 없는 것

- 마른돌김

항 목	합 격
형 태	• 초제 상태가 양호하여 제품의 형태가 대체로 바른 것 • 구멍기가 심하지 아니한 것
색 택	고유의 색택을 띠고 광택이 양호하며, 사태 및 나부끼의 혼입이 거의 없는 것
협잡물	토사 · 패각 등 협잡물의 혼입이 없는 것
이종품의 혼입	청태 및 종류가 다른 김의 혼입이 5% 이하인 것
향 미	고유의 향미를 가지고 이취가 없는 것

- 구운김

항 목	합 격
형 태	• 배소로 인한 파상형 또는 요철형의 혼입이 적은 것 • 크기가 고르고 구멍기가 심하지 않은 것
색 택	고유의 색택을 가지고 배소로 인한 변색이 심하지 않은 것
협잡물	토사 및 협잡물의 혼입이 없는 것
향 미	고유의 향미를 가지고 이취가 없는 것

- 게EX분(분말)

항 목	합 격
형 태	분말의 정도가 미세하고 고른 것
색 택	고유의 색택이 양호한 것
협잡물	토사 및 그 밖에 협잡물이 없는 것
향 미	고유의 향미를 가지고 이취가 없는 것

- 마른해조류(도박 · 진도박 · 돌가사리 등, 그 밖의 갯풀)

항 목	합 격
원 료	조체발육이 양호한 것
색 택	고유의 색택이 양호하고 변색되지 않은 것
협잡물	다른 해조, 토사 및 그 밖에 협잡물이 3% 이하인 것

• 마른해조분

항 목	합 격
형 태	분말의 정도가 고른 것
색 택	고유의 색택을 가지며, 변질·변색되지 않은 것
협잡물	토사 및 그 밖에 협잡물이 5% 이하인 것
취 기	곰팡이 또는 이취가 없는 것

• 마른바랜·뜬갯풀

항 목	합 격
원 료	조체발육이 양호한 것
형 태	바랜 정도와 뜬 형태가 적당한 것
색 택	바래거나 뜬 색택이 고른 것
협잡물	협잡물이 1% 이하인 것

• 그 밖의 건제품

항 목	합 격
형 태	형태가 바르고 크기가 고른 것
색 택	• 고유의 색택을 가진 것 • 구운 것은 과열로 인한 흑반이 심하지 않은 것
협잡물	토사 및 그 밖에 협잡물이 없는 것
향 미	고유의 향미를 가지고 이취가 없는 것

⑤ 염장품

• 성게젓

항 목	합 격
형 태	미숙한 생식소의 혼입이 적고 다른 종류의 혼입이 거의 없으며, 알 모양이 대체로 뚜렷한 것
색 택	고유의 색택이 양호한 것
협잡물	토사 및 그 밖에 협잡물이 없는 것
향 미	고유의 향미를 가지고 이취가 없는 것

• 명란젓 및 명란맛젓

항 목	합 격
형 태	크기가 고르고 생식소의 충전이 양호하고, 파란 및 수란이 적은 것
색 택	색택이 양호한 것
협잡물	협잡물이 없는 것
향 미	고유의 향미를 가지고 이취가 없는 것
처 리	처리 상태 및 배열이 양호한 것
첨가물	제품에 고르게 침투한 것

• 새우젓

항 목	합 격
형 태	새우의 형태를 가지고 있어야 하며, 부스러진 새우의 혼입이 적은 것
색 택	고유의 색택이 양호하고 변색이 없는 것
협잡물	토사 및 그 밖에 협잡물이 없는 것
향 미	고유의 향미를 가지고 이취가 없는 것
액 즙	정미량의 20% 이하인 것
처 리	숙성이 잘되고 이종새우 및 잡어의 선별이 잘된 것

• 간미역(줄기 포함)

항 목	합 격
원 료	조체발육이 양호한 것
색 택	고유의 색택이 양호한 것
선 별	• 줄기와 잎을 구분하고, 속줄기는 절개한 것 • 노쇠엽 및 황갈색엽의 혼입이 없어야 하며, 15cm 이하의 파치품이 5% 이하인 것
협잡물	잡초·토사 및 그 밖에 협잡물이 없는 것
향 미	고유의 향미를 가지고 이취가 없는 것
처 리	자숙이 적당하고 염도가 엽체에 고르게 침투하여 물빼기가 충분한 것

• 그 밖의 간해조류

항 목	합 격
원 료	조체발육이 양호한 것
색 택	고유의 색택이 양호한 것
협잡물	잡초·토사 및 그 밖에 협잡물이 없는 것
향 미	고유의 향미를 가지고 있으며 이취가 없는 것
처 리	생원조 그대로 가공한 것은 염도가 적당하고 물빼기가 충분해야 하며, 생원조를 자숙한 것은 과·미숙이 심하지 않고 염도가 적당하며 물빼기가 충분한 것

• 간성게

항 목	합 격
형 태	응고도가 적당하여 탄력이 있으며, 손상이 거의 없는 것
색 택	고유의 색택이 양호한 것
협잡물	껍질·토사 그 밖에 협잡물이 없는 것
향 미	고유의 향미를 가지고 이취가 없는 것

• 어류액젓

항 목	합 격
외 관	침전물이 적으며, 액즙의 투명도가 양호한 것
색 택	고유의 색택으로 변색이 없는 것
협잡물	협잡물이 없는 것
향 미	고유의 향미를 가지고 이미·이취가 없는 것

- 그 밖의 염장품

항 목	합 격
형 태	형태가 바르고 고른 것
색 택	고유의 색택으로서 변색이 거의 없는 것
협잡물	토사 및 그 밖에 협잡물이 없는 것
처 리	염도가 적당하고 처리 상태가 양호한 것

⑥ 조미가공품

- 조미오징어류(문어·갑오징어 등)

항 목	합 격
형 태	• 동체는 형태가 바르고 손상이 적은 것 • 늘인 것은 늘인 정도가 고르고 손상이 적은 것 • 찢은 것은 찢은 정도가 고르고 손상이 적은 것
색 택	• 색택이 대체로 고르고, 곰팡이가 없고 백분이 거의 없는 것 • 늘인 것은 배소로 인한 반점이 심하지 아니한 것
선 별	• 다른 종류와 협잡물의 혼입이 없는 것 • 늘이고 찢은 정도에 따라 파치품 혼입이 거의 없는 것
향 미	고유의 향미를 가지고 이취가 없는 것
첨가물	• 육질에 고르게 침투한 것 • 훈제품의 경우에는 훈연이 고르게 침투한 것

- 조미쥐치포(늘인·구운 것 포함)

항 목	합 격
형 태	형태가 바르고 손상품의 혼입이 적은 것
색 택	• 고유의 색택을 가지고 광택이 있으며, 배소 과정을 거친 제품은 과열로 인한 반점이 심하지 않은 것 • 곰팡이가 없으며 백분이 거의 없는 것
선 별	응혈육·착색육·변색품 및 파치품의 혼입이 거의 없는 것
향 미	고유의 향미를 가지고 이취가 없는 것
처 리	피빼기가 충분하며, 어피·등뼈가 거의 붙어 있지 않은 것
협잡물	토사 및 이물질의 혼입이 없는 것
첨가물	육질에 고르게 침투한 것

- 조미김(김부각 및 맛김 포함)

항 목	합 격
형 태	형태가 바르고 크기가 고르며, 손상이 거의 없는 것
색 택	고유의 색택이 양호한 것
협잡물	토사 및 그 밖에 협잡물이 없는 것
향 미	고유의 향미를 가지고 이취가 없는 것
첨가물	제품에 고르게 침투한 것

• 조미어패류(조미하여 얼구운 어류 포함)

항 목	합 격
원 료	종류가 동일하고 육질이 부서지지 아니하며, 탄력이 있는 것
형 태	형태가 바르고 크기가 고르며, 손상이 없는 것
색 택	품종별 고유의 색택이 양호하고 곰팡이가 없으며, 백분이 거의 없는 것
선 별	파치품과 과열로 인한 변색품의 선별이 잘된 것
향 미	고유의 향미를 가지고 이미·이취가 없는 것
협잡물	토사 및 협잡물이 없는 것
첨가물	육질에 고르게 침투한 것

• 패류간장(굴·홍합·바지락간장 등)

항 목	합 격
색 택	갈색 또는 흑갈색인 것
협잡물	협잡물이 없는 것
향 미	고유의 향미를 가지고 이취가 없는 것
첨가물	제품에 고르게 혼합된 것

• 조미참치(어육)

항 목	합 격
형 태	어육입방체(Dice)의 길이 및 모각이 대체로 고르며, 파치품의 혼입이 거의 없는 것
색 택	고유의 색택을 가지고 백분이 거의 없는 것
협잡물	협잡물이 없는 것
향 미	고유의 향미를 가지고 이취가 없는 것
첨가물	육질에 고르게 침투한 것

• 식초담근 순채류

항 목	합 격
형태 및 자숙도	형태가 바르고 자숙이 적당한 것
색 택	고유의 색택이 양호한 것
협잡물	토사 및 협잡물이 없는 것
향 미	고유의 향미를 가지고 있으며, 이취가 없는 것
점질물	점질물은 원초에 고르게 덮어져 있고 청등한 것

• 조미해조류(미역줄기·해조무침 등)

항 목	합 격
형 태	자르거나 찢은 정도가 고른 것
색 택	고유의 색택이 양호한 것
협잡물	잡초·토사 및 협잡물이 없는 것
향 미	고유의 향미를 가지고 있으며, 이취가 없는 것
첨가물	제품에 고르게 침투한 것

- 어육 액즙(다랭이 액즙 등)

항 목	합 격
색 택	갈색 또는 흑갈색인 것
협잡물	협잡물이 없는 것
향 미	고유의 향미를 가지며, 이취가 없는 것
첨가물	제품에 고르게 혼합한 것

- 다시마 액즙

항 목	합 격
색 택	갈색 또는 흑갈색인 것
협잡물	협잡물이 없는 것
향 미	고유의 향미를 가지며, 이취가 없고 브릭스(Brix)도가 33% 이상인 것
첨가물	제품에 고르게 혼합한 것

- 그 밖의 조미가공품(꽃포 포함)

항 목	합 격
형 태	고유의 형태를 가지고 이종품의 혼입이 없는 것
색 택	고유의 색택이 양호한 것
협잡물	곰팡이 및 협잡물이 없는 것
향 미	고유의 향미를 가지고 이취가 없는 것
첨가물	육질에 고르게 침투한 것

⑦ 어간유·어유

항 목	합 격
색 택	색택이 투명하고 양호한 것
취 기	산패취가 없는 것

⑧ 어분·어비

- 어분·어비

항 목	합 격
분말 정도	어분은 입자가 고르고, 어비는 크기가 대체로 고른 것
냄 새	암모니아 냄새 및 탄 냄새 등 이취가 심하지 않은 것
협잡물	협잡물이 거의 없는 것
곰팡이	곰팡이가 없는 것
충 해	없는 것

- 그 밖의 어분(갑각류 껍질 등)

항 목	합 격
분 말	분말 정도가 고르며, 적당한 것
색 택	변색되지 아니한 것
냄 새	변패취가 없는 것
협잡물	협잡물이 거의 없는 것

⑨ 한 천

- 실한천

항 목	1등	2등	3등
형 태	300mm 이상으로 크기가 대체로 고른 것		
색 택	백색 또는 유백색으로 광택이 있으며, 약간의 담황색이 있는 것	백색 또는 유백색이나 약간의 담갈색 또는 담흑색이 있는 것	백색 또는 유백색이나 담갈색 또는 약간의 담흑색이 있는 것
제정도	급랭·난건·풍건이 없고, 파손품·토사의 혼입이 없는 것	급랭·난건·풍건이 경미하며, 파손품·토사의 혼입이 극히 적은 것	급랭·난건·파손품·토사 및 협잡물이 적은 것

- 가루한천 또는 인상한천

항 목	1등	2등	3등
색 택	백색 또는 유백색이며, 광택이 양호한 것	백색이며, 담황색이 약간 있는 것	백색이며, 약간의 담갈색 또는 담흑색이 있는 것
제정도	품질 및 크기가 고른 것	품질 및 크기가 대체로 고른 것	품질 및 크기가 약간 고르지 못한 것

- 산한천·설한천·그 밖의 한천

항 목	1등	2등
형 태	산한천은 길이 100mm 이상이고, 설한천(길이 100mm 이하의 것)의 혼입이 5% 이내인 것	
	그 밖의 한천 : 형태 및 품질이 대체로 고른 것	그 밖의 한천 : 형태 및 품질이 약간 고르지 못한 것
색 택	백색 또는 유백색이며, 광택이 양호한 것	백색 또는 유백색이나 약간의 황갈색 또는 담황색이 있는 것
협잡물	혼입이 없는 것	

⑩ 어육연제품

- 어묵류(찐어묵・구운어묵・튀김어묵・맛살 등)

항 목	합 격
성 상	• 색・형태・풍미 및 식감이 양호하고, 이미・이취가 없는 것 • 고명을 넣은 것은 그 모양 및 배합 상태가 양호한 것 • 구운어묵은 구운 색이 양호하며, 눌은 것이 없는 것 • 맛살은 게・새우 등의 형태와 풍미가 유사한 것
탄 력	5mm 두께로 절단한 것을 반으로 접었을 때 금이 가지 않은 것
이 물	혼합되지 아니한 것

- 어육소시지(고명어육소시지, 혼합어육소시지, 고명혼합어육소시지)

항 목	합 격
성 상	• 색택이 양호한 것 • 향미가 양호하며, 이미・이취가 없는 것 • 식감이 양호한 것 • 육질 및 결착이 양호한 것
겉모양	• 변형되지 않은 것 • 밀봉이 완전한 것 • 손상되지 않은 것 • 케이싱과 내용물이 분리되지 않은 것 • 케이싱 결착부에 내용물이 부착되지 않은 것
이 물	혼합되지 아니한 것

- 특수포장어묵

항 목	합 격
성 상	색・형태・풍미 및 식감이 양호하고, 이미・이취가 없는 것
탄 력	5mm 두께로 절단한 것을 반으로 접었을 때 금이 가지 않은 것
이 물	혼합되지 않은 것
외면 및 용기 상태	• 변형되지 않은 것 • 밀봉이 완전한 것 • 손상되지 않은 것 • 케이싱과 내용물이 분리되지 않은 것 • 케이싱의 매듭에 내용물이 부착되지 않은 것

(2) 정밀검사기준

항 목	기 준	검사대상			
1. pH	6.0 이상	수출용 냉동굴에 한정함			
2. 조회분	6.0% 이하 28.0% 이하 30.0% 이하	• 한 천 • 마른해조분 • 그 밖의 어분(갑각류 껍질 등)			
3. 조단백질	3.0% 이하 7.0% 이상 35.0% 이상 45.0% 이상 50.0% 이상	• 한 천 • 마른해조분 • 그 밖의 어분(갑각류 껍질 등) • 혼합어분 • 게EX분(분말) • 어분·어비(혼합어분 및 그 밖의 어분 제외)			
4. 조지방	1.0% 이하 12.0% 이하	• 게EX분(분말) • 어분·어비, 그 밖의 어분(갑각류 껍질 등)			
5. 전질소	0.5% 이상 1.0% 이상 3.0% 이상	• 어류젓 혼합액 • 멸치액젓, 패류간장(굴·홍합·바지락간장 등) • 어육 액즙			
6. 엑스분	21.0% 이상 40.0% 이상	• 패류간장 • 어육 액즙			
7. 비타민 A 함유량	1g당 8,000I.U 이상	어간유			
8. 제리강도		−	1등	2등	3등
	C급 (100~300g/cm² 이상)	실한천(cm³당)	300g 이상	200g 이상	100g 이상
	J급 (100~350g/cm² 이상)	실한천(cm³당)	350g 이상	250g 이상	100g 이상
		가루·인상한천(cm³당)	350g 이상	250g 이상	150g 이상
		산한천(cm³당)	200g 이상	100g 이상	−
9. 열탕불용해잔사물	4.0% 이하	한 천			
10. 붕 산	0.1% 이하	한 천			
11. 이산화황(SO_2)	30mg/kg 미만	조미쥐치포류, 건어포류, 기타 건포류, 마른새우류(두절 포함)			
12. 산 가	2.0% 이하 4.0% 이하	• 어간유 • 어 유			
13. 염 분	3.0% 이하	〈어분·어비〉 어분·어비			
	12.0% 이하	〈조미가공품〉 어육 액즙			
	13.0% 이하	〈염장품〉 성게젓			
	15.0% 이하	〈염장품〉 간성게 〈조미가공품〉 패류 간장			
	20.0% 이하	〈조미가공품〉 다시마 액즙			
	23.0% 이하	〈염장품〉 멸치액젓, 어류젓 혼합액			
	40.0% 이하	〈염장품〉 간미역(줄기 포함)			

항 목	기 준	검사대상
14. 수 분	1% 이하	〈어유·어간유〉 어유·어간유
	5% 이하	〈건제〉 얼구운김·구운김, 어패류(분말), 게EX분(분말)
	7% 이하	〈조미가공품〉 김(김부각 등 포함)
	12% 이하	〈건제〉 어패류(분쇄) 〈어분·어비〉 어분·어비, 그 밖의 어분(갑각류 껍질 등)
	15% 이하	〈건제〉 김, 돌김
	16% 이하	〈건제〉 미역류(썰은간미역 제외), 찐톳, 해조분
	18% 이하	〈건제〉 다시마
	20% 이하	〈건제〉 어류(어포 포함), 굴·홍합, 상어지느러미·복어지느러미 〈조미가공품〉 참치(어육)
	22% 이하	〈건제〉 그 밖에 패류(굴·홍합 제외), 해삼류 〈한천〉 한천
	23% 이하	〈건제〉 오징어류, 미역(썰은간미역에 한함), 우뭇가사리, 그 밖의 건제품
	25% 이하	〈건제〉 새우류, 멸치(세멸 제외), 톳, 도박·진도박·돌가사리, 그 밖의 해조류 〈조미가공품〉 쥐치포류
	28% 이하	〈조미가공품〉 어패류(얼구운 어류 포함) 그 밖의 조미가공품(꽃포 포함)
	30% 이하	〈건제〉 멸치(세멸), 뜬·바랜갯풀 〈조미가공품〉 오징어류(동체·훈제 제외), 백합
	42% 이하	〈조미가공품〉 오징어류(문어·오징어 등)의 동체 또는 훈제
	50% 이하	〈염장품〉 간성게 〈조미가공품〉 청어(편육)
	60% 이하	〈염장품〉 성게젓
	63% 이하	〈염장품〉 간미역 〈조미가공품〉 조미성게
	68% 이하	〈염장품〉 간미역(줄기), 멸치액젓
	70% 이하	〈염장품〉 어류젓 혼합액
	※ 건제품·염장품·조미가공품 중 위 기준 이상인 경우 품질보장수단이 병행된 것은 기준에 적용받지 않는다.	
15. 토 사	3.0% 이하	어분·어비(갑각류 껍질 등)

3 수산물 및 수산가공품에 대한 검사의 종류 및 방법(농수산물 품질관리법 시행규칙 [별표 24])

(1) 서류검사

① "서류검사"란 검사신청 서류를 검토하여 그 적합 여부를 판정하는 검사로서 다음의 수산물·수산가공품을 그 대상으로 한다.

㉠ 법 제88조(수산물 등에 대한 검사) 제4항에 따른 수산물 및 수산가공품

㉡ 국립수산물품질관리원장이 필요하다고 인정하는 수산물 및 수산가공품

② 서류검사는 다음과 같이 한다.

㉠ 검사신청 서류의 완비 여부 확인

㉡ 지정해역에서 생산하였는지 확인(지정해역에서 생산되어야 하는 수산물 및 수산가공품만 해당)

㉢ 생산·가공시설 등이 등록되어야 하는 경우에는 등록 여부 및 행정처분이 진행 중인지 여부 등

㉣ 생산·가공시설 등에 대한 시설위생관리기준 및 위해요소중점관리기준에 적합한지 확인(등록시설만 해당)

㉤ 원양산업발전법에 따른 원양어업의 허가 여부 또는 수산식품산업의 육성 및 자원에 관한 법률에 따른 수산물가공업의 신고 여부의 확인(법 제88조 제4항 제3호에 해당하는 수산물 및 수산가공품만 해당)

㉥ 외국에서 검사의 일부를 생략해 줄 것을 요청하는 서류의 적정성 여부

(2) 관능검사

① "관능검사"란 오관(五官)에 의하여 그 적합 여부를 판정하는 검사로서 다음의 수산물 및 수산가공품을 그 대상으로 한다.

㉠ 법 제88조 제4항 제1호에 따른 수산물 및 수산가공품으로서 외국요구기준을 이행했는지를 확인하기 위하여 품질·포장재·표시사항 또는 규격 등의 확인이 필요한 수산물·수산가공품

㉡ 검사신청인이 위생증명서를 요구하는 수산물·수산가공품(비식용수산·수산가공품은 제외)

㉢ 정부에서 수매·비축하는 수산물·수산가공품

㉣ 국내에서 소비하는 수산물·수산가공품

② 관능검사는 다음과 같이 한다.

국립수산물품질관리원장이 전수검사가 필요하다고 정한 수산물 및 수산가공품 외에는 다음의 표본추출방법으로 한다.

ⓐ 무포장제품(단위중량이 일정하지 않은 것)

신청로트(Lot)의 크기	관능검사 채점지점(마리)
1톤 미만	2
1톤 이상 ~ 3톤 미만	3
3톤 이상 ~ 5톤 미만	4
5톤 이상 ~ 10톤 미만	5
10톤 이상 ~ 20톤 미만	6
20톤 이상	7

ⓑ 포장제품(단위중량이 일정한 블록형의 무포장제품을 포함한다)

신청개수	추출개수	채점개수
4개 이하	1	1
5개 이상 ~ 50개 이하	3	1
51개 이상 ~ 100개 이하	5	2
101개 이상 ~ 200개 이하	7	2
201개 이상 ~ 300개 이하	9	3
301개 이상 ~ 400개 이하	11	3
401개 이상 ~ 500개 이하	13	4
501개 이상 ~ 700개 이하	15	5
701개 이상 ~ 1,000개 이하	17	5
1,001개 이상	20	6

(3) 정밀검사

① "정밀검사"란 물리적·화학적·미생물학적 방법으로 그 적합 여부를 판정하는 검사로서 다음의 수산물·수산가공품을 그 대상으로 한다.
  ⓐ 검사신청인 또는 외국요구기준에서 분석증명서를 요구하는 수산물 및 수산가공품
  ⓑ 관능검사결과 정밀검사가 필요하다고 인정되는 수산물 및 수산가공품
  ⓒ 외국요구기준에 따라 수출된 수산물 및 수산가공품에서 유해물질이 검출된 경우 그 수산물 및 수산가공품의 생산·가공시설에서 생산·가공되는 수산물
② 정밀검사는 다음과 같이 한다.
  외국요구기준에서 정한 검사방법이 있는 경우에는 그 방법으로 하고, 그 방법이 없을 때에는 식품위생법에 따른 식품 등의 공전(公典)에서 정한 검사방법으로 한다.

식품공전 – 수산물 및 수산가공품에 대한 공통기준 및 규격과 시험법(식품의약품안전처 고시 제2024-20호)

(1) 식품원료 기준

① 냉동식용어류머리의 원료는 세계관세기구(WCO)의 통일상품명 및 부호체계에 관한 국제 협약상 식용으로 분류되어 위생적으로 처리된 것이 관련기관에 의해 확인된 것으로, 원료의 절단 시 내장, 아가미가 제거되고 위생적으로 처리된 것이어야 하며, 식품첨가물 등 다른 물질을 사용하지 않은 것이어야 한다.

② 냉동식용어류내장의 원료는 세계관세기구의 통일상품명 및 부호체계에 관한 국제 협약상 식용으로 분류되어 위생적으로 처리된 것이 관련기관에 의해 확인된 것으로, 원료의 분리 시 다른 내장은 제거된 것이어야 하며, 식품첨가물 등 다른 물질을 사용하지 않은 것이어야 한다.

③ 생식용 굴은 패류 생산해역 수질의 위생기준에 따라 지정해역 수준의 수질위생기준에 적합한 해역에서 생산된 것이거나 자연정화 또는 인공정화 작업을 통해 지정해역 수준의 수질위생기준에 적합하도록 처리된 것이어야 한다.

    ㉠ 자연정화 : 굴 내에 존재하는 미생물 수치를 줄이기 위해 굴을 수질기준에 적합한 지역으로 옮겨서 자연정화 능력을 이용하여 처리하는 과정

    ㉡ 인공정화 : 굴 내부의 병원체를 줄이기 위하여 육상시설 등의 제한된 수중환경으로 처리하는 과정

④ 키토산 함유식품에 사용되는 원료

    ㉠ 오염되지 않은 키토산 추출이 가능한 갑각류(게, 새우 등) 껍질을 사용하여야 한다.

    ㉡ 키토산 사용식품 제조에 사용된 제조용제는 식품에 잔류하지 않아야 한다.

(2) 식품 일반의 기준 및 규격

① 성상 : 제품은 고유의 형태, 색택을 가지고 이미·이취가 없어야 한다.

② 이 물

    ㉠ 식품은 다음의 이물을 함유하여서는 아니 된다.

        • 원료의 처리과정에서 그 이상 제거되지 아니하는 정도 이상의 이물

        • 오염된 비위생적인 이물

        • 인체에 위해를 끼치는 단단하거나 날카로운 이물

        다만, 다른 식물이나 원료식물의 표피 또는 토사, 원료육의 털, 뼈 등과 같이 실제에 있어 정상적인 제조·가공상 완전히 제거되지 아니하고 잔존하는 경우의 이물로서 그 양이 적고 위해 가능성이 낮은 경우는 제외한다.

    ㉡ 금속성 이물로서 쇳가루는 식품공전 제8. 일반시험법 1.2.1 금속성 이물(쇳가루)에 따라 시험하였을 때 식품 중 10.0mg/kg 이상 검출되어서는 아니 되며, 또한 금속이물은 2mm 이상인 금속성 이물이 검출되어서는 아니 된다.

③ 식품첨가물

    ㉠ 식품 중 식품첨가물의 사용은 식품첨가물의 기준 및 규격에 따른다.

    ㉡ 어떤 식품에 사용할 수 없는 식품첨가물이 그 식품첨가물을 사용할 수 있는 원료로부터 유래된 것이라면 원료로부터 이행된 범위 안에서 식품첨가물 사용기준의 제한을 받지 아니할 수 있다.

④ 위생지표균 및 식중독균

    ㉠ 위생지표균(수산물)

        • 미생물 규격에서 사용하는 용어(n, c, m, M)는 다음과 같다.

          − n : 검사하기 위한 시료의 수

          − c : 최대허용시료수, 허용기준치(m)를 초과하고 최대허용한계치(M) 이하인 시료의 수로서 결과가 m을 초과하고 M 이하인 시료의 수가 c 이하일 경우에는 적합으로 판정

          − m : 미생물 허용기준치로서 결과가 모두 m 이하인 경우 적합으로 판정

－ M : 미생물 최대허용한계치로서 결과가 하나라도 M을 초과하는 경우는 부적합으로 판정

　　　※ m, M에 특별한 언급이 없는 한 1g 또는 1mL 당의 집락수(Colony Forming Unit, CFU)이다.

　　• 세균수 : 최종소비자가 그대로 섭취할 수 있도록 유통판매를 목적으로 위생처리하여 용기·포장에 넣은 동물성 냉동수산물 : n＝5, c＝2, m＝100,000, M＝500,000

　　• 대장균

　　　－ 최종소비자가 그대로 섭취할 수 있도록 유통판매를 목적으로 위생처리하여 용기·포장에 넣은 동물성 냉동수산물 : n＝5, c＝2, m＝0, M＝10

　　　－ 냉동식용어류머리 또는 냉동식용어류내장 : n＝5, c＝2, m＝0, M＝10

　　　－ 생식용 굴 : n＝5, c＝1, m＝230, M＝700MPN/100g

　ⓛ 식중독균(수산물)

　　더 이상의 가열조리를 하지 않고 섭취할 수 있도록 비가식부위(비늘, 아가미, 내장 등) 제거, 세척 등 위생처리한 수산물은 살모넬라(*Salmonella spp.*) 및 리스테리아 모노사이토제네스(*Listeria monocytogenes*)가 n＝5, c＝0, m＝0/25g, 장염비브리오(*Vibrio parahaemolyticus*) 및 황색포도상구균(*Staphylococcus aureus*)은 g당 100 이하이어야 한다.

⑤ 오염물질

　ⓛ 중금속 기준(수산물)

대상식품	납(mg/kg)	카드뮴(mg/kg)	수은(mg/kg)	메틸수은(mg/kg)
어류	0.5 이하	0.1 이하(민물 및 회유 어류에 한한다) 0.2 이하(해양어류에 한한다)	0.5 이하(아래 ※의 어류는 제외한다)	1.0 이하(아래 ※의 어류에 한한다)
연체류	2.0 이하(다만, 오징어는 1.0 이하, 내장을 포함한 낙지는 2.0 이하)	2.0 이하(다만, 내장을 포함한 낙지는 3.0 이하)	0.5 이하	－
갑각류	0.5 이하(다만, 내장을 포함한 꽃게류는 2.0 이하)	1.0 이하(다만, 내장을 포함한 꽃게류는 5.0 이하)	－	－
해조류	0.5 이하[미역(미역귀 포함)에 한한다]	0.3 이하[김(조미김 포함) 또는 미역(미역귀 포함)에 한한다]	－	－
냉동식용 어류머리	0.5 이하	－	0.5 이하(아래 ※의 어류는 제외한다)	1.0 이하(아래 ※의 어류에 한한다)
냉동식용 어류내장	0.5 이하(다만, 두족류는 2.0 이하)	3.0 이하(다만, 어류의 알은 1.0 이하, 두족류는 2.0 이하)	0.5 이하(아래 ※의 어류는 제외한다)	1.0 이하(아래 ※의 어류에 한한다)

※ 메틸수은 규격 적용대상 해양어류 : 쏨뱅이류(적어 포함, 연안성 제외), 금눈돔, 칠성상어, 얼룩상어, 악상어, 청상아리, 곱상어, 귀상어, 은상어, 청새리상어, 흑기흉상어, 다금바리, 체장메기(홍메기), 블랙오레오도리(*Allocyttus niger*), 남방달고기(*Pseudocyttus maculatus*), 오렌지라피(*Hoplostethus atlanticus*), 붉평치, 먹장어(연안성 제외), 흑점샛돔(은샛돔), 이빨고기, 은민대구(뉴질랜드계군에 한함), 은대구, 다랑어류, 돛새치, 청새치, 녹새치, 백새치, 황새치, 몽치다래, 물치다래

　ⓛ 폴리염화비페닐(PCBs) : 0.3mg/kg 이하(어류에 한한다)

ⓒ 벤조피렌[Benzo(a)pyrene]
- 훈제어육 : 5.0μg/kg 이하(다만, 건조제품은 제외)
- 훈제건조어육 : 10.0μg/kg 이하[생물로 기준 적용(건조로 인하여 수분함량이 변화된 경우 수분함량을 고려하여 적용)하며, 물로 추출하여 제조하는 제품의 원료로 사용하는 경우에 한하여 이 기준을 적용하지 아니할 수 있다. 다만, 이 경우 물로 추출한 추출물에서는 벤조피렌이 검출되어서는 아니 된다]
- 어류 : 2.0μg/kg 이하
- 패류 : 10.0μg/kg 이하
- 연체류(패류는 제외) 및 갑각류 : 5.0μg/kg 이하

ⓔ 패독소 기준
- 마비성 패독

대상식품	기준(mg/kg)
패 류	0.8 이하
피낭류(멍게, 미더덕, 오만둥이 등)	

- 설사성 패독(Okadaic Acid 및 Dinophysistoxin-1의 합계)

대상식품	기준(mg/kg)
이매패류	0.16 이하

※ '이매패류'라 함은 두 장의 껍데기를 가진 조개류로 대합, 굴, 진주담치, 가리비, 홍합, 피조개, 키조개, 새조개, 개량조개, 동죽, 맛조개, 재첩류, 바지락, 개조개 등을 말한다.

- 기억상실성 패독(도모익산)

대상식품	기준(mg/kg)
패 류	20 이하
갑각류	

ⓜ 방사능 기준

핵 종	대상식품	기준(Bq/kg, L)
^{131}I	모든 식품	100 이하
^{134}Cs + ^{137}Cs	영아용 조제식, 성장기용 조제식, 영·유아용 이유식, 영·유아용 특수조제식품, 영아용 조제유, 성장기용 조제유, 유 및 유가공품, 아이스크림류	50 이하
	기타 식품	100 이하

※ 기타 식품은 영아용 조제식, 성장기용 조제식, 영·유아용 이유식, 영·유아용특수조제식품, 영아용 조제유, 성장기용 조제유, 원유 및 유가공품, 아이스크림류를 제외한 모든 식품을 말한다.

⑥ 식품조사처리 기준
ⓐ 식품조사처리에 이용할 수 있는 선종은 감마선 또는 전자선으로 한다.
ⓑ 감마선을 방출하는 선원으로는 ^{60}Co을 사용할 수 있고, 전자선을 방출하는 선원으로는 전자선 가속기를 이용할 수 있다.
ⓒ ^{60}Co에서 방출되는 감마선 에너지를 사용할 경우 식품조사처리가 허용된 품목별 흡수선량을 초과하지 않도록 하여야 한다.

② 전자선가속기를 이용하여 식품조사처리를 할 경우 전자선은 10MeV 이하에서, 엑스선은 5MeV(엑스선 전환 금속이 탄탈륨(Tantalum) 또는 금(Gold)일 경우 7.5MeV) 이하에서 조사처리하여야 하며, 식품조사처리가 허용된 품목별 흡수선량을 초과하지 않도록 하여야 한다.

⑩ 식품조사처리는 승인된 원료나 품목 등에 한하여 위생적으로 취급·보관된 경우에만 실시할 수 있으며, 발아 억제, 살균, 살충 또는 숙도 조절 이외의 목적으로는 식품조사처리 기술을 사용하여서는 아니 된다.

⑪ 식품별 조사처리기준은 다음과 같다.

※ 허용대상 식품별 흡수선량(수산물)

품 목	조사목적	선량(kGy)
건조식육 어류분말, 패류분말, 갑각류분말 된장분말, 고추장분말, 간장분말 건조채소류(분말 포함) 효모식품, 효소식품 조류식품 알로에분말 인삼(홍삼 포함) 제품류 조미건어포류	살 균	7 이하

② 한 번 조사처리한 식품은 다시 조사하여서는 아니 되며 조사식품(Irradiated Food)을 원료로 사용하여 제조·가공한 식품도 다시 조사하여서는 아니 된다.

⑦ 동물용 의약품의 잔류허용기준

㉠ 관련법령에서 안전성에 문제가 있는 것으로 확인되어 제조 또는 수입 품목허가를 하지 아니하는 동물용의약품 및 인체에 위해를 줄 수 있다고 식품의약품안전처장이 정하는 물질은 검출되어서는 아니 된다. 이에 해당되는 주요 물질은 아래와 같으며, 아래에 명시하지 않은 물질에 대해서도 관련법령에 근거하여 이 항을 적용할 수 있다.

번 호	축산물 및 동물성 수산물과 그 가공식품 중 검출되어서는 아니 되는 물질	
	물질명	잔류물의 정의
1	나이트로푸란계(Nitrofurans)	
	– 푸라졸리돈(Furazolidone)	3–Amino–2–oxazolidinone(AOZ)
	– 푸랄타돈(Furaltadone)	3–Amino–5–morpholinomethyl–2–oxazolidinone (AMOZ)
	– 나이트로푸라존(Nitrofurazone)	– Semicarbazide(SEM) : 비가열 축산물 및 동물성 수산물(단순절단 포함, 갑각류 제외)의 가식부위에 한함 – Nitrofurazone : 갑각류에 한함
	– 나이트로푸란토인(Nitrofurantoine)	1–Aminohydantoin(AHD)
	– 나이트로빈(Nitrovin)	Nitrovin
2	카바독스(Carbadox)	Quinoxaline–2–carboxylic Acid(QCA)
3	올라퀸독스(Olaquindox)	3–methyl quinoxaline–2–carboxylic Acid (MQCA)
4	클로람페니콜(Chloramphenicol)	Chloramphenicol
5	클로르프로마진(Chlorpromazine)	Chlorpromazine
6	클렌부테롤(Clenbuterol)	Clenbuterol

번 호	축산물 및 동물성 수산물과 그 가공식품 중 검출되어서는 아니 되는 물질	
	물질명	잔류물의 정의
7	콜치신(Colchicine)	Colchicine
8	답손(Dapsone)	Dapsone, Monoacetyl Dapson의 합을 Dapsone 으로 함
9	다이에틸스틸베스트롤 (Diethylstilbestrol, DES)	Diethylstilbestrol
10	메드록시프로게스테론 아세테이트 (Medroxyprogesterone Acetate, MPA)	Medroxyprogesterone Acetate
11	싸이오우라실(Thiouracil)	2-thiouracil, 6-methyl-2-thiouracil, 6-propyl-2-thiouracil 및 6-phenyl-2-thiouracil의 합을 Thiouracil로함
12	겐티안 바이올렛 (Gentian Violet, Crystal Violet)	Gentian Violet과 Leuco-gentian Violet의 합을 Gentian Violet으로 함
13	말라카이트 그린(Malachite Green)	Malachite Green과 Leuco-malachite Green 의 합을 Malachite Green으로 함
14	메틸렌 블루(Methylene Blue)	Methylene Blue와 Azure B의 합을 Methylene Blue로 함
15	다이메트리다졸(Dimetridazole)	Dimetridazole과 2-hydroxymethyl-1-methyl-5-nitroimidazole(HMMNI)의 합을 Dimetridazole로 함
16	이프로니다졸(Ipronidazole)	Ipronidazole과 1-methyl-2-(2'-hydroxyisopropyl)-5-nitroimidazole(Ipronidazole-OH)의 합을 Ipronidazole로 함
17	메트로니다졸(Metronidazole)	Metronidazole과 1-(2-hydroxyethyl)-2-hydroxy methyl-5-nitroimidazole(Metronidazole-OH)의 합을 Metronidazole로 함
18	로니다졸(Ronidazole)	Ronidazole과 2-hydroxymethyl-1-methyl-5-nitroimidazole(HMMNI)의 합을 Ronidazole로 함
19	노르플록사신(Norfloxacin)	Norfloxacin
20	오플록사신(Ofloxacin)	Ofloxacin
21	페플록사신(Pefloxacin)	Pefloxacin
22	피리메타민(Pyrimethamine)	Pyrimethamine
23	반코마이신(Vancomycin)	Vancomycin
24	록사손(Roxarsone)	Roxarsone
25	아르사닐산(Arsanilic Acid)	Arsanilic Acid
26	살부타몰(Salbutamol)	Salbutamol

ⓒ [별표 5] 식품 중 동물용 의약품의 잔류허용기준(수산물)

동물용 의약품	식품명	허용기준(mg/kg)
젠타마이신(Gentamicin)	넙치, 송어	0.1
네오마이신(Neomycin)	어류 및 갑각류	0.5
설파제[Sulfonamides의 총합]	어 류	0.1
세프티오퍼(Ceftiofur)	어 류	0.4

동물용 의약품	식품명	허용기준(mg/kg)
스피라마이신(Spiramycin)	어류 및 갑각류	0.2
아목시실린(Amoxicillin)	어류 및 갑각류	0.05
암피실린(Ampicillin)	어류 및 갑각류	0.05
에리스로마이신(Erythromycin)	어류 및 갑각류	0.2
엔로플록사신(Enrofloxacin) [시프로플록사신(Ciprofloxacin)과 합으로서]	어류 및 갑각류	0.1
오르메토프림(Ormethoprim)	어류	0.1
옥소린산(Oxolinic Acid)	방어, 잉어, 송어, 연어, 은어, 뱀장어, 갑각류	0.1
옥시테트라사이클린/클로르테트라사이클린/ 테트라사이클린(Oxytetracycline/ Chlortetracycline/Tetracycline, 합으로서)	어류 및 갑각류, 전복	0.2
티암페니콜(Thiamphenicol)	방어, 틸라피아, 은어, 넙치, 참돔, 송어, 메기	0.05
플루메퀸(Flumequin)	어류 및 갑각류	0.5
독시사이클린(Doxycycline)	어류	0.05
린코마이신(Lincomycin)	어류	0.1
콜리스틴(Colistin)	어류 및 갑각류	0.15
티아물린(Tiamulin)	어류	0.1
델타메트린(Deltamethrin)	어류	0.03
트라이클로르폰(Trichlorfon, Metrifonate)	어류	0.01
날리딕스산(Nalidixic Acid)	어류	0.03
다이플록사신(Difloxacin)	어류 및 갑각류	0.3
세팔렉신(Cefalexin)	어류	0.2
조사마이신(Josamycin)	어류	0.05
키타사마이신(Kitasamycin)	어류	0.2
플로르페니콜(Florfenicol)	어류	0.2
	갑각류	0.1
트라이메토프림(Trimethoprim)	어류	0.05
클린다마이신(Clindamycin)	뱀장어, 넙치	0.1
프라지콴텔(Praziquantel)	어류	0.02
비치오놀(Bithionol)	어류	0.01
페노뷰카브(Fenobucarb)	어류	0.01
푸마길린(Fumagillin)	어류	0.01
데하이드로콜산(Dehydrocholic Acid)	어류	0.01
세파드록실(Cefadroxil)	어류	0.01
아이소유게놀(Isoeugenol)	어류	0.01

- 식품 중 동물용 의약품의 잔류허용기준에서 따로 식품명이 정해져 있지 않은 수산물의 경우 "어류"에 준하여 기준을 적용한다.
- 잔류허용기준이 정하여진 식품을 원료로 하여 제조·가공된 식품은 원료 식품의 잔류허용기준 범위 이내에서 잔류를 허용할 수 있다. 즉, 원료의 함량에 따라 원료의 기준을 적용하고, 건조 등의 과정으로 인해 수분함량이 변한 경우는 수분함량을 고려하여 적용한다.
- 항균제에 대하여 수산물(유, 알 포함)의 잔류기준을 0.01mg/kg 이하로 적용한다.

⑧ 수산물에 대한 규격
　㉠ 히스타민 : 냉동어류, 염장어류, 통조림, 건조 또는 절단 등 단순 처리한 것(어육, 필릿, 건멸치 등)
　　－ 200mg/kg 이하(고등어, 다랑어류, 연어, 꽁치, 청어, 멸치, 삼치, 정어리, 몽치다래, 물치다래, 방어에 한한다)
　㉡ 복어독 기준
　　- 육질 : 10MU/g 이하
　　- 껍질 : 10MU/g 이하
　　- 식용 가능한 복어의 종류

종 류	학 명
복 섬	*Takifugu niphobles, Takifugu alboplumbeus*
흰점복	*Takifugu poecilonotus, Takifugu flavipterus*
졸 복	*Takifugu pardalis*
매리복	*Takifugu snyderi*
검 복	*Takifugu porphyreus*
황 복	*Takifugu obscurus*
눈불개복	*Takifugu chrysops*
자주복	*Takifugu rubripes*
참 복	*Takifugu chinensis*
까치복	*Takifugu xanthopterus*
민밀복	*Lagocephalus inermis*
은밀복	*Lagocephalus wheeleri, Lagocephalus spadiceus*
흑밀복	*Lagocephalus gloveri, Lagocephalus cheesemanii*
불룩복	*Sphoeroides pachygaster*
황점복	*Takifugu flavidus*
강담복	*ChiLomycterus affinis, ChiLomycterus reticulatus*
가시복	*Diodon holocanthus*
리투로가시복	*Diodon liturosus*
잔점박이가시복	*Diodon hystrix*
거북복	*Ostracion immaculatus*
까칠복	*Takifugu stictonotus*

　㉢ 일산화탄소 기준
　　- 수산물에 일산화탄소를 인위적으로 처리하여서는 아니 된다.

- 필렛(Fillet) 또는 썰거나 자른 냉동틸라피아, 냉동참치 및 방어(냉장 또는 냉동)의 일산화탄소처리 유무판정은 식품공전 제8. 일반시험법 6.13.5 일산화탄소 시험법 – 일산화탄소 처리 유무판정에 따르며, 진공포장된 냉동틸라피아 및 방어(냉장 또는 냉동)의 일산화탄소 처리 유무판정은 식품공전 제8. 일반시험법 6.13.5 일산화탄소 시험법 – 진공 포장한 냉동틸라피아 및 방어(냉장 또는 냉동) 시험방법에 따른다.

(3) 수산물에 대한 시험법

① 히스타민(식품공전 제8. 일반시험법 6.13.6)

㉠ 시험법 적용범위 : 수산물 등 식품 중 히스타민(Histamine) 분석에 적용한다.

㉡ 분석원리 : 식품 중 히스타민을 염산으로 추출하여 염화단실(Dansyl Chloride)로 유도체화 한 후 고속액체크로마토그래프를 이용하여 분석한다.

㉢ 장치 : 액체크로마토그래프 – 자외부흡광검출기를 사용한다.

㉣ 시약 및 시액

- 아세토나이트릴 : HPLC용 또는 이와 동등한 것
- 물 : 3차 증류수 또는 이와 동등한 것
- 0.1N 염산 : 10N 염산을 10mL 취해 물을 가하여 1L로 한다.
- 포화탄산나트륨용액 : 탄산나트륨을 약 46g을 취하여 물을 가해 100mL로 한다.
- 1% 염화단실(Dnsyl Chloride)아세톤용액 : 염화단실을 1g을 취하여 아세톤을 가해 100mL로 한다.
- 10% 프롤린(Proline)용액 : 프롤린 10g을 취하여 물을 가해 100mL로 한다.
- 에터 : 일반시약용 또는 이와 동등한 것
- 표준원액 : 히스타민을 정밀히 달아 0.1N 염산에 녹여 1mg/mL가 되게 한다.
- 내부표준원액 : 1,7–다이아미노헵탄(Diaminoheptane) 표준품을 정밀히 달아 0.1N 염산에 녹여 5mg/mL가 되게 한다.
- 표준용액 : 각각의 표준원액을 취하여 0.1N 염산을 가해 각각의 농도가 50μg/mL가 되게 한다.
- 내부표준용액 : 내부표준원액에 0.1N 염산을 가해 100μg/mL가 되게 한다.
- 검량곡선표준용액 : 표준용액에 0.1N 염산을 가해 적당한 5개 농도(μg/mL)가 되게 조제하여 사용한다.
- 시스템적합성용액 : 캐더버린(Cadarverine) 및 히스타민을 취하여 0.1N 염산을 가해 각각의 농도가 50μg/mL가 되게 한다.

㉤ 시험용액의 조제 : 검체 5g을 정확하게 취하여 0.1N 염산을 25mL를 가한 후 균질화하고 이것을 원심분리(4,000G, 4℃, 15min)한 후 여과하여 취하는 조작을 2회 반복하여 얻은 상층액을 합치고 0.1N 염산을 가해 50mL로 한 것을 시험용액으로 한다.

㉥ 유도체화 : 표준용액 및 시험용액 각각 1mL를 마개 달린 유리시험관에 취한 다음 내부표준용액 100μL를 가한 후 포화탄산나트륨용액 0.5mL와 1% 염화단실아세톤용액 0.8mL를 가하여 혼합한 후 마개를 하여 45℃에서 1시간 유도체화한다. 유도체화시킨 표준용액 및 시험용액에 10% 프롤린용액 0.5mL 및 에터 5mL를 가하여 약 10분간 진탕하고 상층액을 취하여 질소 농축한 뒤 아세토나이트릴 1mL를 가하여 여과한 것을 고속액체크로마토그래프로 분석한다.

㉦ 시험조작

- 액체크로마토그래프의 측정조건
  - 검출기 : 자외부흡광검출기(UV), 254nm
  - 칼럼 : C18(4.6×250mm, 5μm) 또는 이와 동등한 것
  - 칼럼온도 : 40℃

- 이동상 : 아세토나이트릴과 물의 혼합액(55% 아세토나이트릴을 최초 10분간 유지 후 15분까지 65%, 20분까지 80%로 하여 5분간 유지 후, 30분까지 90%로 하여 5분간 유지시킨다)
  - 이동상유량 : 1mL/min
  - 시스템적합성 : 시스템적합성용액 10µL를 가지고 위의 조건으로 조작할 때 캐더버린, 히스타민의 순서로 유출되고 그 분리도가 1.5 이상이어야 한다.
- 정성시험

  시험용액 크로마토그램상의 히스타민의 피크 머무름 시간(Retention Time)은 각각 표준물질의 피크 머무름 시간과 일치하여야 한다.
- 정량시험

  각 표준용액의 표준물질과 내부표준물질의 면적비[AS/AIS]를 Y축으로 하고 검량곡선표준용액의 히스타민의 농도(μg/g)를 X축으로 하여 검량곡선을 작성하고 시험용액과 내부표준물질의 면적비 [ASAM/ASAMIS]를 Y축에 대입하여 히스타민의 농도를 계산한다.
  - AS : 표준용액의 표준물질 피크면적
  - AIS : 표준용액의 내부표준물질 피크면적
  - ASAM : 시험용액의 히스타민 피크면적
  - ASAMIS : 시험용액의 내부표준물질 피크면적
② 복어독(식품공전 제8. 일반시험법 9.10)
  ㉠ 시험법 적용범위 : 복어와 복어 염장품 및 건조가공품 등에 적용한다.
  ㉡ 분석원리 : 껍질과 근육을 균질화한 후 검체 일정량을 비커에 취하여 0.1% 초산용액 또는 초산성 메탄올로 추출하여 수욕 중에서 교반 후 냉각하여 여과한다. 이 액을 마우스에 주입하여 치사시간으로부터 독량을 산출한다.
  ㉢ 시약 및 시액
  - 물 : 2차 증류수 및 이와 동등한 것
  - 초산성 메탄올(pH 3.0) : 초산 20mL에 메탄올 900mL를 가하여 초산으로 pH 3.0을 맞춘 후 1L로 한다.
  - 0.1% 초산용액 : 초산 0.1mL에 물을 가하여 100mL로 한다.
  - 기타 시약 : 특급
  ㉣ 시험용액의 조제 – 추출
  - 초산 추출법(복어) : 검체는 물과 직접 접촉해서는 아니 되며, 동결상태의 시료는 반동결 상태에서 껍질과 근육을 각각 별도로 분쇄기로 균질화한 후 10g을 비커에 취하여 0.1% 초산용액 약 25mL를 가한다. 끓는 수욕 중에서 교반하면서 10분간 가열 후 냉각한다. 원심관에 옮겨 원심분리 (5,000rpm, 5분)하여 추출액을 얻는다. 원심관 내의 잔류물을 0.1% 초산용액으로 세정하고 원심분리(5,000rpm, 5분)하여 상등액을 추출액과 합한다. 이 액을 여과하고, 0.1% 초산용액으로 5mL 되게 한 것을 각각의 시험용액으로 한다. 1mL는 검체 0.2g에 해당한다. 각각의 시험용액은 마우스 시험 전까지 냉장보관한다.
  - 초산성 메탄올 추출법(복어 염장품 및 건조가공품 등) : 껍질과 근육 각각 별도로 잘게 자르고, 분쇄기로 충분히 균질화한 후 검체 약 10g과 초산성 메탄올 50mL를 200mL 둥근바닥플라스크에 넣고 환류냉각장치를 부착시킨다. 이를 미리 70~75℃로 예열된 전열기에서 10분간 가온하여 추출한다. 냉각 후 추출액을 다른 플라스크에 옮기고 초산성 메탄올 50mL를 가하여 추출하는 과정을 두 번 반복하고 추출액은 모두 합한다. 잔류물을 초산성 메탄올 10mL로 세정하고 이액을 추출액과 합한 후 여과하여 감압 농축한다. 농축한 것에 물 10mL를 가하여 녹인 후, 분액깔때기에 옮기고 에틸에터 10mL를 넣어 흔들어 섞은 후 층을 분리하고 에터 층은 버린다. 다시 물 층에 에틸에터 10mL를 넣는 과정을 반복한다. 물층을 40℃ 이상의 수욕상에서 감압하여 에터를 제거한 후 물을

가해 20mL 되게 한 것을 각각의 시험용액으로 한다. 1mL는 검체 0.5g에 해당한다. 각각의 시험용액은 마우스 시험 전까지 냉장보관한다.

③ 일산화탄소(식품공전 제8. 일반시험법 6.13.5)

㉠ 시 약
- 일산화탄소 표준가스 : 교정용 가스(81.5μL/L 혹은 이 부근의 농도), 사용 시 공기로 희석하여 사용한다.
- 황산 : 특급
- n-옥틸알코올 : 특급

㉡ 가스크로마토그래프의 측정조건
- 검출기 : 수소염이온화 검출기(FID)
- 메타나이저
- 환원온도 : 350~400℃
- 칼럼 : HP-MOLSIV 캐필러리 칼럼(30m × 0.53mm ID, 25μm) 또는 이와 동등한 것
- 칼럼온도 : 초기의 온도 60℃에서 시료를 주입하고 1분간 유지한 후 2분 동안 120℃까지 상승시켜 2분간 유지한다.
- 주입부 온도 : 150~200℃
- 검출기의 온도 : 150~200℃
- 캐리어가스 및 유량 : 질소 또는 헬륨(유량은 최적조건으로 적절히 조정한다)

㉢ 시험방법 - 일반법
- 시료를 해동한 직후 껍질을 벗긴 다음 세절하고 300g을 정밀히 달고 2배량의 4℃로 냉각된 물을 가한 후 빙냉하에서 균질화[냉동틸라피아의 경우 1분, 냉동참치 및 방어(냉장 또는 냉동)의 경우 30초]하여 이를 시료액으로 한다.
- 시료액 200g을 원심분리관에 취하여 10℃에서 원심분리(3,000rpm, 10분)하고 상등액을 얻는다.
- 상등액 50mL를 100mL 헤드스페이스병에 넣고 n-옥틸알코올 5방울, 물 5mL, 20% 황산 20mL를 가하고 밀봉한 후 2분간 강하게 진탕한다. 10분간 정치한 후 다시 1분간 진탕하고 병 속의 기체층을 가스타이트시린지로 1mL를 취하여 가스크로마토그래프에 주입한다.
- 별도로 표준 일산화탄소가스를 청정공기 또는 질소가스로 적정농도로 희석한 후 1mL를 가스타이트시린지로 가스크로마토그래프에 주입하고 얻어진 피크면적으로부터 검량선을 작성하여 시료 중의 일산화탄소량을 구한다. 어육 중의 일산화탄소농도를 구할 때는 다음의 계수를 이용한다.
  [일산화탄소 표준가스 1mL(20℃)의 중량 = 표준가스의 일산화탄소의 농도 × 1.165mg]
- 이때, 검출된 일산화탄소 농도가 냉동틸라피아에서는 20μg/kg 초과, 냉동참치에서는 200μg/kg을 초과하고 500μg/kg 미만으로 검출된 경우, 시료액을 개봉된 용기에 넣고 공기순환이 가능한 저장장치를 이용하여 5℃에서 2일간 육막이 형성되지 아니하도록 교반하면서 보존한 후, 일정 과정을 거쳐서 일산화탄소의 잔류량을 측정한다.
- 최초 시료액과 이를 5℃에서 2일간 보존한 시료액의 일산화탄소 잔류량 변화를 비교하여 인위적 일산화탄소 처리유무의 판정에 이용한다.
- 시료액 조제일의 분석치가 냉동틸라피아는 20μg/kg 이하, 냉동참치는 200μg/kg 이하일 경우 일산화탄소를 처리하지 않은 것으로 판정한다.
- 시료액 조제일의 분석치가 냉동참치의 경우 500μg/kg 이상, 방어(냉장 또는 냉동)의 경우 350μg/kg을 초과하여 검출되면 일산화탄소를 처리한 것으로 판정한다.
- 과정에 따라 측정한 결과 시료조제일의 분석치보다 10% 이상 감소한 것은 일산화탄소를 처리한 것으로 판정한다.

② 시험방법 – 진공 포장한 냉동틸라피아 및 방어(냉장 또는 냉동) 시험방법
  - 가스타이트시린지로 청정공기 1.5mL를 취해 진공포장 내에 주입하고 즉시 1.0mL를 다시 취해 가스크로마토그래피를 실시하여 정량한다.
  - 10μL/L 이하로 검출된 경우 : 일산화탄소를 처리하지 않은 것으로 판정한다.
  - 10~100μL/L로 검출된 경우 : 일반법에 따라 시험하여 판정한다.
  - 100μL/L 이상 검출된 경우 : 일산화탄소를 처리한 것으로 판정한다.

(4) 수산가공식품류의 기준 및 규격과 시험법
① 어육가공품류
  ○ 정의 : 어육을 주원료로 하여 식품 또는 식품첨가물을 가하여 제조·가공한 것으로 어육살, 연육, 어육반제품, 어묵, 어육소시지 등을 말한다.
  ○ 원료 등의 구비요건
    - 원료는 선도가 양호한 것이어야 한다.
    - 어류는 5℃ 이하에서 냉동연육은 −18℃ 이하에서 위생적으로 보관·관리되어야 한다.
    - 원료는 비가식부분을 제거하여 위생적으로 처리하여야 한다.
  ○ 제조·가공기준
    - 원료어육(냉동연육은 제외)은 음용에 적합한 흐르는 물로 충분히 세척하여 혈액, 지방, 수용성 단백질 등을 제거하여야 한다.
    - 유통·판매하는 제품은 밀봉·포장하여야 한다. 다만, 연육 및 어육반제품은 밀봉하지 아니할 수 있다.
    - 유탕·유처리 시에 사용하는 유지는 산가 2.5 이하, 과산화물가 50 이하이어야 한다.
  ○ 식품유형
    - 어육살 : 어류의 살을 채취·가공한 어육살로서 부형제와 보존료(소브산 및 소브산칼륨 제외) 등 식품첨가물을 일절 첨가하지 아니한 것을 말한다.
    - 연육 : 어류의 살을 채취·가공한 어육살에 염, 당류, 인산염 등을 가한 것을 말한다.
    - 어육반제품 : 어육의 염(鹽)에 녹는 단백질을 용출시킨 고기풀에 식품 또는 식품첨가물을 가한 것으로서 열처리하지 아니한 것을 말한다.
    - 어묵 : 어육 중 염(鹽)에 녹는 단백질을 용출시킨 고기풀에 식품 또는 식품첨가물을 가하여 제조·가공한 것을 말한다.
    - 어육소시지 : 어육이나 어육 및 식육을 염지하여 훈연한 것 또는 어육이나 어육 및 식육 등을 케이싱에 충전하여 열처리한 것을 말한다(다만, 어육의 함량이 식육의 함량보다 많아야 한다).
    - 기타 어육가공품 : 식품유형에 정하여지지 아니한 어육가공품류를 말한다.
  ○ 규 격
    - 아질산이온(g/kg) : 0.05 미만(어육소시지에 한한다)
    - 타르색소 : 검출되어서는 아니 된다(어육소시지는 제외한다).
    - 대장균군 : n = 5, c = 1, m = 0, M = 10(살균제품에 한한다)
    - 세균수 : n = 5, c = 0, m = 0(멸균제품에 한한다)
    - 보존료(g/kg) : 다음에서 정하는 것 이외의 보존료가 검출되어서는 아니 된다.
      ※ 소브산, 소브산칼륨, 소브산칼슘 : 2.0 이하(소브산으로서)
  ○ 시험방법
    - 아질산이온 : 제8. 일반시험법 3.6.1에 따라 시험한다.
    - 타르색소 : 제8. 일반시험법 3.4.1에 따라 시험한다.
    - 대장균군 : 제8. 일반시험법 4.7에 따라 시험한다.
    - 세균수 : 제8. 일반시험법 4.5에 따라 시험한다.

- 보존료 : 제8. 일반시험법 3.1에 따라 시험한다.
② 젓갈류
- ㉠ 정의 : 어류, 갑각류, 연체류, 극피류 등에 식염을 가하여 발효 숙성한 것 또는 이를 분리한 여액에 식품 또는 식품첨가물을 가하여 가공한 젓갈, 양념젓갈, 액젓, 조미액젓을 말한다.
- ㉡ 제조·가공기준
  - 증량을 목적으로 물(식염수 포함)을 가하여서는 아니 된다(다만, 조미액젓은 제외한다).
  - 창난젓의 제조 시 훑기, 세척, 빛을 이용한 이물검사 공정을 반드시 거쳐야 한다.
  - 용구류는 위생적으로 처리되어 녹이 슬지 않도록 하여야 하며, 가능한 한 부식에 강한 소재이어야 한다.
- ㉢ 식품유형
  - 젓갈 : 어류, 갑각류, 연체류, 극피류 등의 전체 또는 일부분에 식염('식해'의 경우 식염 및 곡류 등)을 가하여 발효 숙성시킨 것(생물로 기준할 때 60% 이상)을 말한다.
  - 양념젓갈 : 젓갈에 고춧가루, 조미료 등을 가하여 양념한 것을 말한다.
  - 액젓 : 젓갈을 여과하거나 분리한 액 또는 이에 여과·분리하고 남은 것을 재발효 또는 숙성시킨 후 여과하거나 분리한 액을 혼합한 것을 말한다.
  - 조미액젓 : 액젓에 염수 또는 조미료 등을 가한 것을 말한다.
- ㉣ 규 격
  - 총질소(%) : 액젓 1.0 이상(다만, 곤쟁이 액젓은 0.8 이상), 조미액젓 0.5 이상
  - 대장균군 : n = 5, c = 1, m = 0, M = 10(액젓, 조미액젓에 한한다)
  - 타르색소 : 검출되어서는 아니 된다(다만, 명란젓은 제외한다).
  - 보존료(g/kg) : 다음에서 정하는 것 이외의 보존료가 검출되어서는 아니 된다(다만, 식염함량이 8% 이하의 제품에 한한다).
    ※ 소브산, 소브산칼륨, 소브산칼슘 : 1.0 이하(소브산으로서)
  - 대장균 : n = 5, c = 1, m = 0, M = 10(액젓, 조미액젓은 제외한다)
- ㉤ 시험방법
  - 총질소 : 제8. 일반시험법 2.1.3.1에 따라 시험한다.
  - 대장균군 : 제8. 일반시험법 4.7에 따라 시험한다.
  - 타르색소 : 제8. 일반시험법 3.4.1에 따라 시험한다.
  - 보존료 : 제8. 일반시험법 3.1에 따라 시험한다.
  - 대장균 : 제8. 일반시험법 4.8에 따라 시험한다.
③ 건포류
- ㉠ 정의 : 어류, 연체류 등의 수산물을 건조한 것이거나 이를 조미 등으로 가공한 조미건어포, 건어포 등을 말한다.
- ㉡ 원료 등의 구비요건
  - 원료는 5℃ 이하에서 보존하여야 한다.
  - 인체에 해로운 수준의 자연독이 함유된 원료를 사용하여서는 아니 된다.
- ㉢ 제조·가공기준 : 필요시 살균 또는 멸균처리하여야 하고 제품은 위생적으로 포장하여야 한다.
- ㉣ 식품유형
  - 조미건어포 : 어류 또는 연체류 등을 조미, 건조 등으로 가공한 것을 말한다.
  - 건어포 : 어류 또는 연체류 등을 건조한 것이거나 이를 절단한 것을 말한다.
  - 기타 건포류 : 식품유형에 정하여지지 아니한 건포류를 말한다.
- ㉤ 규 격
  - 이산화황(g/kg) : 0.03 미만
  - 대장균 : n = 5, c = 2, m = 0, M = 10

- 황색포도상구균 : n = 5, c = 1, m = 10, M = 100(다만, 조미건어포에 한한다)
- 보존료(g/kg) : 다음에서 정하는 것 이외의 보존료가 검출되어서는 아니 된다.
  ※ 소브산, 소브산칼륨, 소브산칼슘 : 1.0 이하(소브산으로서)

ⓑ 시험방법
- 이산화황 : 제8. 일반시험법 3.5에 따라 시험한다.
- 대장균 : 제8. 일반시험법 4.8에 따라 시험한다.
- 황색포도상구균 : 제8. 일반시험법 4.12.2에 따라 시험한다.
- 보존료 : 제8. 일반시험법 3.1에 따라 시험한다.

④ 조미김
  ㉠ 정의 : 마른김(얼구운김 포함)을 굽거나, 식용유지, 조미료, 식염 등으로 조미·가공한 것을 말한다.
  ㉡ 규 격
  - 산가 : 4.0 이하(유처리한 김에 한한다)
  - 과산화물가 : 60.0 이하(유처리한 김에 한한다)
  - 타르색소 : 검출되어서는 아니 된다.
  ㉢ 시험방법
  - 산가 : 과자류, 빵류 또는 떡류의 시험방법(제8. 일반시험법 2.1.5.3.1) 중 산가에 따라 시험한다.
  - 과산화물가 : 산가에서 추출한 유지 1~5g을 정밀히 달아 제8. 일반시험법 2.1.5.3.5에 따라 시험한다.
  - 타르색소 : 제8. 일반시험법 3.4.1에 따라 시험한다.

⑤ 한 천
  ㉠ 정의 : 우무를 동결탈수하거나 압착탈수하여 건조시킨 식품을 말한다.
  ㉡ 규 격
  - 성상 : 적합하여야 한다.
  - 수분(%) : 22.0 이하
  - 조단백질(%) : 3.0 이하
  - 조회분(%) : 6.0 이하
  - 열탕불용해잔사물(%) : 4.0 이하
  - 붕산(%) : 0.10 이하
  ㉢ 시험방법
  - 성상(관능검사) : 제정도(齊整度)

점 수	실, 산, 설한천	가루, 인상, 기타 한천
5점	급랭, 난건, 풍건, 토사 혼입이 없는 것	형태, 품질이 균일한 것
4점	급랭, 난건, 풍건, 토사 혼입이 극히 적은 것 은 그 정도에 따라 4점 또는 3점으로 한다.	형태, 품질이 대체로 균일한 것은 그 정도에 따라 4점 또는 3점으로 한다.
3점		
2점	급랭, 난건, 풍건, 토사 혼입이 적은 것	형태, 품질이 약간 균일하지 못한 것
1점	급랭, 난건, 풍건, 토사 혼입이 많은 것	형태, 품질이 불균일한 것

  - 수분 : 제8. 일반시험법 6.11.1.1에 따라 시험한다.
  - 조단백질 : 제8. 일반시험법 2.1.3.1에 따라 시험한다.
  - 조회분 : 검체 1~2g을 정밀히 달아 제8. 일반시험법 2.1.2에 따라 시험한다.
  - 열탕불용해잔사물 : 제8. 일반시험법 6.11.1.2에 따라 시험한다.
  - 붕산 : 제8. 일반시험법 6.11.1.3에 따라 시험한다.

⑥ 기타 수산물가공품
　㉠ 정의 : 수산물을 주원료로 하여 가공한 것을 말한다. 다만, 따로 기준 및 규격이 정하여져 있는 것은 제외한다.
　㉡ 규격
　　• 성상 : 적합하여야 한다.
　　• 이물 : 적합하여야 한다.
　　• 산가 : 5.0 이하(유탕 · 유처리식품에 한한다)
　　• 과산화물가 : 60 이하(유탕 · 유처리식품에 한한다)
　　• 대장균군 : $n = 5$, $c = 1$, $m = 0$, $M = 10$(살균제품에 한한다)
　　• 세균수 : $n = 5$, $c = 0$, $m = 0$(멸균제품에 한한다)
　　• 대장균 : $n = 5$, $c = 1$, $m = 0$, $M = 10$(비살균제품 중 더 이상 가공, 가열 조리를 하지 않고 그대로 섭취하는 제품에 한한다)
　㉢ 시험방법
　　• 성상 : 제8. 일반시험법 1.1에 따라 시험한다.
　　• 이물 : 제8. 일반시험법 1.2에 따라 시험한다.
　　• 산가 : 제8. 일반시험법 2.1.5.3.1에 따라 시험한다.
　　• 과산화물가 : 제8. 일반시험법 2.1.5.3.5에 따라 시험한다.
　　• 대장균군 : 제8. 일반시험법 4.7에 따라 시험한다.
　　• 세균수 : 제8. 일반시험법 4.5에 따라 시험한다.
　　• 대장균 : 제8. 일반시험법 4.8에 따라 시험한다.

CHAPTER 02 적중예상문제

01 식품의 영양표시 규정에 따라 식품표면에 표시해야 하는 사항을 모두 찾아 쓰시오.

① 콜레스테롤	② 포화지방	③ 나트륨
④ 열 량	⑤ 비타민	⑥ 단백질

정답 ① 콜레스테롤, ② 포화지방, ③ 나트륨, ④ 열량, ⑥ 단백질

풀이 제품에 일정량 함유된 영양소의 함량을 표시할 때 '열량, 나트륨, 탄수화물, 당류, 지방, 트랜스지방, 포화지방, 콜레스테롤 및 단백질'은 그 명칭과 함량을 표시하여야 한다. 그 밖의 영양성분(비타민, 무기질, 식이섬유 등)은 임의로 표시할 수 있고, 그 명칭과 함량을 표시하도록 하고 있다.

02 수산식품의 제품검사 방법 2가지를 쓰시오.

정답 전수검사, 시료채취검사

풀이 **제품검사 방법**
검사 방법에는 크게 생산된 개개의 제품을 공장에서 모두 조사하는 전수검사와 일부의 시료를 채취하여 검사하는 시료채취검사가 있다.

03 제품검사 방법에서 사용하는 시료채취법 2가지를 쓰시오.

정답 층별 시료채취법, 취락 시료채취법

풀이 **시료채취법**
• 층별 시료채취법 : 검사 집단이 크고, 그것이 이질 성분으로 구성되어 있다고 생각될 때 같은 성분끼리 모아 몇 개의 이질층으로 나누어 각 층으로부터 각각 무작위로 시료를 채취하는 방법(시료를 채취할 때는 각 층의 크기에 비례하여 추출)
• 취락 시료채취법 : 집단을 구성하고 있는 물품이 이질 성분으로 구성되어 있고, 같은 성분끼리 층 구분이 불가능할 때 집단을 여러 개의 소집단으로 나누어 그중 몇 개의 집락을 취한 후 전부 조사하는 방법
※ 제품검사를 위한 시료채취 방법에는 단순 시료채취법, 계통 시료채취법, 2단계 시료채취법, 층별 시료채취법, 취락 시료채취법이 있다.

04 다음 괄호 안에 알맞은 말을 순서대로 쓰시오.

> 식품은 안전성, 영양성, 기호성을 고루 갖추어야 하며, 이를 위하여 식품의 (①), (②) 및 (③)를 실시한다.

정답 ① 위생학적 안전성검사, ② 물리 · 화학적 검사, ③ 관능적 검사

05 식품의 관능검사에서 가장 많이 이용되는 평가법은 어느 것인가?

정답 평점법

풀이 식품의 관능검사에 응용되는 통계적 방법에는 2점 비교법, 3점 비교법, 순위법, 평점법이 있으며, 이 중 평점법이 가장 많이 이용되고 있다.

06 수산물 · 수산가공품 검사기준에 관한 고시의 관능검사기준에서 활어 · 패류의 합격항목만 찾아 그 번호를 쓰시오.

> ① 손상과 변형이 없는 형태로서 병충해가 없는 것
> ② 살아 있고, 활력도가 양호한 것
> ③ 선도가 양호한 것
> ④ 대체로 고르고, 이종품의 혼입이 없는 것
> ⑤ 신선하여 이취가 없는 것

정답 ①, ②, ④

풀이 활어패류

항 목	합 격
외 관	손상과 변형이 없는 형태로서 병충해가 없는 것
활력도	살아 있고 활력도가 양호한 것
선 별	대체로 고르고 다른 종류의 혼입이 없는 것

07 수산물·수산가공품 검사기준에 관한 고시의 관능검사기준에서 신선·냉장품의 합격항목만 찾아 그 번호를 쓰시오.

---

① 손상과 변형이 없고, 처리 상태가 양호한 것
② 고유의 색택으로 양호한 것
③ 선도가 양호한 것
④ 글레이징이 잘되어 건조 및 유소현상이 없는 것
⑤ 혈액 등의 처리가 잘되고, 그 밖에 협잡물이 없는 것

정답 ①, ②, ③, ⑤

풀이 신선·냉장품

항 목	합 격
형 태	손상과 변형이 없고 처리 상태가 양호한 것
색 택	고유의 색택으로 양호한 것
선 도	선도가 양호한 것
선 별	크기가 대체로 고르고 다른 종류가 혼입이 없는 것
잡 물	혈액 등의 처리가 잘되고, 그 밖에 협잡물이 없는 것
냄 새	신선하여 이취가 없는 것

08 수산물·수산가공품 검사기준에 관한 고시의 관능검사기준에서 냉동품 중 어·패류의 온도 합격기준을 쓰시오.

정답 중심온도가 −18℃ 이하인 것(다만, 횟감용 참치류의 중심온도는 −40℃ 이하인 것)

풀이 냉동품(어패류)

항 목	합 격
형 태	고유의 형태를 가지고, 손상과 변형이 거의 없는 것
색 택	고유의 색택으로 양호한 것
선 별	크기가 대체로 고르고, 다른 종류가 혼입이 없는 것
선 도	선도가 양호한 것
잡 물	혈액 등의 처리가 잘되고 그 밖에 협잡물이 없는 것
건조 및 유소	글레이징이 잘되어 건조 및 유소현상(지방의 산패)이 없는 것(다만, 건조 및 유소를 방지할 수 있도록 포장한 것은 제외)
온 도	중심온도가 −18℃ 이하인 것(다만, 횟감용 참치류의 중심온도는 −40℃ 이하인 것)

09 수산물·수산가공품 검사기준에 관한 고시의 관능검사기준에서 냉동품 중 해조류의 합격항목만 찾아 그 번호를 쓰시오.

① 조체발육이 보통 이상의 것으로 손상 및 변형이 심하지 아니한 것
② 토사 및 이물질의 혼입이 거의 없는 것
③ 신선하여 이취가 없는 것
④ 제품 중심온도가 −18℃ 이하인 것
⑤ 색택이 양호하고 변색이 없는 것

정답 ①, ②, ④

풀이 해조류

항 목	합 격
형 태	조체발육이 보통 이상의 것으로 손상 및 변형이 심하지 않은 것
색 택	고유의 색택을 가지고 변질되지 아니한 것
선 별	파치품·충해엽 등의 혼입이 적고 다른 해조 등의 혼입이 거의 없는 것
잡 물	토사 및 이물질의 혼입이 거의 없는 것
온 도	제품 중심온도가 −18℃ 이하인 것

10 수산물·수산가공품 검사기준에 관한 고시에서 사용하는 용어의 정의이다. 괄호 안에 들어갈 말을 쓰시오.

┤보기├

① "어패류"란 어류, 패류, (   ) 및 연체류 등의 수산동물을 말한다.
② "신선·냉장품"이란 얼음 등을 이용하여 신선 상태를 유지하거나 동결되지 않도록 (   ) 이하로 냉장한 수산동·식물을 말한다.
③ "냉동품"이란 (   )을 원형 또는 처리·가공하여 동결시킨 제품을 말한다.

정답 ① 갑각류, ② 10℃, ③ 수산동·식물

풀이 정의(제2조)
• "어패류"란 어류, 패류, 갑각류 및 연체류 등의 수산동물을 말한다.
• "신선·냉장품"이란 얼음 등을 이용하여 신선상태를 유지하거나 동결되지 않도록 10℃ 이하로 냉장한 수산동·식물을 말한다.
• "냉동품"이란 수산동·식물을 원형 또는 처리·가공하여 동결시킨 제품을 말한다.

11 수산물·수산가공품 검사기준에 관한 고시에서 사용하는 용어의 정의이다. 괄호 안에 들어갈 말을 쓰시오.

> ① "건제품"이란 수산동·식물의 수분을 감소시키기 위하여 건조하거나 말린[삶는 방식, 굽는 방식, (　　　)하는 방식 등을 포함] 제품을 말한다.
> ② "염장품"이란 수산동·식물을 식염 또는 (　　　)를 이용하여 절이거나 식염 또는 식염과 주정을 가하여 숙성시켜 만든 제품을 말한다.
> ③ "조미가공품"이란 수산동·식물에 (　　　)를 첨가하여 조림·건조 또는 구워서 만든 제품 및 패류 자숙 시 유출되는 액의 유효성분을 농축하여 만든 간장류(주스류) 등의 제품을 말한다.

정답 ① 염장, ② 식염수, ③ 조미료

풀이 정의(제2조)
- "건제품"이란 수산동·식물의 수분을 감소시키기 위하여 건조하거나 말린[삶는 방식, 굽는 방식, 염장(鹽藏)하는 방식 등을 포함] 제품을 말한다.
- "염장품"이란 수산동·식물을 식염 또는 식염수를 이용하여 절이거나 식염 또는 식염과 주정을 가하여 숙성시켜 만든 제품을 말한다.
- "조미가공품"이란 수산동·식물에 조미료를 첨가하여 조림·건조 또는 구워서 만든 제품 및 패류 자숙 시 유출되는 액의 유효성분을 농축하여 만든 간장류(주스류) 등의 제품을 말한다.

12 식품공전에서 정한 수산물의 관능검사 중 신선·냉장품에 대한 검사항목은?

정답 외관(형태), 색깔(색택), 선별, 선도

풀이 6.13.1 성상(관능검사)
성상(관능검사)검사 시 외관, 색깔, 선별 항목은 각 수산물에 공통으로 적용하고, 종류별로 검사항목이 정하여진 것은 이를 포함하여 다음의 채점기준에 따라 채점한 결과가 평균 3점 이상이고, 1점 항목이 없어야 한다.
- 공통 : 외관(형태), 색깔(색택), 선별
- 활어·패류 : 활력도
- 신선·냉장 : 선도
- 냉동품 : 선도, 건조 및 유소
- 건조품, 염장품 : 풍미

13 식품공전의 수산물 규격에서 정한 시험방법 중 복어독의 추출법은?

정답 초산추출법

풀이 복어독은 초산추출법에 의하여 추출하고, 마우스의 복강주사에 의한 독력시험법에 따라 시험한다.

14 식품공전의 수산물 규격에서 정한 시험방법 중 일산화탄소 시험법에 사용되는 시약 3가지를 쓰시오.

정답 일산화탄소 표준가스, 황산, n-옥틸알코올

풀이 **일산화탄소 시험법에 사용되는 시약**
- 일산화탄소 표준가스 : 교정용 가스(81.5μL/L 혹은 이 부근의 농도), 사용 시 공기로 희석하여 사용한다.
- 황산 : 특급
- n-옥틸알코올 : 특급

부 록

과년도 + 최근 기출문제

수산물품질관리사 2차 필답형 실기

수산물품질관리사 2차 실기 [단답형]

01 농수산물 품질관리법령상 수산물의 지리적표시 등록 거절 결정 사유에 관한 내용이다. (   )에 올바른 용어를 쓰시오. [2점]

> 등록 신청된 지리적표시가 (①)에 따라 먼저 출원되었거나 등록된 타인의 상표와 같거나 비슷한 경우, 국내에 널리 알려진 타인의 (②) 또는 지리적표시와 같거나 비슷한 경우에는 등록 거절을 결정하여 신청자에게 알려야 한다.

정답 ① 상표법, ② 상표

풀이 **지리적 표시의 등록(농수산물 품질관리법 제32조 제9항)**
농림축산식품부장관 또는 해양수산부장관은 제3항에 따라 등록 신청된 지리적표시가 다음의 어느 하나에
해당하면 등록의 거절을 결정하여 신청자에게 알려야 한다.
1. 먼저 등록 신청되었거나, 등록된 타인의 지리적표시와 같거나 비슷한 경우
2. 상표법에 따라 먼저 출원되었거나 등록된 타인의 상표와 같거나 비슷한 경우
3. 국내에서 널리 알려진 타인의 상표 또는 지리적표시와 같거나 비슷한 경우
4. 일반명칭[농수산물 또는 농수산가공품의 명칭이 기원적(起原的)으로 생산지나 판매장소와 관련이 있지만
   오래 사용되어 보통명사화된 명칭을 말한다]에 해당되는 경우
5. 지리적표시 또는 동음이의어 지리적표시의 정의에 맞지 아니하는 경우
6. 지리적표시의 등록을 신청한 자가 그 지리적표시를 사용할 수 있는 농수산물 또는 농수산가공품을 생산·
   제조 또는 가공하는 것을 업(業)으로 하는 자에 대하여 단체의 가입을 금지하거나 가입조건을 어렵게
   정하여 실질적으로 허용하지 아니한 경우

02 농수산물 품질관리법령상 품질인증품의 의무표시사항 누락으로 1차 시정명령 처분을 받고, 최근 1년간 같은 위반행위를 하였을 경우의 행정처분 기준을 (   )에 쓰시오(단, 경감사유는 고려하지 않는다). [2점]

1차 위반	2차 위반	3차 위반
시정명령	표시정지 (①)월	표시정지 (②)월

정답 ① 1, ② 3

풀이 시행명령 등의 처분기준–품질인증품(농수산물 품질관리법 시행령 [별표 1])

위반행위	행정처분 기준		
	1차 위반	2차 위반	3차 위반
의무표시사항이 누락된 경우	시정명령	표시정지 1개월	표시정지 3개월

03 A식당은 꽃게를 탕용 및 찜용으로 조리하여 판매·제공하고 있다. 국립수산물품질관리원 소속 조사공무원으로부터 원산지표시 위반(내용 : 미표시)으로 적발되었다. 농수산물의 원산지 표시에 관한 법령상 국립수산물품질관리원장이 A식당을 대상으로 원산지표시 위반에 따른 과태료 부과 외에 조치할 수 있는 처분 명령을 쓰시오. [3점]

정답 표시의 이행·변경·삭제 등 시정명령

풀이 원산지 표시 등의 위반에 대한 처분 등(농수산물의 원산지 표시 등에 관한 법률 제9조 제1항)
농림축산식품부장관, 해양수산부장관, 관세청장 또는 시·도지사는 제5조(원산지 표시)나 제6조(거짓 표시 등의 금지)를 위반한 자에 대하여 다음의 처분을 할 수 있다. 다만, 제5조 제3항을 위반한 자에 대한 처분은 1.에 한정한다.
1. 표시의 이행·변경·삭제 등 시정명령
2. 위반 농수산물이나 그 가공품의 판매 등 거래행위 금지

원산지 표시(농수산물의 원산지 표시 등에 관한 법률 제5조 제3항)
식품접객업 및 집단급식소 중 대통령령으로 정하는 영업소나 집단급식소를 설치·운영하는 자는 대통령령으로 정하는 농수산물이나 그 가공품을 조리하여 판매·제공하는 경우(조리하여 판매 또는 제공할 목적으로 보관·진열하는 경우를 포함한다)에 그 농수산물이나 그 가공품의 원료에 대하여 원산지(쇠고기는 식육의 종류를 포함한다)를 표시하여야 한다. 다만, 식품산업진흥법 제22조의2에 따른 원산지인증의 표시를 한 경우에는 원산지를 표시한 것으로 보며, 쇠고기의 경우에는 식육의 종류를 별도로 표시하여야 한다.

04 등록된 지리적표시품이 농수산물 품질관리법령에 위반되어 행정처분을 하려고 할 때, 조치할 수 있는 행정처분의 종류 1가지만 쓰시오(단, 등록취소는 제외한다). [2점]

정답 시정명령, 판매금지, 표시정지

풀이 **지리적표시품의 표시 시정 등(농수산물 품질관리법 제40조)**
해양수산부장관은 지리적표시품이 다음의 어느 하나에 해당하면 대통령령으로 정하는 바에 따라 시정을 명하거나 판매의 금지, 표시의 정지 또는 등록의 취소를 할 수 있다.
1. 등록기준에 미치지 못하게 된 경우
2. 표시방법을 위반한 경우
3. 해당 지리적표시품 생산량의 급감 등 지리적표시품 생산계획의 이행이 곤란하다고 인정되는 경우

05 수산물을 구성하고 있는 육의 조직과 성분에 관한 설명이다. 옳으면 O, 틀리면 X를 표시하시오. [2점]

번 호	설 명
(①)	어류의 근원섬유를 구성하고 있는 주요 단백질은 콜라겐이다.
(②)	계절이나 어체의 부위에 따라 지방보다는 단백질 함유량의 변화가 더 크다.
(③)	굴과 바지락의 내장에는 베네루핀이라는 독 성분이 있을 수 있다.
(④)	혈액 색소인 헤모시아닌은 철이 함유되어 있어 게, 새우, 오징어 등에서 청색을 띤다.

정답 ① ×, ② ×, ③ O, ④ ×

풀이 ① 어류에는 근장 단백질(마이오글로빈, 마이오겐), 근원섬유 단백질(액틴, 마이오신), 육기질 단백질(콜라겐, 엘라스틴)이 있다.
② 어패류의 일반 성분 중에서 지방 함유량이 계절 및 부위에 따라서 변동이 가장 심하고, 단백질, 탄수화물, 무기질 등의 변동은 비교적 적은 편이다.
③ 어패류의 독성물질

종 류	함유 수산물(함유 부위)
테트로도톡신	복어(간장, 난소 혈액)
이크티오톡신	뱀장어(혈액)
베네루핀	바지락(내장), 굴(내장)
삭시톡신	굴(근육, 내장), 홍합(근육, 내장)

④ 혈액 색소는 어류에는 헤모글로빈(철 함유), 갑각류에는 헤모시아닌(구리 함유)이 있다.

06 수산 식품의 포장재로 사용되는 플라스틱 필름 또는 필름을 가공한 것에 관한 설명이다. ( )에 알맞은 용어를 [보기]에서 찾아 쓰시오. [3점]

┤보기├─
- 폴리에틸렌
- 폴리에스터
- 오블레이트
- 연신필름
- 적층필름
- 폴리염화비닐

1. 폴리스티렌 : 가볍고 단단한 투명재료이나 충격에 약하며, 기체 투과성이 커서 진공 포장이나 가스치환 포장에는 적당하지 못한 필름이다.
2. (①) : 제조법에 따라 고압법, 중압법, 저압법으로 나누어진다. 수분차단성과 내화학성, 열접착성이 좋으며, 가격이 저렴하지만 기체 투과성이 큰 특징이 있다. 밀도가 낮은 이 필름은 내한성이 커서 냉동 식품포장에 많이 사용된다.
3. (②) : 통조림과 같이 고온에서도 살균이 가능한 유연 포장으로 제품의 수명이 길고, 사용 시 재가열, 개봉 등이 용이해 레토르트 파우치에 많이 쓴다.

정답 ① 폴리에틸렌(PE, Polyethylene), ② 폴리에스터(PET, Polyester)

풀이 필름의 종류와 특징

필름의 종류	표 기	특 징	용 도
Polyethylene	PE	LDPE, MDPE, HDPE(LPPE)가 있으며 물과 수증기 차단성이 우수, 열접착성, 내한성, 내약품성이 우수하나 산소차단성이 낮고 LDPE인 경우 냄새와 지방 차단성이 부족	필름으로 봉투, 자루 제조, 종이, 판지코팅제, 병마개, 튜브, 상자, 드럼
Polypropylene	PP	• PE보다 경도, 인장강도, 투명성이 양호 • 수증기와 OPP는 방향기체 차단성이 높음, 열접착이 어려움	Cellophane 대체 병마개, Laminatete 제품 직조 후 Woven Bag용
Polystyrene	PS	• Blow, Injection, Extuding 성형 양호 • 수증기속에서 가열하면 열전도저항이 큰 EPS가 됨	유제품, 생선, 육류, 야채 용기, EPS는 완충제상자, 식품용기
Polyethylene Terephthalate	PET	• 기계적 강도 우수, 내열성(300), 기체수증기 차단성, 유기용제 저항성양호 • 열접착이 어려움, PVDC코팅으로 차단성 증가	진공포장용(Al Foil, PE), 식품, 원두커피 포장병으로 이용
Polyamide(Nylon)	PA	기계적 강도와 내열성이 우수, 습기에 약함	육·어류가공품 포장

07 수산물 통조림의 가공 및 보관 과정 중 발생할 수 있는 품질의 변화와 변형관을 설명한 것이다. ( )에 알맞은 용어를 [보기]에서 찾아 쓰시오. [3점]

1. (①) : 어육에서 발생한 황화수소와 어육이나 캔에 존재하는 금속 성분이 결합하여 발생하는 현상을 말한다.
2. (②) : 가열처리로 어육 중의 수용성 단백질이 응고하고 이곳을 어육 내부에서 발생한 가스가 통과하면서 만든 통로가 여러 개의 작은 구멍을 만드는 현상을 말한다.
3. (③) : 가열 살균 후에 급격히 증기를 배출해 캔의 내압이 외압보다 커져서 캔의 몸통 부분이 불룩하게 튀어나온 현상을 말한다.

┤보기├
- 허니콤
- 스트루바이트
- 버클캔
- 패널캔
- 어드히전
- 흑 변

정답 ① 흑변, ② 허니콤, ③ 버클캔

풀이 통조림 가공 시 캔의 변형

종 류	캔의 변형
허니콤	어육의 표면에 벌집모양의 작은 구멍, 가열 시 어육 내부의 가스가 배출될 때 생긴 통로
버클캔	캔 외압보다 캔 내압이 커져 캔의 몸통 부분이 불룩하게 튀어나온 상태
어드히전	캔을 열었을 때 육질의 일부가 용기의 내부나 뚜껑에 눌러붙어 있는 현상
스트루바이트	통조림 내용물에 유리 조각 모양의 결정이 나타나는 현상, 중성·약알칼리성의 통조림
패널캔	캔 내압이 낮아 캔 몸통의 일부가 안쪽으로 오목하게 쭈그러져 들어간 상태
흑 변	황화수소가 캔의 철, 주석과 결합 시 캔 내면에 발생(어패류 선도가 나쁠수록, pH가 높을수록)

08 어패류는 시간의 변화에 따라 근육의 성분이 분해되어 새로운 물질이 생성되거나 성분이 변화하게 되는데 이를 화학적으로 측정하여 선도를 판정할 수 있다. 수산물의 화학적 선도 판정법 3가지를 쓰시오. [3점]

정답 ① pH 측정법, ② 휘발성염기질소(VBN) 측정법, ③ 트라이메틸아민(TMA ; TriMethylAmine) 측정법

풀이 화학적 선도 판정법
분해 생성물들의 양을 측정하여 어패류의 선도를 측정하는 방법이다. 즉, 암모니아, 트라이메틸아민(TMA), 휘발성염기질소(VBN), pH, 히스타민, K값 등을 측정하여 선도를 판정한다.

09 수산물 유통기능은 수산물의 생산과 소비 사이의 여러 가지 거리를 연결시켜 주는 것이다. 각 기능에 해당하는 것을 [보기]에서 찾아 쓰시오. [3점]

기 능	의 미
운송 기능	(①)의 거리
보관 기능	(②)의 거리
거래 기능	(③)의 거리
정보전달 기능	(④)의 거리
집적, 분할 기능	(⑤)의 거리

┤보기├
장 소 시 간 인 식 소유권 품 질 수 량

정답 ① 장소, ② 시간, ③ 소유권, ④ 인식, ⑤ 수량

풀이 **수산물 유통기능의 의미**

기 능		의 미
운송 기능	장소의 거리	수산물의 생산지와 소비지 사이의 거리를 연결시켜 주는 기능
보관 기능	시간의 거리	수산물 생산 조업시기와 비조업시기 등과 같은 시간의 거리를 연결시켜 주어 소비자가 원하는 시기에 언제든지 구입할 수 있도록 하는 기능
거래 기능	소유권의 거리	생산자와 소비자 사이의 소유권 거리를 중간에서 적정 가격을 통해 연결시켜 주는 기능
정보전달 기능	인식의 거리	수산 상품에 대한 정보를 전달하여 인식의 거리를 연결시켜 주는 기능
집적, 분할 기능	수량의 거리	• 집적 기능 : 전국적으로 산재해 있는 등질 수산물의 작은 집합을 큰 집합으로 모으는 기능 • 분할 기능 : 원양어업과 같이 대량 어획된 수산물을 각 시장의 소규모 수요에 맞추어 소규모로 나누는 기능

10 수산물 유통정보에 관한 설명이다. ( )에 알맞은 용어를 [보기]에서 찾아 쓰시오. [2점]

수산물 유통정보는 생산자, 유통업자, 소비자, 정책입안자, 연구자 등에게 합리적인 의사결정을 하도록 도와준다. 이러한 수산물 유통정보가 그 기능을 충분히 발휘하기 위해서는 정보로서의 기본적인 요건을 갖추어야 한다. 수산물 유통정보가 갖추어야 할 4가지 요건에는 적시성, 정확성, (①), (②)이 있다.

┌ 보기 ┐
적절성   획일성   통합성   극비성

정답 ① 적절성, ② 통합성

11 수산물·수산가공품 검사기준에 관한 고시에 규정된 관능검사기준에 관한 설명이다. ( )에 올바른 내용을 쓰시오. [3점]

품 목	항 목	합격기준
냉동어·패류	온 도	중심온도는 (①)℃ 이하인 것
냉동연육	육 질	절곡시험 (②)급 이상인 것으로 육질이 보통인 것
마른돌김	이종품의 혼입	청태 및 종류가 다른 김의 혼입이 (③)% 이하인 것

정답 ① −18, ② C, ③ 5

풀이 관능검사기준(수산물·수산가공품 검사기준에 관한 고시 [별표 1])

품 목	항 목	합격기준
냉동어·패류	온 도	중심온도가 −18℃ 이하인 것. 다만, 횟감용 참치류의 중심온도는 −40℃ 이하인 것
냉동연육	육 질	절곡시험 C급 이상인 것으로 육질이 보통인 것
마른돌김	다른 종류의 혼입	청태 및 종류가 다른 김의 혼입이 5% 이하인 것

12 수산물·수산가공품 검사기준에 관한 고시에 규정된 염장품 '명란젓'에 대한 관능검사기준 중 '형태 항목'의 합격 기준과 관련된 용어를 [보기]에서 찾아 쓰시오. [2점]

┌─ 보기 ┐
생식소   정미량   조체발육   이종품   파 란   잡 어

정답 생식소, 파란

풀이 명란젓 및 명란맛젓의 관능검사기준(수산물·수산가공품 검사기준에 관한 고시 [별표 1])

품 목	합 격
형 태	크기가 고르고 생식소의 충전이 양호하고 파란 및 수란이 적은 것
색 택	색택이 양호한 것
협잡물	협잡물이 없는 것
향 미	고유의 향미를 가지고 이취가 없는 것
처 리	처리상태 및 배열이 양호한 것
첨가물	제품에 고르게 침투한 것

13 수산물·수산가공품 검사기준에 관한 고시에 규정된 '마른김 및 얼구운김'의 관능검사 항목의 일부이다. (   )에 올바른 내용을 쓰시오. [2점]

항 목	합격 기준
결 속	10매를 1첩으로 하고 10첩을 (①)으로 하여 강인한 대지로 묶는다. 다만, 수요자의 요청에 따라 첩단위 또는 평첩의 상태로 포장할 수 있다.
결속대지 및 문고지	(②)이 검출되지 아니한 것

정답 ① 1속, ② 형광물질

풀이 마른김 및 얼구운김의 관능검사기준(수산물·수산가공품 검사기준에 관한 고시 [별표 1])

항 목	검사기준				
	특 등	1등	2등	3등	등 외
결 속	10매를 1첩으로 하고 10첩을 1속으로 하여 강인한 대지로 묶는다. 다만, 수요자의 요청에 따라 첩단위 또는 평첩의 상태로 포장할 수 있다.				
결속대지 및 문고지	형광물질이 검출되지 아니한 것				

14 수산물 표준규격상 수산물의 종류별 등급규격을 나타낸 것이다. 해당 등급에 맞는 규격을 쓰시오. [3점]

품 명	항 목	특	상	보통
북 어	1마리의 크기 (전장, cm)	(①) 이상	(②) 이상	30 이상
굴 비		(③) 이상	15 이상	(④) 이상

정답 ① 40, ② 30, ③ 20, ④ 15

풀이 북어와 굴비의 등급규격(수산물 표준규격 [별표 5])

품 명	항 목	특	상	보통
북 어	1마리의 크기 (전장, cm)	40 이상	30 이상	30 이상
굴 비		20 이상	15 이상	15 이상

15 수산물·수산가공품 검사기준에 관한 고시에 규정된 '조미쥐치포'의 관능검사 실시 후 박스별 검사 결과를 나타낸 것이다. 합격품에 해당하는 박스를 모두 쓰시오(단, 관능검사 항목은 형태, 색택, 처리에 한정한다). [2점]

구 분	관능검사 결과
A박스	형태가 바르고 고유 색택을 가지고 있으며 과열로 인한 반점이 없고 피빼기가 충분함
B박스	손상품 혼입이 적고 고유 색택을 가지고 있으며 광택이 없고 과열로 인한 반점이 심하지 않음
C박스	형태가 바르고 고유 색택을 가지고 있으며 백분이 고르게 분포되어 있고, 피빼기가 충분함
D박스	손상품 혼입이 적고 고유 색택을 유지하면서 피빼기가 충분함
E박스	손상품 혼입이 없고 피빼기가 충분하면서 전체적으로 백분이 고르게 분포되어 있음

정답 합격품 : A박스, D박스

풀이 조미쥐치포(늘인·구운 것 포함)의 관능검사기준(수산물·수산가공품 검사기준에 관한 고시 [별표 1])

구 분	관능검사 결과			
	형 태	색 택	처 리	합격표시
합격 기준	형태가 바르고 손상품의 혼입이 적은 것	• 고유의 색택을 가지고 광택이 있으며, 배소 과정을 거친 제품은 과열로 인한 반점이 심하지 않은 것 • 곰팡이가 없으며 백분이 거의 없는 것	피빼기가 충분하며, 어피·등뼈가 거의 붙어 있지 않은 것	
A박스	형태가 바름	고유 색택을 가지고 있으며 과열로 인한 반점이 없음	피빼기가 충분함	합 격
B박스	손상품 혼입이 적음	고유 색택을 가지고 있으며 광택이 없고 과열로 인한 반점이 심하지 않음		불합격
C박스	형태가 바름	고유 색택을 가지고 있으며 백분이 고르게 분포되어 있음	피빼기가 충분함	불합격
D박스	손상품 혼입이 적음	고유 색택을 유지	피빼기가 충분함	합 격
E박스	손상품 혼입이 없음	전체적으로 백분이 고르게 분포되어 있음	피빼기가 충분함	불합격

16 식품공전의 수산물에 대한 규격 및 시험방법 중 미생물 시험항목 2가지를 쓰시오. [2점]

정답 세균수, 대장균

풀이 **수산물의 위생지표균(식품공전 제5. 식품별 기준 및 규격 수산물)**
- 세균수 : 최종소비자가 그대로 섭취할 수 있도록 유통판매를 목적으로 위생처리하여 용기·포장에 넣은 동물성 냉동수산물 : n = 5, c = 2, m = 100,000, M = 500,000
- 대장균
  - 최종소비자가 그대로 섭취할 수 있도록 유통판매를 목적으로 위생처리하여 용기·포장에 넣은 동물성 냉동수산물 : n = 5, c = 2, m = 0, M = 10
  - 냉동식용어류머리 또는 냉동식용어류내장 : n = 5, c = 2, m = 0, M = 10
  - 생식용 굴 : n = 5, c = 1, m = 230, M = 700 MPN/100g

17 식품공전상 건조감량법은 식품의 종류, 성질에 따라 가열온도를 각각 98~100℃, 100~103℃, 105℃ 전후(100~110℃), 110℃ 이상으로 구분한다. 다음에 제시된 가열온도에 적합한 수산물을 [보기]에서 모두 찾아 쓰시오. [2점]

가열온도	대상품목
98~100℃	(①)
105℃ 전후	(②)

┌보기┐
　　　　　찐 톳　　멸치　　새우　　김　　미역　　오징어

정답 ① 멸치, 새우, 오징어, ② 찐 톳, 김, 미역

풀이 **건조감량법 – 상압가열건조법(식품공전 제8. 일반시험법 2.1.1.1)**
- 98~100℃ : 동물성 식품과 단백질 함량이 많은 식품
- 100~103℃ : 자당과 당분을 많이 함유한 식품
- 105℃ 전후(100~110℃) : 식물성 식품
- 110℃ 이상 : 곡류 등의 신속법

18 수산물 · 수산가공품 검사기준에 관한 고시에 규정된 어분 · 어비의 정밀검사기준 항목을 [보기]에서 모두 찾아 쓰시오. [2점]

┤보기├─

pH 조단백질 전질소 염 분 산 가 이산화황 엑스분

정답 조단백질, 염분

풀이 정밀검사기준(수산물 · 수산가공품 검사기준에 관한 고시 [별표 1])

항 목	기 준	검사대상
1. pH	6.0 이상	수출용 냉동굴에 한정함
3. 조단백질	50.0% 이상	어분 · 어비(혼합어분 및 그 밖의 어분 제외)
4. 조지방	1.0% 이하 12.0% 이하	• 게엑스분(분말) • 어분 · 어비, 그 밖의 어분(갑각류 껍질 등)
5. 전질소	0.5% 이상 1.0% 이상 3.0% 이상	• 어류젓 혼합액 • 멸치액젓, 패류간장(굴 · 홍합 · 바지락간장 등) • 어육 액즙
6. 엑스분	21.0% 이상 40.0% 이상	• 패류간장 • 어육 액즙
11. 이산화황(SO_2)	30mg/kg 미만	조미쥐치포류, 건어포류, 기타건포류, 마른새우류(두절포함)
12. 산 가	2.0% 이하 4.0% 이하	• 어간유 • 어 유
13. 염 분	3.0% 이하	어분 · 어비
14. 수 분	12% 이하	어분 · 어비, 그 밖의 어분(갑각류 껍질 등)
15. 토 사	3.0% 이하	어분 · 어비(갑각류 껍질 등)

19 수산물 · 수산가공품 검사기준에 관한 고시에 규정된 살아있는 '넙치'의 관능검사 항목을 [보기]에서 모두 찾아 쓰시오. [3점]

┌─┤보기├───┐
│   외 관   냄 새   색 택   선 별   선 도   활력도   │
└──┘

정답 외관, 선별, 활력도

풀이 활어패류의 관능검사기준(수산물 · 수산가공품 검사기준에 관한 고시 [별표 1])

항 목	합 격
외 관	손상과 변형이 없는 형태로서 병 · 충해가 없는 것
활력도	살아 있고 활력도가 양호한 것
선 별	대체로 고르고 다른 종류의 혼입이 없는 것

20 수산물 · 수산가공품 검사기준에 관한 고시에 규정된 건제품의 관능검사기준에 관한 내용이다. 옳으면 O, 틀리면 X를 쓰시오. [4점]

품 목	항 목	합격기준	답 란
마른홍합	색 택	고유의 색택으로 백분이 없고 기름이 피지 않은 것	(①)
마른해삼류	형 태	형태가 바르고 크기가 대체로 고른 것	(②)
찐 톳	형 태	줄기(L)의 길이는 3cm 이상으로서 3cm 미만의 줄기와 잎의 혼입량이 10% 이하인 것	(③)
마른썰은미역	형 태	크기가 고르고 파치품의 혼입이 거의 없는 것	(④)

정답 ① O, ② ×, ③ ×, ④ O

풀이 건제품의 관능검사기준(수산물 · 수산가공품 검사기준에 관한 고시 [별표 1])

품 목	항 목	합 격
마른홍합	색 택	고유의 색택으로 백분이 없고 기름이 피지 않은 것
마른해삼류	형 태	형태가 바르고 크기가 고른 것
찐 톳	형 태	줄기(L)의 길이는 3cm 이상으로서 3cm 미만의 줄기와 잎의 혼입량이 5% 이하인 것
마른썰은미역	형 태	1. 형태가 바르고 손상이 거의 없는 것 2. 썬 것은 크기가 고르고 파치품의 혼입이 거의 없는 것

21 어육 연제품을 제조할 때 동결연육을 고기갈이 하고 성형한 후, 튀김, 구이, 삶기, 찜 등 다양한 가열처리를 하는 이유를 3가지만 서술하시오. [5점]

> 정답 ① 단백질을 변성 응고시켜 Gel 형성
> ② 세균이나 곰팡이 사멸
> ③ 보존성 향상 및 풍미 향상
> ④ 독소의 불활성화

> 풀이 가열은 식품을 가공 저장하는 방법 중 가장 널리 사용되는 방법으로 식품 변패의 원인이 되는 미생물과 그 미생물이 가진 효소를 불활성화시킴으로써 식품의 변패를 방지해 저장성을 높여 준다. 하지만 식품의 영양가 손실이나 물성의 변화를 동반한다는 문제점을 가지고 있다.

22 A횟집은 1개의 수족관에 원산지가 다른(국산, 일본산, 중국산) 활농어 3마리를 보관·판매하고자 한다. 농수산물의 원산지 표시에 관한 법령상 수족관의 원산지 표시방법을 서술하시오. [5점]

> 정답 수족관에 원산지별로 섞이지 않도록 구획하고 푯말 또는 안내표시판 등으로 소비자가 쉽게 알아볼 수 있도록 표시한다.

> 풀이 **농수산물 등의 원산지 표시방법—살아 있는 수산물(농수산물의 원산지 표시 등에 관한 법률 시행규칙 [별표 1])**
> ① 보관시설(수족관, 활어차량 등)에 원산지별로 섞이지 않도록 구획(동일 어종의 경우만 해당한다)하고, 푯말 또는 안내표시판 등으로 소비자가 쉽게 알아볼 수 있도록 표시한다.
> ② 글자 크기는 30포인트 이상으로 하되, 원산지가 같은 경우에는 일괄하여 표시할 수 있다.
> ③ 문자는 한글로 하되, 필요한 경우에는 한글 옆에 한문 또는 영문 등으로 추가하여 표시할 수 있다.

23 다음은 농수산물 품질관리법령상 수출하는 수산물·수산가공품 검사에 관하여 업체 관계자와 국립수산물품질관리원 소속 수산물검사관과의 전화 대화 내용이다. ( )에 들어갈 전화(설명) 내용을 쓰시오. [5점]

대화자	대화내용
업체 관계자	안녕하십니까? 원양산업발전법에 따라 원양어업허가를 받은 어선을 보유한 원양업체로서 원양수산물을 서류검사만으로 검사합격증명서를 발급받고 싶습니다.
수산물검사관	예, 그 경우에는 수산물·수산가공품 검사신청서에 그 어선의 선장 확인서를 첨부하여 검사신청을 하면 검사의 일부를 생략하고 서류로 검사할 수 있는 제도가 있습니다.
업체 관계자	그러면, 원양수산물을 국내로 반입하여 수출하는 수산물인 경우에도 해당됩니까?
수산물검사관	그렇지 않습니다.
업체 관계자	그렇지 않다면 원양수산물 중 어떤 경우의 수산물·수산가공품이 해당됩니까?
수산물검사관	네, 그것은 원양어선에서 어획한 수산물의 수출 편의를 도모하기 위한 제도로서, ( )이(가) 해당됩니다. 다만, 외국과의 협약을 이행하여야 하는 경우 등은 제외됩니다.
업체 관계자	아! 그렇군요. 자세한 설명 감사합니다.

정답 선상가공업

풀이 **수산물 등에 대한 검사(농수산물 품질관리법 제88조 제4항)**
해양수산부장관은 다음의 어느 하나에 해당하는 경우에는 검사의 일부를 생략할 수 있다.
1. 지정해역에서 위생관리기준에 맞게 생산·가공된 수산물 및 수산가공품
2. 제74조 제1항에 따라 등록한 생산·가공시설 등에서 위생관리기준 또는 위해요소중점관리기준에 맞게 생산·가공된 수산물 및 수산가공품
3. 다음의 어느 하나에 해당하는 어선으로 해외수역에서 포획하거나 채취하여 현지에서 직접 수출하는 수산물 및 수산가공품(외국과의 협약을 이행하여야 하거나 외국의 일정한 위생관리기준·위해요소중점관리기준을 준수하여야 하는 경우는 제외한다)
   가. 원양산업발전법 제6조 제1항에 따른 원양어업허가를 받은 어선
   나. 수산식품산업의 육성 및 지원에 관한 법률 제16조에 따라 수산물가공업(대통령령으로 정하는 업종에 한정한다)을 신고한 자가 직접 운영하는 어선
4. 검사의 일부를 생략하여도 검사목적을 달성할 수 있는 경우로서 대통령령으로 정하는 경우

수산물 등에 대한 검사의 일부생략(농수산물 품질관리법 시행령 제32조 제1항)
법 제88조 제4항 제3호 나목에서 "대통령령으로 정하는 업종"이란 수산식품산업의 육성 및 지원에 관한 법률 시행령 제13조 제1항 제3호에 따른 선상가공업을 말한다.

24 A 수산물품질관리사는 동결 온도에 따른 어육의 품질 차이를 조사하기 위해 생선육에 온도 측정장치(데이터로거)를 연결하고 −60℃와 −20℃에 각각 동결과정의 온도 변화를 기록해 다음과 같은 동결곡선을 그렸다. 빙결점에서 −5℃ 사이에 빗금친 부분을 지칭하는 ①의 용어를 쓰고, −20℃에 동결한 어육이 −60℃에 동결한 것보다 일반적으로 품질이 나빠지게 되는데 ② 그 이유를 2가지만 쓰시오(단, 동결온도 외 다른 조건은 동일하다). [5점]

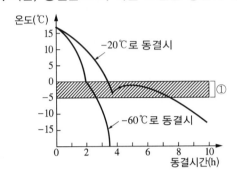

정답 ① 최대빙결정생성대
② 식품의 조직 손상, 단백질 변성

풀이 **식품의 동결곡선**

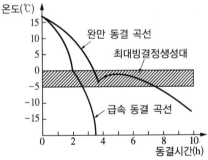

① 최대빙결정생성대 : 식품 중의 수분 80% 이상이 빙결정으로 만들어지는 구간으로 가능한 빨리 통과시켜야 품질이 우수한 동결품 획득이 가능하다.
② 식품은 최대 빙결정 생성대를 통과하는 속도에 따라 얼음 결정의 크기가 달라지는데, 통과시간이 긴 완만 동결의 경우 급속 동결을 할 때보다 큰 얼음결정이 생긴다. 그로 인해 완만 동결의 경우에는 급속 동결을 할 때보다 식품의 조직이 손상되거나 단백질 변성되어 식품의 품질이 저하될 가능성이 높다.

25 과거 우리나라에서는 수산물을 수산관계법령에 의하여 지정된 장소에 양륙하여 판매하도록 하는 의무상장제를 운영하였으나, 1997년 이후 어업생산자가 자신의 수산물에 대하여 판매장소와 가격조건 등을 자유롭게 결정할 수 있도록 하는 임의상장제로 전환하여 시행 중에 있다. 임의상장제의 장점을 2가지만 서술하시오. [5점]

정답 ① 다양한 판로 확보를 통한 어업인들의 소득증대
② 수산물 유통단계 축소에 따른 수산물 가격 인하 효과

풀이 **임의상장제가 거론된 배경**
• 경제 환경 변화에 따른 새로운 유통경로 개발 저해로 유통체증 현상이 초래
• 내륙지 제도시장과의 중복 상장
• 유통의 다단계 및 높은 마진 초래
• 유통시간 지연으로 상품가치 저하
• 유통의 획일성 강요에 따른 일부 어민들의 불만
• 양식수산물은 수산자원보호와 무관
• 수협의 수수료를 편법으로 이용한다는 것 등

의무상장제 하의 수산물 산지유통이 가진 문제점
• 자유시장경제 체제하에서의 강제적인 상장의 모순
• 이중경매
• 중매인에 의한 일방적 어가 결정과 어업자와 위판장의 가격결정 참여 제외
• 중매인의 소비지도매시장 종속
• 상적 유통과 물적 유통의 겸업자 증가
• 산지 유통물량의 감소
• 정가판매의 증가 등

26 A 수산물품질관리사는 수산물·수산가공품 검사기준에 관한 고시에서 규정된 '마른김'에 대한 관능검사를 실시한 결과, 형태 항목에서는 1등급에 해당되었음에도 고유의 색택을 띄고, 광택이 양호하며, 청태의 혼입이 12%로 관능검사에서 1등급이 되지 않았다. 이 제품에 대한 ① 종합 등급판정하고 ② 그 이유를 쓰시오(단, 주어진 항목만 등급판정한다). [5점]

정답 ① 등급 : 3등급
② 이유 : 색택에서 광택이 양호한 것은 2등급, 청태의 혼입에서 10% 이상 15% 이내인 것은 3등급에 해당하므로, 종합등급은 3등급으로 판정한다.

풀이 마른김 및 얼구운김 검사기준(수산물·수산가공품 검사기준에 관한 고시 [별표 1])

항 목	형 태	색 택	청태의 혼입
특 등	길이 206mm 이상, 너비 189mm 이상이고 형태가 바르며 축파지(표면 또는 가장자리가 오그라진 것, 길이 및 폭의 절반 이상 찢어진 것), 구멍기가 없는 것. 다만, 대판은 길이 223mm 이상, 너비 195mm 이상인 것	고유의 색택(흑색)을 띄고 광택이 우수하고 선명한 것	청태(파래·매생이)의 혼입이 없는 것
1등		고유의 색택을 띄고 광택이 우량하고 선명한 것	청태의 혼입이 3% 이내인 것. 다만, 혼해태는 20% 이하인 것
2등	길이 206mm 이상, 너비 189mm 이상이고 형태가 바르며 축파지, 구멍기가 없는 것. 다만, 재래식은 길이 260mm 이상, 너비 190mm 이상, 대판은 길이 223mm 이상, 너비 195mm 이상인 것	고유의 색택을 띄고 광택이 양호하고 사태(색택이 회색에 가까운 검은색을 띄며 광택이 없는 것)가 경미한 것	청태의 혼입이 10% 이내인 것. 다만, 혼해태는 30% 이하인 것
3등		고유의 색택을 띄고 있으나 광택이 보통이고 사태나 나부기(건조과정에서 열이나 빛에 의해 누렇게 변색된 것)가 보통인 것	청태의 혼입이 15% 이내인 것. 다만, 혼해태는 45% 이하인 것
등 외	길이 206mm, 너비 189mm이나 과도하게 가장자리를 치거나 형태가 바르지 못하고 경미한 축파지 및 구멍기가 있는 제품이 약간 혼입된 것. 다만, 재래식과 대판의 길이 및 너비는 1등에 준한다.	고유의 색택이 떨어지고 나부기 또는 사태가 전체 표면의 20% 이하인 것	청태의 혼입이 15% 이내인 것. 다만, 혼해태는 50% 이하인 것

27 A 수산물품질관리사가 생산지에 출장하여 '마른멸치(대멸)' 무포장 제품 6kg를 생산한 생산 어가에게 판매 컨설팅을 하고자 한다. 수산물·수산가공품 검사기준에 따라 3개 박스(A~C)에 대한 항목별 선별 결과가 다음과 같을 때 생산 어가가 기대할 수 있는 판매금액을 구하시오(단, 1박스는 2kg 단위로, 모두 판매되었으며, 계산 과정과 답을 포함하시오). [5점]

항 목	선별 결과	해당 박스
형 태	크기는 80~90mm이었으며, 다른 크기의 혼입 또는 머리가 없는 것이 0.5%이었음	A, B
	크기는 80~90mm이었으며, 다른 크기의 혼입 또는 머리가 없는 것이 4%이었음	C
색 택	자숙이 적당하여 고유의 색택이 양호하고 기름핀 정도가 적은 것	A, B
	자숙이 적당하여 고유의 색택이 보통이고 기름이 약간 핀 것	C
향 미	고유의 향미가 양호한 것	A, B, C

구 분	1등	2등	3등
1박스당 판매금액	3만원	2만 5천원	2만원

정답
- A, B는 각각 형태 항목에서 "1등", 색택 항목에서 "2등"으로 종합등급은 "2등"이고, C는 형태 및 색택 항목에서 "3등", 향미 항목에서 "2등"이므로, 종합등급은 "3등"이다.
- 판매금액 = A, B박스 5만원 + C박스 2만원 = 7만원

풀이 마른멸치 검사기준(수산물·수산가공품 검사기준에 관한 고시 [별표 1])

항 목	1등	2등	3등
형 태	대멸 : 77mm 이상 중멸 : 51mm 이상 소멸 : 31mm 이상 자멸 : 16mm 이상 세멸 : 16mm 미만으로서 다른 크기의 혼입 또는 머리가 없는 것이 1% 이내인 것	대멸 : 77mm 이상 중멸 : 51mm 이상 소멸 : 31mm 이상 자멸 : 16mm 이상 세멸 : 16mm 미만으로서 다른 크기의 혼입 또는 머리가 없는 것이 3% 이내인 것	대멸 : 77mm 이상 중멸 : 51mm 이상 소멸 : 31mm 이상 자멸 : 16mm 이상 세멸 : 16mm 미만으로서 다른 크기의 혼입 또는 머리가 없는 것이 5% 이내인 것
		A, B	C
색 택	자숙이 적당하여 고유의 색택이 우량하고 기름이 피지 아니한 것	자숙이 적당하여 고유의 색택이 양호하고 기름핀 정도가 적은 것	자숙이 적당하여 고유의 색택이 보통이고 기름이 약간 핀 것
		A, B	C
향 미	고유의 향미가 우량한 것	고유의 향미가 양호한 것	고유의 향미가 보통인 것
		A, B, C	
선 별	다른 종류의 혼입이 없는 것	다른 종류의 혼입이 없는 것	다른 종류의 혼입이 거의 없는 것
협잡물	토사 및 그 밖에 협잡물이 없는 것		
등급판정	A, B는 2등급, C는 3등급이다.		

28 A 수산물품질관리사가 실한천에 대한 품질검사를 위해 관능검사를 실시한 결과 다음과 같았다. 수산물·수산가공품 검사기준에 관한 고시에서 규정하고 있는 실한천 제품에 대한 항목별 등급을 판정(①~②)하고, 종합등급 판정(③)과 그 이유(④)를 쓰시오. [5점]

항 목	검사결과	등 급
형 태	300mm 이상으로 크기가 대체로 고르게 되어 있음	1등
색 택	백색 또는 유백색이나 약간의 담갈색 또는 담흑색이 있는 것	(①)등
제정도	급냉·난건·풍건이 경미하며, 파손품·토사의 혼입이 극히 적은 것	(②)등
종합등급		(③)등
종합등급 판정이유		(④)

정답 ① 2, ② 2, ③ 2
④ 형태 항목은 "1등"에 해당하지만, 색택 및 재정도 항목은 "2등"이므로, 종합등급은 "2등"으로 판정한다.

풀이 **실한천 관능검사기준(수산물·수산가공품 검사기준에 관한 고시 [별표 1])**

항 목	1등	2등	3등
형 태	300mm 이상으로 크기가 대체로 고르게 되어 있음		
색 택	백색 또는 유백색으로 광택이 있으며 약간의 담황색이 있는 것	백색 또는 유백색이나 약간의 담갈색 또는 담흑색이 있는 것	백색 또는 유백색이나 담갈색 또는 약간의 담흑색이 있는 것
제정도	급냉·난건·풍건이 없고, 파손품·토사의 혼입이 없는 것	급냉·난건·풍건이 경미하며, 파손품·토사의 혼입이 극히 적은 것	급냉·난건·파손품·토사 및 협잡물이 적은 것

29 A 수산물품질관리사가 참치회사를 방문하여 참치의 냉동관리 상태 등에 대해 컨설팅을 하고자 한다. 현재 이 참치회사는 횟감용 참치로 판매할 목적으로 6개월간 −20℃(참치 중심온도)로 냉동 보관하고 있었다. 이 참치회사에 대한 수산물품질관리사의 컨설팅 내용(향후 대책방안 포함)을 쓰시오(단, 검사기준에 온도 항목만 고려한다). [5점]

정답 마이오글로빈(Myoglobin, Mb)의 메트(Met)화로 어육이 갈색으로 변하는 것을 방지하기 위해 −50℃ 이하 온도에서 온도 변동 없이 저장하는 것이 필요하다.

풀이 현재 참치회사는 참치의 중심온도 −20℃에서 보관하고 있지만, 횟감용 참치류의 중심온도 합격 기준은 −40℃ 이하이다. 따라서 관능검사 기준을 충족하고, 마이오글로빈(Myoglobin, Mb)의 메트(Met)화로 어육이 갈색으로 변하는 것을 방지하기 위해 −50℃ 이하 온도에서 온도 변동 없이 저장하는 것이 필요하다.

냉동 어·패류의 관능검사기준(수산물·수산가공품 검사기준에 관한 고시 [별표 1])

항 목	합 격
온 도	중심온도가 −18℃ 이하인 것. 다만, 횟감용 참치류의 중심온도는 −40℃ 이하인 것

30 A 수산물품질관리사는 수산물 안전성조사 업무처리 세부실시요령에 따라 실시된 '냉동 참다랑어'의 중금속 안전성조사의 검사 결과 부적합 판정을 홍길동 씨가 받았음을 알았다. A 수산물품질관리사가 검사 결과가 적법하지 않은 것에 대해 검사실시기관에 알리고자 한다. 이의제기 이유를 서술하시오. [5점]

품 목	수 거		생산자명		조사결과		허용기준	검토 의견
	일 자	장 소	주 소	성 명	항 목	결 과		
냉동 참다랑어	2019.09.16	1창고	부 산	홍길동	총수은	0.6mg/kg	0.5mg/kg 이하	부적합
					납	0.4mg/kg	0.5mg/kg 이하	적 합
					카드뮴	0.1mg/kg	0.2mg/kg 이하	적 합

정답 참다랑어는 총수은 잔류허용기준의 대상품목이 아니므로, 홍길동 씨의 검사 결과는 "적합"으로 판정해야 한다.

풀이 안전성조사 잔류허용기준 및 대상품목 – 중금속(수산물 안전성조사 업무처리 세부실시요령 [별표 1])

항 목	기준 및 규격	대상품목
1) 수 은	0.5mg/kg 이하	어류(냉동식용어류머리 및 냉동식용어류내장 포함, 메틸수은 대상품목 제외)·연체류
2) 메틸수은	1.0mg/kg 이하	쏨뱅이류(적어포함, 연안성 제외), 금눈돔, 칠성상어, 얼룩상어, 악상어, 청상아리, 곱상어, 귀상어, 은상어, 청새리상어, 흑기흉상어, 다금바리, 체장메기(홍메기), 블랙오레오도리(*Allocyttus niger*), 남방달고기(*Pseudocyttus maculatus*), 오렌지라피(*Hoplostethus atlanticus*), 붉평치, 먹장어(연안성 제외), 흑점샛돔(은샛돔), 이빨고기, 은민대구(뉴질랜드계군에 한함), 은대구, 다랑어류, 돛새치, 청새치, 녹새치, 백새치, 황새치, 몽치다래, 물치다래 * 상기 수산물의 냉동식용어류머리 및 냉동식용 어류내장 포함
3) 납	2.0mg/kg 이하	• 연체류(다만, 오징어는 1.0mg/kg 이하, 내장을 포함한 낙지는 2.0mg/kg 이하)
	0.5mg/kg 이하	• 어류[냉동식용어류머리 및 냉동식용어류내장(다만, 두족류는 2.0mg/kg 이하) 포함], 갑각류(다만, 내장을 포함한 꽃게류는 2.0mg/kg 이하), 해조류는 미역(미역귀 포함)에 한함
4) 카드뮴	0.1mg/kg 이하 0.2mg/kg 이하 2.0mg/kg 이하 1.0mg/kg 이하 0.3mg/kg 이하 3.0mg/kg 이하	• 어류(민물 및 회유어류에 한함) • 어류(해양어류에 한함) • 연체류(다만, 오징어는 1.5mg/kg 이하, 내장을 포함한 낙지는 3.0mg/kg 이하) • 갑각류(다만 내장을 포함한 꽃게류는 5.0mg/kg 이하) • 해조류[김(조미김 포함) 또는 미역(미역귀포함)에 한함] • 냉동식용 어류내장(다만, 어류의 알은 1.0mg/kg 이하, 두족류는 2.0mg/kg 이하)

수산물품질관리사 2차 실기 [단답형]

01 농수산물 품질관리법령상 유전자변형수산물의 표시 위반에 대한 처분에 관한 설명이다. 옳으면 ○, 틀리면 ×를 표시하시오. [3점]

번 호	설 명
(①)	식품의약품안전처장은 유전자변형수산물의 표시 및 거짓표시 등의 금지에 관한 규정을 위반한 자에 대하여 유전자변형수산물 표시의 이행·변경·삭제 등 시정명령 처분을 할 수 있다.
(②)	해양수산부장관은 유전자변형수산물의 표시 및 거짓표시 등의 금지에 관한 규정을 위반하여 법률에서 정한 처분을 받은 자에게 해당 처분을 받았다는 사실을 공표할 것을 명할 수 있다.
(③)	유전자변형수산물의 표시위반에 대한 처분을 받은 자 중 표시위반물량이 10톤 이상이거나, 표시위반물량의 판매가격 환산금액이 5억원 이상인 경우에는 해당 처분을 받았다는 사실에 대한 공표명령 대상자가 된다.

정답 ① ○, ② ×, ③ ○

풀이 ① 식품의약품안전처장은 제56조(유전자변형농수산물의 표시) 또는 제57조(거짓표시 등의 금지)를 위반한 자에 대하여 유전자변형농수산물 표시의 이행·변경·삭제 등 시정명령, 유전자변형 표시를 위반한 농수산물의 판매 등 거래행위의 금지의 어느 하나에 해당하는 처분을 할 수 있다(농수산물 품질관리법 제59조 제1항).

② 식품의약품안전처장은 제57조(거짓표시 등의 금지)를 위반한 자에게 처분을 한 경우에는 처분을 받은 자에게 해당 처분을 받았다는 사실을 공표할 것을 명할 수 있다(농수산물 품질관리법 제59조 제2항).

③ 공표명령의 대상자는 처분을 받은 자 중 표시위반물량이 수산물의 경우에는 10톤 이상인 경우, 표시위반물량의 판매가격 환산금액이 수산물인 경우에는 5억 이상인 경우의 어느 하나에 해당하는 자로 한다(농수산물 품질관리법 시행령 제22조 제1항).

02 농수산물 품질관리법령상 국립수산물품질관리원장 또는 시·도지사는 생산·가공시설과 위해요소중점관리기준 이행시설의 대표자로 하여금 다음 사항을 보고하게 할 수 있다. ( )에 알맞은 용어를 [보기]에서 찾아 쓰시오. [2점]

---

1. 수산물의 생산·가공시설 등에 대한 생산·(①)·제조 및 가공 등에 관한 사항
2. 생산·가공시설 등의 중지·개선·(②)명령 등의 이행에 관한 사항

┌ 보기 ┐
등 록   조 사   보 수   영업정지   생산제한   원료입하

정답 ① 원료입하
　　　　② 보 수

풀이 위생관리에 관한 사항 등의 보고(농수산물 품질관리법 시행규칙 제89조)
국립수산물품질관리원장 또는 시·도지사는 다음의 사항을 생산·가공시설과 위해요소중점관리기준 이행시설의 대표자로 하여금 보고하게 할 수 있다.
1. 수산물의 생산·가공시설등에 대한 생산·원료입하·제조 및 가공 등에 관한 사항
2. 생산·가공시설등의 중지·개선·보수명령등의 이행에 관한 사항

---

03 농수산물의 원산지표시에 관한 법령상 음식점에서 수산물이나 그 가공품을 조리하여 판매·제공하는 경우에는 원료의 원산지를 표시하여야 한다. 다음 [보기] 중 음식점에서 조리하여 판매·제공할 경우 원산지를 표시하여야 하는 대상을 모두 찾아 쓰시오. [3점]

┌ 보기 ┐
황태찜   갈치조림   아귀찜   전복죽   주꾸미볶음   문어숙회

정답 갈치조림, 아귀찜, 전복죽, 주꾸미볶음

풀이 원산지의 표시대상(농수산물의 원산지 표시 등에 관한 법률 시행령 제3조 제5항)
"대통령령으로 정하는 농수산물이나 그 가공품을 조리하여 판매·제공하는 경우"란 다음의 것을 조리하여 판매·제공하는 경우를 말한다. 이 경우 조리에는 날 것의 상태로 조리하는 것을 포함하며, 판매·제공에는 배달을 통한 판매·제공을 포함한다.
10. 넙치, 조피볼락, 참돔, 미꾸라지, 뱀장어, 낙지, 명태(황태, 북어 등 건조한 것은 제외), 고등어, 갈치, 오징어, 꽃게, 참조기, 다랑어, 아귀, 주꾸미, 가리비, 우렁쉥이, 전복, 방어 및 부세(해당 수산물가공품을 포함)
11. 조리하여 판매·제공하기 위하여 수족관 등에 보관·진열하는 살아 있는 수산물

04 동건품은 겨울철 야간에 식품 중의 수분을 동결시킨 후 주간에 녹이는 작업을 여러 번 되풀이하여 수분을 제거, 건조시킨 제품이다. 이와 같은 가공원리를 이용하여 만드는 수산가공품을 [보기]에서 모두 찾아 쓰시오. [2점]

┌ 보기 ┐
| |
| 굴비 과메기 마른멸치 마른오징어 한천 황태 |

정답 과메기, 한천, 황태

풀이 건제품의 종류

건제품	건조방법	종류
소건품	원료를 그대로 또는 간단히 전처리하여 말린 것	마른오징어, 마른대구, 상어 지느러미, 김, 미역, 다시마
자건품	원료를 삶은 후에 말린 것	멸치, 해삼, 패주, 전복, 새우
염건품	소금에 절인 후에 말린 것	굴비(원료 : 조기), 가자미, 민어, 고등어
동건품	얼렸다 녹였다를 반복해서 말린 것	황태(북어), 한천, 과메기(원료 : 꽁치, 청어)
자배건품	원료를 삶은 후 곰팡이를 붙여 배건 및 일건 후 딱딱하게 말린 것	가쓰오부시(원료 : 가다랑어)

05 어패류가 어획되어 사후에 일어나는 변화를 사후변화라고 한다. 어패류의 사후변화 과정에 관한 설명이 옳으면 ○, 틀리면 ×를 표시하시오. [3점]

번호	설명
(①)	해당작용과 같은 효소계에 의한 생화학적 변화부터 시작한다.
(②)	사직후(死直後)부터 완전경직까지를 신선한 상태라고 하고, 이는 활어와 동등한 가치가 있다.
(③)	완전경직부터 생체 내의 효소에 의한 조직연화까지의 상태를 선어패류라 한다.
(④)	해경과 더불어 세균이 증식하여 부패에 이르게 된다.

정답 ① ○, ② ×, ③ ×, ④ ×

풀이 ① 어패류는 사후에 해당작용, 사후경직, 해경, 자가(기)소화, 부패의 과정을 거친다. 이 중 해당작용은 글리코젠이 분해되면서 에너지 물질인 ATP와 산이 생성되는 과정으로, 효소계에 의한 생화학적 변화이다.
② 사후경직은 신선도 유지와 직결되므로, 죽은 후 저온 등의 방법으로 사후경직 지속시간을 길게 해야 신선도를 오래 유지할 수 있다. 수산물은 유통 과정에서 활어 상태 또는 죽은 지 오래되지 않은 상태로 소비자에게 빠르게 이전되어야 하는데, 수산물은 그 형태나 형질이 변화(활어, 선어, 냉동어)함에 따라 가격변동이 심하게 나타난다.
③ 선어패류란 죽기는 했지만 신선도가 매우 양호한 어패류를 말하는데, 관능적 방법에 의한 선도 판정 기준에서 어육의 육질은 투명하고 근육이 단단하게 느껴지는 것이어야 한다.
④ 축육은 자가소화를 적당히 진행시킴으로써 육질을 적당하게 연화(숙성)시켜 풍미를 좋게 하는 반면, 어패류는 자가소화 단계부터 바로 변질이 시작된다.

06 어패의 화학적 선도판정법인 K값에 관한 설명이다. (   )에 알맞은 용어를 [보기]에서 찾아 쓰시오. [3점]

> K값은 사후에 어육 중에 함유되어 있는 아데노신 삼인산(APT)의 분해 정도를 이용하여 선도를 판정하는 방법으로, 총 APT 분해생성물에 대한 (①)과 하이포잔틴 양의 백분율로 나타낸다. 일반적으로 횟감으로 쓸 수 있는 어육의 최대 K값은 (②)% 전후이다. 휘발성염기질소의 측정이 주로 초기 부패의 판정법이라면, 이 방법은 사후 어육의 (③)(을)를 조사하는 방법이라고 할 수 있다.

┤보기├
아데노신 이인산(ADP)	아데노신 일인산(AMP)	이노신	이노신산
10	20	35	50
조직 연화율	신선도	자가소화율	경직도

정답 ① 이노신
② 20
③ 신선도

풀이 ① K값은 전체 ATP 분해산물 함량에 대한 '이노신＋하이포잔틴'의 양을 백분율로 나타낸다.
② K값은 일반적으로 즉살한 고기는 그 값이 10% 이하인데, 횟감으로 쓸 수 있는 고기의 K값은 20% 전후이고, 소매점에서 선어로 판매할 수 있는 고기의 K값은 35% 정도이다.
③ K값의 측정은 사후 어육의 초기 변화 정도, 즉 신선도를 조사하는 방법이다.

07 수산물 유통의 기능에 관한 설명이다. 어떤 기능을 설명하고 있는지 각각 쓰시오. [2점]

번 호	설 명
(①)	수산물 생산의 조업시기와 비조업시기 등과 같은 시간의 거리를 연결시켜 주는 기능
(②)	연안수산물과 같이 생산이 소량 분산적으로 이루어지는 수산물의 소집합을 커다란 집합으로 모으는 기능

정답 ① 보관 기능
② 집적 기능

풀이 수산물 유통의 기능

기 능	의 미
운송 기능	수산물의 생산지와 소비지 사이의 장소 거리를 연결시켜 주는 기능
보관 기능	수산물 생산 조업시기와 비조업시기 등과 같은 시간의 거리를 연결시켜 주어 소비자가 원하는 시기에 언제든지 구입할 수 있도록 하는 기능
거래 기능	생산자와 소비자 사이의 소유권 거리를 중간에서 적정 가격을 통해 연결시켜 주는 기능
정보전달 기능	수산 상품에 대한 정보를 전달하여 인식의 거리를 연결시켜 주는 기능
집적 기능	전국적으로 산재해 있는 등질 수산물의 작은 집합을 큰 집합으로 모으는 것으로, 수량의 거리와 관계된 기능
분할 기능	원양어업과 같이 대량 어획된 수산물을 각 시장의 소규모 수요에 맞추어 소규모로 나누는 것으로, 수량의 거리와 관계된 기능

08 수산물 경매에 관한 내용이다. 맞으면 ○, 틀리면 ×를 표시하시오. [2점]

번 호	내 용
(①)	네덜란드식 경매는 경매 참가자들이 판매물에 대해 공개적으로 자유롭게 매수희망가격을 제시하여 최고의 높은 가격을 제시한 자를 최종 입찰자로 결정하는 방식이다.
(②)	영국식 경매는 경쟁 시작 가격을 결정하고 입찰자가 나타날 때까지 가격을 내려가면서 제시하는 방식이다.
(③)	한 · 일식 경매는 경매 참가자들이 경쟁적으로 가격을 높게 제시하고, 경매사는 그들이 제시한 가격을 공표하면서 경매를 진행시키는 방식이다.

정답 ① ×, ② ×, ③ ○

풀이 수산물 경매 방식
- 영국식 경매(상향식) : 상품을 사고자 하는 여러 수요자가 응찰하여 최저 호가에서 점차 가격을 높여가다가 최고 호가의 희망자가 낙찰받는 것으로, 일반적인 경매 방법이다.
- 네덜란드식 경매(하향식) : 최고 가격에서부터 차츰 부르는 가격을 내려가다가 처음으로 팔려는 사람이 나타나면 그 가격에 매매가 결정되는 경매 방법이다.
- 한 · 일식 경매(동시호가 경매) : 기본적으로 영국식 경매와 같은 상향식 경매이지만 영국식과 달리 경매참가자들이 경쟁적으로 가격을 높게 제시하고, 경매사는 그들이 제시한 가격을 공표하면서 진행시키는 경매 방법이다.

09 수산물 유통효율을 향상시키는 방법에 관한 내용이다. 맞으면 ○, 틀리면 ×를 표시하시오. [3점]

번 호	방 법
(①)	유통마진을 일정하게 하고, 유통성과를 증가시킨다.
(②)	유통성과 감소 이상으로 유통마진을 감소시킨다.
(③)	유통성과를 일정하게 하고, 유통마진을 증가시킨다.

정답 ① ○, ② ○, ③ ×

풀이 수산물 유통효율을 향상시키는 방법

> 유통효율 = 유통성과 / 유통마진

- 유통마진을 일정하게 하고 유통성과를 향상시키는 경우
- 유통성과를 일정하게 하고 유통마진을 축소시키는 경우
- 유통마진은 증가하지만, 마진 증가 이상으로 유통성과를 향상시키는 경우
- 유통성과는 감소하지만, 성과 감소 이상으로 유통마진을 축소시키는 경우

10 수산물도매시장의 구성원과 역할에 관한 설명이다. (   )에 알맞은 용어를 쓰시오. [2점]

> 수산물도매시장의 구성원은 도매시장법인, 시장도매인, 중도매인, 매매참가인, (①)으로 구성되며,
> (①)은 수집·(②), 정보전달, 산지개발을 하는 역할을 가지고 있다.

정답 ① 산지유통인
② 출 하

풀이 수산물 도매시장의 구성원과 역할

구 성	역 할
도매시장법인	• 수산물도매시장의 개설자로부터 지정을 받고 수산물을 위탁받아 상장하여 도매하거나 이를 매수하여 도매하는 법인 • 산지위판장을 관리하는 주체로 출자인 어업인의 위탁을 받아 주로 경매를 통해 중도매인 등에게 수산물을 판매하는 역할을 하는 자
시장도매인	• 수산물도매시장의 개설자로부터 지정을 받고 수산물을 매수 또는 위탁받아 도매하거나 매매를 중개하는 영업을 하는 법인
중도매인	• 수산물도매시장·수산물공판장 또는 민영수산물도매시장 개설자의 허가 또는 지정을 받아 영업을 하는 자 　– 상장된 농수산물을 매수하여 도매하거나 매매를 중개하는 영업 　– 개설자로부터 허가를 받은 비상장(非上場) 농수산물을 매수 또는 위탁받아 도매하거나 매매를 중개하는 영업
매매참가인	• 수산물도매시장 개설자에게 등록하고 수산물도매시장에 상장된 수산물을 직접 매수하는 가공업자·수산물 소매업자·수출업자·소비자 단체 등 • 실수요자로서 경매에 참여하는 사람들로 경매과정에서 중도매인들과 경쟁하며 수산물을 구입하는 역할을 하는 자
경매사	• 도매시장법인의 임명을 받거나 수산물공판장, 민영수산물도매시장 개설자의 임명을 받아, 상장된 수산물의 가격평가 및 경락자 결정 등의 업무를 수행하는 자 • 상장된 수산물에 대한 정보를 제공하고 경매의 흥을 더함으로써 수산물의 가격이 적정선에서 결정될 수 있도록 하는 역할을 하는 자
산지유통인	• 수집·출하기능, 정보전달기능, 산지개발기능을 하는 역할 • 등록된 도매시장에서의 수산물 출하업무 이외에 판매·매수 또는 중개업무를 할 수 없음

11 A수산물품질관리사는 건제품의 품질관리를 위하여 국립수산물품질관리원에 검사를 의뢰하고
자 한다. 수산물·수산가공품 검사기준에 관한 고시에서 규정하고 있는 정밀검사기준에 따라
이산화황(SO_2) 검사를 받아야 하는 수산가공품을 [보기]에서 모두 찾아 쓰시오. [2점]

┤보기├
조미쥐치포류   마른김   마른미역류   마른새우류   실한천   건어포류

정답 조미쥐치포류, 마른새우류, 건어포류

풀이 수산물·수산가공품의 정밀검사기준(수산물·수산가공품 검사기준에 관한 고시 [별표 1])

항 목	기 준	대 상
이산화황(SO_2)	30mg/kg 미만	조미쥐치포류, 건어포류, 기타 건포류, 마른새우류(두절 포함)

12 국립수산물품질관리원은 A양식장의 송어에 대한 안전성조사 결과 '전량폐기' 행정처분을 통보
하였다. 송어양식장의 안전성조사 결과, 전량폐기에 해당하는 유해물질을 [보기]에서 모두
찾아 쓰시오. [3점]

┤보기├
클로람페니콜   독시사이클린   겐타마이신   말라카이트그린   나이트로푸란

정답 클로람페니콜, 말라카이트그린, 나이트로푸란

풀이 부적합 수산물의 처리 등(수산물 안전성조사 업무처리 세부실시요령 제13조 제1항)
1. 출하연기
   해당 수산물에 잔류된 유해물질이 시간이 경과함에 따라 분해·소실되어 일정기간이 지난 후 해당 수산물
   을 식용으로 사용하는데 문제가 없다고 판단되는 경우 : 생산단계 조사결과 사용이 허용된 항생물질,
   패류독소 등
2. 용도전환
   해당 수산물에 잔류된 유해물질이 분해·소실기간이 길어 국내에 식용으로 출하할 수는 없으나, 사료·공
   업용원료 및 수출용 등 다른 용도로 사용할 수 있다고 판단되는 경우
3. 폐 기
   출하연기 또는 용도전환에 의한 방법에 따라 수산물을 처리할 수 없는 경우 : 중금속, 사용이 금지된
   유해물질(말라카이트그린, 클로람페니콜 등), 출하되어 거래되기 전 단계 수산물의 패류독소, 복어독 등

안전성조사 잔류허용기준 및 대상품목(수산물 안전성조사 업무처리 세부실시요령 [별표 1])

항 목	기준 및 규격	대상품목
독시사이클린	0.05mg/kg 이하	양식 어류
겐타마이신	0.1mg/kg 이하	양식 어류
말라카이트그린	불검출	양식 수산물
클로람페니콜		
나이트로푸란		

13 활어·패류의 관능검사를 수산물·수산가공품 검사기준에 따라 실시한다. 활감성돔의 관능검사 항목에 해당하는 것을 [보기]에서 모두 찾아 쓰시오. [3점]

┌ 보기 ├───
   색 택   선 별   선 도   활력도   외 관   중 량
└───

정답 선별, 활력도, 외관

풀이 활어패류의 관능검사기준(수산물·수산가공품 검사기준에 관한 고시 [별표 1])

항 목	합 격
외 관	손상과 변형이 없는 형태로서 병·충해가 없는 것
활력도	살아 있고 활력도가 양호한 것
선 별	대체로 고르고 다른 종류의 혼입이 없는 것

14 A회사에 소속된 수산물품질관리사는 굴양식장의 생산단계 안전관리를 위하여 출하 전 검사기관에 패류 독소 분석을 의뢰하여 굴 채취 여부를 결정하고자 한다. 마비성 패류독소(PSP)와 설사성 패류독소(DSP)의 기준치를 쓰시오. [2점]

정답 ① 마비성 패류독소(PSP)의 기준치 : 0.8mg/kg 이하
② 설사성 패류독소(DSP)의 기준치 : 0.16mg/kg 이하

풀이 안전성조사 잔류허용기준 및 대상품목 – 패류독소(수산물 안전성조사 업무처리 세부실시요령 [별표 1])

항 목	기준 및 규격	대상품목
마비성 패독(PSP)	0.8mg/kg 이하	해산 이매패류 및 그 가공품, 피낭류
설사성 패독(DSP)	0.16mg/kg 이하	이매패류

15 수산물 표준규격에서 규정한 '고막(꼬막)'의 등급규격 중 다음에 제시한 '크기' 항목에 대한 ① 해당 등급을 선택하고, ② 공통규격에 해당되는 것을 [보기]에서 모두 찾아 쓰시오(단, 공통 규격은 해당 ㄱ~ㄹ만 쓰시오). [3점]

항 목	해당 등급
1개의 크기(각장) 3.2cm	특 상 보통

┌보기┤
ㄱ. 패각에 묻은 모래, 뻘 등이 잘 제거되어야 한다.
ㄴ. 보관온도는 −5℃ 이하이어야 한다.
ㄷ. 부패한 냄새 및 기타 다른 냄새가 없어야 한다.
ㄹ. 중량이 균일하여야 한다.

정답 ① 해당 등급 : "특"
② 공통규격 : ㄱ, ㄷ

풀이 꼬막의 등급규격(수산물 표준규격 [별표 5])

항 목	특	상	보 통
1개의 크기(각장, cm)	3 이상	2.5 이상	2 이상
다른 크기의 것의 혼입률(%)	5 이하	10 이하	30 이하
손상 및 죽은 조개류의 껍데기 혼입률(%)	3 이하	5 이하	10 이하
공통규격	• 조개류의 껍데기에 묻은 모래, 뻘 등이 잘 제거되어야 한다. • 크기가 균일하고 다른 종류의 것이 혼입이 없어야 한다. • 부패한 냄새 및 그 밖에 다른 냄새가 없어야 한다.		

16 수산물 표준규격 중 수산물의 종류별 등급규격이 정해져 있다. 등급항목 중 '색택'에 대한 규격이 없는 수산물을 [보기]에서 모두 찾아 쓰시오. [2점]

┤보기├

굴 비   마른문어   생 굴   바지락   냉동오징어   새우젓

정답 바지락, 새우젓

풀이 수산물의 등급규격 항목(수산물 표준규격 [별표 5])

굴 비	1마리의 크기, 다른 크기의 것의 혼입률(%), 색택, 공통규격
마른문어	형태, 곰팡이, 적분(붉은색 가루) 및 백분(흰색 가루), 색택, 향미, 공통규격
생 굴	1개의 무게(g), 다른 크기 및 외상이 있는 것의 혼입률(%), 색택(외투막, 폐각근), 냄새, 형태 및 단단함, 공통규격
바지락	1개의 크기, 다른 크기의 것의 혼입률(%), 손상 및 죽은 조개류의 껍데기 혼입률(%), 공통규격
냉동오징어	1마리의 무게(g), 다른 크기의 것의 혼입률(%), 색택, 선도, 형태, 공통규격
새우젓	육질, 숙성도, 다른 종류 및 부서진 것의 혼입률(%), 공통규격

17 수산물·수산가공품 검사기준에 관한 고시에서 규정하고 있는 건제품의 합격기준에 관한 내용이다. 합격기준에 적합하면 ○, 적합하지 않으면 ×를 쓰시오. [2점]

[합격기준]
(①) : 마른어류(어포 포함)의 형태는 형태가 바르고 손상이 적으며 충해가 약간 있는 것
(②) : 마른굴 및 마른홍합의 색택은 고유의 색택으로 백분이 없고 기름이 피지 아니한 것
(③) : 마른해삼류의 향미는 고유의 향미를 가지고 이취가 5% 있는 것

정답 ① ×, ② ○, ③ ×

풀이 수산물·수산가공품의 관능검사기준(수산물·수산가공품 검사기준에 관한 고시 [별표 1])

항 목	합격기준
마른어류(어포 포함)의 형태	형태가 바르고 손상이 적으며 충해가 없는 것
마른굴 및 마른홍합의 색택	고유의 색택으로 백분이 없고 기름이 피지 않은 것
마른해삼류의 향미	고유의 향미를 가지고 이취가 없는 것

18 농수산물 품질관리법상 수산물검사는 수산물 및 수산가공품에 대한 검사의 종류 및 방법을 규정하고 있다. 이 규정에 따라 국립수산물품질관리원장은 수산물 및 수산가공품에 대한 검사를 서류검사, 관능검사 및 정밀검사로 실시할 수 있다. 이 중 '검사신청인 또는 외국요구기준에서 분석증명서를 요구하는 수산물 및 수산가공품'을 대상으로 하는 ① 검사방법과 이 ② 검사의 정의를 쓰시오. [3점]

정답 ① 정밀검사
② 물리적·화학적·미생물학적 방법으로 그 적합 여부를 판정하는 검사

풀이 수산물 및 수산가공품에 대한 검사의 종류 및 방법(농수산물 품질관리법 시행규칙 [별표 24])
1. 서류검사
   - 정의 : 검사신청 서류를 검토하여 그 적합 여부를 판정하는 검사
   - 대 상
     – 농수산물 품질관리법에 따른 수산물 및 수산가공품
     – 국립수산물품질관리원장이 필요하다고 인정하는 수산물 및 수산가공품
2. 관능검사
   - 정의 : 오관(五官)에 의하여 그 적합 여부를 판정하는 검사
   - 대 상
     – 외국요구기준을 이행했는지를 확인하기 위하여 품질·포장재·표시사항 또는 규격 등의 확인이 필요한 수산물·수산가공품
     – 검사신청인이 위생증명서를 요구하는 수산물·수산가공품(비식용수산·수산가공품은 제외한다)
     – 정부에서 수매·비축하는 수산물·수산가공품
     – 국내에서 소비하는 수산물·수산가공품
3. 정밀검사
   - 정의 : 물리적·화학적·미생물학적 방법으로 그 적합 여부를 판정하는 검사
   - 대 상
     – 검사신청인 또는 외국요구기준에서 분석증명서를 요구하는 수산물 및 수산가공품
     – 관능검사 결과 정밀검사가 필요하다고 인정되는 수산물 및 수산가공품
     – 외국요구기준에 따라 수출된 수산물 및 수산가공품에서 유해물질이 검출된 경우 그 수산물 및 수산가공품의 생산·가공시설에서 생산·가공되는 수산물

19 수산물·수산가공품 검사기준에 관한 고시에서 규정하고 있는 용어의 정의이다. (   )에 들어갈 내용을 쓰시오. [2점]

> (①)이라 함은 어육에 소량의 소금 및 부재료를 넣고 갈아서 만든 고기풀을 (②)시켜 만든 탄성 있는 겔 상태의 가공품을 말한다.

정답 ① 어육연제품, ② 가열·응고

풀이 어육연제품의 정의(수산물·수산가공품 검사기준에 관한 고시 제2조 제10호)
"어육연제품"이라 함은 어육에 소량의 소금 및 부재료를 넣고 갈아서 만든 고기풀을 가열·응고시켜 만든 탄성 있는 겔 상태의 가공품을 말한다.

20 수산물 표준규격상 '생굴'의 포장규격을 나타낸 것이다. 다음 (   )에 들어갈 내용을 쓰시오. [3점]

> 포장 재료는 KS T1093(포장용 폴리에틸렌 필름)에 규정된 1종인 저밀도 폴리에틸렌으로 하여 모양은 튜브상을 사용하며, 폴리에틸렌 필름 봉투의 강도는 두께 0.05mm 이상, (①) 1,670N/cm^2 이상, 신장률 (②)% 이상, 인열강도(보통) (③)N/cm 이상으로 한다.

정답 ① 인장강도, ② 250, ③ 690

풀이 생굴의 포장규격 – 200g 포장, 1kg 포장(수산물 표준규격 [별표 5])

구 분	포장규격
포장재료	폴리에틸렌(PE) 필름 : KS T1093(포장용 폴리에틸렌 필름)에 규정된 1종인 저밀도 폴리에틸렌으로 하여 모양은 튜브상을 사용하며, PE 필름 봉투의 강도는 두께 0.05mm 이상, 인장강도 1,670N/cm^2 이상, 신장률 250% 이상, 인열강도(보통) 690N/cm 이상으로 한다. 또한 필름은 무착색의 것을 표준으로 한다.

21 농수산물 품질관리법령상 해양수산부장관이 지리적표시권자의 지리적표시품 표시방법 위반
행위에 대하여 ① <u>1차 위반 시 시정명령을 할 수 있는 경우</u>와 ② <u>3차 위반 시 등록취소를
할 수 있는 경우</u>를 각각 쓰시오. [5점]

정답 ① 의무표시사항이 누락된 경우
② 내용물과 다르게 거짓표시나 과장된 표시를 한 경우

풀이 시정명령 등의 처분기준 – 지리적표시품(농수산물 품질관리법 시행령 [별표 1])

위반행위	행정처분 기준		
	1차 위반	2차 위반	3차 위반
지리적표시품 생산계획의 이행이 곤란하다고 인정되는 경우	등록 취소		
등록된 지리적표시품이 아닌 제품에 지리적표시를 한 경우	등록 취소		
지리적표시품이 등록기준에 미치지 못하게 된 경우	표시정지 3개월	등록 취소	
의무표시사항이 누락된 경우	시정명령	표시정지 1개월	표시정지 3개월
내용물과 다르게 거짓표시나 과장된 표시를 한 경우	표시정지 1개월	표시정지 3개월	등록 취소

22 부산시 기장군에서 횟집을 운영하는 A씨는 완도에서 양식한 넙치와 중국에서 수입한 농어,
일본에서 수입한 참돔으로 모둠회(10만원/4인분 기준)를 구성하여 판매하고자 한다. 이를 메
뉴판에 기재할 때 A씨가 써야 할 원산지 표시방법을 농수산물의 원산지 표시에 관한 법령에
명시된 기준으로 쓰시오. [5점]

정답 모둠회(넙치 : 국내산, 참돔 : 일본산)

풀이 원산지의 표시대상(농수산물의 원산지 표시 등에 관한 법률 시행령 제3조 제5항)
"대통령령으로 정하는 농수산물이나 그 가공품을 조리하여 판매·제공하는 경우"란 다음의 것을 조리하여
판매·제공하는 경우를 말한다. 이 경우 조리에는 날 것의 상태로 조리하는 것을 포함하며, 판매·제공에는
배달을 통한 판매·제공을 포함한다.
• 넙치, 조피볼락, 참돔, 미꾸라지, 뱀장어, 낙지, 명태(황태, 북어 등 건조한 것은 제외), 고등어, 갈치, 오징어,
꽃게, 참조기, 다랑어, 아귀, 주꾸미, 가리비, 우렁쉥이, 전복, 방어 및 부세(해당 수산물가공품을 포함)

영업소 및 집단급식소의 원산지 표시방법(농수산물의 원산지 표시 등에 관한 법률 시행규칙 [별표 4])
쇠고기, 돼지고기, 닭고기, 오리고기, 넙치, 조피볼락 및 참돔 등을 섞은 경우 각각의 원산지를 표시한다.
예 햄버그스테이크(쇠고기 : 국내산 한우, 돼지고기 : 덴마크산), 모둠회(넙치 : 국내산, 조피볼락 : 중국산,
참돔 : 일본산), 갈낙탕(쇠고기 : 미국산, 낙지 : 중국산)

23 수산물의 동결 공정은 일반적으로 원료어의 선별에서 냉동팬에 넣기까지의 전처리 공정과 동결에서 저장까지의 후처리 공정으로 나누어진다. 전처리 또는 후처리 공정에서 행하는 동결 수산물의 보호처리 방법 5가지만 쓰시오. [5점]

정답 가염처리, 산화방지제 처리, 탈수처리, 포장처리, 얼음막 처리

풀이 동결저장 시 식품성분의 변화 억제방안
- 가염처리 : 명태, 넙치, 가자미 등 백색육의 동결 및 해동 시 다량의 드립 발생으로 영양 및 중량 감소와 조직감 등 품질이 손실되는데, 식염수용액에 침지하는 방법으로 방지할 수 있다.
- 인산염처리 : 단백질의 변성은 pH 6.5 이하에서 진행되므로, 인산염처리로 pH 6.5∼7.2 정도를 유지하여, 금속 등 변성 촉진 인자 봉쇄로 단백질 변성을 억제한다.
- 산화방지제 처리 : 유리지방산 생성과 단백질 변성 촉진을 방지한다.
- 삼투압 탈수처리 : 빙결정에 의한 품질저하를 방지한다.
- 포장처리 : 공기 차단에 의한 산화 방지, 수분의 증발 및 승화 방지에 의한 감량을 방지한다.
- 얼음막 처리(Glazing) : 공기를 차단하여 건조 및 산화에 의한 표면의 변질을 방지한다.

24 수산물 통조림의 가공 저장 중 일어나는 품질 변화 현상에 관한 내용이다. (   )에 올바른 용어를 쓰시오. [5점]

> 어패류를 가열하면 육 단백질이 분해되어 (①)가 발생할 수 있으며, 이는 원료의 선도가 나쁠수록, 그리고 pH가 높을수록 많이 발생한다. 이 성분이 통조림 용기의 (②)과 결합하면 캔 내면에 (③)이 일어난다. 이 현상을 일으키기 쉬운 원료는 참치, 게, 새우 및 바지락 등이 있으며, 이를 방지하기 위해서는 (④) 캔을 사용해야 한다.

정답 ① 황화수소, ② 철이나 주석, ③ 흑변, ④ 알루미늄

풀이 통조림의 품질 변화 – 흑변
어패류를 가열하면 단백질이 분해되어 황화수소를 발생할 수 있다. 황화수소는 어패류의 선도가 나쁠수록, 그리고 pH가 높을수록 많이 발생한다. 황화수소가 통조림 용기의 철이나 주석 등과 결합하면 캔 내면에 흑변이 일어난다. 흑변을 막기 위해서는 C-에나멜로 코팅된 캔을 사용해야 한다. 게살 통조림을 가공할 때 게살을 황산지에 감싸는 이유는 황화수소를 차단하여 흑변을 막기 위함이다. 최근에는 알루미늄 캔이 많이 쓰이는데, 알루미늄 캔의 장점은 캔 내용물에서 금속 냄새가 거의 나지 않고, 변색(흑변)을 방지할 수 있다.

25 수산물 유통경로에서 산지시장의 역할을 3가지만 서술하시오. [5점]

정답 ① 어업 생산자가 위탁한 어획물을 판매한다.
② 등록된 중도매인들과 경매 및 입찰에 의해 가격을 결정한다.
③ 어획물을 어종 또는 크기에 따라 분류하여 진열한다.

풀이 수산물 산지시장
어업 생산의 기점으로, 어선이 접안할 수 있는 어항 시설이 갖추어져 있고, 어획물의 양륙과 1차적인 가격 형성이 이루어지면서 유통 배분되는 시장이다. 산지시장은 수산업협동조합이 개설 운영하는 산지위판장으로, 도매시장과 같은 역할도 수행하고 있다. 어업 생산자는 시장도매업자 역할을 수행하는 수협에 어획물을 위탁 판매하고, 수협은 등록된 중도매인들과 경매 및 입찰에 의해 가격을 결정한다. 산지위판장으로 양륙된 수산물들은 경매를 통하여 바로 거래가 이루어진다. 산지위판장은 어종 또는 크기에 따라 분류하여 진열하는 기능도 함께 수행한다.

26 A수산물품질관리사가 '굴비'를 수산물 표준규격 기준 조건으로 포장하여 출하하고자 할 때 등급규격 '상'에 해당하는 굴비제품의 항목별 등급기준을 서술하시오(단, 공통규격은 제외한다). [5점]

정답 ① 1마리의 크기(전장) : 15cm 이상
② 다른 크기의 것의 혼입률 : 10% 이하
③ 색택 : 양호

풀이 굴비의 등급규격(수산물 표준규격 [별표 5])

항 목	특	상	보 통
1마리의 크기(전장, cm)	20 이상	15 이상	15 이상
다른 크기의 것의 혼입률(%)	0	10 이하	30 이하
색 택	우 량	양 호	보 통
공통규격	• 고유의 향미를 가지고 다른 냄새가 없어야 한다. • 크기가 균일한 것으로 엮어야 한다.		

27 A수산물품질관리사는 수산물 품질인증심사를 준비하는 B수산물가공공장에 심사기준 등에 대한 컨설팅을 하고 있다. A수산물품질관리사가 컨설팅해야 할 수산물 품질인증 세부기준에 따른 공장심사기준 8가지 항목을 서술하시오. [5점]

정답 ① 원료확보
② 생산시설 및 자재
③ 작업장환경 및 종사자의 위생관리
④ 생산자 자질 및 품질관리상태
⑤ 자체품질관리수준
⑥ 품질관리열의도
⑦ 출하여건 및 판매처 확보
⑧ 대외신용도

풀이 공장심사기준(수산물의 품질인증 세부기준 [별표 2])

항 목	심사기준	평 가
1. 원료확보	가. 원료 확보가 충분하여 제품생산에 지장이 없는 경우	수
	나. 현재 원료 확보는 충분하지 않으나 계획된 제품을 생산에는 지장이 없는 경우	우
	다. 원료 확보가 미흡하여 제품생산에 다소 차질이 우려되는 경우	미
	라. 위의 "다"에 미달한 경우	양
2. 생산시설 및 자재	가. 해당 수산물의 품질수준 확보 및 유지를 위한 생산기술과 시설·자재를 충분히 갖추고 있는 경우	수
	나. 해당 수산물의 품질수준 확보 및 유지를 위한 생산기술과 시설·자재를 충분히 갖추고 있지는 않으나 품질수준을 확보할 수 있는 경우	우
	다. 해당 수산물의 품질수준 확보 및 유지를 위한 생산기술과 시설·자재는 부족하나 단기간 내에 보완이 가능하여 목표로 하는 품질수준을 확보할 수 있는 경우	미
	라. 위의 "다"에 미달한 경우	양
3. 작업장환경 및 종사자의 위생관리	가. 주변 환경 및 폐기물로부터 오염의 우려가 없으며, 생산시설 및 종업원에 대한 위생관리가 우수한 경우	수
	나. 주변 환경 및 폐기물로부터 오염의 우려가 없으며, 생산시설 및 종업원에 대한 위생관리가 양호한 경우	우
	다. 주변 환경 및 폐기물로부터 오염의 우려가 없고 생산시설 및 종업원에 대한 위생관리 상태가 다소 미흡하나 단기간에 보완이 가능한 경우	미
	라. 위의 "다"에 미달한 경우	양
4. 생산자 자질 및 품질관리 상태	가. 생산경력이 5년 이상이고, 건실한 생산자 또는 생산자단체로서 고품질의 제품생산의지가 확고하고 생산제품의 품질관리가 우수한 경우	수
	나. 생산경력이 3년 이상이고, 견실한 생산자 또는 생산자단체로서 고품질의 제품생산의지는 있고 생산제품의 품질관리가 양호한 경우	우
	다. 생산경력이 1년 이상이고, 고품질의 제품생산 의지는 있으나, 생산제품의 품질관리가 아직 충분하지 못한 경우	미
	라. 위의 "다"에 미달한 경우	양

항 목	심사기준	평 가
5. 자체품질 관리수준	가. 해당 수산물의 생산·출하과정에서의 자체품질관리체제와 유통 중 이상품에 대한 사후관리체제가 우수한 경우	수
	나. 해당 수산물의 생산·출하과정에서 자체품질관리체제와 유통 중 이상품에 대한 사후관리체제가 양호한 경우	우
	다. 해당 수산물의 생산·출하과정에서 자체품질관리체제와 유통 중 이상품에 대한 사후관리체제가 미흡한 경우	미
	라. 인증기준을 위반하여 인증취소 처분을 받고 2년을 경과하지 아니하거나 위의 "다"에 미달한 경우	양
6. 품질관리 열의도	가. 수산물품질관리사를 고용하여 품질관리하거나 품질관리 교육에 참여한 실적이 있어 우량제품생산 및 출하에 대한 열의가 높은 경우	수
	나. 품질관리 교육에 참여한 실적은 있으나, 우량 제품생산 및 출하에 대한 열의가 보통인 경우	우
	다. 품질관리 교육에 참여한 실적은 있으나, 우량 제품생산 및 출하에 대한 열의가 미흡한 경우	미
	라. 위의 "다"에 미달한 경우	양
7. 출하여건 및 판매처 확보	가. 판매처가 충분히 확보되어 있고, 품질인증품 요청물량을 지속적으로 공급할 수 있으며, 생산계획량 출하에 전혀 지장이 없는 경우	수
	나. 판매처는 충분히 확보되어 있지 않으나, 추가로 판매망 확보가 가능하여 생산계획량 출하에 지장이 없는 경우	우
	다. 판매처의 확보는 미흡하나, 판로개척의 가능성이 있어 생산계획량을 무리 없이 출하할 수 있는 경우	미
	라. 위의 "다"에 미달한 경우	양
8. 대외신용도	가. 자체상표를 개발하여 사용한 기간이 3년 이상이며, 대외신용도가 매우 높고 심사일 기준으로 과거 3년 동안 감독기관으로부터 행정처분을 받은 사실이 없는 경우	수
	나. 자체상표를 개발하여 사용한 기간이 1년 이상이며 대외신용도가 높고 심사일 기준으로 과거 2년 동안 행정처분을 받은 사실이 없는 경우	우
	다. 자체상표를 개발 중이거나 대외신용도가 보통이며, 심사일 기준으로 과거 1년 동안 행정처분을 받은 사실이 없는 경우	미
	라. 위의 "다"에 미달한 경우	양

28 수산물가공업체에 근무하고 있는 A수산물품질관리사가 '마른김' 제품을 관능검사한 결과이다. 수산물·수산가공품 검사기준에 관한 고시에서 규정한 관능검사기준에 따라 이 제품에 대한 항목별 개별등급(①~④)을 쓰고, 종합판정등급(⑤) 및 그 이유(⑥)를 서술하시오(단, 중량, 협잡물 등 다른 조건은 고려하지 않는다). [5점]

항 목	검사결과	등 급
형 태	길이 206mm 이상, 너비 189mm 이상이고 형태가 바르며 축파지, 구멍기가 없는 것. 다만, 대판은 길이 223mm 이상, 너비 195mm 이상인 것	①
색 택	고유의 색택을 띠고 광택이 양호하고 사태가 경미한 것	②
향 미	고유의 향미가 보통인 것	③
청태의 혼입	청태의 혼입이 15% 이내인 것. 다만, 혼해태는 45% 이하인 것	④

① 형태 : "특등"

② 색택 : "2등"

③ 향미 : "3등"

④ 청태의 혼입 : "3등"

⑤ 종합판정등급 : "3등"

⑥ 이유 : 고유의 향미가 보통이므로 향미의 등급은 "3등", 청태의 혼입이 15% 이내이고 혼해태는 45% 이하이므로 청태의 혼입 등급은 "3등"이다. 따라서 종합등급은 "3등"으로 판정한다.

마른김 및 얼구운김의 관능검사기준(수산물 · 수산가공품 검사기준에 관한 고시 [별표 1])

항 목	검사기준				
	특 등	1등	2등	3등	등 외
형 태	길이 206mm 이상, 너비 189mm 이상이고 형태가 바르며 축파지, 구멍기가 없는 것. 다만, 대판은 길이 223mm 이상, 너비 195mm 이상인 것	길이 206mm 이상, 너비 189mm 이상이고 형태가 바르며 축파지(표면 또는 가장자리가 오그라진 것, 길이 및 폭의 절반 이상 찢어진 것), 구멍기가 없는 것 다만, 재래식은 길이 260mm 이상, 너비 190mm 이상, 대판은 길이 223mm 이상, 너비 195mm 이상인 것	왼쪽과 같음	왼쪽과 같음	길이 206mm, 너비 189mm이나 과도하게 가장자리를 치거나 형태가 바르지 못하고 경미한 축파지 및 구멍기가 있는 제품이 약간 혼입된 것. 다만, 재래식과 대판의 길이 및 너비는 1등에 준한다.
색 택	고유의 색택(흑색)을 띠고 광택이 우수하고 선명한 것	고유의 색택을 띠고 광택이 우량하고 선명한 것	고유의 색택을 띠고 광택이 양호하고 사태(색택이 회색에 가까운 검은색을 띠며 광택이 없는 것)가 경미한 것	고유의 색택을 띠고 있으나 광택이 보통이고 사태나 나부기(건조과정에서 열이나 빛에 의해 누렇게 변색된 것)가 보통인 것	고유의 색택이 떨어지고 나부기 또는 사태가 전체 표면의 20% 이하인 것
청태의 혼입	청태(파래 · 매생이)의 혼입이 없는 것	청태의 혼입이 3% 이내인 것 다만, 혼해태는 20% 이하인 것	청태의 혼입이 10% 이내인 것 다만, 혼해태는 30% 이하인 것	청태의 혼입이 15% 이내인 것 다만, 혼해태는 45% 이하인 것	청태의 혼입이 15% 이내인 것 다만, 혼해태는 50% 이하인 것
향 미	고유의 향미가 우수한 것	고유의 향미가 우량한 것	고유의 향미가 양호한 것	고유의 향미가 보통인 것	고유의 향미가 다소 떨어지는 것

29 수산물·수산가공품 검사기준에 관한 고시에서 규정하고 있는 '냉장갈치'의 관능검사 항목을 [보기]에서 모두 찾아 쓰고, 각 항목별 합격기준을 쓰시오. [5점]

┤보기├

| 액 즙 | 색 택 | 정미량 | 선 별 | 잡 물 |
| 냄 새 | 활력도 | 온 도 | 형 태 | 선 도 |

정답 ① 색택 : 고유의 색택으로 양호한 것
② 선별 : 크기가 대체로 고르고 다른 종류가 혼입되지 아니한 것
③ 잡물 : 혈액 등의 처리가 잘되고 그 밖에 협잡물이 없는 것
④ 냄새 : 신선하여 이취가 없는 것
⑤ 형태 : 손상과 변형이 없고 처리상태가 양호한 것
⑥ 선도 : 선도가 양호한 것

풀이 신선·냉장품의 관능검사기준(수산물·수산가공품 검사기준에 관한 고시 [별표 1])

항 목	합 격
형 태	손상과 변형이 없고 처리상태가 양호한 것
색 택	고유의 색택으로 양호한 것
선 도	선도가 양호한 것
선 별	크기가 대체로 고르고 다른 종류가 혼입되지 아니한 것
잡 물	혈액 등의 처리가 잘되고 그 밖에 협잡물이 없는 것
냄 새	신선하여 이취가 없는 것

30 A수산물품질관리사는 수산물의 품질인증을 신청하기 위하여 횟감용 수산물 중 냉동품에 대하여 품질검사를 실시하였다. 수산물의 품질인증 세부기준에 따라 공통규격에 대한 품질을 다음과 같이 평가한 결과, 인증기준에 적합하지 않은 항목을 찾아 맞게 수정하시오(수정 예, ① □□□ : ○○○ → △△△). [5점]

[횟감용 냉동품 품질검사 기록]

① 원료 : 국산 원료를 사용하였다.
② 형태 : 고유의 형태를 가지고 손상과 변형이 없다.
③ 건조 및 기름절임(유소) : 표면이 건조되어 있고, 기름기가 보였다.
④ 협잡물 : 혈액 등의 처리가 잘되어 있고, 그 밖의 협잡물이 없다.
⑤ 동결포장 : −18℃에서 완만동결하여 위생적인 용기에 포장하였다.

정답 ③ 건조 및 기름절임(유소) : 표면이 건조되어 있고, 기름기가 보였다. → 건조 및 기름절임 현상이 없어야 한다.
⑤ 동결포장 : −18℃에서 완만동결하여 → −35℃ 이하에서 급속동결하여

풀이 횟감용 수산물의 품질기준 − 냉동품(수산물의 품질인증 세부기준 [별표 1])

구 분	품질기준
공통 규격	• 원료 : 국산이어야 한다. • 형태 : 고유의 형태를 가지고 손상과 변형이 없고 처리상태가 양호한 것이어야 한다. • 색깔 : 고유의 색택으로 양호한 것이어야 한다. • 선별 : 크기가 대체로 고른 것이어야 한다. • 선도 : 선도가 양호한 것이어야 한다. • 협잡물 : 혈액 등의 처리가 잘되고 그 밖의 협잡물이 없어야 한다. • 건조 및 기름절임(유소) : 그레이징이 잘되어 있고 건조 및 기름절임 현상이 없어야 한다. • 동결포장 : −35℃ 이하에서 급속동결하여 위생적인 용기에 포장하여야 한다. • 정밀검사 : 식품위생법 제7조 제1항에서 정한 기준·규격에 적합하여야 한다.

2021년

제 **7**회 과년도 기출문제

수산물품질관리사 2차 실기 [단답형]

01 농수산물 품질관리법령상 수산물 품질인증의 유효기간에 관한 설명이다. (   )에 맞는 기간을 쓰시오. [2점]

> 품질인증의 유효기간은 품질인증을 받은 날부터 (①)년으로 한다. 다만, 품목의 특성상 달리 적용할 필요가 있는 경우에는 (②)년의 범위에서 해양수산부령으로 유효기간을 달리 정할 수 있다.

정답 ① 2, ② 4

풀이 품질인증의 유효기간 등(농수산물 품질관리법 제15조)
품질인증의 유효기간은 품질인증을 받은 날부터 2년으로 한다. 다만, 품목의 특성상 달리 적용할 필요가 있는 경우에는 4년의 범위에서 해양수산부령으로 유효기간을 달리 정할 수 있다.

02 농수산물 품질관리법령상 수산물 지리적표시의 등록을 받으려는 자는 신청서에 다음의 서류를 첨부하여 국립수산물품질관리원장에게 제출하여야 한다. 지리적표시의 등록을 위한 제출서류에 해당하면 ○, 해당하지 않으면 ×를 표시하시오. [3점]

구 분	설 명
(①)	대상품목·명칭 및 품질의 특성에 관한 설명서
(②)	해당 특산품의 유명성과 역사성을 증명할 수 있는 자료
(③)	국가연구기관 또는 관련 대학에서 인정하는 정관

정답 ① ○, ② ○, ③ ×

풀이 **지리적표시의 등록 및 변경(농수산물 품질관리법 시행규칙 제56조 제1항)**
지리적표시의 등록을 받으려는 자는 지리적표시 등록(변경) 신청서에 다음의 서류를 첨부하여 국립수산물품질관리원장에게 제출하여야 한다. 다만, 지리적표시의 등록을 받으려는 자가 상표법 시행령의 서류를 특허청장에게 제출한 경우(2011년 1월 1일 이후에 제출한 경우만 해당)에는 지리적표시 등록(변경) 신청서에 해당사항을 표시하고 3.부터 6.까지의 서류를 제출하지 아니할 수 있다.
1. 정관(법인인 경우만 해당)
2. 생산계획서(법인의 경우 각 구성원별 생산계획을 포함)
3. 대상품목·명칭 및 품질의 특성에 관한 설명서
4. 해당 특산품의 유명성과 역사성을 증명할 수 있는 자료
5. 품질의 특성과 지리적 요인과 관계에 관한 설명서
6. 지리적표시 대상지역의 범위
7. 자체품질기준
8. 품질관리계획

03 농수산물 품질관리법령상 해양수산부장관은 시·도지사가 지정해역을 지정하기 위하여 요청한 해역에 대하여 조사·점검한 결과 적합하다고 인정하는 경우 다음과 같이 구분하여 지정할 수 있다. (   )에 알맞은 용어를 쓰시오. [4점]

구 분	내 용
(①)	1년 이상의 기간 동안 매월 1회 이상 위생에 관한 조사를 하여 그 결과가 지정해역위생관리기준에 부합하는 경우
(②)	2년 6개월 이상의 기간 동안 매월 1회 이상 위생에 관한 조사를 하여 그 결과가 지정해역위생관리기준에 부합하는 경우

정답 ① 잠정지정해역, ② 일반지정해역

풀이 지정해역의 지정 등(농수산물 품질관리법 시행규칙 제86조 제4항)
해양수산부장관은 지정해역을 지정하는 경우 다음의 구분에 따라 지정할 수 있으며, 이를 지정한 경우에는 그 사실을 고시하여야 한다.
1. 잠정지정해역 : 1년 이상의 기간 동안 매월 1회 이상 위생에 관한 조사를 하여 그 결과가 지정해역위생관리기준에 부합하는 경우
2. 일반지정해역 : 2년 6개월 이상의 기간 동안 매월 1회 이상 위생에 관한 조사를 하여 그 결과가 지정해역위생관리기준에 부합하는 경우

04 수산물 가공 중 전처리 공정에서 하는 어류의 처리 형태별 명칭을 설명한 것이다. (   )에 알맞은 용어를 [보기]에서 찾아 쓰시오. [3점]

구 분	설 명
(①)	아무런 처리를 하지 아니한 통마리 생선이다.
(②)	아가미와 내장을 제거한 생선으로, G&G라고도 한다.
(③)	머리, 아가미와 내장을 제거한 다랑어를 증기로 삶은 다음 혈합육과 껍질을 제거한 육편이다.

┤보기├

드레스(Dressed)	로인(Loin)	세미드레스(Semi-dressed)
필렛(Fillet)	스테이크(Steak)	라운드(Round)

정답 ① 라운드(Round), ② 세미드레스(Semi-dressed), ③ 로인(Loin)

풀이 냉장식품과 냉동식품의 제조를 위한 어체 처리 형태 및 명칭

명 칭	처리 방법
라운드	아무런 전처리를 하지 않은 전어체
세미드레스	아가미와 내장을 제거한 어체
드레스	세미드레스 처리한 어체에서 머리를 제거한 어체
팬드레스	드레스 처리한 어체에서 지느러미와 꼬리를 제거한 어체
필 렛	드레스 처리한 어체를 포를 떠서 뼈 부분을 제외한 두 장의 육편만 취한 것
청 크	드레스 처리한 어체를 뼈를 제거하고, 통째썰기한 것
로 인	드레스 처리한 어체를 증기로 삶은 다음 혈합육과 껍질을 제거한 육편
스테이크	필렛을 2cm 두께로 자른 것
다이스	육편을 2~3cm 각으로 자른 것
초 프	채육기에 걸어 발라낸 것
그라운드	고기갈이를 한 것

05 어육연제품은 가열 방법에 따라 다음과 같이 분류할 수 있다. ( )에 알맞은 제품 종류를 [보기]에서 찾아 쓰시오. [3점]

가열 방법	가열 온도(℃)	가열 매체	제품 종류
증자법	80~90	수증기	(①)
배소법	100~180	공 기	구운 어묵
탕자법	80~95	물	(②)
튀김법	170~200	식용유	(③)

┤보기├
어육 소시지   어 단   판붙이 어묵

정답 ① 판붙이 어묵, ② 어육 소시지, ③ 어단

풀이 가열 방법에 따른 연제품의 분류

가열 방법	가열 온도(℃)	가열 매체	제품 종류
증자법	80~90	수증기	판붙이 어묵, 찐어묵
배소법	100~180	공 기	구운 어묵(부들어묵)
탕자법	80~95	물	마어묵, 어육 소시지
튀김법	170~200	식용유	튀김어묵, 어단

06 어패류의 선도판정법 중 휘발성염기질소(VBN) 측정에 관한 설명으로 옳으면 ○, 틀리면 ×를 표시하시오. [2점]

구 분	설 명
(①)	휘발성염기질소의 주요 성분은 암모니아, 다이메틸아민(DMA), 트라이메틸아민(TMA) 등이다.
(②)	휘발성염기질소의 측정법은 홍어의 선도 판정에 주로 응용된다.
(③)	통조림의 원료는 휘발성염기질소 함량이 20mg/100g 이하인 것을 사용하여야 좋은 제품을 얻을 수 있다.

정답 ① ○, ② ×, ③ ○

풀이 휘발성염기질소(VBN) 측정법
- VBN은 단백질, 아미노산, 요소, 트릴메틸아민옥사이드 등이 세균과 효소에 의해 분해되어 생성되는 휘발성 질소 화합물을 말하는 것으로, 주요 성분은 암모니아, 다이메틸아민, 트릴메틸아민 등이다.
- 상어와 홍어 등은 암모니아와 트라이메틸아민의 생성이 지나치게 많으므로 이 방법으로 선도를 판정할 수 없다.
- 신선한 어육에는 5~10mg/100g, 보통 선도 어육에는 15~25mg/100g, 부패 초기 어육에는 30~40mg/100g의 VBN이 들어 있다.
- 통조림과 같은 수산 가공품은 일반적으로 휘발성염기질소 함유량이 20mg/100g 이하인 것을 사용해야 좋은 제품을 얻을 수 있다.

07 선망어선 어업인 A가 고등어를 어획하여 가공하지 않은 상태로 소비자에게 유통되는 경로를 표시한 것이다. (   )에 알맞은 용어를 쓰시오. [2점]

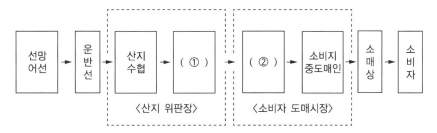

정답 ① 산지중도매인, ② 소비지도매시장

08 수산물 유통단계 전부를 지칭하여 계산하는 유통마진율 계산식은 아래와 같다. (   )에 알맞은 용어를 [보기]에서 찾아 쓰시오. [2점]

$$유통마진율(\%) = \frac{소비자\ 구입가격 - (\quad)}{소비자\ 구입가격} \times 100$$

┤보기├
중도매인 수취가격   도매상 판매가격   생산자 수취가격   소매상 판매가격

정답 생산자 수취가격

풀이 • 유통마진액 = 소비자 구입가격 − 생산자 수취가격
• $유통마진율(\%) = \dfrac{소비자\ 구입가격 - 생산자\ 수취가격}{소비자\ 구입가격} \times 100$

09 수산물도매시장의 구성에 관한 설명이다. ( )에 알맞은 용어를 [보기]에서 찾아 쓰시오. [2점]

구 분	설 명
(①)	수산물도매시장의 개설자로부터 지정을 받고 수산물을 위탁받아 상장하여 도매하거나 이를 매수하여 도매하는 법인
(②)	수산물도매시장의 개설자로부터 지정을 받고 수산물을 매수 또는 위탁받아 도매하거나 매매를 중개하는 영업을 하는 법인

┤보기├
중도매인   도매시장법인   조합공동사업법인   경매인   시장도매인

정답 ① 도매시장법인, ② 시장도매인

풀이 수산물 도매시장의 구성원과 역할

구 성	역 할
도매시장법인	• 수산물도매시장의 개설자로부터 지정을 받고 수산물을 위탁받아 상장하여 도매하거나 이를 매수하여 도매하는 법인 • 산지위판장을 관리하는 주체로 출하자인 어업인의 위탁을 받아 주로 경매를 통해 중도매인 등에게 수산물을 판매하는 역할을 하는 자
시장도매인	• 수산물도매시장의 개설자로부터 지정을 받고 수산물을 매수 또는 위탁받아 도매하거나 매매를 중개하는 영업을 하는 법인
중도매인	• 수산물도매시장·수산물공판장 또는 민영수산물도매시장 개설자의 허가 또는 지정을 받아 영업을 하는 자 　– 상장된 농수산물을 매수하여 도매하거나 매매를 중개하는 영업 　– 개설자로부터 허가를 받은 비상장(非上場) 농수산물을 매수 또는 위탁받아 도매하거나 매매를 중개하는 영업
매매참가인	• 수산물도매시장 개설자에게 등록하고 수산물도매시장에 상장된 수산물을 직접 매수하는 가공업자·수산물 소매업자·수출업자·소비자 단체 등 • 실수요자로서 경매에 참여하는 사람들로 경매과정에서 중도매인들과 경쟁하며 수산물을 구입하는 역할을 하는 자
경매사	• 도매시장법인의 임명을 받거나 수산물공판장, 민영수산물도매시장 개설자의 임명을 받아, 상장된 수산물의 가격평가 및 경락자 결정 등의 업무를 수행하는 자 • 상장된 수산물에 대한 정보를 제공하고 경매의 흥을 더함으로써 수산물의 가격이 적정선에서 결정될 수 있도록 하는 역할을 하는 자
산지유통인	• 수집·출하기능, 정보전달기능, 산지개발기능을 하는 역할 • 등록된 도매시장에서의 수산물 출하업무 이외에 판매·매수 또는 중개업무를 할 수 없음

10 수산물 유통활동에 관한 내용이다. (   )에 알맞은 용어를 [보기]에서 찾아 쓰시오. [2점]

구 분	내 용
(①)	매매 거래에 관한 활동으로 생산물의 소유권 이전 활동
(②)	운송·보관·정보전달 기능을 수행하는 활동으로 생산물 자체의 이전에 관한 활동

┤보기├
물적 유통활동   가공유통활동   상적 유통활동   생산유통활동

정답 ① 상적 유통활동, ② 물적 유통활동

풀이 수산물 유통활동의 체계

11 수산물·수산가공품 검사기준에 관한 고시에서 정한 '냉동 연육'의 관능검사기준 항목에 해당하는 것을 [보기]에서 모두 고르시오. [2점]

┌─|보기|───┐
│   형 태   향 미   온 도   잡 물   탄 력   육 질   │
└───┘

정답 형태, 온도, 잡물, 육질

풀이 냉동 연육의 수산물·수산가공품 관능검사기준(수산물·수산가공품 검사기준에 관한 고시 [별표 1])

항 목	합 격
형 태	고기갈이 및 연마 상태가 보통이상인 것
색 택	색택이 양호하고 변색이 없는 것
냄 새	신선하여 이취가 없는 것
잡 물	뼈 및 껍질 그 밖에 협잡물이 없는 것
육 질	절곡시험 C급 이상인 것으로 육질이 보통인 것
온 도	제품 중심온도가 −18℃이하인 것

12 수산시장에서 컨설팅을 담당하고 있는 수산물품질관리사는 3개의 판매상(A~C)이 취급하는 품목별 포장방법에서 수산물 표준규격에 맞지 않는 품목을 발견하였다. 다음 중 포장방법이 표준규격과 다른 판매상을 모두 고르시오. [2점]

┌───┐
│ • A판매상 : 북어를 10마리씩 화학사로 묶은 후 골판지 상자 속에 담아 상자의 덮개를 덮어 포장하였다. │
│ • B판매상 : 새우젓을 1kg 단위로 플라스틱용기에 충전하여 뚜껑을 닫은 후 폴리염화비닐(PVC) 수축 포장을 │
│   했다. │
│ • C판매상 : 골판지 상자에 굴비를 10마리씩 엮은 굴비 두름을 편평히 한 후 뚜껑을 덮어 포장 후 손잡이를 │
│   조립했다. │
└───┘

정답 A판매상, B판매상

풀이 수산가공품 품목별 포장방법

품 목	포장규격	포장방법
북 어	10마리	내용물을 폴리에틸렌(PE) 속포장에 넣은 후 상하 20mm 이상 떨어진 곳을 열봉합하여 골판지 상자 속에 담아 상자의 덮개를 덮는다.
새우젓	1kg	유리용기에 내용물을 충전하여 뚜껑을 닫은 후 폴리염화비닐(PVC) 수축포장한다.
	3kg	속포장인 폴리에틸렌(PE) 봉투(튜브형)에 젓갈을 넣고 결속끈으로 봉한 다음 폴리에틸렌 용기에 넣어 뚜껑을 완전히 밀폐시킨다.
	5kg	
	10kg	
굴 비	10마리	골판지 상자에 엮은 굴비 두름을 편평히 한 후 뚜껑을 덮어 손잡이를 조립한다.

13 톳을 가공하는 A업체에서는 고품질 원료 확보를 위해 수산물품질관리사에게 수산물·수산가공품 검사기준에 따라 마른톳을 공급하는 B업체 제품에 대한 관능검사 및 등급판정을 의뢰하였다. 관능검사 결과가 아래와 같을 때 해당 마른톳의 종합등급을 판정하시오. [2점]

> 협잡물이 없으며, 산지 및 채취의 계절이 동일하고 조체발육이 양호하며 고유의 색택으로서 우량하고 변질이 없음

정답 2등

풀이 마른톳의 수산물·수산가공품 관능검사기준(수산물·수산가공품 검사기준에 관한 고시 [별표 1])

항 목	1등	2등	3등
원 료	산지 및 채취의 계절이 동일하고 조체발육이 우량한 것	산지 및 채취의 계절이 동일하고 조체발육이 양호한 것	산지 및 채취의 계절이 동일하고 조체발육이 보통인 것
색 택	고유의 색택으로서 우량하며 변질되지 않은 것	고유의 색택으로서 우량하며 변질되지 않은 것	고유의 색택으로서 보통이며 변질되지 않은 것
협잡물	다른 해조 및 토사 그 밖에 협잡물이 1% 이하인 것	다른 해조 및 토사 그 밖에 협잡물이 3% 이하인 것	다른 해조 및 토사 그 밖에 협잡물이 5% 이하인 것

14 간다시마와 간미역을 생산하는 P는 수산물품질관리사 C에게 수산물·수산가공품 검사기준에 관한 고시에 따른 관능검사 항목에 관하여 자문을 구하고 있다. (   )에 알맞은 말을 쓰시오. [2점]

P : 염장품 중에서 간다시마와 간미역의 검사 항목은 동일합니까?
C : 아니요, 그렇지 않습니다. 간미역의 경우에는 간다시마에 없는 관능검사 항목이 있습니다.
P : 그것이 무엇입니까?
C : 그것은 (   )(이)라는 검사 항목입니다.

정답 선 별

풀이 염장품의 수산물·수산가공품 관능검사기준(수산물·수산가공품 검사기준에 관한 고시 [별표 1])
• 간미역(줄기포함)

항 목	합 격
원 료	조체발육이 양호한 것
색 택	고유의 색택이 양호한 것
선 별	• 줄기와 잎을 구분하고 속줄기는 절개한 것 • 노쇠엽 및 황갈색엽의 혼입이 없어야 하며 15cm 이하의 파치품이 5% 이하인 것
협잡물	잡초·토사 및 그 밖에 협잡물이 없는 것
향 미	고유의 향미를 가지고 이취가 없는 것
처 리	자숙이 적당하고 염도가 엽체에 고르게 침투하여 물빼기가 충분한 것

• 그 밖의 간해조류

항 목	합 격
원 료	조체발육이 양호한 것
색 택	고유의 색택이 양호한 것
협잡물	잡초·토사 및 그 밖에 협잡물이 없는 것
향 미	고유의 향미를 가지고 있으며 이취가 없는 것
처 리	생원조 그대로 가공한 것은 염도가 적당하고 물빼기가 충분하여야 하며 생원조를 자숙한 것은 과·미숙이 심하지 않고 염도가 적당하며 물빼기가 충분한 것

15 수산물 표준규격상 '수산물의 품목별 표준거래 단위'에서 20kg을 표준거래 단위로 사용하는 품목만을 아래 [보기]에서 모두 고르시오. [3점]

┌ 보기 ┐
숭 어   양 태   삼 치   조 기   고등어
└────┘

정답 삼치, 조기, 고등어

풀이 수산물의 품목별 표준거래 단위(수산물 표준규격 [별표 1])

품 목	표준거래 단위
고등어	5kg, 8kg, 10kg, 15kg, 16kg, 20kg
삼 치	5kg, 7kg, 10kg, 15kg, 20kg
조 기	10kg, 15kg, 20kg
양 태	3kg, 5kg, 10kg
숭 어	3kg, 5kg, 10kg

16 수산물·수산가공품 검사기준에 관한 고시에 따른 '마른김' 검사 기준의 일부이다. 항목별 해당 등급을 쓰시오. [3점]

항 목	검사 기준	해당 등급
색 택	고유의 색택이 떨어지고 나부기 또는 사태가 전체 표면의 20% 이하인 것	(①)
청태의 혼입	청태의 혼입이 3% 이내인 것. 다만, 혼해태는 20% 이하인 것	(②)
향 미	고유의 향미가 양호한 것	(③)

정답 ① 등외, ② 1등, ③ 2등

풀이 마른김 및 얼구운김의 관능검사기준(수산물·수산가공품 검사기준에 관한 고시 [별표 1])

항 목	검사기준				
	특 등	1 등	2등	3등	등 외
색 택	고유의 색택(흑색)을 띄고 광택이 우수하고 선명한 것	고유의 색택을 띄고 광택이 우량하고 선명한 것	고유의 색택을 띄고 광택이 양호하고 사태(색택이 회색에 가까운 검은색을 띄며 광택이 없는 것)가 경미한 것	고유의 색택을 띄고 있으나 광택이 보통이고 사태나 나부기(건조과정에서 열이나 빛에 의해 누렇게 변색된 것)가 보통인 것	고유의 색택이 떨어지고 나부기 또는 사태가 전체 표면의 20% 이하인 것
청태의 혼입	청태(파래·매생이)의 혼입이 없는 것	청태의 혼입이 3% 이내인 것 다만, 혼해태는 20% 이하인 것	청태의 혼입이 10% 이내인 것 다만, 혼해태는 30% 이하인 것	청태의 혼입이 15% 이내인 것 다만, 혼해태는 45% 이하인 것	청태의 혼입이 15% 이내인 것 다만, 혼해태는 50% 이하인 것
향 미	고유의 향미가 우수한 것	고유의 향미가 우량한 것	고유의 향미가 양호한 것	고유의 향미가 보통인 것	고유의 향미가 다소 떨어지는 것

17 수산물 표준규격상 신선 '바지락'에 대한 아래 항목별 등급규격에 해당하는 숫자를 쓰시오. [2점]

항 목	특	상	보 통
1개의 크기(각장, cm)	4 이상	(①) 이상	3 이상
다른 크기의 것의 혼입률(%)	5 이하	10 이하	(②) 이하

정답 ① 3, ② 30

풀이 바지락 등급규격(수산물 표준규격 [별표 5])

항 목	특	상	보 통
1개의 크기(각장, cm)	4 이상	3 이상	3 이상
다른 크기의 것의 혼입률(%)	5 이하	10 이하	30 이하
손상 및 죽은 조개류의 껍데기 혼입률(%)	3 이하	5 이하	10 이하
공통규격	• 조개류의 껍데기에 묻은 모래, 뻘 등이 잘 제거되어야 한다. • 크기가 균일하고 다른 종류의 것이 혼입이 없어야 한다. • 부패한 냄새 및 그 밖에 다른 냄새가 없어야 한다.		

18 A업체의 수출용 '명란젓'에 대하여 수산물 · 수산가공품 검사기준에 관한 고시의 관능검사기준에 따라 검사한 결과가 다음과 같다. 검사 결과가 합격 기준에 적합하면 ○, 적합하지 않으면 ×를 쓰시오. [3점]

항 목	검사 결과	판 정
형 태	크기가 고르고 생식소의 충전이 양호하고 파란 및 수란이 없었음	(①)
협잡물	협잡물이 거의 없었음	(②)
향 미	고유의 향미를 가지고 이취가 없었음	(③)

정답 ① ○, ② ×, ③ ○

풀이 명란젓 및 명란맛젓의 관능검사기준(수산물 · 수산가공품 검사기준에 관한 고시 [별표 1])

품 목	합 격
형 태	크기가 고르고 생식소의 충전이 양호하고 파란 및 수란이 적은 것
색 택	색택이 양호한 것
협잡물	협잡물이 없는 것
향 미	고유의 향미를 가지고 이취가 없는 것
처 리	처리상태 및 배열이 양호한 것
첨가물	제품에 고르게 침투한 것

19 A업체는 [보기]와 같은 조건으로 가공처리된 참다랑어를 수출하였다. 수산물 · 수산가공품 검사기준에 관한 고시상의 수산물 등의 표시기준에 의하면 수산물이나 수산가공품에는 '제품명 · 중량 · 원산지명 등'을 표시하여야 하나 A업체는 이를 생략한 채 수출이 가능하게 되었다. A업체가 표시를 생략할 수 있었던 이유를 간략히 쓰시오. [3점]

┤보기├
참다랑어를 아가미와 내장을 제거한 후에 선박을 이용하여 수출하였음(단, 수입국에서 표시를 생략해 줄 것을 요구하지 않았음)

정답 다랑어류와 같이 단위포장을 할 수 없는 개체상태는 표시사항을 생략할 수 있다.

풀이 수입국의 요구할 경우 무포장 수산물도 수출이 가능하며 무포장이라 하더라도 단위포장의 표시사항은 부착하여야 한다. 다만, 다랑어류 등과 같이 단위포장을 할 수 없는 개체상태(Bulk)는 표시사항을 생략할 수 있다.

수산물 등의 표시기준(수산물 · 수산가공품 검사기준에 관한 고시 제4조)
① 수산물 등에는 제품명, 중량(또는 내용량), 업소명(제조업소명 또는 가공업소명), 원산지명 등을 표시하여야 한다. 다만, 외국과의 협약 또는 수입국에서 요구하는 표시기준이 있는 경우에는 그 기준에 따라 표시할 수 있다.
② 제1항의 규정에도 불구하고 무포장 및 대형수산물 또는 수입국에서 요구할 경우에는 그 표시를 생략할 수 있다.

20 국립수산물품질관리원에서 A양식장의 넙치를 수거하여 정밀검사를 실시한 결과 총수은 검사 결과가 '0.6mg/kg'이었다. 수산물 안전성조사 업무처리 요령에 따라 조사기관장이 A양식장 생산자에게 전달한 분석결과 통보사항에 따른 행정처분을 쓰시오(단, 통보사항은 '적합', '부적 합'에서 선택한다). [3점]

정답 통보사항 : 부적합, 행정처분 : 폐기 처분

풀이 안전성조사 잔류허용기준 및 대상품목 – 중금속(수산물 안전성조사 업무처리 세부실시요령 [별표 1])

항 목	기준 및 규격	대상품목
1) 수 은	0.5mg/kg 이하	어류(냉동식용어류머리 및 냉동식용어류내장 포함, 메틸수은 대상품목 제외)·연체류

* 메틸수은 규격 적용 대상 해양어류 : 쏨뱅이류(적어포함, 연안성 제외), 금눈돔, 칠성상어, 얼룩상어, 악상어, 청상아리, 곱상어, 귀상어, 은상어, 청새리상어, 흑기흉상어, 다금바리, 체장메기(홍메기), 블랙오레오도리 (Allocyttus niger), 남방달고기(Pseudocyttus maculatus), 오렌지라피(Hoplostethus atlanticus), 붉평치, 먹장어(연안성 제외), 흑점샛돔(은샛돔), 이빨고기, 은민대구(뉴질랜드계군에 한함), 은대구, 다랑어류, 돛새 치, 청새치, 녹새치, 백새치, 황새치, 몽치다래, 물치다래

분석결과 통보 및 조치(수산물 안전성조사업무 처리요령 제10조 제3항)

조사기관의 장은 안전성조사 시료에 대한 분석이 완료되어 적합한 경우에는 그 결과를 수산물 등의 이해관계 인에게 통보하고, 부적합한 경우에는 이해관계인 및 관할 시·도지사 또는 시장·군수·구청장에게 부적합 내역을 통보(단, 해역에서의 패류독소에 대한 안전성조사의 경우에는 해당 수산물의 이해관계인에 대한 통보 생략 가능)하여야 한다. 다만, 저장단계 및 출하되어 거래되기 이전단계 수산물이 부적합인 경우에는 해당 조사장소의 유통단계 안전관리를 관할하는 시·도지사 또는 시장·군수·구청장에게 부적합 내역을 통보하 여야 한다.

부적합 수산물의 처리 등(수산물 안전성조사 업무처리 세부실시요령 제13조 제1항)

조사기관장은 안전성조사 결과 부적합 수산물이 발생한 때에는 다음에 따라 생산자 및 관할 관계기관장에게 통보하여야 한다.

1. 출하연기
   당해 수산물에 잔류된 유해물질이 시간이 경과함에 따라 분해·소실되어 일정기간이 지난 후 당해 수산물 을 식용으로 사용하는데 문제가 없다고 판단되는 경우 : 생산단계 조사결과 사용이 허용된 항생물질, 패류독소 등
2. 용도전환
   당해 수산물에 잔류된 유해물질이 분해·소실기간이 길어 국내에 식용으로 출하할 수는 없으나, 사료·공 업용원료 및 수출용 등 다른 용도로 사용할 수 있다고 판단되는 경우
3. 폐 기
   1. 또는 2.에 의한 방법에 따라 수산물을 처리할 수 없는 경우 : 중금속, 사용이 금지된 유해물질(말라카이트 그린, 클로람페니콜 등), 출하되어 거래되기 전 단계 수산물의 패류독소, 복어독 등

21 일반음식점인 A식당은 수입산 갈치와 국산 참조기를 각각 조리하여 원산지를 표시하지 않고 판매·제공하던 중 수산물 원산지 표시 2차 위반으로 적발되었다. 농수산물의 원산지 표시에 관한 법령상 조사기관의 장이 A식당을 대상으로 원산지 표시 위반에 따라 부과할 수 있는 과태료 금액을 쓰시오(단, 2차 위반으로 적발된 날은 1차 위반행위로 과태료 부과처분을 받은 날로부터 1년을 넘지 않았고, 감경조건은 고려하지 않는다). [5점]

정답 120만원

풀이 2가지 품종(수입산 갈치와 국산 참조기)에서 2차 위반으로 적발되었으므로 각각 60만 원씩 총 120만 원의 과태료를 부과받는다.

원산지 표시(농수산물의 원산지 표시에 관한 법률 제5조 제3항)
식품접객업 및 집단급식소 중 대통령령으로 정하는 영업소나 집단급식소를 설치·운영하는 자는 다음의 어느 하나에 해당하는 경우에 그 농수산물이나 그 가공품의 원료에 대하여 원산지(쇠고기는 식육의 종류를 포함)를 표시하여야 한다. 다만, 식품산업진흥법 제22조의2 또는 수산식품산업의 육성 및 지원에 관한 법률 제30조에 따른 원산지인증의 표시를 한 경우에는 원산지를 표시한 것으로 보며, 쇠고기의 경우에는 식육의 종류를 별도로 표시하여야 한다.
1. 대통령령으로 정하는 농수산물이나 그 가공품을 조리하여 판매·제공(배달을 통한 판매·제공을 포함한다)하는 경우
2. 1.에 따른 농수산물이나 그 가공품을 조리하여 판매·제공할 목적으로 보관하거나 진열하는 경우

원산지의 표시대상(농수산물의 원산지 표시에 관한 법률 시행령 제3조 제5항)
"대통령령으로 정하는 농수산물이나 그 가공품을 조리하여 판매·제공하는 경우"란 다음의 것을 조리하여 판매·제공하는 경우를 말한다. 이 경우 조리에는 날 것의 상태로 조리하는 것을 포함하며, 판매·제공에는 배달을 통한 판매·제공을 포함한다.
10. 넙치, 조피볼락, 참돔, 미꾸라지, 뱀장어, 낙지, 명태(황태, 북어 등 건조한 것은 제외), 고등어, 갈치, 오징어, 꽃게, 참조기, 다랑어, 아귀, 주꾸미, 가리비, 우렁쉥이, 전복, 방어 및 부세(해당 수산물가공품을 포함)
11. 조리하여 판매·제공하기 위하여 수족관 등에 보관·진열하는 살아 있는 수산물

과태료의 부과기준(농수산물의 원산지 표시 등에 관한 법률 시행령 [별표 2])

위반행위	과태료			
	1차 위반	2차 위반	3차 위반	4차 이상 위반
나. 법 제5조 제3항을 위반하여 원산지 표시를 하지 않은 경우				
10) 넙치, 조피볼락, 참돔, 미꾸라지, 뱀장어, 낙지, 명태, 고등어, 갈치, 오징어, 꽃게, 참조기, 다랑어, 아귀, 주꾸미, 가리비, 우렁쉥이, 전복, 방어 및 부세의 원산지를 표시하지 않은 경우	품목별 30만원	품목별 60만원	품목별 100만원	품목별 100만원

22 농수산물 품질관리법령상 유전자 변형 수산물의 표시위반에 따라 처분을 받은 자 중 공표명령 대상자에 해당하는 기준을 1가지만 쓰시오. [5점]

> **정답** • 표시위반물량이 10톤 이상인 경우
> • 표시위반물량의 판매가격 환산금액이 5억 원 이상인 경우
> • 적발일을 기준으로 최근 1년 동안 처분을 받은 횟수가 2회 이상인 경우

> **풀이** **공표명령의 기준 · 방법 등(농수산물 품질관리법 시행령 제22조 제1항)**
> 법 제59조 제2항에 따른 공표명령의 대상자는 같은 조 제1항에 따라 처분을 받은 자 중 다음의 어느 하나의 경우에 해당하는 자로 한다.
> 1. 표시위반물량이 농산물의 경우에는 100톤 이상, 수산물의 경우에는 10톤 이상인 경우
> 2. 표시위반물량의 판매가격 환산금액이 농산물의 경우에는 10억 원 이상, 수산물인 경우에는 5억 원 이상인 경우
> 3. 적발일을 기준으로 최근 1년 동안 처분을 받은 횟수가 2회 이상인 경우

23 식해, 젓갈, 액젓은 식염을 첨가하여 발효시킨 수산발효식품이다. 식해, 젓갈, 액젓의 제조 방법의 차이점을 각각 서술하시오. [5점]

> **정답** • 식해 : 염장 어류에 조, 밥 등의 전분질과 향신료 등의 부원료를 함께 배합하여 숙성시켜 만든 것이다.
> • 젓갈 : 어패류에 20% 이상의 소금을 넣어서 부패를 막으면서 자가소화효소 등의 작용을 활용하여 숙성시킨 것이다.
> • 액젓 : 어패류의 원형이 유지되지 않는 것으로, 발효 기간을 12개월 이상 연장함으로써 어패류를 더욱 분해시켜서 만든다.

> **풀이** • 식 해
> – 식해는 염장 어류에 조, 밥 등의 전분질과 향신료 등의 부원료를 함께 배합하여 숙성시켜 만든 것이다.
> – 식해는 식염의 농도가 낮아 저장성이 짧으므로 가을이나 겨울철에 주로 제조된다.
> – 주된 원료로는 가자미, 넙치, 명태, 갈치 등을 주로 사용하고 있다.
> – 부원료는 쌀밥 또는 조밥과 소금, 엿기름, 고춧가루 등이 사용된다.
> – 가자미식해가 대표적이다.
> • 젓갈 : 어패류에 20% 이상의 소금을 넣어서 부패를 막으면서 자가소화효소 등의 작용을 활용하여 숙성시킨 것으로 맛과 보존성이 좋다.
> • 액 젓
> – 액젓은 젓갈 제조 방법과 동일하게 처리하여 1년 이상 숙성 · 액화시켜서 어패류의 근육을 완전히 분해시켜서 만든다.
> – 대부분의 유통되는 액젓은 생젓국(원액)을 뜨고 난 잔사에 소금과 물을 적당량 가하여 3차까지 달인 다음 여과하여 원액과 혼합하여 액젓으로 출하하기도 한다.

24 냉동굴은 일반적으로 동결 후처리 공정에서 동결물의 표면에 얼음막 처리(Glazing)를 하여 제조한다. 냉동굴의 제조 공정 중 얼음막 처리를 실시하는 목적 2가지만 쓰시오. [5점]

> **정답** • 동결품(냉동굴)의 건조 방지
> • 동결품(냉동굴) 표면의 변색 방지

> **풀이** 얼음막(Glaze, 빙의)
> • 빙의란 동결한 어류의 표면에 입힌 얇은 얼음막(3~5mm)을 말한다.
> • 동결법으로 어패류를 장기간 저장하면 얼음 결정이 증발하여 무게가 감소하거나 표면이 변색된다. 이를 방지하기 위해 냉동수산물을 0.5~2℃의 물에 5~10초 담갔다가 꺼내면 3~5mm 두께의 얇은 빙의(얼음옷)가 형성된다.
> • 장기 저장하면 빙의가 없어지므로 1~2개월마다 다시 작업하여야 하며, 동결품의 건조와 변색 방지에 효과적이다.

25 연근해 수산물은 일반적으로 어획 후 산지수협 위판장을 경유하여 소비지 시장으로 이동된다. 산지수협 위판장의 주요 기능을 3가지만 쓰시오. [5점]

> **정답** • 어업 생산자가 위탁한 어획물을 판매한다.
> • 등록된 중도매인들과 경매 및 입찰에 의해 가격을 결정한다.
> • 어획물을 어종 또는 크기에 따라 분류하여 진열한다.

> **풀이** 수산물 산지시장(산지위판장)
> 어업 생산의 기점으로, 어선이 접안할 수 있는 어항 시설이 갖추어져 있고, 어획물의 양륙과 1차적인 가격 형성이 이루어지면서 유통 배분되는 시장이다. 산지시장은 수산업협동조합이 개설 운영하는 산지위판장으로, 도매시장과 같은 역할도 수행하고 있다. 어업 생산자는 시장도매업자 역할을 수행하는 수협에 어획물을 위탁 판매하고, 수협은 등록된 중도매인들과 경매 및 입찰에 의해 가격을 결정한다. 산지위판장으로 양륙된 수산물들은 경매를 통하여 바로 거래가 이루어진다. 산지위판장은 어종 또는 크기에 따라 분류하여 진열하는 기능도 함께 수행한다.

26 국립수산물품질관리원에 '은대구'의 정밀검사가 의뢰되었다. 정밀검사용 검체 전처리와 시험 항목은 아래와 같다. 정밀검사용 검체채취 요령 및 안전성조사 잔류허용기준의 항목에 맞지 않은 부분을 찾아 수정하시오(답안 예시 : ○○ → △△). [5점]

[중금속 시험방법]

머리, 꼬리, 내장, 비늘, 껍질을 모두 제거한 근육부를 균질화하여 납, 카드뮴, 총수은에 대한 분석을 실시하였다.

정답 머리, 꼬리, 내장, 비늘, 껍질을 모두 제거한 근육부를 → 머리, 꼬리, 내장, 뼈, 비늘을 제거한 후, 껍질을 포함한 근육부를

풀이 식품공전-정밀검사용 검체채취 방법(식품의약품안전처)

① 정밀검사용 검체의 채취는 관능검사 채점대상 수산물에서 무작위로 채취한다.

② 패류(패각이 붙어 있는 경우) 및 해조류, 한천 등은 중량으로 채취하고 그 이외의 정밀검사용 검체는 마리수 또는 단위포장을 기준으로 채취함을 원칙으로 한다.

③ 정밀검사 결과에 영향을 줄 우려가 있는 포장횟감용 수산물은 포장단위로 검체를 채취할 수 있다.

④ 정밀검사는 채취된 검체 전체에서 먹을 수 있는 부위만을 취해 균질화 한 후 그 중 일정량을 1개의 시험검체로 한다. 다만, 어류는 머리, 꼬리, 내장, 뼈, 비늘을 제거한 후 껍질을 포함한 근육부위를 시험검체로 하고, 이때 검체를 물에서 꺼낸 경우나, 물로 씻은 경우에는 표준체(20mesh 또는 이와 동등한 것)에 얹어 물을 제거한 후 균질화한다.

27 국립수산물품질관리원 검사관은 수산물·수산가공품 검사기준에 관한 고시에 따라 냉동갈치에 대한 관능검사를 실시한 후 불합격 판정을 하였다. 불합격 판정을 받은 항목을 찾고, 그 항목의 합격기준을 쓰시오(단, 주어진 항목 이외에는 합격·불합격 판정에 고려하지 않는다). [5점]

항 목	검사 결과
형 태	고유의 형태를 가지고 손상과 변형이 거의 없었음
선 별	크기가 대체로 고르고 다른 종류가 다소 혼입되었음
잡 물	혈액 등의 처리가 잘되고 그 밖에 협잡물이 거의 없었음
온 도	중심온도의 측정결과는 −19℃ 이었음

정답
- 불합격 판정을 받은 항목 : 선별, 잡물
- 합격기준 : 크기가 대체로 고르고 다른 종류의 혼입이 없는 것, 혈액 등의 처리가 잘 되고 그 밖에 협잡물이 없는 것

풀이 냉동품(어패류) 관능검사기준(수산물·수산가공품 검사기준에 관한 고시 [별표 1])

항 목	합 격
형 태	고유의 형태를 가지고 손상과 변형이 거의 없는 것
색 택	고유의 색택으로 양호한 것
선 별	크기가 대체로 고르고 다른 종류의 혼입이 없는 것
선 도	선도가 양호한 것
잡 물	혈액 등의 처리가 잘 되고 그 밖에 협잡물이 없는 것
건조 및 유소	글레이징이 잘되어 건조 및 유소(지방의 산패)현상이 없는 것. 다만, 건조 및 유소를 방지할 수 있도록 포장한 것은 제외한다.
온 도	중심온도가 −18℃ 이하인 것(다만, 횟감용 참치류의 중심온도는 −40℃ 이하인 것)

28 수산물을 운송하는 Y업체는 수산물 표준규격상 등급규격 항목 중 '1개 또는 1마리의 크기'의 기준에 따라 [보기]의 수산물을 3대의 운송차(A~C)에 나눠서 '품목별 운송차 배송계획'대로 운송하고자 한다. 운송할 품목을 포함한 Y업체의 배송계획에 대하여 서술하시오(답안 예시 : A운송차에 '□□', B운송차에 '○○', C운송차에 '△△'(을)를 실어 운송한다). [5점]

┤보기├
신선꼬막   마른문어   북 어

[품목별 운송차 배송계획]
- A운송차 : 등급별 크기 기준이 모두 동일(공통규격 적용)한 품목
- B운송차 : 등급별 크기 기준이 일부 다른 품목
- C운송차 : 등급별 크기 기준이 모두 다른 품목

정답 A운송차에 '마른문어', B운송차에 '북어', C운송차에 '신선꼬막'(을)를 실어 운송한다.

풀이
- A운송차에는 등급별 크기 기준이 모두 동일(공통규격 적용)한 품목인 '마른문어'를 실어 운송한다.
- B운송차에는 등급별 크기 기준이 일부 다른 품목인 '북어'를 실어 운송한다.
- C운송차에는 등급별 크기 기준이 모두 다른 품목인 '꼬막'을 실어 운송한다.

꼬막, 마른문어, 북어의 등급규격(수산물 표준규격 [별표 5])
- 마른문어

항 목	특	상	보 통
형 태	육질의 두께가 두껍고 흡반 탈락이 거의 없는 것	육질의 두께가 보통이고 흡반 탈락이 적은 것	육질이 다소 엷고 흡반 탈락이 적은 것
곰팡이, 적분(붉은색 가루) 및 백분(흰색 가루)	곰팡이, 적분이 피지 아니하고 백분이 다소 있는 것	곰팡이, 적분이 피지 아니하고 백분이 심하지 않은 것	곰팡이, 적분이 피지 아니하고 백분이 다소 심한 것
색 택	우 량	양 호	보 통
향 미	우 량	양 호	보 통
공통규격	• 크기는 30cm 이상이어야 하며 균일한 것으로 묶어야 한다. • 토사 및 그 밖의 협잡물이 없어야 한다. • 수분 : 23% 이하		

- 북 어

항 목	특	상	보 통
1마리의 크기(전장, cm)	40 이상	30 이상	30 이상
다른 크기의 것의 혼입률(%)	0	10 이하	30 이하
색 택	우 량	양 호	보 통
공통규격	• 형태 및 크기가 균일하여야 한다. • 고유의 향미를 가지고 다른 냄새가 없어야 한다. • 인체에 해로운 성분이 없어야 한다. • 수분 : 20% 이하		

• 꼬 막

항 목	특	상	보 통
1개의 크기(각장, cm)	3 이상	2.5 이상	2 이상
다른 크기의 것의 혼입률(%)	5 이하	10 이하	30 이하
손상 및 죽은 조개류의 껍데기 혼입률(%)	3 이하	5 이하	10 이하
공통규격	• 조개류의 껍데기에 묻은 모래, 뻘 등이 잘 제거되어야 한다. • 크기가 균일하고 다른 종류의 것이 혼입이 없어야 한다. • 부패한 냄새 및 그 밖의 다른 냄새가 없어야 한다.		

29 수산물 표준규격에 따라 수산물품질관리사가 냉동오징어 1상자를 검품한 결과 색택·선도·형태는 양호하였으며, '1마리의 무게 및 다른 크기 혼입률' 항목의 검품 결과는 다음과 같았다. 항목별 등급과 그 판정 이유를 쓰고, 종합등급을 판정하시오(단, 주어진 항목 이외에는 종합등급 판정에 고려하지 않는다). [5점]

항목별 검품 결과	판정 등급	판정 이유	종합등급
1마리의 무게 분포 : 280~330g	(①)	(③)	(⑤)
다른 크기의 것의 혼입률 : 18%	(②)	(④)	

※ 판정 이유(③, ④) : 수산물 표준규격상 기준과 그 기준에 해당하는 등급을 기재 (답안 예시 : ○○○g (%) 이상 (이하)에 해당하므로 △등급임)

정답 ① 상
② 보 통
③ 270g 이상에 해당하므로 "상"등급임
④ 30% 이하에 해당하므로 "보통"등급임
⑤ 보 통

풀이 냉동오징어 등급규격(수산물 표준규격 [별표 5])

항 목	특	상	보 통
1마리의 무게(g)	320 이상	270 이상	230 이상
다른 크기의 것의 혼입률(%)	0	10 이하	30 이하
색 택	우 량	양 호	보 통
선 도	우 량	양 호	보 통
형 태	우 량	양 호	보 통
공통규격	• 크기가 균일하고 배열이 바르게 되어야 한다. • 부패한 냄새 및 그 밖의 다른 냄새가 없어야 한다. • 보관온도는 −18℃ 이하이어야 한다.		

30 수산물·수산가공품 검사기준에 관한 고시에서 관능검사 기준에 따라 마른멸치(중멸)에 대한 관능검사 결과이다. 이 제품에 대한 항목별 등급(①~④)을 쓰고 종합등급(⑤) 및 그 이유(⑥)를 서술하시오(단, 협잡물 등 다른 조건은 고려하지 않는다). [5점]

항 목	검사 결과	등 급
형 태	중멸 : 51mm 이상으로서 다른 크기의 혼입 또는 머리가 없는 것이 2%이었음	(①)
색 택	자숙이 적당하여 고유의 색택이 우량하고 기름이 피지 아니하였음	(②)
향 미	고유의 향미가 양호하였음	(③)
선 별	이종품의 혼입이 거의 없었음	(④)
종합 등급	(⑤)	
이 유	(⑥)	

※ 판정이유(⑥) : ○○항목은 ○등이고 △△항목은 △등이므로 종합등급은 ◇등으로 판정

정답 ① 2등, ② 1등, ③ 2등, ④ 3등, ⑤ 3등,
⑥ 형태 항목은 "2등", 색택 항목은 "1등", 향미 항목은 "2등", 선별 항목은 "3등"이므로 종합등급은 "3등"으로 판정

풀이 마른멸치 관능검사기준(수산물·수산가공품 검사기준에 관한 고시 [별표 1])

항 목	1등	2등	3등
형 태	대멸 : 77mm 이상 중멸 : 51mm 이상 소멸 : 31mm 이상 자멸 : 16mm 이상 세멸 : 16mm 미만으로서 다른 크기의 혼입 또는 머리가 없는 것이 1% 이하인 것	대멸 : 77mm 이상 중멸 : 51mm 이상 소멸 : 31mm 이상 자멸 : 16mm 이상 세멸 : 16mm 미만으로서 다른 크기의 혼입 또는 머리가 없는 것이 3% 이하인 것	대멸 : 77mm 이상 중멸 : 51mm 이상 소멸 : 31mm 이상 자멸 : 16mm 이상 세멸 : 16mm 미만으로서 다른 크기의 혼입 또는 머리가 없는 것이 5% 이하인 것
색 택	자숙이 적당하여 고유의 색택이 우량하고 기름이 피지 않은 것	자숙이 적당하여 고유의 색택이 양호하고 기름핀 정도가 적은 것	자숙이 적당하여 고유의 색택이 보통이고 기름이 약간 핀 것
향 미	고유의 향미가 우량한 것	고유의 향미가 양호한 것	고유의 향미가 보통인 것
선 별	다른 종류의 혼입이 없는 것	다른 종류의 혼입이 없는 것	다른 종류의 혼입이 거의 없는 것
협잡물	토사 및 그 밖에 협잡물이 없는 것		

수산물품질관리사 2차 실기 [단답형]

01 농수산물의 원산지 표시 등에 관한 법령상 원산지의 정의에 관한 내용이다. (   )에 알맞은 용어를 [보기]에서 찾아 쓰시오. [2점]

> '원산지'란 농산물이나 수산물이 생산·채취·포획된 국가·지역이나 (   )을(를) 말한다.

> **보기**
>
> 시 장   위판장   공 장   해 역   검사지   지정지

정답 해 역

풀이 원산지의 정의(농수산물의 원산지 표시 등에 관한 법률 제2조 제4호)
'원산지'란 농산물이나 수산물이 생산·채취·포획된 국가·지역이나 해역을 말한다.

02 농수산물 품질관리법령상 해양수산부장관의 검사를 받아야 하는 수산물 및 수산가공품의 검사 기준은 국립수산물품질관리원장이 정하여 고시하도록 규정하고 있다. (   )에 알맞은 용어를 [보기]에서 찾아 쓰시오. [2점]

> 수산물 및 수산가공품에 대한 검사기준은 국립수산물품질관리원장이 활어패류·건제품·냉동품·염장품 등의 제품별·(①)별로 검사항목, (②)검사[사람의 오감(五感)에 의하여 평가하는 제품검사]의 기준 및 정밀검사의 기준을 정하여 고시한다.

> **보기**
>
> 원산지   품 질   품 목   위 생   관 능   기 계   제 한

정답 ① 품목, ② 관능

풀이 수산물 등에 대한 검사기준(농수산물 품질관리법 시행규칙 제110조)
수산물 및 수산가공품에 대한 검사기준은 국립수산물품질관리원장이 활어패류·건제품·냉동품·염장품 등의 제품별·품목별로 검사항목, 관능검사[사람의 오감(五感)에 의하여 평가하는 제품검사]의 기준 및 정밀검사의 기준을 정하여 고시한다.

03 농수산물의 원산지 표시 등에 관한 법령상 원산지 표시 등에 관한 설명이다. 옳으면 ○, 틀리면 ×를 표시하시오. [3점]

구 분	설 명
(①)	대외무역법령에 따라 수출입 농수산물이나 수출입 농수산물 가공품의 원산지를 표시한 경우 농수산물의 원산지 표시 등에 관한 법령에 따라 원산지를 표시한 것으로 본다.
(②)	원산지 표시대상 농수산물이나 그 가공품에 대하여 조리하여 판매·제공하는 경우 조리에는 날 것의 상태로 조리하는 것을 포함하며, 판매·제공에는 배달을 통한 판매·제공을 포함한다.
(③)	농수산물 가공품의 원료에 대한 원산지 표시대상 규정에 따르면 물, 식품첨가물, 주정(酒精) 및 당류는 배합 비율의 순위와 표시대상에 반드시 포함하여야 한다.

정답 ① ○, ② ○, ③ ×

풀이
① 다음의 어느 하나에 해당하는 때에는 원산지를 표시한 것으로 본다(법 제5조 제2항 제5의3호).
　5의 3. 대외무역법에 따라 수출입 농수산물이나 수출입 농수산물 가공품의 원산지를 표시한 경우
② "대통령령으로 정하는 농수산물이나 그 가공을 조리하여 판매·제공하는 경우"란 다음의 것을 조리하여 판매·제공하는 경우를 말한다. 이 경우 조리에는 날 것의 상태로 조리하는 것을 포함하며, 판매·제공에는 배달을 통한 판매·제공을 포함한다(시행령 제3조 제5항).
③ 농수산물 가공품의 원료에 대한 원산지 표시대상은 다음과 같다. 다만, 물, 식품첨가물, 주정(酒精) 및 당류(당류를 주원료로 하여 가공한 당류가공품을 포함)는 배합 비율의 순위와 표시대상에서 제외한다(시행령 제3조 제2항).

04 장염비브리오균(*Vibrio parahaemolyticus*) 식중독의 특성에 관한 설명이다. 옳으면 ○, 틀리면 ×를 표시하시오. [3점]

구 분	특 성
(①)	원인균은 호염성 세균, 그람음성세균, 무포자간균, 단모균, 중온균이다.
(②)	오염된 패류, 생선류, 생선회를 섭취하여 직접감염이 발생하거나 오염된 어패류를 손질한 조리도구(칼, 도마 등), 손에 의해 2차감염이 발생한다.
(③)	감염으로 인한 주요 증상은 유산 또는 수막염이며, 잠복기는 식후 36~48시간이다.

정답 ① ○, ② ○, ③ ×

풀이 **장염비브리오균(*Vibrio parahaemolyticus*) 식중독의 특성**
- 장염비브리오균은 호염성 세균으로, 3~5% 전후의 염도에서 잘 발육한다.
- 그람음성세균, 무포자간균이며, 하나의 편모로 운동성을 나타내는 단모균이다. 또한 중온(20~45℃)에서 살아가는 중온균이다.
- 37℃ 정도가 발육 최적 온도이며, 10℃ 이하에서는 잘 발육되지 않고, pH는 7.4~8.2가 최적이다.
- 감염원은 오염된 어패류이지만, 조리용 도마, 식칼 등도 2차 오염원이 된다.
- 감염으로 인한 주요 증상은 복통, 설사, 발열, 구토이며, 잠복기는 일반적으로 8~20시간으로 평균 12시간이다.
　※ 주요 증상이 유산 또는 수막염이며, 잠복기가 식후 36~48시간인 것은 리스테리아균 식중독에 해당한다.

05 어패류 선도판정 물질인 TMA(트라이메틸아민)에 관한 설명이다. 옳으면 ○, 틀리면 ×를 표시하시오. [3점]

구 분	설 명
(①)	세균의 산화작용으로 TMAO로부터 생성되는 물질로서 선도 저하에 따른 TMA 증가율이 암모니아보다 작기 때문에 선도판정에 적합하다.
(②)	해수어의 경우 TMA 함량이 10mg/100g이면 일반적으로 초기부패로 본다.
(③)	담수어는 TMAO 함유량이 적기 때문에 TMA 측정법의 적용이 어렵다.

정답 ① ×, ② ×, ③ ○

풀이 트라이메틸아민(TMA ; TriMethylAmine) 측정법
- 트라이메틸아민(TMA)은 신선한 어육 중에는 거의 존재하지 않으나, 사후 선도가 떨어지게 되면 트라이메틸아민옥사이드(TMAO)로부터 생성되며, TMA 생성량을 기준으로 하여 선도를 측정한다(부패에 따른 증가 속도가 암모니아보다 커서 신선도 판정의 좋은 지표가 된다).
- 초기 부패로 판정할 수 있는 TMA의 양은 어종에 따라 다르다. 즉, 일반 어류는 TMA의 양이 3~4mg/100g, 대구는 4~6mg/100g, 청어는 7mg/100g, 다랑어는 1.5~2mg/100g일 때 초기 부패로 판정한다.
- 일반적으로 민물고기(담수어)의 어육에는 트라이메틸아민옥사이드(TMAO) 양이 원래 적기 때문에 트라이메틸아민(TMA)의 양으로 선도를 판정할 수 없다.
- 가오리, 상어, 홍어 등은 트라이메틸아민옥사이드(TMAO)가 다량 함유되어 있어 적용할 수 없다.

06 수산건조제품에 해당되는 건조법을 [보기]에서 찾아 쓰시오. [3점]

제 품	마른 오징어	마른 해삼	황 태	굴 비	가쓰오부시
건조법	(①)	(②)	(③)	(④)	(⑤)

┌ 보기 ┐

염건법   자건법   소건법   자배건법   동건법

정답 ① 소건법, ② 자건법, ③ 동건법, ④ 염건법, ⑤ 자배건법

풀이 건조법 및 종류

	건조법	종류
소건법	원료를 그대로 또는 간단히 전처리하여 말리는 방법	마른 오징어, 마른 대구, 상어 지느러미, 김, 미역, 다시마
자건법	원료를 삶은 후에 말리는 방법	멸치, 해삼, 패주, 전복, 새우
동건법	얼렸다 녹였다를 반복해서 말리는 방법	황태(북어), 한천, 과메기(원료 : 꽁치, 청어)
염건법	소금에 절인 후 말리는 방법	굴비(원료 : 조기), 가자미, 민어, 고등어
자배건법	원료를 삶은 후 곰팡이를 붙여 배건 및 일건 후 딱딱하게 말리는 방법	가쓰오부시(원료 : 가다랑어)

07 수산물 유통 정보의 요건 중 정확성에 관한 것이다. 체계화·자동화 정보수집 기술에 해당하는 것을 [보기]에서 모두 고르시오. [2점]

┌─ 보기 ┐

바코드(Bar code)　　판매시점 시스템(POS system)　　전자자료교환(EDI)

└───┘

정답 바코드(Bar code), 판매시점 시스템(POS system)

풀이 **바코드(Bar code)**
- 바코드는 제조 또는 그 유통 업체가 제품의 포장지 등에 8~16개의 줄로 생산국, 제조업체, 상품 종류, 유통 경로 등을 저장해 놓음으로써, 판매량, 금액 등 판매와 관련된 각종 정보를 집계할 수 있다. 이는 슈퍼마켓 등에서 매출 정보의 관리(POS ; Point of Sales System) 등에 이용된다.
- Barcode(바코드) 도입(사용) 효과
  - 정보처리가 정확성
  - Data 입력의 신속성
  - 작업장의 제한을 받지 않음
  - 인건비와 관리비 등의 유지비 절감
  - 기존 시스템의 변형이 필요 없음
  - 운영에 숙련이 불필요

판매시점 시스템(POS system)
- 매장에서 판매와 동시에 품목, 가격, 수량 등 유통 정보를 입력하고, 각종 자료를 분석 및 활용할 수 있는 유통 시스템을 말한다.
- 현재는 POS와 전자 발주 시스템(EOS)을 결합한 시스템이 도입되어 일정한 비율의 상품이 판매되면 자동적으로 추가 발주하는 자동 온라인 발주 시스템이 갖추어져 있다. 이는 본·지점 간 또는 도·소매점 간의 발주나 납품 데이터 처리를 간소화하는 이점이 있다.
- ※ 전자자료교환(EDI)은 컴퓨터를 이용하여 서류를 처리하는 것으로, 기업의 사업상 필요한 서류나 관공서의 각종 승인업무 등을 컴퓨터로 즉시에 처리하는 시스템을 말한다.

08 수산물 유통구조에 관한 설명이다. (   )에 알맞은 용어를 쓰시오. [2점]

> 일반적으로 2℃ 이하의 온도에서 수산물을 유통하는 방법을 (①)(이)라고 하며, −18℃ 이하의 온도에서 수산물을 유통하는 방법을 (②)(이)라고 한다.

정답 저온유통, 냉동유통

풀이 콜드체인시스템(Cold Chain System, 저온유통 시스템)
수산물을 수확 후 선별·포장하여 예랭하고, 저온 저장하거나 냉장차로 저온 수송함으로써 신선한 상태로 소비자에게 공급하는 유통체계시스템이다.

냉동유통
냉동은 식품을 −18℃ 이하로 저장하는 방법이다. 수산식품을 냉동하면 식품 중의 수분은 대부분 빙결정을 형성하여 수분활성도가 낮아져서 미생물의 증식이 억제되고, 효소 반응 등의 생화학 반응 속도가 감소하여 식품을 장기 저장할 수 있다.

09 국가가 정책적으로 수산물의 총생산량을 규제하는 총허용어획량(TAC ; Total Allowable Catch)에 해당하는 어종을 [보기]에서 모두 고르시오. [3점]

> **보기**
>
> 굴   개조개   피조개   키조개   참전복   도루묵   참홍어

정답 개조개, 키조개, 도루묵, 참홍어

풀이 총허용어획량(TAC ; Total Allowable Catch) 제도
- 수산자원의 보호를 위해 개별 어종에 대해 연간 잡을 수 있는 양을 정하여, 그 한도 내에서만 어획을 허용하는 대표적인 수산자원 관리제도이다.
- 우리나라도 어업관리 체계 구축을 위해 99년에 4개 어종, 2개 업종을 대상으로 TAC를 도입하였고, 최근 (2022년)에는 TAC 대상 어종과 업종을 15개 어종, 17개 업종으로 확대하였으며, 우리나라 연근해 전체 어획량의 약 40% 이상이 TAC로 관리받고 있다.
  ※ 대상 어종(15) : 고등어, 전갱이, 도루묵, 오징어, 붉은 대게, 대게, 꽃게, 키조개, 개조개, 참홍어, 제주소라, 바지락, 갈치, 참조기, 삼치
  ※ 대상 업종(17) : 대형선망, 근해통발, 잠수기, 근해연승, 근해자몽, 연안자몽, 연안통발, 근해채낚기, 대형 트롤, 쌍끌이대형저인망, 동해구트롤, 동해구외끌이저인망, 연안복합, 마을어업, 근해안강망, 외끌이대형저인망, 서남해구쌍끌이중형저인망

10 수산물 공동판매의 목적 중 생산자 조정 기능의 사례에 관한 설명이다. (   )에 공통으로 들어 갈 용어를 [보기]에서 찾아 쓰시오. [2점]

> 서해안 A수협의 생산자들은 흰다리새우가 많이 생산될 때에는 (   )을(를) 조절하여 판매 가격을 안정시키고 있다. 남해안 B수협은 김, 넙치 등의 생산량이 많을 때에는 잉여수산물을 사들여 폐기하거나 (   )을(를) 조절하여 판매 가격을 안정시키고 있다.

┤보기├
소비량   출하시기   검사시기   수입량

정답 출하시기

풀이 **공동판매의 필요성**
- 유통마진의 절감 : 생산자가 유통 부분을 수직적으로 통합함으로써 수송비와 거래비용을 절감
- 독점화 : 수산업협동조합을 통해서 시장교섭력을 제고
- 초과이윤 억제 : 수산업협동조합이 유통사업에 참여함으로써 민간 유통업자의 시장지배력을 견제할 수 있음
- 시장확보와 위험분산 : 어업 생산자의 경영다각화를 위하여 가격안정화를 유도하고 안정적인 시장을 확보
- 수산업협동조합 임직원의 전문적인 지식과 능력에 의한 효과 배가
- 수산물 출하시기의 조절이 용이

11 수산물 유통업체 A가 냉동정어리 30톤을 구매하여 사료용으로 판매하기 위해 수산물·수산가 공품 검사기준에 관한 고시에서 정한 관능검사 기준에 따라 검사하는 경우 검사항목에 해당하는 5가지를 [보기]에서 고르시오. [2점]

┤보기├
형 태   색 택   선 별   선 도   잡 물   냄 새   건조 및 유소   온 도

정답 형태, 색택, 선도, 건조 및 유소, 온도

풀이 냉동품(어패류) 관능검사기준 - (수산물·수산가공품 검사기준에 관한 고시 [별표 1])

항목	합격
형태	고유의 형태를 가지고 손상과 변형이 거의 없는 것
색택	고유의 색택으로 양호한 것
선별	크기가 대체로 고르고 다른 종류의 혼입이 없는 것
선도	선도가 양호한 것
잡물	혈액 등의 처리가 잘 되고 그 밖에 협잡물이 없는 것
건조 및 유소	글레이징(Glazing)이 잘되어 건조 및 유소(지방의 산패)현상이 없는 것(다만, 건조 및 유소를 방지할 수 있도록 포장한 것은 제외)
온도	중심온도가 −18℃ 이하인 것(다만, 횟감용 참치류의 중심온도는 −40℃ 이하인 것)

※ 이료(餌料)용 및 사료용 수산물·수산가공품은 기준 중 선별, 잡물 항목을 제외

12 수산물·수산가공품 검사기준에 관한 고시에 규정된 건제품별 관능검사 항목 중 협잡물의 합격 기준을 설명한 것으로 옳은 것은 ○, 틀린 것은 ×를 쓰시오. [2점]

품 목	항 목	합 격	답 란
마른돌김	협잡물	종류가 다른 김의 혼입이 3% 이하인 것	(①)
마른해조류	협잡물	다른 해조, 토사 및 그 밖에 협잡물이 3% 이하인 것	(②)
마른해조분	협잡물	토사 및 그 밖에 협잡물이 5% 이하인 것	(③)
마른 바랜·뜬갯풀	협잡물	협잡물이 3% 이하인 것	(④)

정답 ① ×, ② ○, ③ ○, ④ ×

풀이 건제품 관능검사기준(수산물·수산가공품 검사기준에 관한 고시 [별표 1])
- 마른돌김 : 토사·패각 등 협잡물의 혼입이 없는 것
- 마른해조류(도박, 진도박, 돌가사리 등, 그 밖의 갯풀) : 다른 해조, 토사 및 그 밖에 협잡물이 3% 이하인 것
- 마른해조분 : 토사 및 그 밖에 협잡물이 5% 이하인 것
- 마른 바랜·뜬갯풀 : 협잡물이 1% 이하인 것

13 수산물·수산가공품 검사기준에 관한 고시에 따른 건제품 중 찐톳의 관능검사 항목에서 형태와 색택의 합격 기준을 설명한 것이다. (   )에 알맞은 내용을 쓰시오. [3점]

항 목	합 격
형 태	• 줄기(L) : 길이는 (①)cm 이상으로서 (①)cm 미만의 줄기와 잎의 혼입량이 (②)% 이하인 것 • 잎 (S) : 줄기를 제거한 잔여분(길이 (①)cm 미만의 줄기 포함)으로서 가루가 섞이지 않은 것 • 파치(B) : 줄기와 잎의 부스러기로서 가루가 섞이지 않은 것
색 택	광택이 있는 (③)(으)로서 착색은 찐톳원료 또는 감태 등 자숙 시 유출된 액으로 고르게 된 것

정답 ① 3, ② 5, ③ 흑색

풀이 건제품(찐톳) 관능검사기준(수산물·수산가공품 검사기준에 관한 고시 [별표 1])

항 목	합 격
형 태	• 줄기(L) : 길이는 3cm 이상으로서 3cm 미만의 줄기와 잎의 혼입량이 5% 이하인 것 • 잎(S) : 줄기를 제거한 잔여분(길이 3cm 미만의 줄기 포함)으로서 가루가 섞이지 않은 것 • 파치(B) : 줄기와 잎의 부스러기로서 가루가 섞이지 않은 것
색 택	광택이 있는 흑색으로서 착색은 찐톳원료 또는 감태 등 자숙 시 유출된 액으로 고르게 된 것
선 별	줄기와 잎을 구분하고 잡초의 혼입이 없으며 노쇠 등 여윈 제품의 혼입이 없는 것
협잡물	토사·패각 등 협잡물의 혼입이 없는 것
취기(臭氣)	곰팡이 냄새 또는 그 밖에 이취가 없는 것

14 수산물·수산가공품 검사기준에 관한 고시에 따른 성게젓 제품에 해당하는 검사 항목 및 합격 (기준)이 옳은 항목을 모두 고르시오. [2점]

구 분	항 목	합격(기준)
관능검사	형 태	크기가 고르고 생식소의 충전(充塡)이 양호하고 파란 및 수란이 적은 것
	색 택	고유의 색택이 양호한 것
	향 미	고유의 향미를 가지고 이취가 없는 것
	처 리	처리상태 및 배열이 양호한 것
정밀검사	수 분	수분 60% 이하

정답 색택, 향미, 수분

풀이 염장품(성게젓) 관능검사기준(수산물·수산가공품 검사기준에 관한 고시 [별표 1])

항 목	합 격
형 태	미숙한 생식소의 혼입이 적고 다른 종류의 혼입이 거의 없으며 알 모양이 대체로 뚜렷한 것
색 택	고유의 색택이 양호한 것
협잡물	토사 및 그 밖에 협잡물이 없는 것
향 미	고유의 향미를 가지고 이취가 없는 것

정밀검사기준(수산물·수산가공품 검사기준에 관한 고시 [별표 1])

항 목	기 준	대 상
수 분	60% 이하	〈염장품〉 성게젓

15 한천공장 D에서 생산한 실한천에 대해 정밀검사를 실시하여 다음과 같은 결과를 얻었다. 수산물 · 수산가공품 검사기준에 관한 고시에 따라 수산물품질관리사가 판단하여야 하는 실한천의 등급을 쓰시오(단, 관능검사 및 기타 정밀검사 항목은 고려하지 않는다). [2점]

항 목	제 품	정밀검사 결과	등 급
제리강도	제품 A(C급 실한천)	210g/cm^3	(①)
	제품 B(J급 실한천)	230g/cm^3	(②)

정답 ① 2등, ② 3등

풀이 제리강도 정밀검사기준(수산물 · 수산가공품 검사기준에 관한 고시 [별표 1])

구 분		1등	2등	3등
C급 (100~300g/cm^2 이상)	실한천(cm^{3}당)	300g 이상	200g 이상	100g 이상
J급 (100~350g/cm^2 이상)	실한천(cm^{3}당)	350g 이상	250g 이상	100g 이상
	가루 · 인상한천(cm^{3}당)	350g 이상	250g 이상	150g 이상
	산한천(cm^{3}당)	200g 이상	100g 이상	−

16 수산물 · 수산가공품 검사기준에 관한 고시에 따른 정밀검사기준 중 일부이다. ( )에 알맞은 내용을 쓰시오. [3점]

항 목	기 준	대 상
(①)	6.0 이상	수출용 냉동굴에 한정함
이산화황(SO$_2$)	(②)mg/kg 미만	조미쥐치포류, 건어포류, 기타 건포류, 마른새우류(두절포함)

정답 ① pH, ② 30

풀이 정밀검사기준(수산물 · 수산가공품 검사기준에 관한 고시 [별표 1])

항 목	기 준	대 상
pH	6.0 이상	수출용 냉동굴에 한정함
이산화황(SO$_2$)	30mg/kg 미만	조미쥐치포류, 건어포류, 기타 건포류, 마른새우류(두절포함)

17 식품의 기준 및 규격(식품공전)에서 규정하고 있는 식품의 대장균군에 대한 특성과 시험방법에 관한 내용이다. 밑줄 친 내용이 옳으면 ○, 틀리면 ×를 쓰시오. [3점]

> 대장균군은 <u>Gram양성</u>(①), <u>무아포성 간균</u>(②)으로서 유당을 분해하여 가스를 발생하는 모든 호기성 또는 통성 혐기성세균을 말한다. (…)
> 유당배지를 이용한 대장균군의 정성시험은 <u>추정시험</u>(③), 확정시험, <u>최종시험</u>(④)의 3단계로 나눈다.

정답 ① ×, ② ○, ③ ○, ④ ×

풀이 식품의 기준 및 규격-일반시험법(식품의약품안전처 고시 제2024-20호)
　　4. 미생물시험법
　　　4.7 대장균군
　　　　대장균군은 Gram음성, 무아포성 간균으로서 유당을 분해하여 가스를 발생하는 모든 호기성 또는 통성 혐기성세균을 말한다. 대장균군 시험에는 대장균군의 유무를 검사하는 정성시험과 대장균군의 수를 산출하는 정량시험이 있다.
　　　4.7.1. 정성시험 – 유당배지법
　　　　유당배지를 이용한 대장균군의 정성시험은 추정시험, 확정시험, 완전시험의 3단계로 나눈다.

18 수산물·수산가공품 검사기준에 관한 고시에서 정의하고 있는 '어간유·어유'에 대한 용어의 뜻이다. (　)에 알맞은 내용을 쓰시오. [2점]

> '어간유·어유'란 수산동물의 (①)에서 추출한 (②) 또는 이를 원료로 하여 농축한 것(어간유)과 수산동물의 (①)(을)를 제외한 어체에서 추출한 (②)(어유)(을)를 말한다.

정답 ① 간장(肝腸), ② 유지(乳脂)

풀이 어간유·어유의 정의(수산물·수산가공품 검사기준에 관한 고시 제2조 제7호)
　　'어간유·어유'란 수산동물의 간장(肝腸)에서 추출한 유지(乳脂) 또는 이를 원료로 하여 농축한 것(어간유)과 수산동물의 간장을 제외한 어체에서 추출한 유지(어유)를 말한다.

19 식품의 기준 및 규격(식품공전)에서 규정하고 있는 수산물에 대한 시험방법 중 복어독 시험 분석원리에 관한 설명이다. (   )에 알맞은 내용을 쓰시오. [3점]

껍질과 근육을 균질화한 후 검체 일정량을 비커에 취하여 0.1% (①)(으)로 추출하여 수욕 중에서 교반 후 냉각하여 여과한다. 이 액을 (②)에 주입하여 치사시간으로부터 독량을 산출한다.

정답 ① 초산용액 또는 초산성 메탄올, ② 마우스

풀이 식품의 기준 및 규격-일반시험법(식품의약품안전처 고시 제2024-20호)
　　9. 식품 중 유해물질 시험법
　　　9.10 복어독
　　　　가. 시험법 적용범위 : 복어와 복어 염장품 및 건조가공품 등에 적용한다.
　　　　나. 분석원리 : 껍질과 근육을 균질화한 후 검체 일정량을 비커에 취하여 0.1% 초산용액 또는 초산성 메탄올로 추출하여 수욕 중에서 교반 후 냉각하여 여과한다. 이 액을 마우스에 주입하여 치사시 간으로부터 독량을 산출한다.
　　　　다. 시약 및 시액
　　　　　1) 물 : 2차 증류수 및 이와 동등한 것
　　　　　2) 초산성 메탄올(pH 3.0) : 초산 20mL에 메탄올 900mL을 가하여 초산으로 pH 3.0을 맞춘 후 1L로 한다.
　　　　　3) 0.1% 초산용액 : 초산 0.1mL에 물을 가하여 100mL로 한다.
　　　　　4) 기타시약 : 특급

20 농수산물 품질관리법령상의 수산물 및 수산가공품에 대한 검사의 종류 및 방법에 관한 내용 중 일부이다. ( )에 들어갈 내용을 쓰시오. [3점]

---

3. 정밀검사
　가. '정밀검사'란 (①)·(②)·(③) 방법으로 그 적합 여부를 판정하는 검사로서 다음의 수산물·수산가공품을 그 대상으로 한다. (…)
　　비고 (…)
　　2) 국립수산물품질관리원장 또는 검사기관의 장은 검사신청인이 식품위생법 제24조에 따라 지정된 식품위생검사기관의 (④)(을)를 제출하는 경우에는 해당 수산물·수산가공품에 대한 정밀검사를 갈음하거나 그 검사항목을 조정하여 검사할 수 있다.

정답　① 물리적, ② 화학적, ③ 미생물학적, ④ 검사증명서 또는 검사성적서

풀이　**수산물 및 수산가공품에 대한 검사의 종류 및 방법(농수산물 품질관리법 시행규칙 [별표 24])**
3. 정밀검사
　가. "정밀검사"란 물리적·화학적·미생물학적 방법으로 그 적합 여부를 판정하는 검사로서 다음의 수산물·수산가공품을 그 대상으로 한다.
　　1) 검사신청인 또는 외국요구기준에서 분석증명서를 요구하는 수산물 및 수산가공품
　　2) 관능검사결과 정밀검사가 필요하다고 인정되는 수산물 및 수산가공품
　　3) 외국요구기준에 따라 수출된 수산물 및 수산가공품에서 유해물질이 검출된 경우 그 수산물 및 수산가공품의 생산·가공시설에서 생산·가공되는 수산물
　나. 정밀검사는 다음과 같이 한다.
　　외국요구기준에서 정한 검사방법이 있는 경우에는 그 방법으로 하고, 그 방법이 없을 때에는 식품위생법에 따른 식품 등의 공전(公典)에서 정한 검사방법으로 한다.
　　〈비고〉
　　1) 수산물·수산가공품 또는 수출용으로서 살아있는 수산물에 대한 위생(건강)증명서 또는 별지 제70호서식의 분석증명서를 발급받기 위한 검사신청이 있는 경우에는 검사신청인이 수거한 검사시료로 정밀검사를 할 수 있다. 이 경우 검사신청인은 수거한 검사시료와 수출하는 수산물이 동일함을 증명하는 서류를 함께 제출하여야 한다.
　　2) 국립수산물품질관리원장 또는 검사기관의 장은 검사신청인이 식품위생법에 따라 지정된 식품위생검사기관의 검사증명서 또는 검사성적서를 제출하는 경우에는 해당 수산물·수산가공품에 대한 정밀검사를 갈음하거나 그 검사항목을 조정하여 검사할 수 있다.

21 농수산물 품질관리법령상 유전자변형농수산물의 표시를 하여야 하는 자에 대하여 금지되는 행위 3가지 중 '유전자변형농수산물의 표시를 거짓으로 하거나 이를 혼동하게 할 우려가 있는 표시를 하는 행위' 외 나머지 2가지를 쓰시오. [5점]

> **정답** • 유전자변형농수산물의 표시를 혼동하게 할 목적으로 그 표시를 손상·변경하는 행위
> • 유전자변형농수산물의 표시를 한 농수산물에 다른 농수산물을 혼합하여 판매하거나 혼합하여 판매할 목적으로 보관 또는 진열하는 행위

> **풀이** **거짓표시 등의 금지(농수산물 품질관리법 제57조)**
> 유전자변형농수산물의 표시를 하여야 하는 자는 다음의 행위를 하여서는 아니 된다.
> 1. 유전자변형농수산물의 표시를 거짓으로 하거나 이를 혼동하게 할 우려가 있는 표시를 하는 행위
> 2. 유전자변형농수산물의 표시를 혼동하게 할 목적으로 그 표시를 손상·변경하는 행위
> 3. 유전자변형농수산물의 표시를 한 농수산물에 다른 농수산물을 혼합하여 판매하거나 혼합하여 판매할 목적으로 보관 또는 진열하는 행위

22 농수산물 품질관리법령상 지리적표시로 등록한 사항 중 변경사유가 발생하였을 때 신고하여야 하는 항목 3가지를 쓰시오. [5점]

> **정답** • 등록자
> • 지리적표시 대상지역의 범위
> • 자체품질기준 중 제품생산기준, 원료생산기준 또는 가공기준

> **풀이** **지리적표시의 등록 및 변경(농수산물 품질관리법 시행규칙 제56조 제3항)**
> 지리적표시로 등록한 사항 중 다음의 어느 하나의 사항을 변경하려는 자는 지리적표시 등록(변경)신청서에 변경사유 및 증거자료를 첨부하여 농산물은 국립농산물품질관리원장, 임산물은 산림청장, 수산물은 국립수산물품질관리원장에게 각각 제출하여야 한다.
> 1. 등록자
> 2. 지리적표시 대상지역의 범위
> 3. 자체품질기준 중 제품생산기준, 원료생산기준 또는 가공기준

23 굴이 냉동 저장 중 갈변되는 이유 2가지와 각각의 방지대책을 1가지씩 쓰시오. [5점]

정답 • 갈변 이유 : 지질의 산화, 건조
• 방지 대책 : 산화방지제(항산화제) 처리, 얼음막(Glazing) 처리

풀이 **동결 저장 중 식품 성분의 변화 억제 방안**
가염 처리, 인산염 처리, 글레이징, 동결 변성 방지제, 산화방지제를 처리하거나 포장 처리 등에 의하여 다소
억제가 가능하다.
• 가염 처리 : 명태, 넙치, 가자미 등 백색육의 동결 및 해동 시 다량의 드립 발생으로 영양 및 중량 감소와
조직감 등 품질 손실 → 3~5%의 식염수용액(0~2℃)에 침지(0.5~1hr)로 저급품화 방지
• 인산염 처리 : 단백질의 변성은 pH 6.5 이하에서 진행되므로, 인산염 처리로 pH 6.5~7.2 정도를 유지하여
금속 등 변성 촉진 인자 봉쇄로 단백질 변성을 억제한다.
• 산화방지제 처리 : 유리지방산 생성과 단백질 변성 촉진을 방지한다.
• 삼투압 탈수 처리 : 빙결정에 의한 품질저하를 방지한다.
• 포장 처리 : 공기 차단에 의한 산화 방지, 수분의 증발 및 승화 방지에 의한 감량을 방지한다.
• 얼음막(Glazing) 처리 : 공기를 차단하여 건조 및 산화에 의한 표면의 변질을 방지한다.

24 어패류가 어획되고 나서 죽은 후에 일어나는 변화인 사후 변화를 5단계로 구분하여 순서대로
쓰시오. [5점]

정답 해당작용 – 사후경직 – 해경 – 자가(기)소화 – 부패

풀이 **어류의 사후 변화 과정**
• 해당작용 : 사후에는 산소의 공급이 끊기므로 글리코젠이 분해되어 젖산 생성
• 사후경직 : 어패류가 죽은 후 근육의 투명감이 떨어지고 수축하여 어체가 굳어지는 현상으로, 어육의 pH는
죽은 직후에는 7.0~7.5이지만 경직이 되면 6.0~6.6으로 낮아짐
• 해경 : 사후경직이 지난 뒤 수축된 근육이 풀리는 현상
• 자가(기)소화 : 근육조직 내의 자가소화 효소작용으로 근육단백질에 변화가 발생하여 근육의 유연성이 증가
하는 현상
• 부패 : 어패류 성분이 미생물의 작용에 의하여 유익하지 않은 물질로 분해되어 독성 물질이나 악취를 발생시
키는 현상

25 수산물 산지유통의 계통출하에 관한 설명이다. ( )에 알맞은 유통주체를 쓰시오. [5점]

구 분	설 명
(①)	상장된 수산물에 대한 정보를 제공하고 경매의 흥을 더함으로써 수산물의 가격이 적정선에서 결정될 수 있도록 하는 역할을 하는 자
(②)	대형유통업체, 가공업체, 소비자단체 등의 실수요자로서 경매에 참여하는 사람들로 경매과정에서 중도매인들과 경쟁하며 수산물을 구입하는 역할을 하는 자
(③)	산지위판장을 관리하는 주체로 출하자인 어업인의 위탁을 받아 주로 경매를 통해 중도매인 등에게 수산물을 판매하는 역할을 하는 자

정답 ① 경매사, ② 매매참가인, ③ 도매시장법인

풀이 ① 경매사 : 도매시장법인의 임명을 받거나 농수산물공판장, 민영농수산물도매시장 개설자의 임명을 받아, 상장된 농수산물의 가격평가 및 경락자 결정 등의 업무를 수행하는 자
② 매매참가인 : 도매시장 개설자에게 등록하고 농수산물도매시장에 상장된 농수산물을 직접 매수하는 가공업자·농수산물 소매업자·수출업자·소비자 단체
③ 도매시장법인 : 수산물 도매시장에서 개설자의 지정을 받고 생산자나 산지 출하자로부터 수산물을 위탁받아 상장하여 도매를 대행하거나 이를 구매하여 도매하는 법인

26 수산물·수산가공품 검사기준에 관한 고시에서 규정하고 있는 냉동품이 아닌 구운어묵 제품의 관능검사 항목 및 합격 기준에 관한 내용이다. ( )에 알맞은 내용을 서술하시오. [5점]

항 목	합 격
성 상	1. 색·형태·풍미 및 식감이 양호하고 이미·이취가 없는 것 2. 고명을 넣은 것은 그 모양 및 배합상태가 양호한 것 3. 구운 어묵은 구운색이 양호하며 눌은 것이 없는 것
(①)	(②)
이 물	혼합되지 않은 것

정답 ① 탄력, ② 5mm 두께로 절단한 것을 반으로 접었을 때 금이 가지 않은 것

풀이 어육연제품[어묵류(찐어묵, 구운어묵, 튀김어묵, 맛살 등)] 관능검사(수산물·수산가공품 검사기준에 관한 고시 [별표 1])

항 목	합 격
성 상	1. 색·형태·풍미 및 식감이 양호하고 이미·이취가 없는 것 2. 고명을 넣은 것은 그 모양 및 배합상태가 양호한 것 3. 구운 어묵은 구운색이 양호하며 눌은 것이 없는 것 4. 맛살은 게·새우 등의 형태와 풍미가 유사한 것
탄 력	5mm 두께로 절단한 것을 반으로 접었을 때 금이 가지 않은 것
이 물	혼합되지 않은 것

27 톳 가공공장 W에서 생산되는 마른톳의 관능검사를 실시하여 다음과 같은 결과를 얻었다. 수산물 · 수산가공품 검사기준에 관한 고시에 따른 마른톳의 항목별 등급을 쓰고, 종합등급 판정과 그 이유를 서술하시오. [5점]

항 목	검사결과	등 급
원 료	산지 및 채취의 계절이 같고 조체발육이 우량하였음	(①)
색 택	고유의 색택으로서 보통이며 변질이 되지 않았음	(②)
협잡물	다른 해조 및 토사 그 밖에 협잡물이 1% 이하였음	(③)
종합등급	(④)	
이 유	(⑤)	

※ ⑤ 이유 작성 예시 : ○○항목은 ○등이나 △△항목은 △등이므로 종합등급은 ◇ 등으로 판정

정답 ① 1등, ② 3등, ③ 1등, ④ 3등, ⑤ 원료 항목과 협잡물 항목은 "1등"이나 색택 항목은 "3등"이므로 종합등급은 "3등"으로 판정

풀이 마른톳 관능검사(수산물 · 수산가공품 검사기준에 관한 고시 [별표 1])

항 목	1등	2등	3등
원 료	산지 및 채취의 계절이 같고 조체발육이 우량한 것	산지 및 채취의 계절이 같고 조체발육이 양호한 것	산지 및 채취의 계절이 같고 조체발육이 보통인 것
색 택	고유의 색택으로서 우량하며 변질되지 않은 것	고유의 색택으로서 우량하며 변질되지 않은 것	고유의 색택으로서 보통이며 변질되지 않은 것
협잡물	다른 해조 및 토사 그 밖에 협잡물이 1% 이하인 것	다른 해조 및 토사 그 밖에 협잡물이 3% 이하인 것	다른 해조 및 토사 그 밖에 협잡물이 5% 이하인 것

28 수산물 · 수산가공품 검사기준에 관한 고시에서 마른김 및 얼구운김을 관능검사 기준에 따라 5가지 등급으로 분류하고 있다. 관능검사 항목 중 청태의 혼입에 따른 각각의 등급 및 그 기준을 서술하시오(단, 혼해태의 검사기준은 고려하지 않는다). [5점]

정답 • 특등 : 청태의 혼입이 없는 것
• 1등 : 청태의 혼입이 3% 이하인 것
• 2등 : 청태의 혼입이 10% 이하인 것
• 3등 : 청태의 혼입이 15% 이하인 것
• 등외 : 청태의 혼입이 15% 이하인 것

풀이 마른김 및 얼구운김 관능검사(수산물 · 수산가공품 검사기준에 관한 고시 [별표 1])

항 목	검사기준				
	특 등	1등	2등	3등	등 외
청태의 혼입	청태(파래 · 매생이)의 혼입이 없는 것	청태의 혼입이 3% 이하인 것. 다만, 혼해태(混海苔)는 20% 이하인 것	청태의 혼입이 10% 이하인 것 다만, 혼해태는 30% 이하인 것	청태의 혼입이 15% 이하인 것 다만, 혼해태는 45% 이하인 것	청태의 혼입이 15% 이하인 것 다만, 혼해태는 50% 이하인 것

29 업체 A는 마른새우류의 수출을 위해 국립수산물품질관리원에 수산물·수산가공품 검사기준에 관한 고시에 따른 관능검사를 의뢰하였다. 이 경우, 마른 새우류의 관능검사 항목 중 협잡물 외에 4가지 항목을 쓰고, 협잡물의 합격기준을 서술하시오. [5점]

정답
- 형태, 색택, 향미, 선별
- 협잡물 합격기준 : 토사 및 그 밖에 협잡물이 없는 것

풀이 마른 새우류(새우살, 겉새우 등 일반갑각류 포함) 관능검사(수산물·수산가공품 검사기준에 관한 고시 [별표 1])

항 목	합 격
형 태	손상이 적고 대체로 고른 것
색 택	색택이 양호한 것
협잡물	토사 및 그 밖에 협잡물이 없는 것
향 미	고유의 향미를 가지고 이취가 없는 것
선 별	다른 종류의 혼입이 거의 없는 것

30 식품의 기준 및 규격(식품공전)에 따른 패류 및 피낭류 통조림의 마비성 패독을 시험하기 위한 검체의 손질 방법을 서술하시오(단, 대용량이 아닌 경우이다). [5점]

정답 내용물 전량을 취해 균질화한다.

풀이 식품의 기준 및 규격-일반시험법(식품의약품안전처 고시 제2024-20호)
9. 식품 중 유해물질 시험법
9.8.2 마비성 패독
마. 시험용액의 조제
1) 검체의 손질
가) 패류, 피낭류
패류 및 피낭류의 외부를 물로 깨끗이 씻고 10개체 이상 또는 껍질을 제거한 육이 200g 이상이 되도록 손질한다(패류의 경우 패각을 열고 내부의 모래나 이물질을 제거하기 위해 물로 씻은 후 칼로 패육을 취한다). 이때 가열하거나 약품을 사용해서는 아니 된다. 육 전량을 표준체(20mesh)에 얹어 5분 동안 물을 뺀 후 균질기로 균질화한다.
나) 패류 및 피낭류 통조림
내용물 전량을 취해 균질화한다(대용량인 경우 표준체(20mesh)에 얹어 2분간 고형물과 액체를 분리한 후 고형물과 액체의 중량을 측정하고 그 비율에 따라 200g 이상을 취하여 균질화한다).
다) 패류 및 피낭류 염장품, 패류 및 피낭류 건조가공품
검체 일정량을 분말로 만들거나 가늘게 잘라 균질화한다.

수산물품질관리사 2차 실기 [단답형]

01 농수산물 품질관리법상 표준규격에 관한 내용이다. (   )에 알맞은 용어를 쓰시오. [2점]

> 해양수산부장관은 수산물의 상품성을 높이고 유통 능률을 향상시키며 공정한 거래를 실현하기 위하여
> 수산물의 (①)규격과 (②)규격을 정할 수 있다.

정답 ① 포장, ② 등급

풀이 **표준규격(농수산물 품질관리법 제5조 제1항)**
해양수산부장관은 수산물의 상품성을 높이고 유통 능률을 향상시키며 공정한 거래를 실현하기 위하여 수산물의 포장규격과 등급규격을 정할 수 있다.

02 농수산물의 원산지 표시 등에 관한 법률상 원산지 표시 등에 관한 설명이다. 옳으면 ○, 틀리면 ×를 표시하시오. [3점]

구 분	설 명
(①)	'원산지'란 수산물이 생산·채취·포획된 국가·지역이나 해역을 말한다.
(②)	수산물 또는 그 가공품을 판매할 목적으로 보관·진열하는 자는 원산지를 표시하여야 한다.
(③)	원산지 표시를 혼동하게 할 우려가 있는 표시를 하는 자에 대하여 2년 이내에 2회 이상 위반한 자에게 그 위반금액의 5배 이하에 해당하는 금액을 이행강제금으로 부과·징수할 수 있다.

정답 ① ○, ② ○, ③ ×

풀이 ① 정의(농수산물의 원산지 표시 등에 관한 법률 제2조 제4호)
'원산지'란 농산물이나 수산물이 생산·채취·포획된 국가·지역이나 해역을 말한다.
② 원산지 표시(농수산물의 원산지 표시 등에 관한 법률 제5조 제1항)
대통령령으로 정하는 농수산물 또는 그 가공품을 수입하는 자, 생산·가공하여 출하하거나 판매(통신판매를 포함)하는 자 또는 판매할 목적으로 보관·진열하는 자는 다음에 대하여 원산지를 표시하여야 한다.
1. 농수산물
2. 농수산물 가공품(국내에서 가공한 가공품은 제외)
3. 농수산물 가공품(국내에서 가공한 가공품에 한정)의 원료
③ 과징금(농수산물의 원산지 표시 등에 관한 법률 제6조의2 제1항)
농림축산식품부장관, 해양수산부장관, 관세청장, 특별시장·광역시장·특별자치시장·도지사·특별자치도지사 또는 시장·군수·구청장은 제6조 제1항 또는 제2항을 2년 이내에 2회 이상 위반한 자에게 그 위반금액의 5배 이하에 해당하는 금액을 과징금으로 부과·징수할 수 있다. 이 경우 제6조 제1항을 위반한 횟수와 같은 조 제2항을 위반한 횟수는 합산한다.

03 농수산물의 원산지 표시 등에 관한 법령상 원산지 표시 등의 위반에 대한 처분에 관한 내용이다. ( )에 알맞은 용어를 [보기]에서 찾아 쓰시오. [2점]

> 국립수산물품질관리원 소속 조사공무원 K는 원산지를 표시하지 않은 사유로 갈치 수입업체인 M상사와 갈치를 조리하여 갈치조림을 판매하고 있는 S일반음식점을 적발하였다. 이때 국립수산물품질관리원장은 농수산물의 원산지 표시 등에 관한 법령상 과태료 부과처분 외에 M상사에 대하여 (①) 또는 (②)의 처분을 할 수 있고 S일반음식점에 대하여서는 (①)에 한정하여 처분한다.

┤보기├
| 경 고 | 표시의 이행명령 | 거래행위 금지 |
| 영업정지 | 엉업허가 취소 | |

정답 ① 표시의 이행명령, ② 거래행위 금지

풀이 **원산지 표시 등의 위반에 대한 처분 등(농수산물의 원산지 표시 등에 관한 법률 제9조 제1항)**
농림축산식품부장관, 해양수산부장관, 관세청장 또는 시·도지사는 제5조(원산지 표시)나 제6조(거짓 표시 등의 금지)를 위반한 자에 대하여 다음의 처분을 할 수 있다. 다만, 제5조 제3항을 위반한 자에 대한 처분은 1.에 한정한다.
1. 표시의 이행·변경·삭제 등 시정명령
2. 위반 농수산물이나 그 가공품의 판매 등 거래행위 금지

원산지 표시(농수산물의 원산지 표시 등에 관한 법률 제5조 제3항)
식품접객업 및 집단급식소 중 대통령령으로 정하는 영업소나 집단급식소를 설치·운영하는 자는 대통령령으로 정하는 농수산물이나 그 가공품을 조리하여 판매·제공(배달을 통한 판매·제공 포함)하거나 또는 판매·제공할 목적으로 보관하거나 진열하는 경우에 그 농수산물이나 그 가공품의 원료에 대하여 원산지(쇠고기는 식육의 종류를 포함)를 표시하여야 한다. 다만, 식품산업진흥법 제22조의2에 따른 원산지인증의 표시를 한 경우에는 원산지를 표시한 것으로 보며, 쇠고기의 경우에는 식육의 종류를 별도로 표시하여야 한다.

04 어패류의 사후변화에 관한 설명이다. 옳으면 ○, 틀리면 ×를 표시하시오. [3점]

구 분	설 명
(①)	해당작용은 호기적인 작용에 의해서 근육 중의 글리코겐이 젖산으로 분해되는 과정이다.
(②)	사후경직은 해당작용 이후에 ATP가 소실되기 때문에 근육이 굳어지는 현상이다.
(③)	자가소화는 젓갈의 제조에 응용되기도 한다.

정답 ① ×, ② ○, ③ ○

풀이 ① 사후변화 단계 중 해당작용은 산소의 공급이 끊긴 혐기 상태에서 근육 중의 글리코겐이 젖산으로 분해되는 과정이다.
② 사후경직은 해당작용 이후에 젖산의 축적 및 ATP의 소실로 근육이 굳어지는 현상이다.
③ 자가소화는 근육 조직 내 자가소화 효소의 작용으로 근육 단백질에 변화가 발생하여 근육이 부드러워지는 현상이다. 이러한 자가소화는 젓갈, 액젓, 식해 등의 제조에 응용되기도 한다.

05 냉동굴의 신선도 판정에 관한 설명이다. (   )에 알맞은 측정법 및 기준을 [보기]에서 찾아 쓰시오. [2점]

(①)은 수출용 냉동굴의 신선도를 신속하고 정확하게 판정할 수 있는 화학적 선도판정법이고, 이 선도판정법으로 측정한 수출용 냉동굴의 기준은 (②)(으)로 정하고 있다.

┤보기├

- 측정법 : K값 측정법, pH 측정법, TMA 측정법
- 기준 : 6.0 이상, 5.4 이하, 3~4mg/100g, 10mg/100g 이하

정답 ① pH 측정법, ② 6.0 이상

풀이 정밀검사기준(수산물ㆍ수산가공품 검사기준에 관한 고시 [별표 1])

항 목	기 준	대 상
pH	6.0 이상	수출용 냉동굴에 한정함

06 독소형 식중독 원인균 2가지를 [보기]에서 찾아 쓰시오. [2점]

┤보기├

| 병원성 대장균 | 장염비브리오균 | 클로스트리듐 보툴리눔균 |
| 황색포도상구균 | 리스테리아 모노사이트제네스균 | 살모넬라 |

정답 클로스트리듐 보툴리눔균, 황색포도상구균

풀이 식중독 원인균

분 류	종 류	원인균
세균성	감염형	병원성 대장균, 장염비브리오균, 리스테리아 모노사이트제네스균, 살모넬라균 등
	독소형	클로스트리듐 보툴리눔균, 황색포도상구균 등
바이러스성		노로바이러스 등

07 수산물의 유통에 관한 일반적 특성을 설명한 것이다. 옳으면 ○, 틀리면 ×를 표시하시오. [3점]

구 분	설 명
(①)	수산물은 선도 변화가 심하며, 부패성을 갖고 있다.
(②)	수산물은 규격 표준화가 용이하다.
(③)	수산물은 출하시기에 관계없이 가격이 안정적이다.

정답 ① ○, ② ×, ③ ×

풀이 ① 수산물은 계절적 요인, 어황에 따라 생산량과 선도가 달라지며, 부패성이 강하기 때문에 보다 신속한 유통시스템이 요구된다.
② 수산물은 크기가 매우 다양하고, 신선도나 어획 시기 및 어획 방법 등에 품질이 다르므로 규격화 및 균질화에 어려움이 있다.
③ 수산물은 생산의 불확실성, 어획물 규격의 다양성, 강한 부패성과 변질성 등으로 상품성 유지가 어려워 일정한 가격의 유지가 곤란하다.

08 수산물의 유통활동에 관한 설명이다. (   )에 알맞은 용어를 [보기]에서 찾아 쓰시오. [2점]

- (①)은 생산지와 소비지 등과 같은 장소의 거리를 연결해 주는 활동이다.
- (②)은 수산물 생산 집중 시기와 연중 소비 시기 등과 같은 시간의 거리를 연결해 주는 활동이다.

┤보기├
보관활동   운송활동   하역활동   정보활동

정답 ① 운송활동, ② 보관활동

풀이 **물적 유통활동**
- 운송활동 : 생산지와 소비지 등과 같은 장소의 거리를 연결해 주는 활동
- 보관활동 : 수산물 생산 집중 시기와 연중 소비 시기 등과 같은 시간의 거리를 연결해 주는 활동
- 정보유통활동 : 수산물의 생산동향이나 산지와 소비지 시장에서의 가격동향, 소비지 판매동향과 같은 생산과 소비의 정보거리를 연결해 주는 활동
- 기타 부대 물적 유통조성활동 : 수산물 운반과 관련되는 상·하차 등의 하역활동, 수산물 보관 및 판매를 위해 포장하는 포장활동, 수산물 운반과 보관의 효율성을 높이기 위한 여러 가지 규격화 활동, 물적 유통 촉진을 도모하기 위한 수산 상품의 표준화활동, 유통가공활동 등
※ 수산물 유통활동의 체계
  - 상적 유통활동 : 상거래활동, 유통결제금융활동, 기타 부대 상적 유통조성활동
  - 물적 유통활동 : 운송활동, 보관활동, 정보유통활동, 기타 부대 물적 유통조성활동

09 농수산물 유통 및 가격안정에 관한 법률상 수산물도매시장의 유통주체 중에서 '시장도매인'에 관한 내용이다. ( )에 알맞은 용어를 [보기]에서 찾아 쓰시오. [3점]

> '시장도매인'은 수산물도매시장의 (①)(으)로부터 지정을 받고 수산물을 (②) 또는 위탁받아 도매하거나 매매를 (③)하는 영업을 하는 법인을 말한다.

┤보기├

도매법인　　개설자　　관리자　　보 관　　매 수　　중 개

정답　① 개설자, ② 매수, ③ 중개

풀이　'시장도매인'이란 농수산물도매시장 또는 민영농수산물도매시장의 개설자로부터 지정을 받고 농수산물을 매수 또는 위탁받아 도매하거나 매매를 중개하는 영업을 하는 법인을 말한다(농수산물 유통 및 가격안정에 관한 법률 제2조 제8호).

10 수산물산지위판장에 관한 설명이다. 옳으면 ○, 틀리면 ×를 표시하시오. [3점]

구 분	설 명
(①)	수산물산지위판장은 수산물 생산자단체와 생산자가 수산물을 소매하기 위해 개설하는 시설이다.
(②)	수산물산지위판장은 시장·군수 및 수협중앙회 회장이 지정하여 고시한 지역이다.
(③)	수산물산지위판장은 어획물의 양륙과 1차적인 가격 형성이 이루어지는 장소(시장)이다.

정답　① ×, ② ×, ③ ○

풀이　① '수산물산지위판장'이란 수산업협동조합법에 따른 지구별 수산업협동조합, 업종별 수산업협동조합 및 수산물가공 수산업협동조합, 수산업협동조합중앙회, 그 밖에 대통령령으로 정하는 생산자단체와 생산자가 수산물을 도매하기 위하여 개설하는 시설을 말한다(수산물 유통의 관리 및 지원에 관한 법률 제2조 제4호).
　② 수산물산지위판장은 어촌·어항법에 따라 지정된 어항이나 항만법에 따른 항만 또는 그 밖에 어획물 양륙시설 또는 가공시설을 갖춘 지역으로서 해양수산부장관이 지정하여 고시한 지역에 개설할 수 있다(수산물 유통의 관리 및 지원에 관한 법률 제11조).
　③ 수산물산지위판장은 어업 생산의 기점으로, 어선이 접안할 수 있는 어항 시설이 갖추어져 있고, 어획물의 양륙과 1차적인 가격 형성이 이루어지면서 유통 배분되는 시장이다.

11 수산물 · 수산가공품 검사기준에 관한 고시에 따른 건제품의 검사항목으로 '향미'가 포함되지 않는 품목을 [보기]에서 모두 고르시오. [2점]

┤보기├
마른돌가사리　　　마른다시마　　　마른썰은미역　　　마른진도박　　　마른돌김

정답 마른돌가사리, 마른진도박

풀이 건제품[마른해조류(도박, 진도박, 돌가사리 등, 그 밖의 갯풀)] 관능검사기준(수산물 · 수산가공품 검사기준에 관한 고시 [별표 1])

항 목	합 격
원 료	조체발육이 양호한 것
색 택	고유의 색택이 양호하고 변색되지 않은 것
협잡물	다른 해조, 토사 및 그 밖에 협잡물이 3% 이하인 것

12 수산물 · 수산가공품 검사기준에 관한 고시에 따른 '마른우무가사리'의 관능검사 등급기준이다. 항목별 해당 등급을 쓰시오. [3점]

항 목	등급 기준
원 료	산지 및 채취의 계절이 같고 조체 발육이 양호한 것
색 택	고유의 색택으로서 보통이며, 발효로 인하여 뜨지 않은 것
협잡물	다른 해조 및 그 밖에 협잡물이 1% 이하인 것

정답 ① 2, ② 3, ③ 1

풀이 마른우무가사리 관능검사기준(수산물 · 수산가공품 검사기준에 관한 고시 [별표 1])

항 목	1등	2등	3등	등 외
원 료	산지 및 채취의 계절이 같고 조체 발육이 우량한 것	산지 및 채취의 계절이 같고 조체 발육이 양호한 것	산지 및 채취의 계절이 같고 조체 발육이 보통인 것	왼쪽과 같음
색 택	고유의 색택으로서 우량하며, 발효로 인하여 뜨지 않은 것	고유의 색택으로서 양호하며, 발효로 인하여 뜨지 않은 것	고유의 색택으로서 보통이며, 발효로 인하여 뜨지 않은 것	고유의 색택으로서 보통이며, 발효에 의하여 뜬 정도가 심하지 않은 것
협잡물	다른 해조 및 그 밖에 협잡물이 1% 이하인 것	다른 해조 및 그 밖에 협잡물이 3% 이하인 것	다른 해조 및 그 밖에 협잡물이 5% 이하인 것	왼쪽과 같음

13 수산물 표준규격상 '새우젓'의 항목별 등급규격을 나타낸 것이다. (   )에 해당 등급에 맞는 규격을 쓰시오. [3점]

항 목	특	상	보 통
다른 종류 및 부서진 것의 혼입률(%)	3 이하	(①) 이하	(②) 이하
공통규격	• 고유의 향미를 가지고 다른 냄새가 없어야 한다. • 고유의 색깔을 가지고 변질, 변색이 없어야 한다. • 액즙의 정미량이 (③)이하여야 한다.		

정답 ① 5, ② 10, ③ 20%

풀이 새우젓 등급규격(수산물 표준규격 [별표 5])

항 목	특	상	보 통
육 질	우 량	양 호	보 통
숙성도	우 량	양 호	보 통
다른 종류 및 부서진 것의 혼입률(%)	3 이하	5 이하	10 이하
공통규격	• 고유의 향미를 가지고 다른 냄새가 없어야 한다. • 고유의 색깔을 가지고 변질, 변색이 없어야 한다. • 액즙의 정미량이 20% 이하여야 한다.		

14 수산물 가공업체를 경영하고 있는 K씨가 수산물품질관리사 L씨에게 수산물·수산가공품 검사 기준에 관한 고시에 따른 냉동품의 중심온도에 대하여 문의하고 있다. (   )에 들어갈 내용을 쓰시오. [2점]

> K : 저희 회사에서는 냉동고등어와 횟감용 냉동참치를 생산하고 있습니다. 그런데 수산물·수산가공품 검사기준에 관한 고시에 따른 냉동품의 중심온도 규정을 알고 싶습니다.
>
> L : 우선, 냉동고등어 제품의 중심온도 기준은 영하 (①)℃ 이하입니다.
>
> K : 그럼, 횟감용 냉동참치도 기준이 동일한가요?
>
> L : 그렇지 않습니다. 횟감용 냉동참치의 중심온도 기준은 영하 (②)℃ 이하입니다.
>
> K : 그렇군요. 잘 알겠습니다.

정답 ① 18, ② 40

풀이 냉동품(어패류) 관능검사기준(수산물·수산가공품 검사기준에 관한 고시 [별표 1])

항 목	합 격
형 태	고유의 형태를 가지고 손상과 변형이 거의 없는 것
색 택	고유의 색택으로 양호한 것
선 별	크기가 대체로 고르고 다른 종류의 혼입이 없는 것
선 도	선도가 양호한 것
잡 물	혈액 등의 처리가 잘 되고 그 밖에 협잡물이 없는 것
건조 및 유소	글레이징(Glazing)이 잘되어 건조 및 유소(지방의 산패)현상이 없는 것. 다만, 건조 및 유소를 방지할 수 있도록 포장한 것은 제외한다.
온 도	중심온도가 −18℃ 이하인 것. 다만, 횟감용 참치류의 중심온도는 −40℃ 이하인 것

15 Y수산물품질관리사가 수산물·수산가공품 검사기준에 관한 고시에서 정한 관능검사 기준에 따라 '냉동다시마'를 검사한 결과 2개 항목이 합격기준에 적합하지 않았다. 합격기준에 적합하지 않은 항목을 찾아 쓰시오. [2점]

항 목	검사 결과
형 태	조체발육이 보통 이상의 것으로 손상 및 변형이 심하지 않았음
색 택	고유의 색택은 아니었으나 변질되지 않았음
선 별	파치품·충해엽 등의 혼입이 적고 다른 해조 등의 혼입이 거의 없었음
잡 물	토사 및 이물질의 혼입이 거의 없었음
온 도	제품 중심온도가 −16℃ 였음

정답 색택, 온도

풀이 냉동품(해조류) 관능검사기준(수산물·수산가공품 검사기준에 관한 고시 [별표 1])

항 목	합 격
형 태	조체발육이 보통 이상의 것으로 손상 및 변형이 심하지 않은 것
색 택	고유의 색택을 가지고 변질되지 않은 것
선 별	파치품(깨어지거나 흠이 나서 못 쓰게 된 물건)·충해엽 등의 혼입이 적고 다른 해조 등의 혼입이 거의 없는 것
잡 물	토사 및 이물질의 혼입이 거의 없는 것
온 도	제품 중심온도가 −18℃ 이하인 것

16 수산물·수산가공품 검사기준에 관한 고시에 따른 '간미역'의 검사항목의 합격기준이다. (   ) 에 알맞은 내용을 쓰시오. [4점]

항 목	합격 기준
색 택	고유의 색택이 (①)한 것
선 별	1. 줄기와 잎을 구분하고 속줄기는 절개한 것 2. 노쇠엽 및 황갈색엽의 혼입이 없어야 하며 (②)cm 이하의 파치품이 (③)% 이하인 것
염 분	(④)% 이하

정답 ① 양호, ② 15, ③ 5, ④ 40

풀이 염장품-간미역(줄기포함) 관능검사기준(수산물·수산가공품 검사기준에 관한 고시 [별표 1])

항 목	합 격
원 료	조체발육이 양호한 것
색 택	고유의 색택이 양호한 것
선 별	1. 줄기와 잎을 구분하고 속줄기는 절개한 것 2. 노쇠엽 및 황갈색엽의 혼입이 없어야 하며 15cm 이하의 파치품이 5% 이하인 것
협잡물	잡초·토사 및 그 밖에 협잡물이 없는 것
향 미	고유의 향미를 가지고 이취가 없는 것
처 리	자숙이 적당하고 염도가 엽체에 고르게 침투하여 물빼기가 충분한 것

염분 정밀검사기준(수산물·수산가공품 검사기준에 관한 고시 [별표 1])

기 준	대 상
3.0% 이하	〈어분·어비〉 어분·어비
12.0% 이하	〈조미가공품〉 어육액즙
13.0% 이하	〈염장품〉 성게젓
15.0% 이하	〈염장품〉 간성게
	〈조미가공품〉 패류 간장
20.0% 이하	〈조미가공품〉 다시마 액즙
23.0% 이하	〈염장품〉 멸치액젓, 어류젓 혼합액
40.0% 이하	〈염장품〉 간미역(줄기포함)

17 식품의 기준 및 규격(식품공전)에서 규정하고 있는 식품의 세균수 측정법에 관한 내용이다. 밑줄 친 내용이 옳으면 ○, 틀리면 ×를 표시하시오. [3점]

> 세균수 측정법은 일반세균수를 측정하는 표준평판법, 건조필름법, BGLB배지법(①)을 사용할 수 있다. 표준평판법은 표준한천배지(②)에 검체를 혼합응고시켜 배양 후 발생한 세균 집락수를 계수하여 검체 중의 생균수를 산출하는 방법으로 집락수 계산은 확산집락이 없고 1개의 평판당 400개 이상(③)의 집락을 생성한 평판을 택하여 계산하는 것을 원칙으로 한다.

정답 ① ×, ② ○, ③ ×

풀이 식품의 기준 및 규격-일반시험법(식품의약품안전처 고시 제2024-4호)
4. 미생물시험법
   4.5 세균수
   세균수 측정법은 일반세균수를 측정하는 표준평판법, 건조필름법 또는 자동화된 최확수법(Automated MPN)을 사용할 수 있다.
   4.5.1 일반세균수
   • 표준평판법은 표준한천배지에 검체를 혼합 응고시켜 배양 후 발생한 세균 집락수를 계수하여 검체 중의 생균수를 산출하는 방법이다.
   • 집락수의 계산은 확산집락이 없고 1개의 평판당 15~300개의 집락을 생성한 평판을 택하여 집락수를 계산하는 것을 원칙으로 한다.

18 수산물 안전성조사업무 처리요령에서 규정하고 있는 '안전성조사'에 관한 내용이다. (   )에 들어갈 내용을 쓰시오. [2점]

> 국립수산물품질관리원 조사공무원은 A양식장의 넙치를 수거하여 안전성조사를 실시하려고 하였다. 조사공무원은 조사 전 A양식장의 생산자에게 생산단계 수산물의 안전성조사 권한을 가진 기관의 장은 (①) 임을 알려주었고, 그 권한을 위임받아 업무를 집행하는 조사기관의 장으로 국립수산물품질관리원장, (②)과 시·도지사임을 설명하고 안전성조사를 실시하였다.

정답 ① 식품의약품안전처장, ② 국립수산과학원장

풀이 안전성조사의 실시 등(수산물 안전성조사업무 처리요령 제3조 제1항)
안전성조사는 식품의약품안전처장의 권한을 위임받은 국립수산물품질관리원장·국립수산과학원장과 시·도지사가 각각 실시한다.

19 수산물 염장품을 생산하고 있는 업체(A~C)가 수산물의 품질인증 세부기준에 따라 다음과 같이 공장심사 결과를 받았을 경우 '적합' 판정을 받을 수 있는 업체를 쓰시오. [2점]

심사 결과	A업체	B업체	C업체
전체 항목 중 "수"로 평가된 항목	6개	6개	4개
전체 항목 중 "미"로 평가된 항목	1개	0개	3개
전체 항목 중 "양"으로 평가된 항목	0개	1개	0개

정답 A업체

풀이 품질인증의 세부기준(수산물의 품질인증 세부기준 제2조 제3항)
제1항에 따른 공장심사기준은 [별표 2]와 같고, 심사결과 다음의 기준에 적합해야 한다.
1. 전체 항목 중 "수"로 평가된 항목이 5개 이상이어야 함
2. 전체 항목 중 "미"로 평가된 항목이 2개 이하이어야 함
3. 전체 항목 중 "양"으로 평가된 항목이 없어야 함

20 수산물의 품질인증 세부기준의 '횟감용 수산물'의 성상 채점 기준표에 따라 평가를 실시하였다. 다음의 심사 결과에 따른 평가 점수를 쓰시오(단, 평가 점수는 항목별 점수를 합한 값이다). [2점]

구 분	항 목	심사 결과	평가 점수
신선·냉장품	색택, 향미	모두 최고 점수	(①)점
냉동품	형태, 색택, 조직감, 향미	모두 최고 점수	(②)점

정답 ① 10, ② 20

풀이 수산물의 품목별 품질기준(수산물의 품질인증 세부기준 [별표 1])
• 신선·냉장품 성상 채점 기준표

항 목	심사 기준	평가 점수
색택(5점)	고유의 색택이 아주 뚜렷한 것	5
향미(5점)	이취가 없고 고유의 향미가 아주 양호한 것	5

• 냉동품 성상 채점 기준표

항 목	심사 기준	평가 점수
형태(5점)	고유 형태의 손상과 변형이 없는 것	5
색택(5점)	고유의 색택이 아주 뚜렷한 것	5
조직감(5점)	실온 해동 후 눌렀을 때 복원현상이 아주 양호한 것	5
향미(5점)	이취가 없고 고유의 향미가 아주 양호한 것	5

21 농수산물 품질관리법령상 수산물 생산·가공시설 등에 대한 조사·점검의 주기는 2년에 1회 이상으로 한다. 다만, 일정 요건에 해당되어 조사·점검주기의 단축이 필요한 경우 해양수산부 장관은 조사·점검주기를 조정할 수 있다. 일정 요건에 해당하는 내용 2가지를 쓰시오. [5점]

> 정답 1. 외국과의 협약 내용 또는 수출 상대국의 요청에 따라 조사·점검주기의 단축이 필요한 경우
> 2. 감염병 확산, 천재지변, 그 밖의 불가피한 사유로 정상적인 조사·점검이 어려워 조사·점검주기의 연장이 필요한 경우

> 풀이 **조사·점검의 주기(농수산물 품질관리법 시행령 제25조)**
> ① 법 제76조 제2항에 따른 생산·가공시설 등에 대한 조사·점검주기는 2년에 1회 이상으로 한다.
> ② 제1항에도 불구하고 해양수산부장관은 다음의 어느 하나에 해당하는 경우에는 제1항에 따른 조사·점검주 기를 조정할 수 있다.
> 1. 외국과의 협약 내용 또는 수출 상대국의 요청에 따라 조사·점검주기의 단축이 필요한 경우
> 2. 감염병 확산, 천재지변, 그 밖의 불가피한 사유로 정상적인 조사·점검이 어려워 조사·점검주기의 연장이 필요한 경우

22 농수산물 품질관리법령상 수산물 및 수산가공품을 대상으로 정밀검사를 필요로 하는 3가지 요건 중 '검사신청인 또는 외국요구기준에서 분석증명서를 요구하는 경우', '외국요구기준에 따라 수출된 수산물 및 수산가공품에서 유해물질이 검출된 경우' 외 나머지 1가지 요건을 쓰시 오. [5점]

> 정답 관능검사결과 정밀검사가 필요하다고 인정되는 경우

> 풀이 **수산물 및 수산가공품에 대한 검사의 종류 및 방법-정밀검사(농수산물 품질관리법 시행규칙 [별표 24])**
> '정밀검사'란 물리적·화학적·미생물학적 방법으로 그 적합 여부를 판정하는 검사로서 다음의 수산물·수산 가공품을 그 대상으로 한다.
> 1) 검사신청인 또는 외국요구기준에서 분석증명서를 요구하는 수산물 및 수산가공품
> 2) 관능검사결과 정밀검사가 필요하다고 인정되는 수산물 및 수산가공품
> 3) 외국요구기준에 따라 수출된 수산물 및 수산가공품에서 유해물질이 검출된 경우 그 수산물 및 수산가공품 의 생산·가공시설에서 생산·가공되는 수산물

23 수산물을 활용한 비살균 냉동식품의 제조 및 저장을 위한 필수과정 4가지만 쓰시오. [5점]

정답
- 전처리 가공(선별, 수세 및 탈수 등)을 한다.
- 급속동결(냉동) 처리한다.
- 위생적으로 내포장 및 외포장한다.
- −18℃ 이하로 냉동저장한다.

풀이
식품공전상 '냉동식품'이라 함은 제조·가공 또는 조리한 식품을 장기보존할 목적으로 냉동처리, 냉동보관하는 것으로서 용기·포장에 넣은 식품을 말한다.

일반적인 냉동식품의 제조 및 저장 과정
- 원재료를 전처리 가공(선별, 수세 및 탈수 등)한다.
- 전처리한 공정품을 조미·성형하여 −35℃ 이하에서 급속동결(냉동) 처리한다.
- 적합한 포장재를 활용하여 위생적으로 내포장 및 외포장한다.
- 저장 및 유통을 위해 −18℃ 이하의 냉동저장용 물류창고에 저장한다.

24 가열살균을 끝낸 수산물 통조림 식품을 급속 냉각하여야 하는 주된 이유 3가지만 쓰시오. [5점]

정답
- 호열성 세균의 발육 억제
- 스트루바이트(Struvite)의 생성 억제
- 내용물의 과도한 분해 방지

풀이
가열살균을 마친 통조림은 내용물의 품질 변화를 줄이기 위해 지체없이 급속 냉각해야 한다. 이는 호열성 세균의 발육을 억제하고, 유리결정형성을 의미하는 스트루바이트(Struvite)의 생성을 억제하기 위함이다. 또한 내용물의 과열에 의한 과도한 분해를 방지하기 위함이 목적이다.

25 수산물의 자급률 산출식을 쓰고, [보기]에서 주어진 수치를 적용하여 자급률(%)을 구하시오. [5점]

┌ 보기 ┐
- 국내생산량 380만 톤
- 수입량 300만 톤
- 재고량 25만 톤
- 이월량 25만 톤
- 수출량 180만 톤

정답
- 자급률(%) = $\dfrac{\text{국내생산량}}{\text{국내소비량}} \times 100$

- 76%

풀이
- 수산물자급률은 국민에 대한 수산물 소비량 대비 전국 수산물 생산량에 대한 비율을 나타낸 수치로서 수출입 동향을 추정할 수 있다.

- 자급률(%) = $\dfrac{\text{국내생산량}}{\text{국내소비량}} \times 100$

- 국내소비량 = 생산량 + 수입량 + 재고량 − 이월량 − 수출량

  = 380만톤 + 300만톤 + 25만톤 − 25만톤 − 180만톤

  = 500만톤

∴ 자급률 = $\dfrac{380만톤}{500만톤} \times 100 = 76\%$

26 수산물·수산가공품 검사기준에 관한 고시에서는 수산물 등에 제품명, 중량, 업소명, 원산지명 등을 표시하도록 하고 있으나, 예외적으로 표시를 생략할 수 있는 경우가 있다. 표시를 생략할 수 있는 경우 3가지를 쓰시오. [5점]

정답 무포장, 대형수산물, 수입국에서 요구할 경우

풀이 수산물 등의 표시기준(수산물·수산가공품 검사기준에 관한 고시 제4조)
① 수산물 등에는 제품명, 중량(또는 내용량), 업소명(제조업소명 또는 가공업소명), 원산지명 등을 표시해야 한다. 다만, 외국과의 협약 또는 수입국에서 요구하는 표시기준이 있는 경우에는 그 기준에 따라 표시할 수 있다.
② 제1항의 규정에도 불구하고 무포장, 대형수산물 또는 수입국에서 요구할 경우에는 그 표시를 생략할 수 있다.

27 Y수산물품질관리사가 수산물·수산가공품 검사기준에 관한 고시에 따라 '마른멸치' 2kg을 검사한 결과가 다음과 같았다. '형태' 항목의 크기별 명칭, 등급판정 및 그 이유를 서술하시오 (단, 주어진 항목만으로 등급을 판정한다). [5점]

항 목	검사결과
형 태	• 크기 16mm 미만 : 14g • 크기 16~30mm : 1,954g • 크기 31~50mm : 26g • 머리가 없는 것 : 6g

크기별 명칭 및 혼합 비율		등급판정 및 이유
명 칭	비율(%)	
(①)	0.7	등급 : (③)
(②)	97.7	이유 : (④)
소 멸	1.3	
머리가 없는 것	0.3	

※ ④의 판정이유 작성 방법 : 해당 등급의 검사기준을 포함하여 이유 작성

정답 ① 세멸, ② 자멸, ③ 2등, ④ 자멸이 97.7%이며, 다른 크기의 혼입 또는 머리가 없는 것이 2.3%이므로 마른멸치의 관능검사기준에서 '다른 크기의 혼입 또는 머리가 없는 것이 3% 이하인 것'에 해당하므로 2등으로 판정한다.

풀이 ① 크기가 16mm 미만인 것이 14g 즉, 0.7%에 해당하므로 '세멸'이 0.7% 혼합되어 있다.
② 크기가 16~30mm인 것이 1,954g 즉, 97.7%에 해당하므로 '자멸'이 주된 형태이다.
③·④ 마른멸치 2kg 중 자멸이 97.7%이며, 다른 크기의 혼입 또는 머리가 없는 것이 2.3%이므로 2등에 해당한다.

마른멸치 검사기준(수산물·수산가공품 검사기준에 관한 고시 [별표 1])

항 목	1등	2등	3등
형 태	대멸 : 77mm 이상 중멸 : 51mm 이상 소멸 : 31mm 이상 자멸 : 16mm 이상 세멸 : 16mm 미만으로서 다른 크기의 혼입 또는 머리가 없는 것이 1% 이하인 것	대멸 : 77mm 이상 중멸 : 51mm 이상 소멸 : 31mm 이상 자멸 : 16mm 이상 세멸 : 16mm 미만으로서 다른 크기의 혼입 또는 머리가 없는 것이 3% 이하인 것	대멸 : 77mm 이상 중멸 : 51mm 이상 소멸 : 31mm 이상 자멸 : 16mm 이상 세멸 : 16mm 미만으로서 다른 크기의 혼입 또는 머리가 없는 것이 5% 이하인 것
색 택	자숙이 적당하여 고유의 색택이 우량하고 기름이 피지 않은 것	자숙이 적당하여 고유의 색택이 양호하고 기름핀 정도가 적은 것	자숙이 적당하여 고유의 색택이 보통이고 기름이 약간 핀 것
향 미	고유의 향미가 우량한 것	고유의 향미가 양호한 것	고유의 향미가 보통인 것
선 별	다른 종류의 혼입이 없는 것	다른 종류의 혼입이 없는 것	다른 종류의 혼입이 거의 없는 것
협잡물	토사 및 그 밖에 협잡물이 없는 것		

28 P수산물품질관리사가 마른톳 10kg에 대하여 관능검사를 실시한 결과가 다음과 같았다. 수산물·수산가공품 검사기준에 관한 고시에 따른 마른톳의 항목별 등급을 쓰고, 종합등급 및 그 이유를 서술하시오(단, 주어진 항목 이외에는 종합등급판정에 고려하지 않는다). [5점]

항 목	검사결과	등 급
원 료	산지 및 채취의 계절이 같고 조체발육이 우량하였음	(①)등
색 택	고유의 색택으로서 우량하며 변질되지 않았음	2등
협잡물	다른 해조 350g, 토사 20g, 협잡물 30g이 검출되었음	(②)등
종합등급	(③)등	
판정이유	(④)	

※ ④의 판정이유 작성 방법 : 최하위 등급항목은 ○○항목으로, △등급 기준의 □□에 해당하여 종합등급은 ◇등으로 판정

정답 ① 1, ② 3, ③ 3, ④ 최하위 등급항목은 협잡물 항목으로, 협잡물 등급 기준의 3등에 해당하여 종합등급은 3등으로 판정

풀이 ② 협잡물이 모두 400g, 마른톳 10kg의 4%에 해당하므로 "3등"임

마른톳 관능검사기준(수산물·수산가공품 검사기준에 관한 고시 [별표 1])

항 목	1등	2등	3등
원 료	산지 및 채취의 계절이 같고 조체발육이 우량한 것	산지 및 채취의 계절이 같고 조체발육이 양호한 것	산지 및 채취의 계절이 같고 조체발육이 보통인 것
색 택	고유의 색택으로서 우량하며 변질되지 않은 것	고유의 색택으로서 우량하며 변질되지 않은 것	고유의 색택으로서 보통이며 변질되지 않은 것
협잡물	다른 해조 및 토사 그 밖에 협잡물이 1% 이하인 것	다른 해조 및 토사 그 밖에 협잡물이 3% 이하인 것	다른 해조 및 토사 그 밖에 협잡물이 5% 이하인 것

29 A수산물품질관리사는 수출용 '실한천'에 대하여 수산물·수산가공품 검사기준에 관한 고시에 따라 검사를 실시한 결과가 다음과 같았다. 실한천의 항목별 등급을 쓰고, 종합등급 및 그 이유를 서술하시오(단, 주어진 항목 이외에는 종합등급판정에 고려하지 않는다). [5점]

항 목	검사 결과	등 급
형 태	300mm 이상으로 크기가 대체로 고르게 되어 있음	1등
색 택	백색 또는 유백색으로 광택이 있으며, 약간의 담황색이 있었음	(①)등
제정도	급냉·난건·풍건이 경미하며, 파손품·토사의 혼입이 극히 적은 것	(②)등
제리강도(C급)	280g/cm² 이었음	(③)등
종합등급		(④)등
판정이유		(⑤)

※ ⑤ 판정이유 작성 방법 : 최하위 등급 항목은 ○○항목으로, 종합등급은 ◇등으로 판정

정답 ① 1, ② 2, ③ 2, ④ 2, ⑤ 최하위 등급 항목은 제정도와 제리강도(C급) 항목으로, 종합등급은 2등으로 판정한다.

풀이 실한천 관능검사기준(수산물·수산가공품 검사기준에 관한 고시 [별표 1])

항 목	1등	2등	3등
형 태	300mm 이상으로 크기가 대체로 고른 것		
색 택	백색 또는 유백색으로 광택이 있으며 약간의 담황색이 있는 것	백색 또는 유백색이나 약간의 담갈색 또는 담흑색이 있는 것	백색 또는 유백색이나 담갈색 또는 약간의 담흑색이 있는 것
제정도	급냉·난건·풍건이 없고, 파손품·토사의 혼입이 없는 것	급냉·난건·풍건이 경미하며, 파손품·토사의 혼입이 극히 적은 것	급냉·난건·파손품·토사 및 협잡물이 적은 것

제리강도 정밀검사기준(수산물·수산가공품 검사기준에 관한 고시 [별표 1])

구 분		1등	2등	3등
C급 (100~300g/cm² 이상)	실한천(cm³당)	300g 이상	200g 이상	100g 이상
J급 (100~350g/cm² 이상)	실한천(cm³당)	350g 이상	250g 이상	100g 이상
	가루·인상한천(cm³당)	350g 이상	250g 이상	150g 이상
	산한천(cm³당)	200g 이상	100g 이상	-

30 수산물·수산가공품 검사기준에 관한 고시에서 규정하고 있는 '냉동찐어묵'의 관능검사 항목을 [보기]에서 모두 찾아 쓰고, 각 항목별 합격기준을 쓰시오. [5점]

> ┤보기├
>
> 선별   색택   냄새   육질   잡물   정미량   탄력

정답
- 색택 : 고유의 색택으로 양호한 것
- 잡물 : 잡물이 없는 것
- 탄력 : 탄력이 양호한 것

풀이 냉동품[어육연제품(찐어묵 등)] 관능검사기준(수산물·수산가공품 검사기준에 관한 고시 [별표 1])

항 목	합 격
형 태	고유의 형태를 가지고 손상과 변형이 거의 없는 것
색 택	고유의 색택으로 양호한 것
잡 물	잡물이 없는 것
탄 력	탄력이 양호한 것
온 도	제품의 중심온도가 −18℃ 이하인 것

교육이란 사람이 학교에서 배운 것을 잊어버린 후에 남은 것을 말한다.

– 알버트 아인슈타인 –

수산물품질관리사 2차 **필답형 실기**

개정9판1쇄 발행	2024년 06월 05일 (인쇄 2024년 04월 25일)	
초 판 발 행	2015년 10월 15일 (인쇄 2015년 07월 22일)	
발 행 인	박영일	
책 임 편 집	이해욱	
편 저	최평희	
편 집 진 행	윤진영 · 장윤경	
표지디자인	권은경 · 길전홍선	
편집디자인	정경일 · 심혜림	
발 행 처	(주)시대고시기획	
출 판 등 록	제10-1521호	
주 소	서울시 마포구 큰우물로 75 [도화동 538 성지 B/D] 9F	
전 화	1600-3600	
홈 페 이 지	www.sdedu.co.kr	
I S B N	979-11-383-7049-3(13520)	
정 가	33,000원	

수산물의 생산 및 유통을 위해 안전성 평가, 검사 및 품질 관리 등
수산물 어획에서 유통까지의 전 과정을 관리하는

수산물
품질관리사 1차/2차

수산물품질관리사 1차 **한권으로 끝내기**

• 출제기준을 철저하게 분석 · 반영한 엄선된 이론 구성
• 시험 시행일 기준에 맞춘 최신법령 완벽 반영
• 과목별 적중예상문제와 상세한 해설
• 최근 기출문제로 최신 출제경향 파악 가능

수산물품질관리사 2차 **필답형 실기**

• 최신 출제기준에 맞춘 상세한 검증 수록
• 핵심이론과 적중예상문제를 통한 완벽 대비
• 시험 시행일 기준에 맞춘 최신법령 완벽 반영